DIE KONSTRUKTION VON HOCHBAUTEN

EIN HANDBUCH FÜR DEN BAUFACHMANN

VON

PROF. OTTO FRICK
OBERSTUDIENDIREKTOR DER STAATL. BAUGEWERKSCHULE ZU KÖNIGSBERG I. PR.

UND

PROF. KARL KNÖLL
OBERSTUDIENDIREKTOR DER STAATL. BAUGEWERKSCHULE ZU GÖRLITZ

ZWEI TEILE IN EINEM BANDE

MIT 584 ABBILDUNGEN IM TEXT

FÜNFTE NEUBEARBEITETE AUFLAGE

1927
Springer Fachmedien Wiesbaden GmbH

ISBN 978-3-663-15524-9 ISBN 978-3-663-16096-0 (eBook)
DOI 10.1007/978-3-663-16096-0

Vorwort zur 1.—4. Auflage.

Das vorliegende Werk will ein Führer durch die verschiedenen Gebiete der Hochbaukonstruktionen sein. Eingefügt in einen kurzgefaßten Text, werden die grundlegenden Konstruktionen und Konstruktionseinzelheiten in einer großen Anzahl klar gezeichneter und reichlich mit Maßen versehener, für die Praxis wertvoller Abbildungen dargestellt.

Der erste (einleitende) Teil behandelt die einfachsten Bauverbände, wie solche bei der Ausführung kleiner Landhausbauten in Frage kommen. — Der zweite (ausführliche) Teil bringt alle Ergänzungen für den Bau größerer bürgerlicher Wohngebäude und einfacher anderer Hochbauten (Säle, Hallen usw.).

Da die Kenntnis des Baustoffs für die Konstruktion und Ausführung von besonderer Bedeutung ist, werden am Anfange der betreffenden Abschnitte die wichtigsten Baustoffe kurz behandelt. Der Stoff ist in der Reihenfolge geordnet, wie er der Ausführung des Gebäudes entspricht. Auf Anpassung der Konstruktionseinzelheiten an die allgemein gültigen baupolizeilichen Bestimmungen ist besonderer Wert gelegt. Dadurch und besonders durch die zahlreichen Abbildungen und Konstruktionszeichnungen hoffen wir ein brauchbares Handbuch für Baubeflissene aller Art und ein zweckmäßiges Nachschlagebuch für den in der Praxis stehenden Baufachmann geschaffen zu haben.

Otto Frick. Karl Knöll.

Vorwort zur 5. Auflage.

Das Werk ist entsprechend den heutigen Anforderungen der Praxis und des Unterrichts einer völligen Neubearbeitung unterzogen worden. Die Grundlage wurde beibehalten, da sie sich als zweckmäßig erwiesen hat.

Konstruktionen und Konstruktionsstärken sind der fortgeschrittenen Bau- und Wärmewirtschaft angepaßt. Die in der Praxis erprobten Sparbauweisen und die besonders für den Kleinwohnungsbau wichtige Normung von Bauteilen finden weitgehende Berücksichtigung. Die starke Erweiterung des Abschnittes über weitgespannte Holzdächer dürfte willkommen sein. Alle in formaler Beziehung nicht mehr zeitgemäßen Konstruktionszeichnungen sind durch neue ersetzt worden.

Die Verfasser hoffen, daß sich das so in jeder Beziehung auf den heutigen Stand gebrachte Handbuch zu dem alten auch recht viele neue Freunde erwerben möge.

Otto Frick. Karl Knöll.

ERSTER TEIL

AUF- UND AUSBAU KLEINERER LANDHAUSBAUTEN

MIT 297 FIGUREN IM TEXT

Inhaltsverzeichnis.

Abschnitt I.

Vorbereitende Arbeiten auf dem Bauplatze.

A. Untersuchung des Baugrundes.

Bevor mit den eigentlichen Ausführungsarbeiten eines Gebäudes begonnen wird, sind auf der Baustelle einige vorbereitende Arbeiten zu erledigen.

Vor allem ist der Baugrund auf seine Tragfähigkeit zu untersuchen, da jedes Gebäude auf einer festen und unverrückbaren Unterlage ruhen muß. Von dem Ergebnis der Untersuchung ist die Wahl der vorzunehmenden Gründung abhängig. Eine Untersuchung kann unterbleiben, wenn genügende Erfahrung über die Beschaffenheit des Baugrundes durch nahe gelegene Baustellen vorliegt. In zweifelhaften Fällen ist eine sorgfältige Untersuchung vorzunehmen, und zwar hauptsächlich in der Nähe der Stellen, die stärkere Belastung erhalten sollen (Gebäudeecken, Pfeiler usw.).

In einfachster Weise geschieht die Untersuchung durch Aufgraben eines Schachtes (bis zu etwa 5 m Tiefe), wodurch die einzelnen Bodenschichten zutage gelegt werden. Für größere Tiefen verwendet man das Sondiereisen und den Erdbohrer.

Bezüglich der Tragfähigkeit des Baugrundes werden die verschiedenen Bodenarten eingeteilt in:

1. guten Baugrund, das ist nur in geringem Maße preßbarer Boden bei einer Mächtigkeit von 2—3 m (Fels, fest gelagerter Kies- und Sandboden, fester Mergel, trockener Lehm und Ton, letztere auch mit wenig Sand gemischt),

2. mittleren Baugrund, das sind preßbare Bodenschichten, die jedoch bei einer Mächtigkeit von 3—4 m für das Bauwerk nicht gefahrbringend sind (etwas feuchter Ton oder Lehm, Mischboden aus Sand und Ton oder Lehm),

3. schlechten Baugrund, das sind Bodenarten, die bei jedem stärkeren Druck seitlich ausweichen und nicht tragfähig sind (feiner Sand, nasser Ton oder Lehm, Torf und Moorboden; ferner Mutter- oder Humusboden und aufgefüllter Boden).

Im allgemeinen nimmt man an, daß an sich tragfähiger Boden von 3—4 m Mächtigkeit ein Wohngebäude von 3—4 Geschossen tragen kann, selbst wenn eine lockere Bodenschicht darunter liegt.

Zu der Untersuchung des Baugrundes gehört auch die Ermittelung des Grundwasserstandes. Oberkante Kellerfußboden soll mindestens 30 cm über dem höchsten Grundwasserstande liegen. Wo dieses nicht zu erreichen ist, sind die Kellerräume gegen das Eindringen von Grundwasser sorgfältig zu schützen. (Vgl. Teil II dieses Leitfadens, Abschnitt II, Asphaltarbeiten.) Über den Grundwasserstand geben die Wasserstände der benachbarten Brunnen meist Aufschluß.

B. Einrichtung der Baustelle.

Eine zweckmäßige Einrichtung der Baustelle ist für den Verlauf und Fortschritt der Ausführungsarbeiten von großer Wichtigkeit.

Zunächst ist eine Reinigung des Bauplatzes vorzunehmen. Mauerreste, Schutt, Bäume, Sträucher u. dgl. sind zu entfernen. Die Bäume jedoch nur soweit unbedingt erforderlich.

Alsdann ist die Baustelle — in größeren Orten wenigstens — mit einem Bretterzaun einzufriedigen, der den ortspolizeilichen Vorschriften genügen muß. Die Lagerplätze für die Baustoffe sind so zu verteilen, daß bequeme Fahrwege auf der Baustelle verbleiben.

Für ausreichendes und gutes Wasser ist zu sorgen, entweder durch Bohren eines Brunnens, der für den Neubau bestehen bleibt, oder durch Anschluß an eine vorhandene Wasserleitung.

Ein Baubureau ist, wenn nötig, einzurichten. — Ein Arbeiterschuppen (Baubude) für die Arbeiter ist anzulegen und in Verbindung damit ein verschließbarer Raum zur Aufbewahrung der Baustoffe, die gegen Nässe und Vergeudung geschützt werden sollen (Zement, Gips, Eisenteile usw.) und der Ausführungszeichnungen, die am Bau verbleiben sollen.

Die Kalkgruben sind herzustellen (mindestens 2 auf jeder Baustelle); dicht dabei ist der Platz für die Kalkpfannen (Löschbänke) vorzusehen. — Aborte für die Arbeiter sind entsprechend den baupolizeilichen Vorschriften einzurichten. — Schließlich sind die Unfallverhütungsvorschriften an einer leicht zu übersehenden Stelle anzuhängen, sowie eine Tafel mit den Namen des Bauausführenden, des Bauleiters und des Bauherrn in deutlicher Schrift für jedermann sichtbar aufzustellen.

C. Abstecken des Gebäudes. Schnurgerüst.

Nachdem diese Arbeiten erledigt sind, kann mit dem Abstecken des Gebäudes begonnen werden. Hierbei handelt es sich zunächst um die Festlegung der dem Erdgeschoßmauerwerk entsprechenden Gebäudefluchten, insbesondere der Hauptbauflucht („guten Flucht“).

Die Hauptbauflucht, kurz Bauflucht, (Abb. 1, A—B) ist entweder

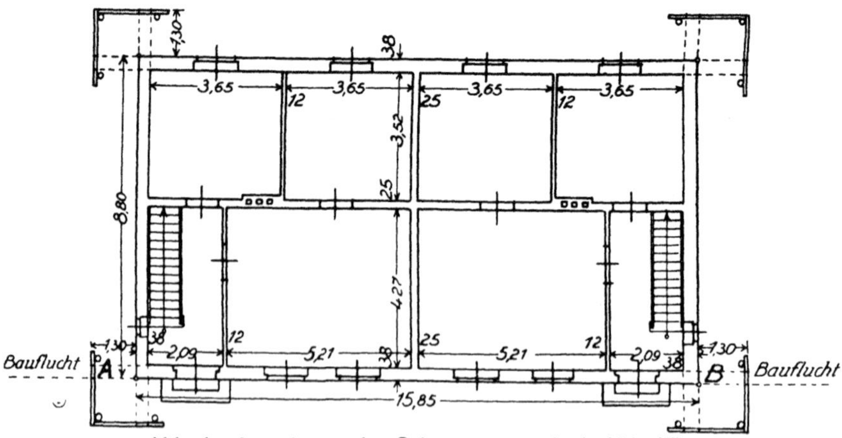

Abb. 1. Anordnung der Schnurgerüste (vgl. Abb. 15).

durch benachbarte Gebäude gegeben, oder sie wird in besonderen Fällen von dem Bauamte bestimmt.

Die Fluchten werden durch straff gespannte Schnüre und durch kleine Pfählchen, die an den Ecken eingeschlagen werden, bezeichnet. Das Antragen der rechten Winkel an den Ecken kann geschehen durch einen besonders hergestellten großen „Bauwinkel“ oder durch Abmessen von 3, 4 und 5 Metern (nach dem pythagoreischen Lehrsatze).

Das Schnurgerüst kann, nachdem die Gebäudefluchten festgelegt sind, noch vor Ausschachtung der Baugrube aufgestellt werden. Vielfach wird es auch erst nach dem Aushub der Baugrube errichtet.

Zu diesem Zwecke werden an den Gebäudeecken gleichlaufend mit den Gebäudefluchten je drei Kreuz- oder Rundholzpfähle von 1 bis 2 m Länge in einem Abstande von etwa 1,50—2 m außerhalb der Baugrube fest eingeschlagen (Abb. 1). Die Pfosten werden durch genau wagerechte kräftige Bretter mittels Nagelung verbunden, so daß die Oberkante der Bretter etwas über Sockelhöhe zu liegen kommt. Über die Bretter werden festgespannte Schnüre gezogen, welche die äußeren und inneren Mauerfluchten bezeichnen, sowohl für die Grundmauern, als auch für das Keller- und Erdgeschoßmauerwerk. Die Fluchten werden auf den Brettoberkanten durch Einschnitte gekennzeichnet (Abb. 2).

Abschnitt II.

Erdarbeiten.

Man beginnt bei gewöhnlichen Verhältnissen mit dem **Abhub des Humusbodens,** der sog. Mutter- oder Ackererde. Derselbe ist als Baugrund vollständig unbrauchbar und wird daher in seiner ganzen Stärke etwa 20—50 cm tief abgehoben und zwecks späterer Verwendung zu gärtnerischen Anlagen beiseite geschüttet.

Alsdann ist die **Ausschachtung der Baugrube** vorzunehmen. Der Aushub erfolgt bis Unterkante Kellerfußboden. Um Erdrutschungen zu vermeiden, erhält die Baugrube meist eine Böschung, die von der Standfestigkeit des Bodens abhängig ist (Abb. 2). Bei sehr festem Ton- oder Lehmboden können die Baugrubenwände auch lotrecht hergestellt werden. Die Größe der unteren Baugrubenfläche wird durch die Ausladung der untersten Grundmauerabsätze und einen etwaigen Arbeitsraum bestimmt.

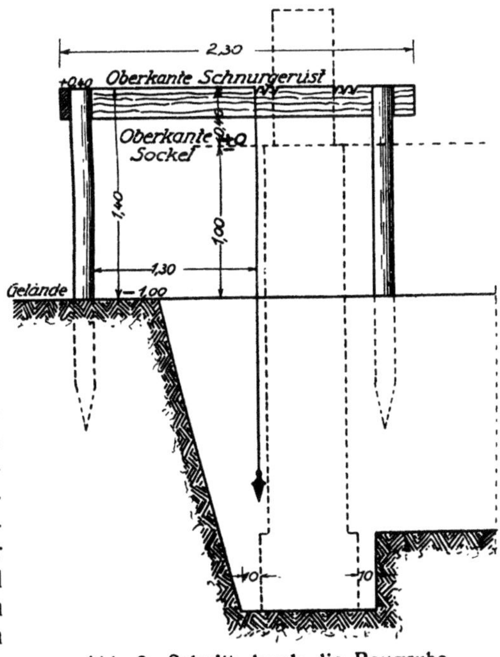

Abb. 2. Schnitt durch die Baugrube.

Nachdem die Baugrube ausgeschachtet ist, erfolgt der **Aushub der Grundmauergräben.** Die Sohle derselben muß bis auf den tragfähigen und frostfreien Boden reichen. Die Grundmauergräben werden am besten etwas breiter angelegt, als die Breite der untersten Grundmauern beträgt, damit ein sorgfältiges Mauern möglich ist. Bei Betongrundmauern fällt ein derartiger „Arbeitsraum" gewöhnlich fort, da die Wände der Grundmauergräben die notwendige Form bilden. Bei stark nachfallendem Erdreich sind Schalwände erforderlich.

Das in der Baugrube sich etwa ansammelnde Tage- oder Grundwasser muß durch Ausschöpfen oder Auspumpen beseitigt werden.

Der ausgeschachtete Boden ist, soweit er nicht zur Hinterfüllung der Grundmauern und zur Regulierung des Geländes gebraucht wird, von der Baustelle mittels Fuhrwerk (bzw. Rollbahnen) abzufahren.

Die Hinterfüllung der Mauern erfolgt erst später, wenn das Mauerwerk genügend ausgetrocknet und die gegebenenfalls erforderliche Isolierung gegen seitlich eindringende Feuchtigkeit ausgeführt ist.

Die einfache Gründung.

Ist die Baugrube trocken und besteht der Baugrund aus gutem „gewachsenen" Boden von hinreichender Stärke, so werden die Grundmauern unmittelbar auf den Baugrund aufgesetzt. Die Breite der Grundmauern muß so groß sein, daß der Baugrund nicht mehr als mit 3 kg/cm^2 belastet wird. Die Tiefe der Grundmauern muß mindestens so viel betragen, daß die Grundmauersohle frostfrei liegt; in unseren Breiten etwa 1,0 bis 1,30 m.

Abschnitt III.

Maurerarbeiten.

Die wichtigsten Teile eines Gebäudes sind seine Mauern. Sie werden entweder aus natürlichen oder aus künstlichen Steinen hergestellt, die durch einen regelrechten Verband und durch Mörtel zu einem festen Ganzen, dem Mauerwerkskörper, vereinigt werden. — Eine besondere Art von Mauerwerk, das neuerdings vielfach zur Anwendung kommt, ist das Stampfbeton-Mauerwerk.

Nach den verschiedenen Materialien unterscheidet man daher:

A. Mauerwerk aus künstlichen Steinen,
B. Mauerwerk aus natürlichen Steinen,
C. Mauerwerk aus Stampfbeton.

A. Mauerwerk aus künstlichen Steinen. (Ziegelmauerwerk.)

I. Baustoffe.[1]

Die wichtigsten Baustoffe, die hier in Betracht kommen, sind:

a) die gebrannten Ziegelsteine,
b) die ungebrannten Steine.
c) die verschiedenen Mörtelarten.

1) Näheres über Herstellung, Eigenschaften und Verhalten der Baustoffe siehe: Jessen u. Girndt, Leitfaden der Baustofflehre. Leipzig, B. G. Teubner.

a) Gebrannte Ziegelsteine.

Bezüglich der Herstellung gibt es verschiedene Arten von gebrannten Steinen.

1. Der gewöhnliche Ziegelstein, auch Backstein oder Hintermauerungsstein genannt, ist der gebräuchlichste und unentbehrlichste aller künstlichen Steine. Er wird hergestellt, indem man entsprechend zubereiteten Ton in die gewünschte Form bringt, trocknet und brennt. Werden die Steine in Formkästen mit der Hand gestrichen, so heißen sie „Handstrichsteine," werden sie dagegen mittels Maschinen gepreßt, so nennt man sie „Maschinensteine".

Das in Deutschland eingeführte Normalformat ist 25 cm lang, 12 cm breit und 6,5 cm stark; sein Gewicht beträgt rund 3,3 kg.

Außer diesem sind noch andere Formate gebräuchlich: das „Klosterformat" (28,5 × 13,5 × 8,5 cm), ferner im Norden Deutschlands die kleineren „Hamburger", „Kieler" und „Oldenburger" Formate.

2. Hartbrandsteine. Es sind entweder ausgesuchte, erstklassige Hintermauerungssteine oder besonders hergestellte, gut durchgebrannte und ebenflächige Steine. Sie werden vielfach als Vormauerungssteine bei Backsteinrohbauten verwendet. Bei größeren Backsteinrohbauten sind am besten Steine des sogenannten Klosterformates (28,5 × 13,5 × 8,5) zu verwenden.

3. Klinkersteine. Dies sind besonders stark gebrannte Ziegelsteine, die außerordentlich hart und wasserundurchlässig sind. Ihr Format ist meist ein wenig kleiner als das der gewöhnlichen Mauersteine. Man verwendet sie zu Sockel- und Grundmauerwerk, zu Pflasterungen, zum Ausmauern von Abortgruben usw.

4. Verblendsteine (Verblender) wurden früher vielfach zur Verkleidung von Ziegelrohbauten verwendet, sind jedoch wegen ihrer gleichmäßigen Färbung und der dadurch bedingten unschönen Wirkung der Mauerflächen nicht zu empfehlen. Das Format ist etwas größer als das der gewöhnlichen Ziegel: 25,2 × 12,2 × 6,9 cm. Außer den ganzen Steinen werden noch $\frac{3}{4}$, $\frac{1}{2}$ und $\frac{1}{4}$ Steine hergestellt. (Vgl. Abb. 14 und 15). Die Farbe ist verschieden, meist rot, braun, gelb, weiß usw.

5. Formsteine (Profilsteine) sind besonders geformte (profilierte), aus feinem Ton hergestellte Ziegelsteine, die beim einfachen Wohnhausbau fast nicht mehr verwendet werden und nur noch in besonderen Fällen bei gegliederten Backsteinbauten Anwendung finden.

6. Poröse Steine werden dadurch erhalten, daß man dem Ton verbrennbare Stoffe, wie Sägespäne, Lohe, Kohlenstaub, Torfmull usw. zusetzt. Indem diese verbrennen, erzeugen sie Hohlräume („Poren"). Sie werden nur im Inneren für leichte Wände und Decken verwendet. Wegen der vielen kleinen Hohlräume sind sie schlechte Wärmeleiter.

Gute Ziegelsteine sollen folgendermaßen beschaffen sein: frei von Kalk- und Steinstücken, regelmäßig geformt, gleichmäßig und durchgebrannt, hell klingend beim Anschlagen mit einem Eisen (Schlüssel), scharfkantig und ebenflächig, von gleichmäßiger Farbe und von feinkörnigem, muscheligem Bruch.

b) Ungebrannte Steine.

Die wichtigsten ungebrannten Steine, die zur Ausführung von Mauerwerk verwendet werden, sind folgende:

1. Der Kalksandstein. Er besteht aus Sand und Kalk und wird als klammfeuchtes Mörtelgemisch in Ziegelform gepreßt und unter hohem Druck erhärtet. Wegen seiner geringen Wärmehaltung und Putzhaftung ist er dem gebrannten Ziegelstein nicht gleichwertig.

2. Der rheinische Schwemmstein ist für den Kleinwohnungsbau ein ganz besonders guter Baustoff. Er wird im sog. Neuwieder Becken zwischen Koblenz und Köln gewonnen und aus vulkanischem Bimskies mit Kalkbrei hergestellt. (Maße 25 × 12 × 9,5 cm.) Er ist leicht, nagelbar, schalldicht, von grobkörnigem Gefüge, daher sehr wärmehaltend, von geringer Kapillarität, daher wenig wassersaugend. Putz und Mörtel haften sehr gut an seiner rauhen Oberfläche. Bei all seinen Vorzügen ist seine Verwendbarkeit in entfernt gelegenen Orten durch die Transportverhältnisse beschränkt.

3. Der Schlackenbetonstein. Er besteht aus einer Mischung von 1 Teil Zement und 10—15 Teilen feinkörniger, abgelagerter Schlacke, die frei von löslichen, schwefelsauren Salzen sein muß.

4. Der Lehmstein (Lehmpatzen, Luftstein, Grünling) wird aus nassem, mittelfettem Lehm geformt und an der Luft getrocknet. Er wird meist nur zur Ausmauerung innerer Fachwerkwände und zu landwirtschaftlichen Gebäuden untergeordneter Art verwendet. Das Format ist das 1—$2\frac{1}{2}$fache der Ziegelsteine.

5. Der Korkstein (weiß) wird aus Korkmehl und kalkig-tonigem Bindemittel im Normalformat hergestellt und für leichte Innenwände (mit Kalk- oder Gipsmörtel), besonders aber zur Isolierung gegen Wärme, Kälte und Schall verwendet.

Ungebrannte Steine sind ferner: **Gipssteine** (für leichte Innenwände), **Glassteine** (für durchscheinende Wände) und **Kunsttuffsteine** (für Wärmeisolierung).

c) Verschiedene Mörtelarten.

Unter Mörtel („Speis") versteht man das Mauerbindemittel, das den Zusammenhang der Steine bewirken und die Mauerfugen ausfüllen soll. Außerdem dient der Mörtel zur Herstellung des Putzes und zu Fußbodenabgleichungen.

Man unterscheidet:

α) Luftmörtel, das sind solche Mörtel, die nur an der Luft erhärten (abbinden),

β) Wassermörtel oder hydraulische Mörtel, das sind solche, die nicht nur an der Luft, sondern auch im Wasser abbinden,

γ) feuerfeste Mörtel, das sind solche, die durch Austrocknen erhärten.

α) Luftmörtel.

1. Der Weißkalkmörtel (Kalksandmörtel) ist der am meisten angewendete Luftmörtel. Er besteht in der Regel aus 1 Teil gelöschtem Kalk und 2—3 Teilen Sand. Diese Teile werden unter Wasserzusatz zu einer breiigen Masse gemischt.

Der Kalk wird durch Brennen des in der Natur vorkommenden Kalksteines gewonnen. Er ist, frisch gebrannt, trocken und unzerfallen zur Baustelle zu bringen, dort gegen Feuchtigkeit zu schützen und sobald als möglich zu löschen. Das Löschen erfolgt in den sog. Kalk- oder Löschbänken. Hier wird er unter allmählichem Übergießen mit Wasser so lange umgerührt, bis eine völlig gleichmäßige, milchweiße Flüssigkeit entsteht. Bei einem Zusatz von zuviel Wasser „ersäuft" der Kalk, bei zu wenig Wasser „verbrennt" er. Der Kalkbrei wird durch die zur Zurückhaltung der ungelösten Kalksteinteile mit einem Siebe versehene Öffnung der Löschbank in die viereckige, meist ausgemauerte Grube gelassen und dort „eingesumpft". Der für das Mauerwerk zu verwendende Kalk soll mindestens 8 Tage, der für Putzarbeiten 6—8 Wochen eingesumpft bleiben, um das Nachlöschen möglichst auszuschließen.

Das Wasser, das zum Löschen verwendet wird, soll rein, saurefrei und weich sein. Am besten ist Regen- oder Fluß- oder Teichwasser.

Der Sand muß scharf sein und frei von tonigen, erdigen (organischen) Bestandteilen. Unreiner Sand kann durch Waschen verbessert werden.

Das Mischen des Kalksandmörtels wird entweder mit der Hand oder bei größeren Bauten mit Mörtelmaschinen bewirkt. Der Kalkmörtel muß frisch zur Verwendung kommen; es darf nur soviel Mörtel zubereitet werden, als für den betreffenden Tag gebraucht wird. Die Steine sind möglichst naß zu halten, da vor allem hiervon die spätere Festigkeit des Mörtels abhängt. Übliches Mischungsverhältnis: 1 : 3 für Mauerwerk und 1 : 2 für Putz. (1 Teil Kalk + 2 bzw. 3 Teile Sand.)

Der gewöhnliche Kalkmörtel erfährt eine wesentliche Verbesserung durch Beimischung von feingepulvertem ungelöschten Kalk unmittelbar und rasch vor der Verwendung (1 Teil Kalk + 3 Teile feiner Bausand + $\frac{3}{4}$ Teile fein gepulverter ungelöschter Kalk). Die Masse erhitzt sich, die Silikatbildung beginnt sofort und geht so rasch vorwärts, daß schon nach 4 Tagen ein spitzes Eisen nicht mehr in den Mörtel getrieben werden kann. — Dieser Mörtel ist auch als Wassermörtel geeignet und bei Kälte bis zu 10° verwendbar.

2. **Der Gipsmörtel** wird aus gemahlenem Gips (durch Brennen des Gipssteines) mit Zusatz von Wasser ohne Sand hergestellt und in der Regel nur zur Herstellung von feinem Wandputz und von Fußbodenestrichen (unter Verwendung von Mauer- oder Estrichgips) oder zu Stuckarbeiten (unter Verwendung von Stuckgips) gebraucht.

3. **Der Lehmmörtel** wird aus fettem Lehm und Wasserzusatz, auch unter Beimengung von Hackstroh bereitet und wegen seiner geringen Widerstandsfähigkeit gegen Wasser nur noch selten verwendet, z. B. zum Vermauern von Lehmsteinen bei einfachen landwirtschaftlichen Gebäuden, ferner zur Aufmauerung von Feuerstellen, Kesselmauerungen usw.

β) Wassermörtel (Hydraulische Mörtel).

1. **Der Wasserkalkmörtel** wird aus besonderen Kalken, sog. Magerkalken mit 15—30% Silikatgehalt (Schwarz- oder Graukalk) hergestellt und hat die Eigenschaft, unter Wasser zu erhärten.

Das Ablöschen dieser Kalke geschieht in der Weise, daß kegelförmige Haufen von etwa 80—90 cm Höhe aufgeschüttet und mit Sand überdeckt werden. Dann wird Wasser darüber gegossen, bis das Innere durchfeuchtet ist. Der so gelöschte Kalk wird nicht eingesumpft, sondern möglichst schnell verarbeitet, da er schneller als Weißkalkmörtel erhärtet. — Er wird bei Grundmauern, stark belasteten Pfeilern, Bögen, Gewölben usw. verwendet.

2. **Der Traßkalkmörtel** besteht aus einer Mischung von gemahlenem Traß (vulkanischer Tuffstein) mit Fettkalk und Wasser, mit oder ohne Sandzusatz. Er wird für aufgehendes Mauerwerk und besonders für Wasserbauten verwendet. Gutes Mischungsverhältnis: 1 Teil Kalk + 2 Teile Traß oder 1 Teil Kalk + 1 Teil Traß + 1 bis 2 Teile Sand.

3. **Der Zementmörtel** ist der beste hydraulische Mörtel. Mit Zement bezeichnet man eine innige Mischung aus tonig-kalkigen Rohstoffen, die bis zur Sinterung gebrannt und bis zur Mehlfeinheit zerkleinert werden (Portlandzement).

Die Bereitung des Zementmörtels geschieht in der Weise, daß man zunächst die sorgfältig abgemessene Menge Zement und Sand trocken mischt und solange durcheinander arbeitet, bis eine ganz gleichfarbige Masse entsteht. Dann setzt man unter fortwährendem Durcharbeiten allmählich Wasser in verteiltem Zustande (mittels Brause) zu, bis die gewünschte Geschmeidigkeit entstanden ist.

Das Mischungsverhältnis ist abhängig von dem Zweck, zu dem der Mörtel verwendet werden soll. Für gewöhnliche Mauerarbeiten nimmt man 1 Teil Zement + 3 bis 4 Teile Sand; bei stark belasteten Bögen und Gewölben, bei Außenputz, Zementfußböden usw. 1 Teil Zement + 2 Teile Sand; als Feinschicht für Zementestriche 1 Teil Zement + 1 Teil Sand.

4. **Der verlängerte Zementmörtel** besteht aus Kalkmörtel, dem ein Zusatz von Zement beigegeben ist, um das Erhärten zu beschleunigen und die Festigkeit zu erhöhen. Er wird bei Grundmauern, Bögen, Gewölben usw. verwendet, meist in der Mischung: 1 Teil Zement + 1 bis 2 Teile Kalk + 6 bis 10 Teile scharfer Sand.

II. Verband der Mauern.

a) Allgemeines.

Unter Verband der Mauern versteht man die Art und Weise, wie die Steine seitens des Maurers ordnungsgemäß zusammengefügt werden. Von einem guten regelrechten Verband hängt, abgesehen von der Güte der zu verwendenden Steine und des Mörtels, wesentlich die Festigkeit der Mauern ab.

Zur Herstellung eines regelrechten Mauerverbandes ist ein bestimmtes Verhältnis in den Abmessungen der Backsteine erforderlich, derart,

daß zwei Steinbreiten + Mörtelfuge = der Steinlänge

sind. Diesem Zweck entspricht das in Deutschland eingeführte Normalformat von 25 cm Länge, 12 cm Breite und 6,5 cm Stärke (Abb. 3).

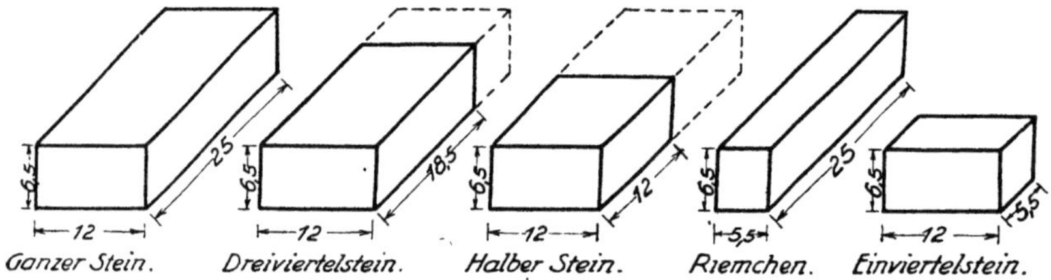

Abb. 3. Normalstein und seine Teilstücke.

Außer den ganzen Steinen werden für den Mauerverband auch Teilstücke erforderlich, die man in der Regel beim Mauern durch Zurechthauen des ganzen Steines gewinnt oder fertig aus den Ziegeleien bezieht (Abb. 3).

Benennung der Steinlagen und Fugen. Bei dem Zusammenfügen der Steine wird die Fläche, auf die der Stein gelegt wird, Lagerfläche, diejenige, mit der die Steine zusammenstoßen, Stoßfläche genannt. — Die Fugen zwischen den aufeinanderliegenden Steinen heißen Lagerfugen (Stärke 1,2 cm); die Fugen zwischen den nebeneinanderliegenden Steinen werden Stoßfugen genannt (Stärke 1 cm) (Abb. 4). Die Stärke der Lagerfugen von 1,2 cm ergibt sich daraus, daß man auf 1 m aufgehendes Mauerwerk 13 Schichten rechnet.

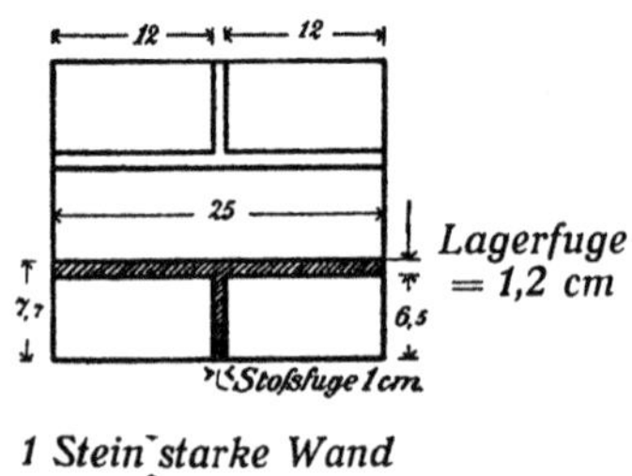

Abb. 4. Benennung u. Stärke der Fugen.

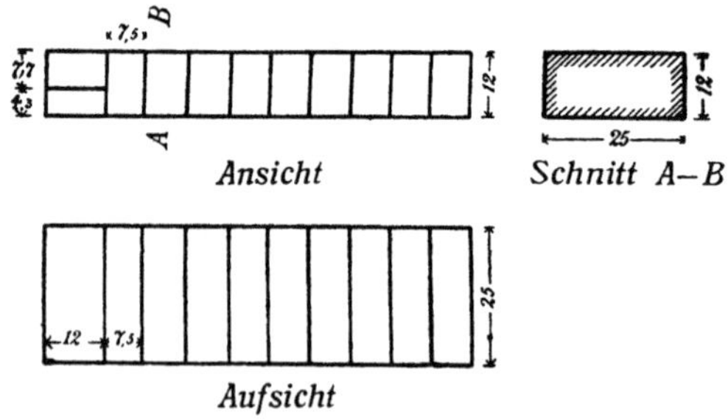

Abb. 5. Rollschicht.

Benennung der Schichten. Die Ziegelsteine können bei der Ausführung von Mauerwerk verschiedene Lagen haben. Man unterscheidet:

Läuferschicht, hierbei liegen die Steine mit ihrer Langseite in der Mauerflucht und heißen Läufer;

Binderschicht, die Steine liegen mit ihrer Langseite senkrecht zur Mauerflucht und heißen Binder oder Strecker;

Rollschicht, die Steine liegen hochkantig (auf der schmalen Seite) senkrecht zur Mauerflucht (Abb. 5);

Schränkschicht, die Steine liegen hochkantig unter einem Winkel von 45°—60° zur Mauerflucht (Fig. 6);

Stromschicht (Sägeschicht), die Steine liegen auf der flachen Seite unter einem Winkel von 45°—60° zur Mauerflucht. (Abb. 7.)

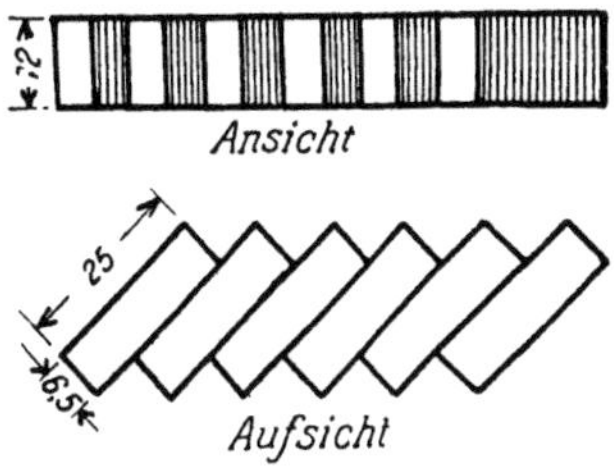

Abb. 6. Schränkschicht.

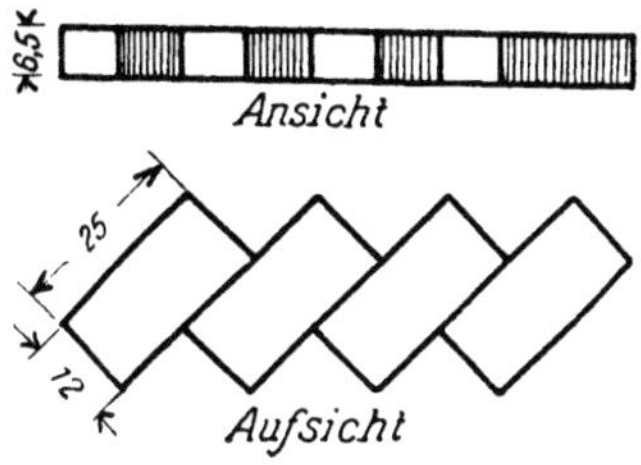

Abb. 7. Stromschicht.

Die Mauerstärken werden entweder in ganzen oder halben Steinlängen oder in Zentimetern ausgedrückt. In den Bauzeichnungen werden die Mauerstärken nur nach Zentimetern (nicht nach Dezimalen) angegeben. Mit Hinzurechnung der Stoßfugen von 1 cm ergeben sich folgende Maße:

$^1/_2$	Stein	starke	Mauer	= 12 cm,	
1	,,	,,	,,	= 25 ,,	
$1^1/_2$	,,	,,	,,	= 38 ,,	
2	,,	,,	,,	= 51 ,,	
$2^1/_2$	,,	,,	,,	= 64 ,,	
3	,,	,,	,,	= 77 ,,	
$3^1/_2$	,,	,,	,,	= 90 ,,	
4	,,	,,	,,	= 103 ,,	usw.

Die Berechnung der Mauerlängen erfolgt nach der Anzahl der Köpfe. Ein Kopf = 12 cm + 1 cm Fuge = 13 cm. Je nach der Begrenzung der

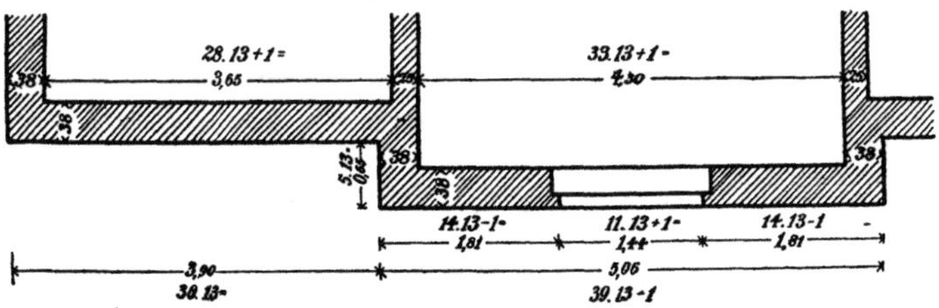

Abb. 8. Beispiel für die Berechnung von Mauerlängen.

Mauer ist jedoch eine weitere Fuge hinzuzurechnen oder eine Fuge abzuziehen. Man kann drei Fälle unterscheiden (siehe Abb. 8):

1. Die Mauer ist beiderseits frei endend, dann ist die Mauerlänge = Anzahl der Köpfe mal 13 — 1.

2. Die Mauer stößt an einer Seite an, dann ist die Mauerlänge = Anzahl der Köpfe mal 13.

3. Die Mauer stößt an beiden Seiten an, dann ist die Mauerlänge = Anzahl der Köpfe mal 13 + 1.

b) Allgemeine Verbandregeln.

Zur Herstellung eines guten Mauerverbandes sind folgende allgemeine Regeln zu beachten:

1. *Jede Schicht muß genau wagerecht liegen und durch die ganze Stärke der Mauer gehen.*
2. *Die Stoßfugen zweier aufeinander liegenden Schichten dürfen weder im Äußern, noch im Innern zusammenfallen; es soll eine Überbindung von $\frac{1}{4}$ bzw. $^1/_2$ Steinlänge stattfinden.*
3. *Die Stoßfugen sollen, soweit dies möglich, durch die Mauer hindurchgehen („es muß Schnittfuge gehalten werden").*
4. *Im Innern der Mauer sollen möglichst viele Binder verlegt werden.*
5. *In der Ansicht sollen Läufer und Binderschichten regelmäßig abwechseln.*
6. *An der Ecke wechselt die Läuferschicht der einen Seite zur Binderschicht auf der anderen Seite. Parallele Mauern erhalten dadurch in der Regel gleiche Schichten.*
7. *Es sind tunlichst ganze Steine zu verwenden und nur soviel Teilstücke, als zur Herstellung des Verbandes unbedingt nötig sind.*

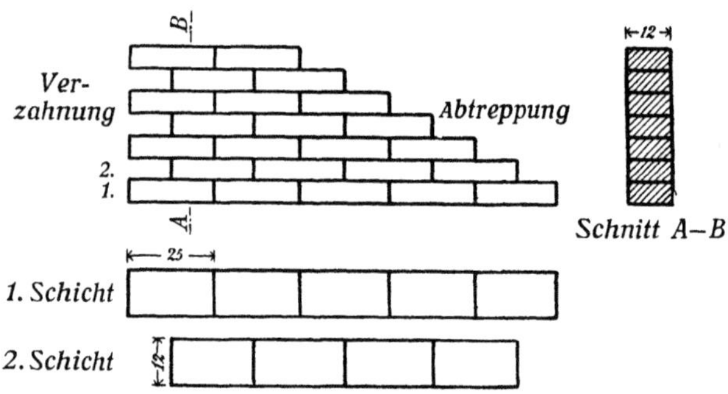

Abb. 9. Läuferverband für eine $^1/_2$ Stein starke Wand.

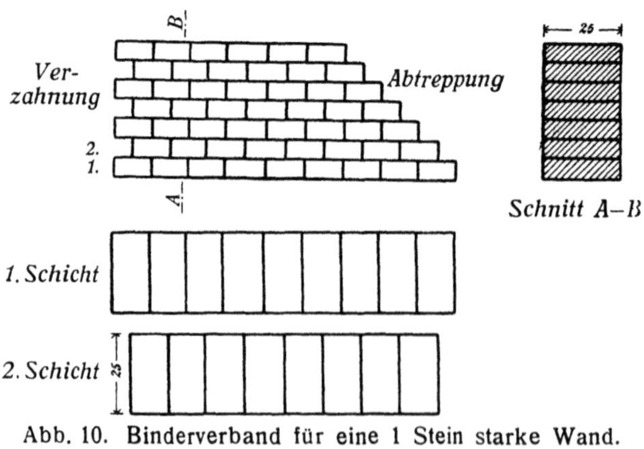

Abb. 10. Binderverband für eine 1 Stein starke Wand.

c) Arten des Verbandes.

Das Backsteinmauerwerk kann nach verschiedenen Verbandarten ausgeführt werden. Die gebräuchlichsten sind folgende:

1. Der Läufer- oder Schornsteinverband

(Abb. 9). Er besteht nur aus Läufern und wird ausschließlich bei $^1/_2$ Stein starken Mauern und bei Schornsteinwangen angewendet. Die Überbindung beträgt $^1/_2$ Stein.

Die Verzahnung, d. i. der lotrechte Abschluß, der entsteht, wenn die Mauer bis zu einer bestimmten

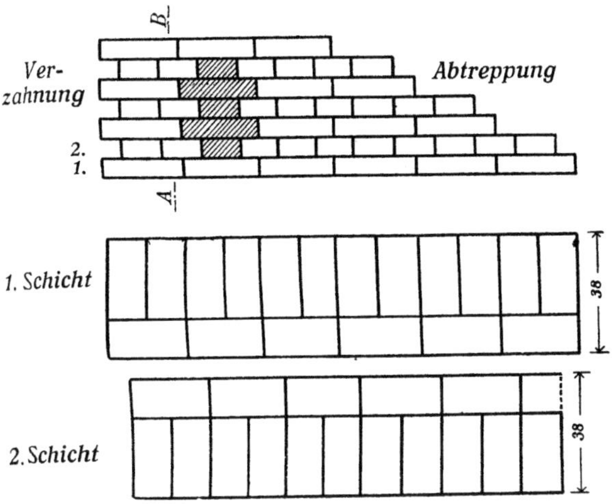

Abb. 11.
Blockverband für eine $1^1/_2$ Stein starke Mauer.

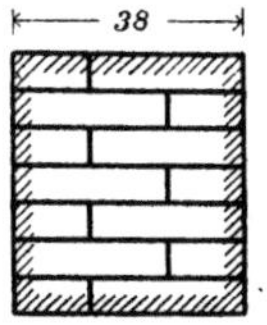

Schnitt A–B

Stelle ohne Verwendung von Teilstücken ausgeführt wird, ist regelmäßig und $^1/_2$ Stein breit.

Die Abtreppung, die sich durch das schichtenweise Absetzen der Mauern ergibt, ist regelmäßig und $^1/_2$ Stein breit.

2. Der Binder- oder Streckerverband (Abb. 10). Er ist nur bei 1 Stein starken Mauern möglich. Die Überbindung beträgt $\frac{1}{4}$ Stein.

Die Verzahnung und Abtreppung ist regelmäßig und $\frac{1}{4}$ Stein breit. — Für gewöhnlich werden auch die 1 Stein starken Mauern im Block- oder besser im Kreuzverbande ausgeführt.

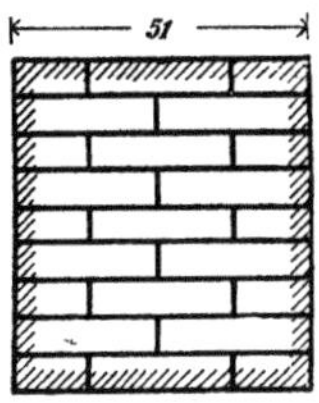

Schnitt A–B

3. Der Blockverband (Abb. 11). Es wechseln in den Ansichten Läufer- und Binderreihen regelmäßig ab; die Stoßfugen der gleichen Reihen liegen senkrecht übereinander. Die Überbindung beträgt $\frac{1}{4}$ Stein.

Die Verzahnung ist regelmäßig und $\frac{1}{4}$ Stein breit. — Die Abtreppung ist unregelmäßig, $\frac{1}{4}$ und $\frac{3}{4}$ Stein breit.

4. Der Kreuzverband (Abb. 12). Es wechseln im Äußern Läufer- und Binderreihen wie beim Blockverband regelmäßig ab. Die Stoßfugen der Binderreihen liegen lotrecht übereinander. Die Stoßfugen der Läuferreihen dagegen sind in jeder zweiten Läuferschicht um $^1/_2$ Stein gegen die jeder ersten Läuferschicht versetzt, so daß erst in jeder 5. Schicht die Läufer-Stoßfugen lotrecht überein-

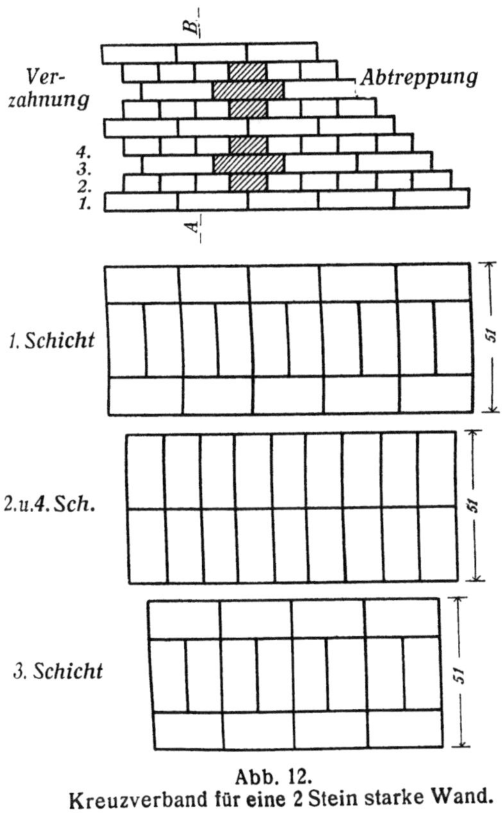

Abb. 12.
Kreuzverband für eine 2 Stein starke Wand.

ander liegen. In der Außenansicht zeigen sich Kreuze, die durch je eine Stoßfuge getrennt sind.

Die Abtreppung ist regelmäßig und $\frac{1}{4}$ Stein breit. — Die Verzahnung hat die Form eines halben Kreuzes (doppelt abgesetzt um 2mal $\frac{1}{4}$ Stein).

5. Der Blendverband (Abb. 13 u. 14). Er wird nur noch selten ausgeführt. Er bildet, wie der Name besagt, eine Verkleidung des Mauerwerks mit feinen Verblendsteinen (vgl. S. 6). Der Ersparnis wegen wird diese Verblendung nur in $^1/_2$ und $\frac{1}{4}$ Steinen ausgeführt. Für die Ecken sind besondere Ecksteine notwendig.

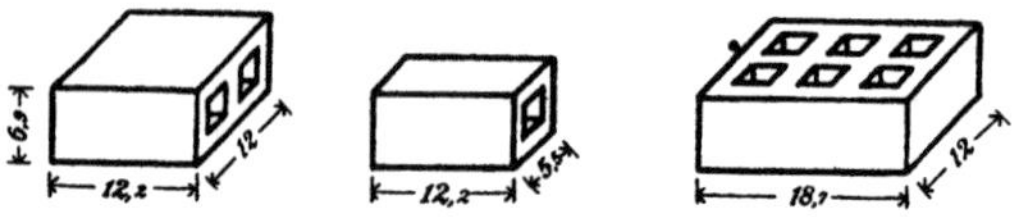

Abb. 13. Verblendsteine.

Die Abmessungen dieser Steine sind in Abb. 13 angegeben. Die Stärke der Stoß- und Lagerfugen beträgt 8 mm.

Der Verband zeigt in allen Schichten Köpfe mit versetzten Fugen. (Abb. 14.) Die Verblendung wird in der Regel und am besten gleichzeitig mit der Hintermauerung hergestellt. Nachträgliches Verblenden ist weniger gut und muß, wenn einmal nötig, mit schnell bindendem Mörtel ausgeführt werden.

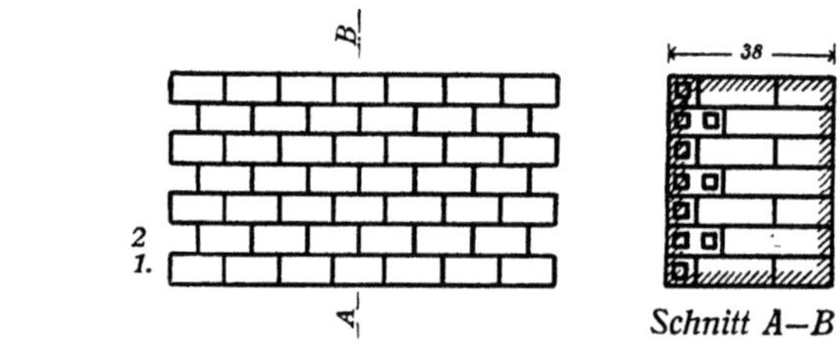

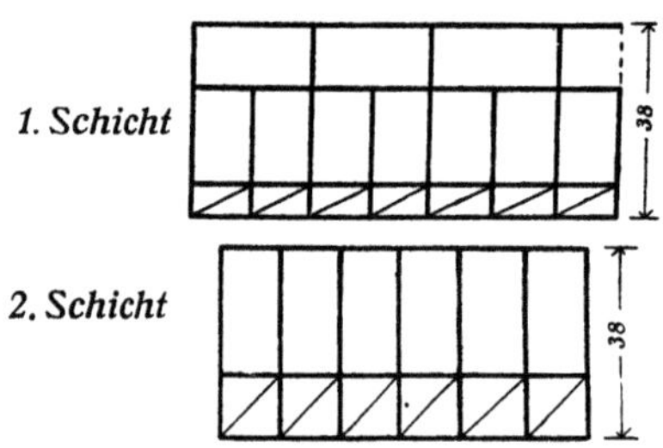

Abb. 14. Der Blendverband.

6. Sonstige Verbände. Außer den genannten Verbänden sind noch der „gotische Verband" und der „holländische Verband" zu erwähnen, die jedoch nur selten angewendet werden.

Der gotische Verband (in jeder Schicht wechseln Läufer und Binder!) wird auch heute bei Backsteinbauten in mittelalterlichen Formen (Kirchen usw.) verwendet; dazu Steine im Klosterformat!

Beim holländischen Verband wechseln Binderschichten und Schichten, die abwechselnd aus Läufern und Bindern gebildet werden.

Der „Strom- oder Festungsverband" findet für sehr starkes Mauerwerk beim Brücken- oder Festungsbau Verwendung. Im Innern der Mauer werden die einzelnen Steine unter 45° und 60° zur Mauerflucht gelegt, während die außen sichtbaren Steine den Block- oder Kreuzverband zeigen.

d) Einzelregeln für besondere Fälle.

In einem Gebäudegrundriß können die Mauern verschiedenartig zusammentreffen oder endigen (vgl. Abb. 15).

1. Das gerade Mauerende ergibt sich bei der Anlage von Tür- und Gurtbogenöffnungen (Punkt A, Abb. 15).

Verbandregel: An das Ende der Läuferschicht kommen so viel Läuferdreiquartiere hintereinander, als die Wand halbe Steine stark ist. — An das Ende der Binderschicht legt man auf jede Seite der Wand zwei Binderdreiquartiere (Abb. 17). *Ist die Wand stärker als* 38 *cm, so kommen dazwischen noch ganze Steine!* (Abb. 18.)

Bei 1 Stein starken Wänden fallen die Dreiquartiere in der Binderschicht fort. Es liegen bis zum Mauerende ganze Steine als Binder (Abb. 16). Zur Herstellung des Kreuzverbandes ist in jeder zweiten Läuferschicht neben die Läuferdreiquartiere je ein „Kopfstück" zu legen. (Abb. 18.)

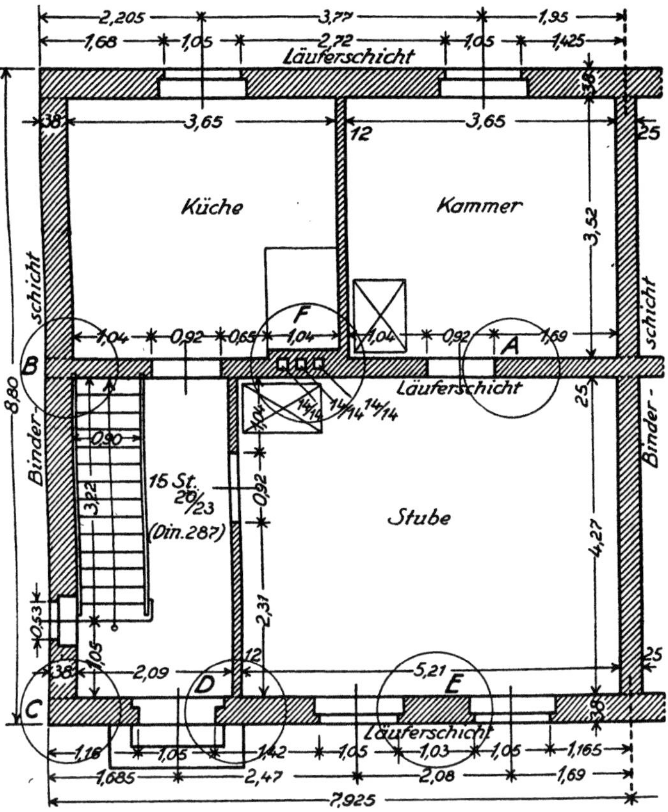

Abb. 15. Erdgeschoßgrundriß eines Arbeiter-Doppelhauses. (Über dem Erdgeschoß ausgebautes Dachgeschoß.)

Bei einer Mauer von bestimmter Länge können die beiden Mauerendigungen entweder gleich oder verschieden sein, je nachdem die Mauerlänge durch 13 teilbar ist oder nicht („umgekehrter Verband"). Abb. 16 und 17 zeigen gleiche, Abb. 18 ungleiche Endigungen.

2. Der rechtwinklige Maueranschluß kommt vor, wenn Scheidemauern an Hauptmauern oder andere Scheidemauern rechtwinklig anstoßen. (Punkt B, Abb. 15.)

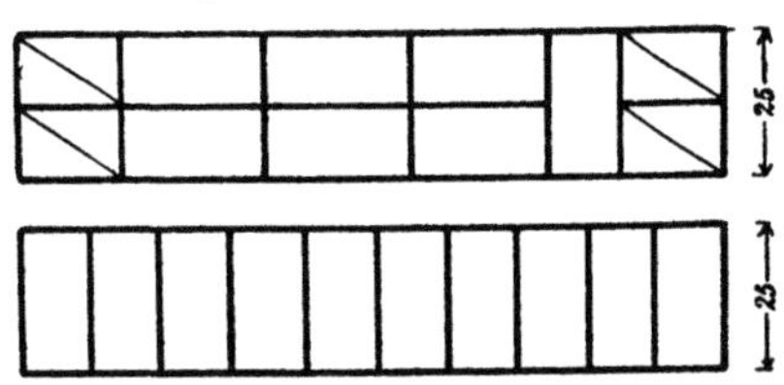

Abb. 16. Das gerade Mauerende (Punkt A, Abb. 15). Die Mauerlänge ist durch 13 teilbar (Blockverband).

Verbandregel: Beim rechtwinkligen Maueranschluß wird in der einen Schicht die Hauptwand, in der nächsten Schicht die anschließende Wand durchgeführt. — Die durchgeführte Wand wird stets als Läuferschicht ausgebildet. —

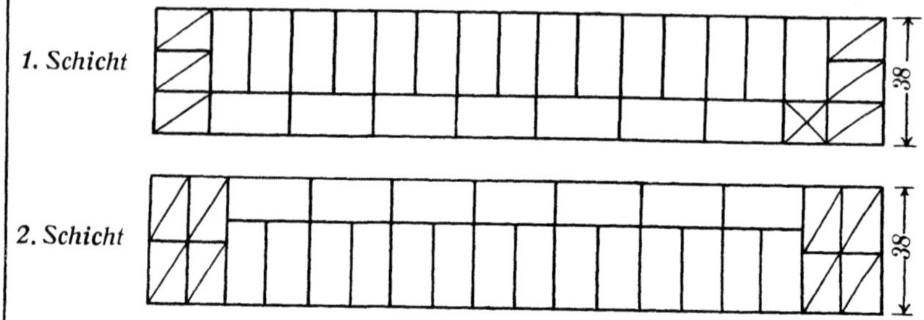

Abb. 17. Das gerade Mauerende.
Die Mauerlänge ist durch 13 teilbar (Blockverband).

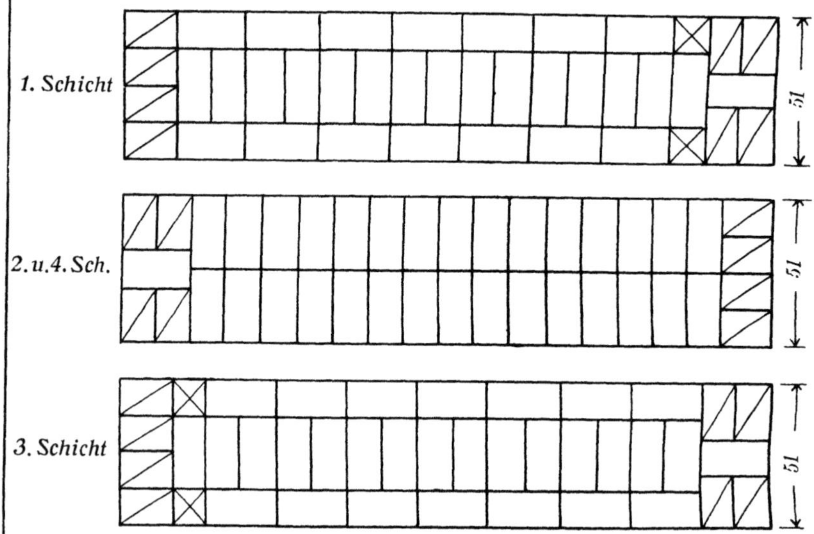

Abb. 18. Das gerade Mauerende.
Die Mauerlänge ist nicht durch 13 teilbar (Kreuzverband).

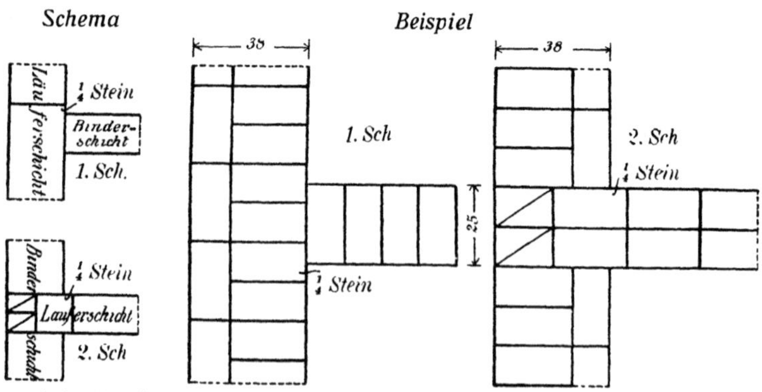

Abb. 19. Der rechtwinklige Maueranschluß (Punkt B, Abb. 15).

An das Ende der anschließenden Wand kommen in der durchgeführten Läuferschicht so viel Läuferdreiquartiere hintereinander, als die Wand $\frac{1}{2}$ Stein stark ist. (Abb. 19, 2. Sch.) — *Die Stoßfugen der Läuferschichten sind von den inneren Ecken stets $\frac{1}{4}$ Stein oder $\frac{3}{4}$ Stein entfernt.*

3. Die rechtwinklige Mauerkreuzung entsteht, wenn rechtwinklig zusammenstoßende Mauern über den Kreuzungspunkt hinausgehen.

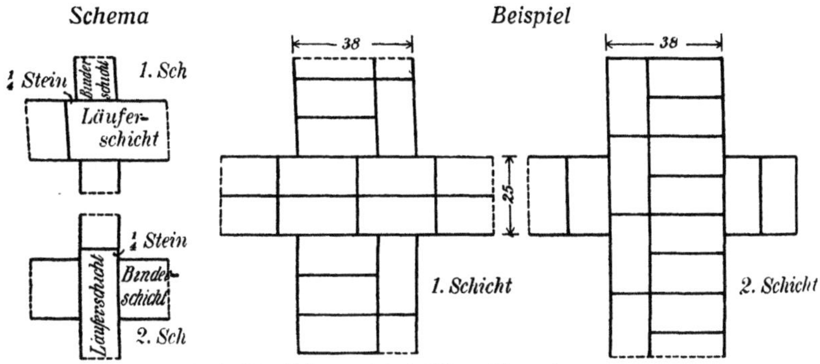

Abb. 20. Die rechtwinklige Mauerkreuzung.

Verbandregel: *Bei der rechtwinkligen Mauerkreuzung geht in der einen Schicht die eine Wand, in der nächsten Schicht die andere Wand durch. — Die durchgehende Wand wird stets als Läuferschicht, die anstoßende Wand als Binderschicht ausgeführt. — In den Läuferschichten müssen die Stoßfugen von den inneren Mauerecken $\frac{1}{4}$ oder $\frac{3}{4}$ Stein entfernt sein.* (Abb. 20.)

Sind die Mauern in der Kreuzung gegeneinander versetzt, so sind gleichzeitig die Regeln für den rechtwinkligen Maueranschluß zu beachten.

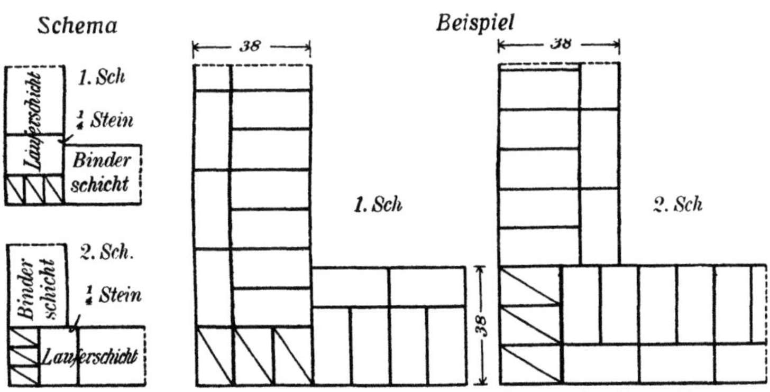

Abb. 21. Die rechtwinklige Mauerecke (Punkt C, Abb. 15).

4. Die rechtwinklige Mauerecke. (Punkt C, Abb. 15.)

Verbandregel: *Bei der rechtwinkligen Mauerecke wird in der einen Schicht die eine Wand, in der nächsten Schicht die andere Wand bis zur Ecke durchgeführt. — Die durchgehende Wand wird stets als*

Läuferschicht, die anstoßende als Binderschicht ausgeführt. An das Ende der durchgeführten Läuferschicht legt man so viel Läuferdreiquartiere hintereinander, als die Wand ½ Steine stark ist. (Abb. 21.) Zur Herstellung des Kreuzverbandes ist die Einschiebung eines halben Steines in jeder 2. Läuferschicht zu berücksichtigen. Bei dem Blendverband sind in den Ecken ¾ Verblender zu legen. (Abb. 22.)

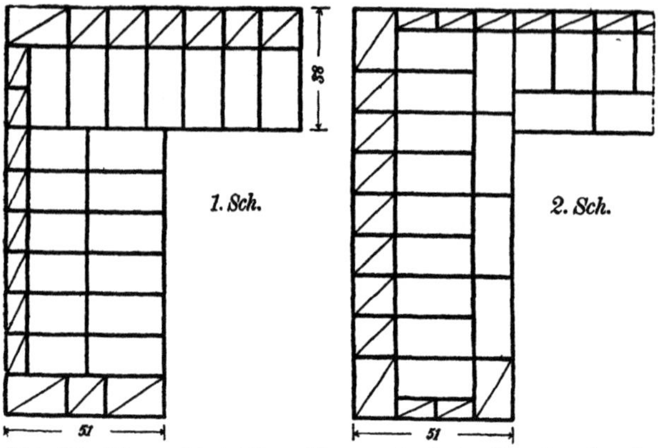

Abb. 22. Die rechtwinklige Mauerecke beim Blendverband.

5. Die stumpfwinklige Ecke kommt hauptsächlich bei Vorbauten von Veranden, Erkern, Treppenhäusern usw. vor.

Verbandregel: *Bei der stumpfwinkligen Mauerecke wird in der einen Schicht die eine Wand als Läuferschicht, die andere Wand als Binderschicht ausgeführt; in der nächsten Schicht umgekehrt!*

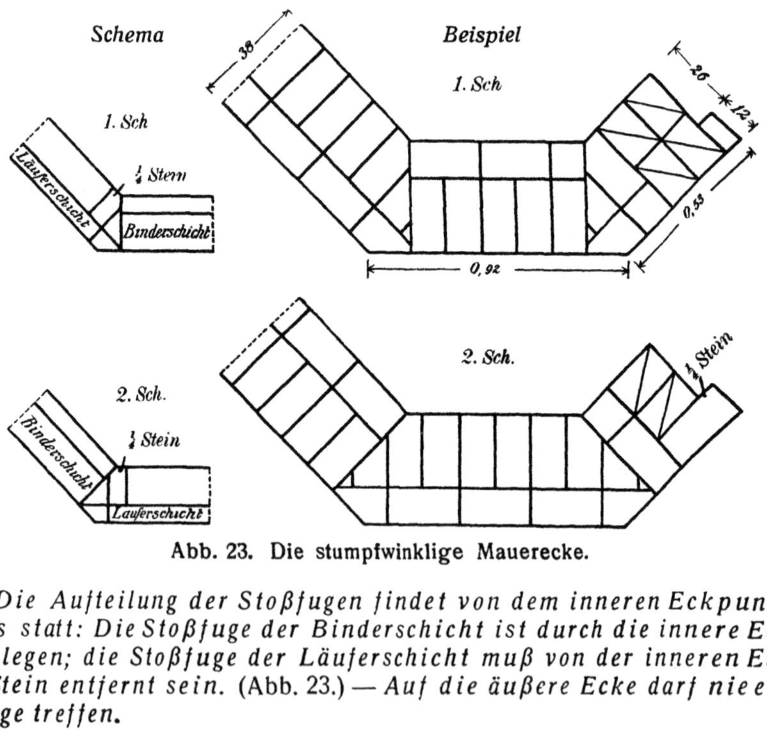

Abb. 23. Die stumpfwinklige Mauerecke.

Die Aufteilung der Stoßfugen findet von dem inneren Eckpunkte aus statt: Die Stoßfuge der Binderschicht ist durch die innere Ecke zu legen; die Stoßfuge der Läuferschicht muß von der inneren Ecke ¼ Stein entfernt sein. (Abb. 23.) — *Auf die äußere Ecke darf nie eine Fuge treffen.*

6. Die spitzwinklige Ecke.

Verbandregel: Bei der spitzwinkligen Mauerecke geht die äußere Läuferreihe der einen Wand bis zur Ecke durch. Die andere Wand wird als Binderschicht bis an diese Läuferreihe geführt. —

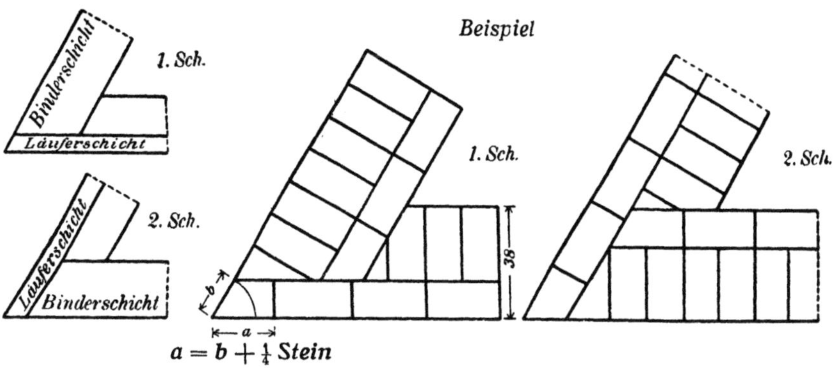

Abb. 24. Die spitzwinklige Mauerecke.

Die Aufteilung der Stoßfugen erfolgt von dem spitzen Eckstein aus, der als Läuferdreiquartier so zu bilden ist, daß seine Langseite a um ¼ Stein länger als die schräge Schmalseite b wird. (Abb. 24.)

7. Der Zusammenstoß mehrerer Mauern an einer Ecke kommt hauptsächlich bei Strebepfeilern vor. Es gilt ganz allgemein die Regel, daß die dritte Mauer in der einen Schicht (meist als Läuferschicht) einbindet, in der folgenden Schicht (als Binderschicht) stumpf gegen die beiden anderen Mauern anstößt.

8. Die schiefwinklige Mauerkreuzung kommt sehr selten zur Ausführung. Der Verband richtet sich im wesentlichen nach den Verbandregeln für die rechtwinklige Mauerkreuzung. (Abb. 25.)

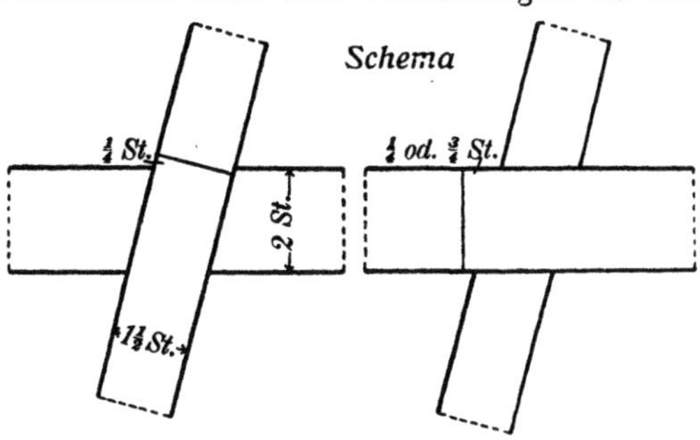

Abb. 25. Die schiefwinklige Mauerkreuzung.

9. Die Mauervorlagen werden entweder zur Verstärkung der Mauern oder zur architektonischen Gliederung als Wandpfeiler von größerer oder geringerer Ausladung angeordnet.

Verbandregel: Vorlagen von ½ Stein Vorsprung werden in der Läuferschicht frei vorgelegt und mit Enddreiquartieren als kurze ½ Stein starke Wand ausgeführt; in der Binderschicht binden diese Vorlagen mit Binderdreiquartieren in die Mauer ein. (Abb. 26.) — *Vorlagen von ¼ Stein Vorsprung binden in der Läuferschicht mit*

Schrägfugen (Abb. 27), *in der Binderschicht meist mit ganzen Steinen in die Mauer ein.*

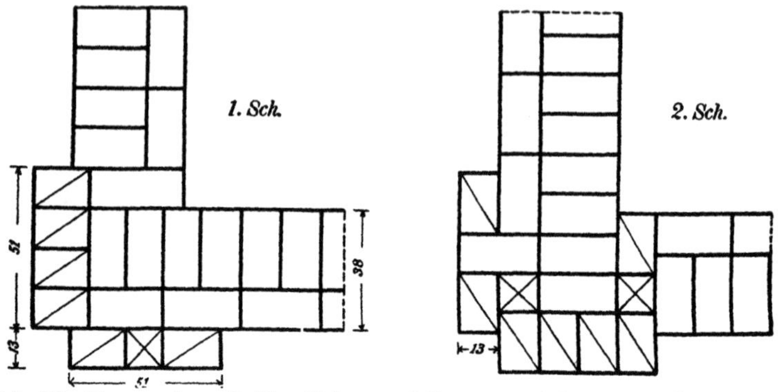

Abb. 26. Mauerecke mit Verstärkungspfeilern von $\frac{1}{2}$ Stein und Rinnschlitz.

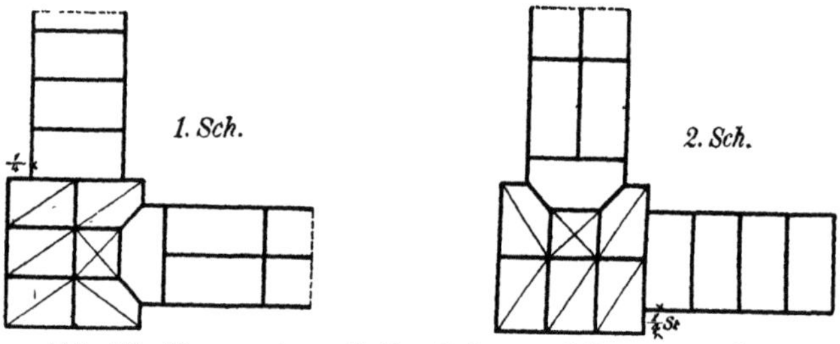

Abb. 27. Mauerecke mit Verstärkungspfeiler von $\frac{1}{4}$ Stein.

10. Fenster- und Türanschläge. Die seitlichen Begrenzungen von Fenstern und Hauseingangstüren sind Mauerenden mit Vorsprüngen, die man „Anschläge" nennt. Dieselben dienen zur Aufnahme des „Blend- oder Futterrahmens" für Fenster- und Türflügel. (Abb. 28 u. 29.)

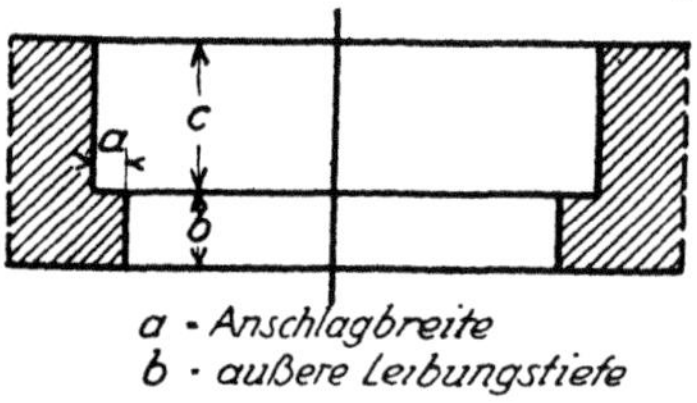

Abb. 28. Grundriß eines Fensters.

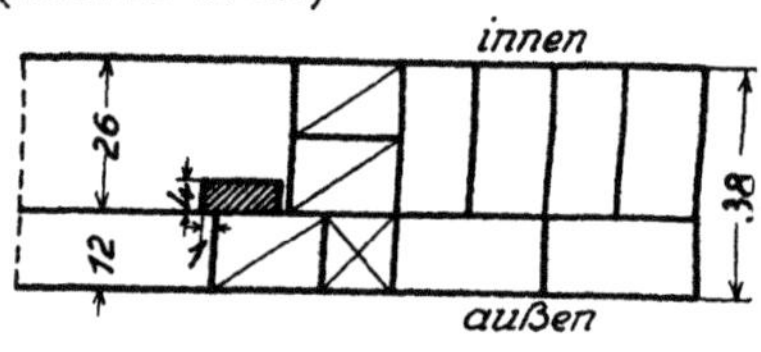

Abb. 29. Fensteranschlag von $\frac{1}{2}$ Stein mit angelehntem Blendrahmen.

Die Breite des Anschlages beträgt:

bei einfachen Fenstern gewöhnlich $\frac{1}{4}$ Stein (7—8 cm),
bei Doppelfenstern in der Regel $\frac{1}{2}$ Stein (13 cm),
bei Eingangstüren meist $\frac{1}{2}$ Stein (13 cm).

Die Entfernung des Anschlages von der äußeren Mauerflucht beträgt:

bei Fenstern in der Regel $\frac{1}{2}$ Stein,
bei Eingangstüren in der Regel 1 Stein,
bei Balkon- und Verandatüren meist $\frac{1}{2}$ Stein, wie bei Fenstern.

Verbandregel: Bei $\frac{1}{2}$ Stein Anschlag werden in der Läuferschicht die Dreiquartiere um die Anschlagbreite herausgerückt; in der Binderschicht treten zu den gewöhnlichen Endigungen noch Steine von den Abmessungen des Anschlages hinzu. (Abb. 30.)

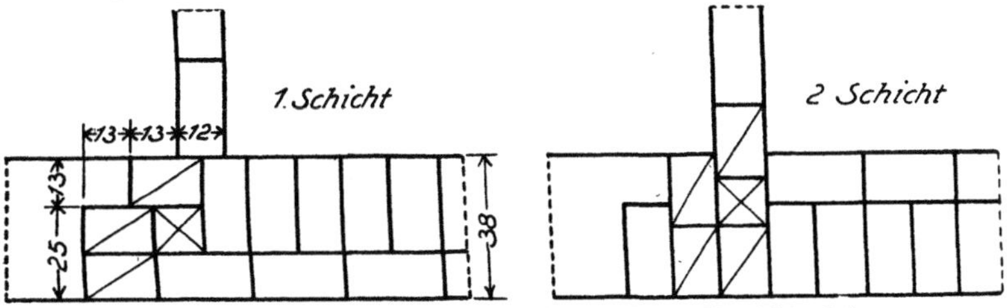

Abb. 30. Türanschlag von $\frac{1}{2}$ Stein (Punkt D, Abb. 15).

Bei $\frac{1}{4}$ Stein Anschlag werden in der Läuferschicht statt der Enddreiquartiere ganze Steine verlegt, in der Binderschicht entstehen Steine von der Breite des Anschlages (Quartierstücke) (Abb. 31); *oder es wird die „Viertelschrägfuge" angewendet.*

Sind die inneren Leibungen abgeschrägt, so werden die Steine nach der gewünschten Schräge zugehauen und wie bei der rechtwinkligen Endigung verlegt.

11. Pfeiler und Säulen. Pfeiler mit quadratischem und rechteckigem Querschnitt sind wie kurze Mauerstücke aufzufassen, und ist danach der Verband zu bilden (Abb. 32). Dasselbe gilt von kreuzförmigen Pfeilern, die als Mauer-

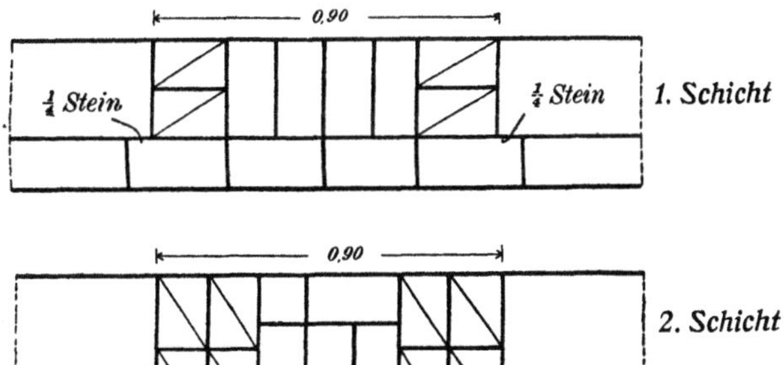

Abb. 31.
Fensteranschlag von $\frac{1}{4}$ Stein (Punkt E, Abb. 15).

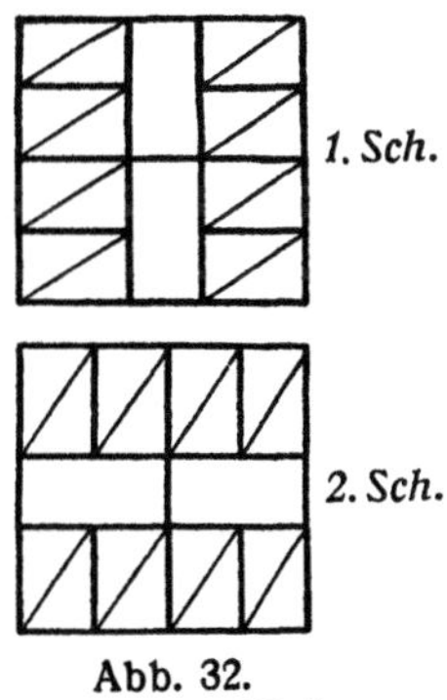

Abb. 32.
Quadratischer Pfeiler.

kreuzung mit allseitiger senkrechter Endigung zu behandeln sind (Abb. 33). Achteckige und runde Pfeiler (Säulen) werden mit besonderen Formsteinen hergestellt, wenn sie nicht verputzt werden sollen, sonst aus gewöhnlichen Steinen, die zugehauen werden. (Abb. 34 u. 35). Die zweite Schicht ergibt sich bei regelmäßiger Pfeilerform durch Drehung der ersten um 45^0 oder 90^0.

12. Schornsteine. Die Schornsteine dienen zur Abführung der Feuergase und zur Herstellung des zum Verbrennen nötigen Luftzuges. Der Luftzug, der sogenannte „Auftrieb", entsteht infolge der ungleichen Schwere von kalter Luft außen und der warmen Heizgase im Innern des Schornsteinrohres. Schornsteine sind aus feuerbeständigen Stoffen — in der Regel Backsteinen — herzustellen. Die Wandungen der Rauchrohre heißen „Wangen"; die Trennungswand zwischen zwei Rohren heißt „Zunge".

Die Form des Querschnittes ist meist viereckig, seltener rund. Rauchrohre mit rundem Querschnitt werden entweder mit glasierten Tonröhren oder aus Formsteinen hergestellt.

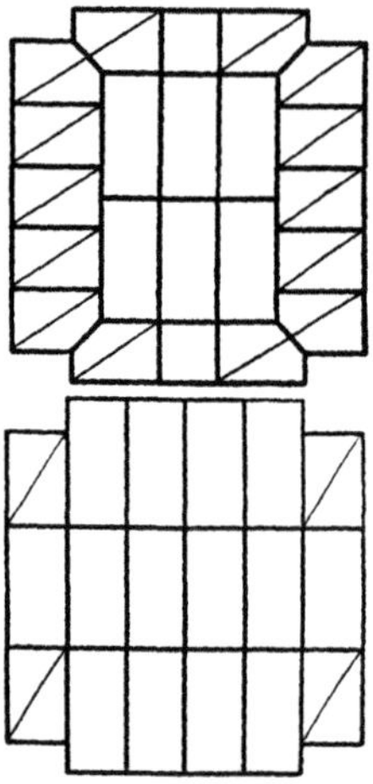

Abb. 33. Kreuzpfeiler.

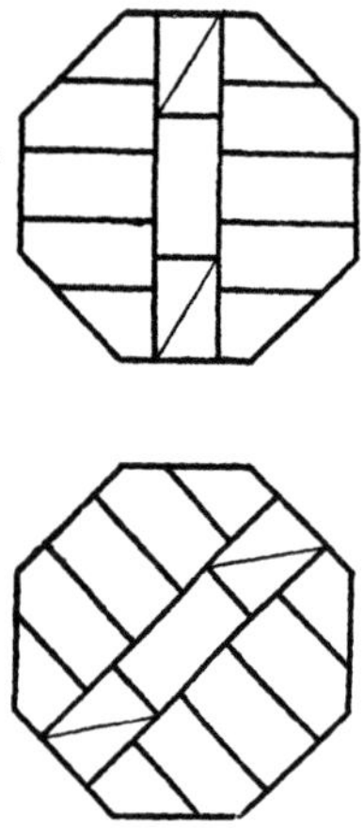

Abb. 34. Achteckiger Pfeiler.

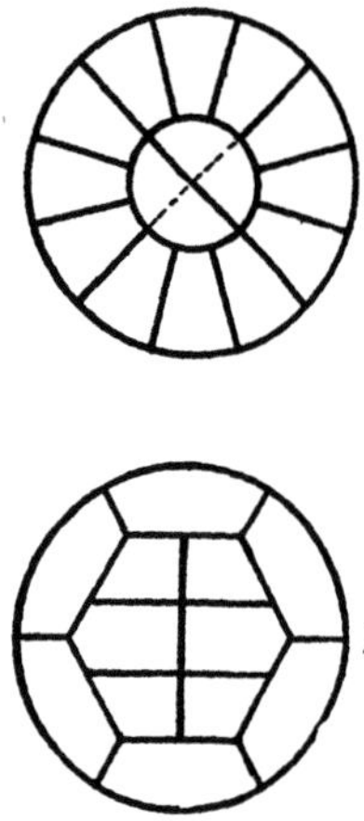

Abb. 35. Runder Pfeiler (Säule).

Die Größe des Querschnittes ist abhängig von der Art und Größe der Feuerung. Man unterscheidet:

a) weite oder besteigbare Schornsteine,

b) enge oder unbesteigbare („russische") Schornsteine.

Die besteigbaren Schornsteine werden nur für größere offene Feuerungen (Zentralheizungen, Schmiedefeuer usw.) angelegt. Der Querschnitt beträgt mindestens 47 : 47 cm. Die Wangen sind mindestens 25 cm stark. Im Innern sind sog. Steigeisen anzuordnen.

Die unbesteigbaren sog. russischen Schornsteine kommen hauptsächlich bei Wohnhausbauten zur Anwendung. Der Querschnitt kann betragen:

$$\frac{14}{14};\ \frac{14}{21};\ \frac{21}{21};\ \frac{14}{27}\ \text{und}\ \frac{27}{27}\ \text{cm.}$$

Die Wangen und Zungen dieser Schornsteine sind in der Regel $\frac{1}{2}$ Stein stark. Nur Schornsteine, die an einer Nachbargrenze oder Außenmauer liegen, müssen 1 Stein starke Außenwangen haben, um eine allzu starke Abkühlung der Rauchgase zu vermeiden. Bei Außenmauern wird vielfach aus dem gleichen Grunde noch eine äußere Luftschicht angeordnet.

Verbandregeln (Abb. 36—40): 1. *In der inneren Ecke eines Schornsteinrohres darf in jeder Schicht nur* **eine** *Fuge angeordnet werden. Das Zusammentreffen zweier Fugen an der inneren Ecke, die sog. „Kreuzfuge", ist unbedingt zu vermeiden.*

2. *Es sind soviel als möglich ganze Steine zu verwenden und Riemchen und Viertelsteine tunlichst zu vermeiden.*

3. *Bei Schornsteinen, die in Wänden ausgespart werden, ist für den Backsteinverband folgendes zu beachten: In der Läuferschicht legt man links neben das erste und rechts neben das letzte Rohr soviel Läuferdreiquartiere hintereinander, als das Rohr halbe Steine*

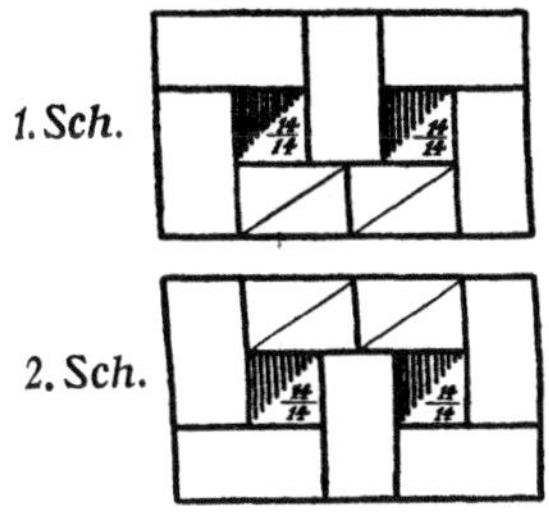

Abb. 36.
Freistehender Schornsteinkasten.

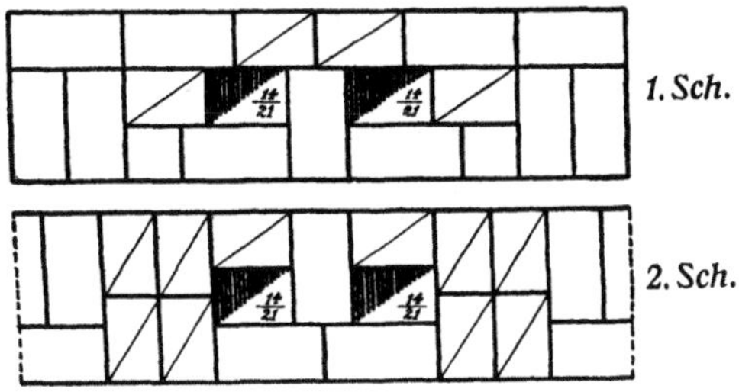

Abb. 37.
Schornstein in einer Mittelmauer.

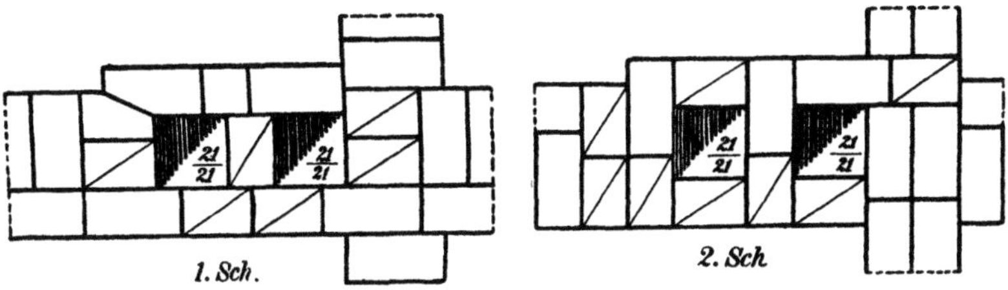

Abb. 38. Schornstein in einer Mauerkreuzung.

zur Breite hat. Von diesen Dreiquartiersteinen aus erfolgt die weitere Aufteilung der Stoßfugen. (Abb. 37, 1. Schicht.) — *In der Binderschicht wird das Stück, das die Rohre enthält, durch durchgehende Stoßfugen herausgeschnitten. Die Mauerteile links und rechts erhalten die Mauerendigung der Binderschicht (je 2 Binderquartiere auf jede Seite der Wand!). Das mittlere Stück zwischen den Rohren wird aus möglichst ganzen Steinen zusammengesetzt.* (Abb. 37, 2. Schicht.)

Abb. 38 zeigt zwei Schornsteinrohre von $\frac{21}{21}$ cm Weite in einer Mauerkreuzung. — Abb. 39 stellt den Punkt *F* der Abb. 15 dar: drei Schornsteinrohre von $\frac{14}{14}$ cm Weite in einer 1 Stein starken Mauer.

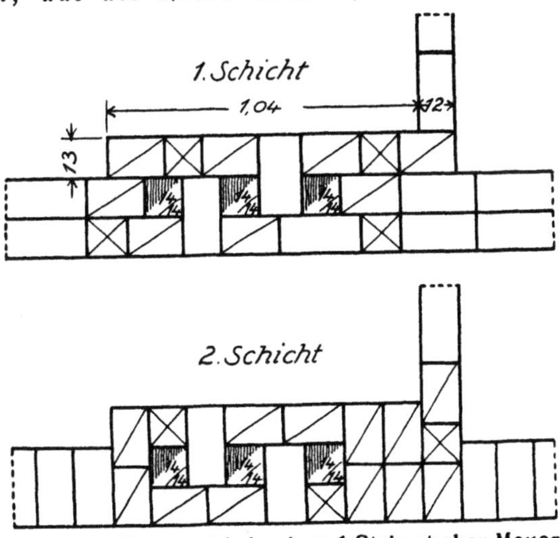

Abb. 39. Schornstein in einer 1 Stein starken Mauer (Punkt F, Abb. 15).

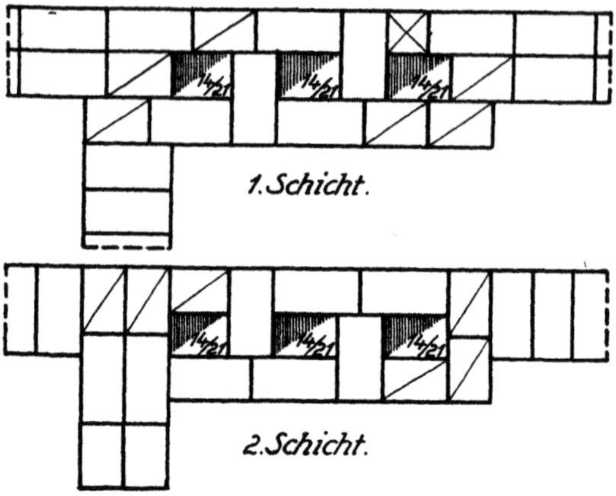

Abb. 40. Schornstein in einer 1 Stein starken Mauer mit 3 Rohren $\frac{14}{21}$ cm.

Abb. 40 zeigt drei Schornsteinrohre von $\frac{14}{21}$ cm Weite in einer 25 cm starken Mauer.

Für die Ausführung der Schornsteine ist folgendes zu beachten:

Die beste Lage der Schornsteine ist in Mittelmauern bzw. Mauerkreuzungen, da sie hier gut warm liegen und deshalb gut ziehen. Aus demselbem Grunde sucht man auch die Schornsteine möglichst von Grund auf in Gruppen von 2—3 Röhren zu vereinigen.

Die Schornsteine müssen von Grund auf gemauert oder unverbrennlich und sicher unterstützt werden. Sie sind unbedingt vollfugig zu mauern, also dicht auszuführen, am besten unter Benutzung eines als Lehre dienenden Holzkastens, der gleichzeitig das Herabfallen des Mörtels verhindert. Das innere Verputzen der Schornsteine ist zu vermeiden, da der Verputz leicht rissig wird und dann beim Reinigen des Schornsteines abfällt.

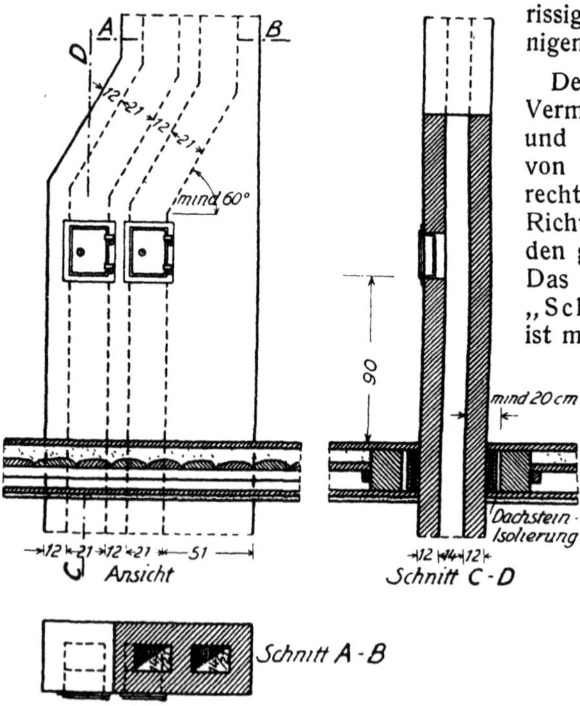

Abb. 41. Gezogener Schornstein.

Der lichte Querschnitt ist unter Vermeidung aller inneren Vor- und Rücksprünge gleichmäßig von unten bis oben in senkrechter Richtung durchzuführen. Richtungsänderungen behindern den glatten Abzug des Rauches. Das sog. „Ziehen" oder „Schleifen" der Schornsteine ist möglichst zu vermeiden und nur dann gestattet, wenn der Schornstein eine feste Unterlage hat, z. B. in einer massiven Wand liegt (Abb. 41). Das Ziehen darf nur allmählich erfolgen, wobei die Neigung nicht mehr als 30° von der Lotlinie abweichen und der Querschnitt sich nicht verengen darf. Die nach innen vortretenden Knickpunkte sind mit Rundeisen zu versehen, um das Einschleifen der Arbeitsleine des Schornsteinfegers zu verhindern. Mauerabsätze im Innern der Schornsteine und Querschnittveränderungen sind unbedingt zu vermeiden.

Der Feuersicherheit wegen sind die Außenflächen der Schornsteine im Innern des Gebäudes vom Kellerfußboden bis zur Dachfläche zu putzen.

Im Dach dürfen Schornsteine wichtige Verbandteile, wie Grate, Kehlen, Rähme usw. nicht durchschneiden. Es ist daher schon bei der Grundrißanordnung hierauf Rücksicht zu nehmen. Am besten ist es, den Schornstein in der Nähe des Firstes oder im First selbst ausmünden zu lassen. Dadurch wird Schutz vor starker Abkühlung durch Wind und Feuchtigkeit erreicht und außen am Dach die Bildung von Schneesäcken vermieden.

Über Dach müssen die Schornsteine so hoch geführt werden, daß sie den First mindestens um 30 cm überragen. Falls die Rohre getrennt liegen, ist noch vor Austritt aus dem Dache eine Zusammenfassung in gemeinsamen Schornsteinkästen anzustreben (Abb. 42). Zur besseren Wärmehaltung und zum Anschluß an die Dachdeckung sind die Schornsteinwangen über Dach zu verstärken (vgl. Abb. 42 u. 249). Steht ein Schornstein über der Dachfläche mehr als 2 m frei, so ist er zu verankern oder die Wangen sind 1 Stein stark zu machen.

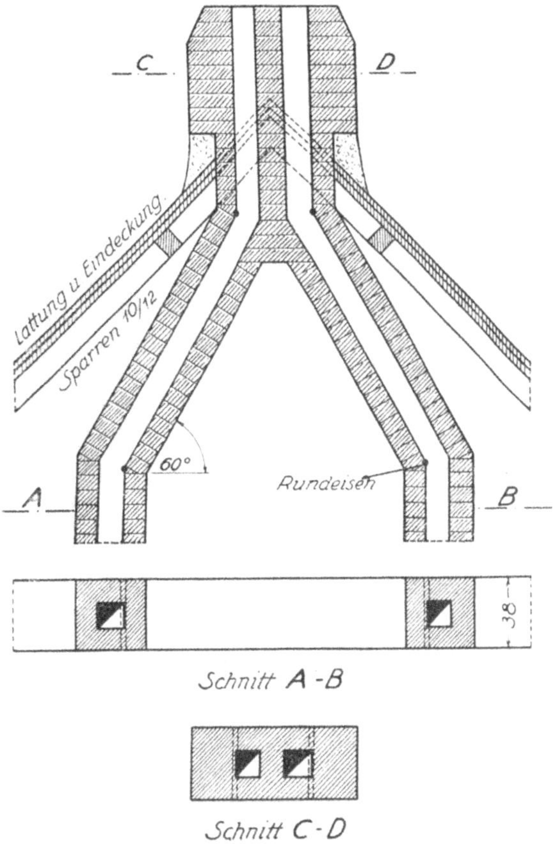

Abb. 42. Zusammenfassen getrennter Schornsteinrohre bei der Ausmündung am Dache.

Die Schornsteinköpfe sind so einfach wie möglich, am besten ohne Gesimse und Abdeckungen auszubilden. Bewährt hat sich eine nach oben verlaufende Schräge (Abb. 42) oder eine oben herumgeführte flache Kehle, wodurch dem Winde eine absaugende Richtung gegeben wird. Die Schornsteinköpfe müssen so hoch liegen, daß sie von allen Seiten vom Winde bestrichen werden können. Liegt ein Schornstein weit unterhalb des Firstes oder befindet sich in der Nähe eine höhere Gebäudewand, so daß der Wind sich fangen und in den Schornstein zurückstoßen kann, so ist gegen das Eindringen des Windes Vorsorge zu treffen durch entsprechende Höherführung des Schornsteines oder durch Anbringen eines Schornsteinaufsatzes aus Ton, Zink oder Eisenblech.

Zur Reinigung der unbesteigbaren Schornsteine von Ruß erhalten dieselben oben im Dach und am unteren Ende (etwa 80 cm über dem Fußboden) Reinigungsöffnungen, die mit eisernen Türchen feuer- und rauchsicher zu verschließen sind.

An ein unbesteigbares Schornsteinrohr von 225 cm² Weite dürfen in der Regel nicht mehr als drei Zimmeröfen angeschlossen werden. Für jede weitere einzuführende Ofenfeuerung ist die Weite des Schornsteinrohres um 75 cm² zu vergrößern. Ein Kochherd mit mehr als einer Feuerung wird zwei Zimmeröfen gleichgerechnet. In Küchen und Werkstätten mit größerer Dampfentwicklung müssen Wrasenrohre angebracht werden, die jedoch keineswegs zu Feuerungszwecken usw. mit benutzt werden dürfen. Überlastung des Schornsteines verschlechtert die Zugverhältnisse.

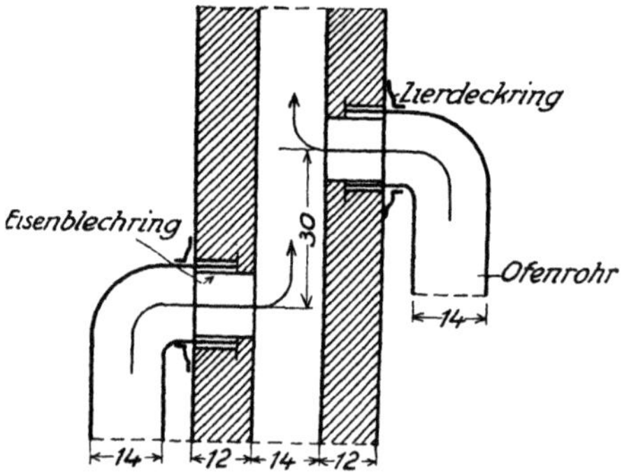

Abb. 43. Versetzte Einmündung zweier Rauchrohre in demselben Geschoß.

Es dürfen ferner nur Feuerungsstätten desselben Geschosses an dasselbe Schornsteinrohr angeschlossen werden. Ihre Einmündungen sind um mindestens 30 cm in der Höhe gegeneinander zu versetzen (Abb. 43). Auf eine ausreichende Schornsteinhöhe von der Einmündung der obersten Feuerung ist besonders zu achten.

Bezüglich des Abstandes der Schornsteine von Balkenlagen und sonstigem Holzwerk sind die ortspolizeilichen Vorschriften zu befolgen. Die Innenflächen der Schornsteine müssen von Balken und Dachhölzern mindestens 20 cm entfernt bleiben (Abb. 41).

13. Die Lüftungskanäle. Außer den Schornsteinrohren gibt es noch andere Mauerkanäle, die zur Abführung von Dämpfen und Dünsten, also zur Entlüftung von Waschküchen, Küchen, Aborten, Badezimmern, Speisekammern u. dgl. dienen, die sog. Dunst-, Wrasen- und Ventilationsrohre. Der Steinverband für diese Kanäle ist derselbe wie bei den Schornsteinen. Der Querschnitt richtet sich nach dem vorliegenden Bedarf.

14. Die Rohrleitungskanäle. Diese Kanäle bzw. Schlitze usw. dienen zur Aufnahme von Rohrleitungen für Gas, Wasser, Lichtanlagen usw. Sie werden am besten gleich beim Rohbau mit angelegt, um eine saubere und vor allem billigere Ausführung zu erzielen. Neuerdings werden zur Verhinderung von Mauerschwächungen bei wagerechten Leitungen auch besondere Formsteine zum Einlegen der Rohre verwendet.

15. Die Hohlmauern haben im Innern einen Hohlraum, dessen Luftschicht eine Isolierung bildet, die dazu dienen soll, den Räumen Schutz gegen Witterungseinflüsse und Erdfeuchtigkeit zu bieten, außerdem das Austrocknen der Mauern zu beschleunigen. Die Luft erfüllt aber nur dann ihren isolierenden Zweck, wenn sie sich im Zustande der Ruhe befindet, der weder durch Verbindung mit der Außenluft, noch durch Strömungen im Innern des Hohlraumes gestört wird. Es empfiehlt sich daher, den Hohlraum zu unterteilen (mindestens zweimal auf die Geschoßhöhe) oder ihn am besten durch poröse und vor allem trockene und lockere Füllstoffe, wie Schlacke, Torfmull, Sand oder mageren Lehm auszufüllen. Die vielen kleinen Zellen verhindern am besten die Luftbewegung.

Die Hohlmauern bestehen aus zwei in geringer Entfernung voneinander ausgeführten Mauern, die durch Bindersteine (Ankersteine) oder auch durch Flacheisen miteinander verbunden sind. Der Zwischenraum zwischen beiden Mauern beträgt 6—12 cm (Abb. 44a u. b).

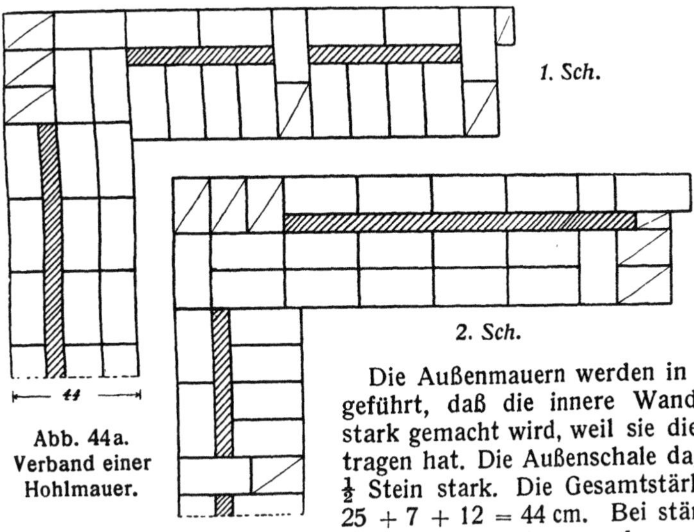

Abb. 44a. Verband einer Hohlmauer.

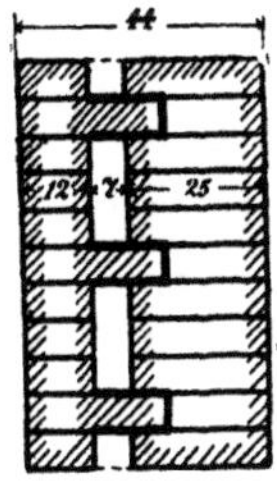

Abb. 44b. Höhenschnitt.

Die Außenmauern werden in der Weise ausgeführt, daß die innere Wandschale 1 Stein stark gemacht wird, weil sie die Balkenlast zu tragen hat. Die Außenschale dagegen wird nur $\frac{1}{2}$ Stein stark. Die Gesamtstärke beträgt also $25 + 7 + 12 = 44$ cm. Bei stärkeren Wänden empfiehlt es sich, die Außenmauer 1 Stein stark zu machen, weil sie dann die Feuchtigkeit weniger durchläßt. An den Tür- und Fensteröffnungen, sowie an den Ecken und einbindenden Mauern ist die Luftschicht des festeren Verbandes wegen zu unterbrechen (Abb. 44a).

Die überbindenden Ankersteine werden in Entfernungen von 2 bis 3 Steinlängen und in jeder bis 5. bis 7. Schicht senkrecht übereinander angeordnet (Abb. 44b). Vor dem Vermauern werden sie in heißen Goudron getaucht, um ein Überleiten der Feuchtigkeit von dem äußeren Mauerkörper nach dem inneren zu verhindern.

Damit die Hohlmauern auch wirklich ihren Zweck erreichen, ist bei der Ausführung besonders darauf zu sehen, daß die Hohlräume sauber und sorgfältig hergestellt und von den herabfallenden Mörtel- und Ziegelbrocken gereinigt werden.

Ferner ist durch Offenlassen von Löchern unten und oben im Mauerwerk für Luftzirkulation zu sorgen, damit während der Bauzeit das Austrocknen des Mauerkörpers beschleunigt wird und später sich keine Niederschläge bilden.

Statt der Hohlmauern werden zum Schutze gegen die Feuchtigkeit bzw. Kälte und Wärme auch Mauern aus Loch- oder Hohlsteinen hergestellt. (Vgl. den Abschnitt „Sparsame Bauweise".)

16. Das Ausmauern der Fachwerkwände. Bei äußeren Fachwerkwänden kommt es darauf an, ob die Wand verputzt werden soll oder nicht. Werden die Fache verputzt, so liegt der Putz stets bündig mit der Außenfläche des Fachwerkes und die Ausmauerung wird entsprechend zurückgesetzt (Abb. 45a). Bleiben die Fache unverputzt, so wird die Ausmauerung bündig mit den Holzflächen ausgeführt (Abb. 45b). Kein Vortreten der Hölzer; keine Abfasungen!

Die Gefachausmauerung wird ½ Stein stark im Läuferverbande ausgeführt. Bei unverputzten Wänden werden ausgesuchte Mauersteine verwendet, die auch zu verschiedenartigen Musterungen zusammengesetzt werden können

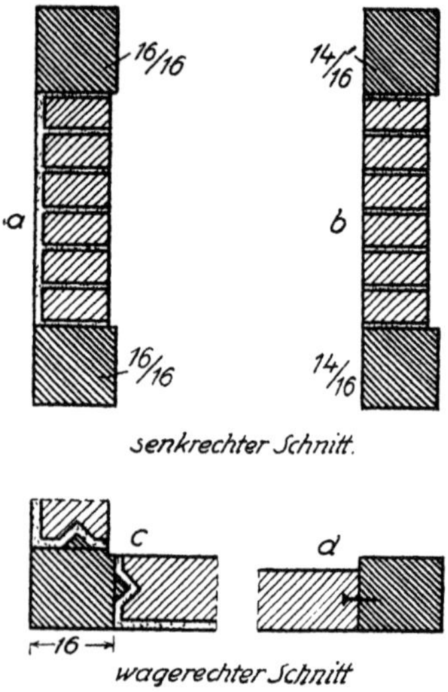

Abb. 45.
Ausmauern von Fachwerk.
a verputztes Fachwerk,
b unverputztes Fachwerk,
c Befestigung m. Dreieckleisten,
d „ mit seitlichen Nägeln.

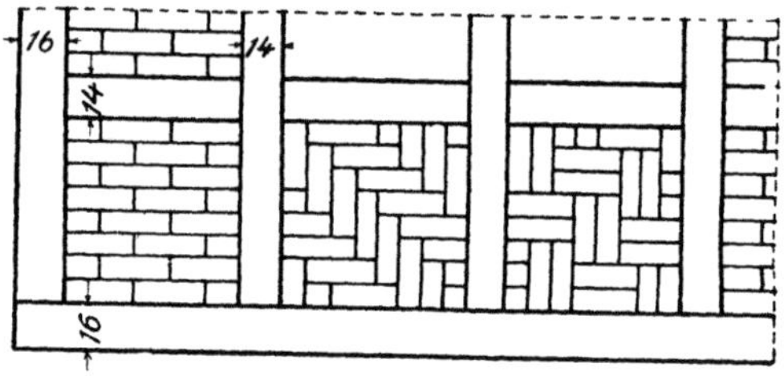

Abb. 46. Fachwerkausmauerung.

(Abb. 46). Die Befestigung der Ausmauerung in den Fachen geschieht durch Dreieckleisten, welche seitlich an die Stiele und Streben genagelt werden (Abb. 45c). Genügenden Halt erhält die Ausmauerung auch, wenn in jeder 3.—4. Schicht Nägel seitlich in die Stiele und Streben eingeschlagen werden. Diese Nägel müssen 6 cm in das Mauerwerk reichen. Der Anschluß des Mauerwerks an die Hölzer wird aber hierbei nicht so dicht wie bei der Verwendung der Dreieckleisten.

Sind bei stark belasteten Außenwänden die Stiele so stark, daß sie gegen die innere Fläche der Ausmauerung vortreten, so kann vor den Stielen eine Vorschalung mit Gipsdielen ausgeführt werden. Die Hohlräume, die sich bei dieser Ausführung ergeben, machen die Wände weniger wärmedurchlässig. — Bei äußeren Fachwerkswänden, die Wohnräume umschließen, wird die Ausmauerung auch häufig 1 Stein stark ausgeführt.

III. Mauerstärken.

Bei der Bestimmung der Mauerstärken sprechen so verschiedenartige Umstände mit, daß es nicht möglich ist, allgemeingültige Regeln aufzustellen. Im allgemeinen hängt die Mauerstärke ab: 1. von der Güte der zur Verfügung stehenden Materialien (Festigkeit des Mauerwerks), 2. von dem Zweck der Mauer, 3. von der Art und Größe der Belastung, 4. von der Höhe und Länge der Mauer, 5. von den Öffnungen in der Mauer, 6. von der Art des Anschlusses an andere Konstruktionsteile (ob freistehend oder an Querwände anschließend usw.). Im übrigen sind die vorgeschriebenen baupolizeilichen Bestimmungen zu beachten.

Die Maße für die Mauerstärken werden bei Ziegelmauerwerk stets nach dem Normalformat angegeben; ist eine Isolierschicht vorhanden, so sind 6 bzw. 12 cm hinzuzurechnen; bei Bruchsteinmauerwerk sind die Maße nach halben oder ganzen Dezimetern anzunehmen; also 40, 45, 50 cm usw.

Die Stärken der Gebäudemauern werden im allgemeinen nach Erfahrungswerten bestimmt. Nur für besonders belastete Mauerteile werden statische Berechnungen erforderlich. Bei der Festsetzung der Mauerstärken geht man vom obersten Geschoß aus. Bei Wohngebäuden kommen etwa nachfolgende Erfahrungswerte in Frage:

1. **Umfassungsmauern** müssen, wenn sie Wohnräume begrenzen, zum Schutz gegen Witterungseinflüsse in den beiden oberen Geschossen 1½ Stein stark gemacht werden. Bei mehrgeschossigen Gebäuden findet je nach zwei weiteren Geschossen eine Verstärkung von ½ Stein statt. Kniestockwände und Giebelmauern, die keine Wohnräume umschließen, können 1 Stein stark ausgeführt werden.

2. **Für belastete (balkentragende) Mittelmauern** bei kleinen Landhausbauten, die höchstens zwei Geschosse enthalten, genügt eine Stärke von 1 Stein. Bei mehrgeschossigen Gebäuden sind die balkentragenden Mittelmauern in den vier oberen Geschossen 1½ Stein stark zu machen und in den beiden nächstfolgenden um ½ Stein zu verstärken.

3. **Nicht belastete Scheidewände,** die zur Aussteifung eines Gebäudes nötig sind, müssen 1 Stein stark sein. Dagegen können sie, wenn sie nur zur Trennung von Räumen innerhalb einer Wohnung dienen, durch vier Geschosse hindurch ½ Stein stark ausgeführt werden; es sind dann Streichbalken anzuordnen. Trennungswände können auch noch schwächer aus anderem Material, z. B. als Rabitzwände, Gipsdielwände, Bretterwände usw. hergestellt werden.

4. **Treppenhausmauern** sind der Feuersicherheit wegen 1 Stein stark zu machen; wenn sie dagegen die Stufen freitragender Treppen aufnehmen, müssen sie 1½ Stein stark sein.

5. **Kellermauern** werden in der Regel ½ Stein stärker gemacht als die Mauern des darüber befindlichen Erdgeschosses; bei eingeschossigen Gebäuden genügen Mauern von 38 cm Stärke.

6. **Grundmauern** verstärkt man ebenfalls gegen die Kellermauern; bei Backsteinmauerwerk beiderseitig um ¼ Stein, bei Bruchsteinmauerwerk und Stampfbeton um 10 bzw. 15 cm an jeder Seite.

7. **Mauern für Mittelhäuser** können nach dem Erlaß des preußischen Staatskommissars für das Wohnungswesen vom 10. 2. 19, betr. „Baupolizeiliche Erleichterungen für Mittelhäuser", verminderte Stärken erhalten. Vgl. die umstehende Tabelle, die die Mauerstärken in Steinmaßen angibt.

IV. Brandmauern.

Brandmauern haben den Zweck, die Verbreitung eines Brandes zu verhindern. Sie müssen von Grund aus massiv, ohne Öffnungen in der Stärke von mindestens 1 Stein bis 30 cm über die feuerhemmende Bedachung hergestellt werden. Holzbalken dürfen in Brandmauern nur eingelegt werden, wenn die Mauer noch mindestens 13 cm stark verbleibt und auf der anderen Seite verputzt wird. Brandmauern sind herzustellen:

a) Zum Abschluß von Gebäuden an Nachbargrenzen. Gemeinsame Brandmauern sind zulässig.

Mauerstärken für Mittelhäuser in Steinmaßen.

Geschoß	Belastete Außenmauern mit Öffnungen	Belastete Mittel- und Treppenhausmauern	Nicht gemeinschaftliche Brand- oder Giebelmauern ohne Öffnungen und Balkenlast: bei Vorhandensein gleichartiger Mauern auf dem Nachbargrundstück	Nicht gemeinschaftliche Brand- oder Giebelmauern ohne Öffnungen und Balkenlast: bei Fehlen gleichstarker Mauern auf dem Nachbargrundstück	Gemeinschaftliche Giebel- oder Brandmauern: mit Belastung	Gemeinschaftliche Giebel- oder Brandmauern: ohne Belastung	Unbelastete Treppenhausmauern
Kellergeschoß	2	$1\frac{1}{2}$	$1\frac{1}{2}$	$1\frac{1}{2}$	$1\frac{1}{2}$	$1\frac{1}{2}$	1
Erdgeschoß	$1\frac{1}{2}$	1	$1\frac{1}{2}$	$1\frac{1}{2}$	$1\frac{1}{2}$	1	1
1. Obergeschoß	$1\frac{1}{2}$	1	1	$1\frac{1}{2}$	1	1	1
2. Obergeschoß	$1\frac{1}{2}$	$\frac{1}{2}$	1	1	1	$1(\frac{1}{2})$ [2]	$\frac{1}{2}$
Dachgeschoß	1	$\frac{1}{2}$	$\frac{1}{2}$ [1]	1	1	$\frac{1}{2}$	$\frac{1}{2}$

1) Bei gleichzeitig ausgeführten Gruppenbauten. 2) Bei Gruppenbauten.

b) Zur Trennung von Räumen mit Feuerstätten von anderen Räumen, die besonders feuergefährlich sind.

c) In ausgedehnten Gebäuden mindestens im Abstande von 40,0 m.

In Doppel-, Gruppen- und Reihenhäusern, sofern sie Einfamilienhäuser, Kleinhäuser oder Mittelhäuser sind, ist die Herstellung vorschriftsmäßiger Brandmauern zum Abschluß der Gebäude unmittelbar an der Nachbargrenze nicht erforderlich. Vielmehr kann zugelassen werden, daß die Trennungswand zwischen zwei Gebäuden $\frac{1}{2}$ Stein stark oder als Fachwerkwand hergestellt wird. Sie braucht nicht über Dach geführt zu werden, muß aber beiderseitig bis unter die Dachhaut geputzt sein. Mindestens in Abständen von 40,0 m sind die Trennungswände massiv, ohne Öffnungen, in der Stärke der Brandmauern herzustellen, brauchen aber für den Fall feuersicherer Eindeckung nur bis unter die Dachhaut geführt zu werden.

V. Maueröffnungen.

a) Allgemeines.

Maueröffnungen dienen zur Zuführung von Licht und Luft als **Fensteröffnungen** oder zur Verbindung der Räume nebeneinander bzw. des Gebäudes mit der Außenwelt als **Türöffnungen.** Außer diesen beiden sind noch die **Gurtbogenöffnungen** zu erwähnen, die ebenfalls die Verbindung nebeneinanderliegender Räume vermitteln und darüberliegende Mauern tragen helfen.

Die Benennung der einzelnen Teile ist bei allen drei Arten von Öffnungen die gleiche:

Bogen heißt die obere Begrenzung der Öffnungen, sofern dieselbe nach einer Bogenlinie gebildet ist; dagegen Sturz, wenn dieselbe gerade ist.

Gewände nennt man die seitliche Begrenzung der Öffnungen.

Sohlbank oder Fensterbank heißt die untere Begrenzung der Fensteröffnungen.

Schwelle ist die untere Begrenzung der Türöffnungen.

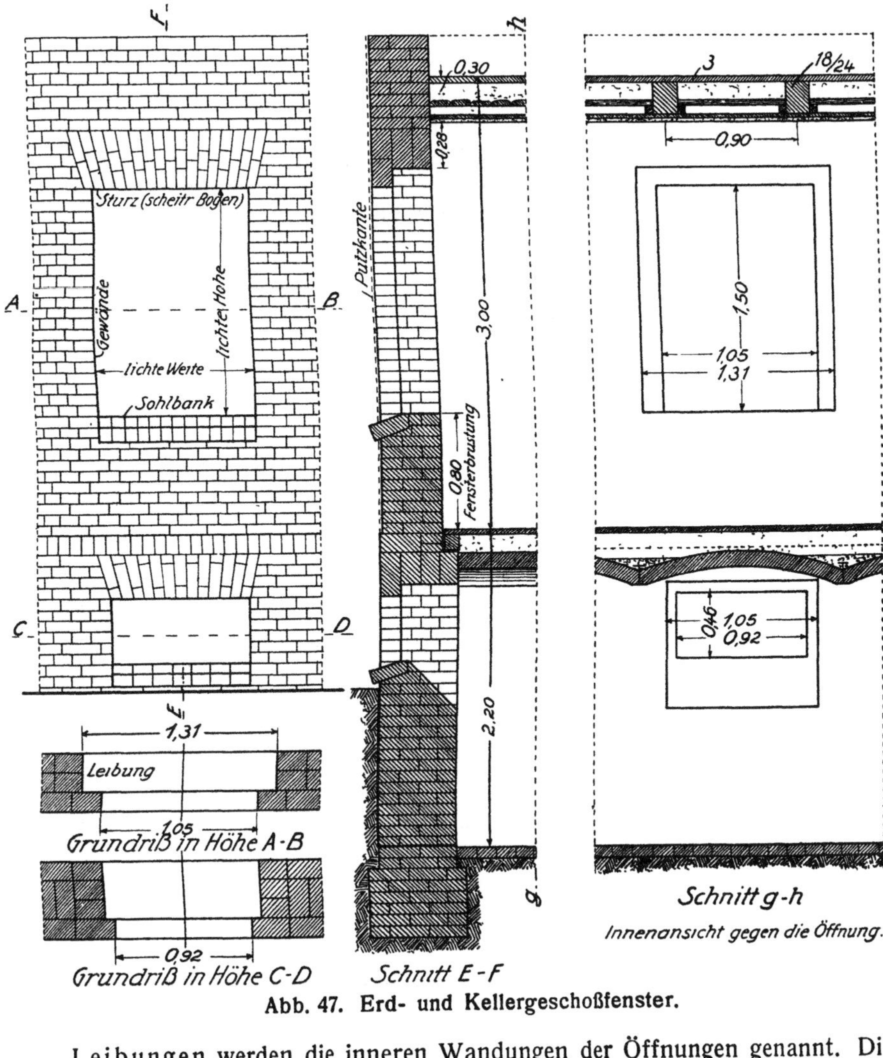

Abb. 47. Erd- und Kellergeschoßfenster.

Leibungen werden die inneren Wandungen der Öffnungen genannt. Die Leibung ist entweder glatt (bei inneren Öffnungen) oder mit einem Anschlag versehen (bei Fenstern und Hauseingangstüren). Im letzteren Falle unterscheidet man auch äußere und innere Leibung.

Ferner versteht man unter „lichter Weite" die kürzeste Entfernung zwischen den äußeren Leibungen bzw. den Gewänden; unter „lichter Höhe" die kürzeste Entfernung zwischen der Sohlbank oder der Schwelle und dem Sturz oder dem Bogenscheitel.

Mit Fensterbrüstung bezeichnet man den Mauerteil zwischen Fußbodenoberkante und Fenstersohlbank. Die Höhe beträgt 0,80—0,90 m.

Abb. 47 stellt ein einfaches Erd- und Kellergeschoßfenster aus Backstein in Ansicht, Grundriß und Schnitt dar.

b) Mauerbögen.

1. Allgemeines. Mauerbögen dienen nicht nur zur Überdeckung von Öffnungen im Mauerwerk, sondern sind auch zur Entlastung von Mauerteilen, die keine Last aufnehmen dürfen, erforderlich, z. B. bei Hausteinstürzen, Türgerüsten usw. Sie werden in der Regel aus Backsteinen hergestellt, selten aus Bruchsteinen; aus Werksteinen nur beim Quadermauerwerk. Die Mauerbögen werden gleich mit dem aufgehenden Mauerwerk hergestellt.

2. Bogenformen. Die gebräuchlichsten Bogenformen sind in den Abb. 48 bis 57 wiedergegeben.

s = Spannweite, p = Stich- oder Pfeilhöhe, r = Radius.

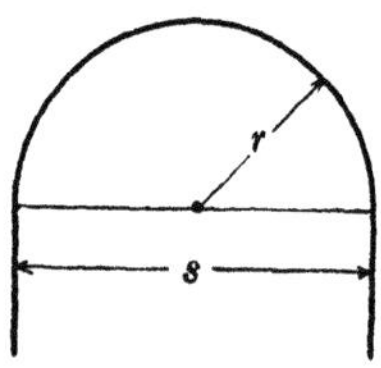

Abb. 48. Rundbogen.

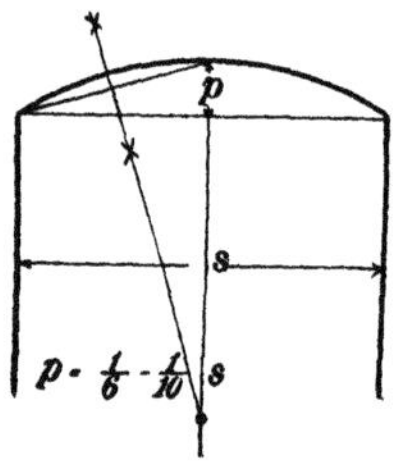

Abb. 49. Flach-, Stich- oder Segmentbogen.

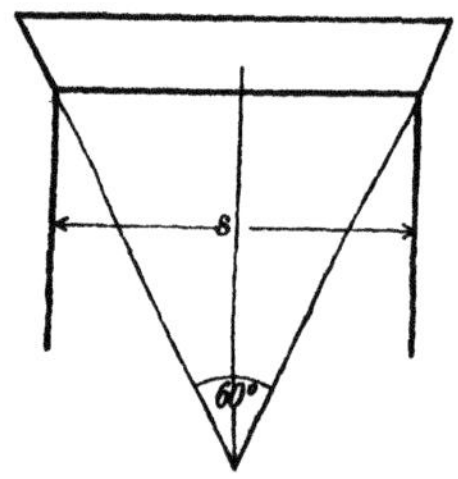

Abb. 50. Scheitrechter Bogen.

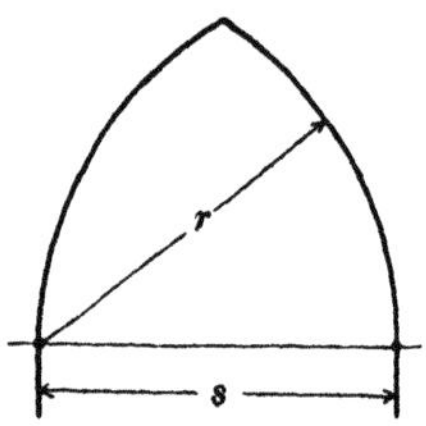

Abb. 51. Normaler Spitzbogen.

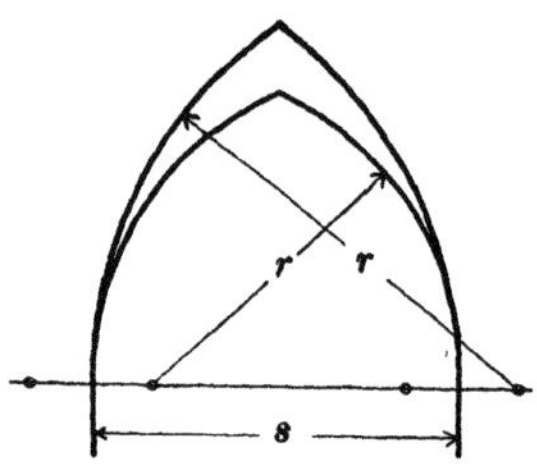

Abb. 52. Gedrückter und überhöhter Spitzbogen.

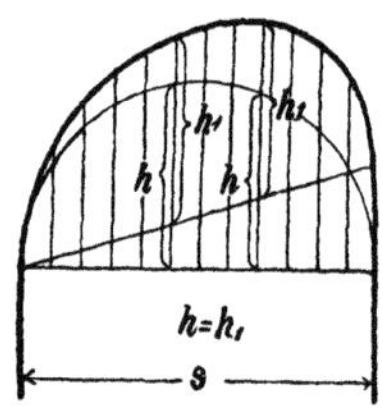

Abb. 53. Einhüftiger oder steigender Bogen.

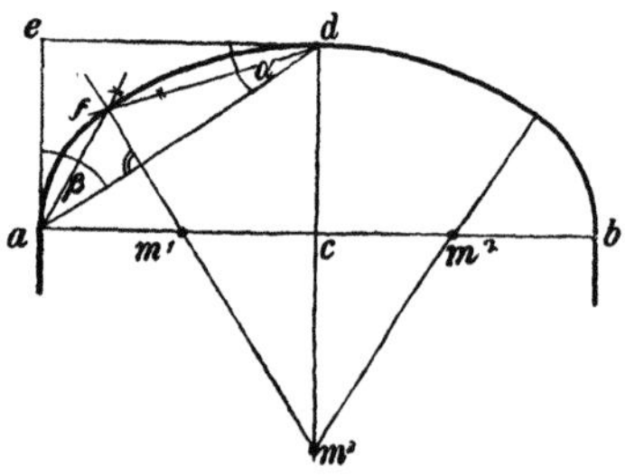

Abb. 54.
Korbbogen aus 3 Mittelpunkten.
Gegeben ab und cd; $ed \perp ac$; $ea \parallel cd$; verbinde a mit d; halbiere $\sphericalangle \alpha$ und $\sphericalangle \beta$; von f fälle Senkrechte auf ad; m^1, m^3, m^2 gesuchte Mittelpunkte.

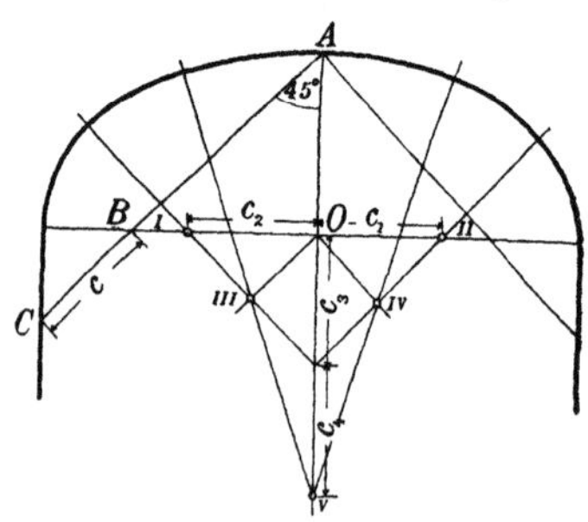

Abb. 55. Korbbogen aus 5 Mittelpunkten. ABC unter 45° von A aus. Strecke c von O nach rechts (c_1), links (c_2) und zweimal nach unten (c_3, c_4) abgetragen ergibt die 5 Mittelpunkte I, II, III, IV u. V, die durch Nägel auf dem Lehrbogen bezeichnet werden können.

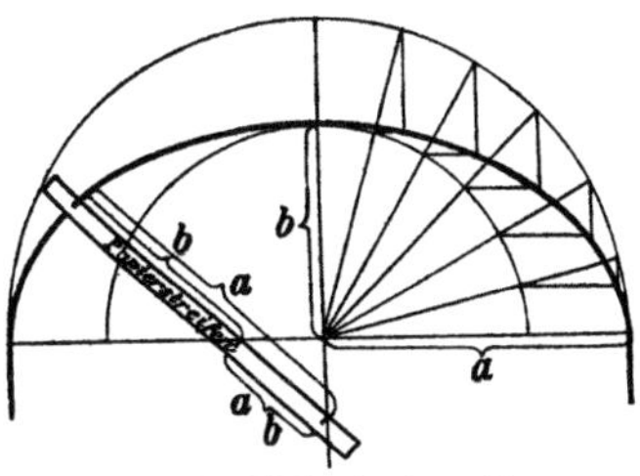

Abb. 56. Elliptischer Bogen. Linke Hälfte konstruiert mittels Papierstreifen; rechte Hälfte konstruiert mit Hilfe von 2 Kreisbögen.

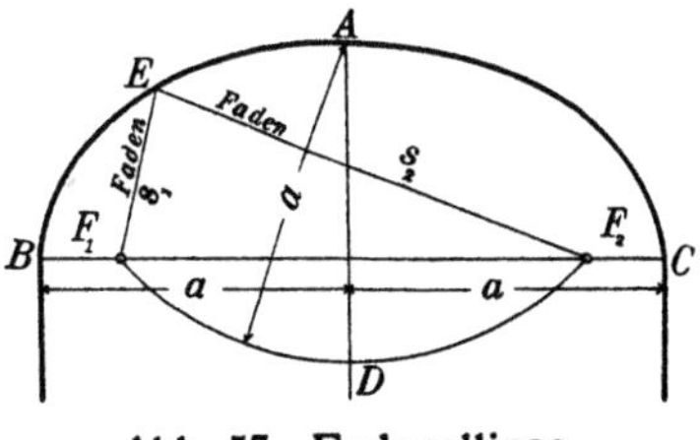

Abb. 57. Fadenellipse. Die Brennpunkte F_1 und F_2 werden gefunden, indem man von A mit a den Bogen F_1 D F_2 schlägt. Wird der Faden in F_1 und F_2 befestigt, so kann mit der Fadenlänge $s_1 + s_2 = 2a$ die Ellipse geschlagen werden.

Man unterscheidet außerdem noch überhöhte Bögen, bei denen die Pfeilhöhe größer ist als die halbe Spannweite, und gedrückte Bögen, deren Pfeilhöhe geringer ist als die halbe Spannweite.

3. Die Benennung der Bogenteile ist folgende (Abb. 58):

Widerlager (Widerlagsmauern) sind die Mauerstücke, zwischen welche sich der Bogen spannt.

Leibung ist die untere Fläche des Bogens.

Rücken heißt die obere Fläche des Bogens.

Kämpferlinie nennt man die Linie, in der die Widerlagsfläche die Bogenleibung schneidet.

Kämpferpunkte heißen 2 gegenüberliegende Punkte dieser Linie.

Stirn oder Haupt nennt man die vordere oder hintere Fläche des Bogens.

Scheitel heißt der höchste Punkt des Bogens.

Spannweite ist die lichte wagerechte Entfernung der Widerlager voneinander.

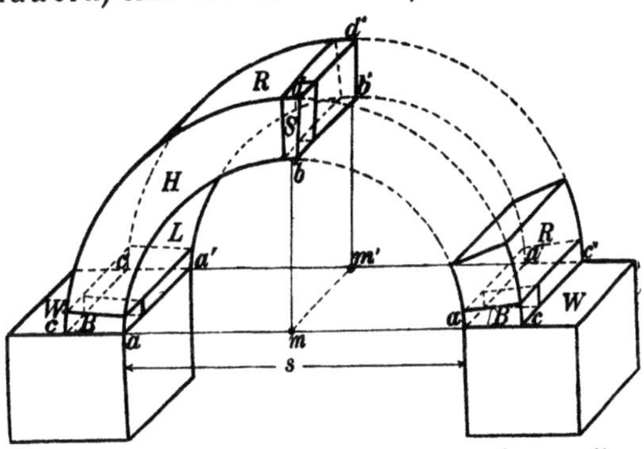

Abb. 58. Benennung der einzelnen Bogenteile. W = Widerlager; L = Leibung; R = Rücken; a—a' = Kämpferlinie; a, a' = Kämpferpunkte; H = Stirn oder Haupt; b = Scheitel; bb' = Scheitellinie; s = Spannweite; mb = Pfeil- oder Stichhöhe; bd = Bogenstärke; bb' und dd' = Bogentiefe; m—m' = Achse; B = Bogenanfänger; S = Schlußstein.

Stich oder Pfeil (Stichhöhe oder Pfeilhöhe) nennt man den senkrechten Abstand vom Scheitel bis zur Kämpferlinie.

Stärke des Bogens ist die senkrechte Entfernung der Leibung vom Rücken.

Tiefe des Bogens ist die Abmessung nach der Richtung der Achse; sie entspricht im allgemeinen der betreffenden Mauerstärke.

Achse des Bogens ist die Verbindung der Mittelpunkte, aus denen die Bogenlinie konstruiert ist.

Bogenanfänger nennt man den ersten Wölbstein am Kämpfer.

Schlußstein heißt der Wölbstein am Scheitel.

Lagerfugen sind die Fugen zwischen den Wölbschichten; sie laufen nach der Tiefe des Bogens, parallel zur Achse.

Stoßfugen heißen die Fugen zwischen den Steinen ein und derselben Schicht; sie liegen in Ebenen, die senkrecht zur Achse liegen.

Hintermauerung nennt man das Mauerwerk über dem Bogen bis zur Höhe des Gewölberückens.

4. Konstruktion der Bögen. Die Bögen werden in der Regel aus gewöhnlichen Backsteinen mit keilförmigen Lagerfugen ausgeführt, sie können aber auch aus Keilsteinen mit gleichstarken Lagerfugen hergestellt werden (Abb. 59 linker und rechter Teil). Die Keilsteine werden entweder aus den Ziegeleien fertig

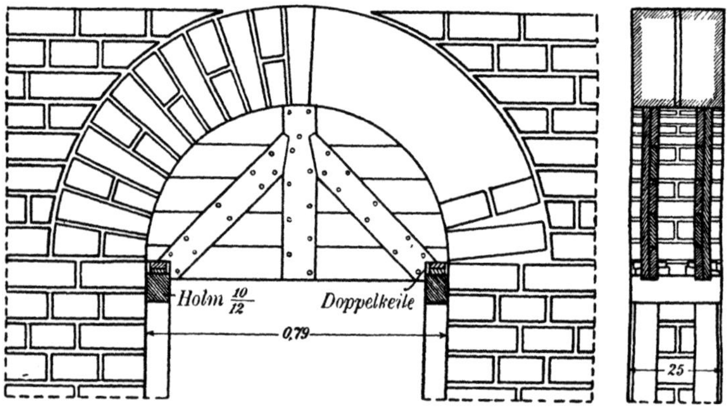

Abb. 59. Halbkreisbogen mit Einrüstung.
Links: Keilsteine (Formsteine oder zugehauene Steine) mit gleichstarken Fugen; rechts: Normalsteine und keilförmige Mörtelfugen (hier nicht zulässig).

bezogen oder durch Behauen eines gewöhnlichen Steines gebildet. Der Keilstein soll am schwächsten Ende nicht weniger als 43 mm stark sein, die Stärke der keilförmigen Lagerfuge soll an der Leibung nicht weniger als 7,5 mm betragen (Abb. 61 a).

Im Scheitel liegt stets eine Schlußschicht, die Anzahl der Wölbschichten ist also eine ungerade.

Die Einteilung der Wölbschichten erfolgt in der Regel auf einer mittleren Teilungslinie.

Die Lagerfugen müssen senkrecht zur Bogenleibung stehen und durch die ganze Tiefe des Bogens gehen. Die Fugenlinien sind an der Stirn des Bogens nach dem zugehörigen Bogenmittelpunkt gerichtet.

Die Stoßfugen zweier benachbarter Schichten dürfen weder in der Stirn noch in der Leibung noch im Innern des Bogens zusammenfallen, sondern müssen um mindestens $\frac{1}{4}$ Stein versetzt werden.

Der Verband der Mauerbögen ist im allgemeinen derselbe wie bei Pfeilern von gleichem Querschnitt (Abb. 60a—e). Bei Bögen mit Anschlag wird am besten das Ganze im Verbande ausgeführt, so daß der äußere Bogen in den inneren einbindet (Abb. 60b, d u. e). Häufig wird auch der äußere Bogen ohne Verband mit dem übrigen Mauerwerk hergestellt, so daß zwei getrennte Bögen entstehen (Abb. 60c).

Das Widerlager liegt entweder in dem Mauerwerk drin und ist dort je nach der Bogenform wagerecht gebildet oder schräg eingearbeitet (Abb. 61 a), oder es wird durch schichtenweises Vorkragen der Steine hergestellt (Abb. 62 a). Die letztere Art wird hauptsächlich bei schwachen Widerlagern und zur Verringerung der Spannweite ausgeführt. Bei

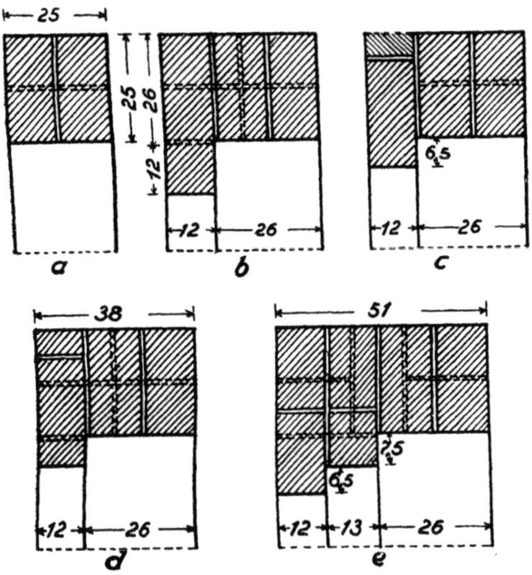

Abb. 60 a—e. Bogenverbände.
(Abb. 60 e. Schlesischer Fensterverband mit 2 Fensteranschlägen; gute Dichtung.)

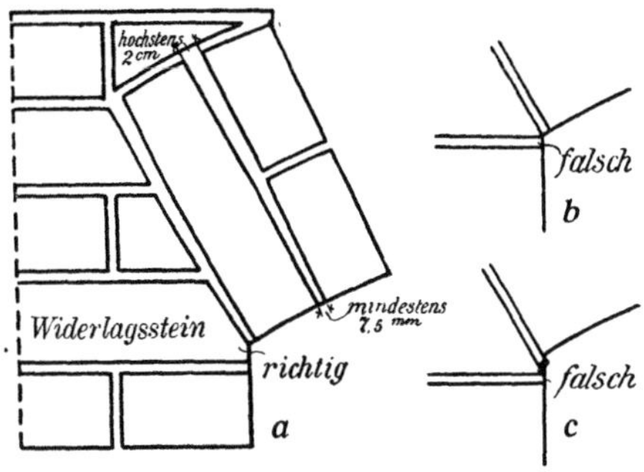

Abb. 61 a—c.
Bildung des Widerlagers.

schwachen Pfeilern wird dadurch auch die Entstehung eines gefährlichen Keiles vermieden (Abb. 62 a u. b). Bei schrägem Widerlager ist auf richtige Ausbildung des ersten Widerlagsteines (keine spitzen Ecken!) und der Widerlagsfuge zu achten (Abb. 61 a—c).

richtige Lösung *falsche Lösung*

Abb. 62 a. Bildung des Widerlagers. Abb. 62 b.

Sind Mauerbögen von großer Stärke bei verhältnismäßig kleiner Spannweite auszuführen, so empfiehlt es sich, mehrere Bögen übereinander, sog. „Roll- oder Schalbögen" anzuordnen, damit die Fugen am Rücken nicht zu sehr „klaffen".

Die Einrüstung. Jeder Bogen bedarf zum Einwölben einer vorläufigen Unterstützung, der sog. „Einrüstung". Bei leichten Bögen werden hierzu „Lehrbögen" (Wölbscheiben) verwendet, bei schweren Bögen sind „Lehrgerüste" notwendig.

Der Lehrbogen besteht bei flachem Bogen von geringer Spannweite (bis etwa 1,20 m) aus einem nach der Bogenform zugeschnittenen 3 cm starken Brett (Abb. 63). Bei höherem Bogen (über 30 cm Pfeilhöhe) und bei größerer Spannweite (bis etwa 2,00 m) wird er aus mehreren Brettern, die durch aufgenagelte Leisten miteinander verbunden werden, hergestellt (Abb. 59). Bei noch größeren Spannweiten (bis etwa 3,00 m) besteht er aus 2—3 Brettlagen, die im Verbande zusammengesetzt und am Bogenfuß durch Querzangen gehalten sind (Abb. 64). Bei Spannweiten von mehr als 3,00 m werden in der Regel statt der Lehrbögen die Lehrgerüste ausgeführt, die aus Kreuzhölzern mit ausreichendem Quer- und Längsverband zu konstruieren sind.

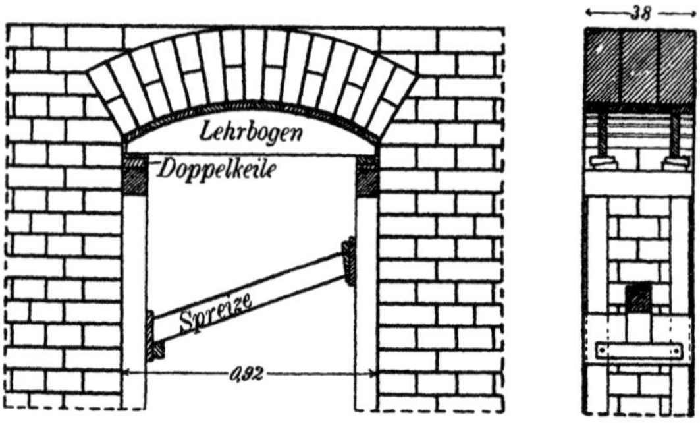

Abb. 63. Stich- oder Segmentbogen mit Einrüstung.

Die Unterstützung der Lehrbögen geschieht in einfachster Weise durch untergestellte Bohlen mit Spreizen oder durch Rahmhölzer, die von starken Mauerhaken oder von Pfosten getragen werden (Abb. 63 u. 64). Die Lehrbögen selbst ruhen aber nicht unmittelbar auf diesen Unterstützungen,

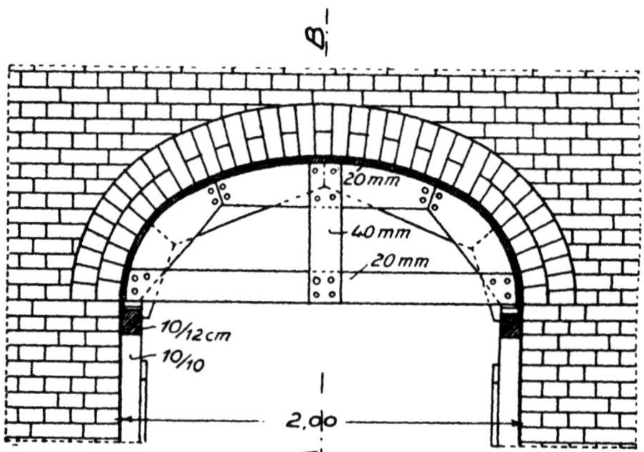

Abb. 64a. Korbbogen mit Einrüstung.

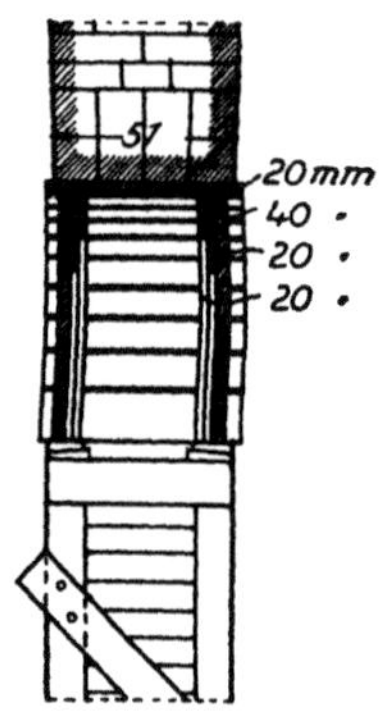

Abb. 64b. Schnitt *A–B*.

sondern auf „Doppelkeilen", die zum genauen Einrichten und allmählichen Herausnehmen des Bogens dienen. Die Doppelkeile sind hierbei etwa 20 cm lang, 10 cm breit und am stärkeren Ende 6 cm, am schwächeren 4 cm stark. Die Lehrbögen sind etwas zu überhöhen, da sich der Mauerbogen setzt. Bei sehr großen Lehrgerüsten fallen die Doppelkeile fort, dafür werden die Stiele auf Sandtöpfe oder Schrauben gestellt, die ein ganz allmähliches Senken des Lehrgerüstes ermöglichen.

Bei $\frac{1}{2}$ Stein starker Mauer genügt ein Lehrbogen; bei stärkeren Wänden sind entweder soviel Lehrbögen anzuordnen, daß jeder Bogenstein unterstützt ist, oder es werden zwei Lehrbögen durch Schalung miteinander verbunden.

Die Einwölbung der Bögen erfolgt, sobald die Widerlager hergerichtet und die Lehrbögen aufgestellt sind. Es wird an beiden Kämpfern zu gleicher Zeit von zwei Maurern angefangen und gleichmäßig gegen den Scheitel zu gewölbt. In der Mitte wird der Schlußstein, der den Bogen schließt und ihm erst dadurch die zum Freitragen nötige Spannung gibt, gut passend eingesetzt. Der Schlußstein darf niemals eingekeilt werden. Die Fugen sind nicht zu stark (etwa 8 mm) und möglichst gleichmäßig zu machen. Damit die Fugen gut passen, werden auf dem Lehrbogen die Schichten eingeteilt, und zwar von der Mitte aus. Zur Ermittelung der Fugenrichtung dient entweder eine Schnur, die im Bogenmittelpunkt drehbar befestigt ist („Leier"), oder eine entsprechend angefertigte „Lehre" aus Holz, die auf die Schalung gestellt wird und mit einer Kante die Fugenrichtung angibt.

Als Mörtel verwendet man für Bögen am besten verlängerten Zementmörtel (1 Teil Kalk + 1 Teil Zement + 6 Teile Sand). Bei weiten und schwer belasteten Bögen ist reiner Zementmörtel (1 Teil Zement + 2 bis 3 Teile Sand) zu nehmen. Nachdem der Bogen eingewölbt ist, werden sofort die Doppelkeile etwas gelockert, so daß der Lehrbogen sich senkt und der Mauerbogen sich setzen kann.

Die Ausrüstung der Bögen ist erst dann vorzunehmen, wenn der Mörtel genügend erhärtet **ist,** d. h. wenn der Bogen „abgebunden" hat. Es werden dann die Doppelkeile ganz herausgeschlagen und der Lehrbogen entfernt. Das Ausrüsten hat vorsichtig zu geschehen. Der Zeitraum bis zur Ausrüstung ist verschieden und abhängig von dem verwendeten Mörtel, der Witterung, der Spannweite und der Belastung. Im allgemeinen kann nach etwa 8 Tagen, bei kleinen Bögen schon nach etwa 4 Tagen ausgerüstet werden.

5. Ausführung und Anwendung besonderer Bogenformen. Rundbögen sind für Wohnhausfenster wegen des schlechten Anbringens der Stangen für Rollvorhänge wenig geeignet. Wenn sie angewendet werden, empfiehlt es sich, den inneren Bogen als Flachbogen zu bilden, dessen Kämpfer 2—3 cm über dem Scheitel des Rundbogens liegt. Bei kleinem Halbmesser sind die Rundbögen als getrennte Bögen übereinander auszuführen („Roll- oder Schalbögen").

Korbbögen und elliptische Bögen werden hauptsächlich bei größeren Spannweiten angewendet; für Gurtbögen, große Fensteröffnungen in Veranden, Kellerräumen usw. (Abb. 64).

Spitzbögen sind aus demselben Grunde wie die Rundbögen für Wohnhausfenster nicht geeignet. Im vorkommenden Falle wölbt man entweder nach Abb. 65a mit Fugen, die nach zwei Mittelpunkten laufen, oder nach Abb. 65b, wobei die beiden Bogenschenkel im Scheitel lotrecht zusammenstoßen, oder man bildet den Schluß durch einen besonderen Werkstein nach Abb. 65c.

Flach- oder Segmentbögen kommen weniger beim Wohnhausbau als bei landwirtschaftlichen und sonstigen Gebäuden zur Ausführung. Der Stich beträgt $\frac{1}{8}$—$\frac{1}{10}$ der Spannweite. Einen geeigneten Bogen erhält man, wenn der Halbmesser gleich der Spannweite genommen wird (Abb. 63).

Scheitrechte Bögen sind wagerechte, aus einzelnen Steinen zusammengesetzte Überdeckungen von Maueröffnungen. Sie eignen sich besonders für das Wohnhaus und werden über Tür- und Fensteröffnungen angewendet, jedoch

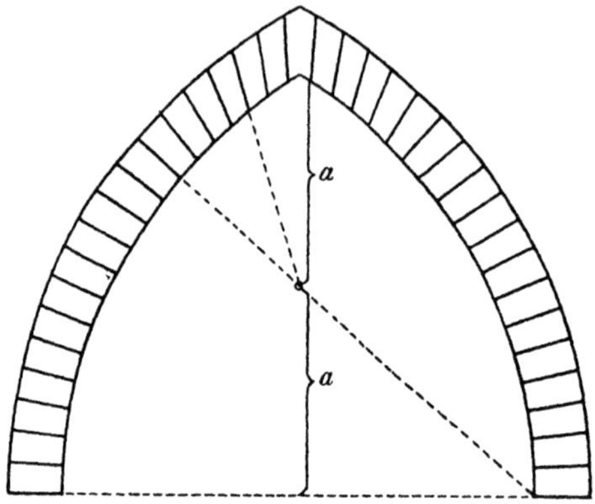

Abb. 65 a. Normaler Spitzbogen.

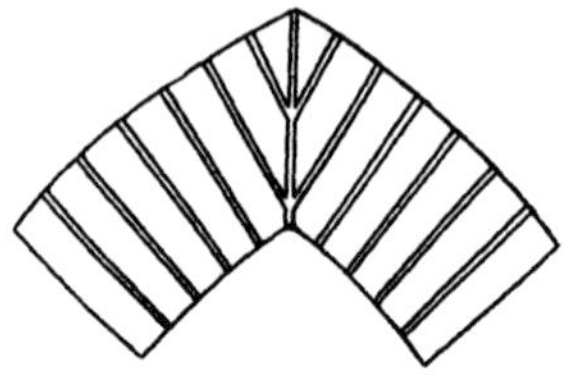

Abb. 65 b.

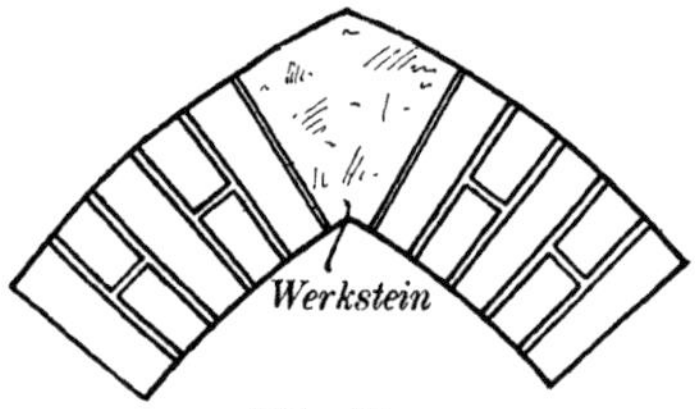

Abb. 65 c.

wegen ihrer geringen Tragfähigkeit nur bis zu einer Spannweite von etwa 1,30 m. Wegen des Setzens erhält der scheitrechte Bogen einen Stich von etwa $\frac{1}{50}$ der Spannweite. Diesen Stich erhält man bei der Ausführung in einfachster Weise

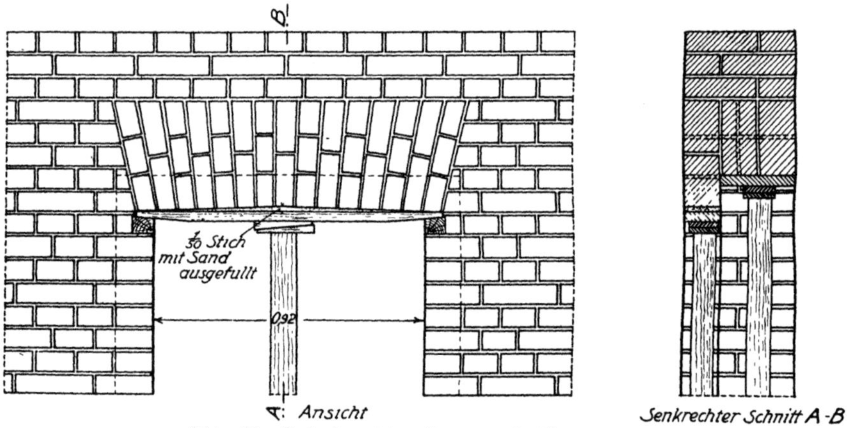

Abb. 66. Scheitrechter Bogen mit Einrüstung.

Abb. 67. Scheitrechter Bogen mit Entlastungsbogen.

durch angefeuchteten Sand, der auf dem Lehrbrett ausgebreitet wird. Das Widerlager kann zweckmäßig in die Mauer hineingerückt werden; die Richtung der Widerlagsfugen bildet einen Winkel von etwa 60° (Abb. 66).

Bei größeren Spannweiten (über 1,30 m) muß über dem scheitrechten Bogen ein Entlastungsbogen gespannt werden (Abb. 67). Der Teil zwischen Entlastungsbogen und scheitrechtem Bogen bleibt bis zur Ausführung der Putzarbeiten offen.

6. Bogen- und Widerlagerstärke. Die Stärke des Widerlagers ist von der Form und Belastung des Bogens, von der Höhe der Widerlagsmauern und von der Belastung des Widerlagers abhängig. Je flacher ein Bogen ist, umsomehr drückt er auf das Widerlager. Eine starke Belastung des Widerlagers wirkt günstig auf die Standsicherheit der Widerlagsmauern; hohe Widerlagsmauern vergrößern die Gefahr des Umkippens.

Bei großen und stark belasteten Konstruktionen wird die Bogenstärke durch graphische Ermittelungen festgestellt. Im allgemeinen werden bei den im Hochbau vorkommenden Belastungen bei 3—4geschossigen Gebäuden folgende Erfahrungswerte angenommen:

Die Stärke des Bogens im Scheitel soll sein:

bei einer Spannweite	bei Rundbögen	bei überhöhten Bögen	bei gedrückten Bögen bis zu $\frac{1}{8}$ Stich
bis 2,00 m	1 Stein	1 Stein	1—1½ Stein
von 2,00—3,5 m	1½ Stein	1 Stein	1½—2 Stein
von 3,5—5,5 m	2 Stein	1½ Stein	2—2½ Stein
von 5,5—8,5 m	2½ Stein	1½—2 Stein	2½—3 Stein

Größere Bögen erhalten im Scheitel eine Stärke von $\frac{1}{15}$ bis $\frac{1}{12}$ der Spannweite.

Die Stärke der unbelasteten Widerlager bis zu einer Höhe von 3,0 m soll betragen:

bei Rundbögen . . . . $\frac{1}{4}$ der Spannweite,
„ überhöhten Bögen (Spitzbögen usw.) $\frac{1}{5}$—$\frac{1}{6}$ „ „
„ gedrückten Bögen (Korbbögen, Stichbögen usw.)
bei $\frac{1}{4}$—$\frac{1}{8}$ Stich . . . . $\frac{1}{4}$—$\frac{1}{3}$ „ „
„ $\frac{1}{12}$ „ . . . . $\frac{1}{3}$—$\frac{1}{2}$ „ „
„ scheitrechten Bögen . . . . . $\frac{1}{2}$—$\frac{2}{3}$ „ „

Bei größerer Höhe der Widerlagsmauer als 3,00 m ist die Gefahr des Umkippens eine größere, und es müssen diese Stärken um $\frac{1}{8}$ der Widerlagshöhe vermehrt werden.

c) Fensteröffnungen.

1. Allgemeines. Die Form und Größe der Fensteröffnungen ist sehr verschieden und richtet sich nach dem praktischen Bedürfnis, sowie nach der Durchbildung des Gebäudes. Im allgemeinen beträgt beim Wohnhausbau die freie Lichtfläche etwa $\frac{1}{5}$—$\frac{1}{10}$ der Zimmergrundfläche und das Verhältnis von Breite zu Höhe ungefähr 1 : 1 bis 1 : 1¾. Für Klein- und Mittelhäuser empfiehlt es sich, die Abmessungen der Fensteröffnungen nach den vom Normenausschuß der deutschen Industrie aufgestellten „Normenfenstern“ anzuwenden. (Näheres s. Abschnitt IX, Tischlerarbeiten). — Fensteröffnungen können auch gekuppelt sein; der dazwischen liegende Wandpfeiler ist dann mindestens 25 cm stark zu machen.

2. Die Fensterüberdeckung. Bei Putzbauten erhalten die Fenster außen meistens einen wagerechten Sturz (scheitrechten Bogen) und zwar bis zu einer Spannweite von 1,30 m. Bei größerer Breite erfolgt Überdeckung durch

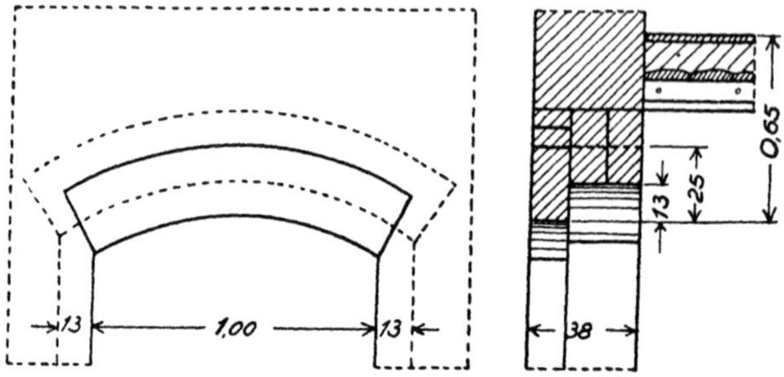

Abb. 68. Fensterüberdeckung (außen und innen Flachbogen).

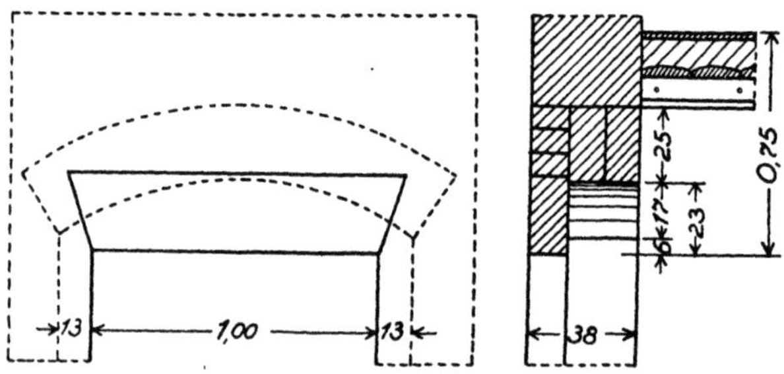

Abb. 69. Fensterüberdeckung (außen scheitrechter Bogen, bis 1,30 m Spannweite, innen Flachbogen).

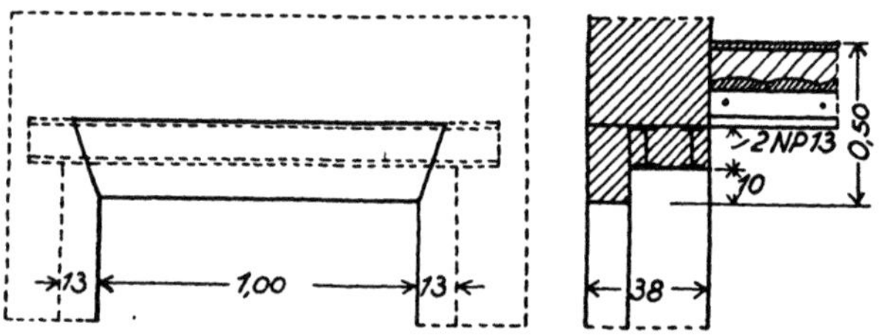

Abb. 70. Fensterüberdeckung (außen scheitrechter Bogen, innen I-Träger).

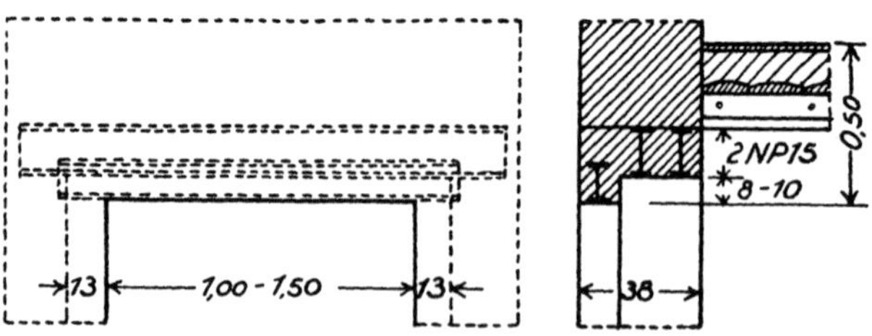

Abb. 71. Fensterüberdeckung (außen und innen I-Träger).

I-Träger. Bei Backsteinrohbauten kommen für die äußere Fensterüberdeckung neben den verschiedenen Bogenformen auch scheitrechte Bögen zur Anwendung. — Die innere Fensterüberdeckung kann durch Flachbögen, scheitrechte Bögen oder durch I-Träger bewirkt werden. Die I-Träger werden durch Schraubenbolzen und Gasrohrzwischenstücke fest miteinander verbunden und auf die ganze Länge mit Ziegelsteinen ausgemauert oder mit Beton ausgestampft. Für den Verputz sind die Überlagsträger mit Drahtgewebe (Drahtziegelgewebe) zu umhüllen. Anstatt der I-Träger können auch Fensterstürze aus Beton mit Eiseneinlagen, die an Ort und Stelle eingestampft werden, zur Ausführung kommen. — Die Abb. 68—71 stellen die verschiedenartigen Fensterüberdeckungen in Ansicht und Schnitt dar.

3. Das Fenstergewände. Das Backsteingewände wird meist aus gewöhnlichen Ziegelsteinen hergestellt, die entsprechend der äußeren Durchbildung des Gebäudes gefugt oder geputzt werden können. Bei reicher Rohbauausführung werden auch Formsteine (Hohlkehlsteine, Rundstabsteine) verwendet.

4. Die Fenstersohlbank. Die Sohlbank bildet die untere Begrenzung der Fensteröffnungen und hat den Zweck, das am Fenster herunterlaufende Regenwasser abzuleiten; gleichzeitig dient sie dem Fensterrahmen zur Unterstützung.

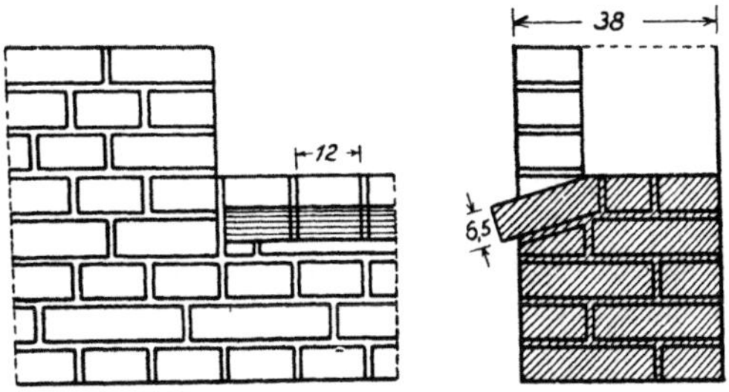

Abb. 72. Backsteinsohlbank mit Flachschicht.

Die Backsteinsohlbank besteht in einfachster Weise aus einer schräg gestellten Flachschicht (Abb. 72) oder Rollschicht (Abb. 73), welche mit ihrer unteren vorderen Kante etwas vor die Mauerflucht vortritt, so daß das Wasser abtropfen kann. Die Backsteine werden entsprechend zugehauen, in Zementmörtel verlegt und an ihrer oberen Fläche sorgfältig mit Zementmörtel ausgefugt.

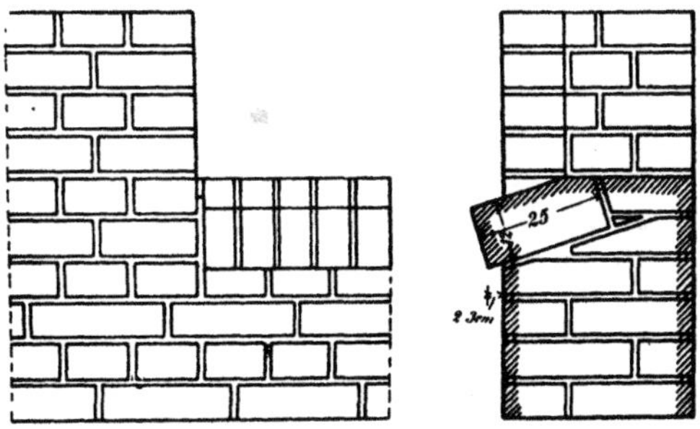

Ansicht *Schnitt*

Abb. 73. Backsteinsohlbank mit Rollschicht.

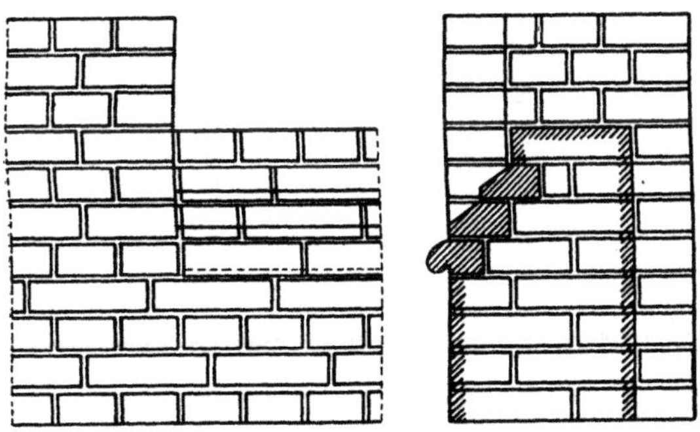

Abb. 74. Backsteinsohlbank mit Formsteinen.

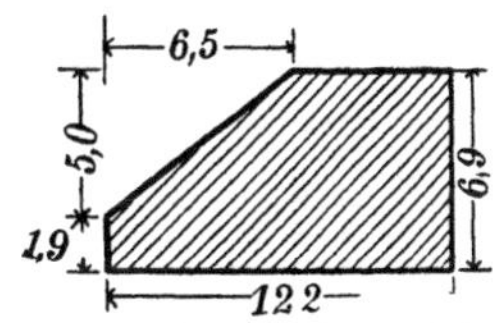

Abb. 74a. Schrägstein.

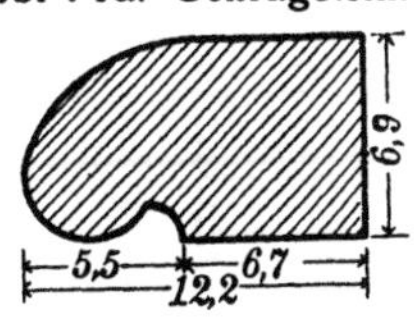

Abb. 74b. Nasenstein.

d) Türöffnungen.

1. Äußere Türen erhalten einen Anschlag von mindestens 1 Stein Tiefe und $\frac{1}{2}$ Stein (seltener $\frac{1}{4}$ Stein) Breite. Bei einfachen Türen in Keller- und Stallräumen fällt der Anschlag in der Regel fort, da die Türen mit eisernen Bändern und Stützhaken befestigt werden. Es erhalten

einflüglige Haustüren 1,00—1,20 m Breite; 2,20—2,40 m Höhe;
zweiflüglige „ 1,30—1,80 „ „ 2,30—2,60 „

Die Verbindung des Blendrahmens mit dem Mauerwerk erfolgt bei leichteren Türen durch einfache Bankeisen, die in die Fugen des Mauerwerks eingetrieben werden, bei schweren Türen durch Steinschrauben mit versenkten Muttern. Letztere werden am besten bereits bei der Aufführung des Mauerwerks eingemauert.

Die Türschwelle wird bei untergeordneten Eingangstüren aus Backsteinen hergestellt, und zwar als Rollschicht in Zementmörtel mit geringem Gefälle nach außen. Oberkante der Türschwelle liegt entweder mit dem inneren Fußboden bündig oder um 2 cm höher. Das Abtreten der Kanten kann durch eiserne Winkel, die mit Steinschrauben befestigt werden, vermieden werden. — Bei besseren Eingangstüren wird die Türschwelle in der Regel aus Werkstein oder Kunststein gebildet; vgl. S. 58.

Einfahrtstore erhalten etwa 2,50 m Breite und 2,80 m Höhe. Die Überdeckung geschieht durch I-Träger, die durch Schraubenbolzen mit zwischengesetzten Gasrohrstücken verbunden werden.

2. Innere Türen schlagen auf ein Türfutter, das in die Maueröffnung eingesetzt und durch Bekleidungsleisten an die Wandflächen angeschlossen wird. Es erhalten

einflüglige Zimmertüren[1]) 0,90—1,00 m Breite; 2,00—2,10 m Höhe;
zweiflüglige „ 1,40—1,80 „ „ 2,20—2,50 „ „ .

Die Maueröffnung muß um 8 cm breiter und 4 cm höher angelegt werden, als die lichten Maße des Türfutters betragen.

Zur Befestigung des Türfutters und der Bekleidungen werden bei einfacher Ausführung je 3 Stück geteerte Holzdübel oder nagelbare „Dübelsteine“ in die Türgewände eingemauert und die Öffnung mit einer etwa 6 cm starken Überlagsbohle überdeckt (Abb. 75). Diese Bohle muß durch einen 25 cm starken Flachbogen entlastet werden. Der Zwischenraum bleibt zunächst offen und wird erst später vor der Ausführung des Innenputzes geschlossen. Die Dübel, die auf die Stärke der Mauer durchgehen, sind entweder schwalbenschwanzförmig gebildet (Abb. 75a) oder rechteckig, mit in das Mauerwerk eingreifenden Bandeisen (Abb. 75b).

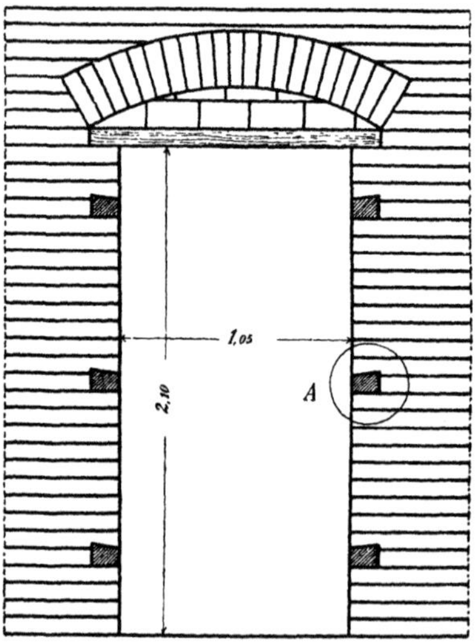

Abb. 75.

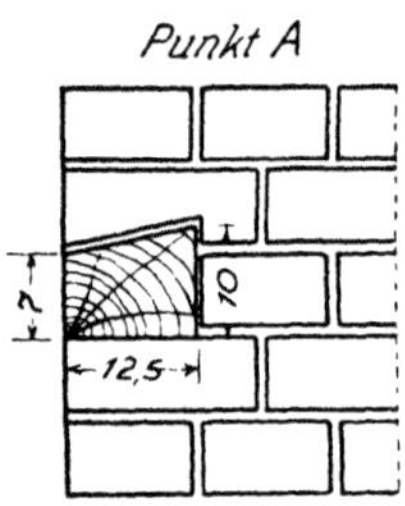

Abb. 75a.

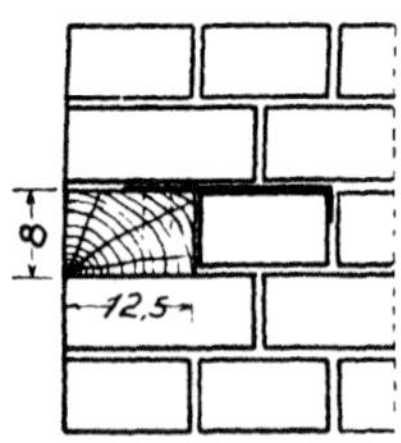

Abb. 75b.

Innere Tür mit Überlagsbohle und Holzdübeln.

1) Vgl. auch die Abmessungen der „Normentüren“ im Abschnitt IX, Tischlerarbeiten.

Bei besserer Ausführung erhalten die Maueröffnungen vollständige Türgerüste, die je nach der Mauerstärke aus Bohlen (Bohlenzarge) oder aus Kreuzhölzern (Blockzarge) zusammengesetzt werden (vgl. Abschnitt VI).

VI. Allgemeine Regeln für die Ausführung des Ziegelmauerwerks.

Das Ziegelmauerwerk ist mit gleichmäßigen Fugen in regelrechtem Verbande (meist Kreuzverband) genau lot-, flucht- und wagerecht auszuführen. Vor dem Verlegen sind die Steine gründlich von Schmutz und Staub zu reinigen und gehörig anzunässen. Das Reinigen ist nötig, weil sonst der Mörtel nicht in die Poren des Steines eindringen kann. Das Annässen ist besonders wichtig, damit der Ziegelstein, der die Feuchtigkeit gierig aufsaugt, nicht dem Mörtel die zum Abbinden nötige Wassermenge entzieht. An heißen Tagen werden am besten die Steine in einen Wasserkübel eingetaucht oder hineingelegt.

Jeder Stein ist in ein ausreichendes Mörtelbett zu verlegen und sofort von dem Maurer in die richtige Lage zu bringen. Ein langes Zurechtrücken oder ein Klopfen mit dem Hammer ist unstatthaft. Die Stoß- und Lagerfugen sollen sofort durch das Herandrücken des Steines an den Nachbarstein gefüllt werden; ein nachträgliches Vergießen ist zu vermeiden. Es ist entweder mit „vollen“ oder mit „offenen“ Fugen zu mauern. Im letzteren Falle bleibt in der Ansicht die Fuge etwa 2 cm tief offen für ein späteres Verfugen oder Verputzen. — Die Fluchten der Fundament-, Keller- und Erdgeschoßmauern werden von dem Schnurgerüst (vgl. S. 3) herabgelotet. Dann werden zunächst die Gebäudeecken genau nach der Wasserwage auf Arbeitshöhe vorgemauert und die einzelnen Zwischenstücke nach der Schichtschnur ausgeführt. Diese Schnur ist zwischen die sog. „Schnurlatten“ (Hochmaßlatten), die an den Ecken befestigt und mit einer Schichteneinteilung versehen sind (13 Schichten auf 1 m), von Ecke zu Ecke straff gespannt. Das Mauerwerk ist möglichst gleichmäßig hochzuführen, damit ein ungleiches Setzen vermieden wird. Auch ist von Zeit zu Zeit durch das Lot (Senkblei) oder auch durch die Wasserwage (mit Hilfe der kleinen Libelle) die lotrechte Aufführung der Mauern, besonders an den Ecken, Anschlüssen, Tür- und Fensteröffnungen genau zu prüfen. In jedem Geschoß ist in Höhe der Balkenunterkante eine genaue Abgleichung des Mauerwerks vorzunehmen.

Die Öffnungen werden nach den Grundrißzeichnungen unter genauer Einmessung der Mittelachsen angelegt. Bei übereinander liegenden Öffnungen sind die Mittelachsen hochzuloten.

Dübel für Fußleisten, Paneele, Fensterbretter usw. sind am besten gleich mit der Ausführung des Mauerwerks anzubringen; ebenso die einzumauernden Stützhaken für die Kellertüren, die Eisenteile für Fenstergitter u. dgl.

Die Gewölbe werden erst ausgeführt, wenn das Gebäude unter Dach ist, da sonst leicht Beschädigungen vorkommen können.

Bei mehr als 3^0 Kälte ist das Mauern einzustellen; bei Glatteis und Schneefall schon bei geringeren Kältegraden. Zum Schutz gegen Frost und Feuchtigkeit sind unvollendete Mauern mit Dachpappe abzudecken und mit Steinen zu beschweren, damit der Wind die Pappe nicht abhebt. Fensteröffnungen sind mit schräg nach außen gestellten Brettern zu verkleiden. Werden die Mauerarbeiten wieder fortgesetzt, dann sind die obersten Schichten, die unter dem Frost gelitten haben, zu entfernen.

Nach Fertigstellung des Gebäudes sind die Mauerflächen, die nicht verputzt werden, von Schmutz und Staub zu reinigen. Es darf dies nur durch Bürsten mit reinem Wasser oder mit ganz schwacher Salzsäurelösung (1—2 %) geschehen. Nach Anwendung dieser Lösung sind die Flächen gründlich mit reinem Wasser nachzuspülen, um eine Einwirkung auf die Steine zu verhüten.

VII. Das preußische Kappengewölbe.

a) Allgemeines.

Gewölbe sind Mauerkörper, die aus einzelnen sich keilförmig zwischen zwei feste Widerlager verspannenden Steinen zusammengesetzt sind und zur Überdeckung von Räumen dienen.

Als Material verwendet man im allgemeinen möglichst leichte Baustoffe wie Ziegelsteine, Lochsteine, poröse Steine, Schwemmsteine und — für unbelastete Gewölbe — auch Korksteine. Natürliche Steine werden wegen ihrer Schwere und der Kosten im Hochbau fast gar nicht verwendet.

Die Verwendung der Gewölbe ist gegenwärtig eine viel geringere als früher, da sie durch die neuen horizontalen Massivdecken verdrängt werden. In reicherer Ausführung kommen sie nur noch bei Monumentalbauten, bei Kirchen, Rathäusern, Museen usw. vor. In einfacher Ausführung dienen sie hauptsächlich zur Überdeckung von Kellerräumen, Lagerräumen, Ställen usw.

Das am meisten angewendete und einfachste Gewölbe ist das preußische Kappengewölbe, auch kurz preußische Kappe genannt.

Es besitzt den großen Vorzug, daß der überwölbte Raum in seiner Höhe möglichst ausgenutzt werden kann, und daß sowohl in den Widerlagsmauern wie auch in den Stirnmauern Tür- und Fensteröffnungen ohne Schwierigkeit angelegt werden werden können.

Die Benennungen der einzelnen Gewölbeteile schließen sich denjenigen der Bögen an. (Siehe S. 31.) Stirn- oder Schildmauern heißen die Umfassungsmauern, die nicht Widerlager sind; offene Gewölbe sind solche, bei denen die Stirnmauern fehlen, geschlossene sind solche, bei denen sie vorhanden sind. Als Kennzeichen der Einwölbung mit preußischen Kappen sind in den Grundriß die umgeklappten Wandbögen einzutragen (bei Trägeranordnung von Außenkante Flansch bis Außenkante Flansch!)

b) Ausführung.

Abb. 76 stellt ein preußisches Kappengewölbe im Grundriß und im Längs- und Querschnitt dar.

Das Kappengewölbe wird zwischen Mauern, Gurtbögen oder Eisenträgern eingewölbt. Seiner Form nach bildet es im Querschnitt einen Flach- oder Segmentbogen, dessen Stich- oder Pfeilhöhe $\frac{1}{8}$—$\frac{1}{12}$ der Spannweite beträgt. Wegen dieser geringen Pfeilhöhe ist es nur über kleinen Spannweiten von 1,00—3,00 m anwendbar. Größere Räume müssen daher durch eiserne Träger oder Gurtbögen in kleinere Abteilungen zerlegt werden.

Die Entfernung der eisernen Träger wird mit etwa 1,00—1,50 m angenommen, die Entfernung der Gurtbögen mit etwa 2,50—3,50 m. Die Form der Gurtbögen

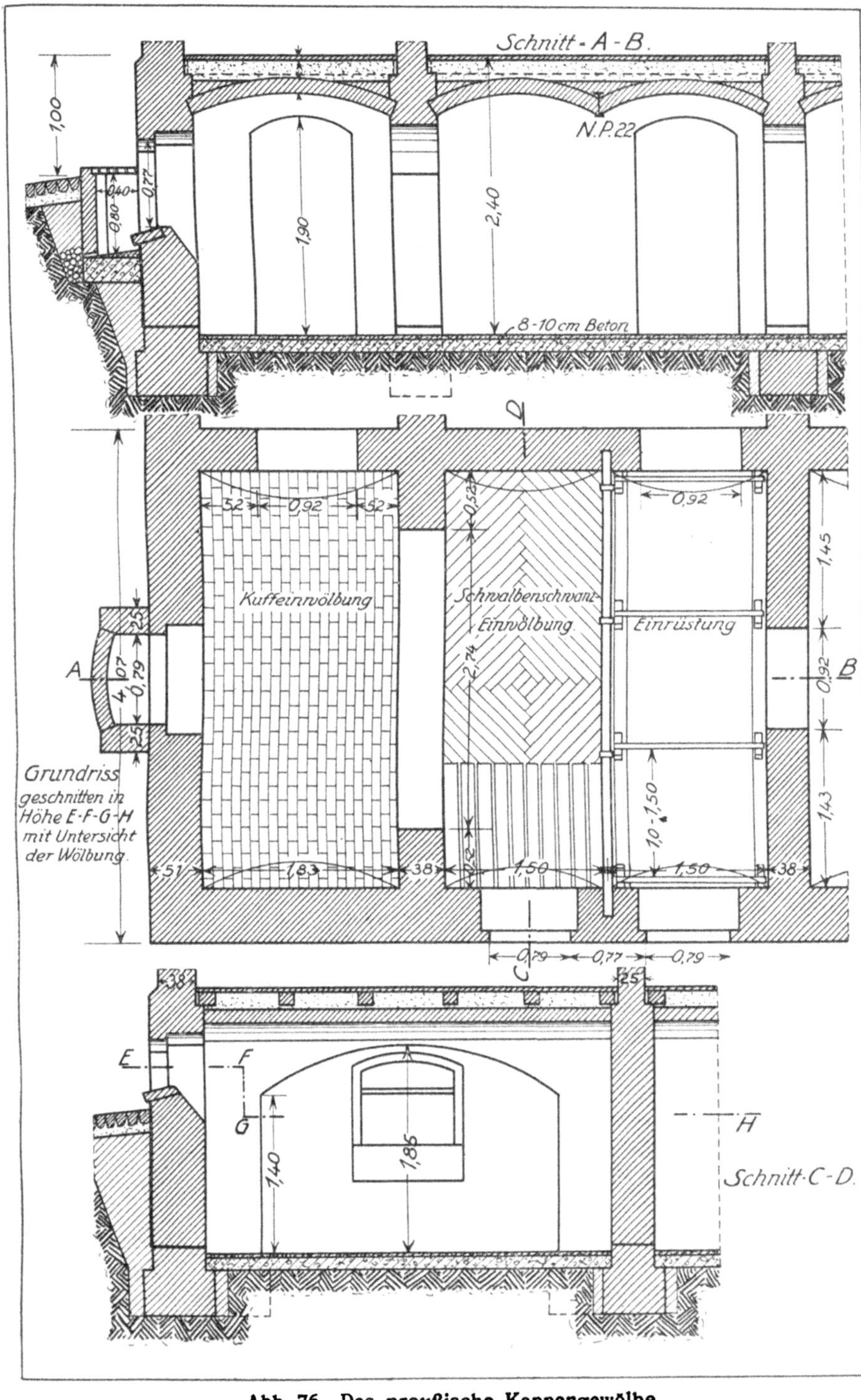

Abb. 76. Das preußische Kappengewölbe.

ist meist ein Segmentbogen oder ein Korbbogen, seltener ein Halbkreisbogen. Über Stärke des Gurtbogens und seines Widerlagers siehe S. 37.

Die Stärke der Kappen beträgt bis 2,50 m Spannweite $\frac{1}{2}$ Stein, bis 3 m Spannweite $\frac{1}{2}$ Stein am Scheitel und 1 Stein am Widerlager. Bei großen Spannweiten und bei großer Länge der Kappen ordnet man in Entfernungen von 1,50—2,00 m Verstärkungsgurte an.

Die Widerlager der Kappen sind $\frac{1}{4}$—$\frac{1}{5}$ der Spannweite und nicht unter $1\frac{1}{2}$ Stein stark zu machen.

Die Herstellung des Widerlagers geschieht sogleich bei der Aufmauerung entweder durch Bildung eines Falzes oder durch Vorkragung. Ein nachträgliches „Einspitzen" des Widerlagers ist zu vermeiden, da sonst der Steinverband gelockert würde.

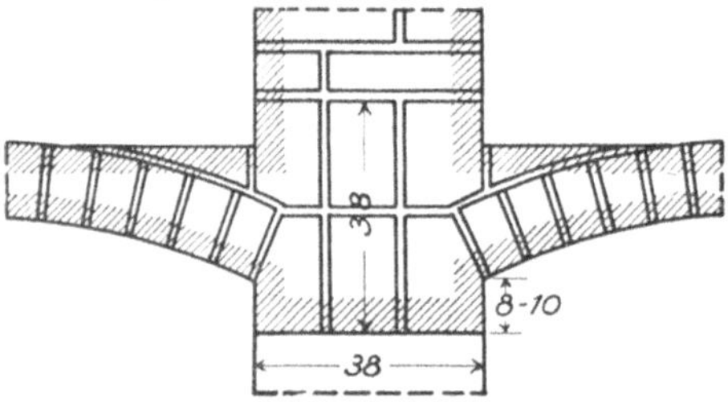

Abb. 77.
Anschluß der Kappen an Gurtbögen.

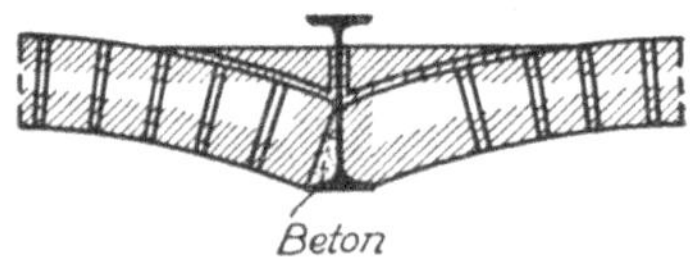

Abb. 78.
Anschluß der Kappen an I-Träger.

Der Anschluß der Kappen an Gurtbögen muß so ausgeführt werden, daß vom Scheitel des Gurtbogens bis zur Kämpferlinie des Gewölbes eine Mauermasse von mindestens 8—12 cm Höhe verbleibt (Abb. 77).

Der Anschluß der Kappen an die eisernen Träger wird entweder durch eine Rollschicht oder durch keilförmig behauene Steine oder am besten durch einen Betonklotz gebildet (Abb 78).

Der Verband der Kappen kann auf verschiedene Arten ausgeführt werden:

1. auf den Kuff,
2. auf den Schwalbenschwanz,
3. mit Ringschichten (Mollersche Wölbung).

Zu 1. Bei der Einwölbung auf Kuff laufen die Wölbschichten parallel zur Gewölbeachse, und die Steine überbinden wie beim Schornsteinverband um $\frac{1}{2}$ Stein (Abb. 76). Die Wölbung beginnt an den beiden Widerlagern zugleich. Der Nachteil dieser Wölbart besteht darin, daß in der Längsrichtung keine Verspannung vorhanden ist.

Zu 2. Die Einwölbung auf Schwalbenschwanz ist die gebräuchlichste und wohl auch die beste. Die Lagerfugen sind unter einem Winkel von 45° gegen die Umfassungsmauern gerichtet und liegen in schrägen Ebenen, die meist senkrecht zur Diagonallinie des Gewölbes gerichtet sind (Abb. 76, Grundriß). Die Einwölbung geschieht von den vier Ecken aus gleichzeitig bis zur Mitte, wo ein quadratischer Schluß entsteht. Die Vorzüge dieser Wölbungsart bestehen darin:

a) daß keine durchlaufende Bruchfuge vorhanden ist;
b) daß sich der Kappendruck auf alle vier Umfassungsmauern verteilt, also auch teilweise von den Stirnmauern aufgenommen wird;

c) daß das Gewölbe, bei welchem jede Schicht in sich als Bogen verspannt ist, sich weniger setzt, besonders wenn es etwas Stich erhalten hat;

d) daß die Einwölbung von geübten Maurern freihändig nur mit Hilfe von Lehrbögen (ohne Schalung) ausgeführt werden kann.

Zu 3. Bei der Einwölbung mit Ringschichten laufen die Lagerfugen senkrecht zur Gewölbeachse; jede Schicht bildet somit einen in sich haltbaren Bogen. Die Stoßfugen sind gegeneinander um $\frac{1}{2}$ Stein versetzt. Die Schichten werden am besten in wenig geneigten Ebenen angelegt, so daß sie sich aneinander lehnen können. Man beginnt an den Stirnmauern und wölbt den Schluß in der Mitte auf Kuff ein. — Wird die Hintermauerung und das Widerlager in den Verband dieser Ringschichten hineingezogen, so wird der Gewölbeschub aufgehoben, indem die Kappe mehr wie eine Platte mit senkrechtem Drucke wirkt (Mollersche Einwölbung).

Das Kappengewölbe muß eine Hintermauerung erhalten bis mindestens $\frac{1}{3}$ der Höhe. Nach Ausführung der Hintermauerung werden die Rücken der Kappen mit dünnem, verlängertem Zementmörtel ausgegossen, damit alle Fugen gut ausgefüllt sind.

Die Einrüstung der Kappen kann nach der Wölbart verschieden sein. Bei der Einwölbung auf Kuff und auf Schwalbenschwanz wird meist eine vollständige, aus dünnen Brettern bestehende Schalung hergestellt. Diese Schalung wird auf Lehrbögen genagelt, welche in Abständen von etwa 1,00—1,50 m aufgestellt werden. Die Lehrbögen ruhen auf Doppelkeilen und mit diesen zusammen auf Rahmhölzern, die von Stielen oder von starken Mauerhaken getragen werden.

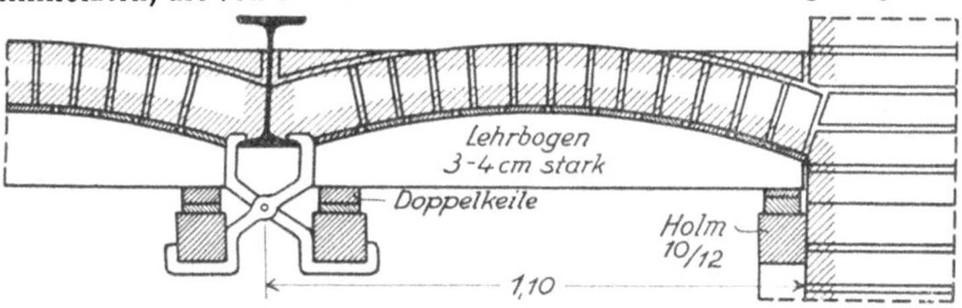

Abb. 79. Einrüstung der Kappen.

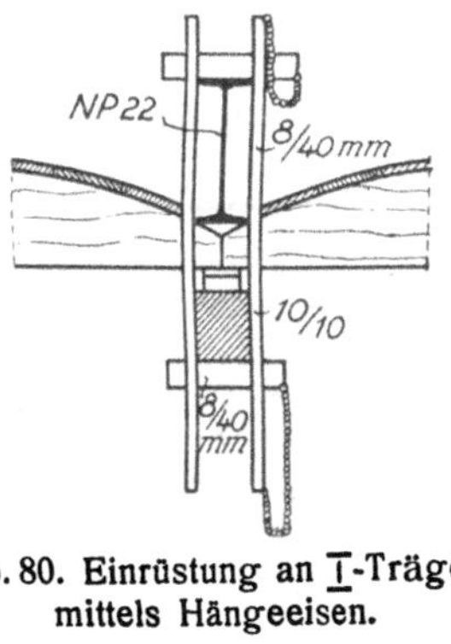

Abb. 80. Einrüstung an I-Trägern mittels Hängeeisen.

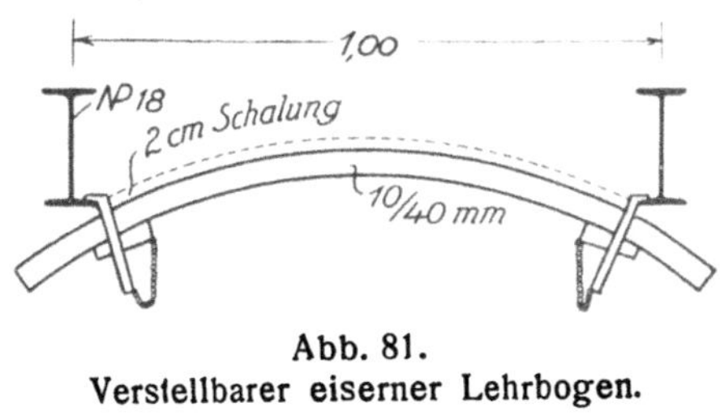

Abb. 81. Verstellbarer eiserner Lehrbogen.

Beim Einrüsten zwischen eisernen Trägern verwendet man eiserne Scheren oder Hängeeisen, die an die Trägerflansche angehängt werden und die Rähme tragen (Abb. 79 u. 80). Sehr zu empfehlen ist auch die Verwendung von eisernen Lehrbögen, die entsprechend der Trägerentfernung verstellt werden können (Abb. 81).

Die Schwalbenschwanzeinwölbung kann auch ohne Schalung nur mit Hilfe der Lehrbögen freihändig ausgeführt werden.

Bei der Einwölbung mit Ringschichten kann anstatt der Einschalung der „Rutschbogen" angewendet werden. Derselbe besteht aus einem kurzen etwa 80 cm breiten Lehrbogenkasten, der auf Gleitholmen mit dem Fortschreiten der Wölbung vorzuschieben ist.

Das Ausrüsten erfolgt, sobald das Gewölbe einigermaßen abgebunden hat, etwa nach acht Tagen. Es geschieht durch vorsichtiges Lösen der Doppelkeile.

B. Mauerwerk aus natürlichen Steinen.

I. Allgemeines.

Die in Deutschland am häufigsten vorkommenden und wichtigsten natürlichen Steine sind: Sandstein, Kalkstein, Basalt und Granit.

Die natürlichen Bausteine kommen entweder als „lose" Steine, sog. Findlinge oder Feldsteine, unter oder auf der Erdoberfläche vor, oder sie finden sich als feste Gebirgsmasse, so daß sie erst zum Gebrauch losgelöst, d. h. gebrochen werden müssen.

Die Feldsteine oder Findlinge bestehen meist aus großen und kleinen Stücken von Granit und dienen zur Herstellung des Feldsteinmauerwerks.

Die gebrochenen Steine werden entweder gar nicht oder nur teilweise mit dem Hammer bearbeitet und als sog. Bruchsteine zu dem Bruchsteinmauerwerk verwendet, oder sie erhalten durch besondere Steinhauerwerkzeuge eine bestimmte Form und dienen dann zur Herstellung des Werkstein- oder Quadermauerwerks.

Die Eigenschaften, welche die natürlichen Bausteine haben müssen, sind folgende: fest im Gefüge (Struktur), lagerhaft, durchaus wetterbeständig, frei von schädlichen Einsprengungen wie „Nestern", „Gallen", „Stichen", ohne Risse und Spalten, frei von Bergfeuchtigkeit und möglichst wenig wasseraufsaugend (nicht hygroskopisch).

II. Verband der Mauern.

a) Das Feldsteinmauerwerk.

Die Feldsteine oder Findlinge eignen sich wegen ihrer rundlichen und unregelmäßigen Form — so wie sie gefunden werden — nicht besonders zur Herstellung eines festen Mauerkörpers. Sie werden vielmehr als Mauermaterial dadurch tauglicher gemacht, daß man die großen Steine mit einem eisernen Schlaghammer spaltet und sehr große Blöcke mit Pulver bzw. Dynamit zersprengt, wodurch man lagerhafte Flächen erhält. Mit zersprengten Findlingen läßt sich ein netzartiges Mauerwerk, das „Zyklopenmauerwerk" herstellen. Hierbei werden die gesprengten Steine, mit etwas „Behau" an ihren Flächen, gut aneinander gepaßt (Abb. 82).

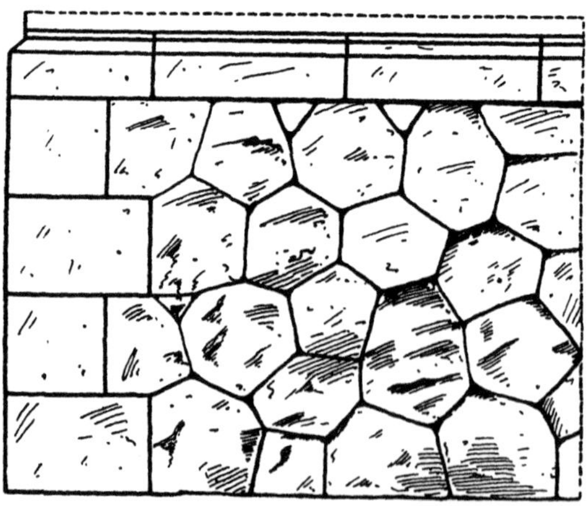

Abb. 82. Zyklopenmauerwerk aus gesprengten Findlingen oder Bruchsteinen.

Im übrigen wird der Verband dadurch hergestellt, daß die größten und regelmäßigsten Steine an die Ecken und nach außen verlegt werden, während die kleineren runden Steine in das Innere der Mauer kommen. Ferner sind soviel als möglich durch die ganze Mauerstärke reichende Binder („Ankersteine") anzuordnen. Die entstehenden Zwischenräume werden mit Steinstücken und Mörtel gut „ausgezwickt". Fehlt es an großen Steinen, so werden die Ecken durch Ziegelsteine, welche in das Mauerwerk eingreifen, hergestellt (Abb. 83).

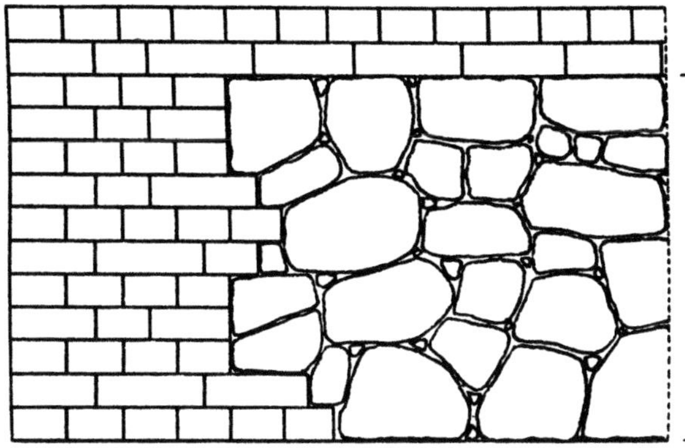

Abb. 83. Gewöhnliches Feldsteinmauerwerk.

Je nach der Größe der Steine muß man in Höhe von 0,60—1,20 m wagerechte Abgleichungen vornehmen, die am besten aus 3—6 Ziegelsteinschichten bestehen (Abb. 83).

Als Mörtel ist gut bindender, dickflüssiger hydraulischer Mörtel zu verwenden.

Feldsteine werden hauptsächlich zu Grundmauern oder zur Verblendung von Gebäudesockeln mit Backsteinhintermauerung verwendet. Zu Umfassungsmauern bei Wohnräumen eignen sie sich nicht ohne weiteres, da sie zu dichtes Gefüge haben und daher kalt und feucht sind. Für Wohnräume empfiehlt es sich, nach Abb. 84 die Innenseite der Feldsteinmauern zur Abhaltung von Feuchtigkeit mit einem Goudronanstrich zu versehen und in einem Abstand von 6—8 cm eine hochkant gestellte Ziegelwand auszuführen,

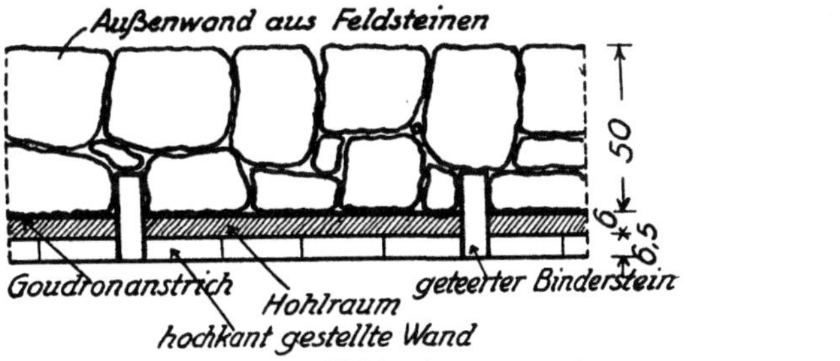

Abb. 84. Isoliertes Feldsteinmauerwerk bei Wohnräumen (wagerechter Schnitt).

die durch geteerte Bindersteine mit der Außenmauer verbunden ist. Der Hohlraum kann mit Schlacke ausgefüllt werden.

b) Das Bruchsteinmauerwerk.

Die zur Verwendung kommenden Bruchsteine sind meist lagerhaft und können mehr oder weniger mit dem Maurerhammer bearbeitet werden. Sie gewähren daher einen regelmäßigeren Verband und festere Mauern als die Feldsteine. Je nach der Art der Bearbeitung kann man zwei Arten von Bruchsteinmauerwerk unterscheiden:

1. das gewöhnliche Bruchsteinmauerwerk,
2. das lagerhafte Bruchsteinmauerwerk.

Zu 1. **Bei dem gewöhnlichen Bruchsteinmauerwerk** werden die Steine nur wenig oder gar nicht an den Lagerflächen bearbeitet, so daß die Fugen noch unregelmäßig sind. Die einzelnen Steine sind verschieden groß und werden stets auf ihr natürliches Lager verlegt. Die größten Steine kommen wie bei dem Feldsteinmauerwerk an die Ecken oder werden als Bindersteine (Ankersteine) verwendet. Es sind möglichst viele Binder anzuordnen und ein guter Fugenwechsel anzustreben. Die Hohlräume sind mit Steinstückchen gut auszuzwicken. In Höhe von 0,90—1,50 m muß eine Abgleichung vorgenommen werden. Die Tür- und Fenstereinfassungen, ebenso auch die Ecken werden des guten Verbandes wegen am besten aus bearbeiteten Werksteinen hergestellt.

Bruchsteinmauerwerk ist aus demselben Grunde wie das Feldsteinmauerwerk für Mauern von Wohngebäuden nicht sehr geeignet; wohl aber zu Fundamentmauern. Für das aufgehende Mauerwerk werden die Bruchsteine meist nur als Verblendung verwendet, wobei die Steine verschieden tief (durchschnittlich 20 cm) in die aus Backsteinen bestehende Hintermauerung einbinden.

Abb. 85. Mauerwerk aus lagerhaften Bruchsteinen.

Zu 2. **Das lagerhafte Bruchsteinmauerwerk** wird aus besonders lagerhaften Bruchsteinen hergestellt, die an ihrer Lagerfläche derart bearbeitet werden, daß die Fugen ziemlich regelmäßig sind und eine schichtweise Aufmauerung erfolgen kann (Abb. 85). Die Steine behalten ihre rauhe Kopffläche. Die Lagerfugen sind wagerecht durch die ganze Mauerlänge durchzuführen. Die Schichten können gleich hoch oder auch verschieden hoch sein. Innerhalb der Schichten sind die Steine verschieden groß.

Das lagerhafte Bruchsteinmauerwerk wird ebenfalls nur zur Verblendung gebraucht, wobei die aufeinanderfolgenden Schichten verschieden tief einbinden. Es ist von guter äußerer Wirkung.

c) Das Werkstein- oder Quadermauerwerk.

Dasselbe besteht aus regelmäßig bearbeiteten Steinen (Quadern), die ebenfalls wie das Bruchsteinmauerwerk fast nur als Verblendung an der Außenseite von Ziegelmauerwerk verwendet werden.

Die Bearbeitung der Steine geschieht folgendermaßen: Die erste rohe parallelepipedische Form erhält der Werkstein schon im Bruch durch das „Bossieren“ mit dem „Zweispitz“ (Abb. 87) (bei mittelharten Steinen) oder mit dem „Spitzeisen“ (Abb. 91) (bei harten Steinen). Die Längenabmessungen des Steines werden nach allen Seiten um 2—3 cm, den „Arbeitszoll“, für die Feinbearbeitung größer gemacht. Die weitere Bearbeitung erfolgt auf dem Werkplatze des Steinmetzen. Hier wird der Stein zunächst „aufgebänkt“ (Abb. 86 a) und je zwei gegenüberliegende Quaderkanten nacheinander mit einem 2—3 cm tiefen „Randschlag“ versehen (Abb. 86 b). Nach Fertigstellung derselben ist durch Visieren („Versehen“) über zwei Richtscheite zu prüfen, ob dieselben in einer Ebene liegen. Der dazwischen liegende Steinteil der „Bossen“ kann nun entweder mehr oder weniger rauh stehenbleiben oder er wird bis zur gleichen Ebene mit den Randschlägen weggeschlagen und geebnet. Auf diese Weise werden alle übrigen Steinflächen hergestellt, wobei mittels Winkel-

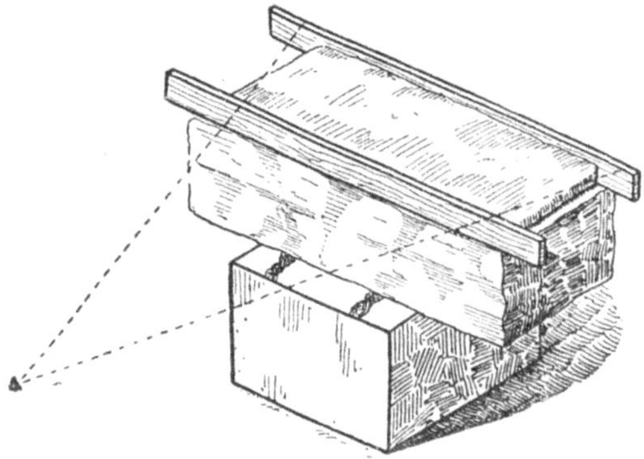

Abb. 86a. Abb. 86b.
Bearbeitung des „aufgebänkten“ Steines.

Abb. 87. Zweispitz. Abb. 88. Kröneleisen. Abb. 89. Stockhammer.

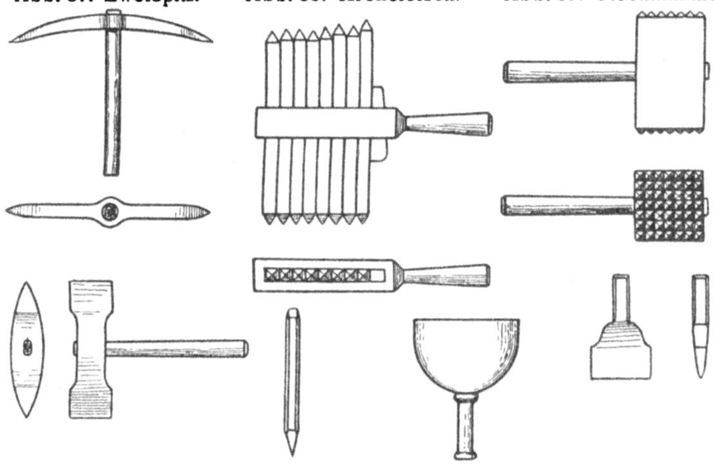

Abb. 90. Flächhammer. Abb. 91. Spitzeisen. Abb. 92. Hölz. Schlägel. Abb. 93. Scharriereisen.

Werkzeuge für das Bearbeiten der Steine (Abb. 87—93).

eisen geprüft wird, ob zwei aneinanderstoßende Flächen rechtwinklig zueinander stehen.

Bei der Bearbeitung der Flächen werden verschiedene Handwerkszeuge verwendet: Mit dem „Spitzeisen“ (Abb. 91) wird die bossierte Fläche mehr oder weniger fein „gespitzt“; mit dem „Flächhammer“ (Abb. 90) erfolgt die Bearbeitung bis zur Ebene des Randschlages. Das „Kröneleisen“ (Abb. 88) wird bei weicheren Steinen zur Flächenbearbeitung verwendet, der „Stockhammer“ (Abb. 89) dagegen bei harten Steinen; die Arbeit heißt dann „gekrönelt“ bzw.

„gestockt“. Mit dem „Scharriereisen“ (Abb. 93) wird ein weiteres Nacharbeiten ausgeführt; die Fläche heißt „scharriert“.

Einzelne Bauteile aus Werkstein z. B. Treppenstufen, Säulen usw. können auch geschliffen, harte Steine (Granit) sogar poliert werden.

Die Benennung der Flächen der Steine ist je nach der Lage verschieden: die untere und obere Fläche heißt das untere oder obere „Lager“, die Ansichtsfläche das „Haupt“ oder die „Stirn“ des Steines. Der Steinhauer bezeichnet das untere (harte) Lager mit #, das obere (weiche) Lager mit ○ oder ⊖.

Für die Ausführung des Quadermauerwerks kommt nur die **Quaderverblendung** in Betracht. Volle Quadermauern werden beim Wohnhausbau gar nicht hergestellt. Bei der Quaderverblendung hat man zu unterscheiden, ob die Werksteine so stark sind, daß sie mit der Hintermauerung als tragende Mauerteile gelten können, oder ob sie nur in Form von dünnen Platten zur Verzierung der Außenflächen dienen (Granit usw.).

Bei dem Quaderverband sind zunächst die allgemeinen Verbandregeln des Ziegelmauerwerks zu beachten. Die Anordnung der Steine selbst kann verschieden sein.

1. Es wechseln Läufer und Binder in jeder Schicht ab (Abb. 94).

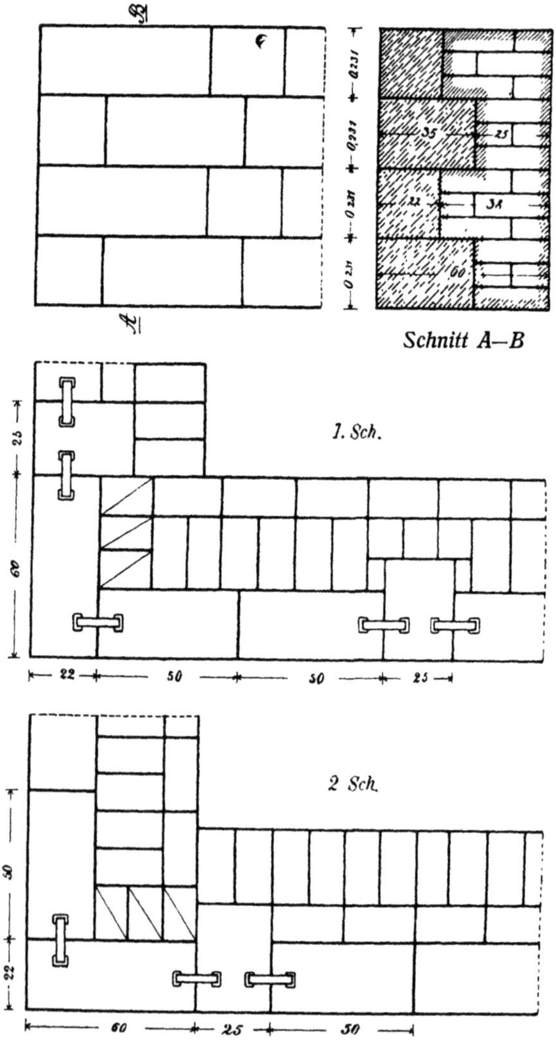

Abb. 94. Quaderverblendung.
In jeder Schicht wechseln Läufer und Binder ab.

2. Es wechseln Läuferschichten und Binderschichten ab (Abb. 95).

3. Die Quaderverblendung besteht aus einer Anzahl ungleich hoher Schichten, die in geschickter Anordnung im Verbande verlegt werden und eine sehr gute Wirkung des Mauerwerks ergeben (Abb. 96).

Die Einbindungstiefe der Bindersteine ist so zu bemessen, daß der eingreifende Teil eine halbe oder ganze Ziegelsteinlänge groß ist.

Die Höhe der Quadersteine ist so anzunehmen, daß sie ein Vielfaches der Hintermauerungsschichten weniger der zugehörigen Quader-Fugenstärke beträgt (Abb. 97).

Hilfsmittel zur Verbindung der Steine. Die Steine müssen sowohl untereinander, als auch mit der Hintermauerung sorgfältig verbunden werden.

Nebeneinander liegende Steine werden durch den sog. „Falz" oder „Spund" oder meist durch metallene Klammern verbunden. Bei Anwendung von Falz und Spund darf der eingreifende Teil wegen der Sprödigkeit des Steines nur geringe Ausdehnung erhalten. Die Klammern werden gewöhnlich aus verzinktem 5—7 mm starkem Flacheisen hergestellt und sind etwa 2—3 cm breit und 20—25 cm lang. An den Enden sind sie umgebogen und aufgehauen und greifen in entsprechend ausgearbeitete Löcher ein (Abb. 98a u. b).

Übereinander liegende Steine werden durch verzinkte eiserne Dübel verbunden. Dieselben sind etwa 2—3 cm breit und 8—10 cm lang und werden am besten aus Quadrateisen hergestellt (Abb. 99). Rundeisendübel bieten keinen Widerstand gegen Drehen.

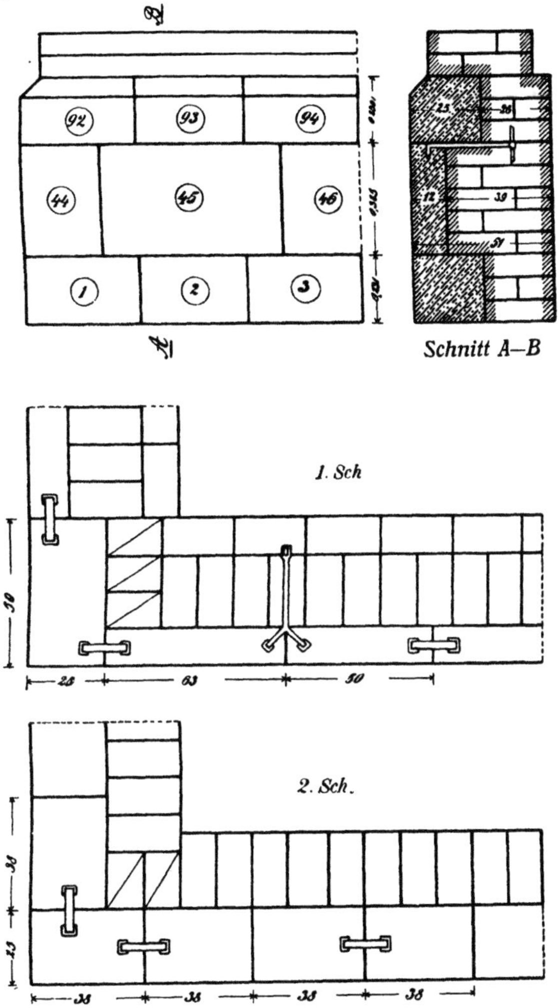

Abb. 95. Quaderverblendung.
Es wechseln Läufer- und Binderschichten ab.

Die Verbindung der Steine mit der Hintermauerung wird außer durch die Bindersteine auch noch durch Gabelanker bewirkt. Dieselben werden aus 5—10 mm starken Flacheisen angefertigt und sind etwa 30—50 cm lang (Abb. 100).

Die Befestigung der Eisenteile in den Steinen geschieht in der Weise, daß die in die Steine eingreifenden und mit Widerhaken versehenen Enden ringsum mit Zementmörtel oder flüssigem Blei vergossen werden. Die eisernen Klammern müssen um ihre Stärke in die Steine eingelassen sein. Bei dem Vergießen mit Blei ist es notwendig, daß die Steinlöcher vollständig trocken sind, damit sich keine Dämpfe bilden, die das Blei herausschleudern.

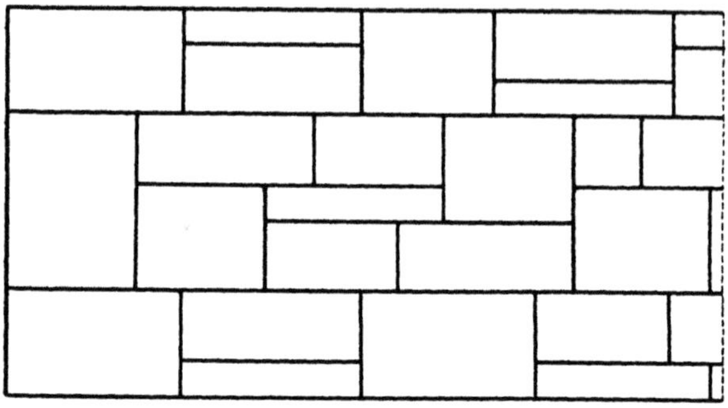

Abb. 96. Quaderverblendung aus ungleich großen Steinen.

Nach dem Erkalten muß das Blei nachgestemmt werden. Die Verwendung von Schwefel zum Vergießen ist nicht zu empfehlen, da derselbe treibt und den Stein zersprengen kann.

Das Versetzen der Steine geschieht am besten nach vorher angefertigten „Schichtplänen", die auch für die Bearbeitung maßgebend waren. In denselben sind die einzelnen Steine in der Reihenfolge des Versetzens numeriert, so daß hierdurch ein leichtes Zurechtfinden ermöglicht ist (Abb. 95 Ansicht). Bei dem Versetzen sind die Kanten durch Strohbüschel und Brettstücke zu schützen, ebenso wie beim

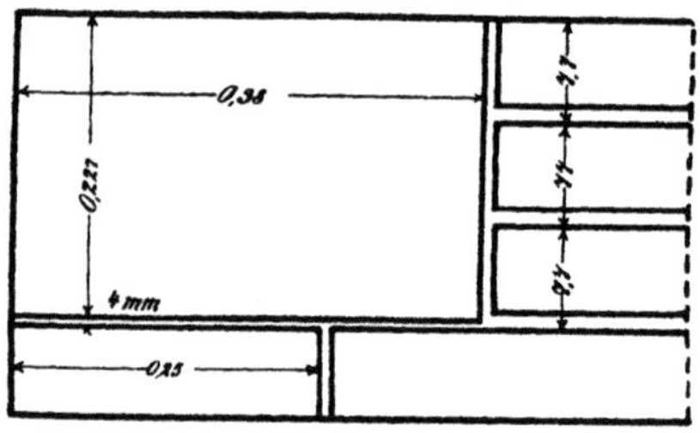

Anzahl der Backsteinschichten $\times$ *77 – 4 mm*
Höhe = 3 $\times$ *77 – 4 mm = 0,227 m*
Abb. 97. Berechnung der Quaderhöhe.

Abb. 98a. Eisenklammer.

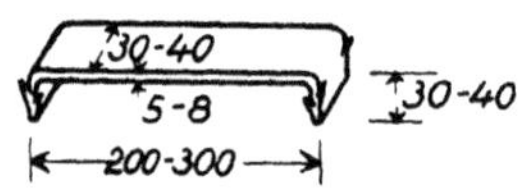

Abb. 98b. Isometrie der Eisenklammer. (Maße in mm.)

Transport zur Baustelle. Zunächst sind die Steine an den betreffenden Ort, wo sie versetzt werden sollen, zu schaffen. Bei kleinen Stücken und bei geringer Höhe kann dies durch Tragen geschehen. Bei größerer Höhe und bei schweren Werksteinen werden der Flaschenzug oder die Bockwinde oder größere, auf einem Laufgerüst fahrbare Hebemaschinen angewendet.

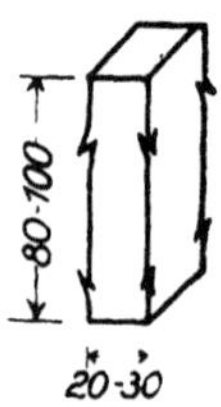

Abb. 99. Eisendübel. (Maße in mm.)

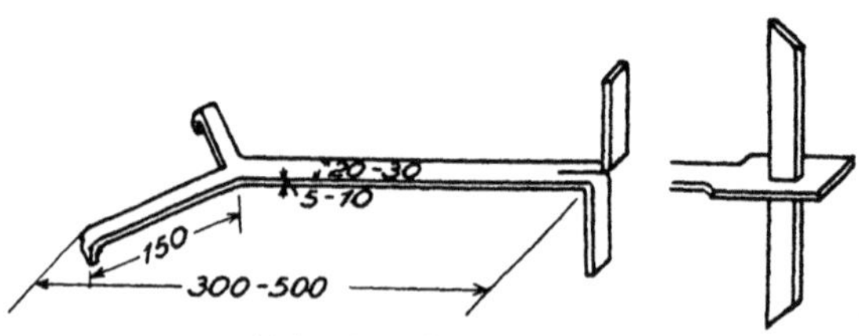

Abb. 100. Gabelanker. (Maße in mm.)

Zum Befestigen an die Aufzugskette bzw. das Drahtseil dienen folgende Vorrichtungen:

1. Das Kranztau für kleinere, stark gegliederte Steine. Man schützt die Kanten und vorspringenden Teile mit Strohbauschen und legt das Tau kreuzweise um den Stein und verknotet es oben.

2. Der sogenannte „Wolf“ (Abb. 101), bestehend aus einem Bügel und einem dreiteiligen, durch einen Vorsteckbolzen zusammengehaltenen Eisenkern, der in ein trapezförmiges, in die Oberseite des Steines eingearbeitetes Dübelloch eingreift. Das „Wolfsloch“ soll senkrecht über dem Schwerpunkt des Quaders liegen. Das Herausnehmen des Wolfes erfolgt durch Lösen des Bolzens und Herausnehmen zunächst des Mittelstückes, dann der beiden Seitenstücke des Eisenkerns. Die Benutzung des Wolfes ist nur bei genügend hartem Steinmaterial möglich, bei dem ein Aussprengen nicht zu befürchten ist.

3. Die Greifschere, die den Stein von beiden Seiten an entsprechend vertieften Stellen faßt (Abb. 102).

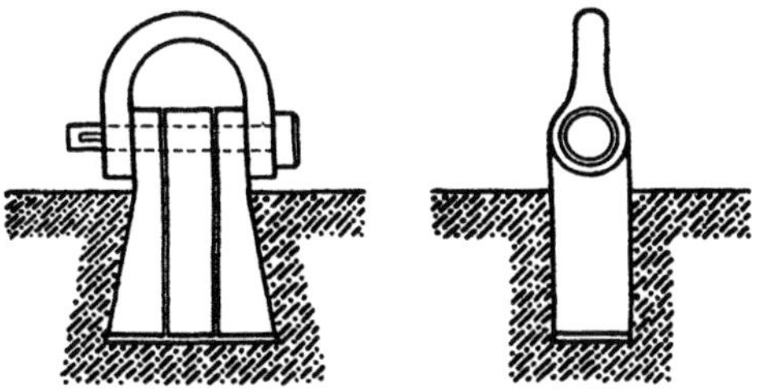

Abb. 101. Der Wolf.

Abb. 102. Die Greifschere.

Vor dem Niederlassen des Steines werden auf den Ecken kleine Plättchen von Blei, Teerpappe oder Schiefer (kleine Holzkeile) in Fugendicke (etwa 5 mm) aufgelegt. Damit die Steinkanten nicht abgedrückt werden können, müssen diese Plättchen etwa 2 cm von der Außenkante entfernt liegen. Der Stein wird nur langsam gesenkt und mittels Wasserwage probeweise in seine richtige Lage gebracht, nun nochmals emporgehoben und das angenäßte Lager mit einem feinsandigen hydraulischen Kalkmörtel überzogen, alsdann zur endgültigen Festlegung in das Mörtelbett niedergelassen. Die Verwendung von reinem Zementmörtel ist unzulässig, die von verlängertem Zementmörtel nur bei harten Gesteinen zulässig, da infolge der mehr oder weniger starken Wasseraufnahmefähigkeit der Gesteine dem Mörtel die zum Abbinden notwendige Wassermenge entzogen würde. Das Ausgießen der Lagerfugen von außen her, von einem sog. „Lehmnest“ aus, ist weniger zu empfehlen, da der Mörtel sich bei der dünnen Fuge nicht genügend verteilen kann. Die Stoßfugen, die an den Außenseiten etwa 4 mm stark sind und sich nach hinten erweitern können, werden von oben mit Mörtel vergossen und mittels eines Stahlbandes (altes Sägeblatt) „gesägt“.

Die rückwärtigen Flächen der Steine werden vor der Hintermauerung mit heißem Goudron gestrichen, um ein Überleiten der Feuchtigkeit, welche z. B. Sandstein leicht aufnimmt, in das Mauerwerk zu verhüten.

Zum Schutz gegen Mörtelspritzen können die äußeren Werksteinflächen mit einem Anstrich von dünnflüssigem Lehmbrei versehen werden, der später mit reinem Wasser und Bürste wieder abgewaschen wird. Dies Verfahren ist jedoch nur anwendbar bei Steinen, die keine kalkhaltigen Bindemittel enthalten, da sonst der Lehm Flecken hinterläßt. Vorspringende Teile (Gesimse u. dgl.) sind während des Baues gegen Beschädigungen durch Brettabdeckungen oder Strohlehm zu schützen.

III. Fenster- und Türöffnungen in Werkstein.

a) Das Werksteinfenster.

1. Allgemeines. Bei Putzbauten oder Backsteinrohbauten erhalten die Fenster in der Regel eine Umrahmung bestehend aus der unteren Sohlbank, den seitlichen Gewändesteinen und dem oberen Sturz (Abb. 103). Bei Mauerflächen mit Quaderverblendung bilden meist die Quaderschichten und die Bogensteine sowie die Sohlbank die Umrahmung der Fensteröffnung.

2. Die Werksteinsohlbank bildet die untere Begrenzung des Hausteinfensters und erhält zur Ableitung des Regenwassers eine geneigte Oberfläche („Wasserschräge“) und an der Unterseite eine Unterschneidung („Wassernase“). Die Wassernase muß so weit vor dem darunterliegenden Brüstungsmauerwerk vorstehen, daß das Wasser frei abtropfen kann, ohne die Mauer zu treffen. (Abb. 103 Schnitt A—B.)

Zur Aufnahme der Fenstergewände ist ein wagerechtes Lager erforderlich, welches aus der Abwässerung herausgearbeitet werden muß. Außerdem wird zur Aufnahme des etwa

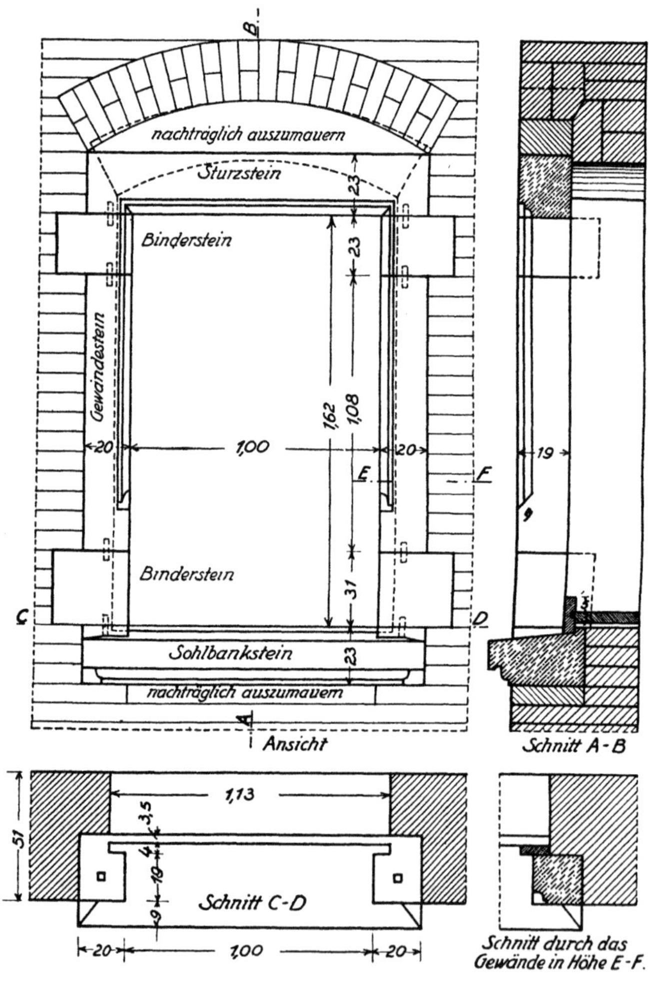

Abb. 103. Fenster mit Werksteinumrahmung.

40 mm starken Fenster-Futterrahmens noch ein besonders ausgearbeiteter Falz gebildet, welcher hinter dem Gewändeaufstand um die Breite des Anschlages fortgeführt wird (vgl. Abb. 104, isometrische Darstellung der Sohlbank).

Beim Versetzen ist die Sohlbank unterhalb auf die Breite der lichten Fensteröffnung hohl zu legen und nur an den Enden aufzulagern, damit durch den Druck der Gewände beim Setzen des Mauerwerks die Sohlbank nicht auf Biegung beansprucht wird und bricht. Erst nach vollständigem Setzen des Mauerwerks wird dieser Hohlraum ausgemauert.

Bei gekuppelten Fenstern wird die Sohlbank aus so vielen Stücken hergestellt, als das Fenster Teile hat; Stoßfuge unter dem Mittelpfosten!

3. **Das Werksteingewände** besteht entweder aus langen, auf das „Haupt" oder den „Spalt" gestellten Werksteinstücken oder aus einzelnen Quaderschichten, die dem anschließenden Mauerwerk entsprechen. In ihrer einfachen Form sind die Gewändesteine von viereckigem Querschnitt (etwa 20 cm breit), an der Außenfläche rauh oder scharriert bzw. geschliffen und mit einfachen Abfasungsprofilen (Schräge, Wulst, Hohlkehle oder Viertelstab) versehen. Sie treten so weit gegen die innere Leibung vor, daß sie den für das Fensterfutter notwendigen Anschlag bilden (Abb. 103 Schnitt C—D). Ihre Außenflächen liegen mit der Putzfläche bzw. mit der Backsteinrohbaufläche bündig (Abb. 103, Schnitt A—B). Lange Gewände zerlegt man der Höhe nach in mehrere Teile und fügt Bindersteine von etwa drei Schichten Höhe ein, die mit den Gewändestücken durch Dübel verbunden werden. (Abb. 103, Ansicht). Die Verbindung von Gewände und Sohlbank erfolgt ebenfalls durch eiserne Dübel. Abb. 105 zeigt die isometrische Darstellung eines Gewändesteins.

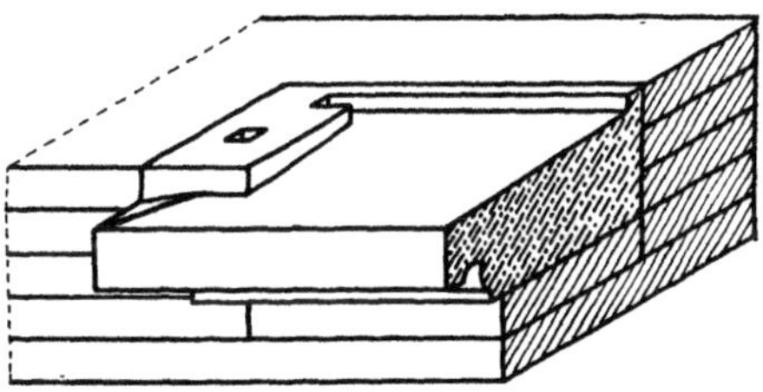

Abb. 104. Isometrische Darstellung der Sohlbank.

Abb. 105. Isometr. Darstellung des Gewändesteines.

Breitere Fenster können durch 18—20 cm breite Werksteinpfosten geteilt werden; sie heißen dann gekuppelte Fenster (Abb. 106a).

Bei reicherer Ausbildung werden die Fenster von 20 bis 25 cm breiten, 4 bis 6 cm gegen die Putzfläche vortretenden Umrahmungssteinen gebildet. Das Umrahmungsprofil läuft dann meist auf das nach vorne vorspringende Sohlbankgesims auf (Abb. 106b).

4. **Der Werksteinsturz** bildet die obere wagerechte Begrenzung bei Fenster- und Türöffnungen. Er ruht auf den Gewänden auf, mit denen er durch Dübel verbunden ist, und darf niemals in seiner freien Länge durch Mauerwerk belastet werden. Man ordnet vielmehr einen Entlastungsbogen an, der mit dem inneren Fensterbogen im Verbande oder getrennt von ihm ausgeführt werden kann (Abb. 103, Schnitt). Die Stärke des Entlastungsbogens beträgt bei gewöhnlichen Fenster- und Türöffnungen 1 Stein. Die Stärke des inneren Fenster-

bogens muß, wenn derselbe Gebälk zu tragen hat, bei einer Spannweite von 1,00—1,25 m mindestens 1 Stein stark gemacht werden. Der Raum zwischen Entlastungsbogen und Fenstersturz ist erst nach Fertigstellung des Rohbaues, wenn das Gebäude sich gesetzt hat, hochkantig oder mit porösem Steinmaterial auszumauern.

Um eine gerade Überdeckung zu erhalten, werden statt des inneren Nischenbogens auch häufig eiserne Träger verwendet.

Fensterstürze für gekuppelte Fenster werden auf dem mittleren Pfosten ebenso wie die Sohlbänke gestoßen. Hohe gekuppelte Fenster können eine wagerechte Teilung durch „Kämpfersteine“ erhalten.

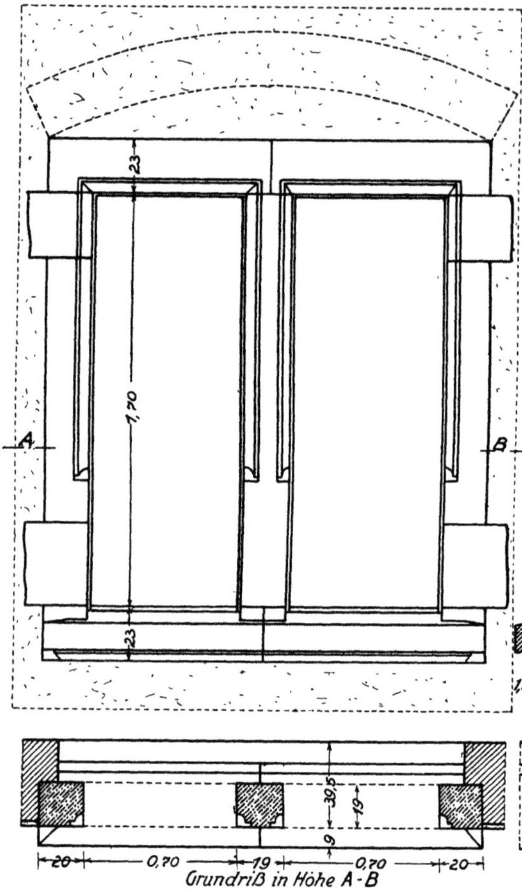

Abb. 106a.
Gekuppeltes Werksteinfenster.

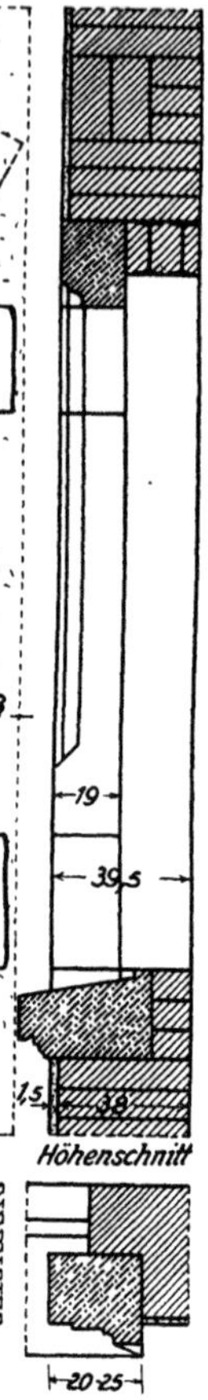

Abb. 106b.
Reicheres Umrahmungsprofil.

5. **Der Werksteinbogen** wird aus einzelnen, keilförmig bearbeiteten Steinen gebildet und als Halbkreisbogen, Spitzbogen, Flachbogen oder scheitrechter Bogen ausgeführt. Die Aufteilung der Steine in der Ansicht erfolgt in der Weise, daß die Fugen nach den entsprechenden Bogenmittelpunkten laufen und in dem Scheitel keine Fuge, sondern ein Schlußstein zu liegen kommt. Bei der Herstellung der Werksteinbögen ist hauptsächlich darauf zu achten, daß die Bogensteine und die anschließenden Quadersteine nicht zu spitze Winkel erhalten, da diese sonst leicht abbrechen würden.

a) Der Halbkreisbogen. Zur Vermeidung der spitzen Ecken läuft entweder die Bogenlinie am Rücken steiler wie die der inneren Leibung (Abb. 107), oder es werden die Bogensteine mit den wagerechten Quaderschichten in Verband gebracht (Abb. 108). Hierbei ist zu beachten, daß die Bogenquaderung gut aussieht, wenn die Quaderecken auf einer fortlaufenden Kurve liegen (Abb. 108).

b) Der Flachbogen. Auch hier läuft aus demselben Grunde die Rückenlinie am besten nicht parallel zu der inneren Leibungslinie, vielmehr werden die Bogensteine so ausgebildet, daß sie oben mit den Mauerschichten wagerecht abschließen (Abb. 109).

c) Scheitrechter Bogen. Zur Vermeidung der spitzen Ecken werden die Wölbfugen gebrochen (Abb. 110) oder es werden „Hakensteine“ angeordnet (weniger gut) oder man richtet die Fugen nach drei Mittelpunkten. Eingelegte Steinklammern in Z-Form werden auch zur besseren Verbindung der einzelnen Steine verwendet.

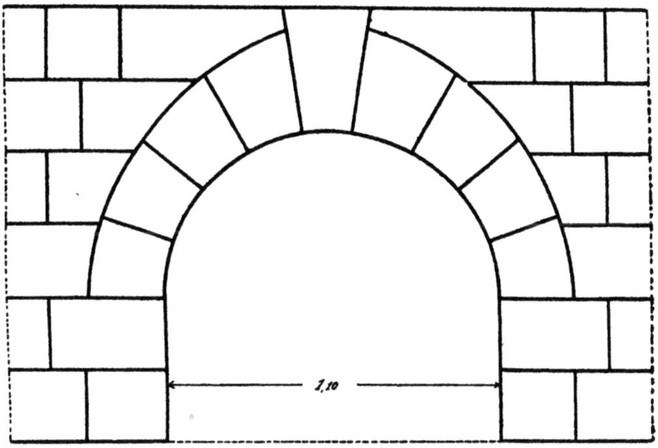

Abb. 107. Halbkreisbogen.

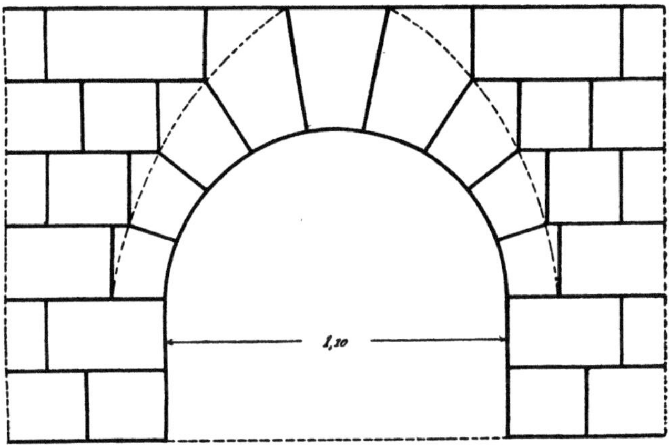

Abb. 108. Halbkreisbogen.

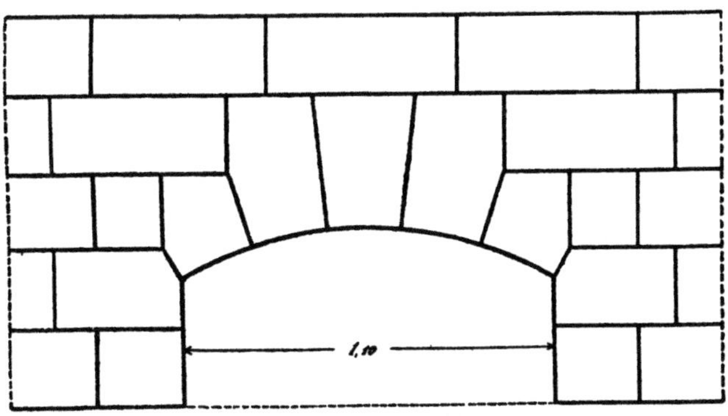

Abb. 109. Flachbogen.

b) Die Werksteintür.

1. Die Umrahmung der Werksteintüren wird ähnlich wie die der Werksteinfenster.

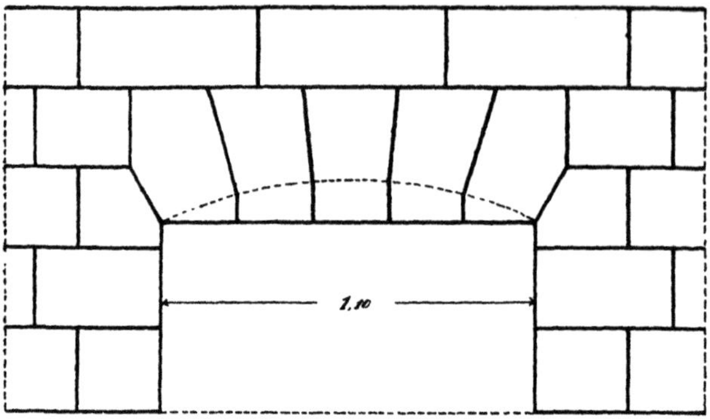

Abb. 110. Scheitrechter Bogen.

Sie wird entweder durch Quaderschichten und Bogensteine gebildet, oder es werden pilasterartig vortretende Türgewände angeordnet. Die Überdeckung geschieht durch Türsturz oder Bogen.

2. Die Werksteinschwelle wird aus hartem Steinmaterial (Basalt, Granit usw.) hergestellt. In der Regel besteht sie aus einem Stück und ist mindestens so breit, daß sie mit der hinteren Kante bis zur Flucht des Türflügels reicht (Abb. 130 u. 131).

C. Stampf- und Gußmauerwerk (Stampfbeton).

Allgemeines. Beim Stampf- und Gußmauerwerk wird eine erdige bzw. breiartige Masse zwischen Bretterschalen oder Formen geschüttet und nötigenfalls festgestampft. Je nach der Zusammensetzung der Baustoffe unterscheidet man:

1. den Kiesbeton-Stampfbau,
2. den Schlackenbeton-Gußbau,
3. den Kalksand-Stampfbau,
4. den Lehm-Stampfbau.

I. Der Kiesbeton-Stampfbau.

Der Kiesbeton-Stampfbau wird hauptsächlich da angewendet, wo es sich um Ausführung fester, tragfähiger Mauerkörper handelt, wie z. B. bei Grundmauern, starken Pfeilern, Gewölben, wagerechten Decken oder auch bei aufgehendem Mauerwerk von industriellen Gebäuden, insbesondere bei Tiefbauarbeiten. Für Umfassungsmauern von Wohngebäuden eignet er sich nicht.

1. Das Material. Der Beton besteht aus einer Mischung von Zement (Portlandzement), Sand, Kies oder Steinschlag und Wasser. Sand und Kies sollen rein, scharfkantig und von gemischter Korngröße sein. Es werden zunächst Zement und Sand für sich trocken und innig miteinander gemischt; hierauf wird soviel Wasser in fein verteiltem Zustande mittels Gießkanne oder Brause zugesetzt, bis eine erdfeuchte Masse entsteht. Diesem Gemenge wird der vorher angenäßte Kies oder Steinschlag zugesetzt, und die ganze Masse mit der Hand oder in Maschinen gut durchgearbeitet. Ein geringer Zusatz von hydraulischem gemahlenen Kalk zum Portland-Zementmörtel macht den Beton widerstandsfähiger gegen Frost und wasserdichter (verlängerter Zementbeton).

Das Mischungsverhältnis richtet sich ganz nach dem vorliegenden Zweck. Geeignete Mischungsverhältnisse sind:

Für Fundamente und aufgehendes Mauerwerk: 1 Teil Zement + 3 Teile Sand + 5 bis 6 Teile Kies oder Steinschlag; verlängerter Zementbeton für Fundamente: 1 Teil Zement + 1 Teil Kalk + 6 Teile Sand + 12 Teile Kies; für festere Mauerpfeiler, Gewölbe, wagerechte Decken usw.: 1 Teil Zement + 2 Teile Sand + 3 bis 4 Teile Kies oder Steinschlag.

Die Güte des Betons ist vor allem abhängig von der Güte der verwendeten Materialien, ihrer Behandlung und Mischung.

2. Die Ausführung der Betonmauern erfolgt in der Weise, daß die fertige Betonmasse in Lagen von etwa 20 cm Höhe zwischen Formkästen eingebracht und festgestampft wird. Das Feststampfen geschieht mit eisernen Stampfern solange, bis sich Wasser an der Oberfläche zeigt.

Bei den Fundamentmauern bilden in der Regel die Wände der Fundamentgräben die Form. Bei aufgehendem Mauerwerk werden Schalwände aus Brettern oder Eisenblechen hergestellt, die zwischen Stielen oder Leitständern befestigt werden und mit dem Fortschreiten der Arbeit in die Höhe geschoben werden können.

Die Betonmasse darf nicht länger als zwei Stunden unverarbeitet liegen bleiben. Es darf daher nicht mehr Beton bereitet werden, als gerade nötig ist. Ist die alte Betonoberfläche bereits erhärtet, so ist dieselbe aufzurauhen, mit Stahlbesen sauber abzukehren und mit dünnem Zementbrei zu nässen.

Das Ausschalen erfolgt auf besondere Anordnung der Bauleitung, wenn genügend Erhärtung eingetreten ist. Im besonderen ist bei der Herstellung noch folgendes zu beachten: Für die Maueröffnungen werden besondere Brettformen aufgestellt. Schornsteinrohre oder sonstige Kanäle werden mittels Holz- oder Blechformen, die später herausgezogen werden, gebildet. Für die Balkenköpfe werden entsprechende Löcher durch vorläufig eingelegte Bretter ausgespart. Holzdübel, Haken für Tür- oder Fensterbekleidung, Fußleisten, Holztäfelungen usw. werden gleich mit eingestampft.

Gesimse und andere Verzierungen werden in Zement angetragen. Betonbauten werden sowohl außen wie innen verputzt. Für Außenputz verwendet man Zement mit Zusatz von hydraulischem Kalk. Der Innenputz besteht aus einer unteren Lage von Zementmörtel und einer oberen aus Weißkalkmörtel.

II. Der Schlackenbeton-Gußbau.

1. Das Material. Der Schlackenbetonbau eignet sich besonders zur Ausführung von Wohnbauten. Den wesentlichsten Bestandteil dieser Bauweise bilden die Abfallstoffe der verschiedenen Verbrennungsprozesse der Hüttenwerke, Dampfkesselbetriebe, Gasanstalten usw., die Schlacken. Mit ihrer allgemeinen Verbreitung und ihren geringen Anschaffungskosten verbinden sie zwei weitere gute Eigenschaften: geringes Gewicht und große Porosität, die sie in Verbindung mit Zement und Sand zu einem leicht handlichen und ausgezeichnet wärmehaltenden Baustoff machen. Am geeignetsten für Bauzwecke sind die Hochofenschlacke und die Kessel- und Gasofenschlacke.

Bei Verwendung von Kohlenschlacke ist besonders darauf zu achten, daß sie frei von schwefelsauren Salzen ist, um Ausblühungen zu vermeiden. Empfehlenswert ist das Auswaschen oder längere Liegenlassen im Freien. Die Korngröße der Schlacke soll etwa Erbsengröße haben. Die Schüttmasse setzt sich in der Regel zusammen aus 1 Teil Zement, 8 Teilen Kies und Sand und 10 Teilen Schlacke.

2. Die Ausführung. Bei der Ausführung ist besonders darauf zu achten, daß der Beton nur erdfeucht angenäßt wird und dann in hölzerne Schalungen von Stockwerkhöhe geschüttet wird, wobei ausreichende Dichtigkeit erreicht wird. Weder das Stampfen noch das Gießen ist gut. Hohlräume sind zu verstopfen. Fenster- und Türstürze sind aus Trägern von Kiesbeton mit Eiseneinlagen oder von Holz herzustellen. Eine der besten, fugenlosen Schlackenbetonbauweisen bildet die sog. Zollbauweise, nach Stadtbaurat Zollinger, Merseburg, genannt. Sie beruht auf einem besonders konstruierten Schalungssystem, das zu den verschiedensten Hausformen verwendet werden kann. In die Schalungen wird die Schüttbetonmasse stockwerkweise eingebracht.

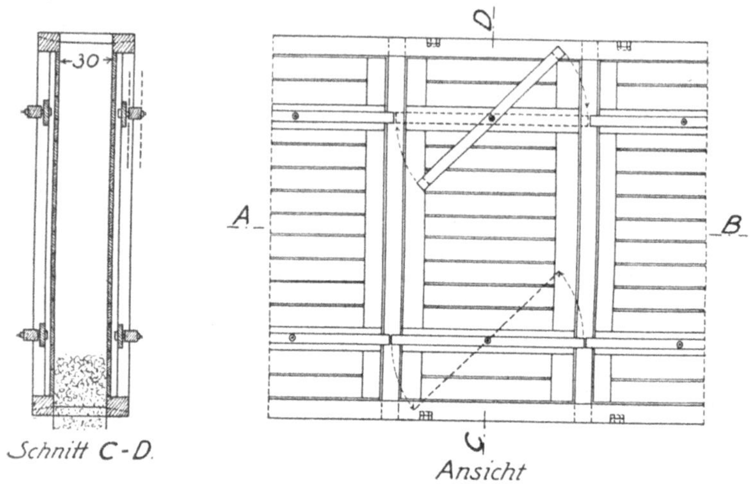

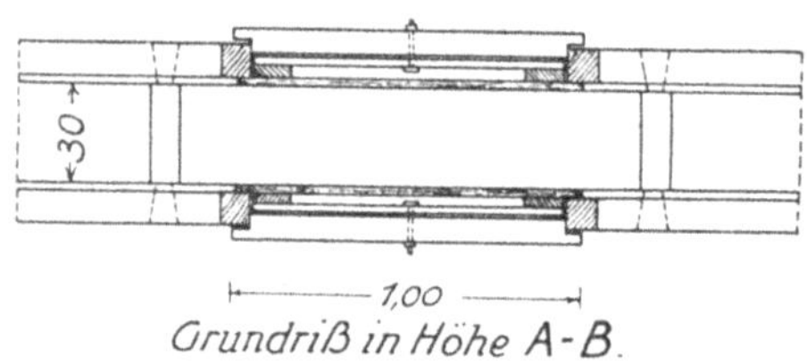

Abb. 111.
Die Zollbauweise.

Grundriß, Schnitt und Ansicht der Schalung.

Die Schalungswand besteht aus einem einfachen Rahmengerüst von Schwellen, Stielen und Rahmen, dessen Felder durch Holztafeln geschlossen werden, die mit drehbaren Holzriegeln an die Stiele gepreßt werden (ohne Nägel und Schrauben) (Abb. 111).

III. Der Kalksand-Stampfbau.

Der Kalksand-Stampfbau wird verhältnismäßig selten ausgeführt. Die Schüttmasse besteht aus grobem Kies, Sand und gelöschtem Kalk und wird zwischen Stampfkästen eingefüllt.

IV. Der Lehm-Stampfbau.

Die Lehmbauweise wurde bereits vor 100 Jahren für ländliche Wohn- und Wirtschaftsgebäude angewendet. Sie wird heute nur selten ausgeführt und kommt noch in verschiedenen Gegenden Deutschlands als „Lehmwellerbau" bei untergeordneten Bauten vor. Hierbei wird feuchter Strohlehm ohne Schalung schichtenweise aufgebracht und nach einigen Tagen Trockenzeit mit dem Spaten abgestochen, so daß glatte Wände entstehen.

Der neuerdings bei Siedlungsbauten angewendete Lehmstampfbau zwischen festen Schalungen hat sich nicht bewährt. Der Lehm ist ein derartig empfindliches Baumaterial, daß man für die Beständigkeit nie recht einstehen kann. Es werden daher im nachfolgenden nur allgemeine Gesichtspunkte für etwaige Bauausführungen in Lehm gegeben. Die Bauweise ist nur brauchbar, wenn das geeignete Rohmaterial in nächster Nähe der Baustelle vorhanden ist, erfahrene Bauarbeiter zur Verfügung stehen, und der Lehm die rechte Beschaffenheit hat. Am besten eignet sich der Berglehm und Geschiebelehm (diluvialer Lehm). Er hat die für das Bauen wichtige Bindekraft (Klebkraft), nämlich den richtigen Gehalt an kaolinischen Silikaten, d. h. tonigen Bestandteilen.

Wichtig für jede Lehmbauausführung ist rechtzeitiger Beginn, Schutzmaßnahmen gegen Regen, einfachster Hausgrundriß, massive Fundamente aus Bruchsteinen oder Magerbeton, Vermeidung hoher Giebelwände, Schutz der Wände durch weitausladendes Dach.

V. Betondecken.

An Stelle der preußischen Kappengewölbe können die Felder zwischen den Trägern einer Kellerdecke auch mittels Stampfbeton ausgefüllt werden. Diese Betondecke wird entweder bogenförmig als Kappe oder als wagerechte Platte und bei geringer Spannweite ohne Eiseneinlage ausgeführt. Von großer Wichtigkeit für die Ausführung ist die Verwendung nur guter Baustoffe, eine sorgfältige Herstellung und Mischung des Betons sowie eine sachgemäße und beständige Aufsicht.

Die Betondecke wird auf einer vollen Bretterschalung, die durch Lehrbögen, Rähme und Stiele sicher unterstützt wird, hergestellt.

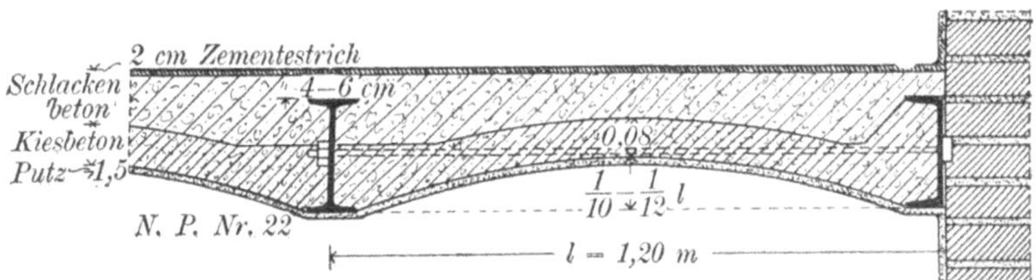

Abb. 112. Betonkappe ohne Eiseneinlage.

Gewölbte Decken erhalten 0,90—2,00 m Spannweite, 6—10 cm Scheitelstärke und werden nach den Widerlagern zweckmäßig verstärkt (Abb. 112). Die Pfeilhöhe beträgt $\frac{1}{10}$—$\frac{1}{12}$ der Spannweite. — Wagerechte Decken (Platten) erhalten 0,90—1,20 m Spannweite und 10—15 cm Stärke (Abb. 113).

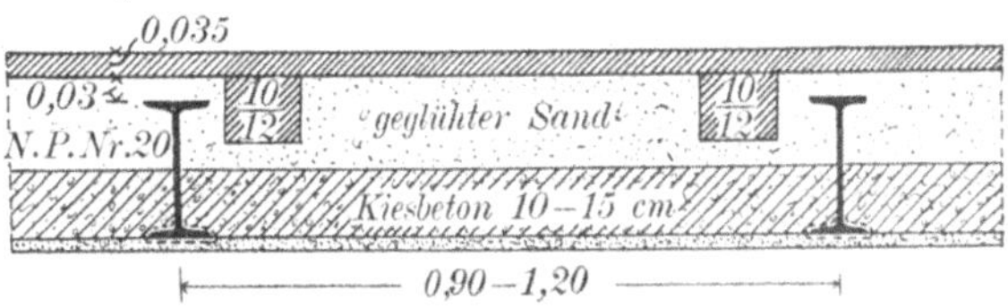

Abb. 113. Wagerechte Betondecke.

Das Widerlager der seitlich neben der Abschlußmauer liegenden Betondecken wird zur Aufahme des Horizontalschubs an besten durch ein ⊏-Eisen gebildet, das bei geringer Mauerstärke mit dem vorhergehenden Träger verankert wird (Abb. 112).

Der Beton (1 : 2 : 4) wird in entsprechender Stärke aufgebracht und leicht gestampft. Bei massivem Fußboden wird hierauf eine Auffüllung von magerem Schlackenbeton (1 T. Zement + 3 T. Sand + 8 bis 10 T. Kohlenschlacken, oder 1 T. Weißkalk + 8 T. Kohlenschlacken) gebracht, welche 4—6 cm über der Trägeroberkante abgeglichen wird und einen Belag von Terrazzo, Fliesen oder Zementestrich mit Linoleumauflage erhält (Abb. 112). Bei hölzernem Fußboden besteht die Auffüllung gewöhnlich aus geglühtem Sand, in den $\frac{10}{12}$ cm starke Lagerhölzer zur Aufnahme der Fußbodenbretter eingebettet werden (Abb. 113).

Sollen die Träger-Unterflansche zum Schutz gegen Feuer und Rost verputzt werden, so müssen sie vorher mit Drahtgewebe umhüllt werden. Die Ausrüstung erfolgt nach etwa 8—12 Tagen.

D. Besondere Wandkonstruktionen. (Freitragende Wände.)

Allgemeines. Zur Trennung von Räumen werden vielfach Wände aus besonders leichtem Material (Gipsdielen u. dgl.) oder freitragend aus porösen Ziegelsteinen mit Eiseneinlagen hergestellt, wenn unterstützende Mauern oder Unterzüge vermieden werden sollen oder nicht gut ausführbar sind. Diese Scheidewände zeigen große Vorzüge wegen ihres geringen Gewichtes, wegen der Raumersparnis, der Feuersicherheit und schnellen Herstellbarkeit. Die wichtigsten sind:

I. Die Rabitzwand.

Die Rabitzwand, nach ihrem Erfinder Rabitz benannt, besteht aus einem Drahtgeflecht von etwa 2 cm Maschenweite, das zwischen Winkel- und Rundeisen, die ihrerseits an den Wänden, Decken und Fußböden befestigt sind, eingespannt und von beiden Seiten mit Mörtel in Stärke von 3—5 cm beworfen wird. Der Mörtel besteht aus Kalk, fein gewaschenem Kies, Gips, Leimwasser unter Zusatz von Kälberhaaren. Das Drahtgewebe ist ganz von Mörtel umschlossen. Die Wände vertragen keine Feuchtigkeit; sie werden daher nur im Innern von Gebäuden verwendet, vielfach auch bei Raumausstattungen als Scheingewölbe u. dgl.

II. Die Monierwände.

Die Monierwand, nach dem Erfinder Monier genannt, beruht auf der Verbindung eines Eisengerippes mit Zementmörtel. Das Eisengerippe besteht aus rechtwinklig sich kreuzenden, 5—15 mm starken Eisenstäben, die an den Kreuzungspunkten durch Bindedraht verknüpft sind. Der Zementmörtel (1 Teil Zement, 3 Teile Sand) wird gegen dieses Eisengerippe bzw. gegen eine auf der anderen Seite des Netzes angebrachte Schalung angeworfen. Die Stärke der Wand beträgt gewöhnlich 3—5 cm. Statt des Drahtgerippes wird bei Rabitz- und Monierwänden neuerdings auch Streckmetall (Abb. 140) oder Drahtziegelgewebe (Abb. 139) verwendet.

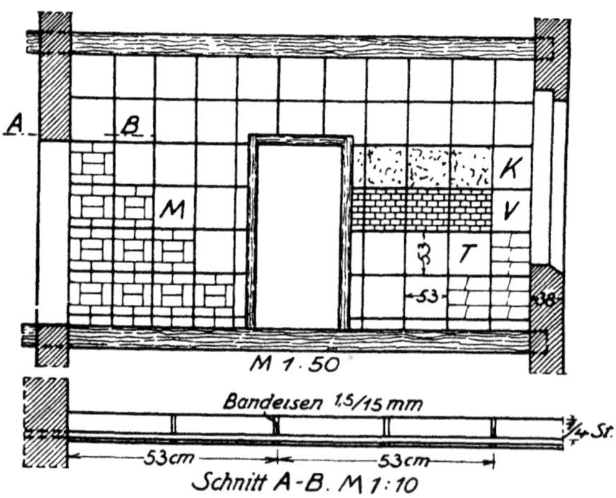

Abb. 114. Prüßsche Wand.
(Ausführung in Mauersteinen (*M*), Trapezsteinen (*T*), Kiesbeton (*K*), Verblendsteinen (*V*).

III. Die Prüßsche Wand.

Sie besteht aus einem Bandeisengerippe von wagerechten und senkrechten scharf gespannten Bandeisen, das mit gewöhnlichen oder porösen Ziegeln ($\frac{1}{4}$ oder $\frac{1}{2}$ Stein stark), oder mit Verblendsteinen, oder Betonplatten in Zementmörtel ausgefacht wird (Abb. 114). Die Bandeisen liegen in zwei verschiedenen Ebenen, durchdringen sich also nicht, kreuzen sich vielmehr, ohne miteinander verbunden zu sein. Die Maschenweite beträgt bei $\frac{1}{4}$ Stein starken Wänden 53 × 53 cm; bei $\frac{1}{2}$ Stein starken Wänden 39 × 58 cm. Die Bandeisenstärke bei $\frac{1}{4}$ Stein = 15 × $1\frac{1}{2}$ mm; bei $\frac{1}{2}$ Stein = 26 × $1\frac{1}{4}$ mm. Die Ausführung der Wand erfolgt in der Weise, daß zunächst alle senkrechten Bandeisen in den erforderlichen Abständen gespannt werden; dann erfolgt fortschreitend mit dem Aufmauern der Wand das Spannen der wagerechten Bandeisen. Die Prüßsche Wand eignet sich nicht nur zu inneren Trennungswänden, sondern auch zu Außenwänden und zu freistehenden Umwehrungsmauern. — Ähnliche Wände sind die Keßlerschen Wände und die Förster-Wände.

IV. Gipsdiel- und Gipsplattenwände.

1. Allgemeines. Gipsdielen und Gipsplatten werden aus Estrichgips mit Einlagen von Kokosfasern, Holzwolle, Schilfrohr, Kuhhaaren und auch Drahtgewebe hergestellt. Sie sind feuersicher, schalldämpfend, wärmeisolierend, gut nagelbar und sägbar. Die Gipsdielen werden außer zu Zwischenwänden auch zu Decken und Dachverschalungen, zu Einschubdecken u. dgl. verwendet. Die Gipsdielen werden in

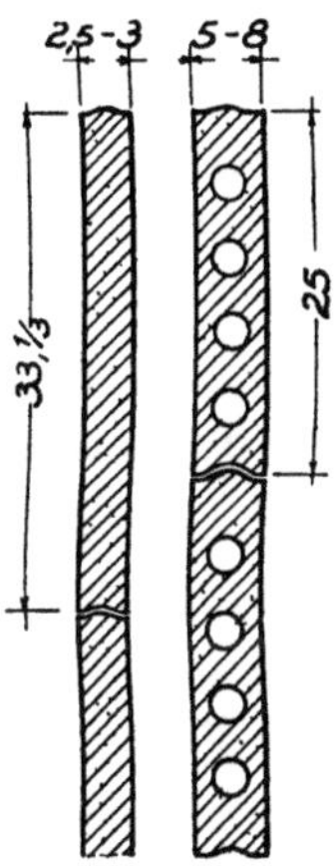

Abb. 115c.
Gipsdielquerschnitte.

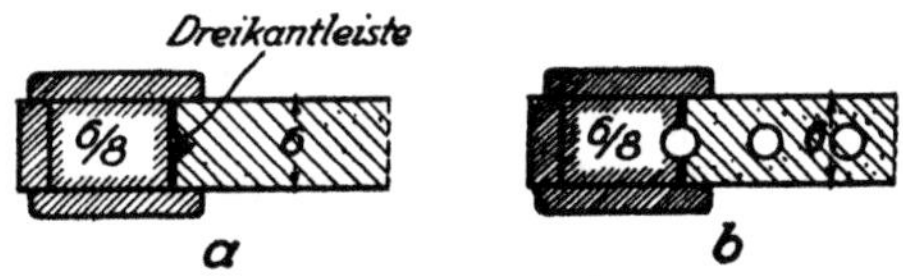

Abb. 115a u. b.
Einfache Gipsdielwand mit Anschluß an den Türpfosten.
(*a* Verbindung durch △ Leiste und Nut,
b „ „ Falze.

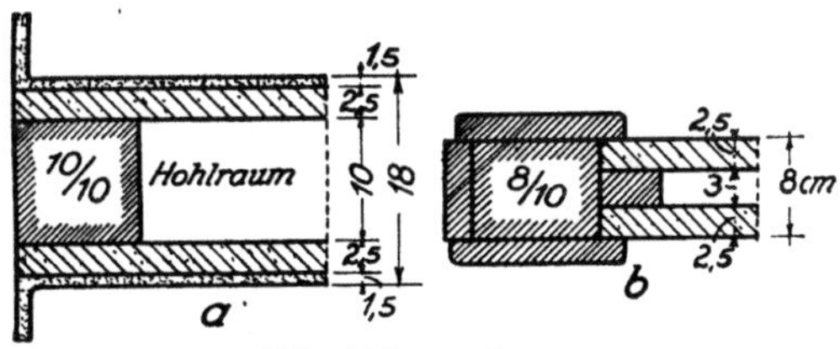

Abb. 116a u. b.
Doppelte Gipsdielwand von verschiedener Stärke.

Stärken von 2—10 cm, in Längen von 1,50—2,00 m und in Breiten (Höhen) von 25 bis 50 cm hergestellt und zum Eingreifen ineinander mit Nut und Feder versehen (Abb. 115c).

2. Gipsdielwände werden einfach oder doppelt ausgeführt. Bei der einfachen Wand werden die 5—8 cm starken Hartgipsdielen hochkant im Verbande und zwar ohne Zwischenposten mit Nut und Feder aufeinandergesetzt und an den Enden von oben her mit verzinkten Drahtstiften zusammengenagelt. Die Fugen werden mit Gipsmörtel verstrichen. Die rauhe Seite wird leicht mit Kalkmörtel unter Zusatz von Gips und Leimwasser verputzt. Ist eine Tür vorhanden, so werden die seitlichen Türpfosten bis zum Deckenbalken durchgeführt. Der Anschluß an die Türpfosten ist in Abb. 115a u. b dargestellt.

Bei doppelten Gipswänden werden in Entfernungen von etwa 50—80 cm Holzpfosten aufgestellt, an welche beiderseitig die $2\frac{1}{2}$—5 cm starken Dielen mit breitköpfigen, verzinkten Nägeln befestigt werden (Abb. 116a u. b).

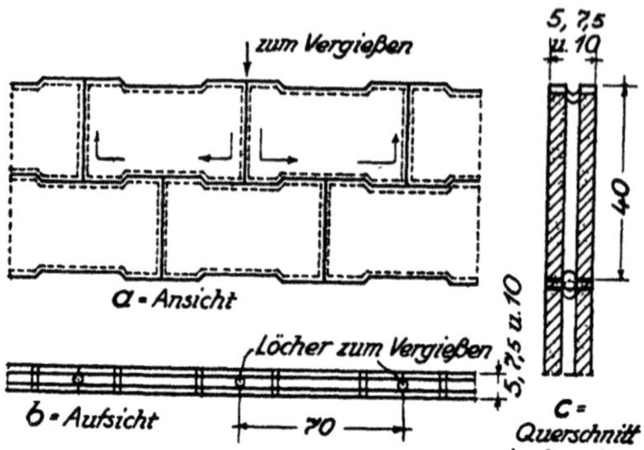

Abb. 117 a–c. Gipsplattenwand. (Neuland-Werk, Kr. Löwenberg i. Schl.)

3. **Gipsplattenwände** bestehen aus etwa 5–8 cm starken, 0,50–1,00 m langen und 0,50 m hohen Gipsplatten, die mit Nut und Feder aufeinandergesetzt und meist mit durchgehenden, röhrenförmigen Hohlräumen versehen werden. Diese Hohlräume werden beim Aufstellen der Wände mit Gipsbrei vergossen, wodurch die Wand zu einem festen Verbande kommt (Abb. 117 a–c). Sehr gut eingeführt haben sich auch die Bimszementdielenwände.

E. Wärmewirtschaftliche Forderungen beim Aufbau der Wände, besonders der Außenwände.

Die Außenwände der Wohnhäuser müssen nach wärmewirtschaftlichen Gesichtspunkten ausgeführt werden, um unnötige Heizverluste zu vermeiden. Die Eignung einer Wand, besonders einer Außenwand, in wärmetechnischer Hinsicht hängt sowohl von der Wahl der Baustoffe, als auch von der Art ihrer Ausführung ab.

1. **Bei der Wahl der Baustoffe** sind solche zu bevorzugen, die einerseits zu ihrer Herstellung die geringste Menge Kohle gebrauchen und andererseits eine gute Wärmehaltung bei der Beheizung des Hauses gewährleisten. Daneben darf aber auch die wirtschaftliche Seite nicht vernachlässigt werden. Es sind die örtlichen wärmehaltenden Baustoffe den auswärtigen vorzuziehen, auch wenn diese etwas besser sind.

2. **Die Konstruktion der Außenwände** ist so zu wählen, daß eine möglichst geringe Wärmedurchlässigkeit und eine möglichst große Wärmespeicherung erzielt wird.

Beiden Bedingungen genügt die alterprobte, 38 cm starke, beiderseits verputzte Wand aus Ziegelsteinen, die als Normalwand gilt und baupolizeilich die Mindeststärke für eine Außenwand bei Wohnräumen darstellt. Bei ihr wird das Schwitzwasser gerade eben noch vermieden und ihre Wärmedurchlässigkeit stellt einen Grenzwert dar, der bei Wandausführungen nicht überschritten werden darf, wenn nicht gesundheitliche und heiztechnische Nachteile eintreten sollen.

3. **Die Mängel stark wärmeleitender und schlecht wärmespeichernder Baustoffe** (z. B. Kiesbeton, Kalksandstein, Bruchstein usw.) können durch Anordnung von Isolierungen ausgeglichen werden; und zwar durch Anbringung von isolierenden Verkleidungen (Putz) oder Luftschichten (senkrechte oder wagerechte) oder von wärmehaltenden Füllungen (körnige Schlacke, Torfmull, magerer Lehm) oder von besonders hergestellten Isolierstoffen (wie Torfplatten, Korkplatten u. dgl.). Bei der Ausführung von Luftschichten ist besonders zu beachten, daß sie nur dann isolierend wirken, wenn die Luft sich im Zustand völliger Ruhe befindet. Daher werden isolierende Hohlräume in kleinere, wagerechte oder senkrechte Räume (bis 1 m Höhe) geteilt und am besten mit Koksschlacke u. dgl. ausgefüllt. Diese Zwischenfüllung muß durch sachgemäße dichte Ausführung der Wandschalen (guter Fugenverschluß, dichter Außenputz) trocken gehalten werden, weil feuchte Baustoffe gute Wärmeleiter sind. — Über den Wärmedurchgang bei den verschiedenen Wandkonstruktionen gibt nachstehende Tabelle Auskunft.

Wärmedurchlässigkeit verschiedener Wandkonstruktionen.

K = Wärmedurchgangszahl, d. i. die stündlich bei 1° Temperaturunterschied durch 1 qm Wand geleitete Wärmemenge bei Dauerbetrieb der Heizung.

Lfd. Nr.	Art der Ausführung	Vergleichszahl	K
	A. Wände ohne besonderen Wärmeschutz.		
1.	Ziegelmauer 38 cm stark, beiderseits verputzt	100	1,3
2.	Kalksandsteinmauer 38 cm stark, beiderseits verputzt	130	1,6
3.	Ziegelmauer 25 cm stark, beiderseits verputzt	135	1,65
4.	Kalksandsteinmauer wie Nr. 3	150	1,9
5.	Mauer aus Schlackensteinen 38 cm stark, wie vor geputzt	80	1,1
6.	Bruchsteinmauerwerk 50 cm stark, wie vor geputzt	115	1,5
7.	Kiesbeton 30 cm stark, wie vor geputzt	165	2,0
8.	Schlackenbeton 30 cm stark, wie vor	90	1,2
9.	Holzblockwand mit Spundung 7 cm stark	60	0,8
10.	Holzfachwerkwand 12 cm, außen Holzschalung, innen Putz	165	2,1
11.	Hohlziegelwand 25 cm stark, beiderseits verputzt	175	2,2
	B. Wände mit besonderem Wärmeschutz (Isolierungen).		
1.	Ziegelhohlwand 30 cm stark, mit 6 cm Luftschicht (nicht ausgefüllt, Putz wie vor)	100	1,3
2.	Desgleichen in Kalksandstein wie vor	110	1,4
3.	Ziegelhohlwand 27 cm stark, mit 12 cm starken Schalen, dazwischen ein 3 cm starker Wärmeschutzstoff (Torfoleum-Platten)	70	0,9
4.	Betonhohlwand 6 cm Kiesbeton, 12 cm Luftschicht, mit Schlacke ausgefüllt, 6 cm Schlackenbeton, innen verputzt	100	1,3
5.	Fachwerkwand, 12 cm stark, ausgemauert, innen 3 cm stark Isolierstoff, beiderseits verputzt	84	1,1
6.	Fachwerkwand, 10 cm stark, beiderseits Gipsdielwände 5 cm stark, Luftschicht ausgefüllt	97	1,3
7.	Holzblockwand mit Spundung 7 cm stark	60	0,8
8.	Holzwand 5 cm stark, mit Luftschicht, außen Isolierpappe und Verbrettung (1,8), innen verputzt, zusammen 8,6 cm stark	70	0,9
9.	Holzblockwand mit Hinterkleidung (7 cm) mit Luftschicht (3 cm), innere Holzverschalung (1,8 cm)	50	0,7

4. Die Wände müssen aber auch ein besonders gutes **Wärmespeicherungsvermögen** erhalten, damit die Raumtemperatur nach dem Aufhören der Heizung nicht zu rasch sinkt. Bei dichten, schweren Baustoffen und bei dicken Wänden ist die Wärmespeicherung größer als bei lockeren leichten Baustoffen. Wände, die aus dünnen Schalen gebildet sind, wie z. B. Bretter- und Bohlenwände u. dgl. bedürfen daher einer Erhöhung ihrer Wärmespeicherfähigkeit durch geeignetes Füllmaterial.

Die Isolierschichten und Wärmeschutzplatten sind am zweckmäßigsten in der Mitte der Wand vorzusehen, doch mehr nach der Innen- als nach der Außenseite, weil eine Anordnung derselben unmittelbar an der Innenseite der Wand die Wärmespeicherung beeinträchtigt, eine Lage an der Außenseite andererseits die Wärmespeicherung so vergrößert, daß das Anheizen des Zimmers erschwert wird.

5. Die Frage der **Luftdurchlässigkeit** (Porenventilation) oder des sog. „Atmens" der Wände hat nach den neusten Forschungen gesundheitlich für die Lufterneuerung im Innern bewohnter Räume praktisch keine Bedeutung. Die Baustoffe sollen nicht ganz luftundurchlässig sein, damit es nicht unter gewissen Umständen zur Tropfenbildung an den Innenflächen der Wände kommt; andererseits müssen porige Wände durch äußeren Verputz hinreichend geschützt werden, damit die aufgespeicherte Wärme nicht zu schnell durch den Windanfall verloren geht.

F. Sparsame Bauweisen.

I. Allgemeines.

Die schwere Kohlennot nach dem unglücklich verlaufenen Kriege und der hierdurch entstandene Baustoffmangel ließ eine Fülle neuzeitlicher sogenannter Sparbauweisen entstehen. Von diesen haben sich in der Praxis nur wenige bewährt, so daß eine gewisse Vorsicht bei ihrer Anwendung geboten ist. Für ihre Bewertung sind folgende Gesichtspunkte maßgebend:

a) Bezüglich der Baustoffe: Verwendung billiger, leicht erreichbarer Baustoffe, die zu ihrer Erzeugung die geringste Menge Kohle gebrauchen; einfaches Herstellungsverfahren, um an Arbeitslöhnen zu sparen (Mitwirkung der Siedler, maschinelle Einrichtung); Leichtigkeit der Baustoffe, um an Transportkosten zu sparen; Porosität für schnelles Austrocknen und gute Wärmehaltung der Wände; gute Putzhaftung und Nagelbarkeit;

b) bezüglich der Ausführung: Schnelligkeit der Bauausführung; Schaffung wärmehaltender Außenwände, um den Kohlenverbrauch für die Heizung zu verringern (die Wärmedurchlässigkeit der Außenwände darf nicht größer sein, als die einer 38 cm starken, beiderseitig verputzten Ziegelmauer); Sicherheit auf größtmögliche Lebensdauer; gute Stand- und Feuersicherheit.

II. Sparbauweise im Ziegelbau.

Der gebrannte Ziegelstein kann wegen seiner trefflichen Eigenschaften — Festigkeit und Porosität — vorläufig noch nicht durch andere Baustoffe ersetzt werden. Ziegelvollmauern sind aber in kohlenwirtschaftlicher Beziehung ein nicht sehr sparsames Mauerwerk. Bei Kleinhausbauten sind daher Wände mit Hohlräumen durchaus empfehlenswert. Die Hohlräume können gebildet werden:

a) durch den Verband, indem die Wände aus halbsteinstarken oder hochkantig gestellten Mauerteilen mit schmaler Isolierluftschicht gebildet werden, die aus wärmetechnischen Gründen am besten mit Schlacke, Torfmull oder magerem Lehm ausgefüllt wird (Ziegelhohlwände);

b) durch besonders hergestellte Hohlziegel (Hohlziegelwände).

Zu a). Von den zahlreichen Ziegelhohlwänden haben sich nach den Angaben des „Ausschusses für wirtschaftliches Bauen" bewährt:

1. Die Katona-Wand der Härtelbau-Gesellschaft m. b. H., Berlin W 15 (Abb. 118).
2. Die Tauber-Wand der Steinwerke H. Krebs in Weida i. Th. (Abb. 119).
3. Die Fauthsche Wand von Stadtbaurat Fauth in Sorau (Abb. 120).
4. Die Sieboldsche Wand von Stadtbaurat Siebold in Bethel-Bielefeld (Abb. 121 a u. b).

Zu b). Die Hohlziegelwände bestehen aus besonders hergestellten Hohlziegeln von doppelter bis vierfacher Größe der gewöhnlichen Steine, die zum Zwecke der Isolierung und des leichteren Gewichts mit Lochungen versehen sind, z. B. der Schimastein (Abb. 122), der Aristos-Stein (Abb. 123).

Eine gute Ausführung von Hohlziegelwänden bildet auch die Sparziegelbauweise System L. Schneider. Sie verwendet zwei Steinformen, den Langstein und die

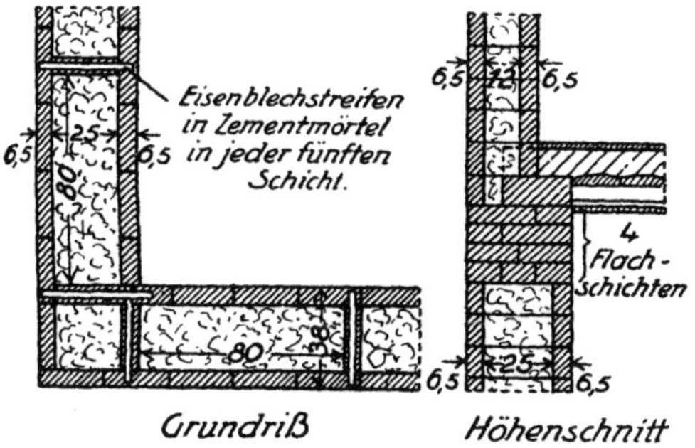

Abb. 118. Die Katona-Wand, (hochkantig gestellte Hartbrandsteine mit Querverband aus Bindersteinen und Bandeisen in 80 cm Abstand).

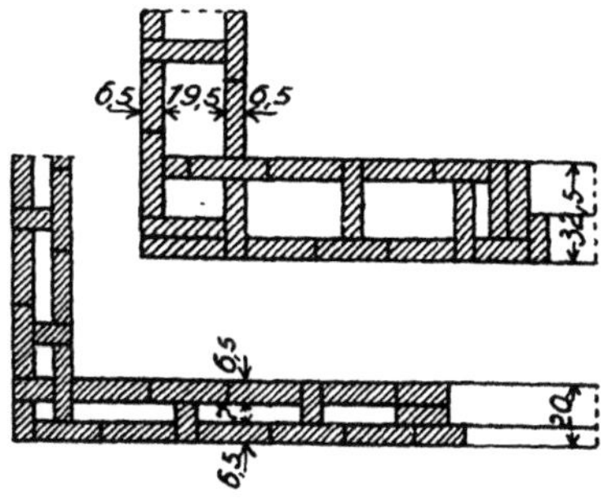

Abb. 119. Die Tauber-Wand, (20 und 32,5 cm stark, aus hochkant gestellten Normalsteinen mit Querbindern im Abstand von 1½ Stein).

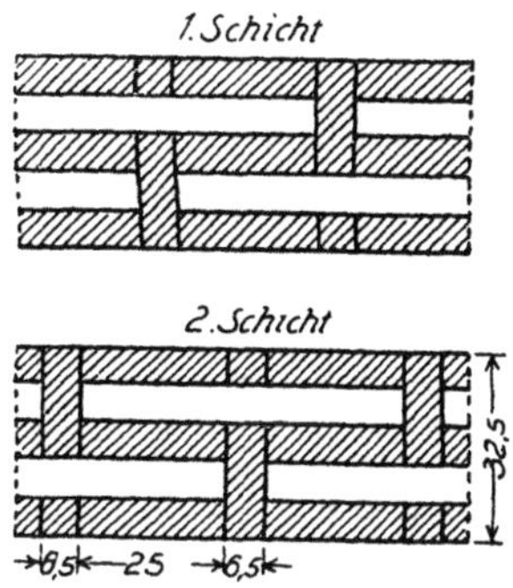

Abb. 120. Die Fauthsche Wand, (drei hochkant gestellte Schalen mit zwei Zwischenräumen, um das Durchschlagen d. Wassers unmöglich zu machen).

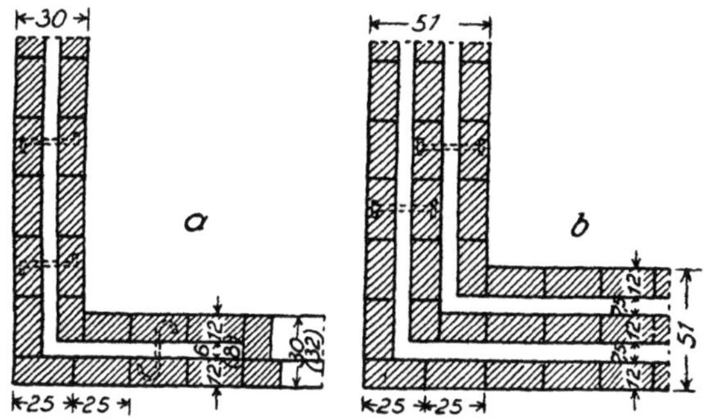

Abb. 121 a u. b. Sieboldsche Wand, (30, 38 oder 51 cm stark, mit einem oder zwei Hohlräumen; die ½ Stein starken Wände sind durch geteerte Ziegelbinder oder 4–5 mm starke verzinkte Drahtanker in jeder 4.–5. Schicht verbunden).

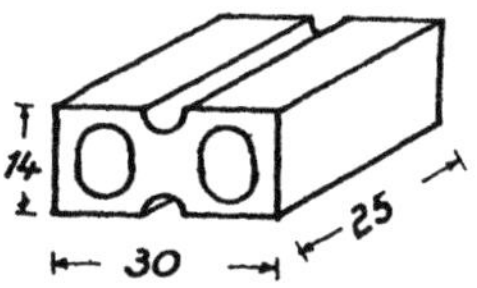

Abb. 122. Schima-Stein.

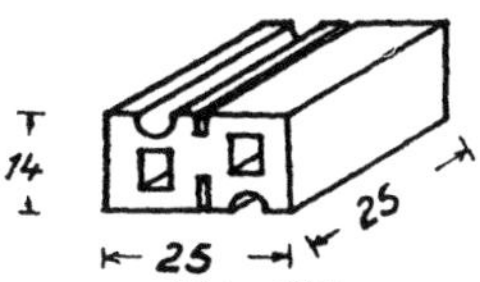

Abb. 123. Aristos-Stein.

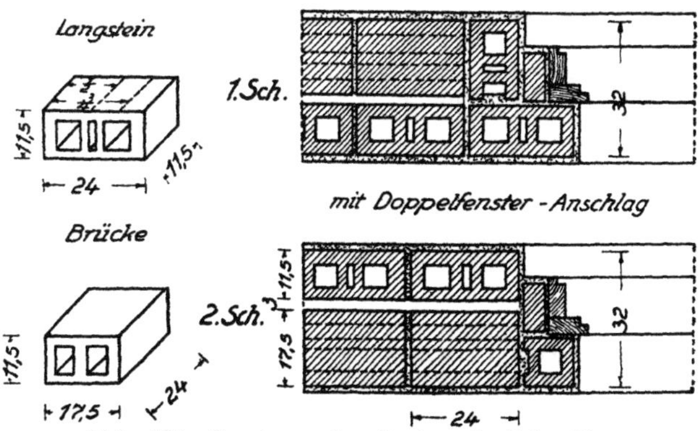

Abb. 124. Sparbauweise, System L. Schneider.

Brücke zur Herstellung aller gebräuchlichen Mauerstärken von 11,5 bis 50 cm Stärke und darüber. Das Format der Steine ist sehr handlich. Neuartig ist die Anordnung eines Luftschlitzes von 2 bis 3 cm Breite, der in der Längsrichtung der Mauer liegt, in den Schichten versetzt ist und so zur Erhöhung der Isolierfähigkeit der Mauer dient. Die Wände haben also weder durchgehende Steine noch durchgehende Mörtelfugen (Abb. 124). Die Mauerstärken lassen sich nach 6 cm abstufen und dadurch in sparsamster Weise statisch berechnen. (Ersparnis etwa 40% der Mauerkosten.)

III. Sparbauweise in Schlackenbetonsteinen.

1. Die Ambi-Massiv-Bauweise (Abb. 125a u. b). Sie verwendet W i n k e l s t e i n e, die bei der Zusammenstellung rechteckige Hohlräume bilden. Diese werden locker mit Schlacke ausgefüllt und bilden so eine sehr gute Wärmespeicherung. Das Wesentliche dieser Bauweise besteht darin, daß die äußeren Winkelsteine aus wetterfestem, dichtem Kiesbeton, die inneren Winkelsteine aus wärmehaltendem, nagelbarem Schlackenbeton bestehen. Um den Wärmedurchgang wirksam zu unterbrechen, reichen die inneren Querstege nicht bis an die gegenüberliegende Wandschale, sondern lassen eine 1 cm breite Luftfuge.

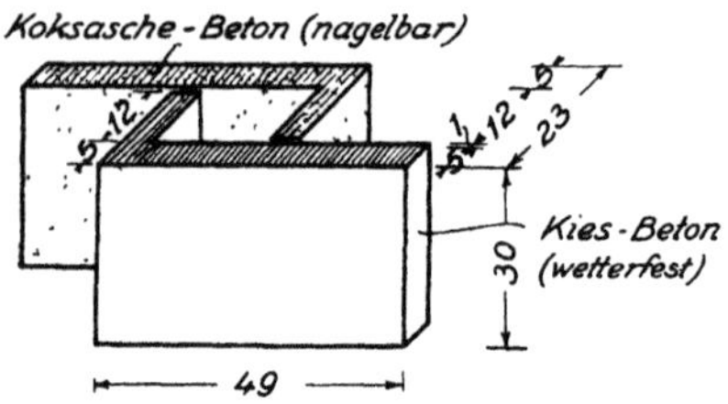

Abb. 125a. Ambi-Winkelstein.

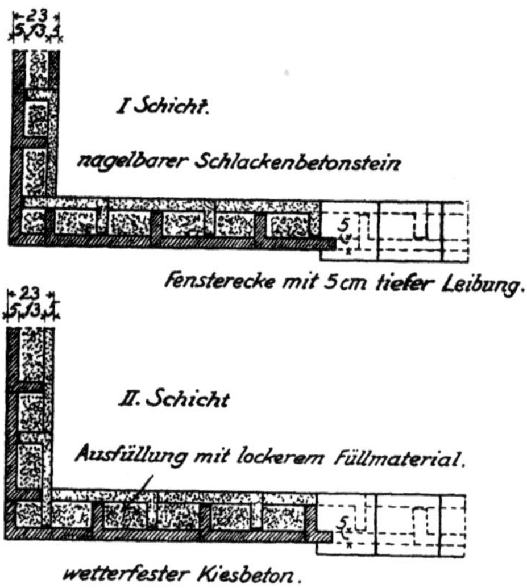

Abb. 125b. Ambi-Massiv-Wand.

Die Steine werden serienweise in Formen hergestellt. Mischungsverhältnis für die Kiesbetonsteine: 1 Teil Zement, 8 Teile Kies oder Sand, für die Schlackenbetonsteine: 1 Teil Zement, 2 Teile Sand und 6 Teile Schlacke oder Koksasche. Die Vorteile bestehen in der bequemen Herstellung der Steine (Mitwirkung der Siedler) und in ihrer geschickten Form (Ersparnis etwa 25 bis 30% der Mauerkosten).

2. Die Jurko-Wand ist eine Betonplatten-Hohlwand, die nur eine E i n h e i t s p l a t t e aus Schlackenbeton (Mischungsverhältnis 1 : 12) verwendet (Abb. 126a u. b).

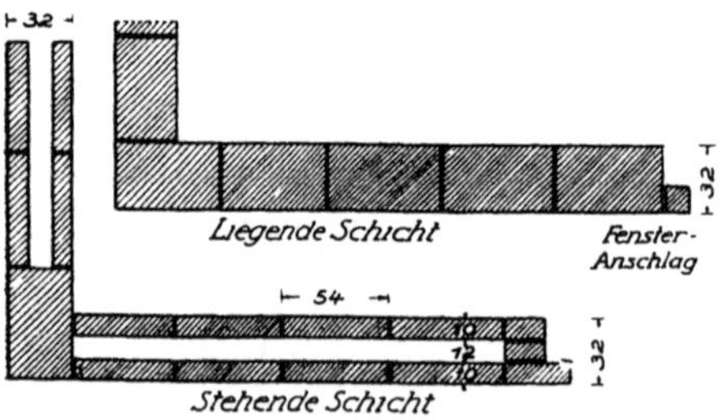

Abb. 126a. Die Jurko-Wand (Ecklösung).

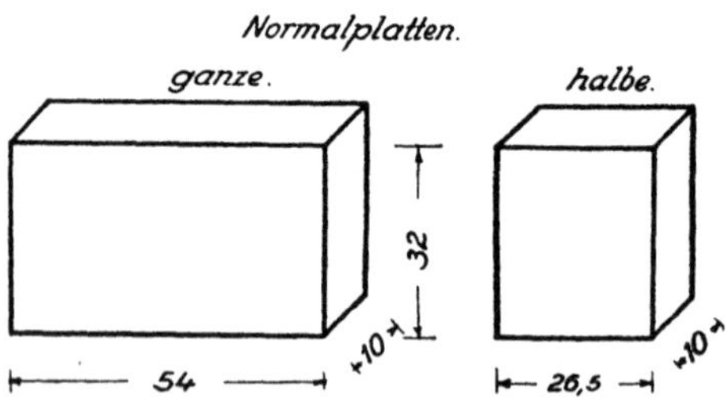

Abb. 126b. Jurko-Steine.

Die Mauern werden durch abwechselnd liegende und stehende Platten ausgeführt, so daß wagerechte Lufträume von 12 cm entstehen. Die Ecken werden massiv gemauert. Die Platten sind sehr handlich, lassen sich leicht behauen. Die Ausführung ist daher schnell und billig. Die Platten sind nagelbar und wärmetechnisch erstklassig; der Putz haftet sehr gut. In statischer Hinsicht ist das Mauerwerk für den Kleinhausbau einwandfrei.

3. Die Beton-Hohlstein-Wände. Hierbei werden die Wände aus zweckmäßig gebildeten Hohlsteinen größeren Formates hergestellt und dadurch die isolierende Wirkung erzielt. Von den zahlreichen Steinformen seien nur der Paxstein und der Luftkammerstein erwähnt.

IV. Wärmeschutz durch Torfoleum-Platten.

Die guten Isoliereigenschaften des Torfs haben zur Herstellung von gehärteten und gepreßten Platten aus Torf geführt, die den Transport und die Verwendungsfähigkeit des Materials verbilligen und vereinfachen. So stellt die Firma Eduard Dyckerhoff-Poppenhagen[1]) eine „Torfoleum-Leichtplatte" von 3 cm Stärke her und bekleidet mit ihr die Innenfläche von $\frac{1}{2}$ Stein starken Riegelaußenwänden, wodurch sie eine gleiche Isolierwirkung wie bei einem 60 cm starken Ziegelmauerwerk erreichen will (Abb. 127).

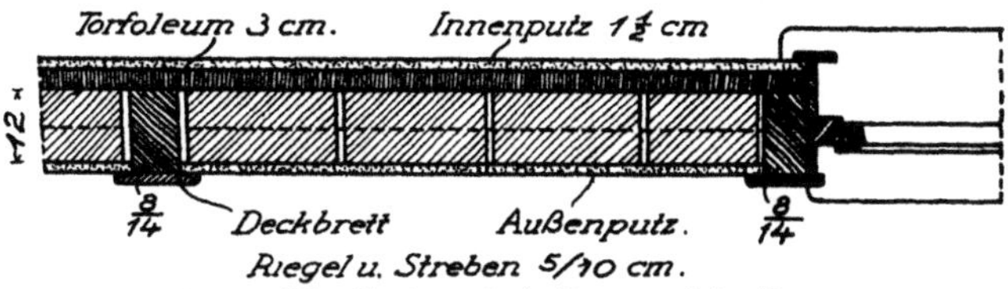

Abb. 127. Fachwerk-Außenwand-Isolierung durch Torfoleum-Leichtplatten.

G. Massive Fußböden.

I. Allgemeines.

Massive Fußböden kommen hauptsächlich da zur Anwendung, wo Feuersicherheit, besondere Widerstandsfähigkeit und Schutz gegen Feuchtigkeit verlangt werden, also z. B. in Kellerräumen, Veranden, Gängen, Küchen, Badestuben, Höfen usw. In Verbindung mit Linoleumbelag werden massive Fußböden auch vielfach in Fluren, Bureaus, Versammlungsräumen öffentlicher Gebäude und auch in Wohnräumen angewendet. Die massiven Fußböden sind entweder Steinfußböden oder Estriche.

II. Die Steinfußböden.

Die Steinfußböden werden entweder als Pflasterungen oder als Plattenbeläge ausgeführt.

a) Die Pflasterungen.

1. Das Kopfsteinpflaster wird vielfach rings um das fertiggestellte Gebäude als Traufpflaster zur Abführung des Regen- und Schmutzwassers ausgeführt oder zur Pflasterung der Höfe verwendet. Es besteht aus würfelförmig bearbeiteten Steinen aus Basalt oder Granit von etwa 15 cm Höhe, die mit schwachen Fugen im Verbande und mit geringem Gefälle auf eine etwa 10—15 cm starke Kies- oder Sandbettung gesetzt und mit dem Hammer festgeklopft werden. Das Pflaster wird mehrere Male abgerammt und die Fugen mit Sand ausgefüllt und eingespült. Wichtig ist eine feste Unterlage unter der Kies- bzw. Sandbettung. — Als Mosaikpflaster bezeichnet

1) bei Neustadt am Rübenberge.

man ein Pflaster, das aus kleinen, unregelmäßig-vieleckigen Basaltsteinchen in Sandbettung hergestellt und durch Rammen befestigt wird.

2. Das Ziegelpflaster wird aus gewöhnlichen, gut gebrannten, glattflächigen Ziegelsteinen oder aus scharf gebrannten Klinkersteinen hergestellt. Es besteht entweder aus einer Flachschicht oder bei stärkerer Beanspruchung aus einer doppelten Flachschicht bzw. einer Rollschicht. Man unterscheidet danach flachseitiges und hochkantiges Pflaster (Abb. 128a—c).

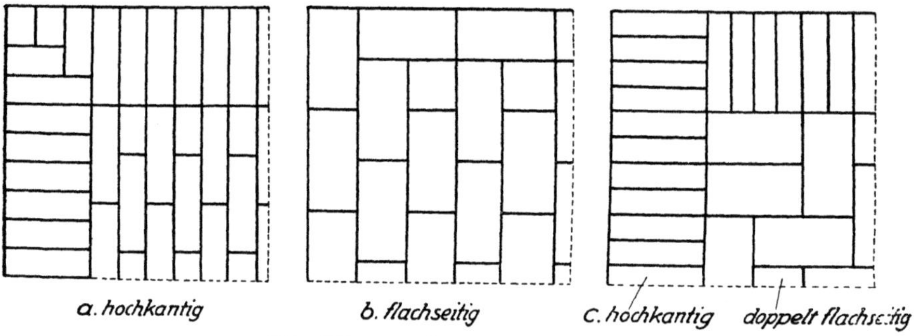

Abb. 128 a–c. **Ziegelsteinpflaster.**

Die Herstellung erfolgt in der Weise, daß zunächst der gewachsene oder aufgefüllte Boden, welcher die Pflasterung aufnehmen soll, wagerecht abgeglichen und festgerammt wird; hierauf wird eine 12—15 cm hohe Sandschicht aufgebracht, in diese die Ziegelsteine verlegt, und die Fugen mit dünnflüssigem, reinem oder verlängertem Zementmörtel vergossen. — Wird ein Doppelpflaster ausgeführt, so wird die zweite Lage in Mörtel verlegt und sorgfältig ausgefugt.

Das Ziegelpflaster kommt hauptsächlich in Kellern zur Ausführung. Es lassen sich aber auch durch Verwendung verschiedenfarbiger Ziegel, z. B. gelber und roter, für Gärten, Vorhallen, Küchen, Waschküchen usw. gefällige Muster bilden.

b) Die Plattenbeläge.

Die Plattenbeläge werden sowohl im Äußern wie im Innern der Gebäude verwendet, z. B. in Hausfluren, Vorplätzen, Badestuben, Waschküchen, Kellern usw. Man unterscheidet die Ausführung in natürlichen Steinplatten und in künstlichen Platten (Tonplatten, Zementplatten u. dgl.)

1. Die Beläge aus natürlichen Steinplatten werden in verschiedener Größe und Stärke aus Granit, Basalt, Marmor, Sandstein (Weserplatten) und Kalkstein (Solenhofer Platten) hergestellt. Große und starke Sandsteinplatten von etwa 60—80 cm Seitenlänge und 4—6 cm Dicke werden unmittelbar auf Sandbettung verlegt; schwächere und kleinere Platten von etwa 25—30 cm Seitenlänge und 3—5 cm Dicke brauchen eine Unterlage von Backstein oder Beton. Die Platten werden in Kalkmörtel (hydraulischen Kalkmörtel) verlegt und sorgfältig ausgefugt.

2. Beläge aus gebrannten Tonplatten (Fliesen). Die gebrannten Tonplatten werden aus trockenem Tonpulver unter Beimischung von scharfem Flußsand und zementierender Mittel hergestellt. Das Gemenge wird unter starkem Druck zu Platten gepreßt, die in Gasöfen bei etwa 1200° gebrannt werden. Sie besitzen große Härte und haben ein gutes Aussehen. Die Oberfläche ist entweder glatt, gekörnt oder geriffelt. Die Tonplatten (Fliesen) werden in den verschiedensten Formen (quadratisch, sechseckig, achteckig) und in mannigfachen Farbtönen und Farbenzusammenstellungen hergestellt. Gute Fabriken sind: Villeroy & Boch in Mettlach a. Saar und Mosaik-Fabrik in Sinzig a. Rhein (Abb. 129a—c).

Die Ausführung geschieht in der Weise, daß die etwa 2 cm starken und 15 bis 20 cm großen Fliesen auf flachseitigem Ziegelpflaster oder einer 8—10 cm

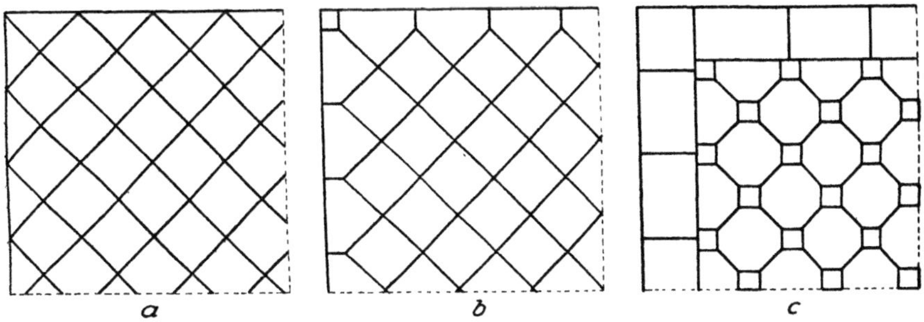

Abb. 129a–c. Plattenbeläge.

starken Betonunterlage in Kalk- oder verlängerten Zementmörtel mit feinen offenen Fugen mittels Richtscheit und Setzwage verlegt werden. Die offenen Fugen werden mit Kalkmörtel oder hydraulischem Kalkmörtel vergossen. Zementmörtel ist zum Vergießen der Fugen nicht zu empfehlen, da er die Farbe an den Fliesenrändern zerstört. Die freien Kanten sind durch Winkeleisen oder Flacheisen zu schützen.

3. Beläge aus Zementplatten. Die etwa 2—6 cm starken und 20 × 20 bis 50 × 50 cm großen Zementplatten werden aus langsam bindendem Zement und reinem Sand geformt und unter hohem Druck gepreßt. Sie werden auf Sandbettung in verlängerten Zementmörtel verlegt und die Fugen in Zementmörtel vergossen.

4. Beläge aus Steinholzplatten. Steinholzplatten werden aus Magnesiazement und Sägemehl unter Zusatz von Farbstoffen bei hohem Druck hergestellt. Sie sind etwa 12—15 cm stark und 20—100 cm im Quadrat groß. Die Fußböden sind wärmehaltend, schalldämpfend, feuersicher, schwammsicher und wetterbeständig. Die Platten können wie hartes Holz gesägt und gebohrt werden. Die Ausführung erfolgt auf einem Blindboden, der aus 2,5 cm starken Brettern besteht.

III. Estriche.

Unter Estrich versteht man einen Fußboden, der aus einer anfangs weichen Mischmasse hergestellt wird und später nach dem Erhärten eine feste gleichartige Fläche ohne Fugen bildet. Zu Estrichfußböden wird vor allem Zement verwendet, ferner Gips, Kalk, Lehm und Asphalt.

1. Der Zementestrich wird aus einem guten Zementmörtel im Mischungsverhältnisse von 2—3 Teilen feinem scharfen Sand und 1 Teil Zement hergestellt. Diese Masse wird auf einer festen Unterlage aus hochkantigem Ziegelpflaster oder etwa 8 cm starkem Beton 2—3 cm dick aufgetragen, mit dem Richtscheit zwischen Lehrlatten abgezogen, hierauf mit dem Reibebrett abgerieben und geglättet oder mit eisernen Walzen (Zementrollen) aufgerauht und gemustert. Der Estrich ist vor der Einwirkung der Sonnenstrahlen zu schützen, da er sonst zu schnell abbindet und leicht rissig wird. Er ist nach der Fertigstellung einige Zeit feucht zu halten (Annässen mittels Gießkanne). — Zementestrich wird hauptsächlich in Kellereien, Waschküchen und Veranden ausgeführt. Er bildet auch eine gute Unterlage für Linoleumbelag.

2. Gipsestrich kann nur im Innern des Gebäudes auf Gewölben, Balkenlagen usw. verwendet werden. Zur Herstellung ist ein langsam bindender Gips erforderlich. Derselbe wird zu einer dünnflüssigen Masse angerührt und auf eine nicht zu trockene, etwa 2—3 cm starke Sandunterlage, in Feldern von etwa 1 m Breite zwischen Lattenrahmen eingegossen. Nach dem Erstarren werden die Latten fortgenommen und das anschließende Feld hergestellt. Vor der vollständigen Erhärtung wird der Gips mit flachen, hölzernen Schlägeln so lange geklopft, bis er sein Schwitzwasser verloren hat, sodann mit eisernen Glättkellen nach dem Richtscheit geglättet. Größte Sauberkeit, Geschicklichkeit und Fleiß sind für eine gute Arbeit erforderlich.

3. Lehmestrich kommt meist nur bei landwirtschaftlichen Gebäuden als Fußboden für die Scheunentennen oder für Futter- und Kornböden vor. Der zu verwendende Lehm muß ausgewintert sein und darf keine Pflanzenreste, Wurzelstücke usw. enthalten. Er wird in Schichten von 10—15 cm aufgetragen, geebnet und festgestampft. An der Oberfläche setzt man Ochsenblut oder Teergalle und Hammerschlag zu, um ihn widerstandsfähiger zu machen.

4. Der „Terrazzo“ oder **„venetianischer Estrich“** wird auf einer festgestampften Unterlage aus Beton oder aus Ziegelbrocken und Kalkmörtel hergestellt. Auf diese Schicht wird die etwa 3 cm starke Terrazzolage, bestehend aus Zementmörtel, kleinen verschiedenfarbigen Marmorstückchen und schwarzem Farbpulver, aufgebracht und gleichmäßig aufgewalzt. Nach dem Erhärten dieser Masse wird die Oberfläche mit großen Sandsteinen abgeschliffen und nach der vollständigen Austrocknung gereinigt und geölt. — Bei Mosaikterrazzo werden verschiedenfarbige Marmorstückchen einzeln mit der Hand nach einem bestimmten Muster mit Hilfe von Pappe-Schablonen eingelegt.

5. Der Asphaltestrich wird oft zu Fußböden in Kellern, Waschküchen, Terrassen usw. verwendet, die gegen Feuchtigkeit geschützt werden sollen. — Auf den geebneten und gestampften Boden wird zunächst eine 8—12 cm starke Betonschicht eingebracht. Sobald diese vollständig trocken geworden, stellt man dünne eiserne Schienen oder Richtscheite von der Höhe der aufzubringenden Asphaltschicht in Entfernungen von etwa 1 m auf. Dazwischen wird dann die in einem Kessel geschmolzene, gut gemischte Estrichmasse, 1,5—2 cm stark, aufgegossen und geebnet.

Die Estrichmasse besteht aus geschmolzenem Asphalt-Mastix, dem man rein gewaschenen Sand (60%) und Goudron (5—6%) unter stetem Umrühren zusetzt.

H. Steinerne Treppen.

I. Allgemeines.

Man unterscheidet äußere und innere Treppen. Die äußeren Treppen werden meist aus Stein als sog. Freitreppen ausgeführt, die inneren Treppen werden aus Holz, Stein, Beton, Eisen oder Eisenbeton hergestellt. Wegen der Stufenanordnung und Steigungsverhältnisse vgl. Abschnitt IX, Tischlerarbeiten (Holztreppen).

II. Die einfachen Freitreppen.

Freitreppen liegen außerhalb des Gebäudes und dienen zum Ausgleich des Höhenunterschiedes zwischen Erdoberfläche und Erdgeschoßfußboden.

Freitreppen verlangen eine sorgfältige, frostfreie Gründung und ein wetterbeständiges Stufen-Material. Am besten eignen sich Basalt, Granit und Sandstein; auch hart gebrannte Backsteine und Beton werden verwendet. Als Steigungsverhältnis empfiehlt sich das Verhältnis von 16 : 31 cm. Die Stufen erhalten eine kleine Neigung nach vorn (1 cm Gefälle), damit das Regenwasser schneller ablaufen kann.

Die Ausbildung der einfachen Freitreppen kann verschieden sein und richtet sich nach der Zahl der Stufen.

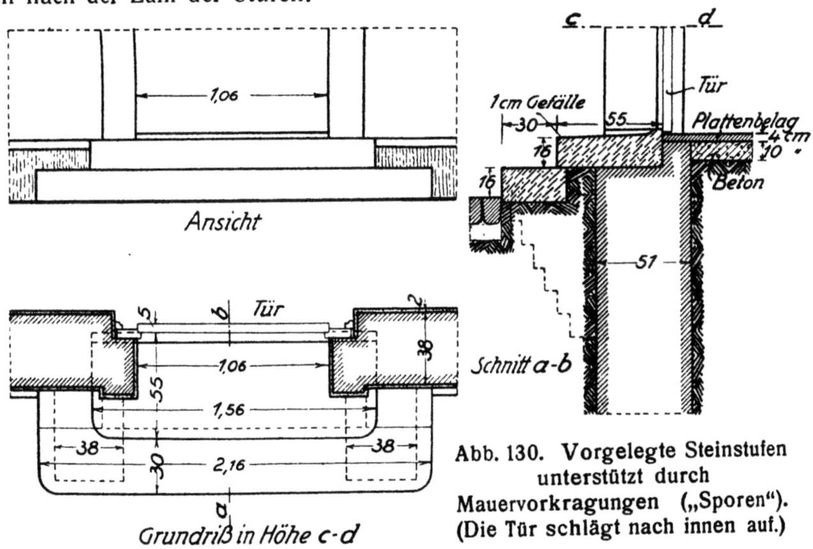

Abb. 130. Vorgelegte Steinstufen unterstützt durch Mauervorkragungen („Sporen"). (Die Tür schlägt nach innen auf.)

1. Die ein bis zwei vorgelegten Steinstufen ruhen auf einer Betonplatte oder auf kleinen, von der Kellermauer ausgekragten Mauerwangen (sog. „Sporen") auf (Abb. 130).

2. Bei 3—4 Stufen kann die Treppe nach drei Seiten frei gestaltet werden. Die Stufen ruhen auf einer 60—80 cm starken Betonplatte aus Magerbeton auf (Abb. 131).

3. Bei mehr als 4 Stufen werden die Werkstein- oder Kunststeinstufen auf seitlichen, selbständig gemauerten Wangen, die nicht mit der Kellerumfas-

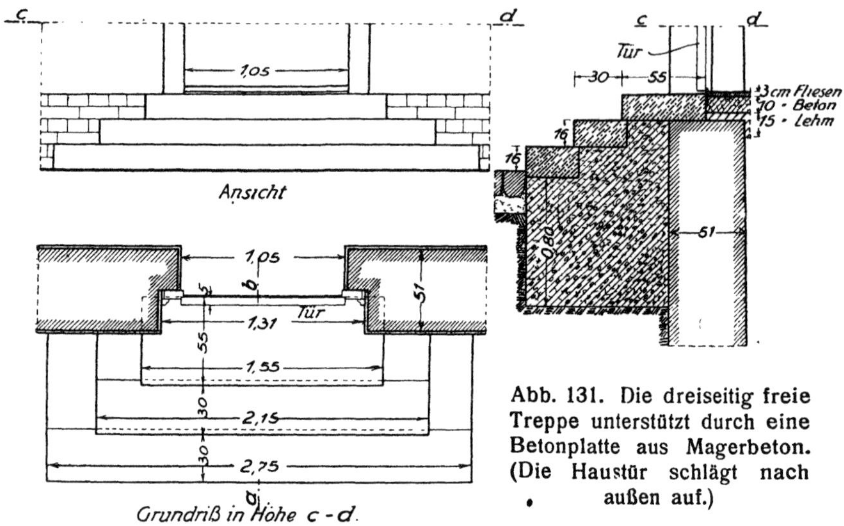

Abb. 131. Die dreiseitig freie Treppe unterstützt durch eine Betonplatte aus Magerbeton. (Die Haustür schlägt nach außen auf.)

sungsmauer in Verbindung stehen, aufgeführt. Die erste Stufe muß vor allem gut unterstützt sein und greift etwa 3—4 cm unter den Boden. Liegt hinter der Treppe ein Kellerfenster, so müssen in die Steinstufen schräge Öffnungen (Lichtschlitze) gearbeitet werden, die so gut als möglich Licht und Luft dem dahinterliegenden Kellerraum zuführen (Abb. 132).

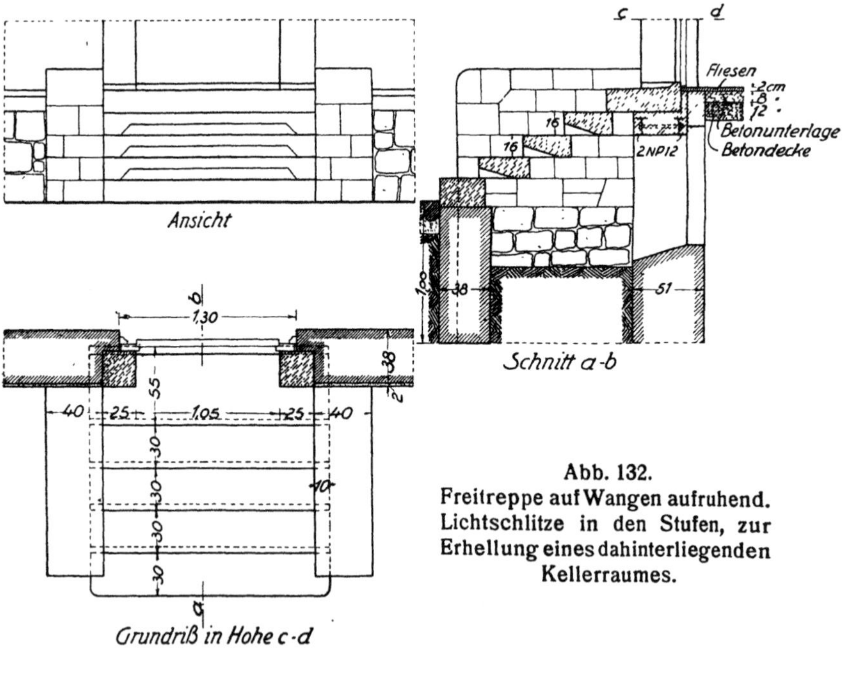

Abb. 132. Freitreppe auf Wangen aufruhend. Lichtschlitze in den Stufen, zur Erhellung eines dahinterliegenden Kellerraumes.

Backsteinstufen aus hartgebrannten Steinen, Klinkern, werden als Rollschicht in verlängertem Zementmörtel auf durchgehender, gut gestampfter Betonunterlage oder auf durchgängiger Unterwölbung ausgeführt. Ein Verputzen mit Zement empfiehlt sich nicht, da dieser im Frostwetter abblättert.

Betonstufen mit und ohne Eiseneinlage werden am besten als fertige Kunststeinstufen wie Werksteinstufen verlegt.

III. Die Kellertreppen.

Kellertreppen werden in Werkstein, Backstein oder Beton ausgeführt. Das Steigungsverhältnis kann steiler sein als bei Freitreppen und Geschoßtreppen. Ein noch annehmbares Verhältnis ist 20 cm Steigung und 25 cm Auftritt.

Werksteinstufen liegen auf der einen Seite auf der Treppenhausmauer, auf der anderen Seite auf einer mittleren, meist 1 Stein starken „Zungenmauer".

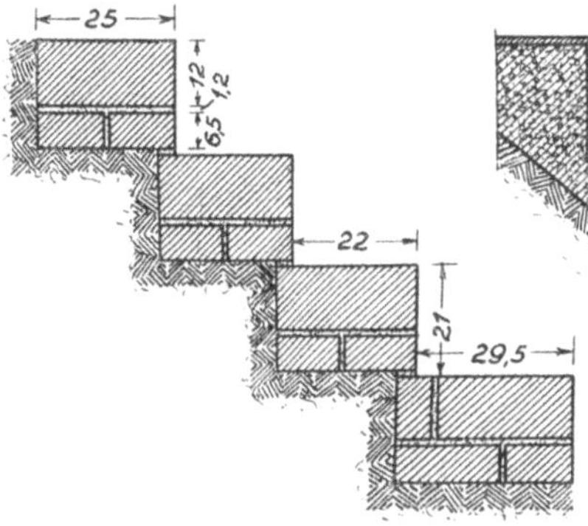

Abb. 133. Schnitt durch die gemauerten Stufen einer Kellertreppe.

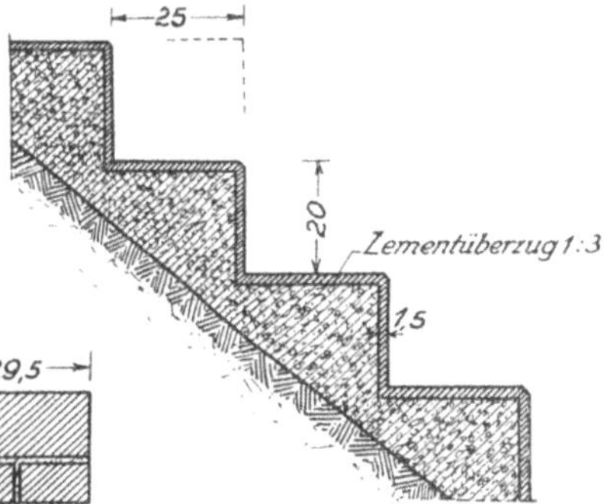

Abb. 134. Schnitt durch eine gestampfte Betontreppe.

Das Auflager beträgt etwa 10—12 cm und greift entweder in die Mauer ein oder wird durch gemauerte Absätze gebildet.

Backsteinstufen werden auf einer vorher gedichteten Unterfüllung von Sand oder Erde mit verlängertem Zementmörtel als Flach- und Rollschichten (Abb. 133) gemauert und vielfach mit einem 2—3 cm starken Zementüberzug versehen.

Betonstufen werden an Ort und Stelle gestampft (1 : 8) und mit einem Zementüberzug (1 : 3) versehen (Abb. 134). Fertige Betonstufen werden wie Werksteinstufen behandelt.

I. Putz- und Fugarbeiten.

I. Putzarbeiten.

a) Allgemeines.

Der Putz dient verschiedenen Zwecken: Im Innern des Gebäudes an Wänden und Decken zur Herstellung einer glatten Fläche, die zur Aufnahme von Tapeten und Anstrichen geeignet ist und damit zur Wohnlichkeit der Räume beiträgt; außerdem bietet er Schutz gegen Feuer bei Holzwänden, Balkendecken, hölzernen Treppen usw. Am Äußern des Gebäudes soll er die Mauerflächen gegen die Witterungseinflüsse schützen und ihnen meistens auch ein besseres Aussehen geben (bei gewöhnlichem Ziegelrohbau).

Die beste Zeit für die Herstellung des Putzes ist das Frühjahr oder der Herbst, wenn keine Nachtfröste mehr auftreten. Man beginnt, wenn der Bau eingedeckt ist, und die Mauern genügend ausgetrocknet sind. Die Bauordnungen schreiben im allgemeinen vor, daß Gebäude, die ganz oder teilweise zum dauernden Aufenthalt von Menschen dienen, nicht früher als 4—6 Wochen nach Fertigstellung des Rohbaues geputzt werden dürfen. Die obersten Geschosse werden zuerst geputzt, weil da die Austrocknung am weitesten fortgeschritten ist.

Die Putzarbeiten werden von leichten, schnell auf- und abzubauenden Bock- und Leitergerüsten aus, die mit Bretterlagen versehen sind, ausgeführt. Bei größerer Höhe ist besonders für den Schutz der Arbeiter zu sorgen.

Vor dem Putzen sind die Flächen mit einem scharfen Besen sorgfältig von Staub und Schmutz zu reinigen und mit dem Pinsel („Quast") anzufeuchten. An heißen Sommertagen ist das Mauerwerk besonders gut anzunässen.

Die Putzarbeiten werden in der Regel von dem Maurer ausgeführt; in Großstädten auch von besonders eingeübten Arbeitern, den „Putzern"; in manchen Gegenden Tüncher bzw. „Weißbinder" genannt.

b) Die Baustoffe für den Innenputz. (Wand- und Deckenputz.)

Für Innenwände kommt im allgemeinen der gewöhnliche Kalkmörtel in Anwendung (1 Teil gelöschter Fettkalk + 2 bis 3 Teile Sand). Der Kalk muß 2 bis 3 Monate in der Kalkgrube gelagert haben, damit alle ungelöschten Ätzkalkteilchen gut durchgelöscht sind. Bei Verwendung frisch gelöschten Kalkes löschen die noch vorhandenen ungelöschten Ätzkalkteilchen nach und verursachen infolge Volumvergrößerung in der fertigen Putzfläche Blasen und Abblätterungen, die sehr nachteilig werden können. Für den Innenputz werden zwei Mörtelmischungen verwendet: 1. eine gröbere für den unteren Rauhputz, bestehend aus Kalkbrei und gröberem Sand verschiedener Güte und 2. eine feinere Mischung für den oberen Feinputz, bestehend aus best gelöschtem Kalkbrei und sorgfältig gesiebtem, reinem, scharfem Sand. Vielfach erhält diese Feinmischung noch einen Zusatz von Gips, wodurch der Putz schneller erhärtet und eine größere Glätte bekommt.

c) Die Ausführung des inneren Wandputzes.

1. Der rauhe Putz oder Rapputz. Es wird ein grobsandiger Mörtel mit der Kelle einmal in dünner Lage ausgeworfen und notdürftig ausgeglättet. Der Putz ist sehr haltbar und nicht teuer. Er wird hauptsächlich in untergeordneten Räumen, Dachböden und Kellern hergestellt.

2. Der glatte Putz auf massiven Innenwänden. Er besteht aus 2 (auch 3) Mörtellagen, die nacheinander angeworfen werden, nachdem der vorhergehende Bewurf genügend steif geworden ist. Die unterste Lage besteht aus grobsandigem Mörtel, der rauh bleibt, die zweite bzw. dritte Lage aus etwas fetterem feinsandigen Mörtel.

Die Ausführung ist folgende: Es werden zunächst mittels Lot und Latte die Wandflächen untersucht, um die nötige Putzstärke zu ermitteln. Dieselbe soll nicht mehr als 1,5 cm betragen. Alsdann werden in wagerechten Abständen von etwa 1,20 m Putzstreifen („Lehrstreifen") von 15—18 cm Breite unter Anwendung von Richtscheit und Lot hergestellt. Sobald diese genügend angetrocknet sind, wird auf die Zwischenfelder der Putzmörtel mittels Kelle angeworfen und mit der „Kartätsche" (einem langen Reibebrett mit Griff) abgezogen (Abb. 135). Die kurzen Bewegungen mit der Kartätsche müssen von links nach rechts und von oben nach unten wellenförmig erfolgen, so daß die einzelnen Teile des Putzes untereinander verschränkt werden und sich gegenseitig halten.

Sobald diese Mörtellage genügend angetrocknet ist, wird die zweite dünnere Lage aufgebracht, die nach dem Antrocknen mit dem Reibebrett oder der Scheibe unter großen kreisförmigen Bewegungen und unter fortwährendem Anfeuchten abgerieben wird. Ein zu lange oder zu trocken geriebener Putz heißt „tot gerieben". Nach dem Trocknen wird der Putz mit Kalkmilch gestrichen, d. h. geweißt.

Soll der Putz besonders gleichmäßig und glatt werden (für bessere Tapeten und Malereien geeignet), so feuchtet man die oberste Lage anstatt mit Wasser mit Kalkmilch an und reibt sie mit einem mit Filz überzogenen Reibebrett ab. Es entsteht dann der **„Filzputz"**. Die oberste Lage ist dann meist eine dritte dünne Lage, die aus feinem Kalksandmörtel mit einem Zusatz von Gips besteht.

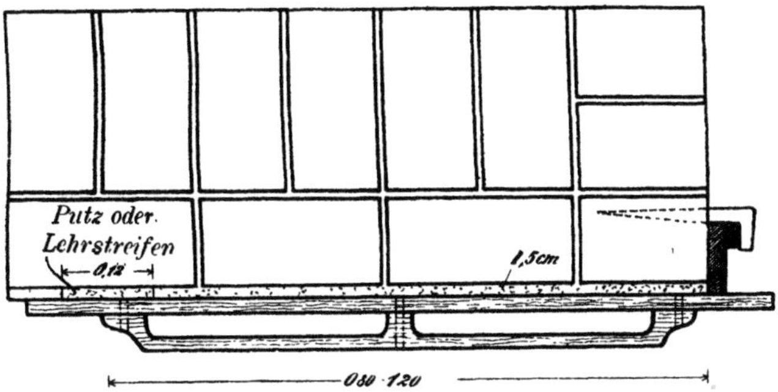

Abb. 135.
Ausführung des Wandputzes.

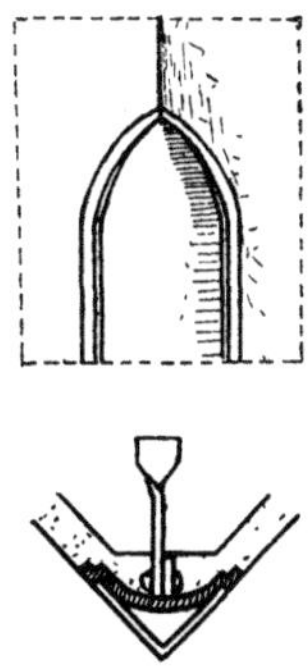

Abb. 136.
Metallschutzecke.

Im besonderen ist für die Ausführung noch folgendes zu beachten: Einspringende Ecken werden mit einer rechtwinkligen Brettschablone scharf ausgezogen. — Ausspringende Ecken werden hergestellt, indem man glatt gehobelte Latten an der Ecke derart befestigt, daß sie um Putzstärke vortreten (Abb. 135). Diese Ecken werden meist abgerundet und in besonderen Fällen zum Schutze gegen Beschädigungen auf etwa 2 m Höhe mit Metallschutzschienen gesichert (Abb. 136).

3. Putz auf Holzwerk. Auf Holzwerk haftet der Putzmörtel nicht, es müssen daher die Holzflächen vorbereitet werden.

Bei Fachwänden werden die Stiele und Riegel quer zur Faserrichtung mit geschälten Rohrstengeln bespannt, die nach beiden Seiten zur Vermeidung von Rissen etwa 2 cm die Holzbreiten überragen. Die Befestigung der Rohrstengel geschieht mit geglühtem Eisendraht und breitköpfigen Rohrnägeln. — Bretterwände werden ebenfalls einfach oder doppelt berohrt und geputzt, oder man verwendet besser Rohrgewebe oder Drahtziegelgewebe, welche fertig bezogen werden können. — Äußere Fachwände werden in der Regel nur in den Feldern geputzt, wobei der Putz stets bündig mit dem Holzwerk sein soll.

d) Die Ausführung von Deckenputz.

1. Deckenputz auf massiven Decken. Derselbe wird wie der Wandputz auf massiven Wänden ausgeführt. Die eisernen Deckenträger werden dabei an den unteren Flanschen mit Drahtgewebe oder Drahtziegelgewebe umhüllt, um den Putz aufnehmen zu können.

2. Deckenputz auf Schalung. Auf die Schalung, die aus 2 cm starken und etwa 10—12 cm breiten aufgespaltenen Brettern besteht, wird eine einfache, in besonderen Fällen eine doppelte Lage Rohr mit Draht und Rohrnägeln befestigt. Die Rohrstengel der ersten Lage liegen rechtwinklig zur Längsrichtung der Bretter, die der zweiten Lage rechtwinklig zu denen der ersten. Statt des Rohres werden neuerdings vielfach die oben schon erwähnten Rohrgewebe verwendet. (Vgl. auch Abschnitt VI, Zimmerarbeiten). Auf die beschriebene Unterlage wird erst ein grober Putzmörtel, dem zum schnelleren Haften etwas Gips zugesetzt wird, angeworfen und rauh abgezogen, dann wird ein feiner Mörtelbewurf aufgebracht und glatt gerieben.

3. Deckenputz auf Lattung. Derselbe wird verhältnismäßig selten ausgeführt. Es werden die 1—2 cm starken und 2—3 cm breiten trapezförmigen „Spalierlatten" in Entfernung von etwa 2 cm mit wechselnden Stößen unter die Balken genagelt und die Zwischenräume mit Haarkalkmörtel ausgefüllt. Nachdem dieser Bewurf angetrocknet, wird ein zweiter Überzug von feinem Kalkmörtel aufgebracht und geglättet.

4. Deckenputz auf Holzstabgewebe (Baculagewebe). Statt der einzelnen anzunagelnden Spalierlatten werden auch, um Zeit zu sparen, fertig gelieferte Holzstabgewebe — z. B. das sog. Baculagewebe — verwendet (Abb. 137). Die $\frac{5}{5}$ und $\frac{8}{8}$ mm starken, gut getrockneten Holzstäbe sind mit verzinkten Drähten fest zusammengewoben und werden mit verzinkten Haken quer zu den Balken zwischen den Stäben auf den Bindedraht genagelt. Der Putzmörtel (mit Gipszusatz) haftet zwischen den Stäben. Baculagewebe wird in Breiten von 0,30—2,0 m und in Längen von 10,0 bis 15,0 m hergestellt.

Neuerdings werden auch Rohrholzmatten verwendet, bestehend aus 10 × 23 mm starken Holzleisten und in Abständen von 10 cm dazwischen verwebten Rohrstengeln, die mit den Latten an die Balken genagelt werden.

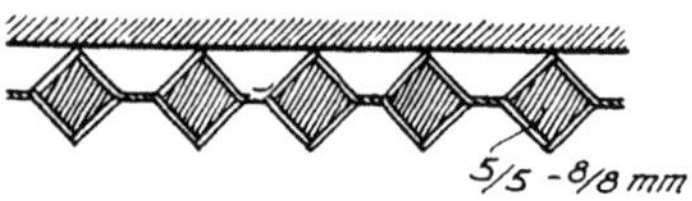

Abb. 137.
Holzstabgewebe.

Abb. 138.
Staußziegelgewebe.

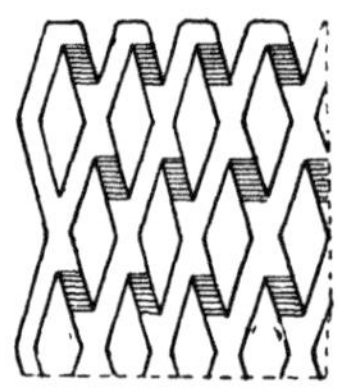

Abb. 139.
Streckmetall-Putzblech.

5. Deckenputz auf Drahtgewebe, Drahtziegelgewebe oder auf Streckmetall. Dort, wo ein besonderer Feuerschutz für die Balkendecken oder eisernen Träger notwendig ist, oder wo Feuchtigkeit von Innenräumen, wie z. B. in Stallräumen, Küchen usw. abgehalten werden soll, empfiehlt es sich, als Putzträger ein starkes Drahtgewebe oder das sog. Drahtziegelgewebe von Stauß (Abb. 138) oder auch das sog. Streckmetall (Abb. 139) anzuwenden.

Das Staußziegelgewebe, das in Rollen von 1,02 m Breite und 2,0 m Länge geliefert wird, ist unter den Deckenbalken oder I-Trägern gut zu verspannen. Als Deckenputz verwendet man statt Weißkalkmörtel für die oben genannten Zwecke besser verlängerten Zementmörtel. Der erste Anwurf muß mit dünnem Mörtel, der zwischen den Lücken des Ziegelgewebes durchquellen kann, erfolgen. Putzstärke 1,5 cm, Gesamtputzstärke der Staußziegeldecke 2,5 cm.

6. Deckenrauhputz kann auch durch eine Gipsdielschalung ersetzt werden. Dazu werden 2—4 cm starke Gipsplatten mit der aufgerauhten Seite nach unten mittels breitköpfiger verzinkter Nägel quer unter die Balken mit versetzten Stößen genagelt. Eingefügte Jute- oder Kokosfasern (Cocolithplatten) machen die Decke bruchsicher und rissefrei.

e) Die Baustoffe für den Außenputz.

Da der Außenputz das Gebäude vor allem gegen die Witterungseinflüsse schützen soll, so ist bei der Wahl des Verputzmörtels und auch bei der Verarbeitung des Mörtels große Sorgfalt zu verwenden.

Für die Herstellung des äußeren Wandputzes kommen in Frage:

1. **Gewöhnlicher Kalkmörtel** (1 : 2), besonders für Rauhputz, mit Zusatz von Zement; 1 Teil Kalk + 2 Teile Zement + 6 bis 12 Teile Sand.

2. **Hydraulischer Kalkmörtel;** Romanzementmörtel, weil er unter dem Einfluß der Nässe abbindet und erhärtet. Zu schnelles Trocknen ist hierbei zu vermeiden (Annässen des Mauerwerks).

3. **Portlandzementmörtel** (1 : 3), sehr dauerhaft; jedoch nur da zu empfehlen, wo auf die meist unschöne und ungleichmäßige Farbenwirkung des Zementputzes kein großer Wert gelegt wird.

Die Widerstandsfähigkeit des Außenputzes kann durch Zusatz von stark wasserabweisenden Schutzstoffen wie Ceresit, Preolit, Heimalol, Fluate usw. wesentlich erhöht werden.

4. **Der Edelputzmörtel** ist ein neuzeitlicher, fabrikmäßig hergestellter, gebrauchsfertiger „Trockenmörtel" (50 kg Sackpackung), der nur mit klarem Wasser ohne besonderen Zusatz angemacht und dann als Putz aufgebracht wird. Das trockene, meist natürlich gefärbte Mörtelpulver besteht aus maschinell zerkleinerten (zermahlenen) Natursteinen in verschiedenen Körnungen (fein-, mittel- und grobkörnig) und besonderen Bindemitteln (hauptsächlich Kalk und Zement), die in einem ganz genauen Verhältnis gemischt sind. Ein Zusatz von Farbe wird nur in ganz seltenen Fällen verwendet.

Die Vorzüge des Edelputzes sind: Licht- und Wetterbeständigkeit, (Abwaschbarkeit), natürliche Tönung und Struktur, mannigfache Verarbeitungsmöglichkeit (Steinmetztechnik) und außerordentlich dekorative Wirkung. — Über die Ausführung s. unten.

f) Die Ausführung des äußeren Wandputzes.

Je nach dem Zweck kommen folgende Ausführungsarten in Betracht:

1. **Der Rapputz** (vgl. S. 76).

2. **Der gewöhnliche glatte Wandputz auf massiven Wänden** (vgl. S. 76).

3. **Der gewöhnliche Wandputz auf Fachwerkwänden** (vgl. S. 77).

4. **Der Stipputz oder Besenputz** wird dadurch hergestellt, daß der rauhe Bewurf vor dem Erhärten mit einem gestutzten Reisigbesen gestupft wird, so daß eine gleichmäßig rauhe Oberfläche entsteht.

5. **Der Spritzbewurf** wird gebildet, indem man auf den rauhen oder auch abgeriebenen Kalkputz eine weitere Lage dünnflüssigen Kalkmörtels (Kalk und mittelfeiner Quarzsand) anspritzt. Das Anspritzen geschieht mit einem Reisigbesen, der gegen ein Holzstück geschlagen wird.

6. **Der Rieselputz oder Rieselbewurf** entsteht, wenn man in einen rauhen Bewurf, der aus einer, besser zwei Lagen besteht, haselnußgroße Steinchen (Kiesel) eindrückt.

7. **Der Edelputz.** Die Ausführung des Edelputzes erfolgt in der Weise, daß auf einen 1,5 cm starken, rauhen Unterputz aus verlängertem Zementmörtel der eigentliche Edelputzmörtel (vgl. oben) in der gewünschten Technik aufgetragen wird. Die verschiedensten Putzarten können dabei zur Anwendung kommen, am gebräuchlichsten ist der Spritzbewurf. Auch können die gut erhärteten Ansichtsflächen durch den Steinmetz oder Bildhauer bearbeitet

werden. Das Putzen muß von einem freistehenden Gerüst aus erfolgen. Alle Flickstellen sind zu vermeiden, da sie später zu sehen sind.

Gut bewährte Edelputzmaterialien sind: „Terrasit“, „Diabasit“, „Terranova“ und vor allem der sog. „K“-Putz (Vereinigte Steinwerke, Kupferdreh).

8. Der Quaderputz ist ein aus Kalk-, Zement- oder Edelputzmörtel hergestellter Verputz, der in seiner Außenflächenbehandlung dem Quader- oder auch dem Bruchsteinmauerwerk ähnlich ist, jedoch keineswegs echtes Quader- oder Bruchsteinmauerwerk vortäuschen soll, sondern eine dem Putzbau augepaßte Form erhält.

9. Der Preßputz. Auf einem rauhen Unterputz wird der nach besonderem patentierten Verfahren bereitete Preßputzmörtel aufgetragen und in denselben vor dem Erhärten mittels elastischer Relief-Negativstempel verschiedene, regelmäßig wiederkehrende, höchst dekorativ wirkende Muster eingedrückt. Er kommt am Äußeren, besonders aber im Innern der Gebäude (Wand- und Deckenflächen in Fluren, Treppenhäusern, Wohnräumen usw.) zur Anwendung.

g) Das Putzen der Gesimse.

Vorspringende Gliederungen in Putz wie Gesimse, Umrahmungen usw. werden durch Ziehen mittels Schablonen hergestellt. Beträgt die Ausladung mehr als 5 cm, so muß zunächst ein Kern gebildet werden entweder durch vorgemauerte, wenn erforderlich zugehauene Schichten oder durch befestigte Rohrbündel (für innere Gesimse) oder durch Bretter, die mit Latten, Rohrgewebe u. dgl. zur Aufnahme des Putzes benagelt sind.

Die Schablone (Abb. 140) selbst besteht aus einem nach der gewünschten Form ausgeschnittenen Zinkblech, das auf einem Brett von gleichem Ausschnitt mit einem geringen Überstand der Profile aufgenagelt ist. In dem Brett ist die Form mit schrägen Kanten ausgearbeitet, damit beim Ziehen der Mörtel angedrückt wird (Abb. 140a).

Diese Schablone wird auf einem wagerechten Brett (b), dem „Schlitten“, genau senkrecht befestigt und durch schräge Leisten (c), die gleichzeitig zum Anfassen dienen, verstrebt (Abb. 140a). Der Schlitten erhält unten an der Vorderseite einen Falz oder zwei aufgenagelte, etwas überstehende Brettstücke (d),

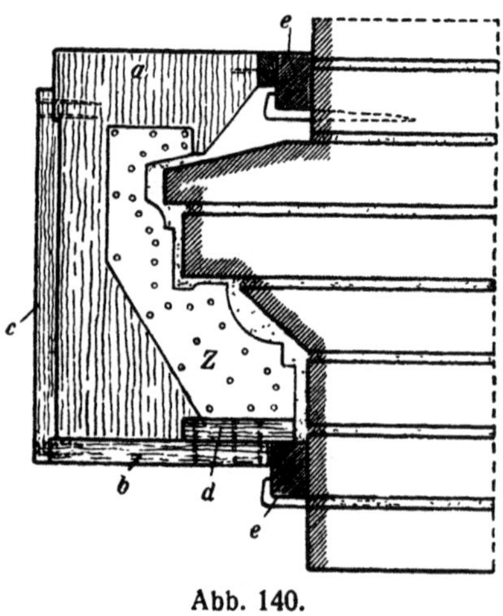

Abb. 140.
Das Putzen der Gesimse.

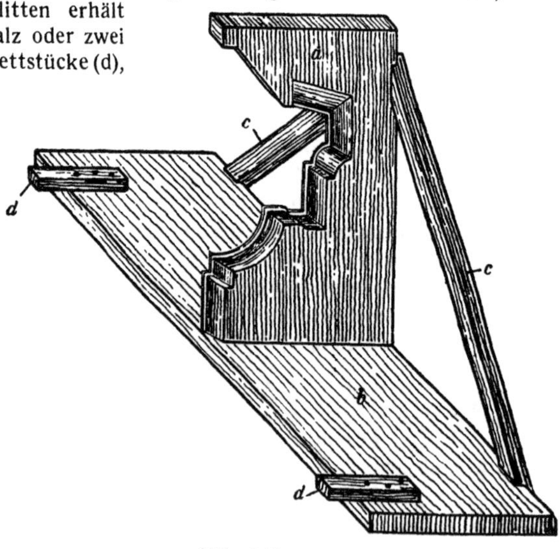

Abb. 140a.
Schablone („Schlitten“) zum Ziehen der Gesimse.

so daß er auf der Führungslatte (e) gleiten kann. Außer dieser unteren Führungslatte ist noch eine obere notwendig, welche beide genau flucht- und wagerecht mittels Mauerhaken gut befestigt werden.

Zunächst wird nun der Kern angenäßt und mit einem Mörtelauftrag versehen. Hierauf wird die Schablone unter kräftigem Andrücken an die Führungslatten mit der abgeschrägten Holzkante nach vorn entlang gezogen und auch hin- und hergeschoben, bis die rohe Form zum Vorschein kommt. Nachdem dieser Bewurf genügend angetrocknet, wird das Durchziehen wiederholt, wobei immer feinerer Mörtel aufgetragen wird, bis die Form ziemlich scharf zutage tritt. Zum Schluß wird ein ganz dünnflüssiger Mörtel gegengespritzt und die Schablone entgegengesetzt durchgezogen, so daß die Form vollständig geglättet ist. Besonders ist darauf zu achten, daß die Schablone jedesmal vor dem Ziehen mit Wasser abgewaschen wird.

Verkröpfungen und Gehrungen werden aus freier Hand mit einem löffelartigen „Kröpfmesser" angearbeitet.

II. Fugarbeiten.

Um dem unverputzten Backsteinmauerwerk ein besseres Aussehen zu geben und es vor Witterungseinflüssen zu schützen, muß es sorgfältig ausgefugt werden. Das Ausfugen kann entweder gleich beim Aufmauern geschehen oder nach Fertigstellung des Mauerwerks. Im ersten Falle werden die Steine mit vollen Fugen vermauert, der überquellende Mörtel abgeschnitten und die Fugen mit der Fugenkelle geglättet. Im zweiten Falle werden die schon vorher offen gemauerten Fugen sorgfältig gereinigt, angenäßt und mit der Fugenkelle mit Mörtel verstrichen.

Abb. 141 a–c. Fugenbildung.

Die beste und einfachste Art des Fugens ist die mit vollen glatten Fugen (Abb. 141 a). Weitere gute Fugenbildung zeigen Abb. 141 b u. c. Fugen, die vor die Mauerflucht vortreten, sind zu verwerfen. Als Mörtel eignet sich am besten hydraulischer Kalkmörtel oder nur Kalkmörtel. Derselbe kann mit Erd- oder Mineralfarben nach Wunsch gefärbt werden. Dunkle Farben sind zu vermeiden.

Abschnitt IV.

Asphaltarbeiten (Isolierungen).

I. Allgemeines.

Isolierungen sind Dichtungsmittel, die den Zweck haben, die Mauern eines Gebäudes, wie auch die Räume gegen das Eindringen von Feuchtigkeit zu schützen. Die Folgen der in die Mauern eindringenden Feuchtigkeit zeigen sich in Zersetzung oder Verwitterung des ganzen Mauerkörpers, in Verunstaltung der Außenflächen des Mauerwerks durch Schimmelbildungen, Salzausscheidungen (Salzausblühungen), Abblättern des Mörtelputzes, Zerstörung der Tapeten, Gefährdung des mit dem Mauerwerk verbundenen oder angrenzenden Holzwerkes (Hausschwammbildung), schließlich durch gefährliche Bodenausdünstungen, die die Innenräume feucht, muffig und gesundheitsschädlich machen.

II. Die Asphalt-Isolierstoffe.

Der wichtigste Stoff, der zur Isolierung des Mauerwerks verwendet wird, ist der Asphalt in seinen verschiedenen Formen.

Der Asphalt oder das Erdpech ist eine mehr oder weniger schwarze, glänzende, harzartige Masse von schwachem Geruch und leichter Schmelzbarkeit. Er kommt in reinem Zustande in der Natur nur selten vor, und zwar auf der Insel Trinidad und am Toten Meer. Zum größten Teil wird er aus dem „Asphaltstein" durch Ausschmelzen gewonnen. Er wird zur Herstellung verschiedener Baustoffe verwendet, die nachstehend aufgeführt sind:

1. **Goudron oder Asphaltteer** ist ein zähflüssiger Stoff von glänzendschwarzer Farbe, der durch Zusammenkochen von Trinidad-Asphalt mit den öligen Rückständen der Petroleumdestillation gewonnen und in Fässern von 230 kg Inhalt geliefert wird.

2. **Asphaltmastix** wird hergestellt, indem man gepulverten Asphaltstein in geschmolzenem Goudron verrührt. Er kommt im Handel in schwarzen „Broten" von 25 kg Gewicht vor.

3. **Gußasphalt** erhält man durch Schmelzen von Asphaltmastix und Goudron. Dieser Mischung ist bei der Verwendung Sand zuzusetzen.

4. **Asphaltfilzplatten** werden aus Filz hergestellt, der völlig mit Asphalt durchtränkt und dann mit grobem Sand bestreut wird.

5. Sonstige Isolierstoffe sind: **Asphaltpappen, Bleiasphaltplatten** sowie die **wasserdichten Mörtel und Anstriche.**

III. Die Ausführung.

Da die Feuchtigkeit, die in ein Gebäude eindringen kann, eine sehr verschiedenartige ist, sind auch die Schutzmaßnahmen, die man dagegen anzuwenden hat, verschieden. Man unterscheidet daher:

1. Schutz der Kellermauern gegen von unten aufsteigende Erdfeuchtigkeit,
2. Schutz der Kellermauern gegen seitlich eindringende Erdfeuchtigkeit,
3. Schutz der Außenmauern gegen Regen und Spritzwasser,
4. Schutz der Kellermauern gegen aufsteigendes Grundwasser.

Bei dem Schutz der Kellermauern gegen Feuchtigkeit ist es unbedingt notwendig zu wissen, in welcher Höhe der höchste Grundwasserspiegel (H.G W.) liegt, der unter den Einflüssen der Witterung und der Jahreszeit beständigem Wechsel unterworfen ist. Am besten im Frühjahr feststellen! Liegt der höchste Grundwasserstand unter der Kellersohle, so ist nur die gewöhnliche Erdfeuchtigkeit, die von unten aufsteigt und von der Seite eindringt, von den Kellermauern abzuhalten; liegt der höchste Grundwasserstand über der Kellersohle, so ist ein geeigneter Schutz gegen das aufsteigende Grundwasser vorzusehen. Die Art der Isolierung ist daher verschieden.

1. Schutz der Kellermauern gegen von unten aufsteigende Erdfeuchtigkeit. (H.G.W. liegt unter Kellersohle.) Die Isolierung der Mauern gegen von unten aufsteigende Erdfeuchtigkeit erfolgt durch eine wagerechte, wasserundurchlässige Zwischenschicht, die bei unterkellerten Gebäuden 1—2 Schichten über dem massiven Kellerfußboden liegt (Abb. 142), bei nicht unterkellerten Gebäuden sich in Höhe der Unterkante der Lagerhölzer des Holzfußbodens befindet (Abb. 143). Die Zwischenschicht kann aus verschiedenen Isolierstoffen gebildet werden:

a) Aus einer Gußasphaltschicht, die 1—2 cm stark zwischen gleich starken Quadratleisten in heißem Zustande auf die Mauer aufgetragen wird. Der Gußasphalt wird glatt gestrichen und erhärtet sehr bald.

b) Aus Asphaltfilzplatten, die sich etwa 6—10 cm überdecken.

c) Aus guter, mit kochendem Steinkohlenteer getränkter Dachpappe, die ebenfalls mit 6—10 cm Überdeckung verlegt wird.

d) Aus Asphalt-Blei-Isolierplatten, die sich handbreit überdecken.

e) Aus wasserdichtem Isoliermörtel, der aus besonderen Mörtelzusätzen hergestellt und wie gewöhnlicher Zementmörtel aufgetragen und behandelt wird. Solche Mörtelzusätze sind: Ceresit, Preolit, Aquabar, Awa, Biberol, Biber, Pixol-Emulsion u. a. m.

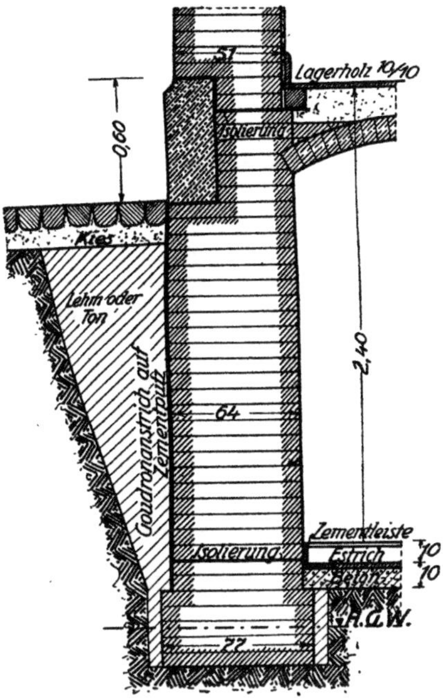

Abb. 142.
Isolierung einer Kellermauer bei unterkellertem Gebäude.

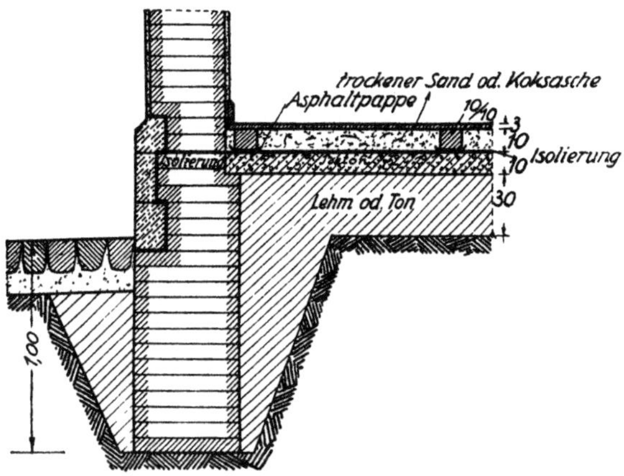

Abb. 143. Isolierung eines nicht unterkellerten Gebäudes (Holzfußboden). (H. G. W. liegt unter Fundamentsohle.)

2. Schutz der Kellermauern gegen seitlich eindringende Erdfeuchtigkeit. (H.G.W. unter Kellersohle.) Die Kellerumfassungsmauern erhalten außer den wagerechten Schutzschichten auch noch eine Isolierung gegen seitlich eindringende Feuchtigkeit. Dies kann geschehen:

a) durch einen Anstrich von heißem Goudron oder Teer an den Außenflächen (Abb. 143). Hierzu müssen die Mauern genügend trocken sein; oder

b) durch einen etwa 2 cm starken Zementverputz. Dem Zementmörtel (1 : 2 bis 1 : 3) werden noch besondere Dichtungsstoffe bituminöser Art (Teer, Pech, Paraffin u. dgl.) beigemengt. Der Verputz erfolgt auf den gut gereinigten und angenäßten Mauerflächen und ist auf das Sorgfältigste auszuführen. (Feuchthalten des Putzes nach Fertigstellung, damit keine Risse entstehen!) Auf den Zementputz kann außerdem noch ein Anstrich von heißem Goudron oder Teer aufgetragen werden;

c) Durch einen wasserdichten Isolieranstrich, der zumeist aus bituminösen Bestandteilen (Asphalt, Goudron usw.) besteht und in streichfertiger, dickflüssiger Masse in den Handel gebracht wird. Der Anstrich wird kalt wie eine Farbe aufgetragen und zwar entweder auf das gereinigte und voll gefugte Mauerwerk oder auf einen 2 cm starken Zementmörtelputz. Derartige gute Isolieranstriche sind: Inertol, Nigrit, Preolit, Calcit u. a. m.;

d) durch eine vorgemauerte Luftschicht von $\frac{1}{4}$—$\frac{1}{2}$ Stein lichte Weite, die durch in Goudron getauchte Binder mit der Umfassungsmauer in Verbindung steht. — Bei starkem seitlichen Drängwasser wird vor die bereits isolierte Mauer außerdem noch eine Schicht von fettem Ton bis etwa 50 cm Stärke festgestampft.

3. Schutz der Außenwände gegen Regen und Spritzwasser. Gegen das anschlagende Regenwasser können die Außenwände eines Gebäudes in folgender Weise geschützt werden:

a) Durch zweckentsprechende Dachüberstände oder schützende Vordächer;

b) durch möglichst glatte, lotrechte Oberflächengestaltung;

c) durch richtige Profilierung der Vorsprünge, so daß das Wasser schnell abgeleitet wird (Schrägen, Wassernasen und dgl.). Besonders sind Fugen über Vorsprüngen zu schützen und so zu legen, daß kein Wasser eindringen kann (Abb. 142);

d) durch guten Verputz oder dichte Verfugung bei Backsteinmauerwerk. Der Putz kann außerdem durch Mörtelzusätze wie Ceresit, Preolit, Heimalol usw. noch besonders wasserdicht gemacht werden;

e) durch besondere flüssige Steinhärtungsmittel wie z. B. die Keßlerschen Fluaten, die zum Härten von weichen Sand- und Kalksteinen dienen;

f) durch Abdeckung der vorspringenden Gebäudeteile mit Zinkblech oder Kupferblech;

g) durch Anlage eines Traufpflasters rings um das Gebäude in einer Breite von etwa 0,50—1,00 m zur Ableitung des Spritzwassers;

h) durch eine etwa 60—80 cm über Gelände angeordnete, zweite wagerechte Isolierungsschicht in der Umfassungsmauer, die vor allem zur Abhaltung des Spritzwassers dienen soll.

4. Schutz der Kellermauern gegen aufsteigendes Grundwasser. (H. G. W. über Kellersohle.) Siehe Teil II dieses Leitfadens.

Abschnitt V.

Eisenarbeiten.

I. Träger und Unterlagsplatten.

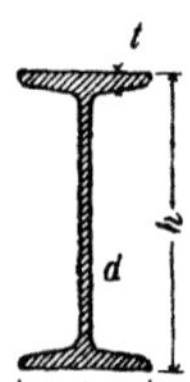

Abb. 144. Trägerprofil.

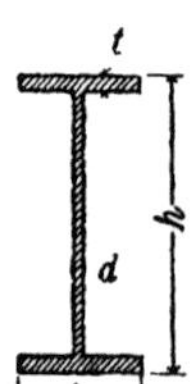

Abb. 145. Trägerprofil (schematisch).

1. I-Träger werden zur Überdeckung von Fenster- und Türöffnungen und als Zwischenträger für massive Decken (preuß. Kappen, Betondecken) verwendet. Träger werden aus Flußeisen in verschiedenen Normalprofilen gewalzt (NP 8—NP 50). Die Profilnummer entspricht der Trägerhöhe in cm. Als Rostschutz erhalten die Träger zweimaligen Mennigeanstrich.

Abb. 144 stellt den Querschnitt eines I-Trägers dar. Die oberen und unteren Teile nennt man Flansche, den mittleren Teil Steg. Bei allen Zeichnungen in einem kleineren Maßstabe als 1 : 10 werden die Trägerquerschnitte schematisch dargestellt (Abb. 145). — Die Trägerprofile sind durch Rechnung zu ermitteln.

Abmessungen für die Darstellung der Trägerprofile.

Träger Nr.	h mm	b mm	d mm	t mm	Träger Nr.	h mm	b mm	d mm	t mm
8	80	42	3,9	5,9	18	180	82	6,9	10,4
9	90	46	4,2	6,3	19	190	86	7,2	10,8
10	100	50	4,5	6,8	20	200	90	7,5	11,3
11	110	54	4,8	7,2	21	210	94	7,8	11,7
12	120	58	5,1	7,7	22	220	98	8,1	12,2
13	130	62	5,4	8,1	23	230	102	8,4	12,6
14	140	66	5,7	8,6	24	240	106	8,7	13,1
15	150	70	6,0	9,0	26	260	113	9,4	14,1
16	160	74	6,3	9,5	28	280	119	10,1	15,2
17	170	78	6,6	9,9	30	300	125	10,8	16,2

Profile für Kappenträger.

Nutzlast . . . . . . 200 kg/qm.
Eigenlast . . . . . . 360 „
zus. 560 kg/qm.

Freie Länge des Trägers m	Kappen-breite m	Nr.	Freie Länge des Trägers m	Kappen-breite m	Nr.	Freie Länge des Trägers m	Kappen-breite m	Nr.
2,00	1,00	10	2,00	1,25	10	2,00	1,50	11
2,50	1,00	11	2,50	1,25	12	2,50	1,50	13
3,00	1,00	13	3,00	1,25	14	3,00	1,50	15
3,25	1,00	14	3,25	1,25	15	3,25	1,50	16
3,50	1,00	14	3,50	1,25	16	3,50	1,50	17
3,75	1,00	15	3,75	1,25	16	3,75	1,50	17
4,00	1,00	16	4,00	1,25	17	4,00	1,50	18
4,25	1,00	17	4,25	1,25	18	4,25	1,50	19
4,50	1,00	17	4,50	1,25	19	4,50	1,50	20
4,75	1,00	18	4,75	1,’5	19	4,75	1,50	21
5,00	1,00	19	5,00	1,25	20	5,00	1,50	21
5,50	1,00	20	5,50	1,25	21	5,50	1,50	23

2. Unterlagsplatten aus Gußeisen — quadratisch oder rechteckig — 2 bis 3 cm stark — haben den Zweck, die Trägerlast gleichmäßiger auf das unterstützende Mauerwerk zu verteilen. Unterlagsplatten werden meist nur bei hohen Trägern verwendet, und besonders dann, wenn mehrere Träger nebeneinander zu liegen kommen. Für kleinere Träger genügt ein Auflager aus Ziegel- oder Klinkermauerwerk in Zementmörtel oder eine Werksteinplatte. Die Größe der Unterlagsplatte ist durch Rechnung zu ermitteln.

II. Kleineisenzeug (Bolzen, Anker, Schienen, Klammern usw.)

wird durch den Schmied oder Schlosser nach Angabe und Skizzen angefertigt und nach Gewicht bezahlt. — Vgl. Abschnitt VI, C.

VI. Abschnitt

Zimmerarbeiten.

Die Zimmerarbeiten umfassen in der Hauptsache alle Holzkonstruktionen des Rohbaues (Balkenlagen, Wände, Dachgerüste). Auch einzelne Arbeiten des Ausbaues: Fußböden, einfache Treppen, Türen usw. werden häufig durch den Zimmermann ausgeführt.

A. Material.

I. Die Holzarten.

Für Zimmerarbeiten werden hauptsächlich Nadelhölzer verwendet, seltener Laubhölzer.

Die wichtigsten Nadelhölzer sind:

Die Kiefer, sehr harzreich, daher dauerhaft im Wechsel von Naß und Trocken.
Die Fichte oder Rottanne (der sog. Weihnachtsbaum), leichter und elastischer als Kiefernholz.
} Gebräuchlichstes Holz für Balkenlagen, Wände und Dachkonstruktionen.

Die Weißtanne oder Edeltanne.

Die Lärche.

Pitchpine und Yellowpine sind fast astfreie amerikanische Kiefernhölzer, die besonders für Türen, Fenster und Fußböden Verwendung finden.

Die wichtigsten Laubhölzer sind Eiche und Buche. Beides sind Harthölzer und werden daher für Schwellbretter, Fußböden und Trittbretter der Treppen verwendet. Eichenholz dient außerdem zur Herstellung von Fenstern, Haustüren, Paneelen usw.

II. Formbestandteile und Wachstum des Holzes.

Im Querschnitt oder Hirnschnitt (Abb. 146) unterscheidet man folgende Bestandteile des Baumstammes:

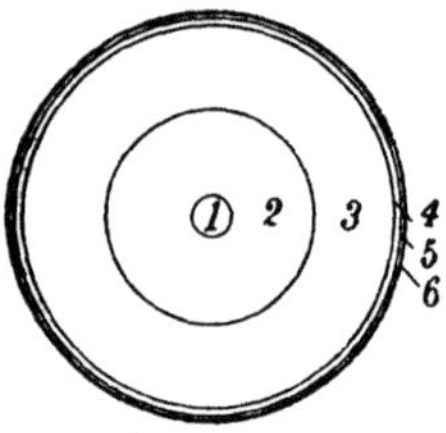

Abb. 146. Holzquerschnitt.

1. Das Mark,
2. das Kernholz (dunkel),
3. das Splintholz (hell),
4. die Kambiumschicht,
5. den Bast,
6. die Rinde.

Viele Holzarten zeigen noch kurze, radial verlaufende Streifen, die Markstrahlen (Eiche, Rotbuche).

Die Holzmasse setzt sich aus einzelnen Zellen zusammen, deren Wandungen aus Holzmasse (Zellulose) bestehen und die mit dem Zellsafte gefüllt sind. Der Hauptbestandteil des Zellsaftes ist das Wasser. Der Saftgehalt der Bäume ist im Frühling und Sommer am größten (etwa 50 %), im Herbst und Winteranfang am geringsten (etwa 40 %), daher werden die Bäume am zweckmäßigsten im Herbst oder Winter gefällt. Lufttrockenes Holz enthält noch 10—15 % Wasser.

Die Bäume wachsen von Ende Januar bis Ende November. Die Zellenbildung geschieht in einzelnen Jahresringen, die deutlich zwei Teile unterscheiden lassen. Die im Frühjahr gebildeten Zellen sind weit und dünnwandig, die im Herbst gebildeten Zellen eng und dickwandig. Die Anzahl dieser Doppelringe gibt das Alter des Baumes in Jahren.

III. Werfen und Arbeiten des Holzes.

Lufttrockenes Holz besitzt die Eigenschaft, in feuchter Luft Wasser aufzunehmen und dabei sein Volumen zu vergrößern. (Quellen des Holzes.) In trockener Luft wird die Feuchtigkeit wieder abgegeben und dabei das Volumen verkleinert. (Schwinden des Holzes.) Splintholz schwindet stärker als Kernholz. Hölzer, die im Querschnitt auf einer Seite Splintholz, auf der anderen Seite Kernholz zeigen, werden sich beim Austrocknen „werfen" (Abb. 147). (Halbhölzer, Kreuzhölzer, Seitenbretter.) Solche Hölzer müssen in den Konstruktionen so angeordnet werden, daß die Kernseite dem Drucke entgegen gerichtet ist. (Dielen mit der Kernseite nach oben!)

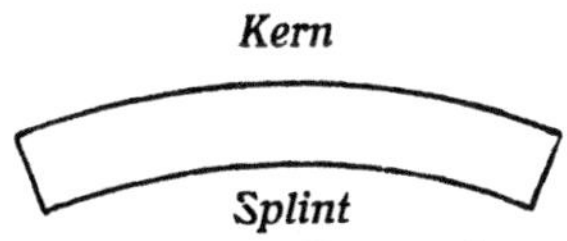

Abb. 147. Werfen eines Brettes beim Austrocknen.

Das abwechselnde Schwinden und Quellen nennt man das „Arbeiten" des Holzes. Bei gut ausgetrocknetem Holz wird das Arbeiten geringer als bei feuchtem Holz sein. Größere Holzflächen müssen so konstruiert werden, daß das Arbeiten des Holzes unschädlich gemacht wird. (Rahmen und Füllungen für Türen, Decken, Paneele.) Vgl. Abschnitt IX, Tischlerarbeiten.

IV. Fehler, Krankheiten und Gefahren des Holzes.

1. **Trockenrisse** (Abb. 148), von außen nach innen verlaufend, entstehen durch das ungleichmäßige Austrocknen von Splint- und Kernholz; sie sind bei weicheren Holzarten kaum zu vermeiden und beeinträchtigen nur wenig die Festigkeit des Holzes.

2. **Kernrisse** (Abb. 149) sind im Kern am breitesten und können die Tragfähigkeit bedeutend vermindern.

3. **Drehwuchs.** Holz mit schraubenförmig verlaufenden Fasern nennt man drehwüchsig; es läßt sich schlecht bearbeiten und wirft sich leicht.

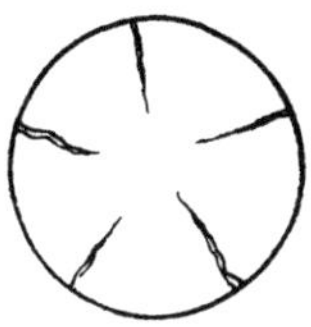

Abb. 148. Trockenrisse.

Abb. 149. Kernrisse.

4. **Pilzkrankheiten** am lebenden Holze: Stockfäule, Kernfäule, Splintfäule, Ringfäule.

5. **Fäulnis** des bereits gefällten oder verarbeiteten Holzes kann eintreten, wenn nicht genügend ausgetrocknetes Holz an feuchten, abgeschlossenen Stellen verwendet wird. Schutzmittel gegen Fäulnis: Auslaugen, Imprägnieren mit fäulniswidrigen Metallsalzen, Anstrich mit Karbolineum.

6. **Der Hausschwamm,** ein pilzartiges Gewächs, das das Holz allmählich zerstört, wird meist durch Bauschutt übertragen. Vorbeugende Hilfsmittel: Verwendung nur trockenen Holzes. Trockene, luftige Auflagerung der Hölzer, Isolierung des Mauerwerks. — Für Deckenfüllung ist nur geglühter Sand zu verwenden (kein Bauschutt! keine Steinkohlenasche!).

B. Die Behandlung und Bearbeitung des Holzes.

I. Das Fällen des Holzes.

Das Fällen geschieht mit der Axt und der Bügelsäge. Der Baum wird an der Fallseite mit der Holzaxt gekerbt. Der über dieser Kerbe liegende Sägeschnitt beginnt auf der anderen Seite des Stammes. Nach dem Fällen wird der Baum „gezopft", entästet, und baldigst aus dem Walde fortgeschafft. Das stärkere Ende des Stammes nennt man Stamm- oder Wurzelende, das schwächere Ende Zopf- oder Wipfelende.

II. Das Trocknen des Holzes.

Das Trocknen der Bauhölzer geschieht in überdeckten, von Luft durchstrichenen Schuppen. Die Hölzer liegen auf Lagerklötzen. Das Stammende soll etwas niedriger liegen als das Zopfende. Um das Austrocknen zu erleichtern, werden Laubhölzer meist teilweise (spiralförmig) entrindet. Nadelhölzer werden nicht entrindet, damit die Harzstoffe nicht ausfließen. Das Austrocknen des Holzes dauert zwei bis drei Jahre.

III. Die Bearbeitung der Bauhölzer.

Aus den Rundhölzern werden durch *Beschlagen* oder *Beschneiden* die eigentlichen Bauhölzer gewonnen. Dieselben haben entweder *scharfkantigen Querschnitt*, oder die Ecken des Holzquerschnittes sind dem Umfange des Stammes entsprechend gebrochen. (*Holz mit Waldkanten, Baumkanten oder Wahnkanten*) (Abb. 150).

Der Querschnitt der Bauhölzer ist entweder ein Quadrat (für Stiele) oder ein Rechteck (für Balken, Streben, Rähme, Sparren usw.) Beim rechteckigen Querschnitt von größter Tragfähigkeit verhalten sich die Seiten wie $1 : \sqrt{2}$ oder annähernd wie 5 : 7 (Abb. 152).

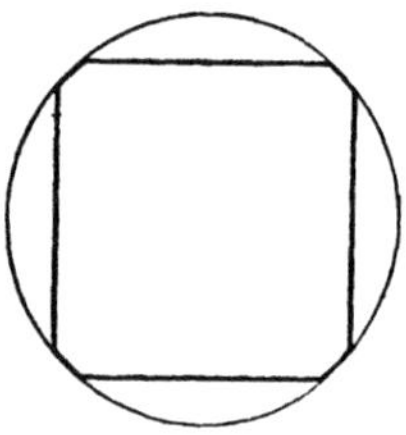

Abb. 150. Holz mit Waldkanten.

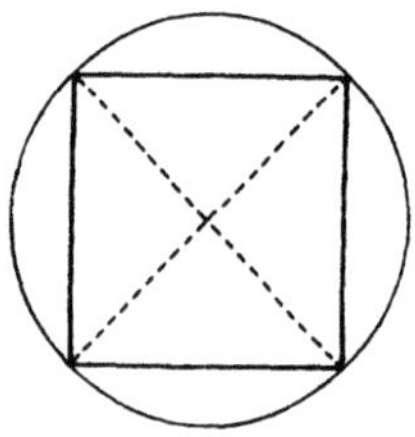

Abb. 151. Quadratisches Ganzholz.

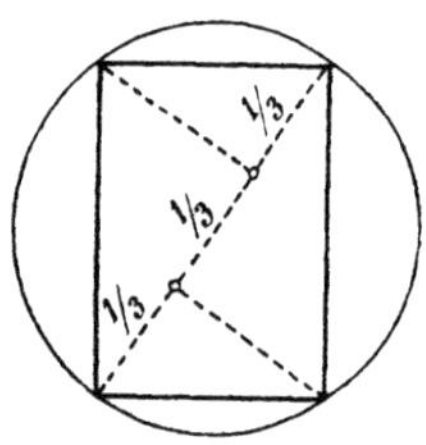

Abb. 152. Rechteckiges Ganzholz 5:7.

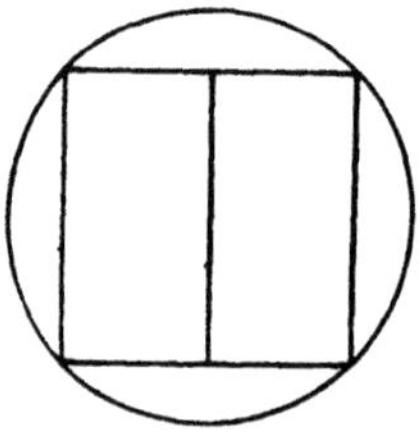

Abb. 153. Halbhölzer.

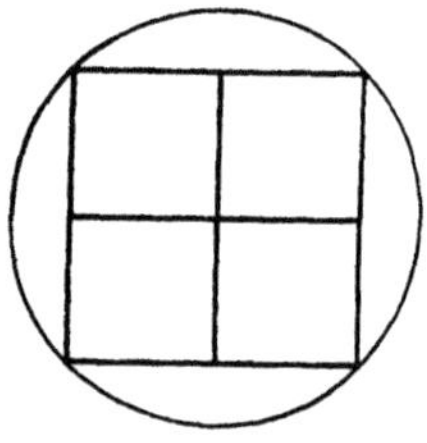

Abb. 154. Kreuzhölzer.

Das Beschlagen des Holzes mit der Axt kommt heute selten zur Anwendung. — *Das Schneiden des Holzes* erfolgt entweder mit Handsägen oder in Sägewerken (Sägemühlen). Schneidet man aus einem Stamm nur ein Holz, so erhält man das sog. *Ganzholz* (Abb. 151). Dieses Holz hat günstigen Querschnitt, weil der Kern in der Achse des Holzes liegt. Ein Ganzholz wird durch einen Sägeschnitt in zwei *Halbhölzer* (Abb. 153) oder durch *zwei Sägeschnitte* in vier *Kreuzhölzer* (Abb. 154) geteilt. Diese Holzquerschnitte sind nicht so günstig, weil das Kernholz nicht in der Holzachse, sondern einseitig verschoben liegt. Sägeschnitte werden so eingerichtet, daß sich aus den Abfällen Latten und Schwarten ergeben. Die Abb. 155—159 stellen einige günstige Sägeschnitte dar.

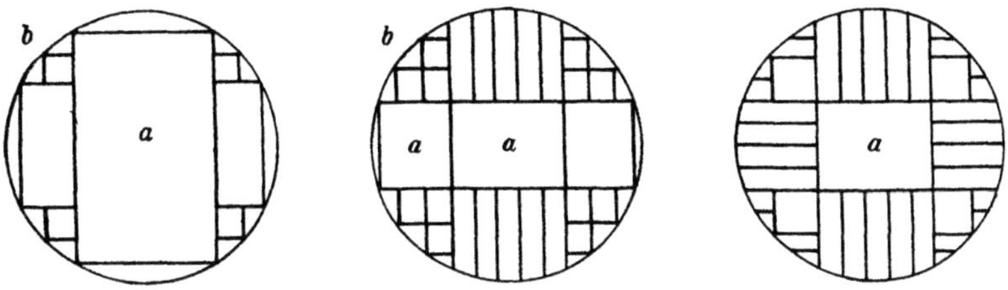

Abb. 155. Abb. 156. Abb. 157.

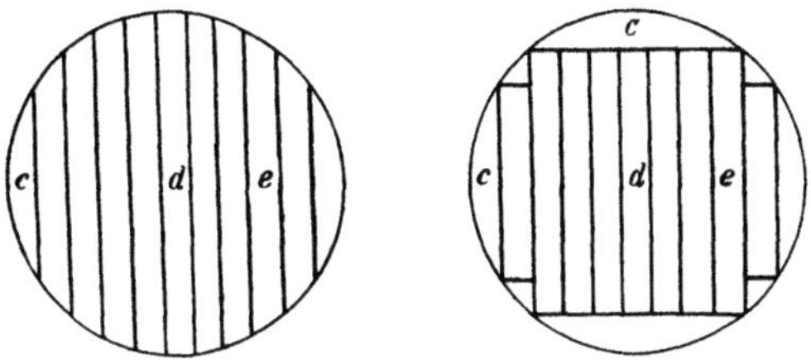

Abb. 158. Abb. 159.

Abb. 155–159. Sägeschnitte.
a = Kanthölzer, *b* = Latten, *c* = Schwarten, *d* = Kernbretter (Herzdielen), *e* = Seitenbretter.

Normalprofile der Bauhölzer in cm.

8	10	12	14	16	18	20	22	24	26	28	30
8	8	10	10	12	14	14	16	18	20	22	24
8	10	12	14	16	18	20	22	24	26	28	30
	10	12	12	14	16	16	18	20	24	26	28
	10	12	14	16	18	20	22	24	26	28	30
			14	16	18	18	20	24	26	28	
			14	16	18	20	22	24	26	28	
						20					
						20					

Bretter in Längen von 3,50, 4,00, 4,50, 5,00, 5,50, 6,00, 7,00, 8,00 m.
Bretter in Stärken von 1,5, 2,0, 2,5, 3,0, 3,5, 4,0, 4,5, 5,0 cm.
Besäumte Bretter in Breiten von Zentimeter zu Zentimeter steigend.
Bohlen 5—10 cm stark.
Schwarten werden 3—4 cm i. M. stark.
Latten: Putzleisten $\frac{2}{2}$—$\frac{2}{4}$ cm stark.
Dachlatten $\frac{4}{6}$—$\frac{5}{8}$ cm stark.

C. Hilfsmittel zur Verbindung der Bauhölzer.

Holzkonstruktionen müssen so angeordnet werden, daß ein Verschieben der einzelnen Hölzer gegeneinander unmöglich wird. Dieses erreicht man in der Hauptsache durch entsprechende Holzverbindungen, die durch verschiedenartige Hilfsmittel verstärkt werden. Die Holzverbindungen müssen einfach und ohne großen Materialverlust herzustellen sein und genügende Sicherheit ergeben. Zur weiteren Sicherung verwendet man folgende Hilfsmittel:

a) aus Holz.

1. Holznägel aus hartem Holz — kreisrund — besonders für Zapfenverbindungen. Die zu verbindenden Hölzer müssen verbohrt werden.

2. Dollen oder Dübel, kreisrund oder quadratisch — 26 bis 30 mm stark — zur Verbindung aufeinander liegender Hölzer (an Stelle der Verkämmungen).

3. Keile aus hartem Holz dienen zum Aneinanderpressen von Verbandstücken. Es kommen einfache und doppelte Keile zur Verwendung.

b) aus Eisen.

1. Geschmiedete Nägel (Abb. 160) mit quadratischem, verjüngtem Schaft und quadratischem, abgedachtem Kopf; in verschiedenen Stärken und Längen.

2. Drahtnägel (Abb. 161) mit kreisrundem Schaft und Kopf; billiger als geschmiedete Nägel; bis zu 24 cm Länge und 9 mm Stärke.

3. Holzschrauben ergeben eine sicherere Verbindung als Nägel, sind auch bei Erneuerungsarbeiten leichter zu entfernen.

Abb. 160. Geschmiedeter Nagel.

Abb 161. Drahtnagel.

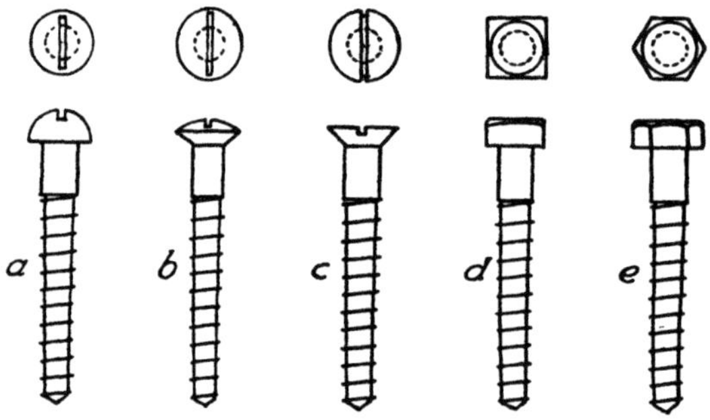

Halbrund-holzschraube (Din 96) Linsen-senkholzschraube (Din 95) Senk-holzschraube (Din 97) Vierkant-Holzschraube (Din 570) Sechskant-Holzschraube (Din 571)

Abb. 162 a–e. Holzschrauben.

Holzschrauben sind nach Form und Abmessungen durch den Normenausschuß der Deutschen Industrie[1]) festgelegt. Man unterscheidet:

Halbrundholzschrauben	(Din 96)[2]),	Abb. 162a	Gewöhnlche Holzschrauben in Längen von 10 bis 150 mm.
Linsensenkholzschrauben	(Din 95),	Abb. 162b	
Senkholzschrauben	(Din 97),	Abb. 162c	
Vierkant-Holzschrauben	(Din 570),	Abb. 162d	Schlüsselschrauben in Längen von 15—200 mm.
Sechskant-Holzschrauben	(Din 571),	Abb. 162e	

4. Schraubenbolzen bestehen aus dem Bolzenschaft mit vierkantigem oder sechskantigem Kopf und der sechskantigen Schraubenmutter. Zwischen Mutter

1) Der **Normenausschuß der Deutschen Industrie** (NDI), Berlin NW 7, hat auch im Bauwesen viele Konstruktionen und Einzelteile durch Normung festgelegt; z. B. Fenster, Türen, Treppen für Kleinwohnungen; ferner Mauerziegel, Dachziegel, Baubeschläge usw.

2) Din 96 bedeutet: **Deutsche-Industrie-Norm** Nr. 96. — Die Normenblätter sind vom Beuth-Verlag, Berlin SW 19, Beuthstr. 8, zu beziehen.

und Holz muß eine Unterlagsscheibe von 3—4 mm Stärke gelegt werden. Für mittlere Hochbaukonstruktionen kommen Bolzen von 16—22 mm Durchmesser zur Verwendung. — In Abb. 163 ist ein Schraubenbolzen nach Din 418 dargestellt. Die Abmessungen für die gebräuchlichsten Stärken ergeben sich aus nachstehender Zusammenstellung:

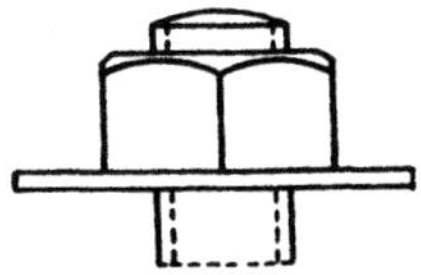

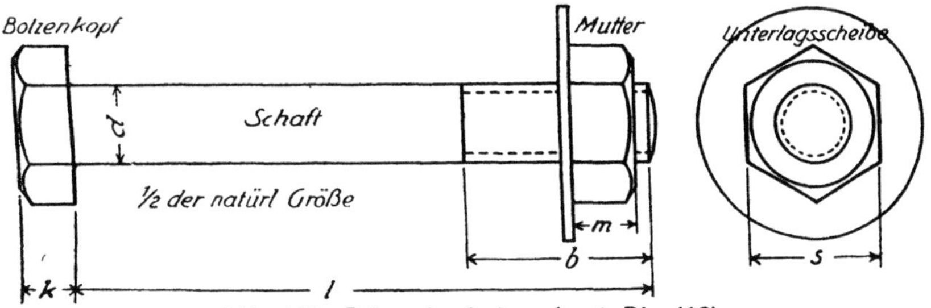

Abb. 163. Schraubenbolzen (nach Din 418).

Schaftdurchmesser d	Länge l	b mm	m mm	k mm	s mm
½″ = 12,70 mm	bis 80 mm Länge in Abstufungen von 5 mm; von 80—300 mm Länge in Abstufungen von 10 mm; über 300 mm Länge in Abstufungen von 20 mm	18—32	11	9	22
⅝″ = 15,88 mm		28—38	13	11	27
¾″ = 19,05 mm		28—45	16	13	32
⅞″ = 22,23 mm		35—50	18	16	36
1″ = 25,40 mm		38—58	20	18	41

5. Spitzklammern (Abb. 164) sind geschmiedete Flacheisen mit abgebogenen Spitzen, in verschiedenen Längen und Stärken. Verwendung bei Balkenlagen, Dachgerüsten usw.

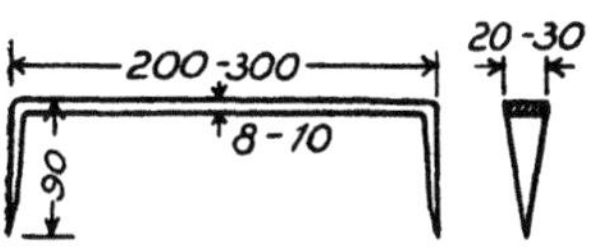

Abb. 164. Spitzklammer. (Maße in mm.)

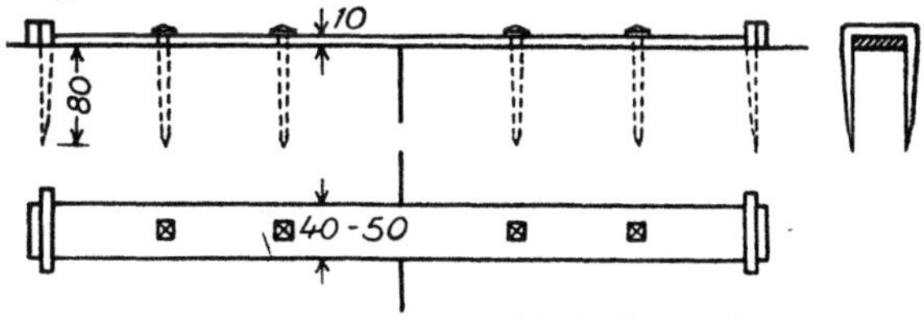

Abb. 165. Lasche. (Maße in mm.)

6. Laschen (Abb. 165) sind eiserne Flachschienen von 10—15 mm Stärke und 40—50 mm Breite, die an den Enden aufgebogen und durch Krampen (Haspen) befestigt werden. Die weitere Befestigung geschieht durch Nägel oder Schraubenbolzen.

D. Hölzerne Decken.

Die Decken bilden die wagerechten Trennungen der Geschosse. Hölzerne Decken bestehen aus folgenden Teilen:

1. aus der Balkenlage, 2. aus der Zwischendecke, 3. aus der Verschalung oder dem Verputz der unteren Deckenfläche, 4. aus dem Fußboden.

I. Balkenlagen.

a) Allgemeines.

Die Balkenlage ist der tragende Konstruktionsteil einer hölzernen Decke. Man unterscheidet:

1. Zwischen- oder Geschoßbalkenlagen, welche zwei Geschosse voneinander trennen.
2. Dachbalkenlagen über dem obersten Geschoß.
3. Kehlbalkenlagen sind Teile des Dachgerüstes; sie bilden den oberen Abschluß bewohnbarer Räume des Dachgeschosses.

b) Anordnung der Balkenlagen.

Nach Lage und Zweck unterscheidet man folgende Balkenarten (Abb. 166 u. 167):

a) Ort- oder Giebelbalken an den Giebeln. Erhält die Giebelmauer im nächstfolgenden Geschoß geringere Stärke, so kann der Giebelbalken auch auf den Mauerabsatz gelegt werden (Dachpappeunterlage erforderlich!);

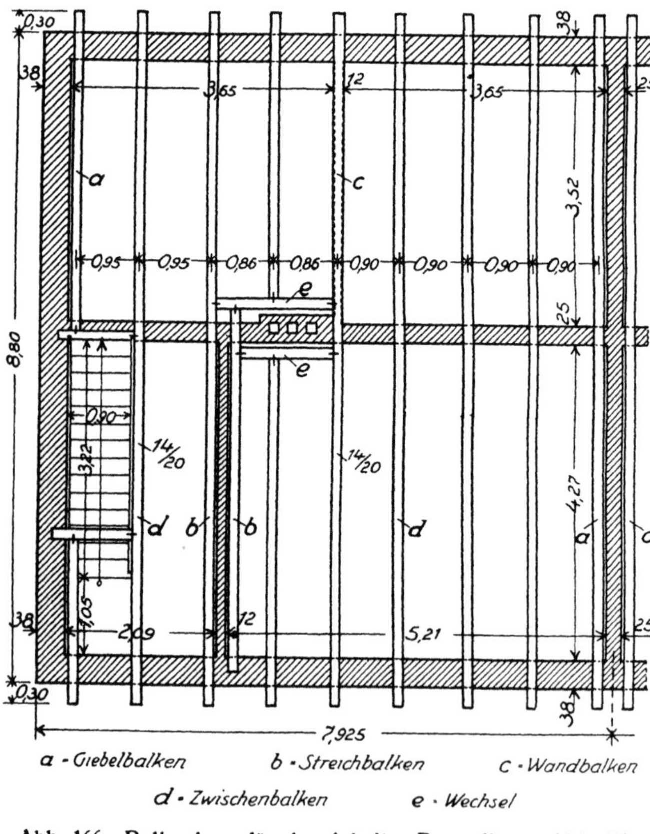

Abb. 166. Balkenlage für das Arbeiter-Doppelhaus (Abb. 15).

b) Streichbalken an einer oder an beiden Seiten der nach oben weitergeführten massiven Wände. Die durchgehenden Wände sollen auf beiden Seiten fest gegen die Balken treten;

c) Wandbalken auf jeder unter dem Gebälk aufhörenden massiven Zwischenwand geringerer Stärke. Reicht der Überstand zur Befestigung der Deckenschalung nicht aus, so ist der Balken durch unten angenagelte Latten zu verbreitern Balken über Fachwerkwänden nennt man Bundbalken;

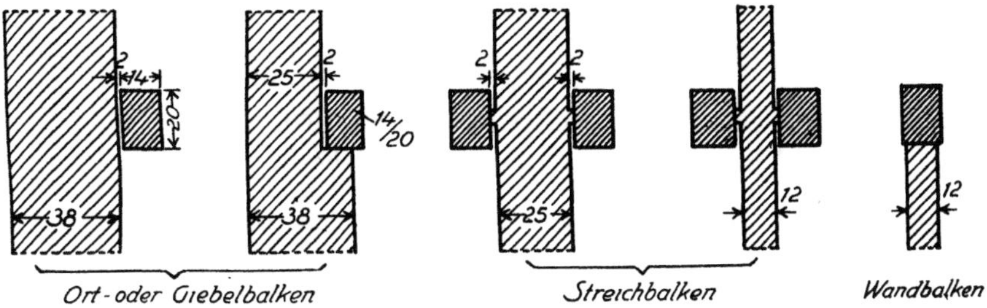

Abb. 167. Anordnung und Bezeichnung der Balken.

d) Zwischenbalken sollen möglichst durch die ganze Tiefe des Gebäudes gehen und heißen dann Ganzbalken oder Hauptbalken;

e) Stichbalken liegen mit einem Ende auf einer Wand, mit dem anderen Ende in einem Balken; sie werden hauptsächlich bei Fachwerkbauten, die an den Giebelseiten Balkenköpfe zeigen sollen, oder auch bei Herumführung eines Kastengesimses an massiven Giebelmauern verwendet;

f) Wechsel sind mit beiden Enden in andere Balken verzapft. Auswechselungen ergeben sich an den Schornsteinen (Abb. 168) und bei hölzernen Treppen.

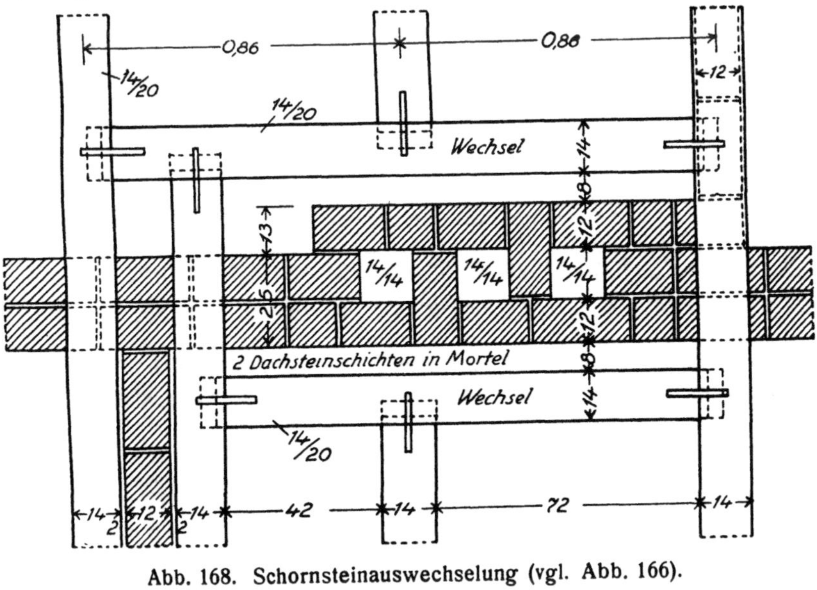

Abb. 168. Schornsteinauswechselung (vgl. Abb. 166).

Beim Entwerfen einer Zwischenbalkenlage legt man zunächst alle Giebel-, Streich- und Wandbalken. Alsdann verteilt man die Zwischenbalken, die in Wohngebäuden 0,80—1,00 m von Mitte zu Mitte entfernt sind. Man legt alle Balken möglichst in eine Richtung, und zwar nach der Tiefe des Gebäudes, weil dadurch eine bessere Verankerung der Gebäudemauern erzielt wird. Dabei sollen die Balken höchstens 6,0 m frei liegen. Ergeben sich größere freie Längen, so ordnet man entweder Unterzüge an, oder die Balken werden über den betreffenden Räumen parallel zur Schmalseite gelegt. Neben Mauern, die mit den Frontwänden spitze oder stumpfe Winkel bilden, müssen Wechsel zur Aufnahme des Fußbodens usw gelegt werden (Abb. 169).

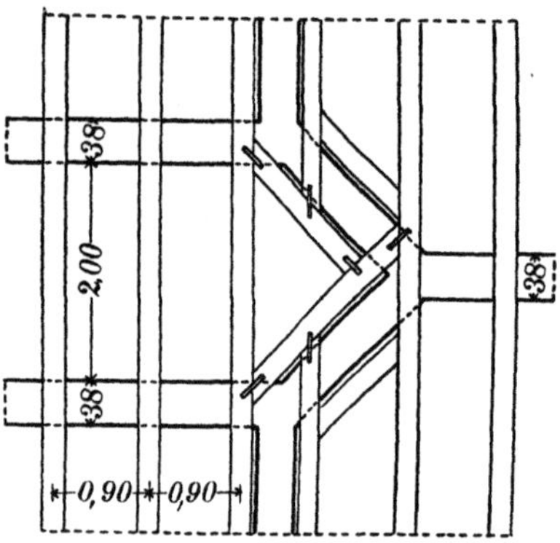

Abb. 169. Balkenauswechselung an schiefen Mauern.

Nach baupolizeilicher Vorschrift müssen die Balkenhölzer mindestens 7 cm von Außenkante Schornsteinwange entfernt bleiben. Streichbalken werden entsprechend ausgeschnitten. Der Zwischenraum zwischen Schornsteinwange und Balken muß entweder ausgemauert oder durch zwei in Mörtel verlegte Dachsteinschichten ausgefüllt werden. Abb. 168 zeigt die Schornsteinauswechselung für den Grundriß (Abb. 166).

Die in Abb. 166 dargestellte Balkenlage für ein Arbeiter-Doppelhaus, das über dem Erdgeschoß nur ein ausgebautes Dachgeschoß besitzt, ist gleichzeitig Dachbalkenlage. Die Balken stehen zur Bildung eines verschalten Dachüberstandes (vgl. Abb. 243) um 30 cm über die Außenmauern vor. — Für die Dachbalkenlage größerer Gebäude ist zunächst die Dachausmittelung zu zeichnen und die Binderstellung zu überlegen (Binderentfernung 4,00—4,50 m. Für jeden Binder ist ein durchgehender Binderbalken erforderlich. Die übrigen Balken werden wie bei den Zwischenbalkenlagen verteilt.

c) Balkenstärken.

Balkenhölzer haben rechteckigen Querschnitt (etwa 5 : 7). Die Balkenstärke richtet sich nach der freien Länge, der Balkenentfernung und der Nutzlast. Streichbalken und Giebelbalken dürfen nicht als Halbholzbalken ausgeführt werden, weil diese Stellen der Balkenlage besonders stark durch Möbel belastet werden.

Für Klein- und Mittelhäuser brauchen die Balken bis zu 5,0 m Zimmertiefe nur mit einer Nutzlast von 150 kg/qm und einem Eigengewicht von 200 kg/m² Deckenfläche berechnet werden. In der nachstehenden Tabelle sind für die vom Normenausschuß der Deutschen Industrie vorgeschlagenen Balkenstärken die größten zulässigen freien Balkenlängen zusammengestellt.

Balkenstärken für Klein- und Mittelhäuser. (Din 104, Bl. 2).[1])

Balkenquerschnitt	Gesamtbelastung 350 kg/m² Freie Balkenlänge in m bei einem Balkenabstand von Mitte bis Mitte in cm					
cm	**70**	**75**	**80**	**85**	**90**	**95**	**1,0**
10/14	3,11	3,01	2,91	2,82	2,75	2,67	2,61
12/14	3,35	3,27	3,19	3,10	3,01	2,93	2,86
10/16	3,56	3,44	3,33	3,23	3,14	3,06	2,98
13/16	3,92	3,83	3,75	3,68	3,58	3,48	3,40
10/18	4,00	3,87	3,75	3,64	3,53	3,44	3,35
13/18	4,41	4,31	4,22	4,14	4,03	3,92	3,82
16/18	—	—	4,50	4,43	4,35	4,27	4,20
10/20	4,45	4,30	4,16	4,04	3,92	3,82	3,72
12/20	4,78	4,67	4,56	4,42	4,30	4,18	4,08
14/20	5,00	4,92	4,81	4,72	4,63	4,52	4,40

Din 104, Bl. 2 enthält noch zwei Balkentabellen für eine Gesamtbelastung von 300 kg/m² und 250 kg/m². — Din 104, Bl. 3 enthält eine Kurventabelle, aus der für eine gegebene Gesamtbelastung, eine bestimmte freie Balkenlänge und einen bestimmten Balkenabstand der Balkenquerschnitt oder für einen bestimmten Balkenquerschnitt der größte zulässige Balkenabstand ermittelt werden kann.

Für größere Wohngebäude sind die Balken mit einer Nutzlast von 200 kg/m² und einer Gesamtbelastung von etwa 450 kg/m² Deckenfläche zu berechnen. Die gebräuchlichsten Balkenquerschnitte für solche Decken sind $\frac{16}{22}$ und $\frac{18}{24}$ cm. Die $\frac{16}{22}$ cm starken Balken können bei einem Balkenabstand von 90 cm bis zu einer freien Länge von 4,90 m, die $\frac{18}{24}$ cm starken Balken bei dem gleichen Balkenabstand bis zu einer freien Länge von 5,60 m verwendet werden.

In Westdeutschland werden für die Balkenlagen meist Halbhölzer verwendet; Balkenabstand durchschnittlich 65 cm (von Mitte zu Mitte); Balkenstärke je nach der freien Länge $\frac{10}{20}$, $\frac{12}{22}$, $\frac{13}{24}$ cm.

d) Einzelheiten der Balkenlagen.

Vorbemerkung: Für die Einzelheiten ist die Zwischenbalkenlage eines mehrgeschossigen Wohnhauses mit einer Balkenstärke von $\frac{16}{22}$ cm zugrunde gelegt worden.

1. Verlängerung der Balkenhölzer. Durchgehende Balken sollen möglichst aus einem Stück bestehen. Falls Zusammensetzungen unvermeidlich werden,

1) Vgl. die Fußnote Seite 90.

sind die Hölzer durch den geraden Stoß (Abb. 170) miteinander zu verbinden. Die Sicherung der Verbindung erfolgt durch Spitzklammern oder besser durch Laschen. Die Stoßstellen sind sorgfältig zu unterstützen.

2. Die Verbindung von Wechsel- und Hauptbalken erfolgt durch den Brustzapfen (Abb. 171). Beide Hölzer werden außerdem durch eine Spitzklammer verbunden.

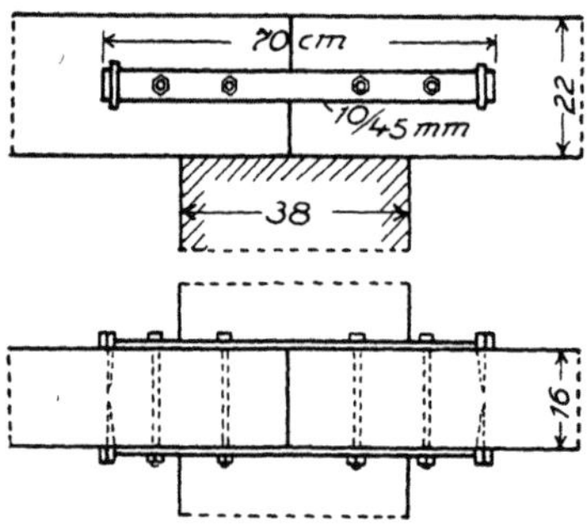

Abb. 170. Gerader Balkenstoß mit Laschen.

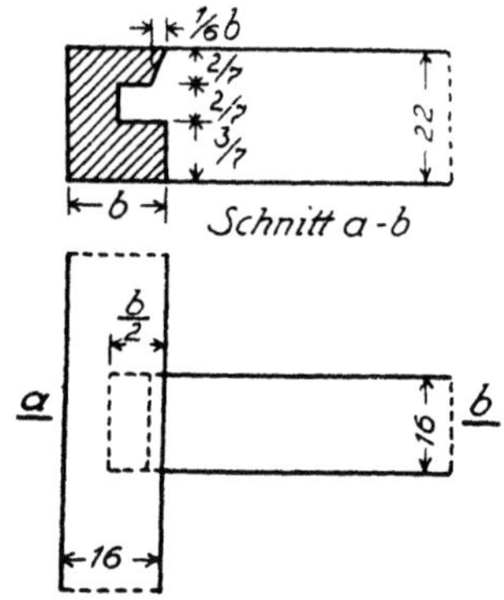

Abb. 171. Brustzapfen.

3. Auflagerung der Balken. Bei massiven Wänden sind die Balken auf eine volle wagerecht abgeglichene Ziegelschicht zu legen. Mauerlatten sollen bei Geschoßbalkenlagen nicht verwendet werden. Die Länge des Balkenauflagers ist etwa gleich der Balkenhöhe (22—24 cm) anzunehmen.

Die Balkenköpfe sind trocken zu vermauern. Unter das Balkenauflager ist ein Streifen Asphaltpappe oder Blei-Isolierpappe zu legen. Das Mauerwerk soll seitlich, oben und vor allem vor dem Balkenkopf mindestens 3 cm entfernt bleiben (Abb. 172). Dieser Hohlraum ist mit dem Luftraum der Balkenfache und mit der äußeren Luft durch kleine Kanäle in Verbindung zu bringen. Ziegelmauerwerk darf nur trocken (ohne Mörtelfuge) gegen den Balken gesetzt werden. — Ein guter Schutz des Balkenkopfes wird auch durch eine Umhüllung mit Asphaltpappe „Kosmos" (Abb. 173) erreicht.

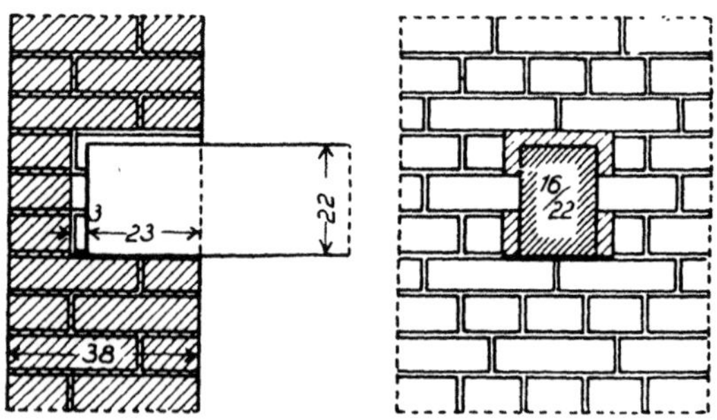

Abb. 172. Einmauerung der Balkenköpfe.

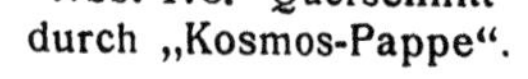

Abb. 173. Querschnitt durch „Kosmos-Pappe".

4. Verankerung der Balkenlage. Durch die Balkenlage kann eine wirksame Verankerung der gegenüberliegenden Außenwände erzielt werden. Zu diesem Zwecke werden $\frac{1}{3}$ oder $\frac{1}{4}$ aller Balken an ihren Enden durch schmiedeeiserne Anker mit dem Mauerwerk verbunden. Solche Ankerbalken dürfen nicht gestoßen werden und dürfen nicht über Fensteröffnungen liegen.

Balkenanker (Abb. 174) bestehen aus dem 60—80 cm langen **Ankereisen** (Flacheisen $\frac{10}{40}$—$\frac{10}{50}$ mm) und dem 50—60 cm langen **Splint** (Flacheisen $\frac{15}{50}$ mm). Das Ankereisen ist zu einer Öse umgeschmiedet, durch die der Splint gesteckt wird. Der Splint muß von Innenkante Wand mindestens 25 cm entfernt sein; er kann auch vor die äußere Mauerfläche gelegt und als Zieranker ausgebildet werden. Statt des Splintes werden auch quadratische oder kreisrunde Scheiben verwendet, die auf der Außenfläche der Wand liegen. Die Verbindung mit dem Ankereisen erfolgt dann durch eine Schraubenmutter. Zum Vermauern des Splintes ist Zementmörtel zu verwenden.

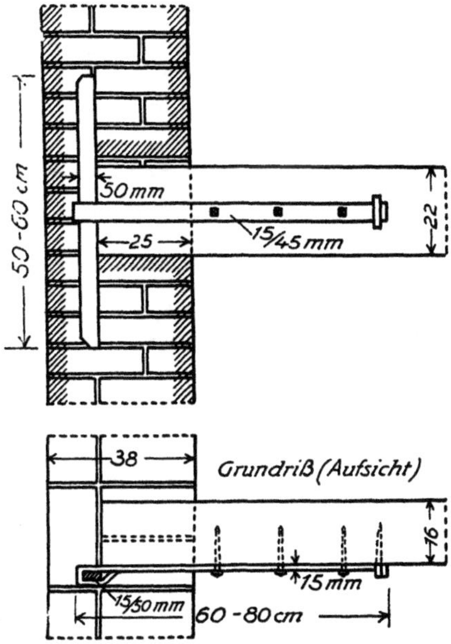

Abb. 174. Balkenanker.
(Im Grundriß ist das Mauerwerk über dem Anker fortgedacht.)

Giebelanker (Abb. 175) dienen zur Verbindung der Balkenlage mit langen, durch mehrere Geschosse gehenden Giebelwänden; sie bestehen aus Ankereisen von $\frac{15}{50}$ mm Stärke, die über drei Balken hinwegreichen müssen. Durch das gedrehte Ankerende ist der etwa 60 cm lange Splint gesteckt.

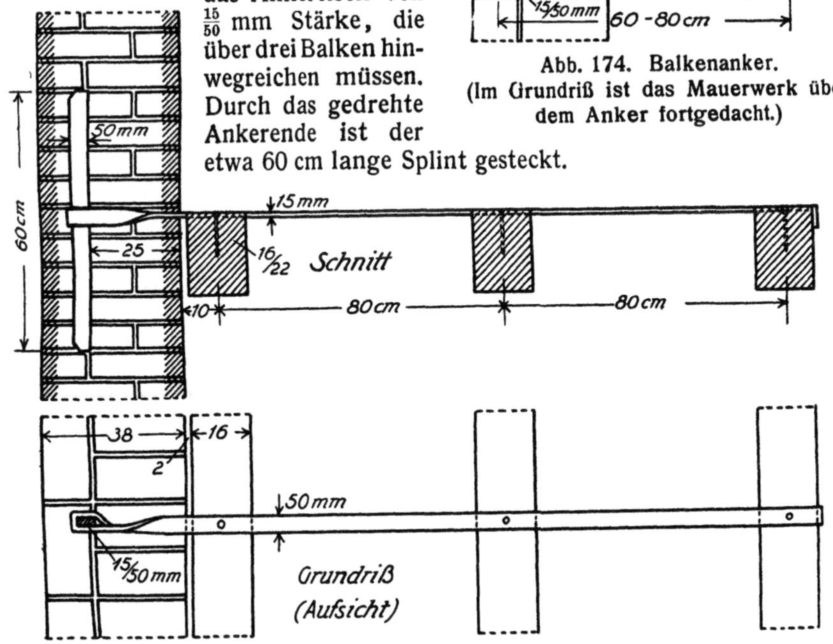

Abb. 175. Giebelanker.
(Im Grundriß ist das Mauerwerk über dem Anker fortgedacht.)

II. Zwischendecken.

Die Balkenzwischenräume werden durch Zwischendecken ausgefüllt. Diese Ausfüllung hat den Zweck, die Decken schalldicht, wärmeundurchlässig und feuersicherer zu machen.

Zwischendecken können als Windelböden oder Einschubdecken ausgeführt werden.

1. Der Windelboden, eine früher sehr gebräuchliche, dichte und warmhaltende, aber schwere Deckenausfüllung; kommt heute selten zur Anwendung. Es werden 4—5 cm starke, mit Strohlehm umwickelte Stakhölzer in seitlichen Balkennuten fest aneinander getrieben. Darüber erfolgt eine Ausfüllung mit Strohlehm bis Balkenoberkante. Beim ganzen Winkelboden (Abb. 176) liegen die Nuten etwa 6 cm von Balkenunterkante, beim halben Winkelboden (Abb. 177) 10—12 cm von Balkenoberkante entfernt.

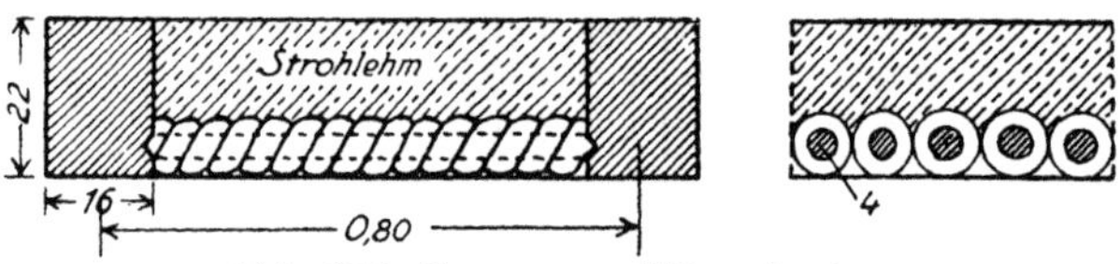

Abb. 176. Der ganze Windelboden.

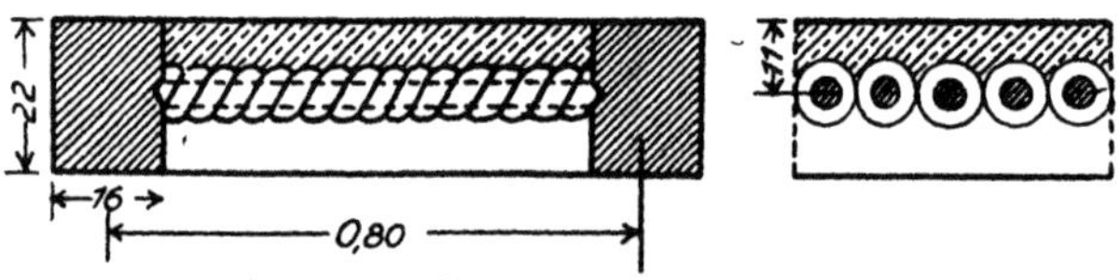

Abb. 177. Der halbe Windelboden.

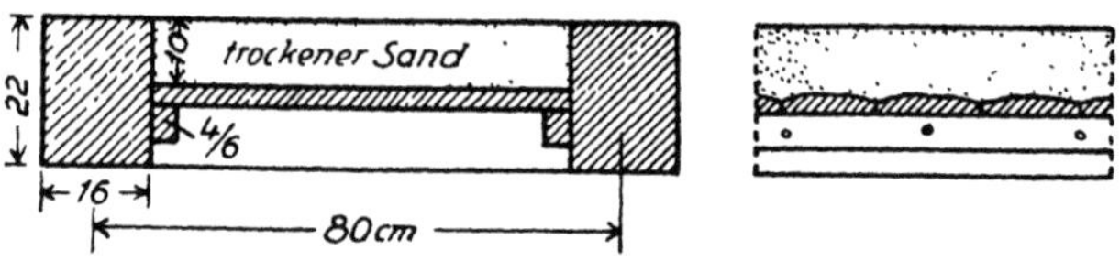

Abb. 178. Einschubdecke.

2. Die Einschubdecke (Abb. 178) ist die gebräuchlichste Zwischendecke. Rauhe, gesäumte Bretter (2,5 cm) oder Schwarten von etwa 3 cm mittlerer Stärke liegen auf seitlich an die Balken genagelten $\frac{4}{6}$ cm starken Latten oder sind in die Balken eingenutet. Die Fugen zwischen den einzelnen Brettern werden mit Lehm verstrichen, oder es wird die Brettlage mit Dachpappe abgedeckt, was eine Erhöhung der Schalldichtigkeit ergibt. Die 8—10 cm hohe Ausfüllung bis Balkenoberkante erfolgt mit trockenem Sand (möglichst geglüht) oder mit Lehm. Bauschutt darf zur Deckenausfüllung nicht verwendet werden. — Vgl. hierzu auch die in Abb. 179 zusammengestellten Ausführungen der Zwischendecken für Kleinhäuser (Din 104, Bl. 1).

3. An Stelle der hölzernen Einschubdecke werden bei neueren Ausführungen auch **Gipsdielen, Hohlkörper aus Gips und Ton, Gewölbe aus Schwemm- und Lochsteinen** verwendet.

III. Verkleidung der unteren Deckenfläche.

Die untere Fläche der Balkendecke wird entweder als Putzdecke oder als unverputzt bleibende Verbretterung ausgebildet. Für Kleinhäuser ist auch die Ausführung mit sichtbaren Balken und verputzten oder verbretterten Fachen zulässig. (Vgl. hierzu Abb. 179.)

Holzbalken für Kleinhäuser

Reichsnorm — Ausführungsarten der Decken — Bauwesen — DIN 104 Blatt 1

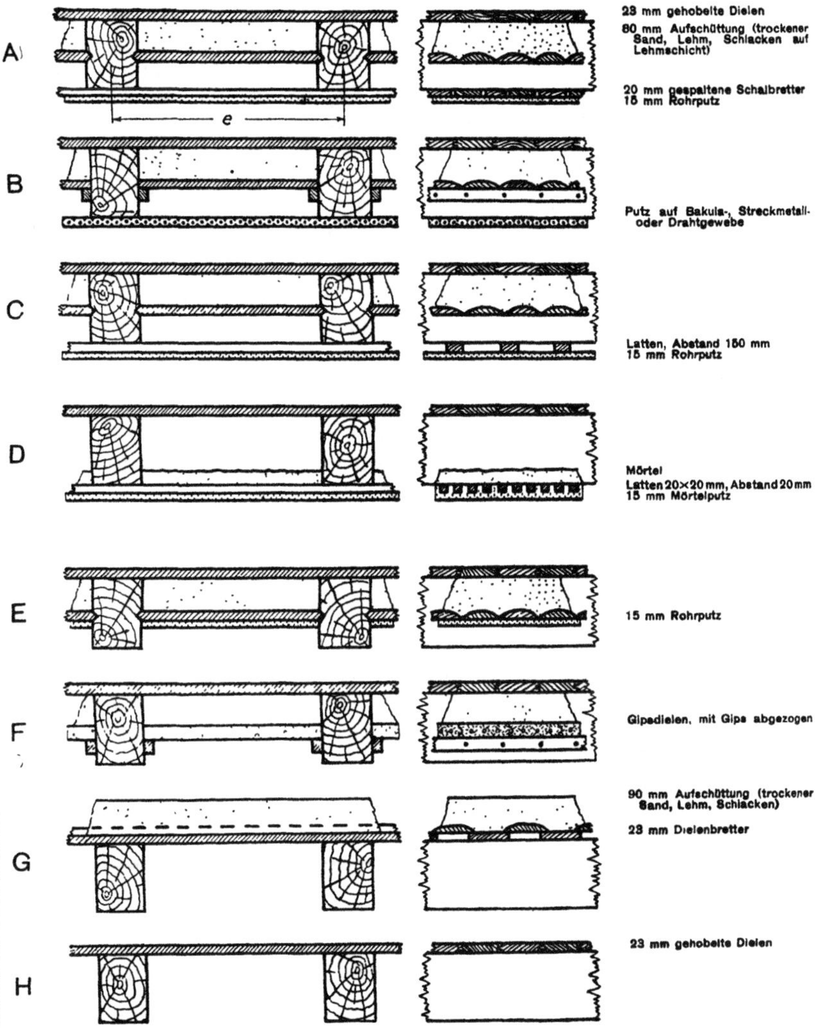

Eigengewichte der Decken: A B C E F G bis 200 kg/m²
D bis 150 kg/m²
H rund 100 kg/m²

Marz 1920 — Erlauterungen Beiblatt DIN 104 Blatt 1 bis 3 — Fortsetzung Blatt 2

Abb. 179. Balkendecken für Kleinhäuser (Din 104, Bl. 1).[1]

1) Wiedergabe erfolgt mit Genehmigung des NDI. — Verbindlich für die vorstehenden Angaben bleiben die Dinormen. — Normblätter sind durch den Beuth-Verlag G. m. b. H., Berlin SW 19, Beuthstraße 8 zu beziehen.

a) Geputzte Decken (Abb. 180).

10 cm breite, 2 cm starke, rauhe Bretter werden mit etwa 1,5 cm Zwischenraum unter die Balken genagelt. Auf diese Schalung werden Rohrstengel von etwa 8 mm Durchmesser mit Zwischenräumen von 8—10 mm, winkelrecht zur Richtung der Schalbretter gelegt und durch geglühten Eisendraht und breitköpfige verzinkte Rohrnägel befestigt.

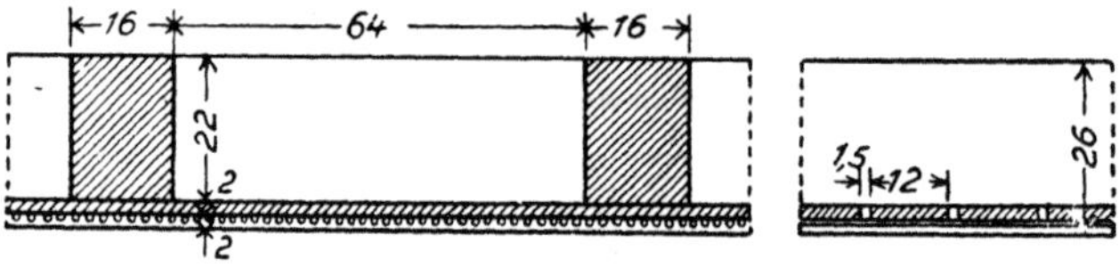

Abb. 180. Rohrputzdecke.

Die Eisendrähte werden in Abständen von 8—10 cm angeordnet; die Nagelung erfolgt hinter jedem 3. bis 4. Rohrstengel. — Für Rohrdeckenputz verwendet man heute meist fertiges Rohrgewebe (einfaches oder doppeltes), bei welchem die Rohrstengel mittels feinen Drahtes auf stärkere Querdrähte gebunden sind. Mit Hilfe dieser Querdrähte und breitköpfiger Rohrnägel erfolgt die Befestigung auf der Deckenschalung.

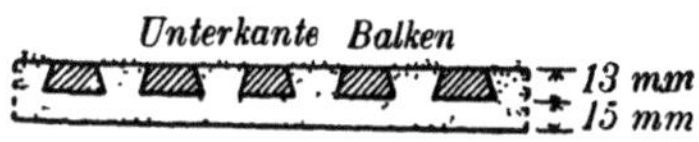

Abb. 181.
Deckenschalung aus Spalierlatten.

In Westdeutschland werden Putzdecken häufig ohne Rohrung auf trapezförmigen Spalierlatten von 13×26 mm Stärke ausgeführt (Abb. 181). Vgl. hierzu auch die Anordnung nach Abb. 179, D. — Als Putzträger werden ferner verwendet: Gipsdielen, Holzstabgewebe, Drahtziegelgewebe u. dgl. Näheres im Abschnitt „Putzarbeiten", Seite 77.

b) Unverputzte Decken.

1. Schalung aus gesäumten Brettern mit Deckleisten. Die einzelnen Bretter sind 14—16 cm breit und 2,5 cm stark. Die Deckleisten, 2,5—3 cm stark, sind einfach profiliert (Schräge, Hohlkehle); sie werden immer nur an einem Brette durch Nagelung befestigt (Abb. 182).

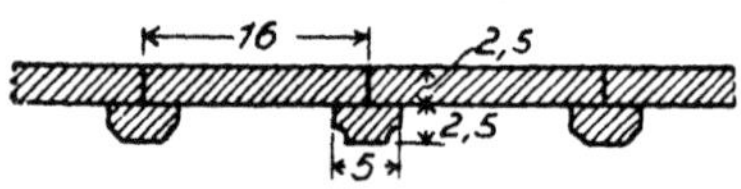

Abb. 182. Schalung mit Deckleisten.

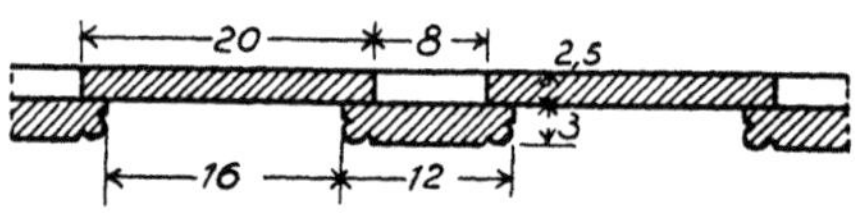

Abb. 183. Stülpschalung.

2. Stülpschalung (Abb. 183). Die untere, 2,5 cm starke Brettlage, wird mit etwa 10 cm breiten Zwischenräumen verlegt. Die Deckbretter sind 12—14 cm breit, 3 cm stark und erhalten ein einfaches Profil (Schräge, Hohlkehle, Rundstab).

3. Gestäbte und gespundete Schalung (Abb. 184). Die einzelnen Schalbretter sind 2,5—3 cm stark und 12—16 cm breit. Entweder wird die ganze Deckenfläche aus gespundeten Brettern gebildet oder nur die Flächen zwischen den einzelnen Balken. Im letzteren Falle bleiben die Balken sichtbar und werden gehobelt und profiliert. Die Bretter können auch zu einfachen Mustern zusammengesetzt werden.

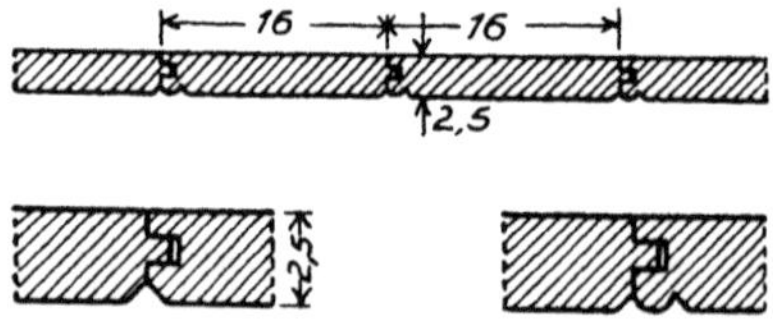

Abb. 184.
Gestäbte und gespundete Schalung.

IV. Fußböden.

Für Holzfußböden eignen sich am besten harte Hölzer (Eiche, Buche, Zuckerahorn usw.). Einfachere Fußböden (Dielenfußböden) werden meist aus Kiefernholz hergestellt. Die zur Verwendung kommenden Fußbodenbretter müssen trocken und möglichst astrein sein.

1. Dielenfußböden. a) Rauher Fußboden wird nur in Dachbodenräumen verwendet. Die einzelnen Bretter sind etwa 2,5 cm stark, 16—20 cm breit und werden meist nur stumpf zusammengestoßen. (Gesäumter oder gefugter Fußboden, Abb. 185.)

b) Gehobelter Fußboden. Die einzelnen Dielen sind 2,5—3 cm stark, 12—14 cm breit und werden durch Falzung (Abb. 186), Spundung (Abb. 187) oder Federung (Abb. 188) miteinander verbunden.

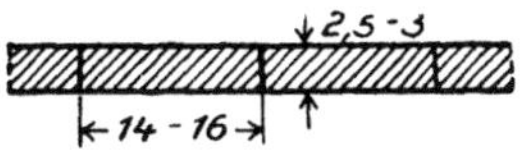

Abb. 185.
Gesäumter Fußboden.

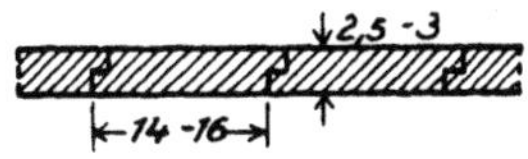

Abb. 186.
Gefalzter Fußboden.

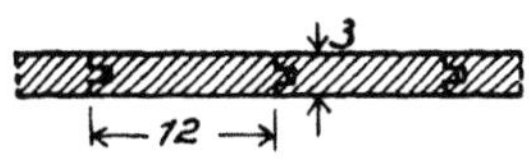

Abb. 187.
Gespundeter Fußboden.

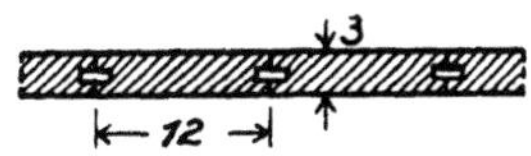

Abb. 188.
Gefederter Fußboden.

Vor dem Verlegen des Fußbodens wird die Balkenlage genau wagerecht ausgeglichen. Dann wird zunächst die erste Diele neben der Wand befestigt. Daneben legt man 4—5 Dielen (mit der Kernseite nach oben!) lose aneinander, treibt sie mit Keilen fest zusammen und nagelt jede Diele zweimal mit Nägeln, welche dreimal so lang sind als die Brettstärke beträgt. Der fertige Fußboden wird abgehobelt, mit gekochtem Leinöl getränkt und kann später Ölfarben- und Lackanstrich erhalten.

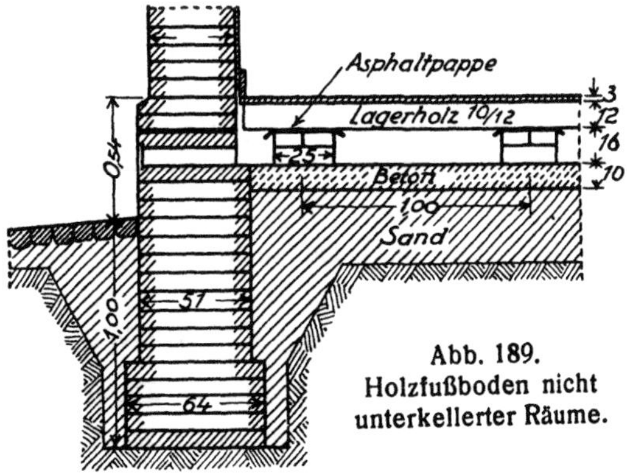

Abb. 189.
Holzfußboden nicht unterkellerter Räume.

Zur Auflagerung des Erdgeschoßfußbodens dienen Lagerhölzer, $\frac{10}{12}$ cm stark. Bei unterkellerten Räumen liegen die Lagerhölzer in der Gewölbeauffüllung, die aus trockenem Sande bestehen muß, in Abständen von 0,70—0,80 m, und zwar in der Regel winkelrecht zur Gewölbeachse. Bei nicht unterkellerten Räumen werden die Lagerhölzer hohl verlegt und durch kleine, 1 Stein starke Pfeiler in Abständen von 1,50—2,00 m unterstützt. Die Hölzer sind durch Dachpappe zu isolieren. Der Luftraum ist mit der Außenluft in Verbindung zu bringen (Abb. 189).

2. Riemen- oder Stabfußboden (Abb. 190). Bessere Fußböden werden aus kleinen Stäben (Eiche oder Buche) von 45—50 cm Länge, 7—8 cm Breite und 2,5 cm Stärke zusammengesetzt. Die Stäbe werden auf einem 2,5 cm starken, rauhen **Blindboden** wechselweise unter 45° verlegt und miteinander durch Spundung oder eichene Einsatzfedern verbunden. Die Befestigung auf dem Blindboden erfolgt durch Nagelung in der Nut. — In Erdgeschoßräumen wird der Stabfußboden auch in **Asphalt** auf massiver Unterlage (Beton oder Ziegelpflaster) ausgeführt (Abb. 191).

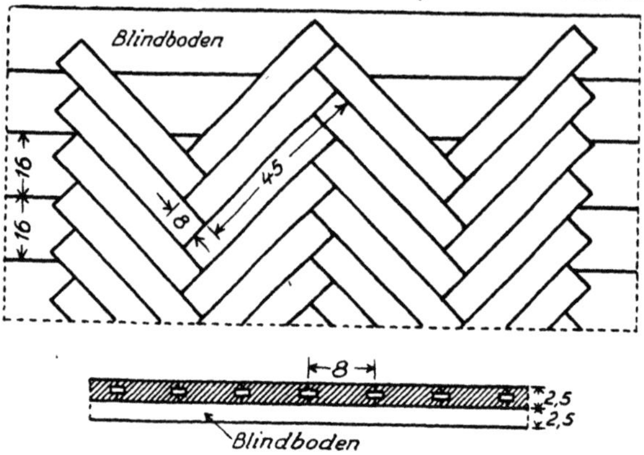

Abb. 190. Stabfußboden.

3. Tafelparkettfußboden ist der vornehmste und teuerste Holzfußboden. Die einzelnen Tafeln (meist quadratisch) von 50—60 cm Seitenlänge werden auf 2,5 cm starkem Blindboden verlegt und durch Federung miteinander verbunden. Die Tafeln werden entweder massiv oder fourniert hergestellt.

4. Fußleisten haben den Zweck, die Fuge zwischen Fußboden und Wand zu dichten und die Wandfläche beim Reinigen vor Beschädigung zu schützen. Fußleisten werden 8—20 cm hoch und 2—2,5 cm stark. Niedrige Fußleisten können durch schräge Nagelung auf dem Fußboden befestigt werden. Höhere Leisten sind an Holzdübel zu nageln, die in die Wand eingegipst werden oder gleich mit eingemauert werden (Abb. 192).

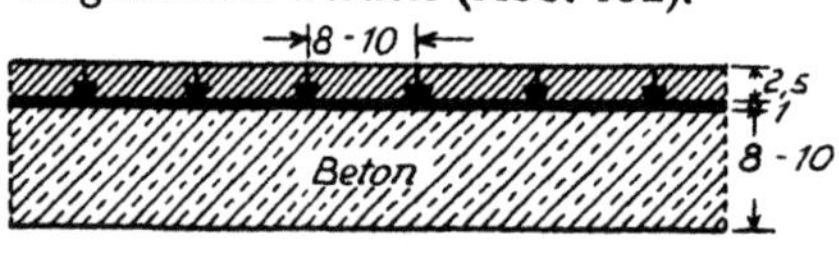

Abb. 191. Stabfußboden in Asphalt.

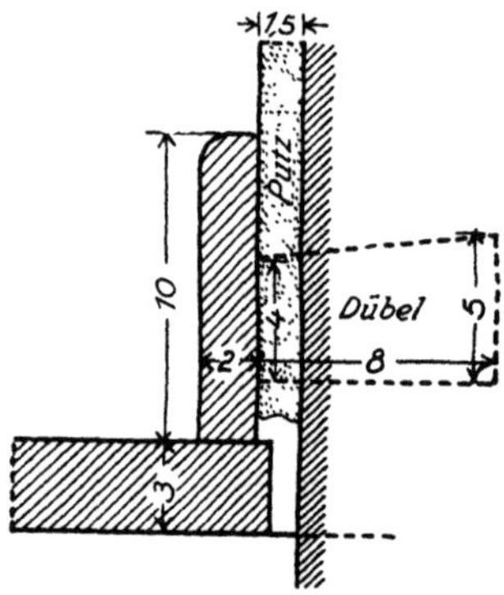

Abb. 192. Fußleiste.

E. Fachwerkwände.

I. Allgemeines.

Die **Festigkeit** und **Tragfähigkeit** der Fachwerkwände beruht auf einer aus Kreuzhölzern zusammengesetzten **Holzkonstruktion**. Mauerwerk wird nur zur **Ausfüllung** der Fache verwendet. Fachwerkwände sind fester und tragfähiger als massive Wände gleicher Stärke; sie können als Außen- und Innenwände ausgeführt werden. Abb. 193 stellt eine äußere Fachwerkwand dar.

II. Einzelheiten der Fachwerkwände.

1. Die Schwelle bildet die untere Begrenzung der Fachwerkwand; sie liegt auf der Kernseite, wird in der ganzen Länge durch Mauerwerk unterstützt und durch eine Asphaltisolierschicht gegen aufsteigende Feuchtigkeit geschützt. —

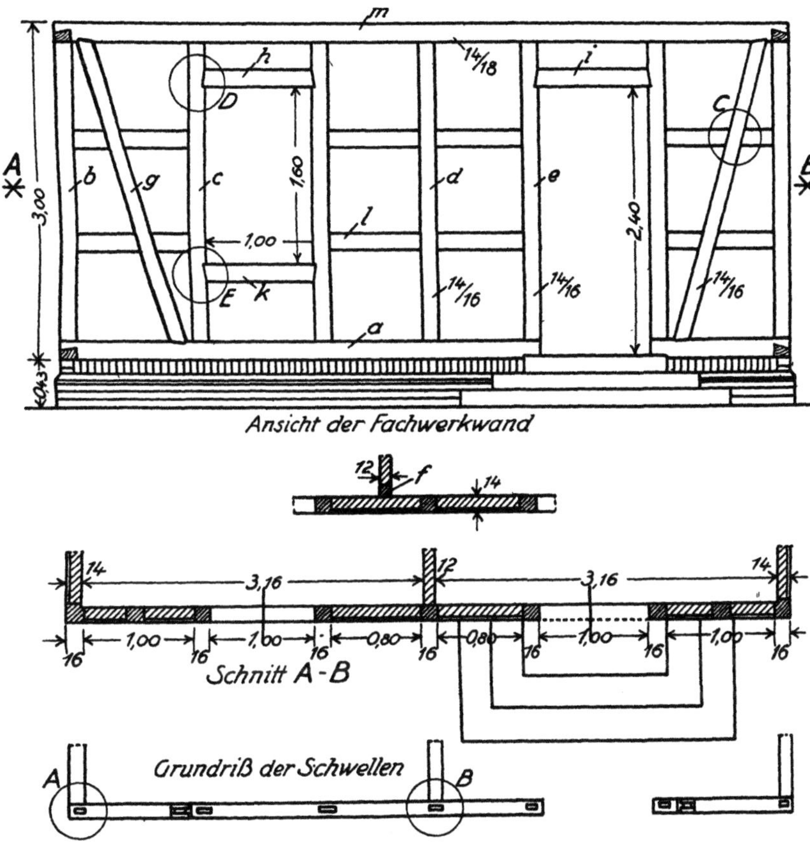

Abb. 193. Fachwerkwand.

Falls längere Schwellhölzer aus mehreren Teilen zusammengesetzt werden müssen, verwendet man folgende Holzverbindungen:

a) Das gerade Blatt (Abb. 194);

b) das schräge Blatt (Abb. 195). Beide Verbindungen müssen durch Holznägel oder Schraubenbolzen gesichert werden;

c) das schräge Hakenblatt (Abb. 196) ist auch ohne Nagelung oder Verbolzung zur Aufnahme von Zugspannungen geeignet;

d) das schräge Hakenblatt mit Keil (Abb. 197) ist die beste Verbindung zur Verlängerung horizontal liegender Hölzer. Durch das Antreiben der Keile wird die Verbindung vollkommen fest.

Die Schwellhölzer der verschiedenen Wände eines Fachwerkgebäudes liegen in derselben Höhe (bündig). Die Verbindung der einzelnen Schwellhölzer erfolgt durch die **Überblattungen.**

1. Das eine Schwellholz stößt gegen ein durchgehendes anderes Schwellholz (Punkt *B*, Abb. 193). Die Verbindung erfolgt dann entweder

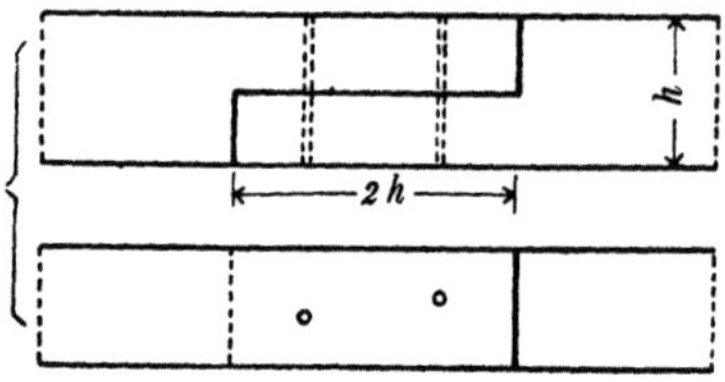

Abb. 194. Das gerade Blatt.

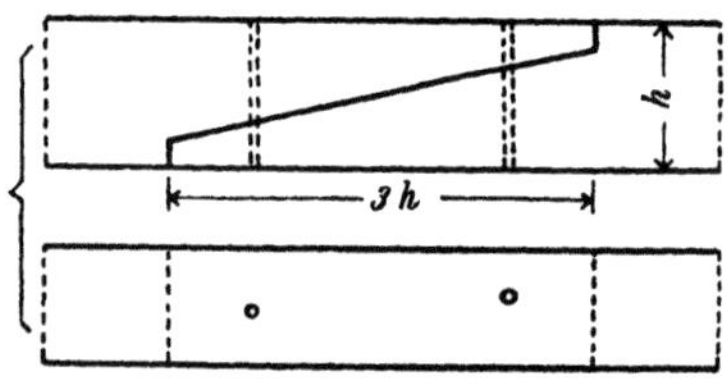

Abb. 195. Das schräge Blatt.

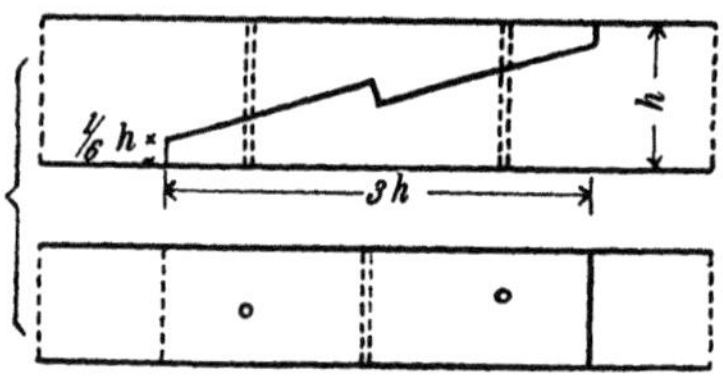

Abb. 196. Das schräge Hakenblatt.

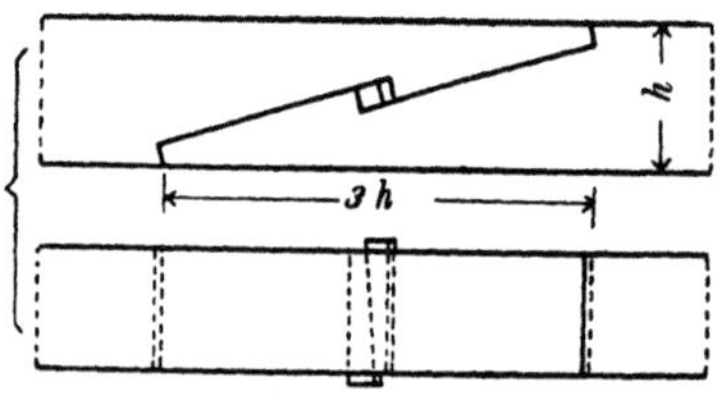

Abb. 197.
Das schräge Hakenblatt mit Keil.

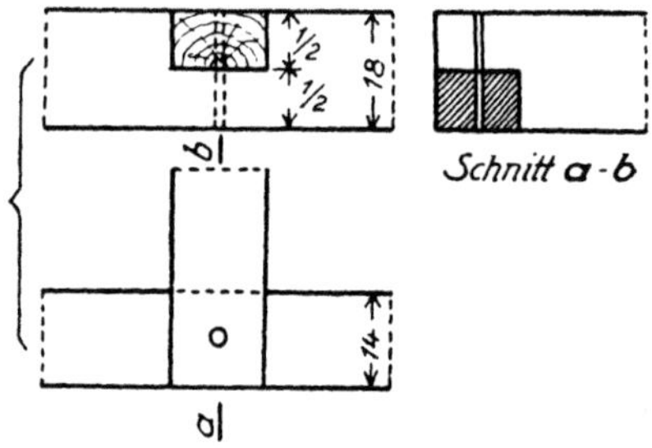

Abb. 198. Die einfache Überblattung.

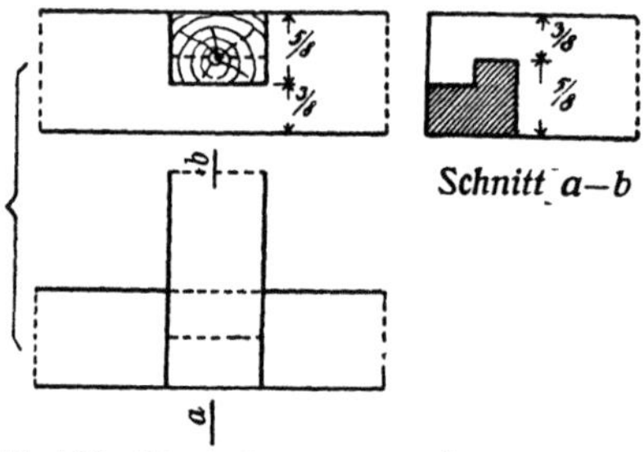

Abb. 199. Die hakenförmige Überblattung.

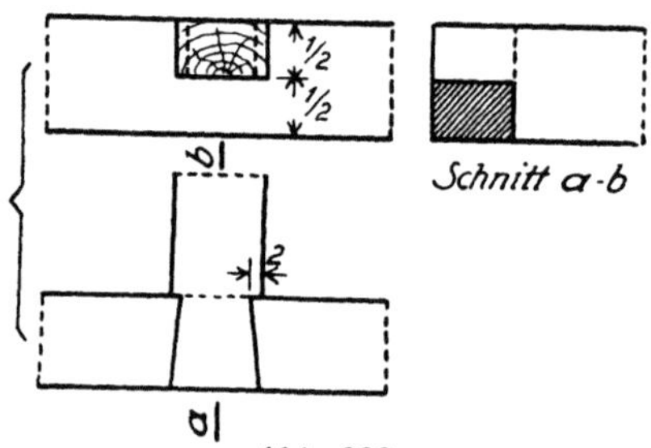

Abb. 200.
Schwalbenschwanzförmige Überblattung.

durch eine einfache Überblattung (Abb. 198) oder besser durch eine hakenförmige Überblattung (Abb. 199) oder durch eine schwalbenschwanzförmige Überblattung (Abb. 200). Die beiden letztgenannten Verbindungen sind so angeordnet, daß ein Verschieben der Hölzer in wagerechter Richtung unmöglich ist.

2. Die beiden Schwellhölzer bilden eine Ecke (Punkt *A*, Abb. 193). Die Verbindung erfolgt entweder durch die Eckürberblattung mit schrägem

Schnitt (Abb. 201) oder durch die haken- und schwalbenschwanzförmige Eckübverblattung (Abb. 202).

2. Die Stiele oder Ständer stehen auf der Schwelle in Abständen von 0,80 bis 1,50 m. Bei der Anordnung der Stiele ist Rücksicht auf Fenster- und Türöffnungen, die seitlich durch Stiele begrenzt werden, zu nehmen. Die Zwischenfelder werden möglichst gleichmäßig eingeteilt. An den Stellen, wo Zwischenwände an die Außen- oder Mittelwände treffen, sind Bundstiele (Abb. 193d) anzuordnen. Ergibt ein solcher Bundstiel eine unregelmäßige Teilung in der Außenwand, so kann für den Anschluß der Zwischenwand ein Klappstiel (Abb. 193f) verwendet werden.

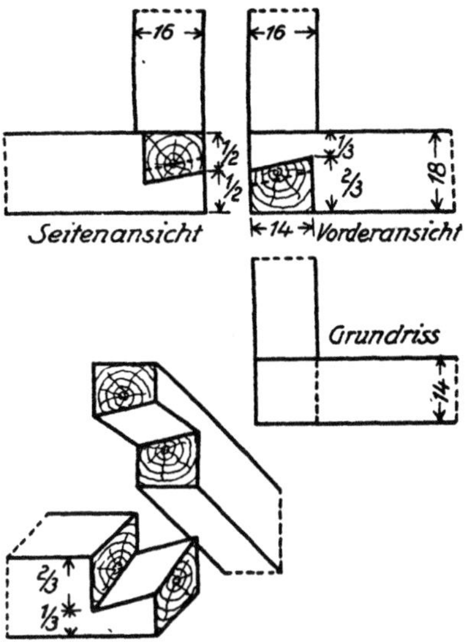

Abb. 201. Eckübverblattung mit schrägem Schnitt.

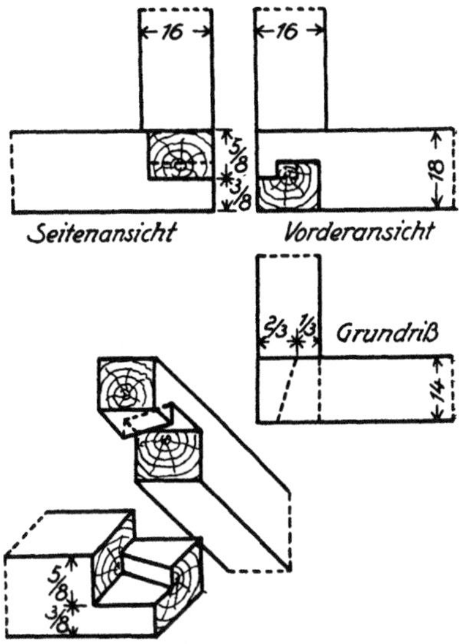

Abb. 202. Haken- und schwalbenschwanzförmige Eckübverblattung.

Bei äußeren Fachwerkwänden, z. B. auch bei Fachwerkgiebeln sind aus Schönheitsrücksichten die Stiele dichter zusammenzustellen (0,60—0,80 m von Mitte zu Mitte). Die Aufteilung äußerer Fachwerkwände muß in einfacher, ungekünstelter Weise erfolgen, um einen ruhigen und gefälligen Eindruck zu erzielen. — Bei stark belasteten mehrgeschossigen Wänden (z. B. bei Speichern) werden die Binder- und Eckständer als Doppelstiele (verdübelt und verbolzt) angeordnet und mit versetzten Stößen durch die ganze Höhe des Gebäudes geführt.

Zwischenstiele (Fensterstiele) werden mit der Schwelle und auch mit dem Rähm durch den einfachen Zapfen (Abb. 203) verbunden. Die Breite des Zapfens ist gleich der Holzbreite, die Stärke ist gleich $\frac{1}{3}$ der Holzstärke, die Höhe 6—7 cm. Die Sicherung der Zapfenverbindung erfolgt durch einen Holznagel. Zapfenlöcher in Schwellhölzern werden schräg angebohrt, damit etwa eindringendes Wasser abfließen kann. Geschlossene Zapfenlöcher in der Schwelle lassen sich durch Anordnung des sog. Kreuzzapfens vermeiden.

Stiele, welche am Ende des Schwell- und Rähmholzes stehen (Eckstiele, Türstiele), erhalten den geächselten Zapfen (Abb. 204). Dieser Zapfen unterscheidet sich von dem einfachen Zapfen dadurch, daß seine Breite nur $\frac{2}{3}$ der Holzbreite beträgt. Dadurch ergeben sich auch an den Enden von Schwelle und Rähm geschlossene Zapfenlöcher.

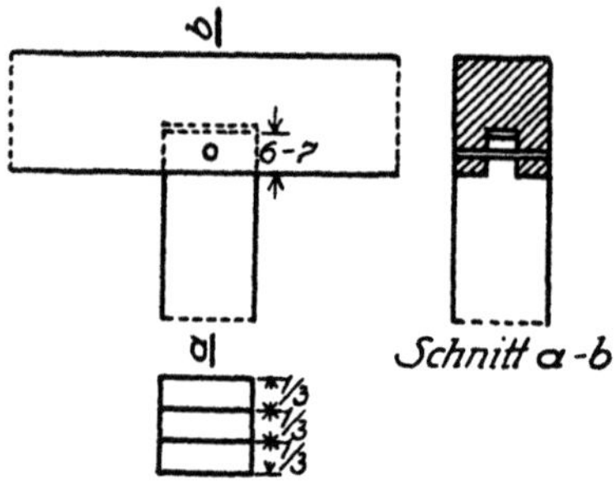

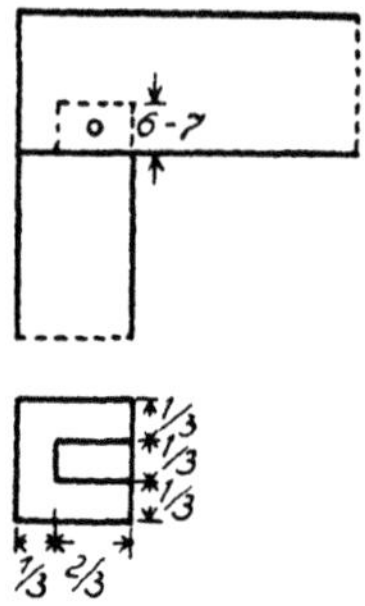

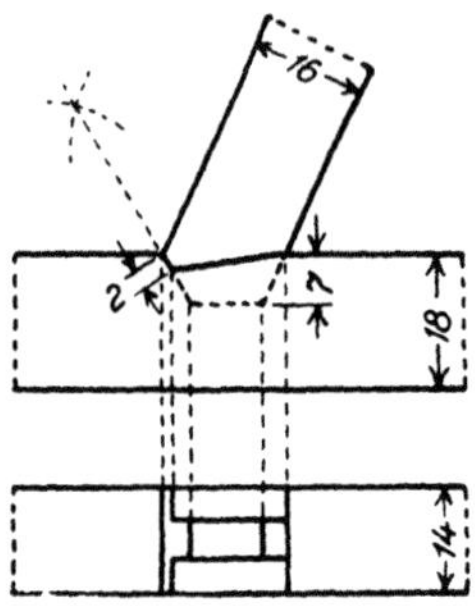

Abb. 203. Der einfache Zapfen. Abb. 204. Der geächselte Zapfen. Abb. 205. Schräger Zapfen mit Versatzung.

3. Die Streben erhöhen die Sicherung der Wand gegen Verschieben in der Längsrichtung. Die Streben ordnet man am besten zwischen Schwelle und Rähm an; sie sollen nicht in den Eckstiel geführt werden, damit derselbe keinen Seitendruck erhält (vgl. Abb. 193). Die Verbindung der Streben mit Schwelle und Rähm erfolgt durch den schrägen Zapfen mit Versatzung (Abb. 205). Die Versatzung wird 2—3 cm tief und hat den Zweck, die Druckfläche zwischen Strebe und Schwelle zu vergrößern.

4. Die Riegel teilen die Felder zwischen den Stielen und Streben in kleinere „Fache", die höchstens 1,50 m^2 groß sein dürfen.

Die Verbindung der Zwischenriegel mit den Stielen erfolgt durch den einfachen Zapfen. Treffen zwei Riegel in derselben Höhe an den Stiel, so soll zwischen den Zapfenlöchern noch 3—4 cm Holz stehen bleiben.

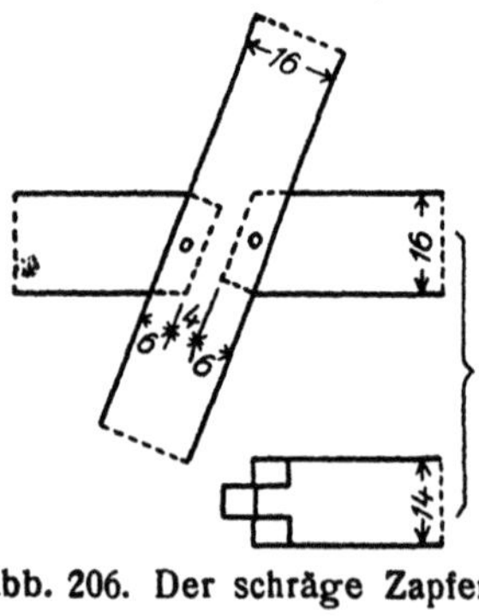

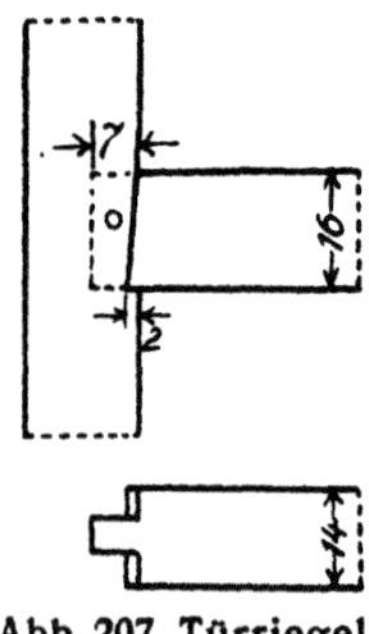

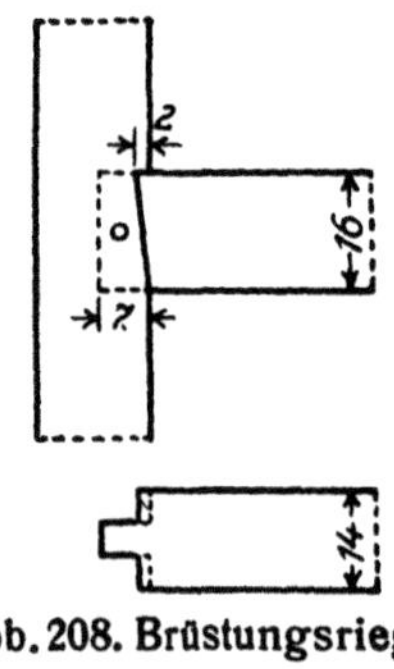

Abb. 206. Der schräge Zapfen. Abb. 207. Türriegel. Abb. 208. Brüstungsriegel.

Zur Verbindung der Riegel mit den Streben dient der schräge Zapfen (Abb. 206). Tür- und Fensterriegel bilden den oberen Abschluß der Tür- und Fensteröffnungen; sie werden mit den Stielen durch einfachen Zapfen mit gerader Versatzung verbunden (Abb. 193, Punkt *D* und Abb. 207). Beim Brüstungsriegel, der den unteren Abschluß der Fensteröffnung bildet, wird die Versatzung nach oben angeordnet, um die fallende Fuge in der untern Fensterecke zu vermeiden (Abb. 208).

5. **Das Rähm** bildet die obere Begrenzung der Wand und trägt die Balkenlage. Die Verbindung zusammenstoßender oder eine Ecke bildender Rähme erfolgt genau wie bei den Schwellhölzern.

Wegen der **Ausmauerung der Fache** vgl. den Abschnitt „Maurerarbeiten", Seite 25.

III. Stärke der Hölzer.

1. **Innere Wände.** Wandstärke 12 cm.

Stiele	$\frac{12}{12}$—$\frac{12}{14}$ „	Riegel	$\frac{12}{12}$—$\frac{12}{14}$ cm
Rähm	$\frac{12}{16}$ „	Schwelle	$\frac{12}{16}$ „
		Streben	$\frac{12}{14}$—$\frac{12}{16}$ „

2. **Äußere Wände.** Mir Rücksicht auf die schönheitliche Erscheinung der Fachwerkwände sind möglichst breite Hölzer zu verwenden.

Holzstärken bei Rohbauausführung der Fache (Wandstärke 12 cm):

Stiele, Streben und Riegel $\frac{12}{16}$—$\frac{12}{18}$ cm
Schwellen und Rähme $\frac{12}{18}$—$\frac{14}{20}$ „

Holzstärken bei geputzten Fachen (Wandstärke 14 cm):

Stiele, Streben und Riegel $\frac{14}{16}$—$\frac{14}{18}$ cm
Schwellen und Rähme $\frac{14}{18}$—$\frac{14}{20}$ „

Die stärkeren Eckstiele müssen ausgewinkelt werden.

IV. Balkenlagen.

Bei der Anordnung der Balkenlagen für Fachwerkgebäude sind zwei Fälle möglich:

1. **Nur zwei gegenüberliegende Seiten des Gebäudes sollen Balkenköpfe zeigen** (Abb. 209). Die balkentragenden Wände werden oben durch Rähme abge-

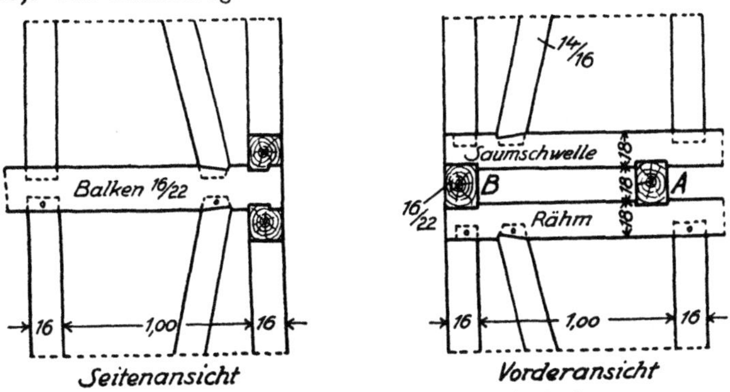

Abb. 209. Balkenlage für Fachwerkwände.

schlossen. Darauf sind die Balken verkämmt. Der letzte Balken liegt in der Seitenwand und bildet dort das Rähm für die untere Wand und die Schwelle des nächsten Geschosses.

Die Verkämmungen ergeben eine 2 cm tiefe Überschneidung der Hölzer. Für den Punkt *A* kommen folgende Verkämmungen in Betracht:

Der einfache Kamm (Abb. 210).

Der doppelte Kamm (Abb. 211).

Die schwalbenschwanzförmige Verkämmung (Abb. 212).

In Punkt *B* wird die Eckverkämmung (Abb. 213) angeordnet.

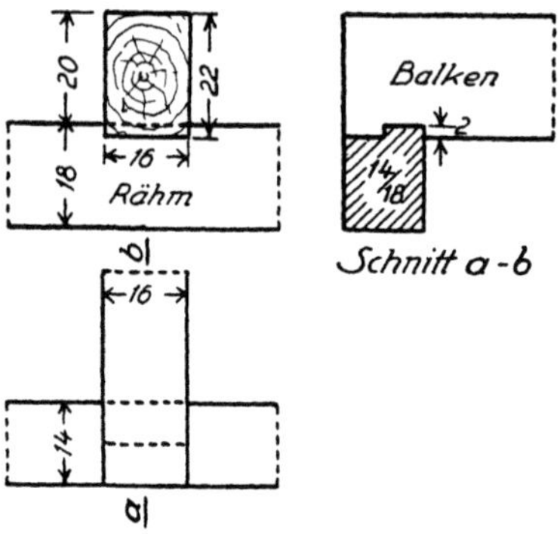

Abb. 210. Einfache Verkämmung.

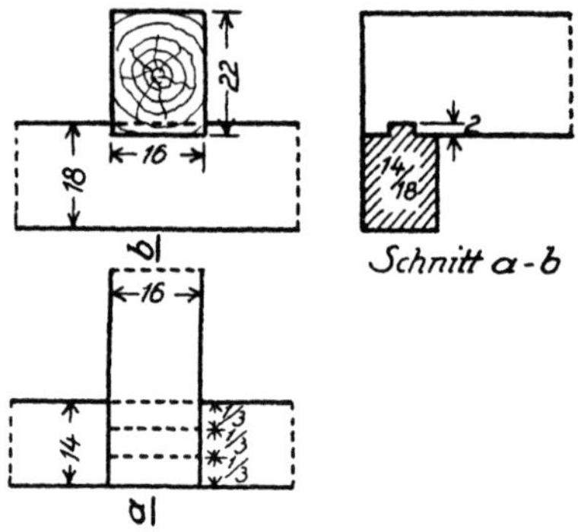

Abb. 211. Doppelte Verkämmung.

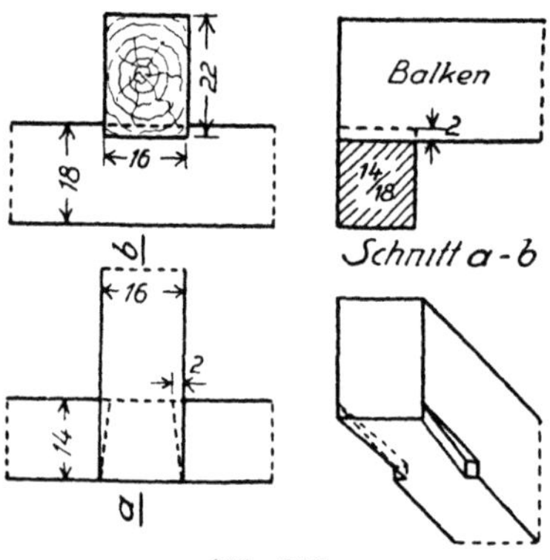

Abb. 212.
Schwalbenschwanzförmige Verkämmung.

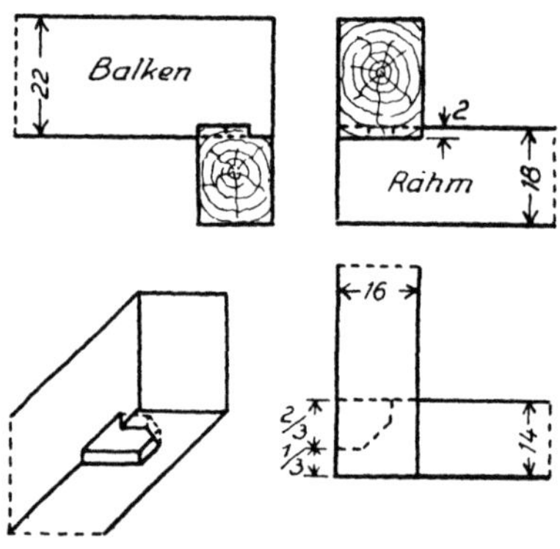

Abb. 213.
Eckverkämmung.

2. Alle Seiten des Gebäudes sollen Balkenköpfe zeigen (Abb. 214). In diesem Falle sind auf allen Seiten des Gebäudes Rähme und Saumschwellen anzuordnen. Nach den Giebelseiten sind Stichgebälke auszuführen. Auf die Ecke kommt ein Diagonal-Stichbalken. Die Verbindung der Stichbalken mit dem Hauptbalken geschieht durch den Brustzapfen oder durch das schwalbenschwanzförmige Blatt mit Brüstung (Abb. 215). Diese Verbindung ist eine Abänderung der einfachen schwalbenschwanzförmigen Überblattung (Abb. 200); nur wird das durchgehende Holz an der Überblattungsstelle nicht so stark geschwächt.

Bei mehrgeschossigen Fachwerkgebäuden können die oberen Wände gegen die unteren mehr oder weniger vorgekragt werden. Die Zwischenräume zwischen Rähm und Saumschwelle können durch Bretter oder durch Füllhölzer ausgefüllt werden. Die vortretenden Hölzer werden verschiedenartig profiliert. Die Balkenköpfe sollen nie vor die Flucht der oberen Wand vortreten.

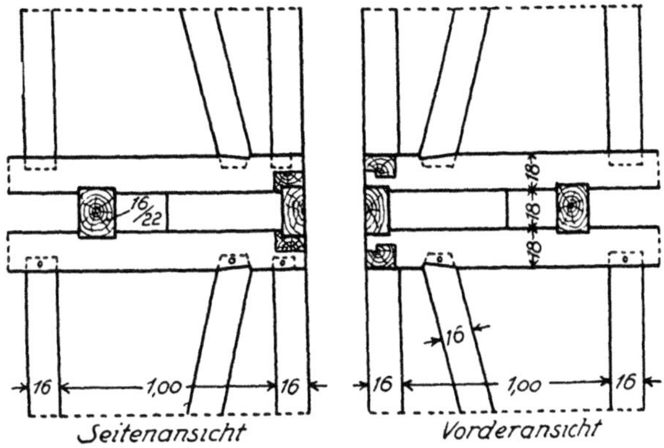

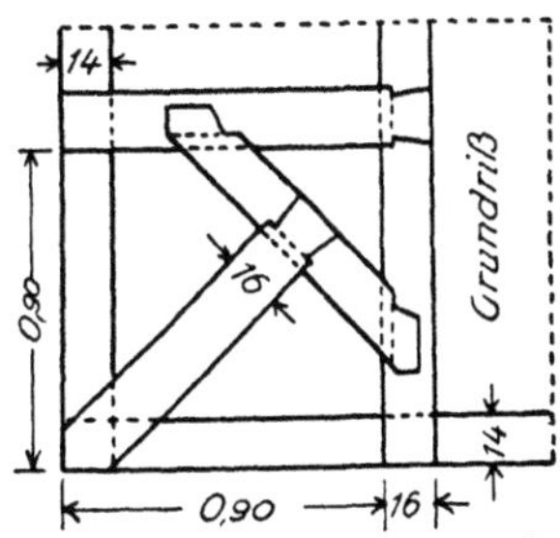

Abb. 214. Balkenlage für Fachwerkwände.

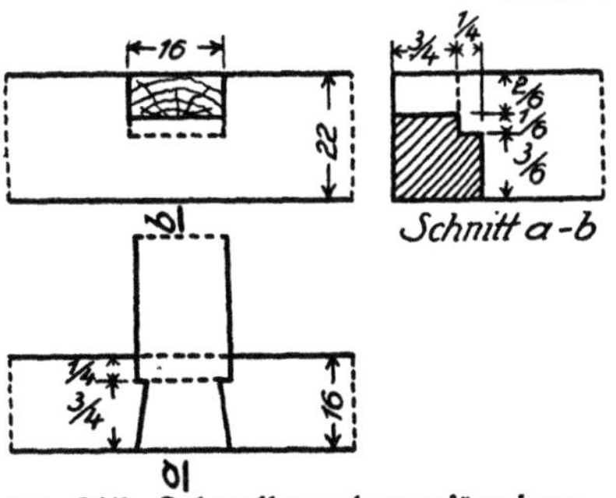

Abb. 215. Schwalbenschwanzförmiges Blatt mit Brüstung.

F. Blockwände, Bohlwände, Bretterwände, Zäune.

1. **Blockwände** kommen nur selten zur Ausführung. Sie bestehen aus übereinanderliegenden runden oder behauenen Stämmen. Die Verbindung an den Ecken erfolgt durch Überblattung mit eingetriebenem Dorn.

2. **Bohlwände** werden aus gespundeten starken Bohlen gebildet, die entweder senkrecht (bei Spundwänden im Grundbau) oder wagerecht übereinander angeordnet werden. Bei letzterer Anordnung wird die Wand oben durch ein Rähm, unten durch eine Schwelle und seitlich durch eingefalzte Pfosten begrenzt.

Als Umfassungswände für Wohnbauten werden die Bohlwände zur Erhöhung der Wärmehaltung meist in Verbindung mit innerer Verschalung unter Einfügung eines Luftraumes ausgeführt. Vgl. die Bohlwand der Firma Christoph & Unmack, Niesky-Oberlausitz (Abb. 216a). — Dieselbe Firma führt auch Wände im Holztafelsystem (Doekerbauweise, Abb. 216b) aus. Hierbei werden die Wände aus einzelnen Tafeln von etwa 1,10 m Breite, die mit Falz ineinandergreifen, zusammengesetzt und die Stöße durch beiderseitige Deckleisten geschützt. Die durch die ganze Geschoßhöhe reichenden Tafeln bestehen aus verzapften, verleimten, verschraubten und mit wagerechten Querriegeln versehenen Holzrahmen von 5 cm Stärke[1]), die beiderseitig mit Isolierpappen bekleidet sind. Zur Erhöhung der

1) Bei Innenwänden 3 cm Stärke.

der Wärmehaltung können Torfplatten eingefügt werden (Abb. 216b). Nach der Zusammensetzung der Tafeln werden die Außen- und Innenflächen der Wände mit 15 mm starken, gestäbten und gespundeten Brettern bekleidet; die Außenflächen am besten mit wagerecht angeordneten Jalousiebrettern. — Die Firma Siebel, Düsseldorf-Rath baut Holzhäuser, die aus einzelnen Tafeln von 8 cm Stärke

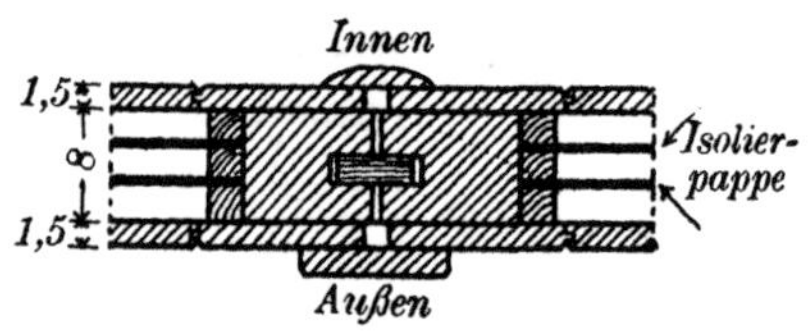

Grundriß zu Abb. 217.

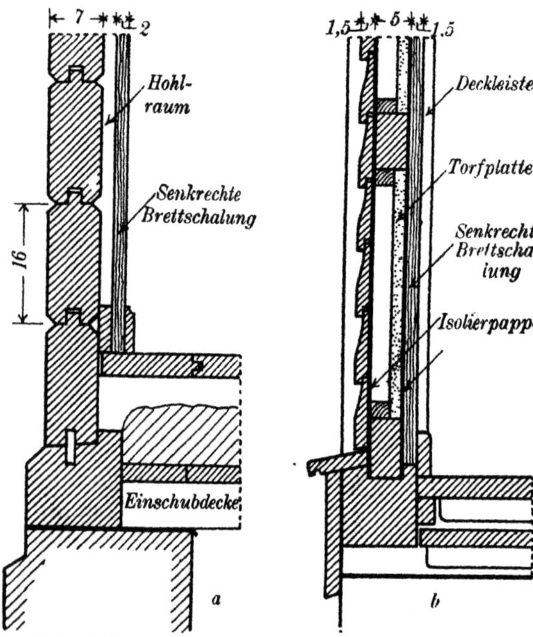

Abb. 216a und b. Ausführungen der Firma Christoph & Unmack, Niesky (Oberlausitz).

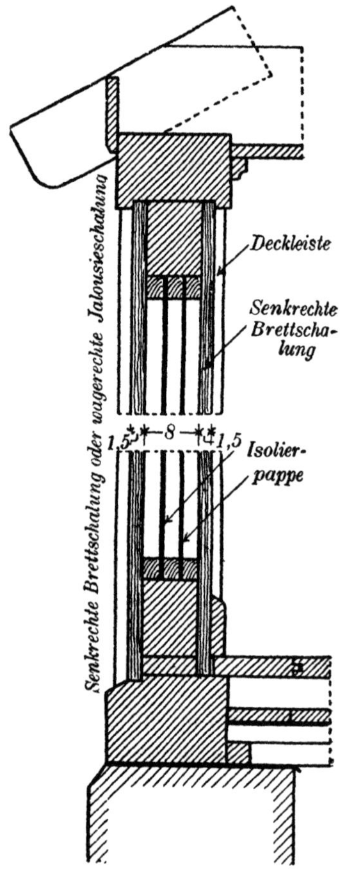

Abb. 217. Ausführung der Firma Siebel, Düsseldorf-Rath.

wie vor zusammengesetzt werden (Abb. 217). In die Tafelrahmen sind zwei durch Spannleisten auseinandergehaltene Lagen von Isolierpappe eingebaut, so daß nach Aufbringung der beiderseitigen Verschalung drei hintereinanderliegende Hohlräume entstehen, wodurch die Wärmehaltung erhöht wird.

3. Bretterwände bestehen aus zwei Brettlagen, von denen die eine Lage senkrecht, die andere unter 45° geneigt angeordnet wird. Beide Brettlagen werden durch Nagelung miteinander verbunden. Die Befestigung der Wände erfolgt durch Leisten, welche an den Fußboden, die Decke und die Wände genagelt werden. Die Bretterwände werden auf beiden Seiten berohrt und geputzt.

4. Zäune. a) Bretterzäune werden aus senkrecht nebeneinander gereihten Brettern, die an den wagerechten Riegeln oben und unten durch Nagelung befestigt sind, gebildet. Die Riegel sind durch Holzpfosten unterstützt. Die Pfosten werden etwa 0,80 m tief eingegraben und gut festgestampft. Das in der Erde steckende Pfostenende muß mit Karbolineum getränkt sein. Geschlossene Bretterzäune werden 1,50—1,80 m hoch.

b) Lattenzäune dienen hauptsächlich zur Abgrenzung des Gartens gegen die Straße. Höhe 1,00—1,50 m. Die Latten werden mit kleinen Zwischen-

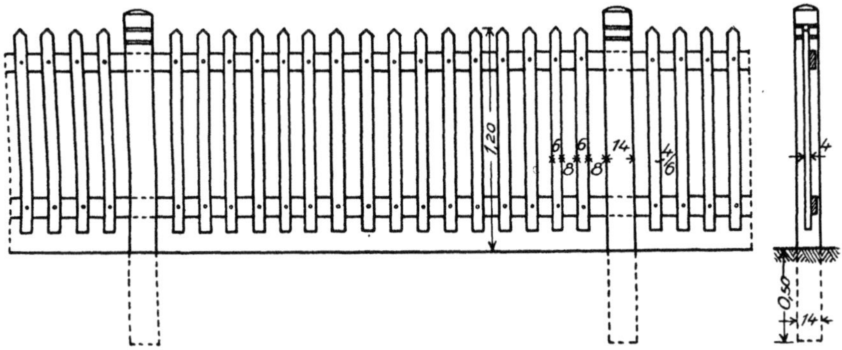

Abb. 218. Lattenzaun mit Holzpfosten.

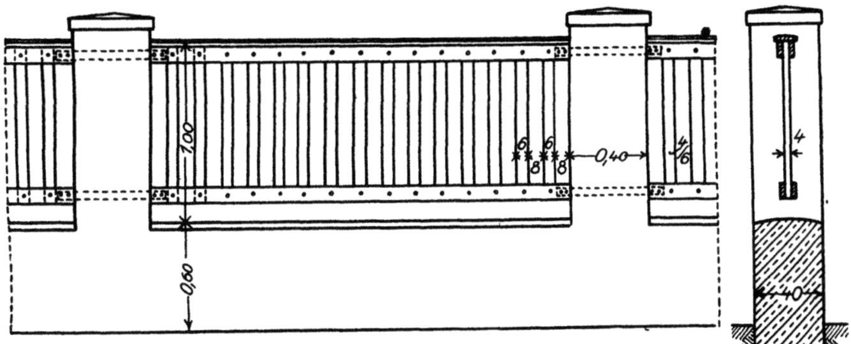

Abb. 219. Lattenzaun mit Sockel und Pfeilern aus Beton.

räumen an die Riegel genagelt; sie endigen entweder frei oder werden oben durch ein schmales Brett abgedeckt. Die Riegel werden durch eingegrabene Holzpfosten (Abb. 218) oder durch Pfeiler aus Mauerwerk oder Beton (Abb. 219) getragen. Im letzteren Falle wird meist ein massiver Sockel angeordnet. Die Riegelhölzer dürfen nicht in das Mauerwerk reichen, sondern werden an Ankereisen, die mit eingemauert oder einbetoniert werden, angeschraubt. Sämtliche Hölzer werden gehobelt und erhalten Ölfarbenanstrich.

G. Türgerüste.

Zur Befestigung des Türfutters dienen hölzerne Türgerüste, die bei der Ausführung des Mauerwerkes aufgestellt und mit vermauert werden. Bei einfacher Ausführung verwendet man nur Dübel und Überlagsbohlen (vgl. Abb. 75). Man unterscheidet:

1. Bohlenzargen (Abb. 220) für Wände von 1 Stein Stärke. Die 6 cm starken Seitenbohlen sind mit den 7 cm starken Schwell- und Überlagsbohlen durch Verzapfung und Verkeilung verbunden. Schwell- und Überlagsbohlen stehen seitlich über und sind entsprechend ausgeschnitten, um festeren Halt im Mauerwerk zu finden. Eine weitere Verbindung mit dem Mauerwerk kann durch kleine Bolzenanker erzielt werden. Die Überlagsbohle kann auch ohne seitlichen Überstand durch „Verzinkung" mit den Seitenbohlen verbunden werden.

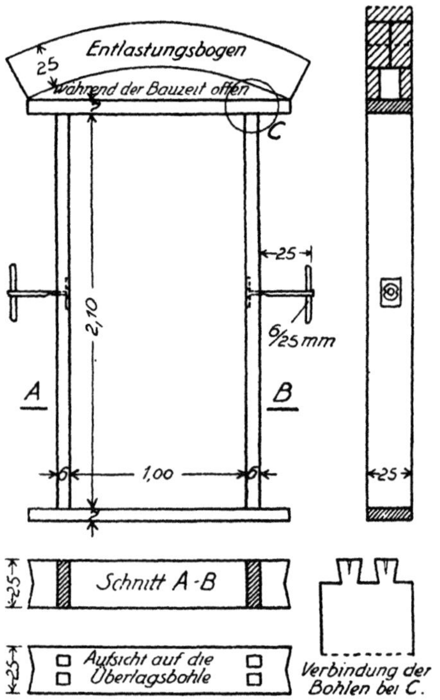

Abb. 220. Bohlenzarge.

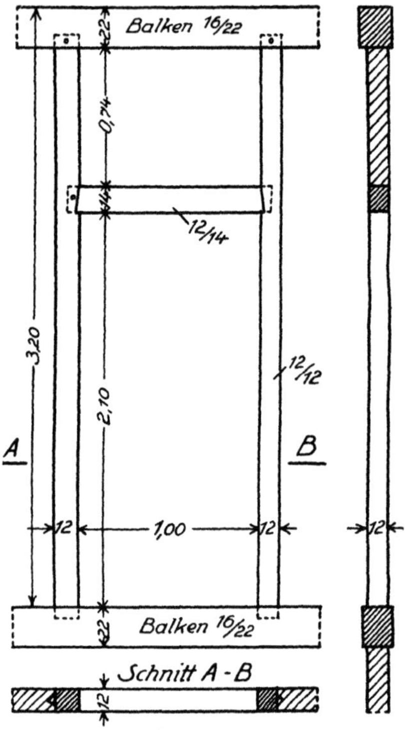

Abb. 221. Einfache Blockzarge für $\frac{1}{2}$ Stein starke Wand.

2. Blockzargen aus $\frac{10}{10}$—$\frac{12}{12}$ cm starken Kreuzhölzern für Mauerstärken von $\frac{1}{2}$ Stein, $1\frac{1}{2}$ Stein und für stärkere Wände.

a) Einfache Blockzargen für $\frac{1}{2}$ Stein starke Wände (Abb. 221) bestehen aus zwei seitlichen, durch die ganze Höhe der Wand reichenden $\frac{12}{12}$ cm starken Stielen und dem $\frac{12}{14}$ cm starken Türriegel. Falls die Stiele nicht auf einem Balken stehen, ist ein besonderes Schwellholz erforderlich. Die Stiele sind oben entweder in einen Balken oder in einen Wechsel oder in ein unter die Balken verkämmtes Rahmholz verzapft. Die festere Verbindung mit dem anschließenden Mauerwerk wird durch seitlich an die Stiele genagelte Dreiecksleisten bewirkt.

b) Doppelte Blockzargen für $1\frac{1}{2}$ Stein und stärkere Wände (Abb. 222) bestehen aus zwei Kreuzholz-Rahmen ($\frac{10}{10}$ cm), die durch Riegel miteinander verbunden sind.

Die Breite der Türgerüste ist immer gleich der Mauerstärke anzunehmen. Türgerüste müssen aus trockenen Hölzern hergestellt werden; vor dem Versetzen erhalten sie einen Karbolineumanstrich.

H. Die Dächer.

I. Allgemeines.

Die Dächer bilden den oberen Abschluß der Gebäude. Die Dachflächen sollen Schutz gegen Witterungseinflüsse gewähren und müssen deshalb mit einer undurchlässigen Dachdeckung versehen sein. Um die Niederschläge schnell abzuleiten, müssen die Dachflächen mehr oder weniger geneigt sein. Je dichter die Deckung ist, desto flacher kann eine Dachfläche angelegt werden. Zur Unterstützung der Dachflächen dient das Dachgerüst.

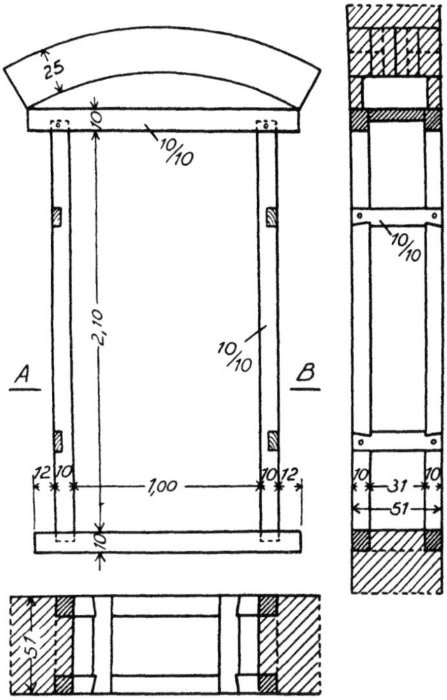

Abb. 222. Doppelte Blockzarge.

Benennungen der einzelnen Dachteile.

a) Die Traufe ist die untere wagerechte Begrenzung der Dachfläche;

b) der First ist die obere wagerechte Begrenzung der Dachfläche oder die Schnittlinie zweier Dachflächen, deren Traufen parallel sind;

c) der Grat ist die Schnittlinie zweier Dachflächen, deren Traufen eine ausspringende Ecke bilden;

d) die Kehle ist die Schnittlinie zweier Dachflächen, deren Traufen eine einspringende Ecke bilden;

e) die Borte („Orte") bilden die seitliche Begrenzung der Dachflächen;

f) ein Anfallspunkt ist ein Punkt der Firstlinie, in welchem drei oder mehr Dachflächen zusammenstoßen;

g) eine Verfallung ist eine Gratlinie, welche zwei verschieden hochliegende Firste verbindet.

II. Gestaltung der Dächer.

Für die Gestaltung der Dächer, besonders freistehender Gebäude, kommen fast ausschließlich Schönheitsrücksichten in Betracht. Die Erscheinung eines Daches wird bedingt durch

a) die Dachform;

b) die Dachneigung;

c) die Dachdeckung (vgl. Abschnitt VII, Dachdeckerarbeiten).

a) Die Dachformen.

1. Das Sattel- oder Giebeldach (Abb. 224) ist die einfachste und bei ausgebautem Dachgeschoß zweckmäßigste Dachform über rechteckigem Grundriß. Die Dachflächen haben rechteckige Form, die Giebel Dreieckform, falls sie mit der Dacheindeckung abschließen. Werden die Giebel über die Dachflächen hochgeführt, so können sie auch anders gestaltet sein. — In Abb. 223 ist die Dachausmittelung für ein einfaches Satteldach dargestellt. Die Dachflächen erscheinen sowohl im Grundriß, als auch in der Längsansicht verkürzt; ihre wahre Größe ist durch Umklappung in den Grundriß dargestellt. — Das Giebeldach kann auch mit gebrochenen Dachflächen ausgeführt werden und heißt dann **Mansardedach** (Abb. 225). Die unteren Flächen werden steil (etwa 60°), die oberen Flächen flacher angelegt. Der Knickpunkt liegt in Höhe der Kehlbalkenlage.

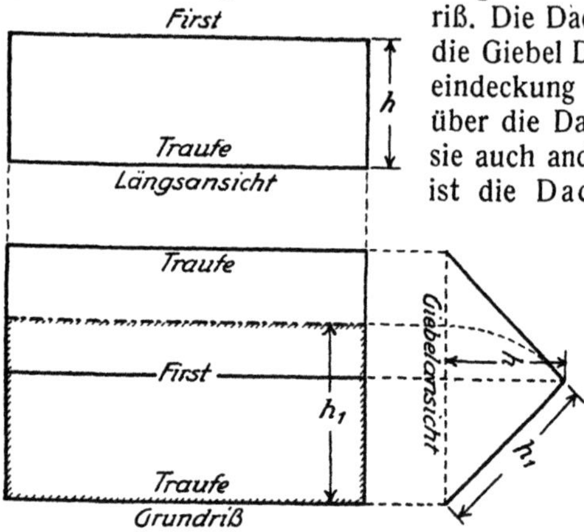

Abb. 223. Dachausmittelung für ein Satteldach.

2. Das Walmdach (Abb. 226) über rechteckigem Grundriß zeigt nach allen vier Seiten Dachflächen. Die beiden Hauptflächen haben Trapezform, die beiden Walmflächen Dreieckform. Die Traufe läuft in derselben Höhe rings herum.

Abb. 224. Giebel- oder Satteldach.

Abb. 225. Mansardedach.

Abb. 226. Walmdach.

Abb. 227. Krüppelwalmdach.

Das nach allen Seiten abfallende Dach gibt eine besonders ruhige und einheitliche Wirkung und ist daher für freistehende Gebäude, die kein voll ausgebautes Dachgeschoß erhalten, sehr zu empfehlen. — Wegen der Dachausmittelung der Walmdächer und der Dächer über zusammengesetzten Grundriß vgl. den II. Teil dieses Leitfadens.

3. Das Krüppelwalmdach (Abb. 227) ist eine Abänderung des Satteldaches. Die oberen Teile der Giebel sind durch Walmflächen ersetzt, deren Traufen zweckmäßig in Höhe der Kehlbalkenlage liegen.[1])

Alle Dachformen sind so einzurichten, daß die Traufe in Höhe der Dachbalkenlage liegt. Dächer mit Kniestock, das sind Dächer, bei denen die Traufe höher als die Dachbalkenlage liegt, ergeben eine sehr ungünstige Wirkung und sind daher für freistehende Wohngebäude ganz, für Wirtschaftsgebäude nach Möglichkeit zu vermeiden.

b) Die Dachneigung.

Die Neigung des Daches soll der ortsüblichen Bauweise entsprechen und richtet sich nach dem zu verwendenden Deckmaterial. Für freistehende Wohngebäude mit ausgebautem Dachgeschoß sind steile Dächer erforderlich (Neigung etwa 50°).

Die Neigung eines Daches wird durch das Verhältnis von Höhe zur Spannweite $\frac{h}{l} = \frac{1}{2}$ oder $\frac{1}{3}$ ausgedrückt (Abb. 228). Beim Winkeldach ($\frac{h}{l} = \frac{1}{2}$) sind die Dachflächen unter 45° geneigt und bilden im First einen rechten Winkel.

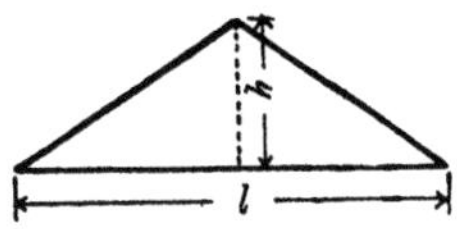

Abb. 228.

III. Konstruktion der Dachgerüste.[2])

a) Dächer ohne Stuhl.

Die einfachste Dachkonstruktion wird in der Weise gebildet, daß immer zwei Sparren mit dem zugehörigen Dachbalken zu einem unverschieblichen Dreieck (Gebinde) verbunden werden. Ein solches Dach nennt man ein „einfaches Sparrendach" (Abb. 229). Einfache Sparrendächer sind nur für kleine Spannweiten möglich, da die Sparren nicht länger als 4,50 m werden dürfen. Die Sparren, also auch die Dachbalken, sind 0,90—1,00 m von Mitte zu Mitte entfernt. Der Längsverband wird durch unter die Sparren genagelte, schräg aufsteigende Windrispen hergestellt. Die Verbindung der Sparren im First geschieht durch den Scherzapfen (Abb. 231). Die Sicherung erfolgt durch einen Holznagel.

Der Fußpunkt des Daches wird verschieden ausgebildet, je nachdem die Sparren auf den Balken endigen oder über die Außenwände reichen. Abb. 229, links, stellt die Anordnung mit überstehenden Balken zur Bildung eines Kastengesimses dar. Es empfiehlt sich, den Sparren so anzusetzen, daß Mauerflucht, Oberkante Balken und Oberkante Sparren sich in einem Punkte schneiden (Abb. 230). Zum Ausgleich ist ein Aufschiebling erforderlich, der meist aus einer 5 cm starken Bohle geschnitten und durch Nägel auf Balken und Sparren befestigt wird. Der Sparren wird mit schrägem

1) Alle sonstigen Dachformen (Pultdach, Säge- oder Sheddach, Zeltdach usw.) sind im II. Teile dieses Leitfadens behandelt.

2) Die behandelten Dächer sind im Querschnitt, Längsschnitt und Werksatz dargestellt. — Unter Werksatz wird hier eine Aufsicht auf das Dachgerüst, nach Fortnahme der Sparren, verstanden (vgl. Teil II dieses Leitfadens).

Zapfen auf den Balken gesetzt. Die leichte Brechung der Dachfläche, die sich aus der Anordnung von Aufschieblingen ergibt, ist für die Erscheinung des Daches von günstigster Wirkung. — Abb. 229, rechts, zeigt die Anordnung

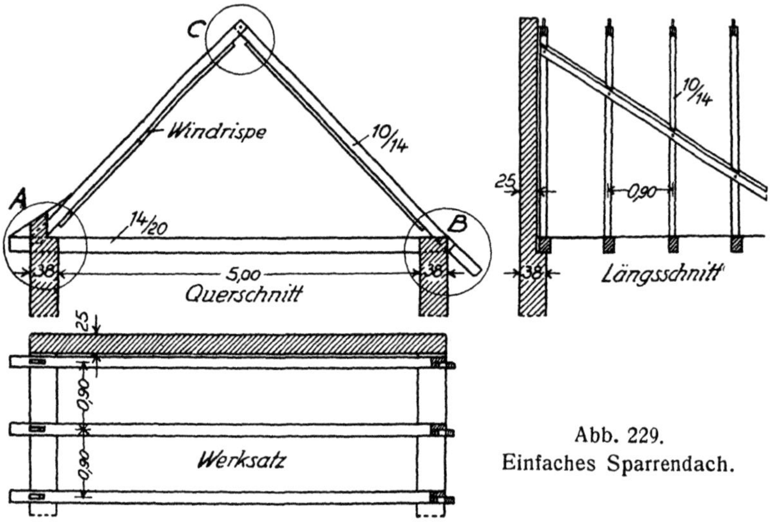

Abb. 229.
Einfaches Sparrendach.

bei überhängenden Sparren (meist nur bei Wirtschaftsgebäuden u. dgl. üblich). Der Balken ist durch ein schwalbenschwanzförmiges Blatt mit dem Sparren zu verbinden (Abb. 232). — Die in Abb. 233 gezeigte Anordnung mit Fußpfette kommt für das einfache Sparrendach nicht in Betracht; sie wird bei Dächern mit Stuhl angewendet, falls die Sparren nicht mit den Balken zusammentreffen. Die Fußpfette liegt auf der Breitseite, ist mit den Balken verkämmt und muß gegen Kanten gesichert werden.

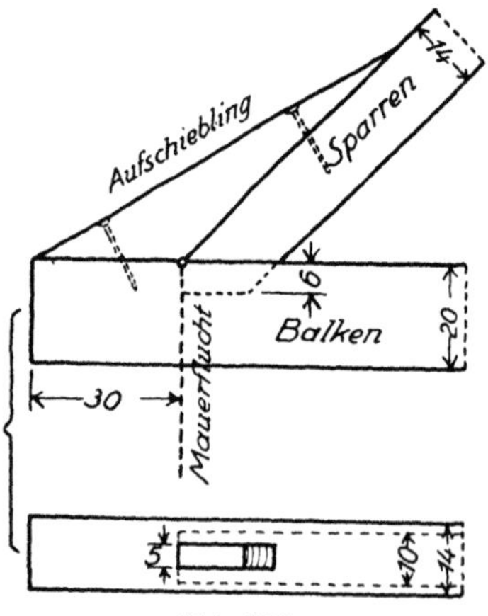

Abb. 230.
Sparrenfußpunkt mit Aufschiebling.
(Punkt A, Abb. 229.)

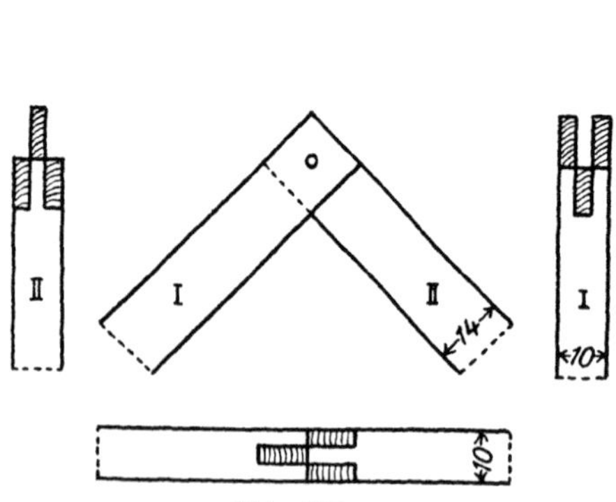

Abb. 231.
Der Scherzapfen.
(Punkt C, Abb. 229.)

b) Dächer mit stehendem Stuhl.

Die Unterstützung längerer Sparren kann erfolgen:

1. durch Kehlbalken oder 2. durch Pfetten.

Kehlbalkendächer verwendet man hauptsächlich, wenn im Dachgeschoß Wohnräume angelegt werden. Die Kehlbalkenlage bildet dann den oberen Abschluß dieser Räume und erhält eine Einschubdecke. — Pfettendächer werden angeordnet, wenn ein freier Dachraum geschaffen werden soll; sie sind billiger als Kehlbalkendächer, weil weniger Holz erforderlich ist und die Ausführung einfacher wird.

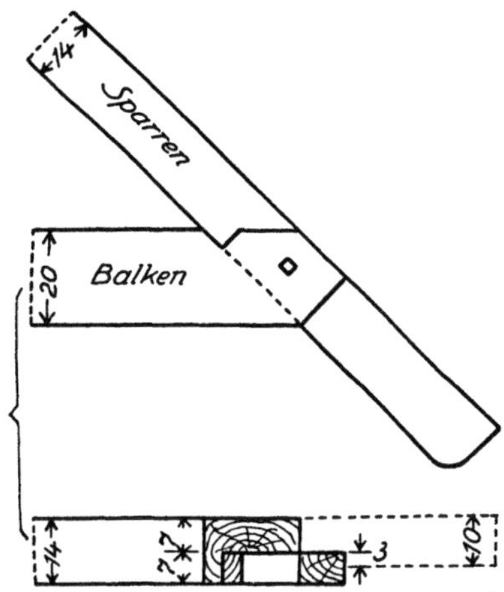

Abb. 232. Verbindnng des Balkens mit dem überhängenden Sparren. (Punkt B, Abb. 229.)

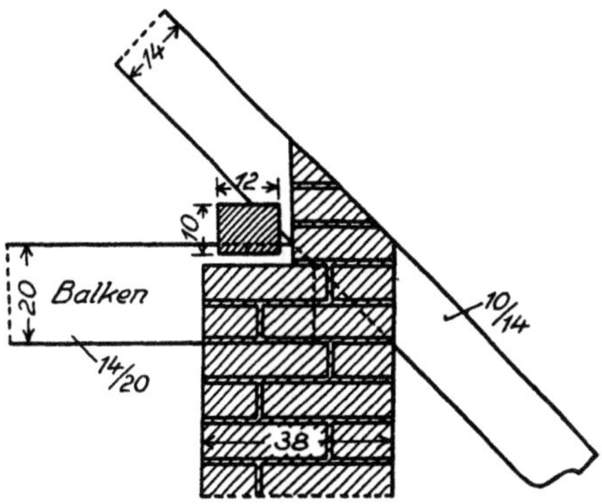

Abb. 233. Anordnung einer Fußpfette für überhängende Sparren.

Sowohl die Rähme der Kehlbalkendächer als auch die Pfetten werden durch Stiele unterstützt. Solche Dächer nennt man „Dächer mit Stuhl". Bei diesen Dächern unterscheidet man zwei Arten von Gebinden:

1. die Binder, in denen die Stiele stehen,
2. die Leergebinde zwischen den einzelnen Bindern.

Die Binderentfernung beträgt 4,00—4,50 m. Zu jedem Binder gehört ein Dachbalken. Die Leergebinde sind 0,90—1,00 m voneinander entfernt;[1]) sie brauchen nicht mit Dachbalken zusammenzutreffen. Bei Kehlbalkendächern ist es jedoch zweckmäßig, die Dachbalkenlagen so einzurichten, daß die Sparren mit Zapfen auf die Balken gesetzt werden können. Nur wenn dieses nicht zu erreichen ist, ist eine Anordnung mit Fußpfette nach Abb. 233 zu wählen.

Bei den Kehlbalkendächern erfolgt die Querverbindung in jedem Gebinde durch den Kehlbalken, bei den Pfettendächern nur in jedem Binder durch Doppelzangen. — Der Längsverband wird durch die Rähme und Pfetten hergestellt; er wird verstärkt durch Kopfbänder zwischen den Stielen und den Rähmen bzw. Pfetten.

1) In Westdeutschland beträgt die Sparrenentfernung durchschnittlich 65 cm (vgl. Seite 95, Balkenentfernung). Wegen der geringen Sparrenentfernung brauchen die Dachlatten nur 2,5 × 4,5 cm stark zu sein.

1. Kehlbalkendächer. a) Dächer ohne Kniestock. Die Kehlbalken liegen mindestens 2,0 m über der Dachbalkenlage; bei der Anlage von Wohnräumen im Dachgeschoß 2,50—3,00 m von Oberkante Balken bis Oberkante Kehlbalken.

Die Unterstützung der Kehlbalken erfolgt durch 2—3 Rähme (doppelt stehender Stuhl, dreifach stehender Stuhl). Die freie Länge des Kehlbalkens soll nicht mehr als 4,00 m betragen. Die Entfernung des Rähms vom Kehl-

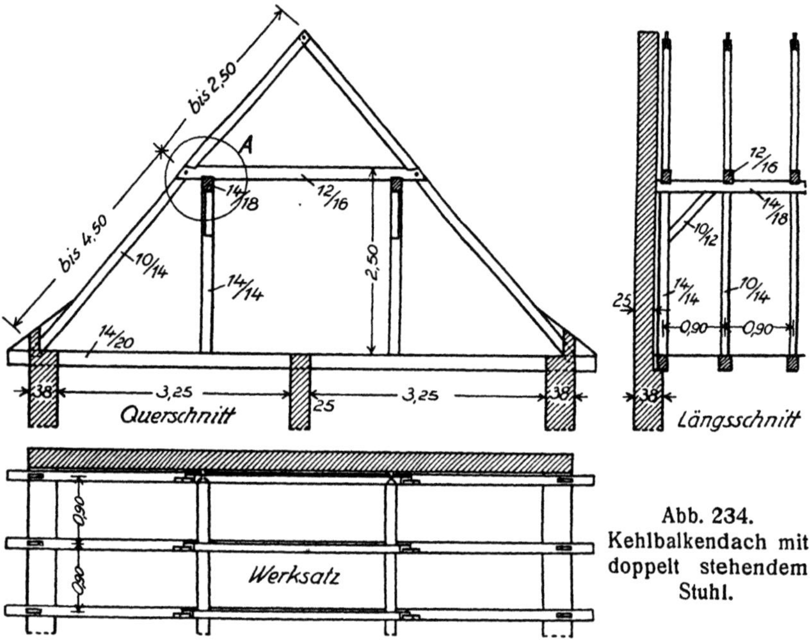

Abb. 234. Kehlbalkendach mit doppelt stehendem Stuhl.

balkenende darf nicht größer als 0,80 m sein. Die Rähme werden gestützt durch Stiele (Stuhlsäulen), die höchstens 1,00—1,50 m von dem Unterstützungspunkte des Binderbalkens entfernt sein sollen. Ist dieses nicht zu erreichen, so wird ein Teil des in der Stuhlsäule wirkenden Druckes durch Streben auf das Balkenende übertragen, oder es wird unter den Stiel ein mindestens über 3 Balken reichendes Schwellholz gelegt.

Abb. 234 stellt ein Kehlbalkendach mit doppelt stehendem Stuhl im Querschnitt, Längsschnitt und Werksatz dar. Der Kehlbalken wird mit dem Sparren durch schrägen Zapfen oder besser durch schwalbenschwanzförmige Anblattung verbunden (Abb. 235). Der Sparren darf an der Verbindungsstelle nicht zu sehr geschwächt werden; es muß mindestens 7 cm Holzstärke verbleiben. Die Verbindung wird durch einen Schraubenbolzen gesichert. Der Kehlbalken ist auf das Rähm aufgekämmt. Die Stiele sind mit den Rähmen durch einfache Zapfen verbunden. Die Kopfbänder werden mit den Stielen und Rähmen durch schräge Zapfen, evtl. mit Versatzung verbunden.

Wird das obere Sparrenende, vom Kehlbalken bis zum First, länger als 2,50 m, so ist eine weitere Unterstützung durch einen Hahnenbalken (Abb. 236) oder durch eine Firstpfette (Abb. 237) erforderlich. — Hahnenbalken werden

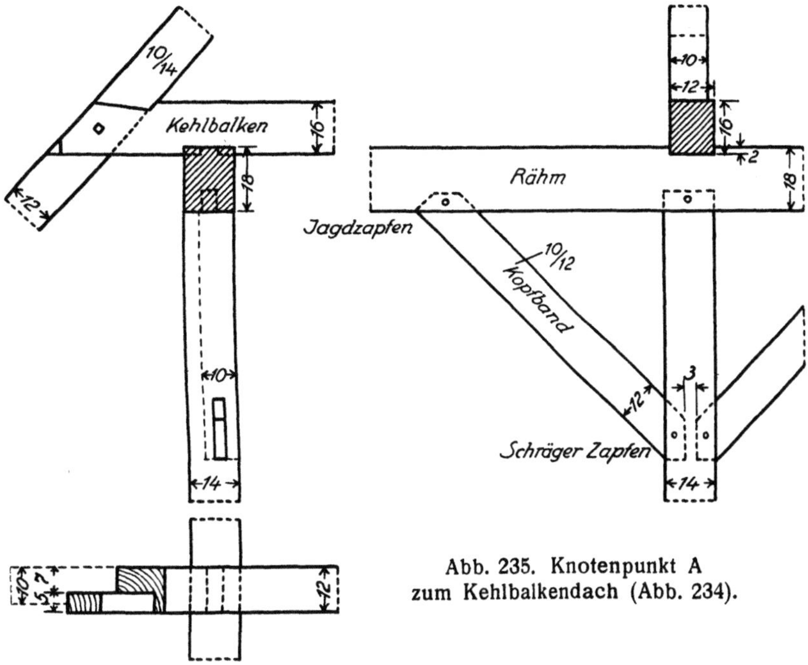

Abb. 235. Knotenpunkt A zum Kehlbalkendach (Abb. 234).

mit den Sparren wie Kehlbalken verbunden. Bei Anordnung einer Firstpfette erhalten die Sparren meist keinen Scherzapfen, sondern werden auf die Pfette aufgeklaut und durch Sparrennägel befestigt. Die Firstpfette wird in jedem Binder durch einen Stiel, der auf dem Kehlbalken steht, unterstützt. Der Druck dieses Stieles muß durch Streben auf die Unterstützungspunkte des Kehlbalkens (Stuhlsäulen) übertragen werden.

b) Dächer mit Kniestock für freistehende Wohngebäude ungeeignet (vgl. den Abschnitt „Dachformen") kommen meist nur für Wirtschafts-

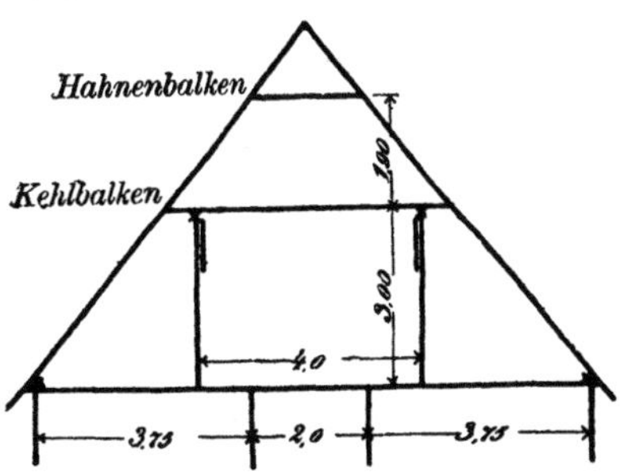

Abb. 236. Kehlbalkendach mit doppelt stehendem Stuhl und Hahnenbalkenlage.

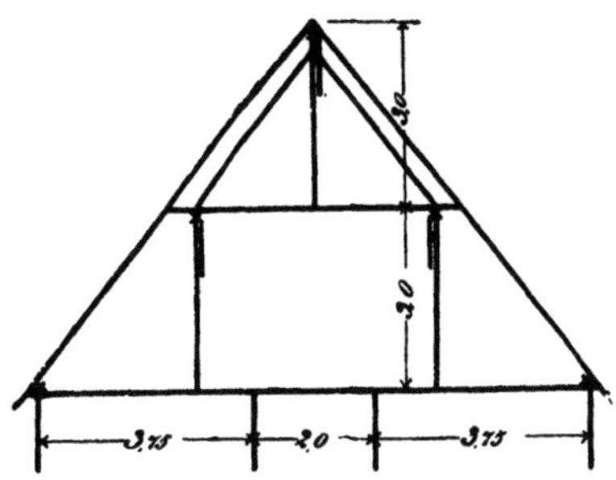

Abb. 237. Kehlbalkendach mit doppelt stehendem Stuhl und Firstpfette.

gebäude in Betracht und werden dann nicht als Kehlbalkendächer, sondern als Pfettendächer ausgeführt. — Näheres siehe Abschnitt 2, Pfettendächer.

2. Pfettendächer. a) Dächer ohne Kniestock. Sind die Sparren 4,50—5,00 m lang, so genügt die Anordnung einer Firstpfette (Pfettendach mit einfach stehendem Stuhl).

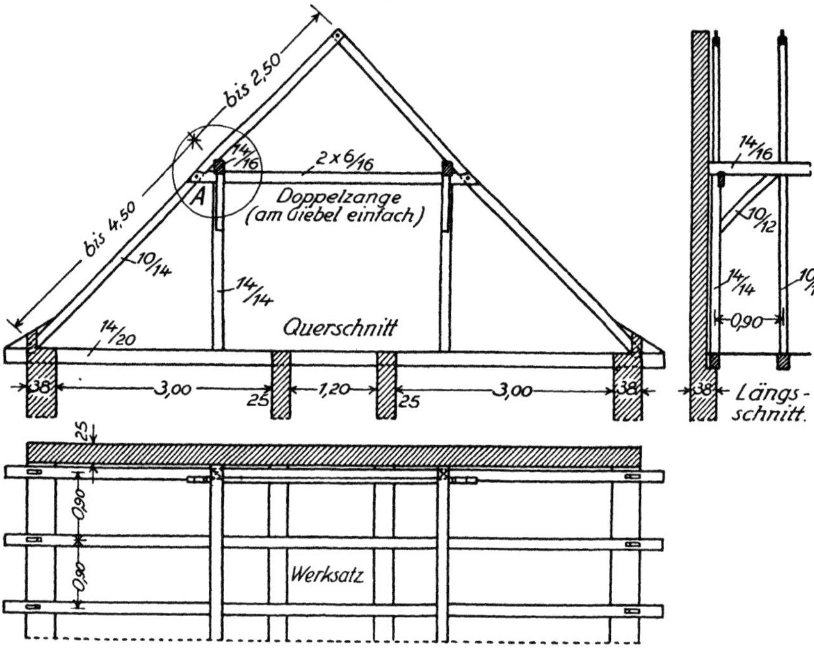

Abb. 238. Pfettendach mit doppelt stehendem Stuhl.

Werden die Sparren länger als 5,00 m, so wird jeder Sparren durch eine Pfette (Mittelpfette) unterstützt. Abb. 238 zeigt ein solches Pfettendach mit doppelt stehendem Stuhl. Die Sparrenlänge vom Fußpunkt bis zur Mittelpfette soll nicht größer als 4,50 m, die Länge von der Mittelpfette bis zum First nicht größer als 2,50 m sein.

Die Pfetten werden in jedem Binder durch Stiele gestützt. Zwischen Pfetten und Stielen werden Kopfbänder angeordnet. Die Querverbindung erfolgt in jedem Binder durch Doppelzangen ($\frac{6}{16}$—$\frac{8}{18}$), im Giebelbinder durch einfache Zangen. Die Doppelzangen (Abb. 239) sind an die Sparren schwalbenschwanzförmig angeblattet und durch Schraubenbolzen verbunden. Der Sparren darf an der Verbindungsstelle nicht zu sehr geschwächt werden; es muß mindestens 6 cm Holzstärke verbleiben. Die Zangen werden mit den Stielenden überschnitten, wobei aus jedem Holz die Hälfte der Überschneidung herausgenommen wird. Die Doppelzangen liegen stets unter den Pfetten, und zwar so, daß Oberkante Zange um 2 cm höher liegt als Unterkante Pfette. Das Maß von Oberkante Balken bis Unterkante Zange muß mindestens 2,00 m betragen.

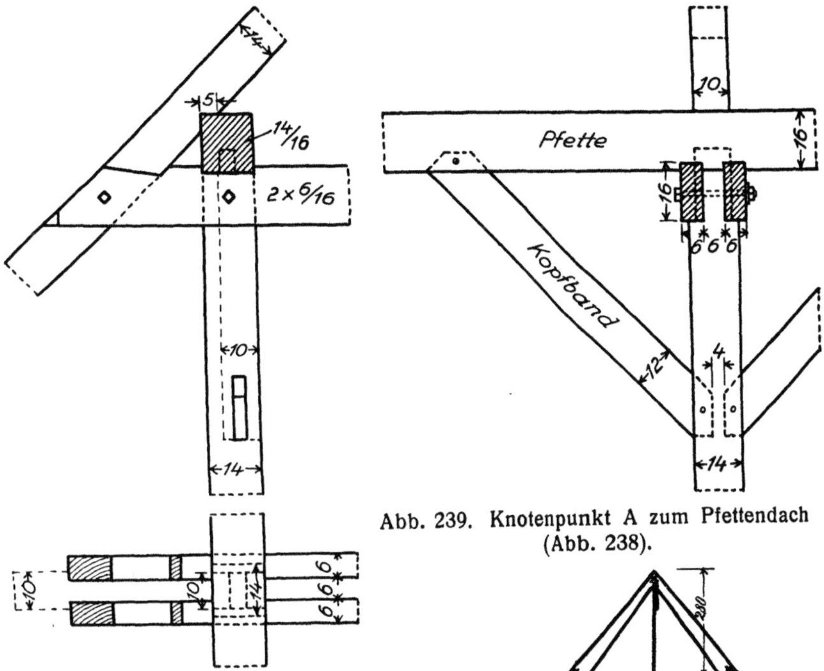

Abb. 239. Knotenpunkt A zum Pfettendach (Abb. 238).

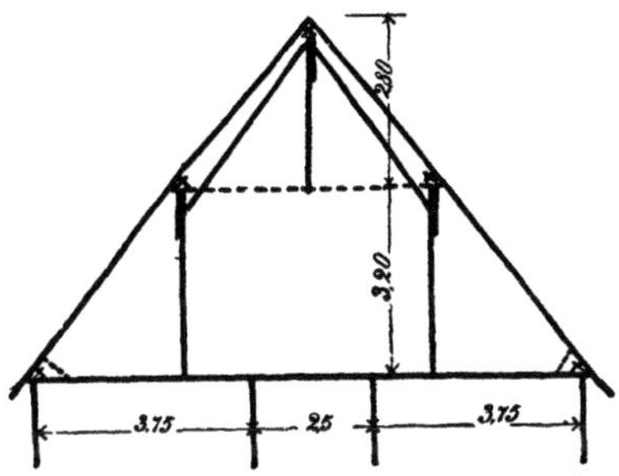

Abb. 240. Pfettendach mit dreifach stehendem Stuhl.

Werden die Sparren länger als 7,00 m, so ist außer den beiden Mittelpfetten noch eine Firstpfette anzuordnen. Es ergibt sich dann das Pfettendach mit dreifach stehendem Stuhl. Die mittelste Stuhlsäule wird meistens nicht bis auf die Dachbalkenlage geführt, sondern endigt unter den Zangen und wird gegen die beiden Seitenstiele durch Streben abgestützt (Abb. 240).

b) Mit Kniestock. Pfettendächer können auch mit Kniestock (Drempel) ausgeführt werden. Höhe des Kniestockes 1,00–1,75 m. Die Kniestockwand kann massiv (25 cm) oder in Fachwerk hergestellt werden. Die Drempelpfette wird durch Stiele und Kopfbänder

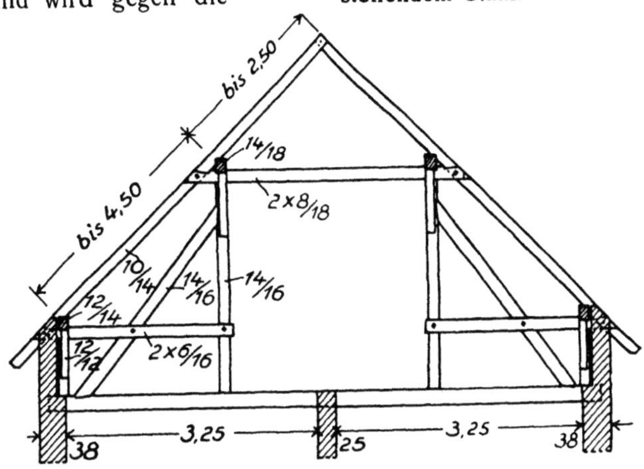

Abb. 241. Pfettendach mit doppelt stehendem Stuhl u. Kniestock.

unterstützt. Bei Kniestockwänden in Fachwerk liegen die Sparren auf dem oberen Drempelrähm der Fachwerkwand. Die Verbindung der Kniestockwand mit der übrigen Dachkonstruktion erfolgt durch Streben und Doppelzangen. Die Streben werden bei sehr flachen Dächern in die Sparren, sonst in die Stiele geführt. Abb. 241 stellt den Binder eines Pfettendaches mit doppelt stehendem Stuhl und Kniestock dar.

IV. Entwerfen der Dachgerüste.

Soll das Dachgerüst für ein Satteldach über einem rechteckigen Grundriß entworfen werden, so ist zunächst der Binder festzulegen. Dazu ist für den Dachquerschnitt der Dachbalken mit den unterstützenden Wänden aufzutragen. Dann werden die Sparren nach der gewählten Dachneigung gezeichnet und die Unterstützungspunkte bestimmt. — Bei Kehlbalkendächern ist zunächst der Kehlbalken in der erforderlichen Höhenlage (2,50—3,00 m über Oberkante Dachbalken) einzuzeichnen und die Unterstützung durch Rähme und Mittelwände festzulegen. Sodann ist das Sparrenende vom Kehlbalken bis zum First zu messen und bei größerer Länge als 2,50 m eine Firstpfette anzuordnen. — Bei Pfettendächern ist die Sparrenlänge zu messen und die Lage der Mittelpfetten so zu bestimmen, daß das untere Sparrenende nicht länger als 4,50 m, das obere Ende nicht länger als 2,50 m wird. Wird das obere Sparrenende länger als 2,50 m, so ist eine Firstpfette anzuordnen.

Bei der Anordnung der Binder über einem rechteckigen Grundriß ist folgendes zu beachten: Neben jede massive Giebelwand wird ein Binder gestellt. Ist die Giebelwand in Fachwerk ausgebildet, so ersetzt sie gleichzeitig den Binder. In der Längsrichtung des Gebäudes sind die Binder in Abständen von 4,00—4,50 m anzuordnen. Bei ausgebauten Dächern bilden die in Fachwerk ausgeführten Querwände gleichzeitig die Binder. Neben einer solchen Fachwerkwand ist ein Binder überflüssig.

V. Holzstärken.

Für Dachkonstruktionen mittlerer Spannweite sind folgende Holzabmessungen zu wählen:

Sparren	$\frac{10}{12}$—$\frac{10}{14}$ cm
Kehlbalken	$\frac{12}{16}$—$\frac{14}{18}$ „
Zangen	$\frac{6}{16}$—$\frac{8}{18}$ „
Rähme	$\frac{14}{18}$—$\frac{14}{20}$ „
Mittel- und Firstpfetten.	$\frac{14}{16}$—$\frac{14}{18}$ „
Kniestockpfetten.	$\frac{12}{14}$—$\frac{12}{16}$ „
Kniestockstiele	$\frac{12}{12}$ „
Stiele unter den Rähmen u. Pfetten	$\frac{14}{14}$ „
Streben	$\frac{14}{16}$ „
Kopfbänder	$\frac{10}{12}$ „

VI. Dachfenster.

Dachräume, welche nicht hinter Giebelwänden liegen, müssen besondere Dachfensterausbauten erhalten. — Für Wohnräume werden die Seitenwände der Dachfenster zweckmäßig bis auf die Balkenlage geführt und in Fachwerk ausgebildet. In den Abb. 242 a und b sind solche Dachfensteranlagen im Grundriß (Sparren punktiert) und Schnitt dargestellt. Entspricht die Dachfensterbreite genau der Balken- und Sparrenteilung, so kann die Anordnung nach Abb. 242a geschehen. Die Sparren des Dachfensters legen sich auf die Sparren des Hauptdaches und werden dort durch Nagelung gesichert. Zur Auflagerung der Dachlatten werden die in den Seitenwänden liegenden Hauptsparren durch angenagelte Latten verbreitert. Entspricht die Dachfensterbreite nicht der Balken- und Sparrenteilung, so kann die Anordnung nach Abb. 242b geschehen.

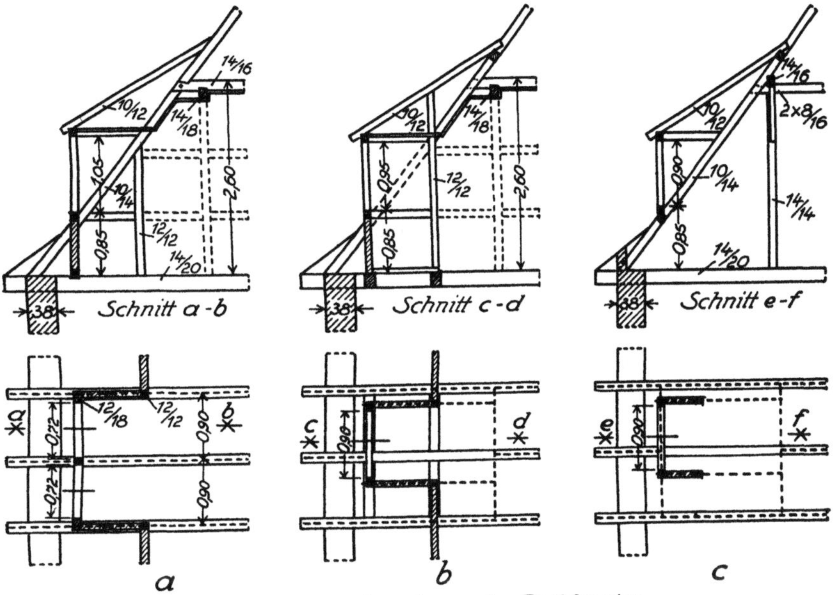

Abb. 242 a—c. Anordnung der Dachfenster.
(Die Sparren sind im Grundriß durch punktierte Linien dargestellt.)

Die Stiele müssen dann auf Wechselbalken gestellt werden. Die Seitenwände erhalten besondere Schwellhölzer. Die Hauptsparren müssen ausgewechselt werden; die Sparren des Dachfensters werden auf den Sparrenwechsel aufgeklaut. Zur Auflagerung der Dachlatten werden entweder Wechselsparren angeordnet oder der Hauptdachfläche entsprechende Latten an die Hölzer der Seitenwände genagelt. — Für freie Dachräume kommt die Anordnung nach Abb. 242c in Frage. Die Seitenwände erhalten Dreieckform und werden unten durch in der Hauptdachfläche liegende Wechselsparren, oben durch die Sparren des Dachfensters begrenzt.

Dachfenster werden zweckmäßig so angeordnet, daß das etwa $\frac{12}{14}$ cm starke Brüstungsholz in die Sparren einschneidet. Die Abdeckung des Brüstungsholzes und der Anschluß der Dachdeckung ist in Abb. 243 angegeben. Die Eckstiele müssen etwa 18 cm breit werden, damit genügend Platz für den Fensteranschluß und etwaige innere Verschalung verbleibt. Der obere Abschluß geschieht durch einen Rahmholzkranz, dessen Seitenteile mit den Hauptsparren oder Innenstielen verzapft werden.

Bei allen für Wohnzwecke ausgebauten Dachräumen ist eine sorgfältige Sicherung gegen Wärmeverluste vorzunehmen. Zu diesem Zwecke sind die Dachschrägen, soweit sie Räume begrenzen, mit einer Ausstakung nach Art der Windelböden (vgl. Abb. 176) zu versehen oder mit wärmehaltenden Stoffen zu verkleiden. Hierzu er-

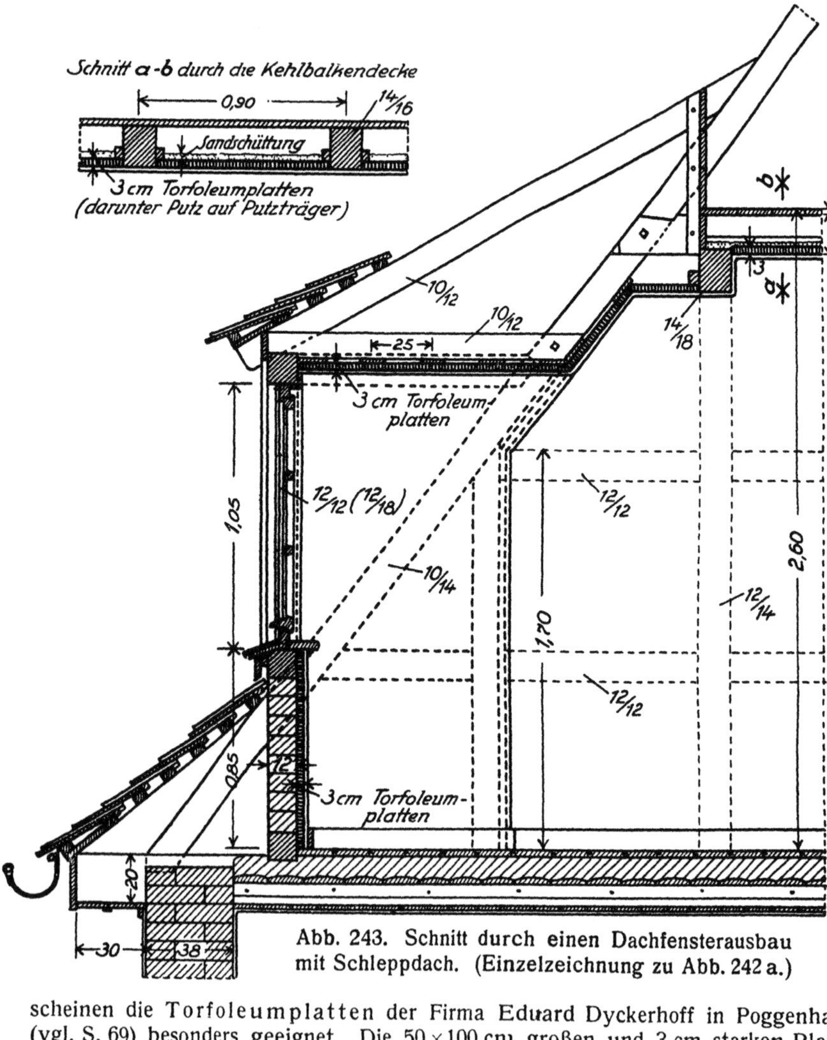

Abb. 243. Schnitt durch einen Dachfensterausbau mit Schleppdach. (Einzelzeichnung zu Abb. 242 a.)

scheinen die Torfoleumplatten der Firma Eduard Dyckerhoff in Poggenhagen (vgl. S. 69) besonders geeignet. Die 50 × 100 cm großen und 3 cm starken Platten werden meist gegen schmale, in Abständen von 25 cm quer unter den Sparren liegende Schalbretter genagelt. Die Platten können auch zwischen die Sparren gesetzt werden, wie das bei der Kehlbalkenlage in Abb. 243, Schnitt a—b gezeigt ist. In diesem Falle ist ein besonders sorgfältig verspannter Putzträger erforderlich. Abb. 243 zeigt den Schnitt durch einen Dachfensterausbau, der in allen Teilen, auch in den senkrechten Fachwerkwänden mit Torfoleumplatten verkleidet ist.

Abschnitt VII.

Dachdeckerarbeiten.

Eine gute Dachdeckung muß leicht, wetterbeständig, wasserdicht, feuersicher und billig in der Herstellung und Unterhaltung sein.

Die Wahl des Materials ist abhängig von der Dachneigung, der Gebäudeart und den Ausführungskosten. Im allgemeinen soll in jeder Gegend das ortsübliche Material verwendet werden. Die Dachdeckung besonders freistehender Gebäude ist einheitlich, d. h. in allen Teilen aus demselben Material herzustellen. Musterungen aus verschiedenfarbigen Materialien sind durchaus zu vermeiden.

Nach der Art des Deckmaterials unterscheidet man:

1. Ziegeldächer,
2. Schieferdächer,
3. Asphalt-Pappedächer,
4. Holzzementdächer,
5. Metalldächer,

(2.–5.) siehe Teil II dieses Leitfadens.

Ziegeldächer.

Dachsteine bestehen aus gebranntem Ton. Zur Herstellung ist bestes Tonmaterial, das frei von organischen Stoffen ist, zu verwenden. Das Formen der Dachsteine geschieht teils durch Handstrich, teils mit Maschinen (Strangpressen). Dachsteine werden auch zur Erzielung größerer Wetterbeständigkeit glasiert ausgeführt. Ein besseres Aussehen des Daches wird aber bei Verwendung glasierter Steine nicht erzielt. — Dachsteine müssen regelmäßig und scharf geformt, frei von Kalk- und Mergelteilen, gut durchgebrannt und hellklingend sein.

Nach der Form unterscheidet man:

1. Flachziegel- oder Biberschwanzdächer,
2. Hohlziegeldächer,
3. Falzziegeldächer.

A. Die Flachziegel- oder Biberschwanzdächer.

Flachziegel haben meist rechteckige Form. Die untere Seite ist leicht gerundet (Abb. 244). Am oberen Ende des Ziegels sitzt auf der Unterseite eine „Nase" zum Aufhängen auf die Dachlatten. Flachziegel werden in verschiedenen Größen hergestellt. Das Normalformat hat folgende Abmessungen: Länge 365 mm, Breite 155 mm und Stärke 12 mm (Din 453). Mit Flachziegeln können drei Eindeckungsarten ausgeführt werden:

1. Das Spließdach,
2. das Doppeldach,
3. das Ritter- oder Kronendach.

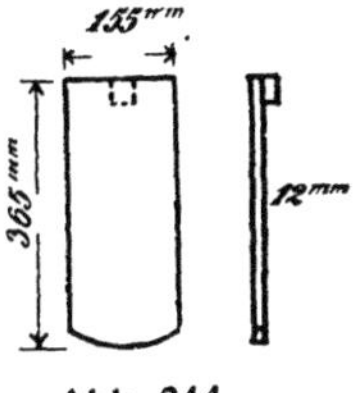

Abb. 244. Flachziegel.

1. Das Spließdach (Abb. 245) wird selten ausgeführt, weil es nicht zuverlässig dicht ist. Geringste Dachneigung $\frac{h}{l} = \frac{1}{3}$, Lattenstärke $\frac{4}{6}$ cm, Lattungsweite 20 cm. Die Ziegel liegen am First und an der Traufe in doppelten, sonst in einfachen Reihen. Eine Flachziegeldeckung ist dann als gut zu bezeichnen, wenn die Dachsteine überall mindestens doppelt liegen. Das ist beim Spließdach nicht der Fall. Die undichten Stellen werden dadurch gedichtet, daß man „Spließe“, das sind 5 cm breite imprägnierte Späne aus Kiefern- oder Eichenholz, unter die Fugen legt. An Stelle der Holzspäne können auch Dachpappe- oder Zinkstreifen verwendet werden. Die Ausführung erfolgt entweder in Verband- oder in Reihendeckung.

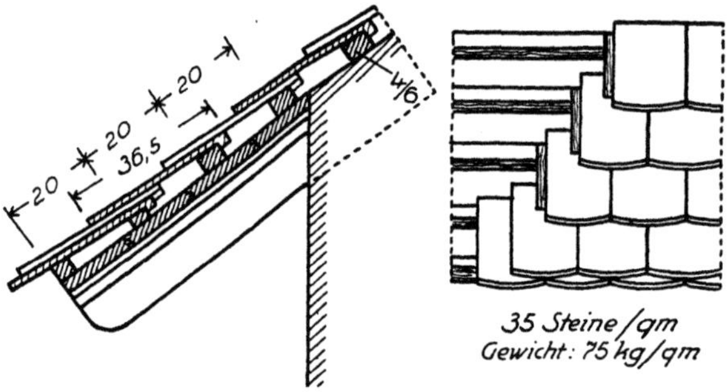

Abb. 245. Das Spließdach.

2. Das Doppeldach (Abb. 246). Geringste Dachneigung $\frac{h}{l} = \frac{1}{4}$, Lattenstärke $\frac{4}{6}$ cm. Die Eindeckung erfolgt wie beim Spließdache, nur ist die Lattenweite geringer (15 cm). Auf jeder Latte hängt eine Ziegelreihe; nur die oberste Reihe am First und die unterste Reihe an der Traufe werden als Doppelreihen ausgeführt. Das Dach ist dicht, weil die Steine überall doppelt, auf kurze Strecken sogar dreifach übereinanderliegen. Die Ausbesserung ist aber schwierig, da von der schadhaften Stelle aus die Ziegel bis zum First abgenommen werden müssen.

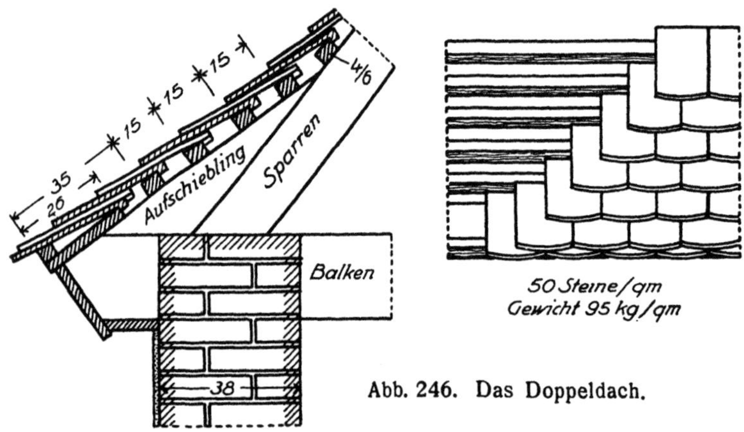

Abb. 246. Das Doppeldach.

3. Das Ritter- oder Kronendach (Abb. 247). Geringste Dachneigung $\frac{h}{l} = \frac{1}{4}$, Lattenstärke $\frac{5}{8}$ cm. Auf jeder Latte hängen zwei Ziegelreihen. Lattenentfernung 25 cm. Das Dach ist dicht, aber schwer; es läßt sich leicht ausbessern.

4. Einzelheiten der Flachziegeldächer. Die Fugen der Flachziegeldächer werden entweder mit Haarkalkmörtel verstrichen, oder es werden die einzelnen Ziegel in den Stoß- und Lagerfugen in Mörtel verlegt. (Böhmische Eindeckung.)

Die Eindeckung des Firstes (Abb. 248) erfolgt mittels konisch geformter Hohlsteine, die etwa 8—10 cm übereinandergreifen und auf dem Firste so an-

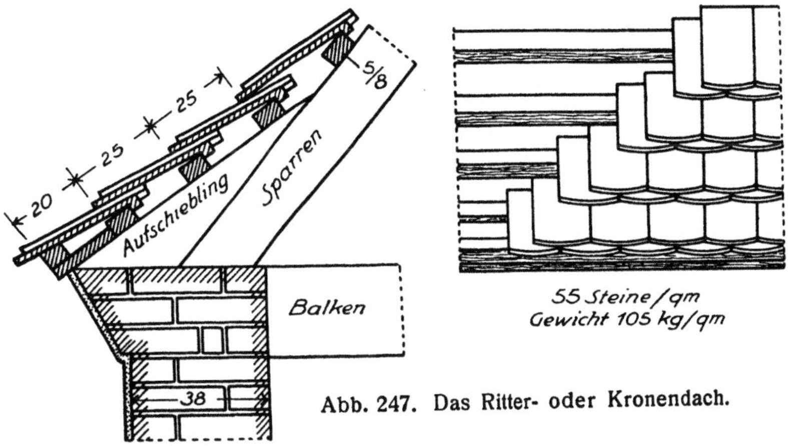

Abb. 247. Das Ritter- oder Kronendach.

zuordnen sind, daß die Breitseite der Wetterseite abgekehrt ist. Länge der Firststeine 38—40 cm, Breite 16—20 cm bzw. 12—16 cm. Die Hohlräume werden mit Ziegelbrocken und Mörtel ausgefüllt.

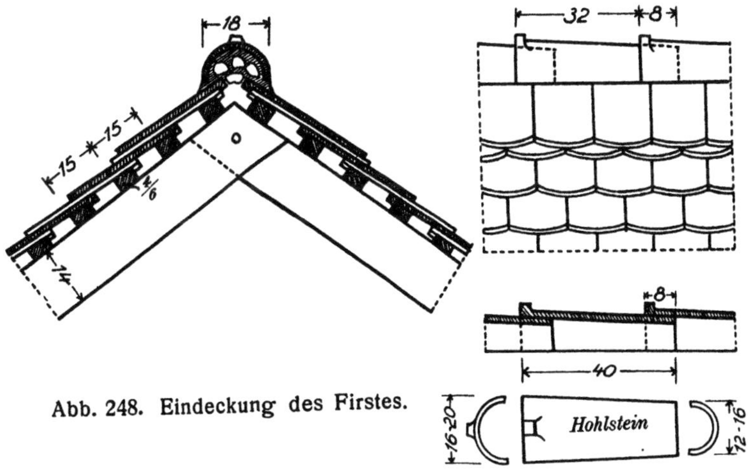

Abb. 248. Eindeckung des Firstes.

Der Anschluß der Dachflächen an Schornsteine geschieht in der Weise, daß das Schornsteinmauerwerk über Dach um ¼ Stein ausgekragt wird. Unter diese Auskragung wird die Dachdeckung untergeschoben und sorgfältig verputzt. Nur hinter dem Schornstein ist eine nach beiden Seiten abwässernde Auskleidung aus Zinkblech herzustellen (Abb. 249).

Der Anschluß der Dachflächen an massive Giebelmauern geschieht durch Einschieben der Dachdeckung in Mauerfalze oder durch Unterschieben unter ausgekragte Ziegelreihen. In beiden Fällen sind die Fugen sorgfältig zu verputzen. — Der seitliche Abschluß über die Giebel reichender Dachflächen erfolgt durch Windbretter und Deckleisten (Abb. 250). — Wegen der Eindeckung der Grate und Kehlen siehe Teil II dieses Leitfadens.

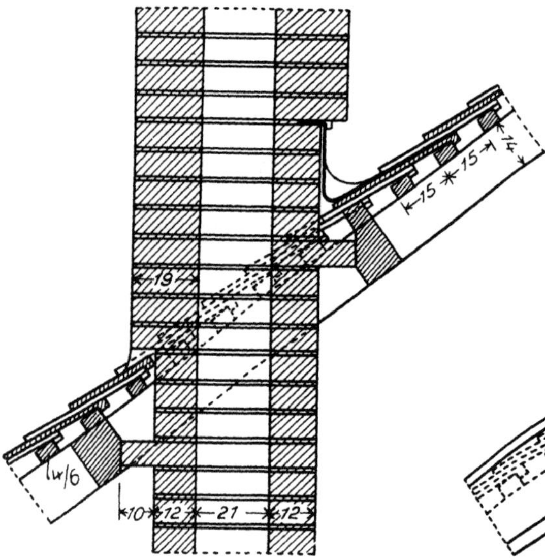

Abb. 249. Schornsteinanschluß.

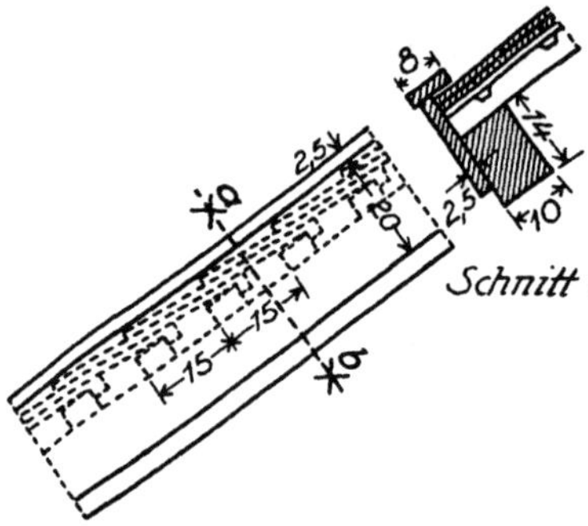

Abb. 250. Anordnung des Windbrettes.

B. Die Hohlziegeldächer.

Zu den Hohlziegeldächern gehören:

1. Das eigentliche Hohlziegeldach,
2. das Pfannendach,
3. das Krämpziegeldach.

Bei allen Hohlziegeldächern erfolgt außer der Überdeckung der einzelnen Reihen noch seitliche Überdeckung der Steine.

1. Das eigentliche Hohlziegeldach (Abb. 251), auch **Mönch-Nonnendach** genannt, wurde häufig bei mittelalterlichen Bauten verwendet. Es ist wegen des gleichmäßigen Wechsels von Licht und Schatten von bester architektonischer Wirkung. Die konisch geformten Steine sind etwa 40 cm lang und etwa 24 cm im Mittel breit. Geringste Dachneigung $\frac{h}{l} = \frac{1}{1}$, Lattenstärke $\frac{5}{8}$. Lattenentfernung 30—32 cm. Die Steine müssen sorgfältig in Mörtel verlegt werden. Das Dach ist schwer und teuer.

In neuerer Zeit werden auch sogenannte „kombinierte Mönch-Nonnen-Ziegel" verwendet, die leichter und billiger als die eigentlichen Hohlziegel sind.

2. Das Pfannendach (Abb. 252). Geringste Dachneigung $\frac{h}{l} = \frac{1}{3}$. Dachpfannen werden in verschiedenen Größen hergestellt. Die großen Pfannen sind 40—42 cm lang und 26—27 cm breit; die kleinen (holländischen) Pfannen 36 cm lang und 23 cm breit (Din 454). Nach der Biegung unterscheidet man rechts- und linksdeckende Pfannen, die entsprechend verwendet werden, so daß die Fugen der herrschenden Windrichtung abgekehrt sind.

Zwei gegenüberliegende Ecken der Pfannen müssen abgeschrägt sein, um die doppelte Überdeckung der Steine (in der Quer- und Längsrichtung) zu ermöglichen. Diese Abschrägung muß so groß sein, daß die einzelnen Reihen

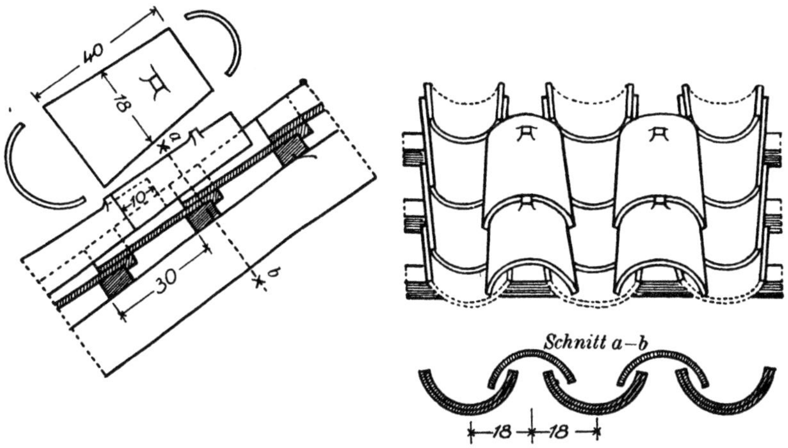

Abb. 251. Das eigentliche Hohlziegeldach.

sich 10 cm überdecken können. Die seitliche Überdeckung beträgt 4—5 cm. Die Lattenweite muß um 10 cm kleiner als die Seitenlänge sein. Lattenstärke $\frac{4}{6}$ cm.

Die zur Verwendung kommenden Dachpfannen dürfen nicht windschief sein; sie müssen vor dem Verlegen, zwecks Erzielung dichterer Fugen, an den Lang-

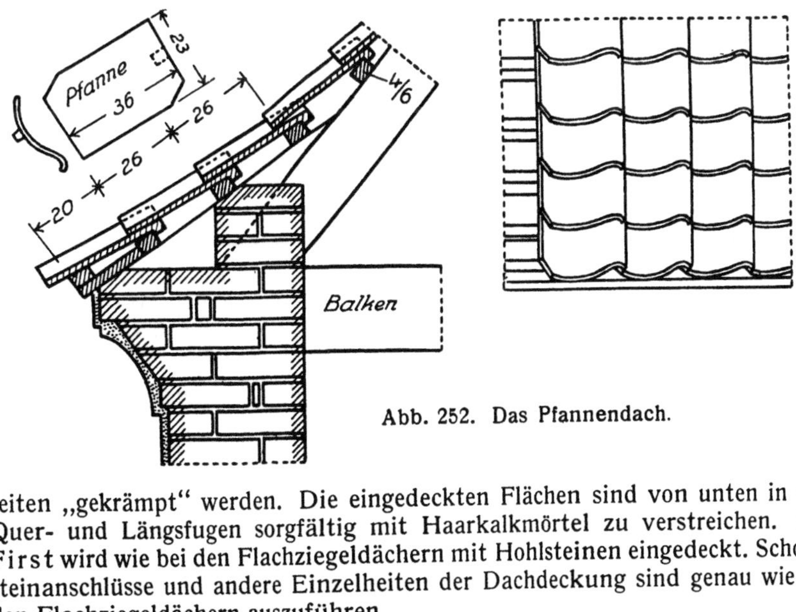

Abb. 252. Das Pfannendach.

seiten „gekrämpt" werden. Die eingedeckten Flächen sind von unten in den Quer- und Längsfugen sorgfältig mit Haarkalkmörtel zu verstreichen. Der First wird wie bei den Flachziegeldächern mit Hohlsteinen eingedeckt. Schornsteinanschlüsse und andere Einzelheiten der Dachdeckung sind genau wie bei den Flachziegeldächern auszuführen.

In Ostpreußen werden die Pfannendächer auf Stülpschalung (2,5 cm stark) ausgeführt. Auf dieser Schalung liegen in der Richtung der Sparren die Stecklatten ($\frac{2}{8}$ cm stark) und darauf parallel zur Traufe die eigentlichen Dachlatten ($\frac{4}{6}$ cm stark). An der Traufe wird eine sog. Bundlatte angeordnet, die mit Ausschnitten versehen ist, um eine Lüftung der Hohlräume herbeizuführen. Die Pfannen werden bei dieser Ausführung nicht verstrichen.

Abb. 253. Krämpziegel.

3. Das Krämpziegeldach. Die Krämpziegel kommen in verschiedenen Formen und verschiedenen Größen zur Verwendung. Meistens haben die Steine ebene Fläche und auf der einen Seite eine gerade, auf der anderen Seite eine wulstartige Krämpe (Abb. 253). Die Überdeckung der einzelnen Reihen beträgt 8—10 cm.

C. Falzziegeldächer.

Geringste Dachneigung $\frac{h}{l} = \frac{1}{6}$. Lattenstärke $\frac{4}{6}$ cm. Die Lattenweite richtet sich nach der Länge der Ziegel, Falzziegel werden in verschiedenen Größen hergestellt. Die Ziegel haben an den beiden Längskanten Falze, oben und unten leistenartige Umbiegungen, so daß die Steine auf allen vier Seiten übereinandergreifen. Die Eindeckung erfolgt entweder mit gerade aufsteigenden Längsfugen oder mit wechselnden Fugen. Ein Mörtelverstrich der Fugen ist überflüssig. Das Falzziegeldach ist leicht, dicht und luftdurchlässig. Abb. 254 zeigt den Querschnitt durch die Falzziegel der Firma Karl Ludowici in Jockgrimm, Rheinpfalz. — Falzziegel, die nur an den beiden Langseiten Falze erhalten, nennt man Strangfalzziegel (Schlesische Dachstein- und Falzziegelfabriken, G. Sturm. A.-G. Freiwaldau.)

Abb. 254. Querschnitt und seitliche Überdeckung der Ludowici-Falzziegel.

Abschnitt VIII.

Klempnerarbeiten.

A. Allgemeines.

Die Arbeiten des Bauklempners umfassen in der Hauptsache die Herstellung der Rinnen- und Abfallrohre, die Dachanschlüsse und die Metalldachdeckungen. Für Klempnerarbeiten wird hauptsächlich Zinkblech, seltener Kupfer oder Blei verwendet.

Zinkblech wird aus gegossenen Blöcken in 26 Stärken oder Nummern gewalzt. Die Blechtafeln werden in den Größen: 0,65×2,00 m, 0,80×2,00 m und 1,00×2,00 m geliefert. Für Bauzwecke kommen nur die Nummern 10—15 in Betracht.

Stärke und Gewicht des Zinkblechs.

Nr.	Stärke mm	Gewicht für 1 qm
10	0,50	3,50 kg
11	0,58	4,06 „
12	0,66	4,62 „
13	0,74	5,18 „
14	0,82	5,74 „
15	0,95	6,65 „

Zinkblech dehnt sich bei 1° Temperaturzunahme um $\frac{1}{34000}$ seiner Länge aus. Die einzelnen Bleche sind möglichst durch Falze miteinander zu verbinden, damit sie sich ungehindert bewegen können. Dichte Verbindungen werden durch „Löten" der Bleche erzielt. Als Lötmaterial dient das sog. Weichlot, eine Mischung von Zinn und Blei.

B. Die Hängerinne.

Bei überstehenden Dachflächen werden sog. Hängerinnen angeordnet. Dieselben erhalten halbkreisförmigen Querschnitt von 14—20 cm Breite, je nach der Größe der Dachflächen. Auf 1 qm Dachgrundfläche rechnet man 0,80—1,00 qcm Rinnenquerschnitt. Halbkreisförmige Hängerinnen brauchen nur ein ganz geringes Gefälle. Die eigentliche Rinne wird aus Zinkblech Nr. 12 hergestellt.

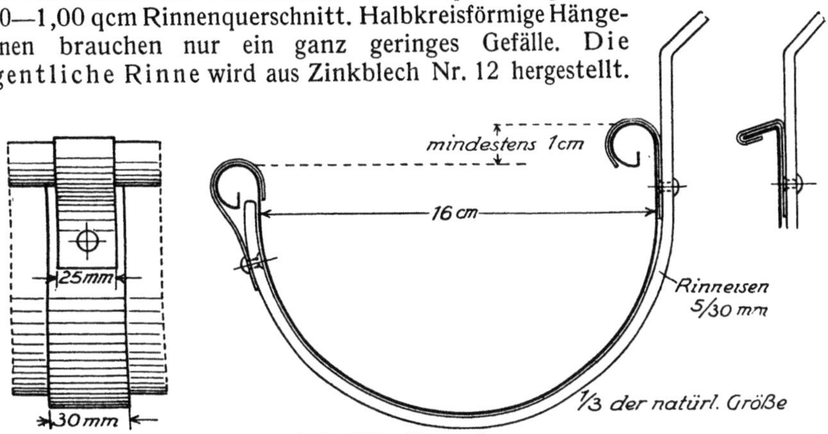

Abb. 255. Hängerinne.

Die vordere und hintere Rinnenkante erhalten zur Versteifung angebogene Wulste (Abb. 255). Für die hintere Rinnenkante genügt auch gerader Falz (Abb. 255, rechts). Bei wenig überhängenden Dächern muß der vordere Rinnenrand etwas tiefer liegen als der hintere Rinnenrand, damit etwa überlaufendes Wasser nicht die Mauerflächen trifft. Es empfiehlt sich, die vordere

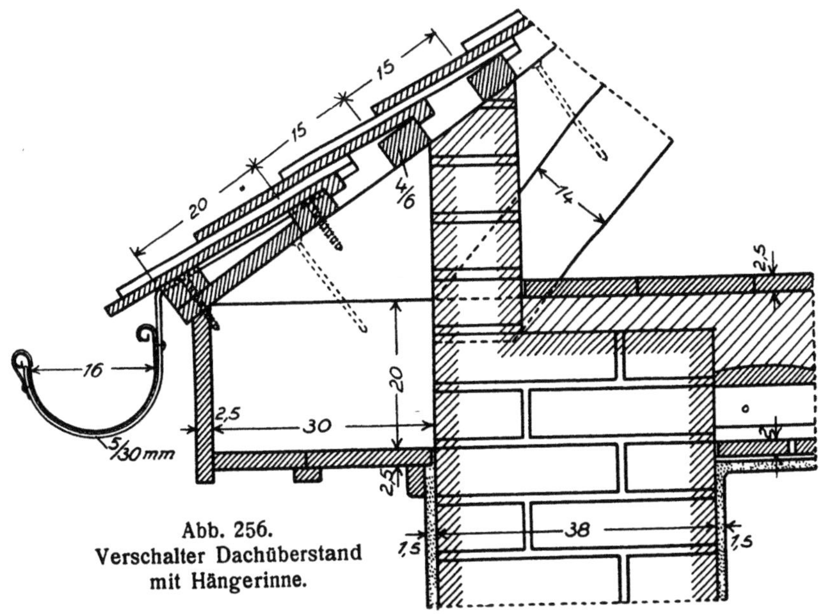

Abb. 256.
Verschalter Dachüberstand
mit Hängerinne.

Rinnenkante etwas unter die Verlängerung der Dachfläche zu legen, um Beschädigungen der Rinne durch abrutschenden Schnee zu vermeiden.

Die Rinnen werden getragen durch Rinnenbügel (Rinneneisen) aus verzinktem Schmiedeeisen, welche in Abständen von 80—90 cm auf die Lattung bzw. Schalung geschraubt werden. Die Stärke der Rinnenbügel beträgt 4—6 mm, die Breite 25—30 mm. Die Befestigung der Blechrinne in den Rinnenbügeln geschieht durch Federn von 1—1,5 mm Stärke und 20—25 mm Breite. Diese Federn sind an die Rinnenbügel genietet und werden um die Wulste der Rinne gebogen (Abb. 255). Der hintere Rinnenrand kann auch mit einem auf der Dachschalung aufliegenden Vordeckstreifen verfalzt werden. — Wegen der Rinnen und Abfallrohre für Kleinhäuser vgl. Din 1099.

C. Das Abfallrohr.

Abfallrohre werden in Abständen von 10—20 m angeordnet; sie haben 12 cm Durchmesser und werden aus Zinkblech Nr. 12 hergestellt. Abfallrohre für kleinere Dachflächen (Verandavorbauten usw.) können entsprechend kleiner sein. Die Befestigung der Abfallrohre erfolgt durch Rohrschellen (Schelleisen) aus verzinktem Schmiedeeisen, welche in Abständen von 1,50—2,00 m angeordnet werden. Die Abfallrohre erhalten angelötete Wulste oder Nasen, die sich auf die Schelleisen aufsetzen. In Abb. 257 ist ein zweiteiliges Schelleisen mit Scharnier- und Schraubenverbindung dargestellt. Die Verbindung mit der Dachrinne erfolgt durch einen kurzen Rohrstutzen, der mit der Rinne verlötet ist. Über diesen Stutzen wird das Abfallrohr geschoben. Die Abflußöffnungen der Rinnen sollen nicht mit Drahtgittern versehen werden. Die Verbindung der einzelnen Teile eines Abfallrohres erfolgt in der Weise, daß immer das untere Stück über das obere geschoben wird. — Wegen der Abfallrohre für Kleinhäuser vgl. Din 1099.

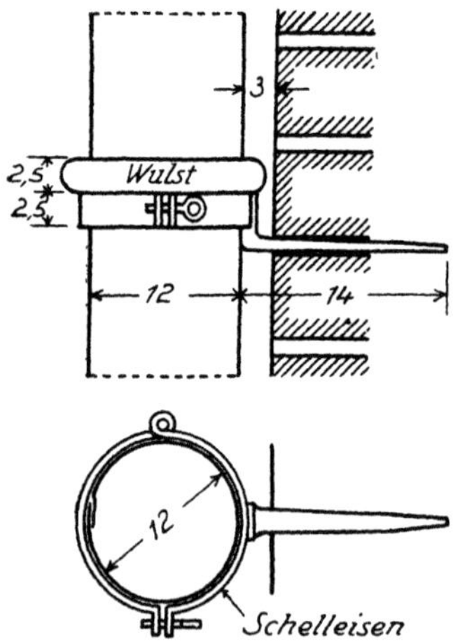

Abb. 257. Abfallrohr.

Alle anderen Klempnerarbeiten: Kastenrinnen, Dachanschlüsse, Metalleindeckungen sind im II. Teile dieses Leitfadens behandelt.

Abschnitt IX.

Tischlerarbeiten.

Die Bautischlerarbeiten umfassen alle Holzarbeiten des inneren Ausbaues (Holztreppen, Türen, Fenster, bessere Fußböden, Paneele, Holzdecken usw.). Holztreppen und einfache Türen werden auch vom Zimmermann ausgeführt.

Für Tischlerarbeiten darf nur trockenes, splintfreies Holz verwendet werden. Das Holz muß möglichst astrein sein. Lose Äste sind herauszustoßen und durch eingeleimte Holzpfropfen zu ersetzen. Die fertigen Tischlerarbeiten müssen, bevor sie auf die Baustelle gebracht werden, mit heißem Leinöl gestrichen werden.

A. Hölzerne Treppen.

I. Allgemeines.

Treppen bestehen aus einzelnen Stufen von gleicher Höhe (Steigungshöhe). Die horizontale Trittfläche der Stufen nennt man den Auftritt. Auftrittsbreite und Steigungshöhe müssen in bestimmtem Verhältnis zueinander stehen, wenn die Treppe bequem besteigbar sein soll.

Man bestimmt die Auftrittsbreite aus der gewählten Steigung nach der Formel

$$2h + b = 63 \text{ cm} \quad \text{(Abb. 258).}$$

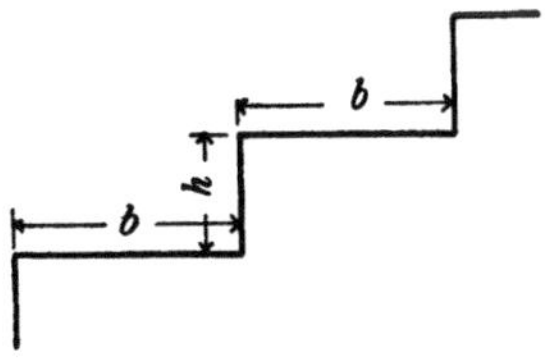

Abb. 258. Stufenanordnung.

Geschoßtreppen erhalten 16—17 cm Steigung, Keller- und Dachbodentreppen sowie die Treppen der Kleinhäuser 18—20 cm Steigung.

Für eine bestimmte Stockwerkhöhe wird zunächst die Anzahl der Stufen ermittelt und danach die Grundrißanordnung der Treppe bestimmt. Beispiel (Abb. 259):

Geschoßhöhe . . . 3,40 m,

gewählte Steigung 0,17 m.

Erforderlich sind: $\frac{3,40}{0,17} = 20$ Steigungen.

$$2h + b = 63 \text{ cm},$$

$$b \text{ (Auftrittbreite)} = 63 - 2 \cdot 17 = 29 \text{ cm}.$$

Die Treppe soll zweiarmig angelegt werden. Jeder Arm erhält dann 10 Steigungen.

Lauflänge = (Anzahl der Steigungen — 1) · 0,29 = 9 · 0,29 = 2,61 m.

Die Grundrißanlage der Treppen kann verschieden sein. Man unterscheidet:

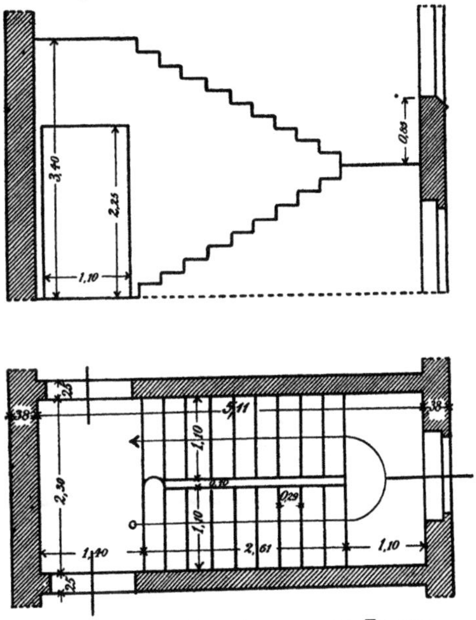

Abb. 259. Zweiarmige gerade Treppe.

1. einarmige gerade Treppen,
2. zweiarmige „ „ (Abb. 259),
3. dreiarmige „ „ ,
4. Treppen mit Wendelstufen,
5. Wendeltreppen und gewundene Treppen,

(3.–5.: siehe Teil II dieses Leitfadens.)

Die Breite der Treppenläufe (Lichtmaß in Höhe des Handläufers) muß für Geschoßtreppen 1,00—1,25 m, für Dachboden- und Kellertreppen 0,80—1,00 m betragen. Wegen der Treppen für Kleinhäuser vgl. S. 138.

Einarmige gerade Treppen kommen nur für untergeordnete Zwecke (Dachbodentreppen) und für Kleinhäuser zur Ausführung. Bei Geschoßtreppen ordnet man ein Zwischenpodest an, welches mindestens so breit wie der Treppenlauf sein muß (Gerade zweiarmige Treppe.) Jeder Lauf soll nicht mehr als 15 Steigungen erhalten.

Durchgänge unter Treppen sollen eine Mindesthöhe (Kopfhöhe) von 1,80 m erhalten.

Hölzerne Treppen sind wenig feuersicher und daher nach baupolizeilichen Bestimmungen nur in beschränktem Maße zulässig. (Einfamilienhäuser; Kleinhäuser.) Treppen in mehrgeschossigen Mietshäusern dürfen nicht in Holz ausgeführt werden. Zur Erhöhung der Feuersicherheit werden hölzerne Treppen auf der Unterseite berohrt und geputzt.

Hölzerne Treppen werden aus Kiefernholz, seltener aus Eichenholz hergestellt. Meist verwendet man nur für die Trittbretter hartes Holz. (Eichenholz, Buchenholz.) Hinsichtlich der Konstruktion unterscheidet man drei Arten von Holztreppen:

die eingeschobene Treppe,
die eingestemmte Treppe,
die aufgesattelte Treppe.

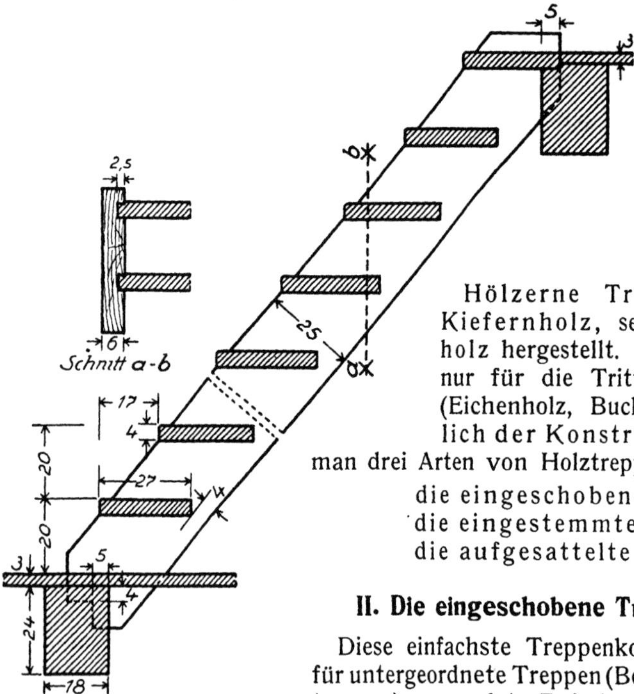

Abb. 260.
Die eingeschobene Treppe.

II. Die eingeschobene Treppe (Abb. 260).

Diese einfachste Treppenkonstruktion wird nur für untergeordnete Treppen (Boden-, Stall-, Speichertreppen) verwendet. Zwischen zwei 5—7 cm starke, 23—28 cm breite Wangen werden die 4—5 cm starken Trittbretter auf Grat eingeschoben. Die beiden Wangen werden durch lange Bolzen mit einander verbunden. Die Vorderkante der Trittbretter wird wenig abgeschrägt. Die Wangen greifen am unteren und oberen Ende mit Zapfen in Balken oder Balkenwechsel. Eingeschobene Treppen werden meist sehr steil angelegt. Die Steigungshöhe beträgt etwa 20 cm, die Entfernung von Stufenvorderkante zu Stufenvorderkante 17—20 cm. Die Trittbretter müssen aber 25—30 cm breit sein. Zwischen die einzelnen Trittbretter kommen keine senkrechten Zwischenbretter (Futterstufen). Die Treppe kann aber auf der Unterseite geschalt und verputzt werden.

Als seitlicher Schutz dient ein einfaches Stabgeländer mit festem Antrittspfosten und einfacher Handleiste.

III. Die eingestemmte Treppe (Abb. 261).

Bei den eingestemmten Treppen werden die einzelnen Stufen aus dem 4—5 cm starken Trittbrett (Trittstufe) und dem 2 cm starken Futterbrett (Futterstufe, Setzstufe) zusammengesetzt. Das Trittbrett steht 4—5 cm gegen das Futterbrett vor und erhält einfaches Profil. Das Futterbrett wird mit dem oberen Ende in das Trittbrett eingenutet, das untere Ende wird durch Nagelung oder Verschraubung mit dem Trittbrett verbunden.

Tritt- und Futterstufen werden 2—3 cm tief in die Wangen eingestemmt. Die Wandwange wird 5 cm, die Innenwange 6—7 cm stark. Die Wangenhöhe ist so zu bestimmen, daß über der Vorderkante der Trittstufe und ebenso unter der Hinterkante derselben, senkrecht zur Steigungslinie gemessen, noch 4—5 cm Holz stehen bleibt. Beide Wangen werden durch zwei lange Schraubenbolzen in jedem Lauf fest zusammengehalten.

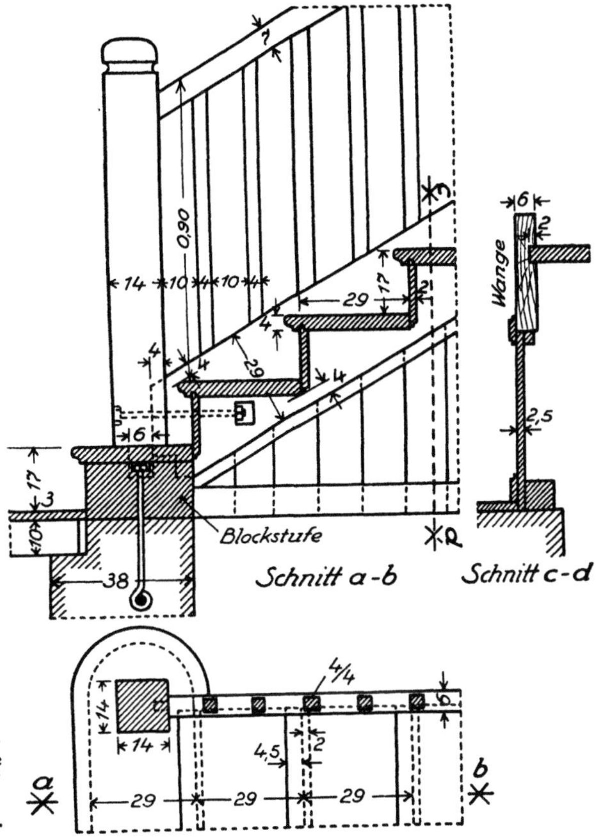

Abb. 261. Die eingestemmte Treppe.

Die unterste Stufe (Antrittsstufe) wird aus vollem Holz als sog. Blockstufe hergestellt. Die Blockstufe ruht auf einem Fundament oder auf dem Gebälk und wird gegen Verschieben dadurch gesichert, daß sie mit dem Fundament durch Bolzenanker verbunden und in den Fußboden eingelassen wird. Die Wangen fassen mit einer Klaue auf die Antrittsstufe und sind in dieselbe eingelassen. Die innere Wange greift außerdem mit einem Zapfen in den auf der Blockstufe stehenden Geländerpfosten; dieser ist durch Zapfen mit der Blockstufe und durch Bolzen mit der Treppenwange verbunden.

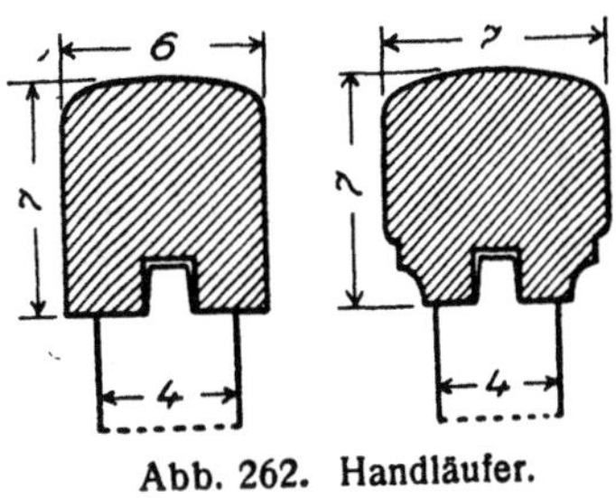

Abb. 262. Handläufer.

Das Treppengeländer erhält 0,90 m Höhe (von Vorderkante Trittstufe bis Oberkante Handläufer gemessen). Die meist quadratischen

Reichsnorm

Einläufige Holztreppen

für Wohngeschosse der Kleinhäuser
Geradläufig, hohe Steigungen

Bauwesen

DIN 287

Maße in mm

Geschoßhöhe h	Anzahl der Steigungen	Lange l
2600	13	2760
2800	14	2990
3000	15	3220
3200	16	3450

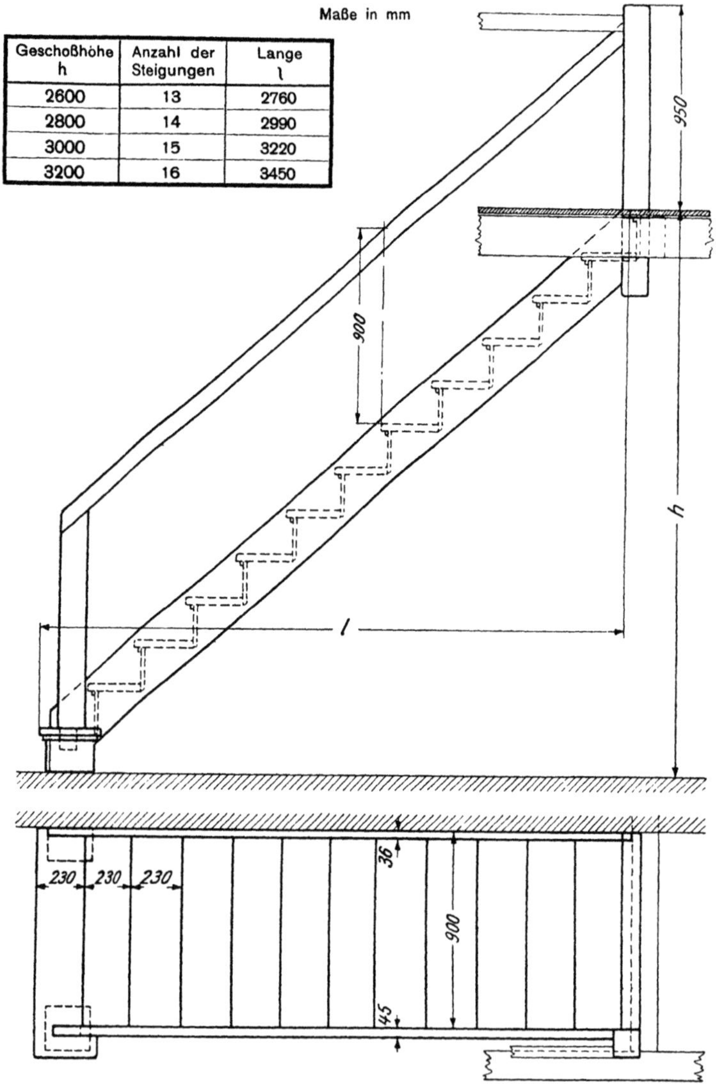

Bezeichnung einer einläufigen Holztreppe, geradläufig mit 230 mm breiten Stufen für eine Geschoßhöhe von 2600 mm

Geradläufige Holztreppe 2600 (230) DIN 287

November 1921

Einzelheiten DIN 293

Abb. 263. Einläufige Kleinhaustreppe (Din 287).[1])

1) Wiedergabe erfolgt mit Genehmigung des NDI. — Verbindlich für die vorstehenden Angaben bleiben die Dinormen. — Normblätter sind durch den Beuth-Verlag GmbH., Berlin SW 19, Beuthstr. 8, zu beziehen.

Reichsnorm	**Einläufige Holztreppen** für Wohngeschosse der Kleinhäuser Einzelheiten der geradläufigen Treppen	Bauwesen	**DIN** **293**

Maße in mm

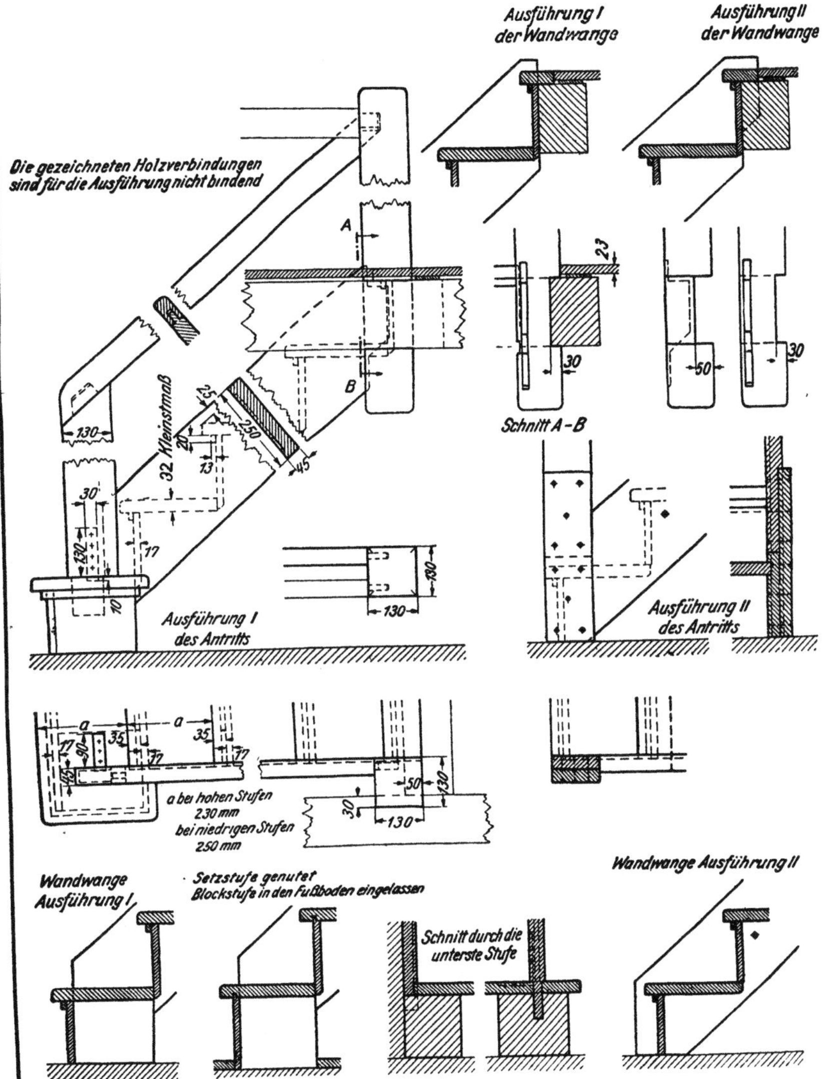

November 1921

Abb. 264. Einzelheiten zur einläufigen Kleinhaustreppe (Abb. 263).[1])

1) Wiedergabe erfolgt mit Genehmigung des NDI. — Verbindlich für die vorstehenden Angaben bleiben die Dinormen. — Normblätter sind durch den Beuth-Verlag GmbH., Berlin SW 19, Beuthstr. 8, zu beziehen.

Geländerstäbe werden 4 cm stark und mit Zwischenräumen von höchstens 13 cm Breite angeordnet. Der $\frac{14}{14}$—$\frac{16}{16}$ cm starke Antrittspfosten erhält quadratischen oder kreisrunden Querschnitt; er bleibt entweder glatt, kann aber auch einfach profiliert werden. Der Handläufer (Abb. 262) stößt gegen den Antrittspfosten und wird mit demselben verzapft. Wird der Antrittspfosten aus einer Bohle gebildet, so wird der Handläufer über die Bohle hinweggeführt.

Für **Kleinhäuser** sind die einläufigen Holztreppen durch Normung festgelegt. Die Laufbreite (Lichtmaß zwischen Wand und Handläufer) beträgt 90 cm; Wangenstärke 45 bzw. 36 mm; Stärke der Trittbretter 25 mm, der Futterbretter 17 mm. Es ist eine Treppe mit hohen und eine mit niedrigen Steigungen vorgesehen. Die Treppe mit hohen Steigungen (Din 287; Einzelheiten Din 293) ist in den Abb. 263 u. 264 dargestellt. Die Stufenhöhe beträgt 20 cm, die Auftrittsbreite 23 cm. Der Lauf erhält je nach der Geschoßhöhe 13—16 Steigungen. — Die Treppe mit niedrigen Steigungen (Din 288; Einzelheiten Din 293) hat bei 25 cm Auftrittsbreite etwa 18,6 cm Stufenhöhe, nämlich

auf	2,60 m	Geschoßhöhe	14	Steigungen
„	2,80 „	„	15	„
„	3,00 „	„	16	„
„	3,20 „	„	17	„

Wegen der genormten Kleinhaustreppen mit gewendeltem An- und Austritt vgl. den II. Teil dieses Leitfadens.

Die Zwischenpodeste hölzerner Treppen werden in der Weise gebildet, daß zwei Podestbalken durch einige Wechsel versteift werden (Abb. 265). Die Untersicht der Podeste wird verschalt und geputzt. Die Wangen der Treppenläufe werden auf den Podestbalken aufgeklaut und eingelassen (Abb. 266). Der Handläufer des Geländers muß dann als Krümmling in den nächsten Lauf übergeführt werden. Die beiden inneren Wangen können auch in einen Geländerpfosten (Hängepfosten), der mit dem Podestbalken überschnitten und verbolzt ist, verzapft werden. — Aufgesattelte Treppen siehe Teil II dieses Leitfadens.

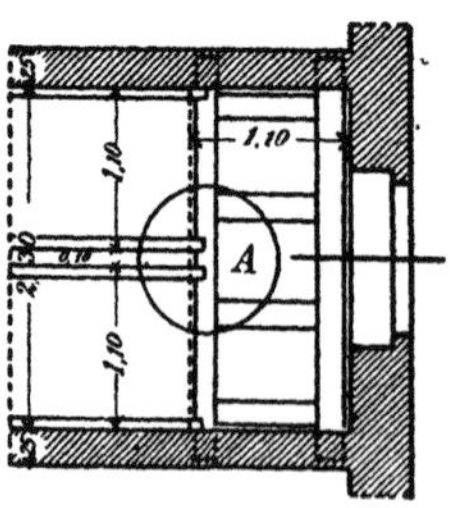

Abb. 265.
Zwischenpodest.

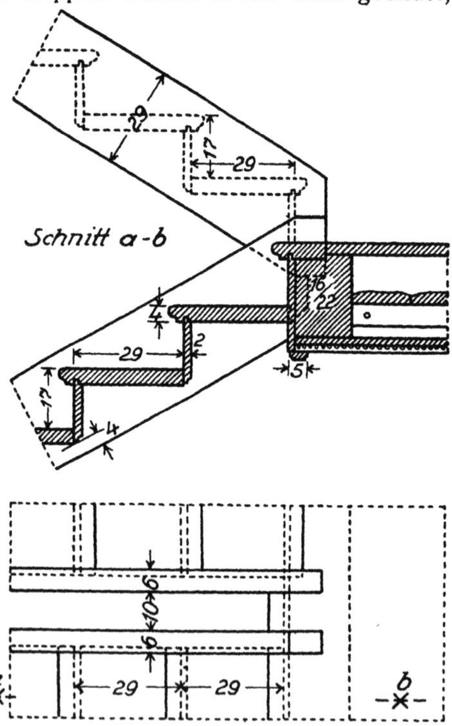

Abb. 266. Podestbildung einer eingestemmten Treppe. (Punkt A, Abb. 265.)

B. Türen.[1])

Hölzerne Türen dienen zum Verschluß der Türöffnungen in den Innen- und Außenwänden.

Innere Türen werden meist einflüglig ausgeführt und erhalten 0,90 bis 1,00 m lichte Breite und 2,00 m lichte Höhe. Für Nebenräume (Abort, Speisekammer usw.) genügen Türen von 0,75—0,80 m Breite und 1,90 m Höhe. Bei inneren Türen mit Futter muß die Maueröffnung in jeder Richtung um 8 cm breiter als die Türöffnung sein. — Zweiflüglige Türen werden 1,40—1,60 m breit und 2,20—2,40 m hoch. — Haustüren werden ein- oder zweiflüglig ausgeführt.

Als Material wird für innere Türen Tannenholz oder Kiefernholz verwendet. Äußere Türen werden aus Kiefernholz, Pitchpineholz oder aus Eichenholz hergestellt.

Nach Ausführung und Konstruktion unterscheidet man:

a) Einfache Türen für untergeordnete Räume.
   1. Lattentüren,
   2. Brettertüren,
   3. stumpf verleimte Türen mit Gratleisten.
b) Verdoppelte Türen.
c) Gestemmte Türen für Wohnräume.
   1. Einflüglige Zimmertüren,
   2. Flügeltüren,
   3. Schiebetüren.
d) Glastüren,
e) Haustüren.

(c 2., c 3., d, e: siehe Teil II dieses Leitfadens.)

I. Einfache Türen.

Einfache Türen für untergeordnete Räume schlagen stumpf vor die Wand; sie sind also entsprechend größer als die Maueröffnungen auszuführen.

1. Lattentüren (Abb. 267) für Keller- und Dachbodenräume bestehen aus rauhen oder gehobelten 2,5—3,5 cm starken, 4—5 cm breiten Latten, welche in Abständen gleich der Lattenbreite auf 3 cm starke und 10—12 cm breite Quer- und Strebeleisten genagelt sind. Die Nagelung erfolgt am besten durch geschmiedete Nägel, deren Spitzen auf der Rückseite der Tür quer zur Holzfaser umgeschlagen werden. Die Strebeleiste muß nach dem unteren Stützpunkte gerichtet sein. — Lattentüren gestatten Einblick in die betreffenden Räume und lassen Luft und Licht eindringen.

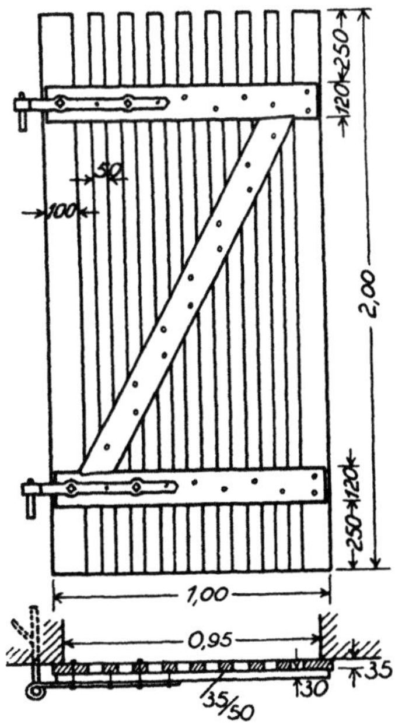

Abb. 267. Lattentür.

1) In den Abbildungen der Abschnitte: Türen, Fenster und Beschläge sind alle Einzelmaße in **mm** angegeben.

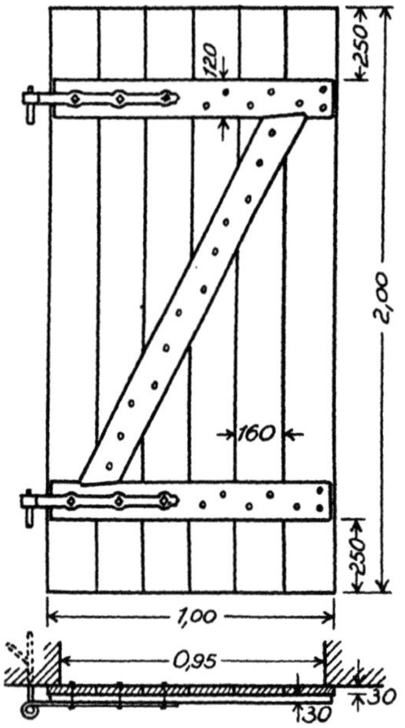

Abb. 268. Brettertür.

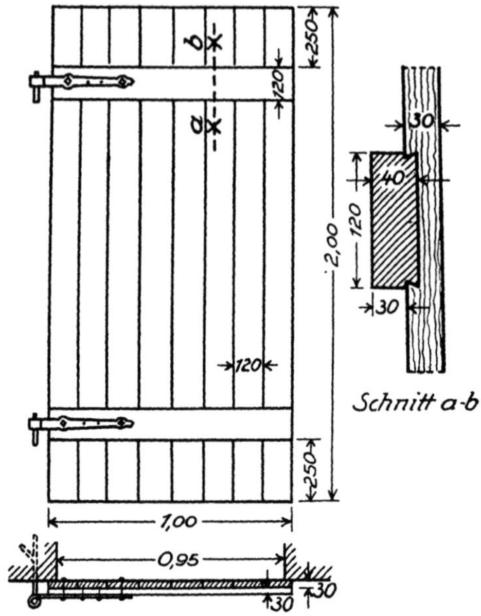

Abb. 269. Stumpf verleimte Tür.

2. Brettertüren (Abb. 268) werden aus rauhen oder gehobelten 2,5—3 cm starken, 12—16 cm breiten gespundeten Brettern zusammengesetzt und durch Nagelung mit den 3 cm starken und 12 cm breiten Quer- und Strebeleisten verbunden. Die Abb. 270 a—d zeigen verschiedene Verbindungen der einzelnen Bretter. Die Nagelung erfolgt wie bei den Lattentüren. Die Strebeleiste muß nach dem unteren Stützpunkt gerichtet sein.

Dienen Brettertüren als äußere Türen (Stalltüren), so müssen die Quer- und Strebeleisten auf der Innenseite der Tür liegen.

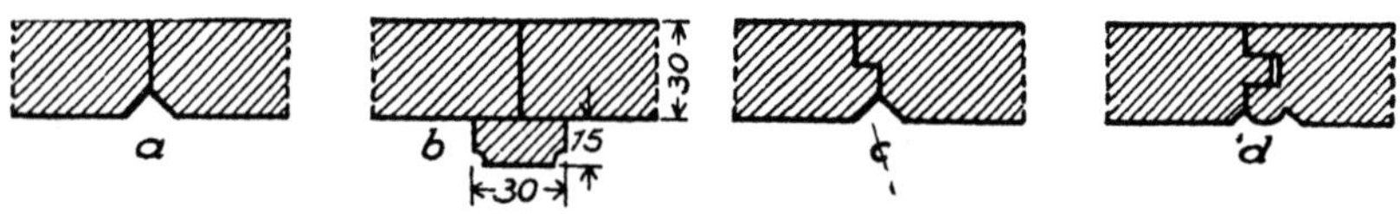

Abb. 270. Verbindung der einzelnen Bretter.

3. Stumpf verleimte Türen (Abb. 269) sind glatte Brettertüren, die aus 3 cm starken und 12 cm breiten Brettern hergestellt werden. Die Bretter werden stumpf aneinander geleimt und durch zwei auf Grat eingeschobene Querleisten von 4 cm Stärke und 12 cm Breite miteinander verbunden. Die Querleisten dürfen nicht eingeleimt, auch nicht aufgenagelt werden. Die Strebeleisten fallen fort.

II. Verdoppelte Türen.

Verdoppelte Türen verwendet man in einfacher Ausführung für untergeordnete Außentüren (Waschküchen, Ställe), in besserer Ausführung für Hauseingangstüren, besonders bei Klein- und Mittelhäusern. Sie bestehen aus zwei aufeinander genagelten Brettlagen. Die Innenseite (Blindtür) wird aus

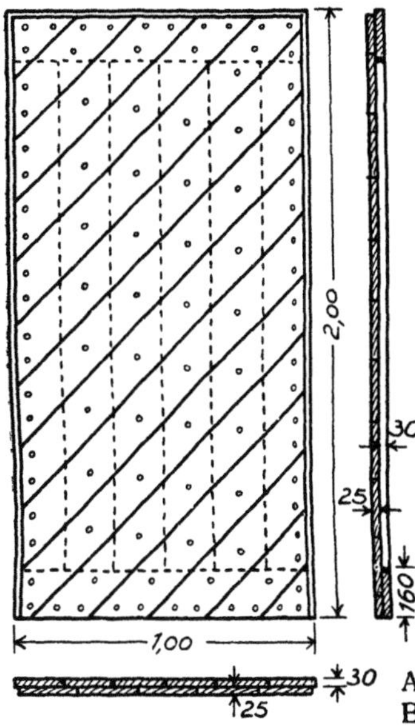

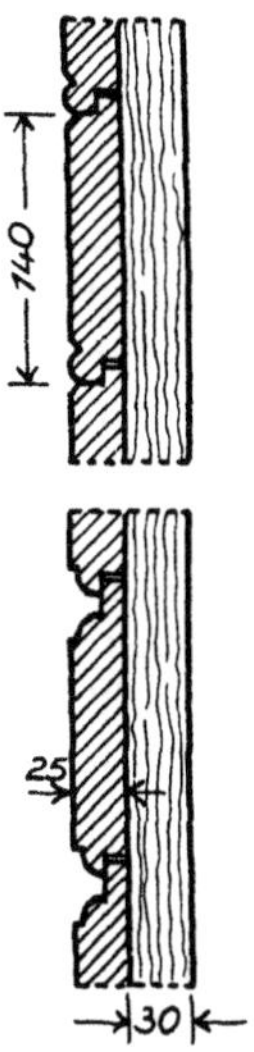

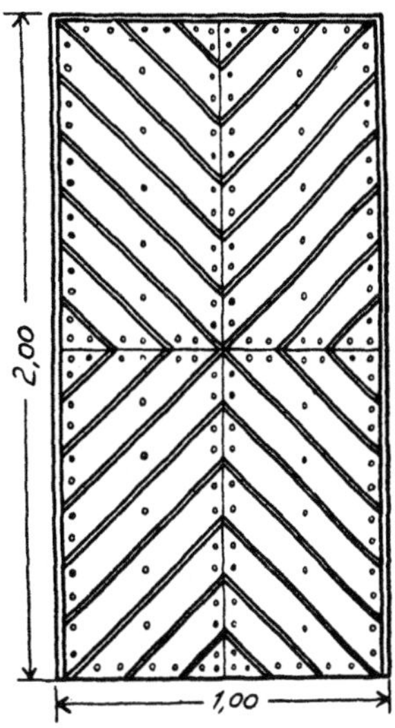

Abb. 271. Verdoppelte Tür.

Abb. 273. Anordnung der Bretter für wagerechte und schräge Verdoppelung.

Abb. 272. Verdoppelte Tür.

senkrechten, schmalen, gespundeten Brettern zusammengesetzt. Darauf werden die Bretter der Verdoppelung aufgenagelt. Zur Nagelung verwendet man schmiedeeiserne Nägel mit besonders geformten Köpfen. Ein Falz kann bei diesen Türen dadurch hergestellt werden, daß man die Verdoppelung an den Seiten und oben um 2 cm zurücktreten läßt.

Die Verdoppelung wird wagerecht (Abb. 274) oder schräg (Abb. 271) angeordnet; die einzelnen Bretter können auch zu verschiedenartigen Musterungen zusammengesetzt werden (Abb. 272). Die Bretter stoßen entweder stumpf zusammen oder sie sind überfalzt und profiliert (Abb. 273). Zuweilen wird die Verdoppelung durch einen glatten Fries eingefaßt, z. B. bei den sog. Jalousietüren (Abb. 274), bei denen die wagerecht angeordneten Bretter jalousieartig übereinander greifen.

Verdoppelte Türen schlagen entweder stumpf vor die Wand oder auf einen Blendrahmen. Der Blendrahmen besteht aus zwei senkrechten Rahmstücken, die mit dem oberen zusammengeschlitzt und verbohrt sind. Der Blendrahmen liegt hinter

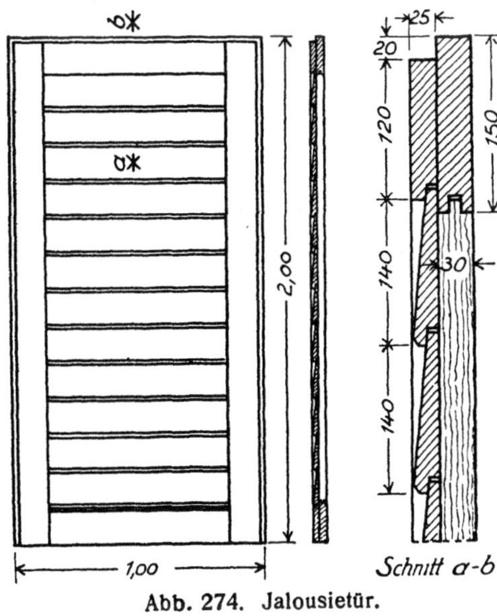

Abb. 274. Jalousietür.

einem Maueranschlag und wird durch Bankeisen oder eingemauerte Ankerschrauben befestigt.

III. Gestemmte Türen.

Zimmertüren und bessere Haustüren werden aus Rahmhölzern und Füllungen zusammengesetzt. Die Füllungen greifen in die Nuten der Rahmhölzer und können sich frei ausdehnen und zusammenziehen. Solche Türen können in der Gesamtfläche nur wenig schwinden. Gestemmte Türen können einflüglig oder zweiflüglig, als Schiebetüren und als Glastüren ausgebildet werden.

Gestemmte Zimmertüren schlagen auf ein Türfutter, das die lichte Türöffnung umgrenzt und die gemauerte Leibungsfläche verkleidet. Die Türbekleidungen decken den Zwischenraum zwischen Türfutter und Wandfläche. Man unterscheidet also bei einer Zimmertür:

1. Die eigentliche Tür,
2. das Türfutter mit Schwelle und Türbekleidung.

a) Die einflüglige gestemmte Zimmertür.

Die Türfläche wird aus Rahmhölzern (auch Friese genannt) von 13 bis 15 cm Breite und 36—40 mm Stärke und 15—20 mm starken Füllungen zusammengesetzt. Nach der Anzahl der Füllungen unterscheidet man: Zweifüllungstüren, Dreifüllungstüren (Abb. 276 u. 282), Vierfüllungstüren (Abb. 282) und Mehrfüllungstüren.

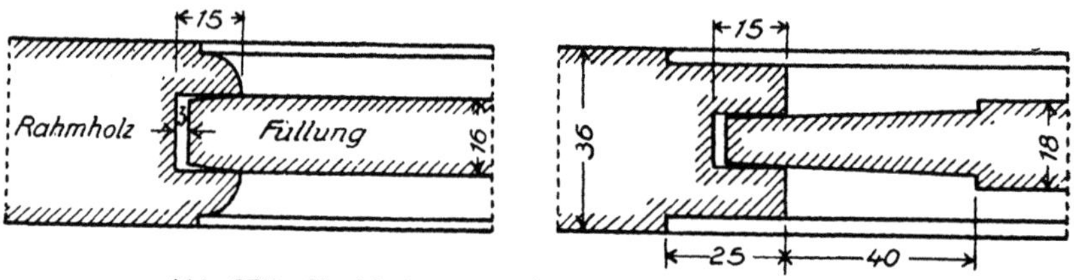

Abb. 275. Verbindung der Rahmhölzer und Füllungen.

Die Türfläche wird seitlich durch die beiden Höhenfriese begrenzt. Der obere und der untere Fries greifen mit Schlitzzapfen (Federzapfen) in die Höhenfriese (Abb. 277), welche stets durchgehen. Der untere Fries wird meist etwas höher ausgeführt; er kann auch aus zwei übereinander liegenden Brettern bestehen. Die Fuge wird dann durch ein dünnes Sockelbrett verdeckt. Die weitere Aufteilung der Türfläche geschieht durch wagerechte Querfriese. Es empfiehlt sich, den Füllungen gleiche Größe zu geben, damit ein ruhiger Eindruck erzielt wird. Bei der Anordnung der Rahmhölzer ist darauf zu achten, daß in Schloßhöhe (1,0—1,10 m) kein Querfries liegen darf. Soll die Türfläche der Breite nach aufgeteilt werden, so sind senkrechte Mittelfriese zwischen die Querfriese zu setzen. Die den Füllungen zugekehrten Kanten der Rahmhölzer bleiben bei einfachster Ausführung scharf, erhalten aber meistens einen sog. Kehlstoß, der als angehobelter, eingeschobener oder aufgeleimter Kehlstoß ausgeführt werden kann. Für einfache Zimmertüren kommt nur der angehobelte Kehlstoß zur Anwendung (Abb. 275).

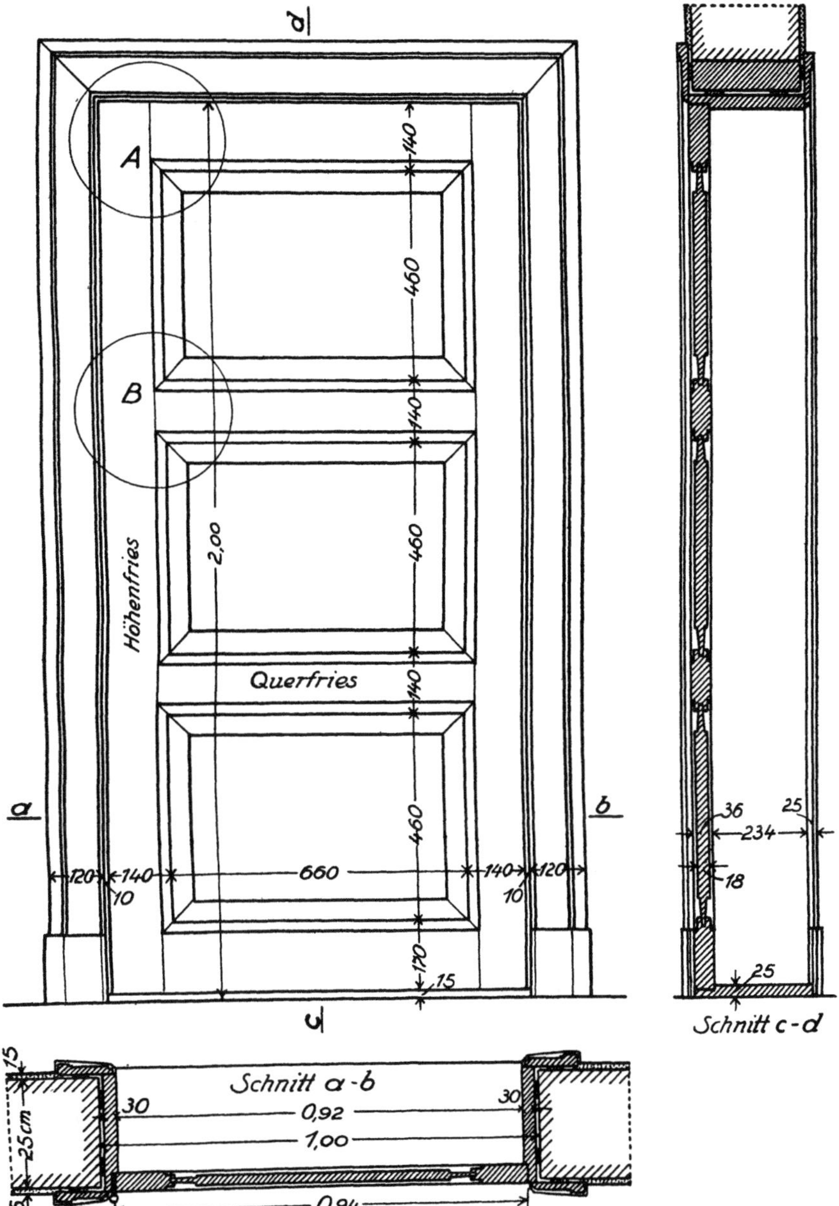

Abb. 276. Einflüglige Zimmertür in 25 cm starker Wand.
(In den Schnitten sind zur Vermeidung von Undeutlichkeit die Profilkanten fortgelassen.)

Die Rahmhölzer erhalten eine 15 mm tiefe Nut, in die das Füllungsbrett mit etwa 3 mm Spielraum eingreift. Die Füllungen können entweder glatt sein oder ringsum auf eine Breite von 4—5 cm beiderseits abgesetzt werden

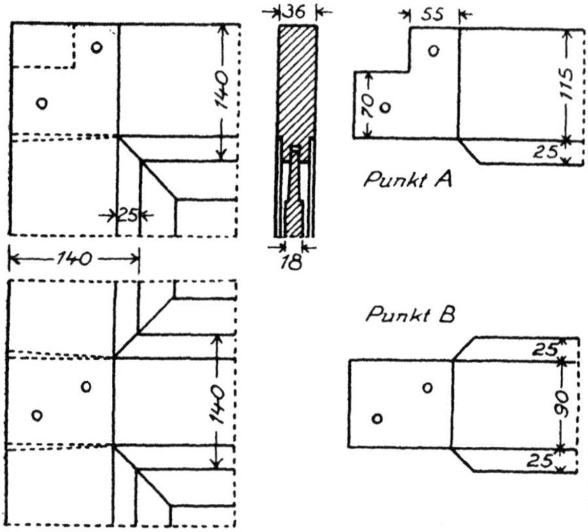

Abb. 277. Verbindung der Rahmhölzer. Einzelzeichnung zu Abb. 276.

(Abb. 275, rechts). Die mit Kehlstoß versehenen Rahmhölzer werden an den Verbindungsstellen um die Breite des Profilhobels abgesetzt und die Profile auf Gehrung zusammengeschnitten (auf Hobel gestemmte Tür). In die Gehrungen werden Zinkplättchen eingeschoben, damit beim Zusammentrocknen keine offene Fuge entsteht. Abb. 277 zeigt die Verbindung der Rahmhölzer für auf Hobel gestemmte Türen. Die Verbindung erfolgt durch Schlitzzapfen (Federzapfen), die verleimt und verkeilt werden.

b) Das Türfutter.

Bei Wänden bis 25 cm Stärke wird das Türfutter aus 25—30 mm starken gehobelten, glatten Brettern zusammengesetzt. Die Seitenteile des Türfutters werden mit dem oberen Teile verzinkt. Bei mehr als 25 cm Breite werden die Türfutter aus 30 mm starken Rahmen und 12—15 mm starken Füllungen zusammengesetzt (Abb. 281). Querfriese werden in gleicher Höhe mit den Querfriesen der Tür angeordnet. Die obere Fläche erhält bei einflügligen Türen nur eine Füllung.

Die Türbekleidungen decken die Fugen zwischen Futter und Mauerwerk und bilden mit dem Futter den Anschlag für die Türen. Sie werden aus 20—25 mm starken und 12—14 cm breiten glatten oder einfach profilierten Brettern her-

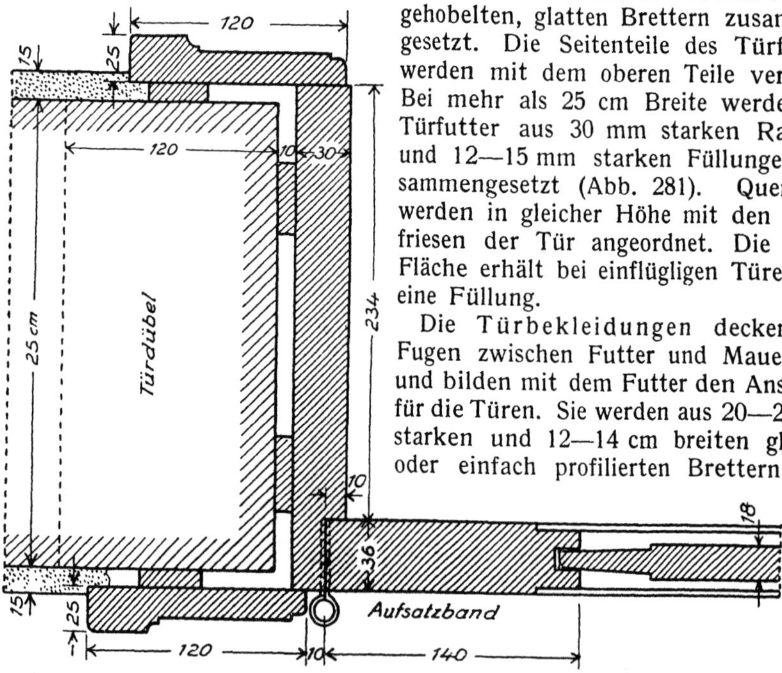

Abb. 278. In den Falz schlagende Tür. — Einzelzeichnung zu Abb. 276.

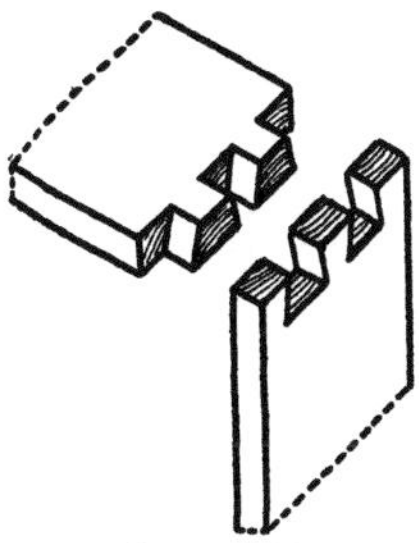

Abb. 279. Verzinken des Türfutters.

Abb. 280. Verbindung der Türbekleidung.

gestellt. Die einzelnen Teile werden in den Ecken auf Gehrung zusammengeschnitten und zur Hälfte überblattet (Abb. 280).

Je nach der Art des Anschlusses der Türen an das Türfutter unterscheidet man: In den Falz schlagende Türen und überfälzte Türen. — In den Falz schlagende (oder stumpf einliegende) Türen (Abb. 278) legen sich mit ihrer ganzen Stärke in den Falz des Türfutters. Der Türrahmen erhält dabei keinen Falz. — Überfälzte Türen (Abb. 281) greifen mit dem gefalzten Türrahmen über einen aus Futter und Bekleidung gebildeten Falz.

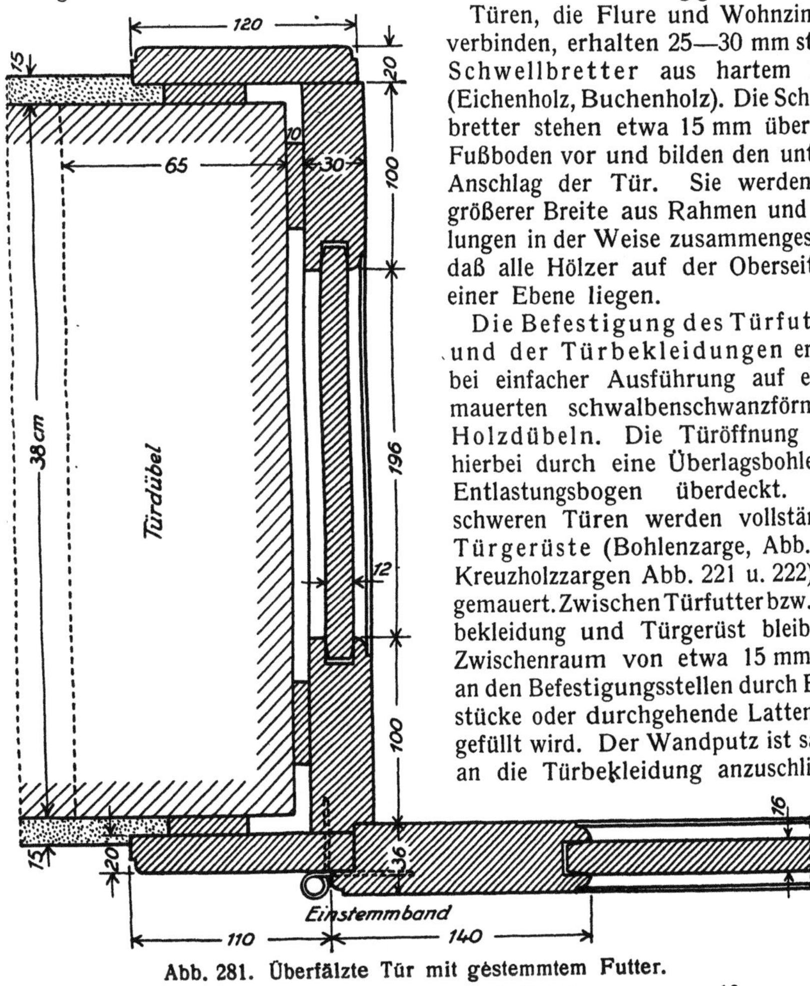

Abb. 281. Überfälzte Tür mit gestemmtem Futter.

Türen, die Flure und Wohnzimmer verbinden, erhalten 25—30 mm starke Schwellbretter aus hartem Holz (Eichenholz, Buchenholz). Die Schwellbretter stehen etwa 15 mm über den Fußboden vor und bilden den unteren Anschlag der Tür. Sie werden bei größerer Breite aus Rahmen und Füllungen in der Weise zusammengesetzt, daß alle Hölzer auf der Oberseite in einer Ebene liegen.

Die Befestigung des Türfutters und der Türbekleidungen erfolgt bei einfacher Ausführung auf eingemauerten schwalbenschwanzförmigen Holzdübeln. Die Türöffnung wird hierbei durch eine Überlagsbohle mit Entlastungsbogen überdeckt. Bei schweren Türen werden vollständige Türgerüste (Bohlenzarge, Abb. 220; Kreuzholzzargen Abb. 221 u. 222) eingemauert. Zwischen Türfutter bzw. Türbekleidung und Türgerüst bleibt ein Zwischenraum von etwa 15 mm, der an den Befestigungsstellen durch Brettstücke oder durchgehende Latten ausgefüllt wird. Der Wandputz ist sauber an die Türbekleidung anzuschließen.

Reichsnorm

Innentüren für Kleinwohnungen

stumpf einliegend

Bauwesen

DIN 1139

Früher DIN 285

Maße in mm

Dreifüllungstüren

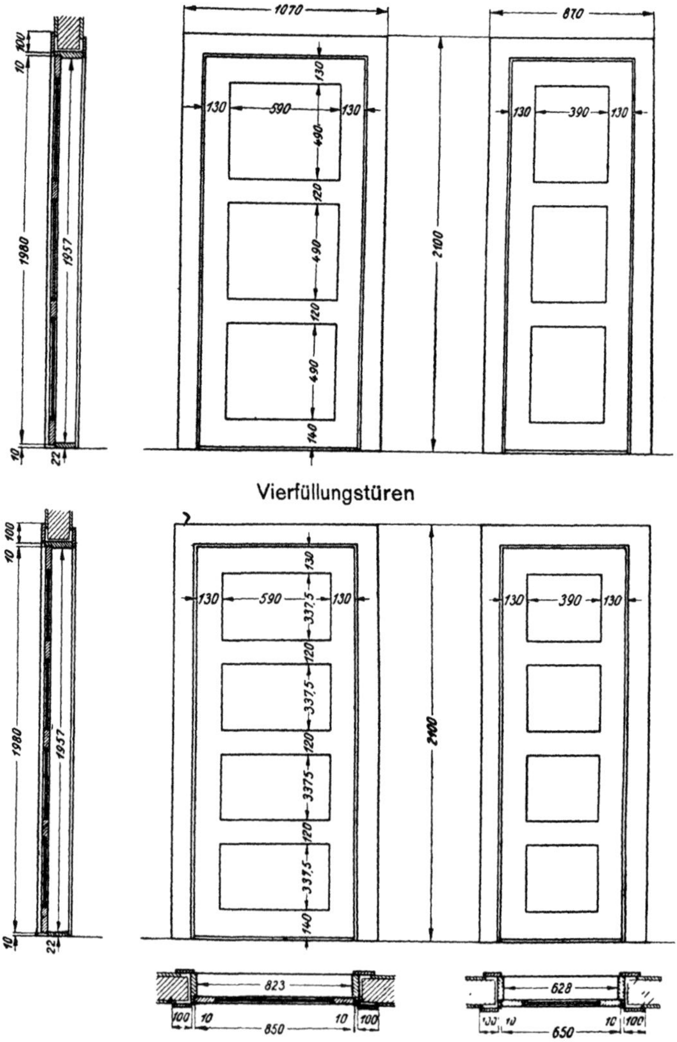

Bezeichnung einer stumpf einliegenden Dreifullungstür mit 650 mm breitem Türflügel für Einsteckschloß

Stumpf einliegende Dreifullungstür 650 DIN 1139 fur Einsteckschloß

November 1924

Einzelheiten siehe DIN 1141

Abb. 282. Innentüren für Kleinwohnungen (Din 1139).[1])

1) Wiedergabe erfolgt mit Genehmigung des NDI. — Verbindlich für die vorstehenden Angaben bleiben die Dinormen. — Normblätter sind durch den Beuth-Verlag GmbH., Berlin SW 19, Beuthstr. 8, zu beziehen.

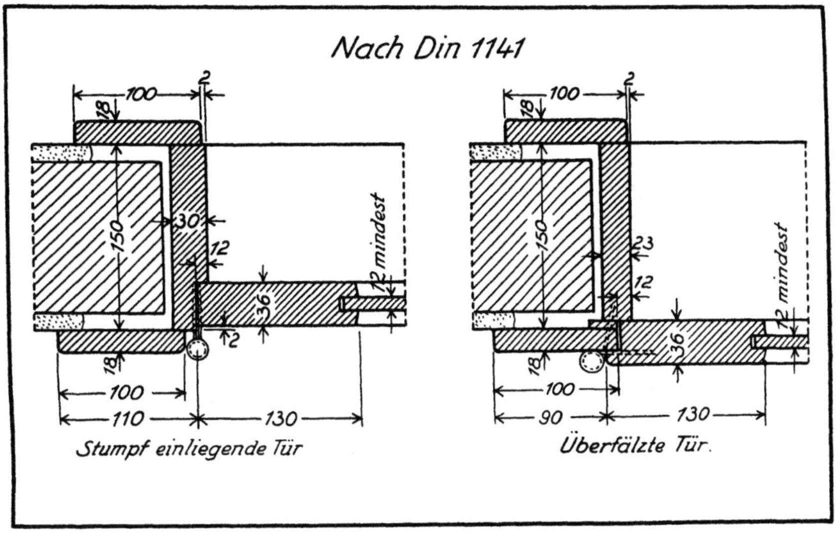

Abb. 283. Einzelheiten zu den Innentüren für Kleinwohnungen (Abb. 282).[1])

Für **Kleinhäuser** sind die inneren Türen durch Normung festgelegt. Diese Türen werden als Drei- oder Vierfüllungstüren ausgeführt und können entweder stumpf einliegend angeordnet oder überfälzt werden. Die stumpf einliegenden Türen Din 1139 sind in Abb. 282 dargestellt. Die Durchgangsbreite beträgt 0,823 bzw. 0,628 m, die Durchgangshöhe 1,957 m. Die überfälzten Türen Din 1140 haben 0,806 bzw. 0,606 m Durchgangsbreite und 1,946 m Durchgangshöhe. Die Türeinzelheiten sind nach Din 1141 für den Fall der Anordnung von Einsteckschlössern in Abb. 283 dargestellt. Werden Kastenschlösser verwendet, so braucht die Rahmholzstärke nur 33 mm zu betragen.

C. Fenster.

Fenster haben den Zweck, den einzelnen Räumen Licht und Luft zuzuführen. Die gemauerten Fensteröffnungen werden durch verglaste Holzfenster geschlossen, die aus einem Blendrahmen und daran befestigten drehbaren Fensterflügeln bestehen. Ein zweckmäßig angeordnetes Fenster soll möglichst luft- und wasserdicht schließen, leicht zu öffnen und zu schließen sein und eine möglichst große Lichtfläche ergeben. (Schmale Rahmhölzer.)

Als Material für die Fensterrahmhölzer verwendet man Kiefernholz, seltener Eichenholz. Das Holz muß möglichst astrein sein.

Die Größe der Fenster richtet sich nach der betreffenden Raumgröße. Die durch Normung festgelegten Fenster der Kleinhäuser erhalten folgende Abmessungen (lichte Mauermaße): bei den einflügligen Fenstern 0,52 m Breite und 0,35—0,92 m Höhe; bei den zweiflügligen Fenstern 1,05 m Breite und ohne Kämpfer 1,07—1,38 m Höhe, mit Kämpfer 1,50 m Höhe (Abb. 284). — In Wohngebäuden, die nicht Kleinhäuser sind, erhalten die Fenster 1,05—1,20 m Breite und 1,80—2,00 m Höhe. Die Fensterhöhe ist von der Geschoßhöhe abhängig, da für die Fensterbrüstung 0,80—0,90 m und für die Fensterüberdeckung 0,50—0,75 m Höhe erforderlich sind.

1) Siehe Fußnote S. 146.

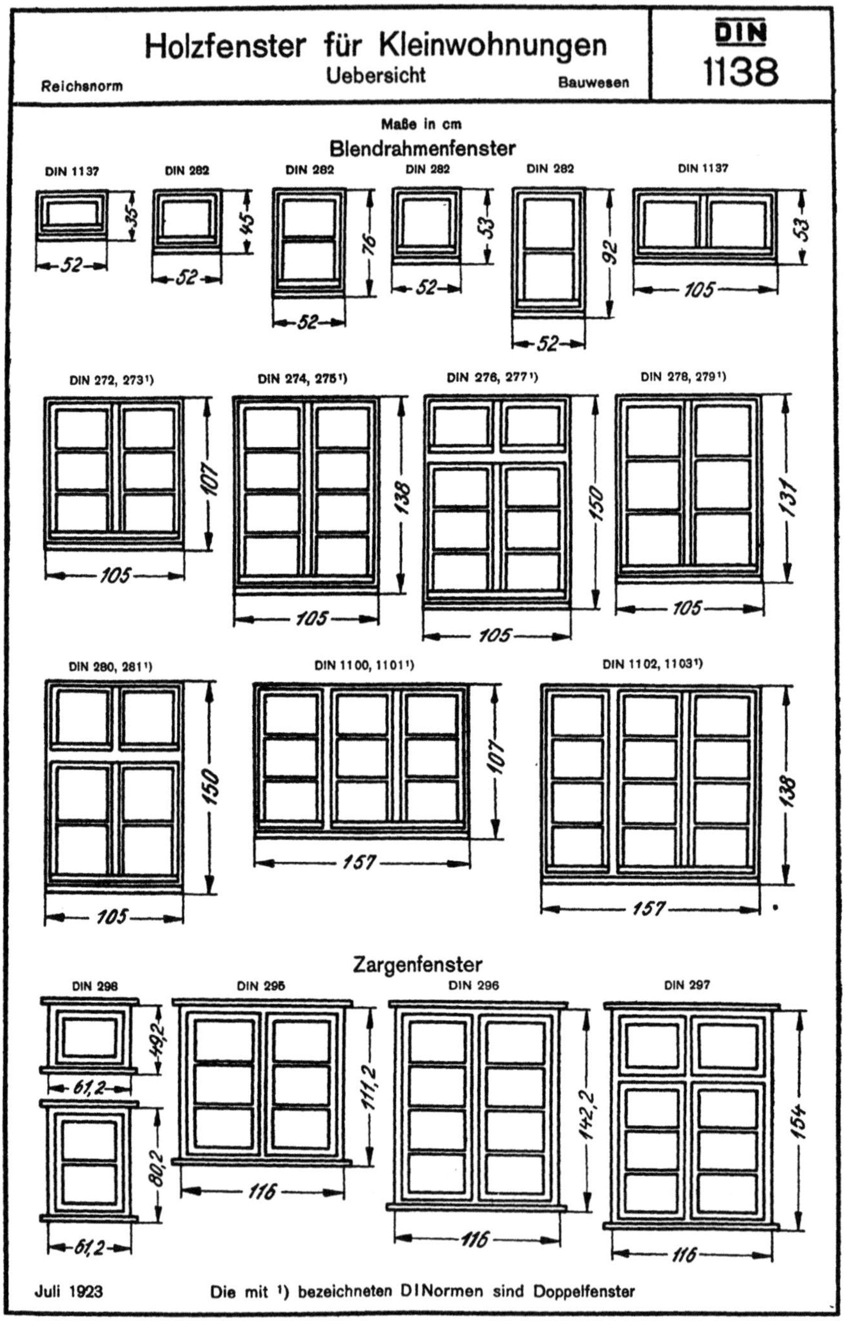

Abb. 284. Holzfenster für Kleinwohnungen (Din 1138).[1])

1) Wiedergabe erfolgt mit Genehmigung des NDI. — Verbindlich für die vorstehenden Angaben bleiben die Dinormen. — Normblätter sind durch den Beuth-Verlag GmbH., Berlin SW 19, Beuthstr. 8, zu beziehen.

Reichsnorm

Blendrahmenfenster für Kleinwohnungen

Dreischeibiges, einfaches Fenster ohne Kämpfer
(Niedrige Scheiben)

Bauwesen

DIN 272

Maße in mm

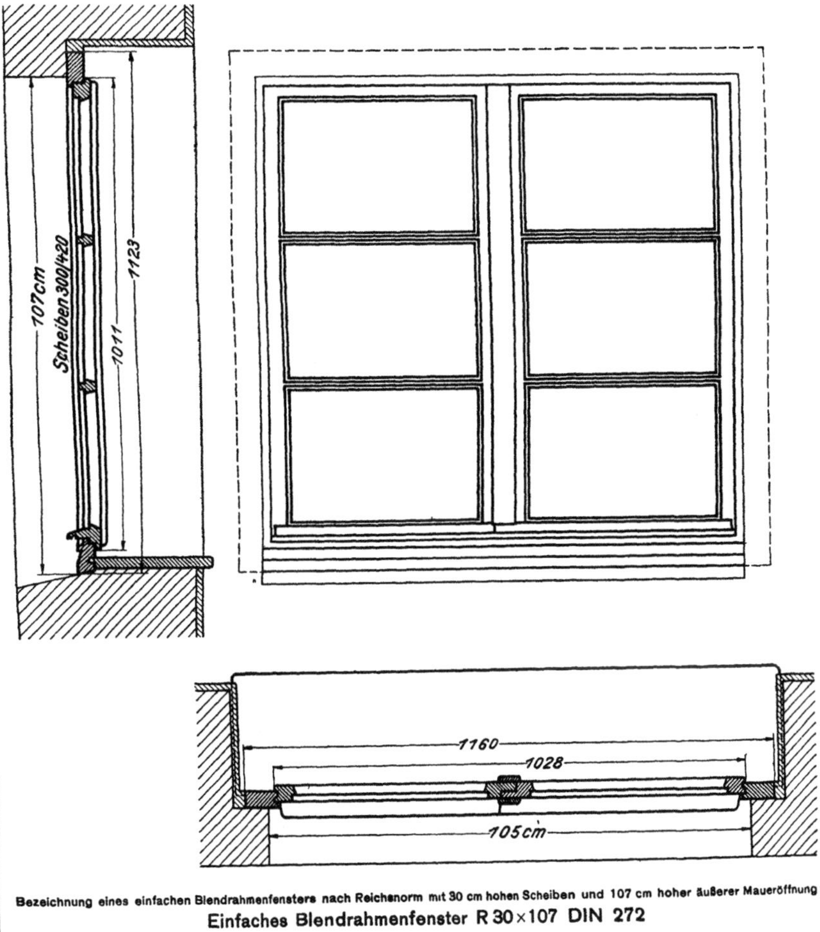

Bezeichnung eines einfachen Blendrahmenfensters nach Reichsnorm mit 30 cm hohen Scheiben und 107 cm hoher äußerer Maueröffnung:

Einfaches Blendrahmenfenster R 30×107 DIN 272

Oktober 1919

Einzelheiten DIN 283

Abb. 285. Blendrahmenfenster für Kleinwohnungen ohne Kämpfer (Din 272).[1])

1) Wiedergabe erfolgt mit Genehmigung des NDI. — Verbindlich für die vorstehenden Angaben bleiben die Dinormen. — Normblätter sind durch den Beuth-Verlag GmbH., Berlin SW 19, Beuthstr. 8, zu beziehen.

Blendrahmenfenster für Kleinwohnungen

Vierscheibiges, einfaches Fenster mit Kämpfer
(Niedrige Scheiben)

Reichsnorm — Bauwesen — DIN 276

Maße in mm

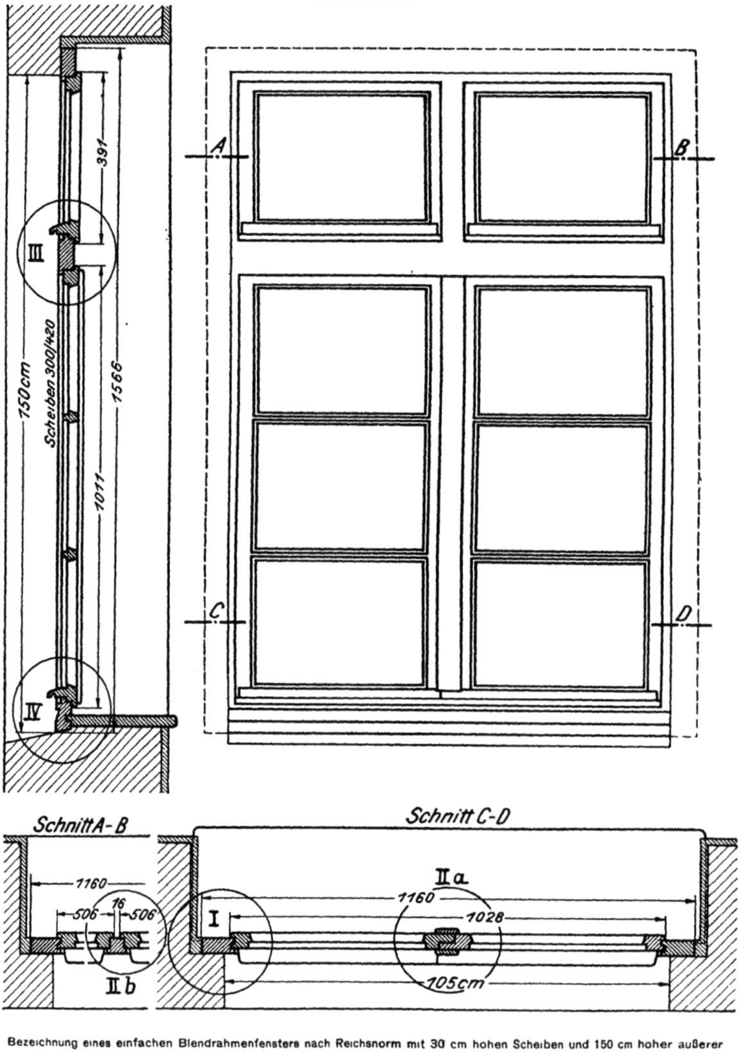

Bezeichnung eines einfachen Blendrahmenfensters nach Reichsnorm mit 30 cm hohen Scheiben und 150 cm hoher äußerer Maueröffnung Einfaches Blendrahmenfenster R 30×150 DIN 276

Oktober 1919 — Einzelheiten siehe DIN 283

Abb. 286. Blendrahmenfenster für Kleinwohnungen mit Kämpfer (Din 276).[1]

1) Wiedergabe erfolgt mit Genehmigung des NDI. — Verbindlich für die vorstehenden Angaben bleiben die Dinormen. — Normblätter sind durch den Beuth-Verlag GmbH., Berlin SW 19, Beuthstr. 8, zu beziehen.

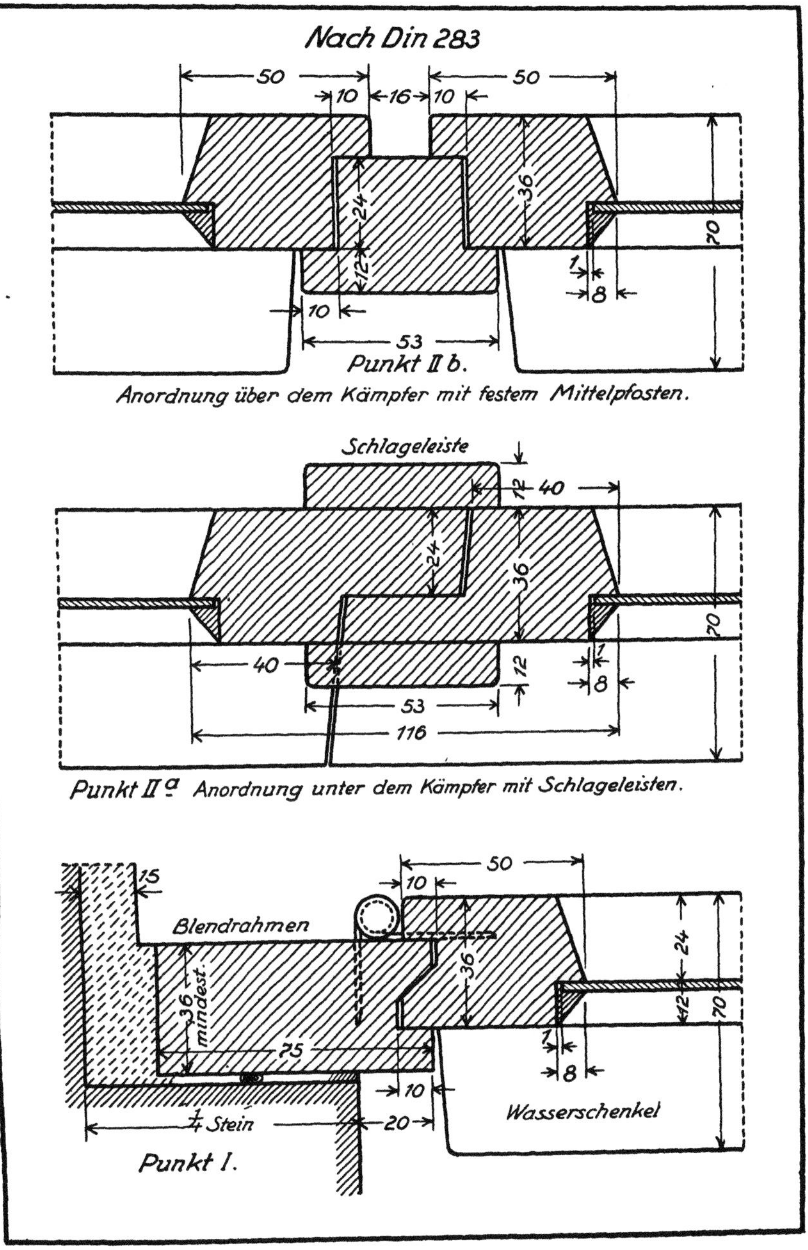

Abb. 287. Einzelheiten zum Blendrahmenfenster mit Kämpfer (Abb. 286).[1])

1) Siehe Fußnote Seite 150.

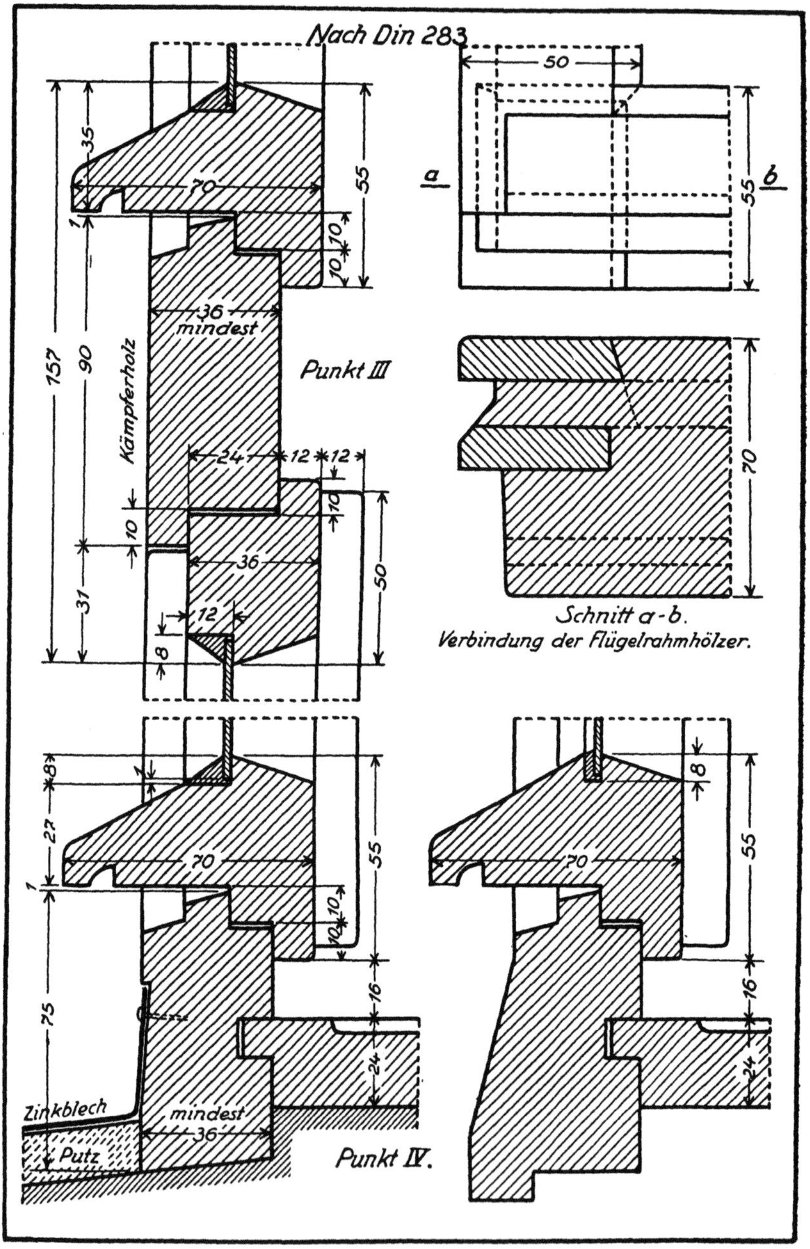

Abb. 288. Einzelheiten zum Blendrahmenfenster mit Kämpfer (Abb. 286).[1])

1) Siehe Fußnote Seite 150.

Fenster größerer Höhe werden durch ein Kämpferholz (Losholz) in zwei Teile zerlegt. Der untere Teil erhält zwei Flügel mit aufgehendem Pfosten (Schlageleisten); der obere Teil kann ebenfalls zwei Flügel (meist mit festem Pfosten) oder einen breiten Flügel, der um die Unterkante drehbar ist (Kippflügel), erhalten. Fenster von mehr als 1,40 m Breite werden dreiteilig (drei Flügel nebeneinander) ausgeführt.

Die Fensterflügel schlagen gewöhnlich nach innen auf (meist durch Baupolizeiverordnung vorgeschrieben). Nach außen schlagende Fenster schließen dichter, haben aber den Nachteil, daß die Außenseiten schwerer zu reinigen sind.

Alle Fenster können als einfache oder Doppelfenster ausgeführt werden. Dem Lehrstoff der Kl. V entsprechend, sollen in diesem I. Teile des Leitfadens nur die durch Normung festgelegten

einfachen Blendrahmenfenster für Kleinhäuser

behandelt werden (vgl. das Übersichtsblatt, Abb. 284).

Die Normen unterscheiden Fenster mit niedrigen und hohen Scheiben. Die niedrigen Scheiben sind 30 cm hoch und 42 cm breit, die hohen Scheiben 38 cm hoch und 42 cm breit. — Für einfache Blendrahmenfenster kommen folgende Normen in Betracht:

Din 1137 Ein- und zweiflügelige Kellerfenster;
„ 282 Einflügelige Fenster mit 1 u. 2 niedrigen und hohen Scheiben;
„ 272 Zweiflügeliges Fenster ohne Kämpfer mit je 3 niedrigen Scheiben; (Abb. 285);
„ 274 Zweiflügeliges Fenster ohne Kämpfer mit je 4 niedrigen Scheiben;
„ 278 Zweiflügeliges Fenster ohne Kämpfer mit je 3 hohen Scheiben;
„ 276 Vierflügeliges Fenster mit Kämpfer (Unterflügel 3, Oberflügel 1 niedrige Scheibe) (Abb. 286);
„ 280 Vierflügeliges Fenster mit Kämpfer (Unterflügel 2, Oberflügel 1 hohe Scheibe);
„ 283 Einzelheiten zu vorstehenden Fenstern.

Außer den vorgenannten Reichsnormen gibt es noch Normen für die einzelnen Landesteile, z. B. Sachsen, Thüringen, Schleswig-Holstein, Rheinland-Westfalen.

I. Der Blendrahmen des Fensters

erhält mindestens 36 mm Stärke und 75 mm Breite. Das untere Blendrahmenholz kann auch 20 mm höher und stärker ausgeführt werden; die Mehrstärke steht dann nach außen vor und greift über die Sohlbankschräge (Abb. 288, rechts). Das Kämpferholz erhält dieselbe Stärke wie der Blendrahmen und wird 90 mm hoch. Alle Hölzer des Blendrahmens, auch das Kämpferholz, werden miteinander durch den verleimten und verbohrten Schlitzzapfen verbunden.

Der Blendrahmen legt sich hinter einen gemauerten Fensteranschlag von $\frac{1}{4}$ Stein Breite. Die seitlichen und oberen Hölzer treten 20 mm in die lichte Fensteröffnung vor. Die Befestigung hinter dem Anschlag erfolgt durch Bankeisen. Die Fuge zwischen Blendrahmen und Maueranschlag wird durch Teerstricke gedichtet und muß sauber mit Haarkalkmörtel verstrichen werden. Der Putz der inneren Fensterleibung wird sorgfältig an den Blendrahmen angeschlossen. Die Anschlußstelle kann durch eine Putzleiste (20×20 mm) gedeckt werden.

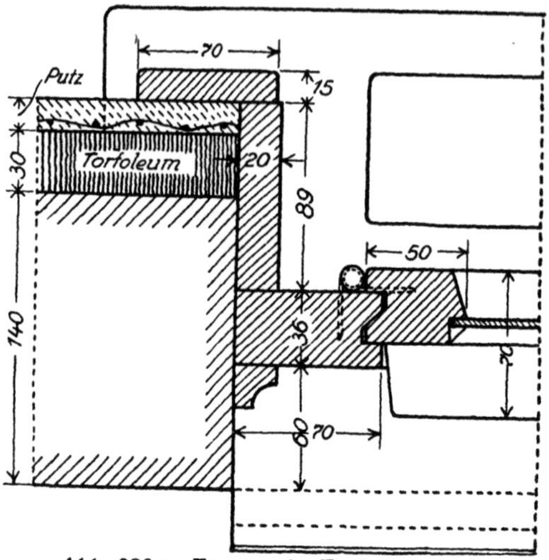

Abb. 289a. Fenster in Fachwerkwand. (Wagerechter Schnitt.)

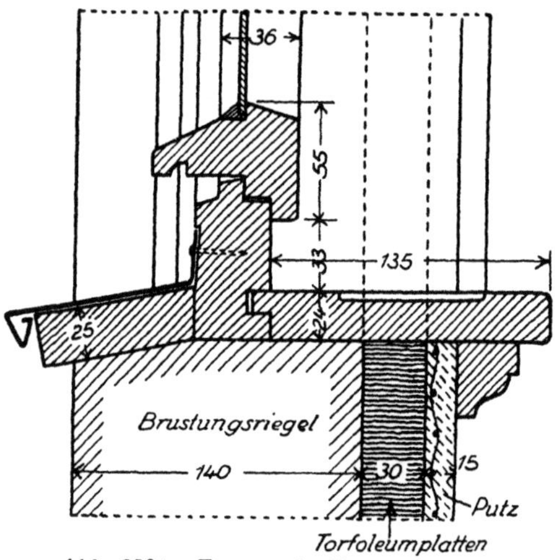

Abb. 289b. Fenster in Fachwerkwand. (Senkrechter Schnitt über dem Brüstungsriegel.)

Das untere Blendrahmenholz setzt sich bei Werksteinsohlbänken auf die Sohlbankschräge vor einen 15 mm hohen Ansatz des Sohlbanksteines (vgl. den Sohlbankquerschnitt in den Abb. 103 u. 104). — Bei Backsteinsohlbänken sitzt der Blendrahmen auf der gemauerten Sohlbank. — Geputzte Fenstersohlbänke erhalten Zinkblechabdeckung. Das Abdeckblech wird an dem unteren Blendrahmenholz hochgeführt, in einen Ausschnitt gelegt und durch Nägel befestigt (Abb. 288, links).

Bei Fenstern in Fachwerkwänden wird der Blendrahmen entweder in einen an der Innenkante der Pfosten hergestellten Falz oder aber stumpf zwischen die Pfosten gesetzt. Die Dichtung zwischen Blendrahmen und Pfosten geschieht durch profilierte Leisten (Abb. 289a). Der Brüstungsriegel der Fachwerkfenster wird abgeschrägt und erhält Zinkblechabdeckung (Abb. 289b).

II. Die Fensterflügel

werden aus 36 mm starken und 50 mm breiten Rahmenhölzern zusammengesetzt, die in den Ecken durch verleimte und verbohrte Schlitzzapfen verbunden werden. Das untere Flügelrahmholz wird 55 mm hoch und 70 mm stark; es tritt nach außen vor und bildet einen Wasserschenkel mit Wassernase.

Die Flügelrahmhölzer greifen an den seitlichen Drehkanten mit S-Falz in den Blendrahmen, gegen den sie um $\frac{1}{3}$ ihrer Stärke verschoben sind (Abb. 287) Oben und unten wird der doppelte gerade Falz angeordnet. In der Mitte schlagen die beiden Flügel mit Falz übereinander, wobei die Fugen durch Schlageleisten von 53 mm Breite und 12 mm Stärke gedeckt werden (Abb. 287). Von innen gesehen erhält der rechte Flügel die innere, der linke Flügel die äußere Schlageleiste. — Die Flügelrahmhölzer erhalten außen einen 8 mm breiten und 12 mm tiefen Kittfalz und werden nach der Innenseite zu abgeschrägt.

Die Aufteilung der Fensterflügel geschieht durch Sprossen von 24 mm Breite und 36 mm Stärke (Abb. 290).

III. Die innere Abdeckung des Brüstungsmauerwerks geschieht durch die Fensterbretter (Latteibretter). Diese 24 mm starken Bretter (Abb. 288 u. 289 b) greifen in eine Nut des unteren Blendrahmenholzes und erhalten bei größerer Breite auf der Unterseite auf Grad eingeschobene Querleisten; sie können auch auf eingemauerte Holzdübel geschraubt werden. — Die Fensterbretter werden meist mit einer flachen Rinne versehen, in der sich das Schwitzwasser sammeln kann.

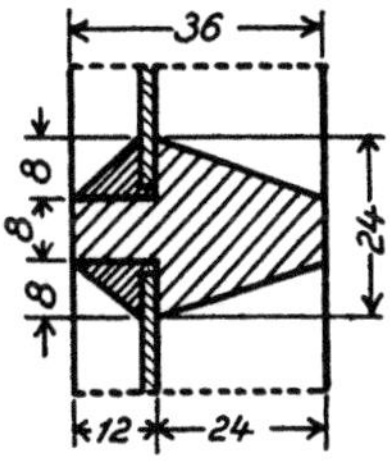

Abb. 290. Fenstersprosse.

Abschnitt X.

Schlosserarbeiten.

Zu den Bauschlosserarbeiten gehört in der Hauptsache die Ausführung der Beschläge und Verschlüsse der Türen und Fenster. Die Beschlagteile werden in Fabriken hergestellt, und die Arbeit des Schlossers beschränkt sich meist nur auf das „Anschlagen". Dieses Anschlagen geschieht auch häufig durch geübte Tischler (Anschläger).

A. Die Türbeschläge.

1. Einfache Türen (Lattentüren, Brettertüren), die vor die Wand schlagen, erhalten Langbänder mit Kloben (Abb. 291). Die Langbänder werden durch Nägel oder Schrauben auf den Querriegeln befestigt und drehen sich um einen Dorn des Klobens. Der Kloben wird bei massivem Mauerwerk ankerartig eingemauert; bei Fachwerkwänden werden Spitzkloben in die Türstiele eingeschlagen.

Der Verschluß der Latten- und Brettertüren wird meist durch Vorhängeschlösser bewirkt, die den an der Tür befestigeten Anwurf mit der eingemauerten Krampe verbinden.

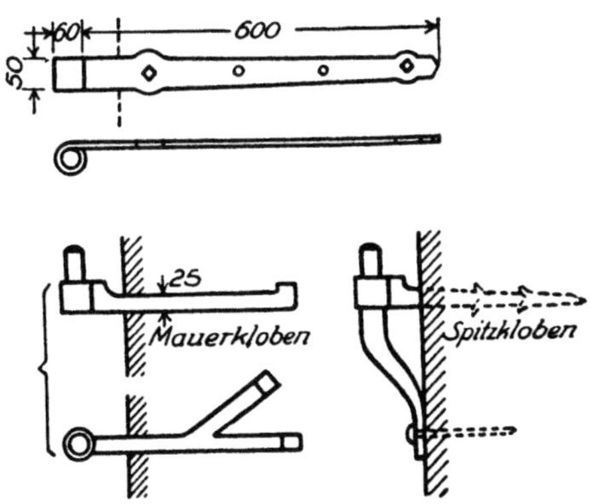

Abb. 291. Das Langband.

2. Verdoppelte Türen werden mit Schippenbändern oder Winkelbändern angeschlagen. Das Schippenband (Abb. 292) besteht aus einem kräftigen Lappen und daran sitzender Hülse, welche auf einem Kloben (Stützhaken) läuft. Der Lappen wird auf die Türfläche gelegt und durch Schrauben befestigt.

Das Winkelband (Abb. 293) wird bei schweren Türen angeordnet. Es besteht aus einem kräftigen Eisenwinkel, der auf die Türfläche gelegt und durch Schrauben befestigt wird. An dem senkrechten Teil des Winkels sitzt eine Hülse, die auf einem Kloben (Stützhaken) läuft.

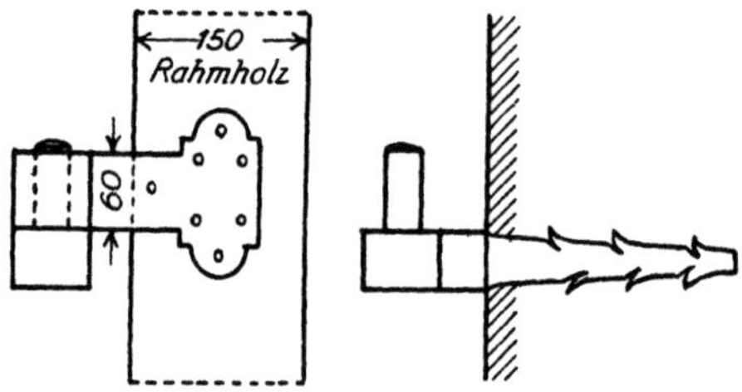

Abb. 292. Das Schippenband.

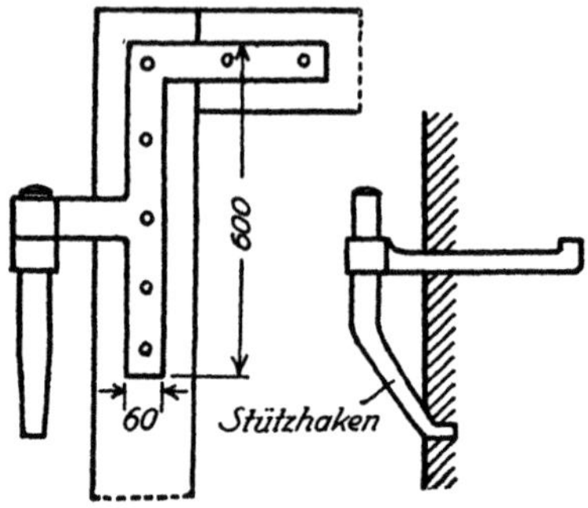

Abb. 293. Das Winkelband.

3. Gestemmte Zimmertüren erhalten **Einstemmbänder** (Fischbänder) oder **Aufsatzbänder.** Türen bis 2,20 m Höhe erhalten zwei Bänder; höhere und schwere Türflügel je drei Bänder.

Das Einstemmband (Abb. 294) besteht aus zwei gleich breiten Lappen mit angebogenen Hülsen, von denen die untere mit einem langen Stift, die obere mit einem kurzen Stift vernietet ist. Die beiden Teile des Einstemmbandes laufen mit den Kuppen der Stifte aufeinander, so daß zwischen den Lappen 1 mm Abstand verbleibt. — Einstemmbänder werden nur bei überfälzten Türen verwendet. Der obere Lappen wird in das Türrahmholz, der untere in das Türfutter eingestemmt und mit Stiften befestigt (Abb. 281). Die Einstemmbänder für Türen sind durch Din 402 festgelegt. Diese Bänder werden mit 60—90 mm Lappenhöhe und 49—74 mm Lappenbreite gefertigt (vgl. die nachstehende Tabelle). Die Lappen können gleichstehend (Abb. 294) oder versetzt angeordnet sein. Je nach dem Aufschlagen der Tür sind Rechts- oder Linksbänder erforderlich.[1])

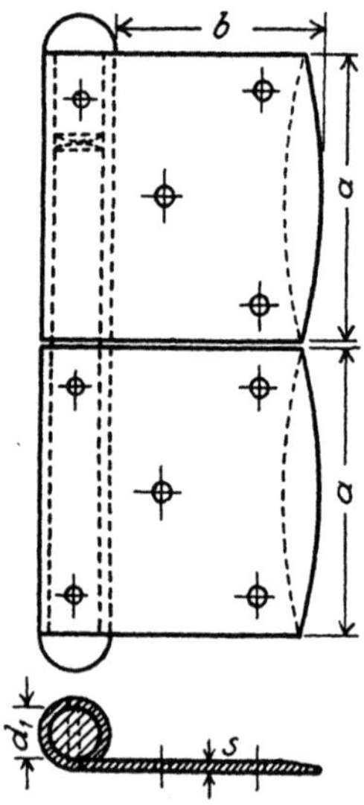

Abb. 294. Einstemmband mit gleichstehenden Lappen für Türen. (Nach Din 402.)

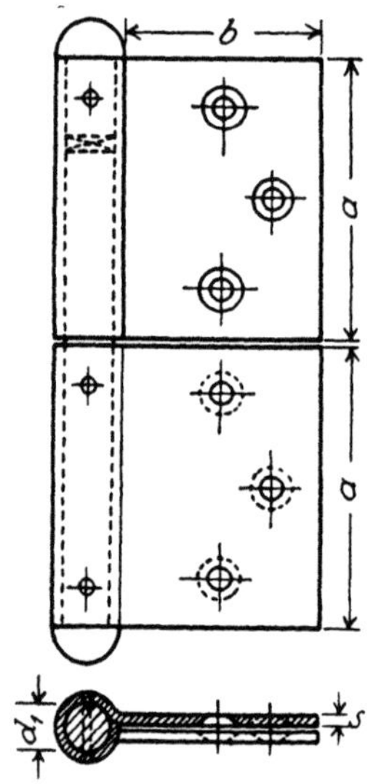

Abb. 295. Aufsatzband für Türen. (Nach Din 408.)

1) Als Regel für die Bezeichnung gilt, daß Türen und Fenster von der Seite betrachtet werden, nach der die Flügel aufschlagen.

Einstemmbänder (Abb. 294).					Aufsatzbänder (Abb. 295).				
Größe	Maße in mm				Größe	Maße in mm			
	a	b	s	d_1		a	b	s	d_1
120	60	49	2,5	10	120	60	32	2,5	10
140	70	56	2,75	12	140	70	40	2,75	12
180	90	74	3,5	13	180	90	50	3,5	13

Aufsatzbänder werden für in den Falz schlagende (stumpf einliegende Türen verwendet. Die Lappen werden auf die Falzkanten von Tür und Futter aufgeschraubt (Abb. 278). Die Lappen stehen im Grundriß mit 1 mm Abstand nebeneinander (Abb. 295). Anordnung sonst wie bei den Einstemmbändern. Die Aufsatzbänder für Türen sind durch Din 408 festgelegt. Diese Bänder werden mit 60—90 mm Lappenhöhe und 32—50 mm Lappenbreite gefertigt (vgl. die vorstehende Tabelle). Je nach dem Aufschlagen der Tür sind Rechts- oder Linksbänder erforderlich.

Der Verschluß der gestemmten Türen erfolgt durch Einsteckschlösser. Türen untergeordneter Räume können auch Kastenschlösser erhalten. — Das Einsteckschloß wird in das mindestens 36 mm starke Türrahmholz eingestemmt. Der Verschluß ist meist doppelter Art:

1. durch die Drückerfalle, 2. durch den Schlußriegel.

Es kann außerdem ein weiterer Verschluß durch sog. Nachtriegel angeordnet werden. Die Verschlußköpfe greifen in das Schließblech, welches in den Falz des Türfutters eingelassen und aufgeschraubt wird. — Zu einer Schloßgarnitur gehören die Drücker (mit Eisen-, Horn- oder Bronzegriffen) und die Schilder, welche entweder als Langschilder oder als Schlüsselschilder ausgeführt werden. Im letzteren Falle erhalten die Türdrücker Rosetten. Die Schilder werden bei einfacher Ausführung aus Weißmetall, bei besserer Ausführung aus Bronze gefertigt. — Näheres über Türschlösser siehe Teil II dieses Leitfadens.

B. Die Fensterbeschläge.

1. **Die Verstärkung der Ecken der Flügelrahmen** erfolgt durch Eisenwinkel (Scheinecken, Einlaßecken), die auf der Innenseite des Fensters eingelassen und durch Schrauben befestigt werden. Nach Din 300 erhalten die Einlaßecken 100 oder 120 mm Schenkellänge. Die ersteren sind 16 mm breit und 1,75 mm stark (Abb. 296), die letzteren 20 mm breit und 2 mm stark. Die Einlaßecken Din 300 A werden mit 5 Schraubenlöchern, Din 300 B mit 4 Schraubenlöchern geliefert.

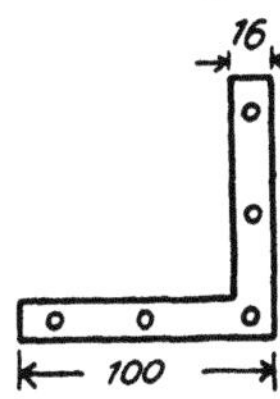

Abb. 296. Einlaßecke. (Nach Din 300A).

2. **Die bewegliche Verbindung der Fensterflügel** mit dem Blendrahmen geschieht durch Einstemmbänder (Fischbänder) mit verschieden breiten gleichstehenden Lappen (Abb. 297). Der obere breitere Lappen wird in das Flügelrahmholz, der untere schmälere in das Blendrahmenholz eingestemmt und durch Stifte befestigt (vgl. Abb. 287). Die Einstemmbänder für Fenster sind durch Din 401 festgelegt. Man unterscheidet Bänder mit

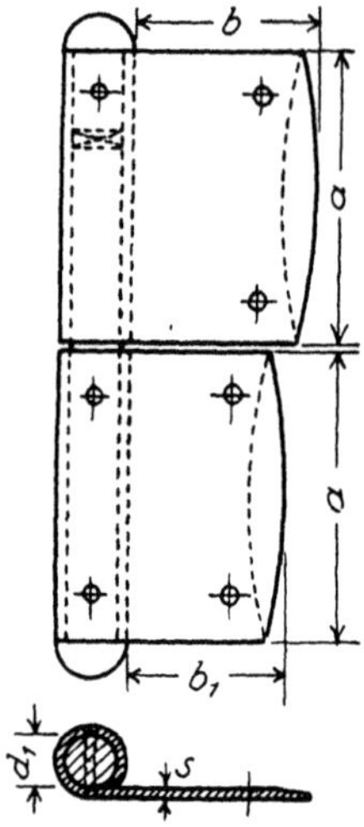

Abb. 297. Einstemmband mit gleichstehenden Lappen für Fenster. (Nach Din 401.)

Einstemmbänder (Abb. 297).

Größe	Maße in mm				
	a	b	b_1	d_1	s
80	40	25	20	5,5	1,5
100	50	29	24	8	2

langen Stiften (Abb. 297), bei denen die Kuppen der Stifte aufeinanderlaufen und Bänder mit kurzen Stiften, bei denen die Hülsen aufeinanderlaufen. Bänder mit kurzen Stiften werden nur verwendet, wenn für das Ausheben der Flügel wenig Spielraum vorhanden ist. Die Abmessungen der Einstemmbänder, die auch mit versetzten Lappen geliefert werden, sind in der vorstehenden Tabelle zusammengestellt. Je nach dem Aufschlagen der Fensterflügel sind Rechts- oder Linksbänder erforderlich.

3. Die Fensterverschlüsse sind entsprechend der Anordnung der Fensterflügel sehr verschieden.

Einflüglige Fenster und Fenster mit festen Mittelpfosten erhalten Ruderverschluß oder Einreiberverschluß. Fenster untergeordneter Räume (Kellerräume usw.) werden auch durch einfache oder doppelte Vorreiber verschlossen.

Fenster mit aufgehendem Pfosten erhalten meist Stangenverschlüsse, die verschiedenartig konstruiert werden. Zu diesen Verschlüssen gehört: der Espagnoletteverschluß, der Baskülverschluß und der Hebelbaskül- oder Treibriegelverschluß. Stangenverschlüsse schließen das Fenster an drei Punkten (oben, unten und in der Mitte). — Näheres über Fensterverschlüsse siehe Teil II dieses Leitfadens.

Abschnitt XI.

Glaserarbeiten.

A. Material.

Glas wird in den Glashütten durch Schmelzen von Quarzsand mit Flußmitteln (Pottasche, Soda, Kalk) gewonnen. Für Fensterscheiben verwendet man sog. „rheinisches Tafelglas". Die Herstellung des Tafelglases erfolgt in der Weise, daß aus der flüssigen Glasmasse ein 1,00—2,00 m langer Hohlzylinder geblasen wird. Dieser Glashohlkörper wird aufgeschlitzt und auf heißen Tonplatten gestreckt und geglättet. Tafelglas wird in folgenden Stärken geliefert:

$\frac{4}{4}$ Glas = 2 mm stark
$\frac{6}{4}$ „ = 3 „ „
$\frac{8}{4}$ „ = 4 „ „

Für die Verglasung der Wohnzimmerfenster wird meistens $\frac{4}{4}$ Glas, seltener $\frac{6}{4}$ Glas verwendet.

Der Güte nach wird das Tafelglas in vier „Wahlen" geliefert. Die 1. Wahl bedeutet das reinste und beste Glas. Für Wohnzimmerfenster wird 3. Wahl, seltener 2. Wahl verwendet.

B. Ausführung.

Die einzelnen Scheiben werden mit Spielraum in die Kittfalze der Flügelrahmen gelegt, durch kleine Stifte befestigt und mit Kitt verstrichen. Glaserkitt ist eine Mischung aus trockener Schlemmkreide und Leinölfirnis.

Abschnitt XII.

Malerarbeiten.

Zur Verschönerung des Aussehens und zum Schutze gegen Feuchtigkeit erhalten Putz- und Holzflächen, zum Teil auch die Metallteile verschiedenartige Anstriche. Alle Arten von Anstrichen dürfen nur auf trockene, staub- und schmutzfreie Flächen aufgebracht werden. Jeder zweite Anstrich ist erst nach vollständigem Trocknen des ersten Anstriches aufzutragen.

A. Anstriche auf Putz.

1. **Leimfarbenanstrich** für Decken und Wandflächen (Bindemittel Leimwasser). Zur Erzielung eines gleichmäßigen Anstriches werden die Flächen mit Seifenlauge oder mit Weißkalklösung vorgestrichen.

2. **Ölfarbenanstrich** für Wände, die der Feuchtigkeit ausgesetzt sind (Sockel in Küchen, Badezimmern usw.). Die Flächen werden zuerst mit Leinöl getränkt und dann dreimal mit Ölfarbe gestrichen. Ölfarbe besteht aus einem Gemisch von gekochtem Leinöl mit Erd- oder Mineralfarben. Zementputz soll erst 1—2 Jahre nach der Ausführung mit Ölfarbe gestrichen werden.

B. Anstriche auf Holz.

1. **Ölfarbenanstrich.** Die Holzflächen werden mit Ölfirnis, dem eine geringe Menge von Blei- oder Zinkweiß zugesetzt ist, „grundiert" und dann 2—3mal mit Ölfarbe gestrichen.

2. **Lasurfarbenanstrich.** Soll die natürliche Maserung des Holzes sichtbar bleiben, so werden die Holzflächen „lasiert", d. h. sie werden 2—3mal mit einer Mischung von Leinöl, Terpentinöl und wenig Lasurfarbe gestrichen. Die Holzflächen müssen vorher mit Sandpapier und Bimsstein sauber abgeschliffen werden.

Sowohl Ölfarben- als auch Lasurfarbenanstriche können einen Überzug von Lackfarbe erhalten.

C. Anstriche auf Metall.

Die Metallteile sind vor dem Anstrich sauber zu reinigen. Eisenteile werden zuerst mit Mennige grundiert und erhalten dann 2—3maligen Ölanstrich. — Zinkblech wird 2—3mal mit Ölfarbe gestrichen.

Tapezierer- und Linoleumarbeiten siehe Teil II dieses Leitfadens.

Abschnitt XIII.

Sonstige Arbeiten des Ausbaues.

Für die weitere Fertigstellung der Wohngebäude ist noch die Ausführung nachfolgender Arbeiten erforderlich:

A. Ofenarbeiten.

Die Erwärmung der Wohnräume wird entweder durch Einzelheizung (Kachelöfen, eiserne Öfen) oder durch Sammelheizung (Zentralheizung) bewirkt.

Kachelöfen erhalten meist rechteckigen Grundriß (etwa 0,50×0,70 m). Sie sind im Äußeren aus Kacheln zusammengesetzt und haben im Innern gemauerte Züge. Kachelöfen bewirken eine gleichmäßige und behagliche Erwärmung der Räume. — Eiserne Öfen werden im Grundriß kreisrund oder quadratisch ausgeführt. Sie werden nach dem Anheizen schnell warm, kühlen aber ebenso schnell wieder ab. Die Wärmeabgabe erfolgt nicht so gleichmäßig wie bei den Kachelöfen.

Feuerstätten (Öfen und Herde) sind von nicht massiven Fußböden durch eine Eisenplatte von 2 mm Stärke und durch eine darauf liegende, mindestens 10 cm starke Massivschicht zu trennen. Vor den Heizöffnungen der Feuerstätten ist der Fußboden aus unverbrennlichem Stoff herzustellen oder mit einem solchen zu bekleiden.

Feuerstätten aus Stein oder Kacheln müssen von freiem Holzwerk 0,50 m, von verputztem Holzwerk 0,25 m entfernt bleiben. Für eiserne Öfen betragen die vorgenannten Entfernungen 1,00 m bzw. 0,50 m. Die Verbindung der Öfen und Herde mit den Schornsteinen geschieht durch eiserne Rauchröhren.

Zentralheizungen werden als Luft-, Warmwasser- und Niederdruckdampfheizungen ausgeführt.

B. Wasserzu- und -abflußleitungen.

Die Wasserzuführung für Wohngebäude erfolgt in Ortschaften mit Wasserleitung durch ein Rohrnetz, das an das Straßen-Wasserrohr (Hauptrohr) angeschlossen ist, und dessen einzelne Rohrteile in den Zapfstellen endigen. Die Zapfstellen werden durch Niederschraub- oder Ventilhähne geschlossen. Die Verteilungsleitung innerhalb der Gebäude besteht aus Bleiröhren, seltener aus verzinkten schmiedeeisernen Röhren.

In Ortschaften ohne Wasserleitung wird das Wasser aus Straßen- oder Hausbrunnen gewonnen. Die Gebäude können auch Einzelwasserleitung erhalten. Das Wasser wird dann entweder mittels Pumpen in ein im Dachraum aufgestelltes Reservoir geschafft und von dort den einzelnen Zapfstellen zugeführt; oder das Wasser wird in eisernen Kesseln im Keller gesammelt und durch Luftdruck (Luftpumpen) nach den Zapfstellen geführt.

Der Wasserabfluß wird in Ortschaften mit Kanalisation durch Anschluß der Abflußleitungen an den Straßenkanal bewirkt. Die Abflußleitungen innerhalb des Gebäudes bestehen aus asphaltierten gußeisernen Röhren, teilweise auch aus Bleiröhren. Die Abflußleitungen werden mit dem Ausgußbecken durch Wasserverschlüsse (Syphons) verbunden. Die Anschlußleitung innerhalb des Grundstückes bis an den Kanal wird aus glasierten Tonröhren hergestellt. An die Abflußleitungen werden auch die Regen-Abfallrohre und die Spülklosetts angeschlossen.

Bei Klosettanlagen ohne Wasserspülung werden die Fäkalien in gemauerten Gruben oder in Tonnen gesammelt und dann fortgeschafft. — Abortgruben müssen ringsum von 38 cm starken massiven Wänden umschlossen werden. Der Fußboden muß massiv und wasserundurchlässig (Beton mit Zementestrich) ausgeführt werden. Die inneren Wandflächen werden mit Zementmörtel geputzt. Die Grube wird oben durch eine massive Decke (Gewölbe oder Betondecke) geschlossen. Die Reinigungsöffnung in der Decke wird durch eine eiserne Platte oder Klappe dicht verschlossen. Die Wände der Abortgruben müssen von den Gebäudemauern mindestens 0,25 m, von Brunnen mindestens 5,00 m entfernt sein.

C. Gasleitungen.

Für die Anordnung von Gasbeleuchtung in Wohngebäuden ist ein Rohrnetz erforderlich, das an die Straßenleitung angeschlossen wird. Die Verteilungsleitungen innerhalb des Gebäudes bestehen aus schmiedeeisernen Röhren, die durch Verschraubung verbunden werden. Die Rohre werden auf die Wand- oder Deckenflächen gelegt und durch Rohrhaken befestigt.

ZWEITER TEIL

AUF- UND AUSBAU GRÖSSERER HOCHBAUTEN

MIT 287 FIGUREN IM TEXT

Inhaltsverzeichnis.

Abschnitt II.

Asphaltarbeiten.

Abschnitt III.

Schmiedearbeiten.

Abschnitt IV.

Zimmerarbeiten.

Abschnitt V.

Dachdeckerarbeiten.

Abschnitt I.

Maurerarbeiten.

A. Gewölbe.

I. Allgemeines.

Wenn gleich die Gewölbe im Hochbau nicht mehr die vielseitige Verwendung finden wie im Mittelalter, da sie durch die gut und zweckmäßig konstruierten wagerechten Massivdecken zum Teil verdrängt worden sind, so werden dennoch gewisse Gewölbeformen ihrer großen konstruktiven und ästhetischen Vorzüge wegen heutzutage vielfach ausgeführt. Außer dem am meisten angewendeten preußischen Kappengewölbe, das bereits im I. Teile dieses Leitfadens behandelt ist, kommen hauptsächlich noch das Tonnengewölbe, das Kreuzgewölbe und die böhmische Kappe vor.

Zum allgemeinen Verständnis dieser Gewölbe wird eine kurze Entwicklung der verschiedenen Gewölbearten vorausgeschickt.

II. Die verschiedenen Gewölbearten und ihre Entwicklung.

Die Gewölbe lassen sich nach ihrer geometrischen Form in zwei Hauptgruppen unterscheiden, in:

a) zylindrische Gewölbe; das sind solche, deren Leibungsflächen im allgemeinen Zylinderflächen angehören, und

b) sphärische Gewölbe; das sind solche, deren Leibungsflächen durch Drehen einer ebenen, gesetzmäßig gebildeten krummen Linie um eine feste gerade Achse entstehen.

Die Benennung der einzelnen Gewölbe ist nach Form und Konstruktion verschieden.

a) Zylindrische Gewölbe.

1. Das Tonnengewölbe. Die Form des Gewölbes ist gewöhnlich die eines halben geraden Kreiszylinders mit wagerecht liegender Achse (Abb. 1).

Statt des vollen Halbkreises kann als Wölblinie auch ein Korbbogen, eine Ellipse oder ein Spitzbogen gewählt werden. Die Gewölbeachse steht für gewöhnlich senkrecht zur Stirnmauer; bei schräger Lage ergibt sich das schiefe Tonnengewölbe (Abb. 2). Es kommt hauptsächlich bei Brücken vor, die einen Fluß oder Weg unter schiefem Winkel überdecken.

Für die Anlage von Tür- und Fensteröffnungen wird das Tonnengewölbe vielfach mit Durchbrechungen, die besonders überdeckt werden, den sog. Stichkappen, ausgeführt. Näheres hierüber, sowie über Ausführung des Tonnengewölbes s. S. 9—15.

Führt man durch ein Tonnengewölbe über quadratischem Raum zwei senkrechte Schnitte nach der Diagonale, so entstehen vier Gewölbeteile, von denen je zwei gegenüberliegende einander gleich sind. Die beiden Teile an den Stirnmauern heißen Kappen, die an den Widerlagsmauern Wangen (Abb. 3).

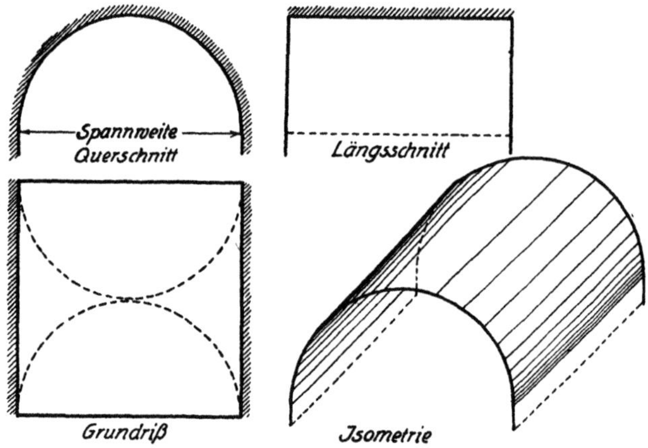

Abb. 1. Gerades halbkreisförmiges Tonnengewölbe.

Das charakteristische Merkmal der Kappen ist der Stirnbogen, das der Wangen die Kämpferlinie. Jede Kappe enthält also zwei Kämpferpunkte und eine Scheitellinie, jede Wange dagegen eine Kämpferlinie und einen Scheitelpunkt.

Aus Kappen und Wangen können alle zylindrischen Gewölbe abgeleitet werden.

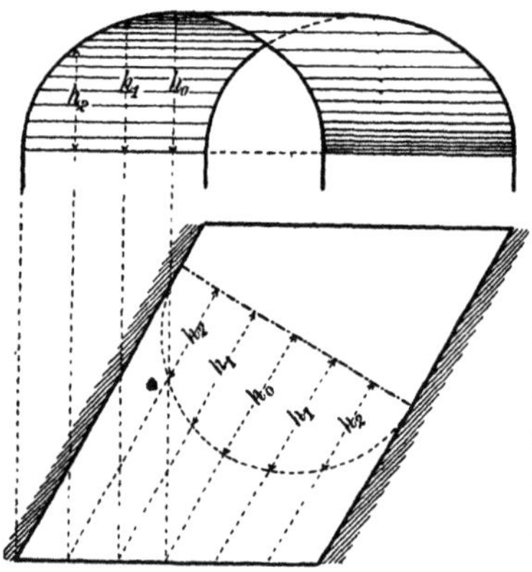

Abb. 2. Schiefes Tonnengewölbe.

2. Das Klostergewölbe. Das Klostergewölbe entsteht durch Zusammensetzung von vier Wangenstücken. — Abb. 4 stellt ein Klostergewölbe über quadratischem Grundriß mit halbkreisförmigem Querschnitt dar. Die inneren Wangenflächen schneiden in Kehlen zusammen; der Diagonalbogen ist eine Ellipse, sämtliche Umfassungswände sind Widerlager.

Die Grundrißform und ebenso das Profil der Wange können beliebig angenommen werden. Das Klostergewölbe eignet sich im allgemeinen nicht zur Überdeckung von Räumen, da die tief in den Raum einschneidenden Wölbflächen die Anlage der Tür- und Fensteröffnungen erschweren, außerdem das Gewölbe schwer und wenig schön aussieht.

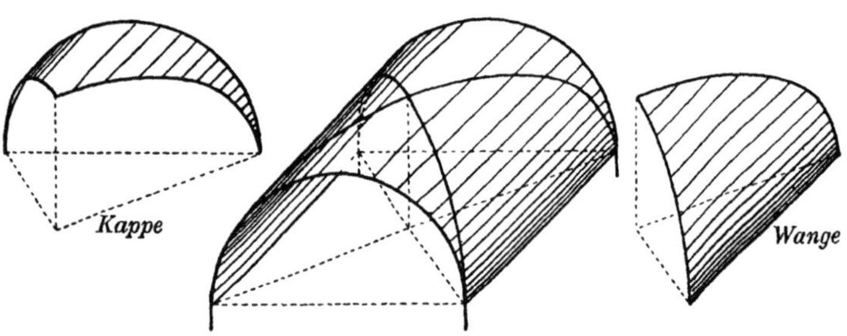

Abb. 3. Tonnengewölbe über quadratischem Raum, durch zwei Diagonalschnitte in Kappen und Wangen zerlegt.

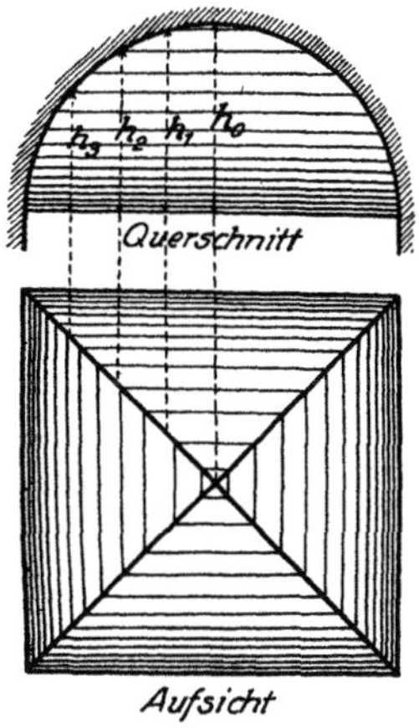

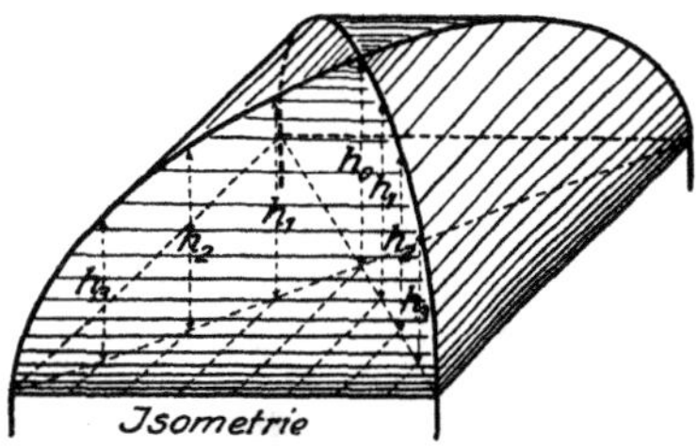

Abb. 4. Das Klostergewölbe (aus Wangen zusammengesetzt).

Eine Abart des Klostergewölbes ist das „über Eck gestellte oder offene Klostergewölbe". Man kann es sich dadurch entstanden denken, daß man durch die Ecken des gegebenen Grundrisses ein zweites Quadrat legt, darüber das Klostergewölbe zeichnet und dann die vorstehenden Ecken senkrecht abschneidet (Abb. 5). Das Gewölbe macht einen freien Eindruck und ist wohl brauchbar.

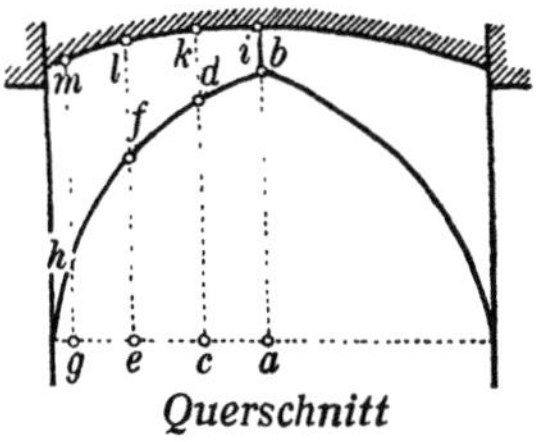

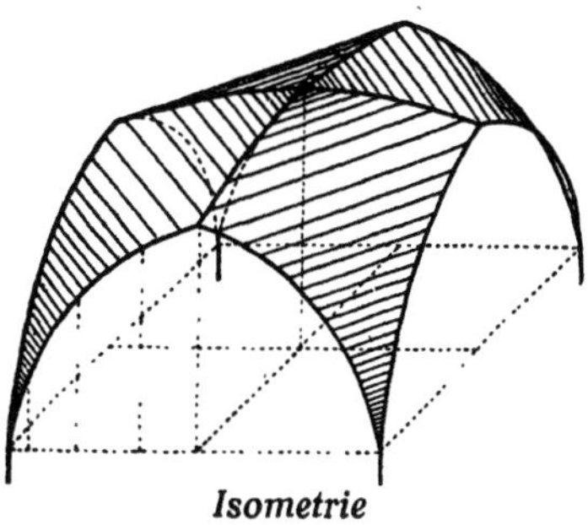

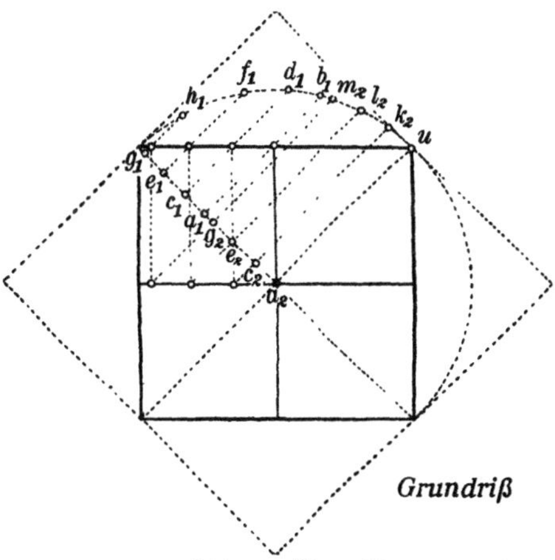

Schildbogenhöhen:

$$ab = a_1 b_1$$
$$cd = c_1 d_1$$
$$ef = e_1 f_1$$
$$gh = g_1 h_1$$

Höhenpunkte für die Scheitellinie:

$$ai = au_2$$
$$ck = c_2 k_2$$
$$el = e_2 l_2$$
$$gm = g_2 m_2$$

Abb. 5. Über Eck gestelltes (offenes) Klostergewölbe.

3. Das Muldengewölbe. Das Muldengewölbe ist ein Tonnengewölbe, das auf beiden Seiten durch ein halbes Klostergewölbe geschlossen wird (Abb. 6).

4. Das Spiegelgewölbe. Wird das Muldengewölbe in einer bestimmten Höhe über den Kämpferlinien wagerecht durchschnitten, und die dadurch gebildete Öffnung durch ein scheitrechtes Gewölbe oder eine scheitrechte Decke — den Spiegel — geschlossen, so entsteht das Spiegelgewölbe (Abb. 7).

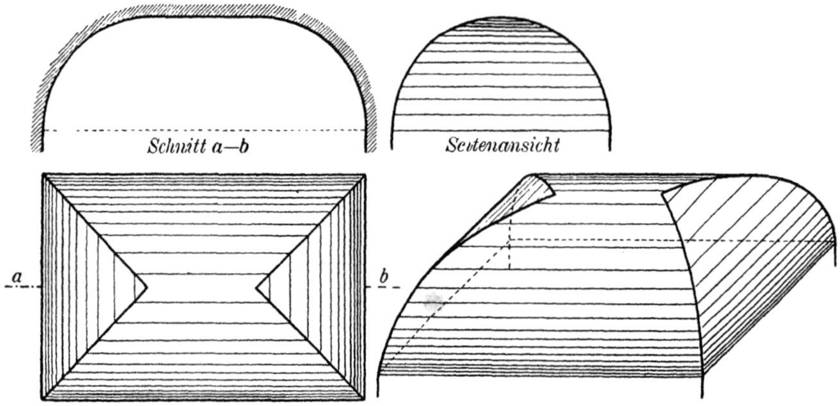

Abb. 6. Das Muldengewölbe.

Der obere rechteckige Spiegel wird meist mit Hilfe von Eisenkonstruktionen gebildet. Das Gewölbe eignet sich besonders für Treppenhäuser, Säle mit Oberlicht u.dgl., wobei die Wangen dann meist ringsum mit Stichkappen durchbrochen sind.

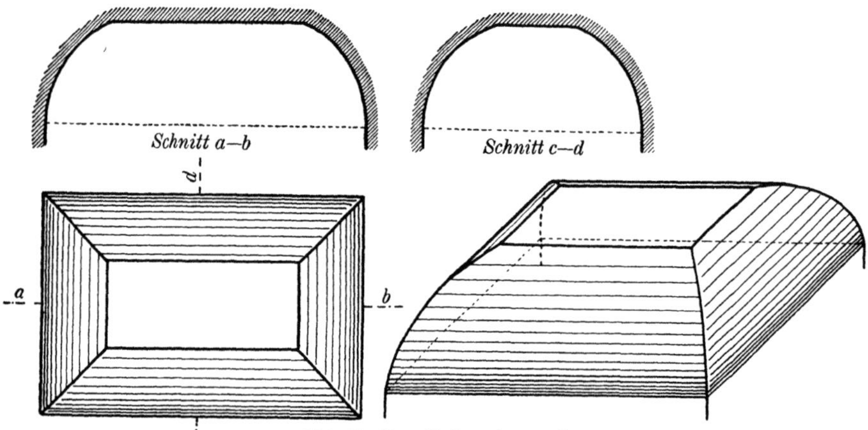

Atb. 7. Das Spiegelgewölbe.

5. Das Kreuzgewölbe. Das Kreuzgewölbe (Abb. 8) entsteht durch Zusammensetzung von vier Kappenstücken (vgl. Abb. 3). Man kann sich das Kreuzgewölbe auch dadurch entstanden denken, daß sich zwei Tonnen von gleicher Scheitelhöhe durchdringen.

Bei der Durchdringung schneiden die Kappen nach Linien zusammen, die im Innern des Raumes scharf vorspringen und Grate heißen. Im Grundriß stellen sich diese Linien als Diagonalen dar.

Über den Seiten des Raumes stehen die Wandbögen (auch Stirn- oder Schildbögen); es können auch die Umfassungsmauern als Wand- oder Schildmauern hochgeführt werden. Im ersten Falle ist das Gewölbe ein offenes, im zweiten ein geschlossenes. Die Widerlager werden durch die Ecken der Umfassungsmauern gebildet.

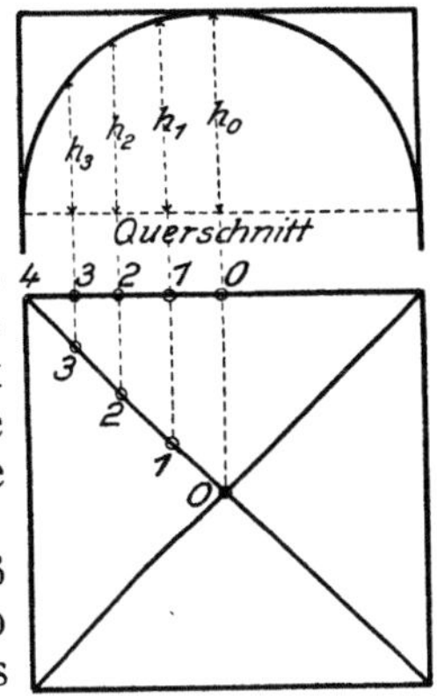

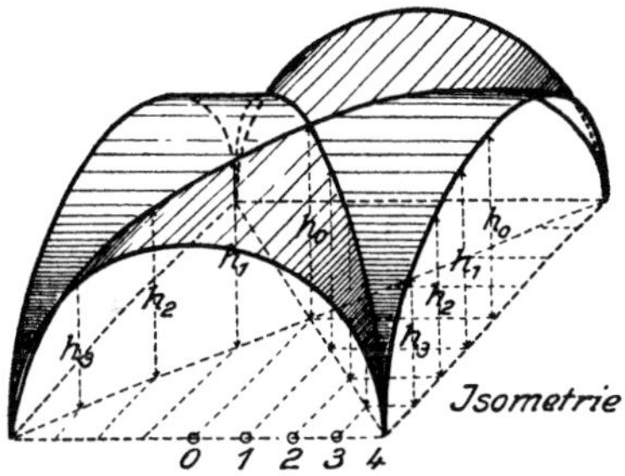

Abb. 8. Kreuzgewölbe über quadratischem Raum (römisches Kreuzgewölbe).

Das Kreuzgewölbe kann über jeder Grundrißfigur ausgeführt werden, mag sie ein regelmäßiges oder ein unregelmäßiges Vieleck sein. Das Gewölbe zeigt stets so viele Kämpferpunkte, als der Grundriß Ecken hat, und so viele Kappen, als Seiten vorhanden sind. Im Grundriß sind stets die Diagonalen als Kennzeichen des Kreuzgewölbes einzuzeichnen (Abb. 8).

Näheres über Konstruktion und Ausführung der Kreuzgewölbe s. S. 15.

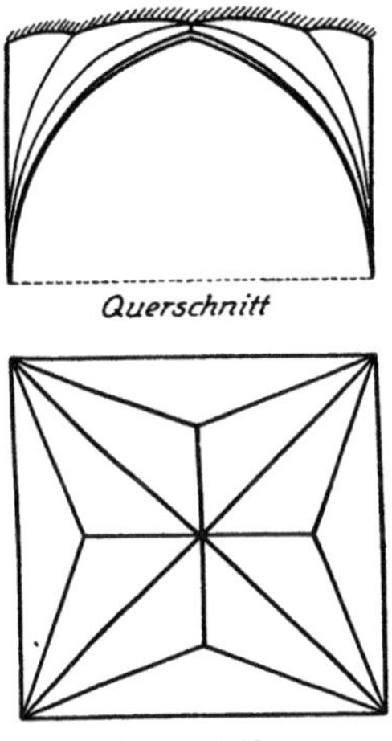

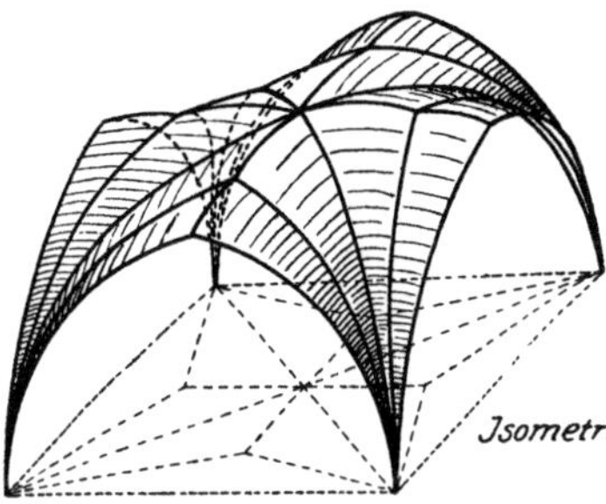

Abb. 9. Das Sterngewölbe.

Der historischen Entwicklung nach unterscheidet man:

a) Das römische Kreuzgewölbe. Alle Wand- und Diagonalbögen haben gleiche Scheitelhöhe. Der Gratbogen ist eine halbe Ellipse (Abb. 8).

b) Das romanische Kreuzgewölbe. Die Wand- und Diagonalbögen sind Halbkreise. Der Diagonalbogen ist ein überhöhter Ellipsenbogen oder Halbkreis. Die Scheitellinien sind hierbei ansteigend.

c) Das gotische Kreuzgewölbe. Die Wandbögen haben Spitzbogenform; die Diagonalbögen können Halbkreise oder Spitzbögen sein (Abb. 24A u. B).

Das gotische Kreuzgewölbe bildet mit dem Stern- und Netzgewölbe den Übergang zu den sphärischen Gewölben.

6. Das Sterngewölbe. Werden die Kappen eines gotischen Kreuzgewölbes nochmals durch Zwischengrate geteilt, so entsteht das Sterngewölbe. Im Grundriß zeigen sich sternförmige Figuren (Abb. 9).

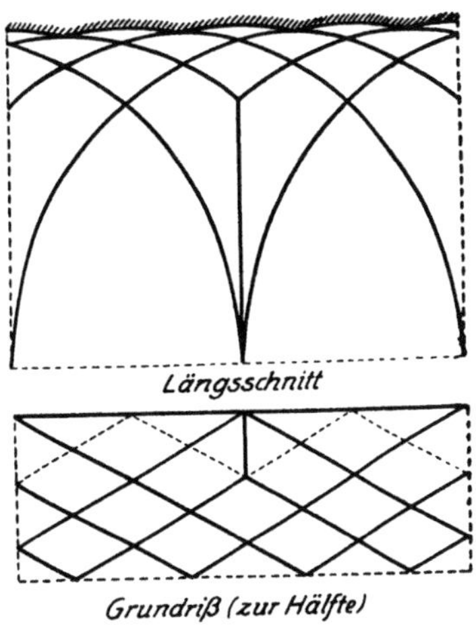

Abb. 10. Das Netzgewölbe.

Die Sterngewölbe findet man hauptsächlich im Kirchenbau. Sie können über jedem regelmäßigen Grundriß ausgeführt werden.

7. Das Netzgewölbe. Wird das Sterngewölbe so reich ausgebildet, daß die Rippen netzartig ineinander greifen, so entsteht das Netzgewölbe. Hierbei fallen die Gurt- und Kreuzrippen sowie die Einteilung in Gewölbejoche ganz fort (Abb. 10).

Die Grundform des Netzgewölbes kann auch ein Tonnengewölbe sein. Die Rippen liegen in der Fläche der Tonne, und die dazwischen liegenden Kappen sind mehr oder weniger gebust.

b) Sphärische Gewölbe.

8. Die Kuppelgewölbe. a) Die eckige Kuppel. Die eckige Kuppel ist ein Klostergewölbe über vieleckigem Grundriß (Abb. 11). Sie bildet den Übergang von den zylindrischen Gewölben zu den sphärischen Gewölben.

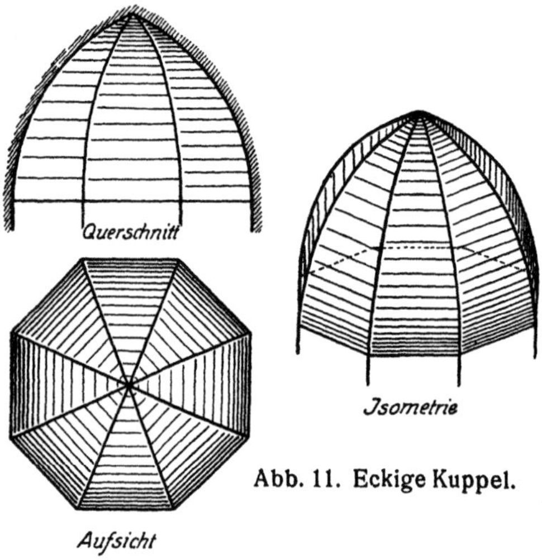

Abb. 11. Eckige Kuppel.

b) Die Rundkuppel. Geht der vieleckige Grundriß in einen kreisförmigen über, so entsteht die Rundkuppel oder das Kuppelgewölbe. Der normale Mittelschnitt kann ein Halbkreisbogen, ein Spitzbogen oder ein Segmentbogen sein. Im ersten Fall erhält man das **Kugelgewölbe** (Abb. 12); im zweiten die Spitzkuppel (Abb. 13), im dritten die Flachkuppel (Kugelkappe, Abb. 14).

Man kann sich das Kuppelgewölbe auch durch Drehung eines Bogenteiles (Viertelkreis, $\frac{1}{2}$ Spitzbogen, $\frac{1}{2}$ Segmentbogen) um eine lotrechte Achse entstanden denken.

Die Einwölbung des Kuppelgewölbes erfolgt am besten in ringförmigen Schichten, und zwar freihändig mit Hilfe einer „Leier".

c) Die Hängekuppel (Stutzkuppel). Dieses Gewölbe entsteht, wenn man sich durch die Ecken eines quadratischen Raumes ein Kuppelgewölbe gelegt denkt und

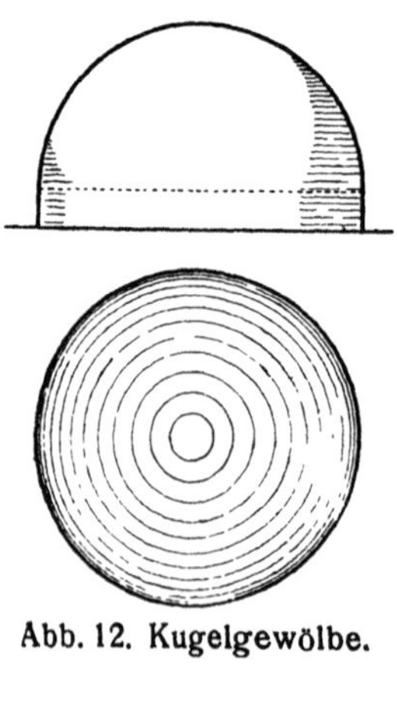
Abb. 12. Kugelgewölbe.

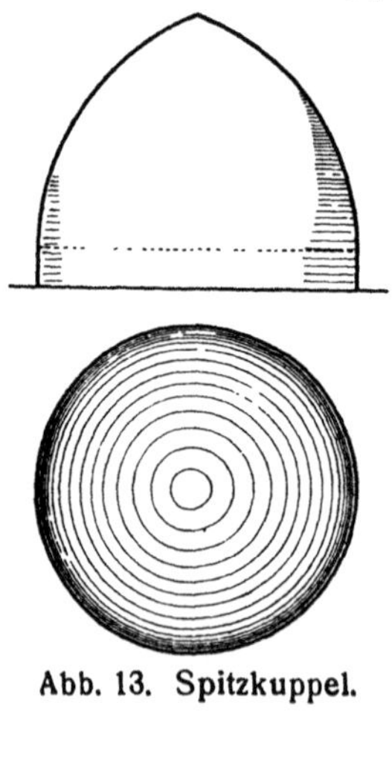
Abb. 13. Spitzkuppel.

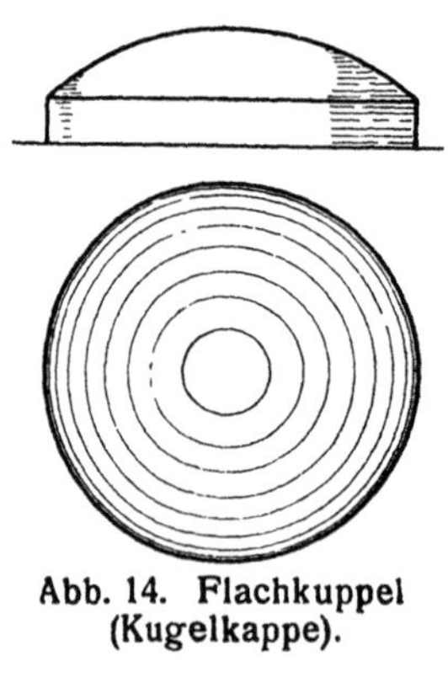
Abb. 14. Flachkuppel (Kugelkappe).

durch lotrechte Ebenen die außerhalb des Quadrates liegenden Kuppelteile abschneidet (Abb. 15). In den Ecken des Quadrates entstehen dreieckige Kugelstücke, die den Übergang vom Quadrat zur Kreisform herstellen. Sie heißen Zwickel oder

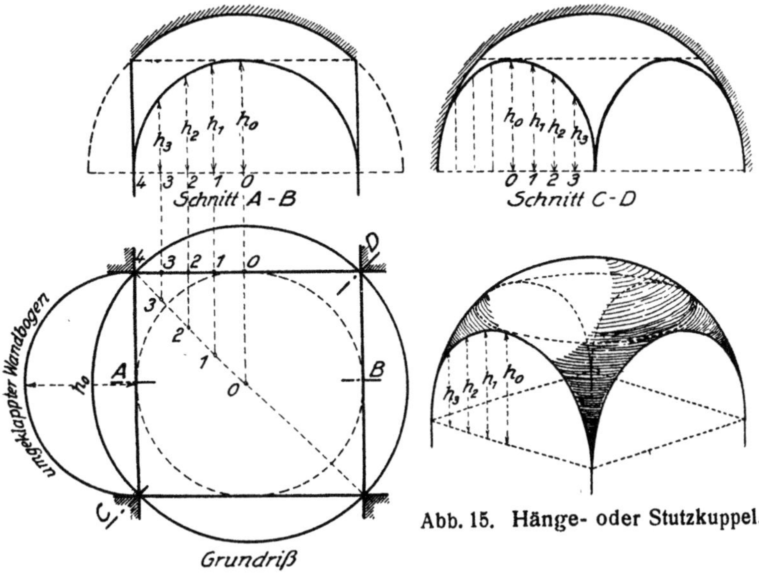

Abb. 15. Hänge- oder Stutzkuppel.

Pendantifs. Über den vier Quadratseiten stehen die halbkreisförmigen Schildbögen. Der obere Teil des Gewölbes ist eine Flachkuppel (Kugelkappe).

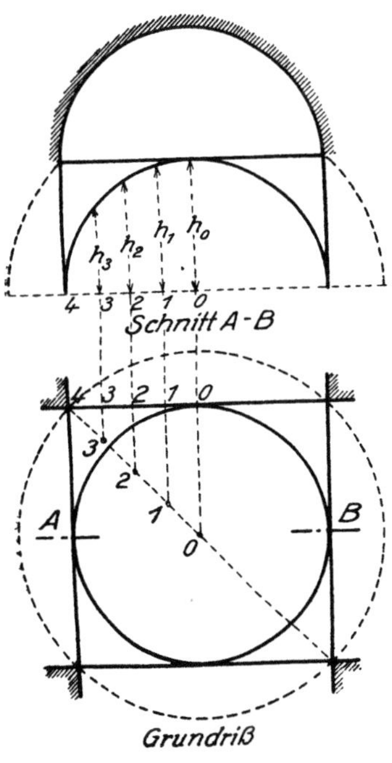

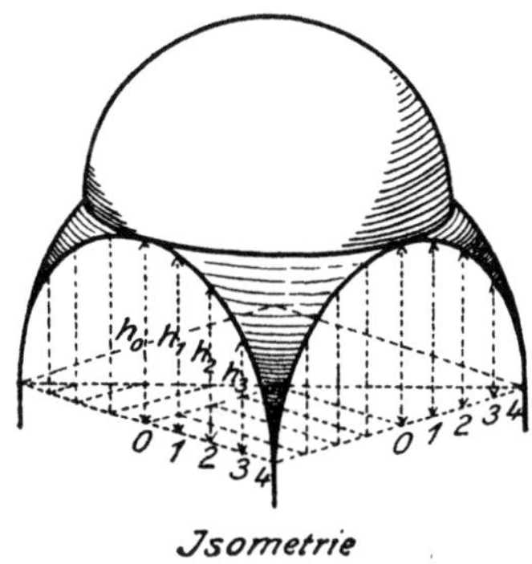

Abb. 16.
Die byzantinische Kuppel (Zwickelkuppel).

Die Gewölbezwickel werden soweit als möglich durch Auskragung gebildet, die weitere Einwölbung erfolgt durch Ringschichten. Der im Grundriß durch die Ecken gezeichnete Grundkreis ist das Kennzeichen für dieses Gewölbe.

d) Die byzantinische Kuppel (Zwickelkuppel). Wird bei einer Hängekuppel die Kugelkappe oberhalb der Zwickel durch ein Kugelgewölbe ersetzt, so entsteht die byzantinische Kuppel (Abb. 16).

Kuppeln werden im Grundriß durch Einzeichnung des in den Raum eingeschriebenen Kreises dargestellt.

9. Die böhmische Kappe. Während bei der Hängekuppel der größte Kuppelkreis (Grundkreis) durch die Ecken des Quadrates geht und die Stirnbögen Halbkreise sind, liegt er bei der böhmischen Kappe außerhalb des Quadrates, und die Stirnbögen sind Segmentbögen (Abb. 17). — Über Konstruktion und Ausführung s. S. 28.

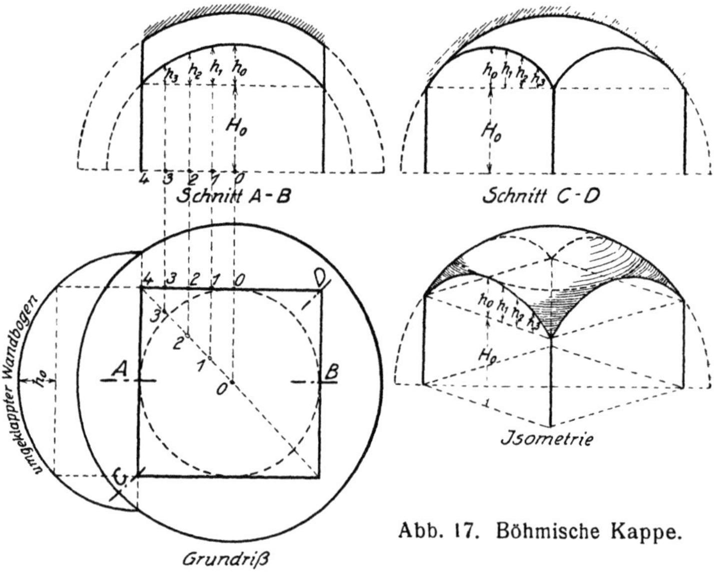

Abb. 17. Böhmische Kappe.

III. Das Tonnengewölbe.

a) Allgemeines.

Das Tonnengewölbe wird heutzutage im Hochbau wegen der ungünstigen Ausnutzung seiner Raumhöhe und wegen des großen Materialverbrauchs nur selten ausgeführt. Es kommt hier und da noch zur Überdeckung von Kellerräumen, von Durchfahrten, ferner von Eingangshallen größerer öffentlicher Gebäude vor. Häufiger wird es im Tiefbau bei Überwölbung von Brückenöffnungen, Durchlässen, Wegeunterführungen u. dgl. angewendet.

Die Baustoffe, die zur Verwendung kommen, sind vor allem Backstein, seltener Werkstein und Bruchstein. Als Mörtel wird am besten verlängerter oder reiner Zementmörtel genommen.

b) Die Ausführung.

Das Wölben erfolgt erst dann, wenn das Gebäude vollständig unter Dach ist. Hierdurch sind die Gewölbe gegen Witterungseinflüsse geschützt, außerdem haben sich die Widerlagsmauern genügend gesetzt. Die Widerlager und Gurtbögen müssen jedoch schon bei der Ausführung des Mauerwerks hergestellt werden.

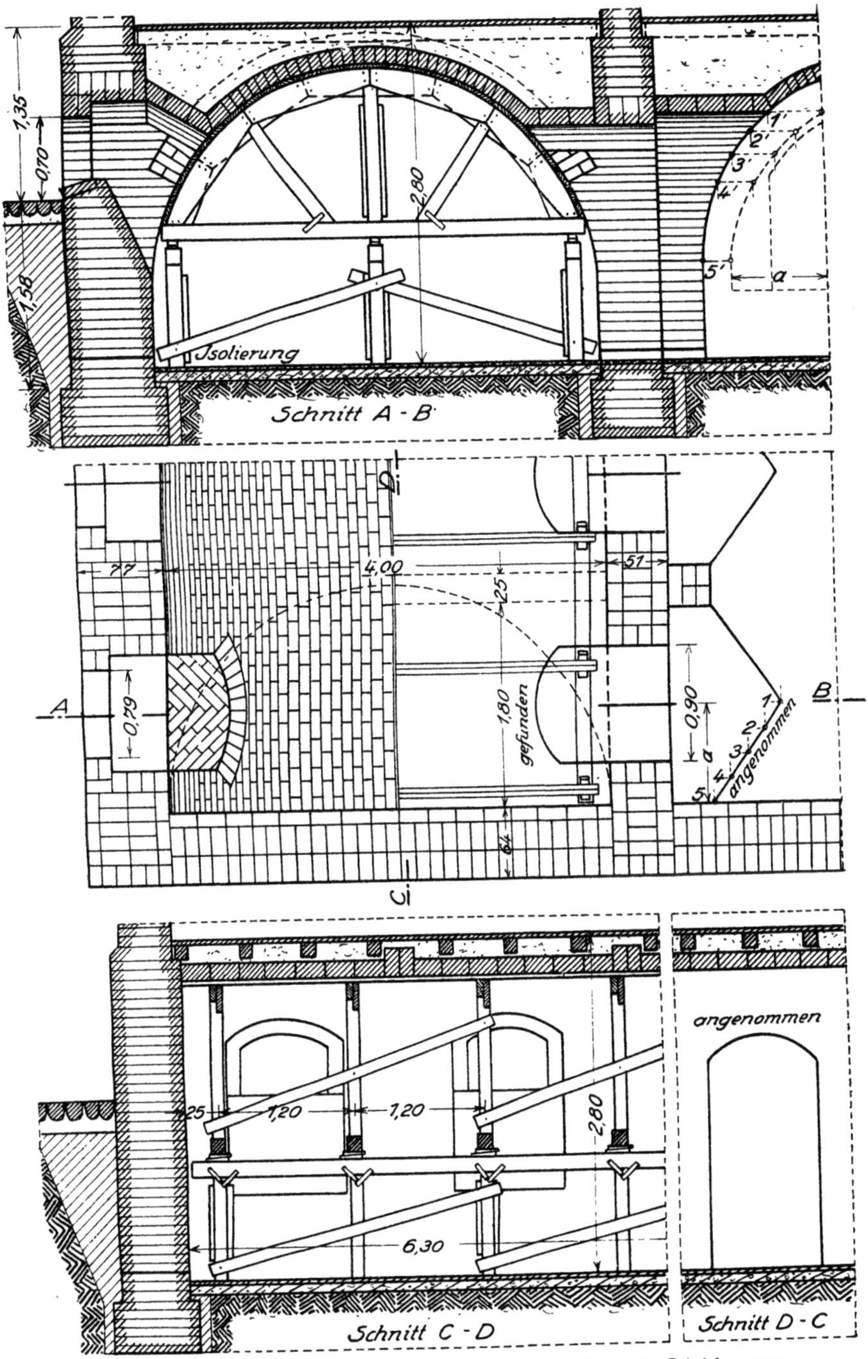

Abb. 18. Das halbkreisförmige Tonnengewölbe mit Stichkappen.

Die Bildung des Widerlagers geschieht am besten durch wagerechte Vorkragung der Schichten. Die Widerlagsfläche muß dabei so groß sein, daß das Gewölbe in seiner ganzen Stärke darauf ruhen kann (Abb. 18). Treten zwei Gewölbe gegen eine gemeinschaftliche Widerlagsmauer, so ist der Gewölbeanfänger in gleicher Weise auszubilden wie in Abb. 62a Teil I dieses Leitfadens. Eine Anordnung nach Abb. 62b Teil I ist unbedingt zu vermeiden.

1. Die Stärke des Widerlagers wird bei einer Höhe bis zu 3,0 m, und wenn keine Auflast vorhanden ist, folgendermaßen angenommen:

bei halbkreisförmigem Tonnengewölbe $= \frac{1}{5}$ der Spannweite,
„ gedrücktem „
(bis $\frac{1}{4}$ der Spannweite als Stichhöhe) $= \frac{1}{4}$ „ „
„ überhöhtem Tonnengewölbe $= \frac{1}{6}$—$\frac{1}{7}$ „ „

Sind die Widerlagsmauern höher als 3 m, so werden die angegebenen Stärken um $\frac{1}{6}$ der Höhe vermehrt. Bei starker Auflast oder bei Gegendruck durch ein Gewölbe auf der anderen Seite kann die Widerlagsmauer schwächer ausgeführt werden.

Bei großen, stark belasteten Gewölben empfiehlt sich stets die graphische Ermittlung der Widerlagsstärke.

2. Die Einrüstung. Bevor das Tonnengewölbe eingewölbt wird, ist die Einrüstung vorzunehmen. Sie besteht aus hölzernen Lehrbögen bzw. Lehrgerüsten, die in Entfernung von 1,00—2,00 m senkrecht zur Gewölbeachse aufgestellt und oben mit schmalen, 2—4 cm starken Brettern abgedeckt werden (Abb. 18).

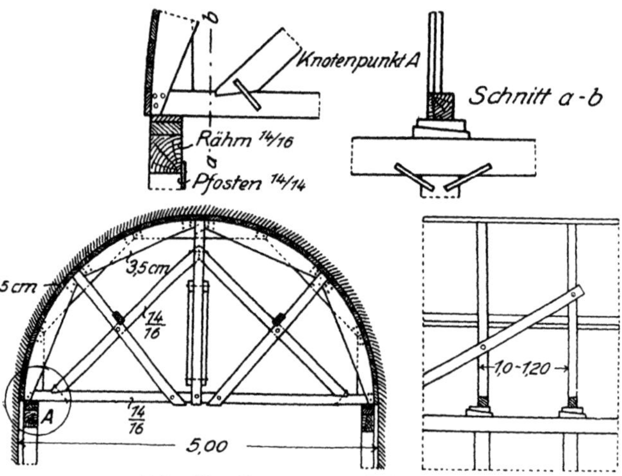

Abb. 19. Gesprengtes Lehrgerüst.

Bei einer Spannweite bis etwa 2,00 m genügen Wölbscheiben von 3—4 cm Stärke, wie bei der Einrüstung des Halbkreisbogens (Abb. 59 Teil I) dargestellt. Bei einer Spannweite von 2,00—6,00 m werden statt der Wölbscheiben Lehrbögen verwendet, bestehend aus doppelten, 3—3,5 cm starken Brettern, die mit versetzten Stößen zu einem „Wölbkranz“ zusammengenagelt werden und am unteren Ende durch ein Querholz (Kreuzholz oder Bohle) verbunden sind (Abb. 18). Ist eine stärkere Versteifung notwendig, so werden von dem unteren Querholz aus strahlenförmig starke Bohlen angeordnet.

Zur Ausführung größerer und stark belasteter Gewölbe benutzt man Lehrgerüste, die aus entsprechend starken Hölzern abgebunden werden. (Verwendung von Hänge- und Sprengewerken Abb. 19.)

Die Unterstützung der Lehrbögen erfolgt durch Rahmhölzer, die von Stielen getragen werden. Die Stiele sind gegeneinander durch Brettzangen zu verstreben und auf Bohl- oder Schwellhölzer zu setzen, damit sie nicht einsinken. Zum Zwecke des leichten Ausrüstens sind wie beim preußischen Kappengewölbe Doppelkeile aus Hartholz anzuordnen (10—12 cm breit; 20 cm lang; 6—8 cm dick). An Stelle der Doppelkeile werden bei größeren Gewölben auch Sandtöpfe und Schraubensätze verwendet.

3. **Die Einwölbung** erfolgt auf Kuff. Das Wölben geschieht von den beiden Widerlagsmauern aus gleichmäßig bis zur Mitte, wo eine gut passende Schlußsteinschicht vorsichtig eingesetzt wird. Die Wölbschichten werden auf der Schalung durch Blei- oder Kohlenrisse gekennzeichnet. Die Fugenrichtung wird entweder nach dem Augenmaß oder genauer durch eine Brettschablone bestimmt.

Nach Vollendung des Gewölbes sind etwa vorhandene Fugen an der Rückenfläche mit dünnflüssigem Kalk- oder besser Zementmörtel auszugießen. Alsdann erhält das Gewölbe bis etwa zu $\frac{2}{3}$ seiner Höhe eine Hintermauerung, die den Zweck hat, die Wölbschale bis zur Bruchfuge zu verspannen und dem Aufdruck an dieser Stelle entgegenzuwirken.

4. **Die Stärke des Tonnengewölbes,** das den darüberliegenden Fußboden mit normaler Nutzlast zu tragen hat, beträgt:

bei 3,00 m Spannweite = $\frac{1}{2}$ Stein am Scheitel und $\frac{1}{2}$ Stein am Widerlager,
bei 3,00—4,00 m Spannweite = $\frac{1}{2}$ Stein am Scheitel und 1 Stein am Widerlager,
bei 4,00—5,00 m Spannweite = $\frac{1}{2}$ Stein am Scheitel und 1 Stein am Widerlager mit Verstärkungsgurten von 1 Stein Breite und Höhe,
bei 5,00—6,00 m Spannweite = 1 Stein am Scheitel und 1 Stein am Widerlager,
bei 6,00—8,00 m Spannweite = 1 Stein am Scheitel und 1 Stein am Widerlager mit Verstärkungsgurten von $1\frac{1}{2}$ Stein Breite und Höhe.

Die Verstärkungsgurte springen meist gegen die äußere Leibung vor und werden in Entfernungen von 1,50—2,50 m angeordnet. Die Einteilung richtet sich nach der Lage der Fenster und Türen.

5. **Das Ausrüsten des Gewölbes** darf nicht zu frühzeitig erfolgen und muß langsam und vorsichtig geschehen. Kleine Gewölbe können nach 2—3 Tagen, größere nach 1—2 Wochen ausgerüstet werden.

c) Stichkappen in Tonnengewölben.

Wenn in den Widerlagsmauern des Tonnengewölbes Tür- oder Fensteröffnungen angelegt werden sollen, so ergeben sich, der geringen Konstruktionshöhe wegen, Ausschnitte, die durch kleinere aufgesetzte Gewölbe, die „Stichkappen", geschlossen werden. Diese Durchbrechungen geben dem sonst schwer wirkenden Gewölbe ein leichteres, schöneres Aussehen und können auch statisch vorteilhaft verwendet werden.

Der Anschluß der Stichkappen an das Gewölbe wird auf die Breite der Öffnung durch einen selbständigen Mauerbogen, den „Gewölbekranz", gebildet, gegen den sich sowohl das Tonnengewölbe wie die Stichkappe anlehnen (Abb. 20). — Das seitliche Widerlager der Stichkappen wird in der Regel durch die Hintermauerung hergestellt, die auch gleichzeitig zu beiden Seiten den Abschluß der Öffnung, die sog. „Ohren", bildet.

Der Form nach kommen hauptsächlich zylindrische und kegelförmige Stichkappen zur Anwendung, seltener kugelförmige. Bei den beiden zuerst genannten können die Achsen sowohl wagerecht als auch geneigt liegen.

Die Bestimmung der Stichkappen erfolgt gewöhnlich in der Weise, daß die Bogenlinie der Kappe angenommen und hieraus die Durchdringungskurve

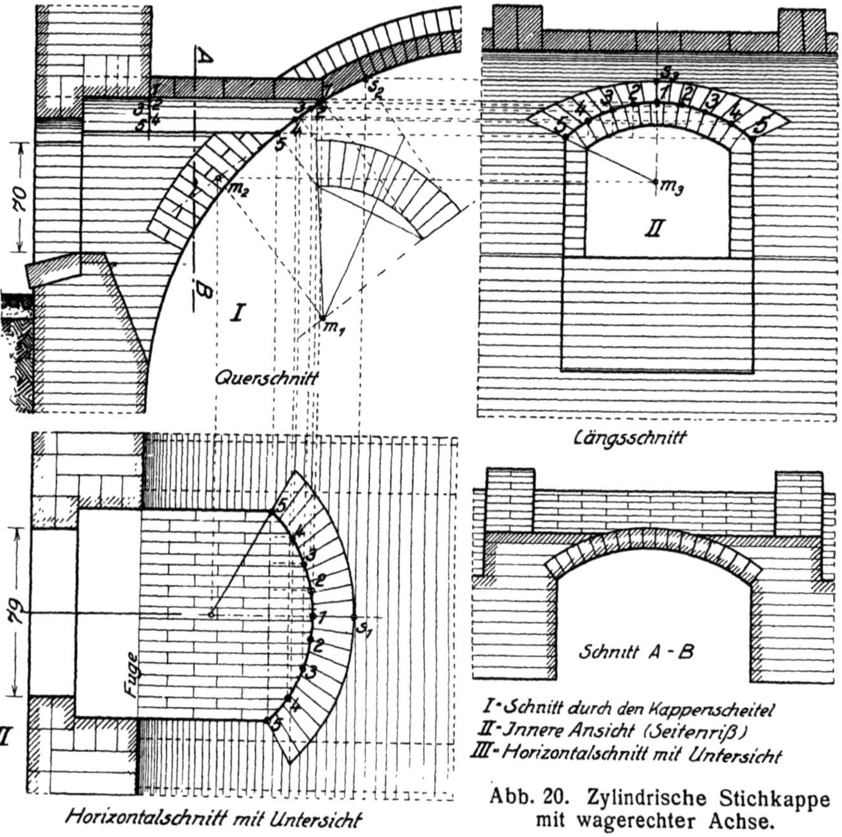

Abb. 20. Zylindrische Stichkappe mit wagerechter Achse.

ermittelt wird, wie dies in den nachfolgenden Abbildungen 20, 21 und 22 gezeigt ist. Es kann aber auch die Durchdringungskurve im Grundriß als gerade Linie angenommen und hieraus die Bogenlinie der Stichkappe bestimmt werden (Abb. 18, rechter Teil).

Die Ausführung der Stichkappen erfolgt am besten in der Weise, daß der Gewölbekranz im Verbande gleichzeitig mit dem Gewölbe hergestellt wird, nachdem zuvor die innere Durchdringungskurve auf der Schalung aufgezeichnet worden ist. Die Kappe selbst wird am besten nach Vollendung des Hauptgewölbes auf Kuff oder Schwalbenschwanz ausgeführt.

Für die Einwölbung erhalten die Stichkappen eine Einschalung, die auf Lehrbögen ruht und stumpf an die durchlaufende Schalung der Tonne anstößt. Kleinere Stichkappen können auch auf einem entsprechend geformten tonigen Sandhaufen eingewölbt werden.

1. Zylindrische Stichkappe mit wagerechter Achse (Abb. 20). Zur Ermittlung der Durchdringungskurve zwischen Stichkappe und Gewölbe (Linie 5, 1, 5 Abb. 20 II, III) werden wagerechte Hilfsebenen 1, 2, 3, 4, 5 (Abb. 20 I) gelegt, die sowohl die Kappe wie die Tonne in geraden Mantellinien schneiden. Die gemeinsamen Schnittpunkte

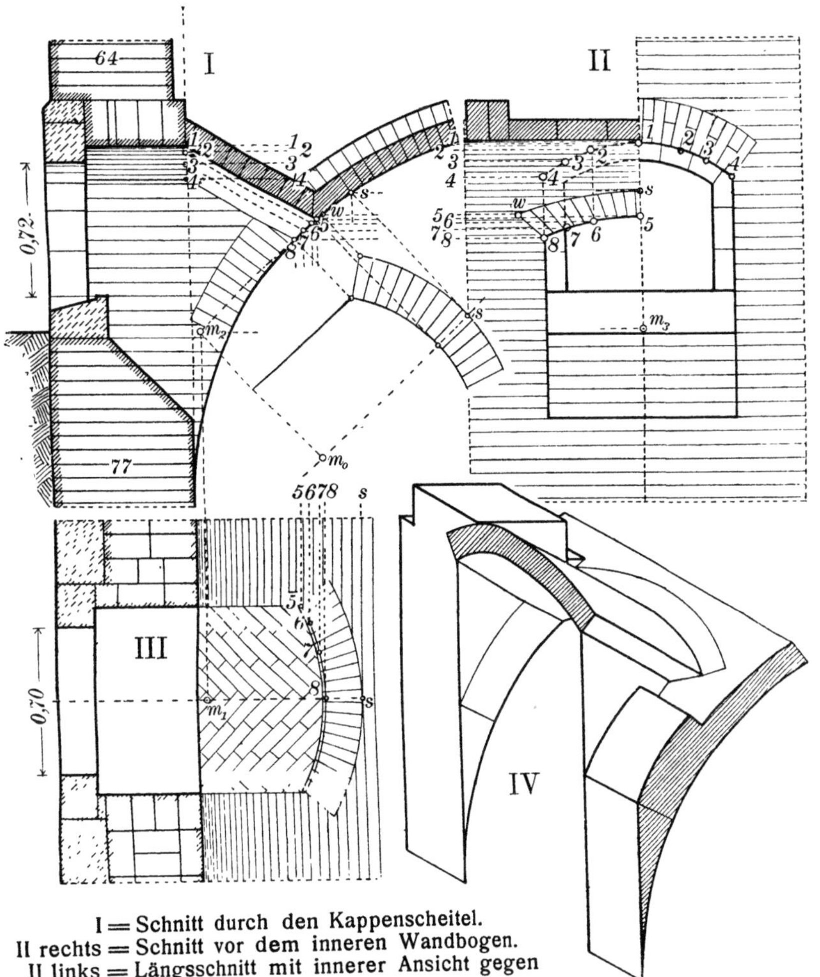

I = Schnitt durch den Kappenscheitel.
II rechts = Schnitt vor dem inneren Wandbogen.
II links = Längsschnitt mit innerer Ansicht gegen die Kappe.
III = Grundriß mit Untersicht.
IV = Isometrie der Kappe.

Abb. 21. Zylindrische Stichkappe m. geneigter Achse.

der Mantellinien sind Punkte der Durchdringungskurve, deren Projektionen (in Abb. 20 II u. III) leicht zu finden sind.

Die Seitenansicht und die Unteransicht des Gewölbekranzes (Abb. 20 II u. III) findet man, indem man durch die beiden Kämpferpunkte 5 und den Scheitelpunkt 1 (Abb. 20 I) eine Ebene 1 — 5 — x legt und diese mit dem Kranzbogen umklappt.

Der Mittelpunkt m_1 des umgeklappten Kranzbogens, nach dem die Fugen laufen, ist, wie aus der Abb. 20 I u. II ersichtlich, leicht zu finden. Durch Aufsuchen des Mittelpunktes m_2 in der Ebene 1 — 5 — x und des Mittelpunktes m_3 im Seitenriß ist auch die Fugenrichtung in der Seitenansicht (Abb. 20 II) gefunden; entsprechend auch in der Grundrißzeichnung.

2. Zylindrische Stichkappe mit geneigter Achse (Abb. 21). Da bei Kellerfenstern die Stichkappen mit wagerechter Achse meist zu tief in das Hauptgewölbe einschneiden, werden zweckmäßig solche mit geneigter Achse verwendet.

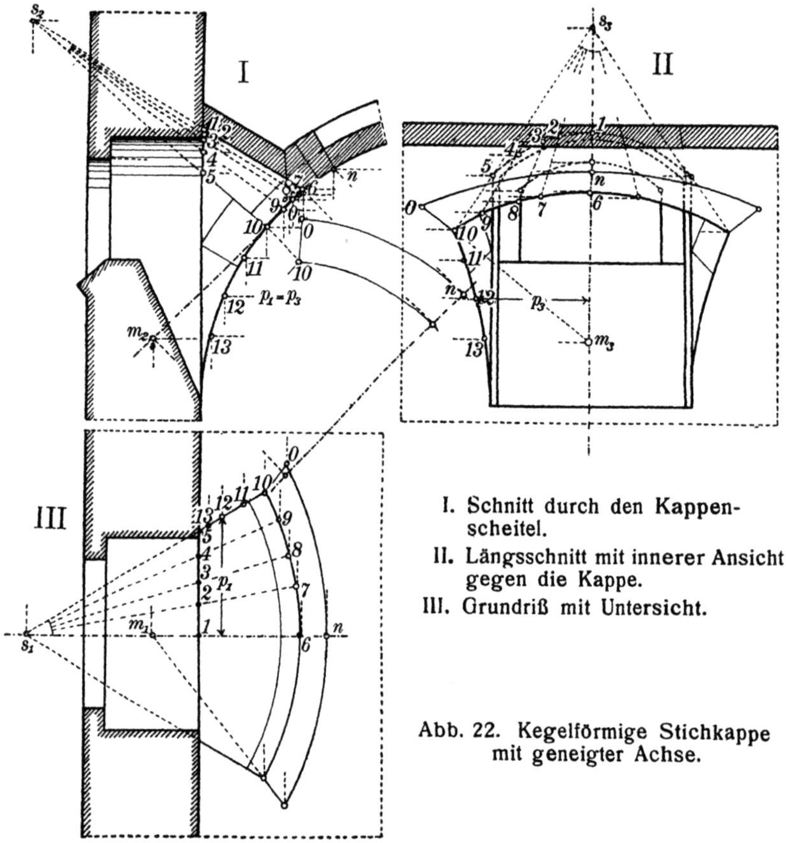

I. Schnitt durch den Kappenscheitel.
II. Längsschnitt mit innerer Ansicht gegen die Kappe.
III. Grundriß mit Untersicht.

Abb. 22. Kegelförmige Stichkappe mit geneigter Achse.

Für die Konstruktion ist zunächst der innere Wandbogen 1, 2, 3, 4 (Abb. 21 II) festzulegen. Die Neigung der Stichkappe richtet sich nach der Beleuchtung des Raumes und wird durch die Scheitellinie 1 — 5 (Abb. 21 I) angenommen. Die Kämpferlinie 4 — 8 (Abb. 21 I) ist parallel zu 1 — 5 (Abb. 21 I) und ergibt sich dadurch, daß der Wandbogen, der gleichzeitig die Erzeugende der Stichkappe bildet, sich in lotrechter Stellung auf der geneigten Achse (der Leitlinie) fortbewegt. Der Zylinder der Stichkappe selbst ist elliptisch.

Die Durchdringungskurve findet man durch lotrechte Hilfsebenen senkrecht zur Stirnmauer, welche die Stichkappe nach Geraden, die Tonne nach ihrer Wölblinie schneiden. Die Schnittpunkte dieser Mantellinien ergeben Punkte der Durchdringungskurve (5, 6, 7, 8 Fig. 20 II u. III).

3. Kegelförmige Stichkappe mit geneigter Achse (Abb. 22). Die kegelförmigen Stichkappen sind durch ihre sich nach innen erweiternde Form für die Beleuchtung außerordentlich günstig und daher für die Ausführung wohl brauchbar. Die seitlichen Wangenteile stehen hierbei nicht mehr senkrecht zur Umfassungsmauer, sondern die

Leibungsflächen derselben schneiden sich in einer senkrechten Linie $s_1 s_2$. Der meist elliptische Kegel wird bestimmt:

1. Durch den konzentrisch zum Fensterbogen laufenden Wandbogen (1—5 Abb. 22 II und I);
2. durch die angenommene Scheitellinie 1—6 (Abb. 22 I);
3. durch die angenommene Kegelspitze s_2 (Abb. 22 I).

Die Verlängerung der Verbindungslinie der Punkte s_2 und 5 ergibt die Kämpferlinie 5—10 (I). Die Durchdringungskurve findet man mit Hilfe von Ebenen, die durch die Spitze des Kegels gehen.

Die Einwölbung erfolgt entweder auf den Schwalbenschwanz oder in Ringschichten nach dem Mollerschen Verbande.

4. **Kugelförmige Stichkappe** an der Stirnmauer. Stichkappen an der Stirnmauer werden nur dann erforderlich, wenn die Fensteröffnungen über das anstoßende Gewölbe hinausragen; das kommt jedoch selten vor.

Es eignet sich hierfür am besten die Kugelkappe. Das ausgeschnittene Gewölbe muß wieder durch einen bogenförmigen Kranz verspannt werden, gegen den sich die Kugelkappe anlehnt.

IV. Das Kreuzgewölbe.

a) Allgemeines.

Häufiger als das Tonnengewölbe wird im Hochbau das Kreuzgewölbe verwendet. Es eignet sich namentlich zur Überdeckung von Hallen, Fluren usw., besonders auch von Kirchenräumen. Über die Entstehung des Kreuzgewölbes siehe S. 4.

Das Kreuzgewölbe besitzt gegenüber den anderen Gewölben vor allem den statischen Vorzug, daß es die Gewölbelast durch die Grate fast ganz auf die Ecken des Raumes überträgt; nur wenn es mit „Stich" ausgeführt wird, erhalten auch die Stirnmauern einen geringen Schub.

Das Widerlager in den Ecken wird durch Mauern, Pfeiler oder Säulen gebildet. Die in den Schildmauern anzuordnenden Fenster ergeben eine gute Beleuchtung des überwölbten Raumes.

Da das Gewölbe ein offenes sein kann, können mehrere Gewölbe neben- oder hintereinander gereiht werden und dadurch zur Überdeckung größerer Räume dienen. Zwei oder mehrere hintereinander gereihte Kreuzgewölbe heißen Gewölbejoche. Sie können von gleicher oder verschiedener Breite sein und werden in der Regel durch Gurtbögen (Quergurte) voneinander getrennt. Eine Jochreihe nennt man ein Schiff; ein Raum mit 2, 3 oder mehr nebeneinander liegenden Jochreihen heißt zwei-, drei- oder mehrschiffig.

Wandbögen (Stirnbögen) heißen die Bögen, in denen die Gewölbekappen an die Stirnmauern (Schildmauern) anstoßen. Die Wandbögen können Halbkreise, Segmentbögen, gedrückte oder überhöhte Bögen sein. In den Grundrissen sind tunlichst alle Wand- und Gurtbögen, soweit sie verschieden sind, einzutragen (gestrichelt).

Die Gratbögen können ebenso wie die Wandbögen verschiedenartig gestaltet werden. Werden die Gratbögen als besonders hervortretende Bögen aus Werkstein oder Backstein ausgebildet, so bezeichnet man sie mit Diagonalrippen, Diagonalgurte, Kreuzrippen.

Die Scheitellinien der Kappen können entweder wagerecht angeordnet werden oder mit Rücksicht auf die Gefahr des Setzens besser ein wenig nach dem Scheitel ansteigend („mit Stich“). Der Stich kann geradlinig oder bogenförmig sein.

b) Form und Konstruktion des einfachen Kreuzgewölbes.

Die äußere Form des Kreuzgewölbes wird bedingt durch den Grundriß (Quadrat, Rechteck, unregelmäßiges Vieleck), ferner durch die Form der Wandbögen, der Gratbögen und der Scheitellinien. Von den drei zuletzt genannten Stücken werden bei rein zylindrischen Kappenflächen je zwei angenommen, während das dritte Stück abgeleitet wird.

I. Das Kreuzgewölbe über quadratischem Grundriß.

Die verschiedenartige Gestaltung der Kreuzgewölbe ist zunächst am quadratischen Grundriß gezeigt. Die Wandbögen sind halbkreisförmig angenommen.

1. Kreuzgewölbe mit wagerechtem Scheitel (römisches Kreuzgewölbe) (Abb. 23). Die Scheitel der Schildbögen und des Gewölbes liegen gleich hoch. Die Wandbögen sind Halbkreise; der Gratbogen ist eine Ellipse, die durch Vergatterung gefunden wird; siehe Umklappung im Grundriß.

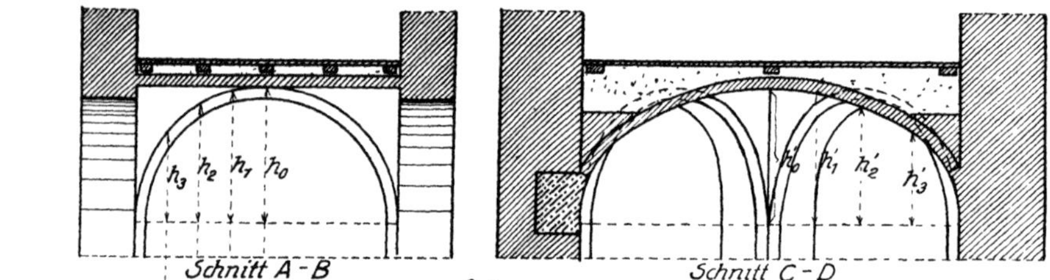

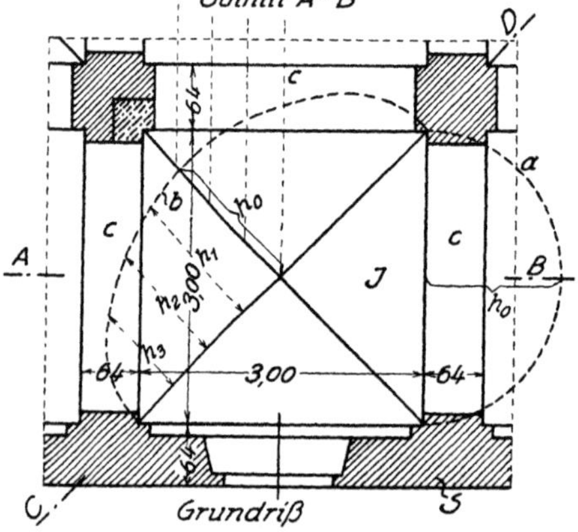

a = umgeklappter Schild- oder Stirnbogen
b = umgeklappter Diagonalbogen
c = Gurtbogen
J = Gewölbejoch
S = Schildmauer

Abb. 23. Kreuzgewölbe über quadratischem Grundriß (Römisches Kreuzgewölbe).

Bei der Vergatterung teilt man den Gratbogen in ebensoviel gleiche Teile wie den Schildbogen, errichtet die Ordinaten und macht diese gleich hoch; also $h_0 = h'_0$, $h_1 = h'_1$ usw.

2. Kreuzgewölbe mit gerader ansteigender Scheitellinie (mit geradem Stich) (Abb. 24). Der Scheitel des Gewölbes liegt um den Stich s höher als der Scheitel der Schildbögen. Die Wandbögen sind Halbkreisbögen; der Gratbogen ist ein stumpfer elliptischer Spitzbogen.

Der Stich wird zweckmäßig wegen des Setzens des Gewölbes angenommen und beträgt etwa $\frac{1}{20}$—$\frac{1}{30}$ der Diagonalweite.

Der Gratbogen wird im normalen Mittelschnitt dadurch ermittelt, daß man von den Kämpferpunkten des Schildbogens aus Parallele zu den Scheitellinien zieht

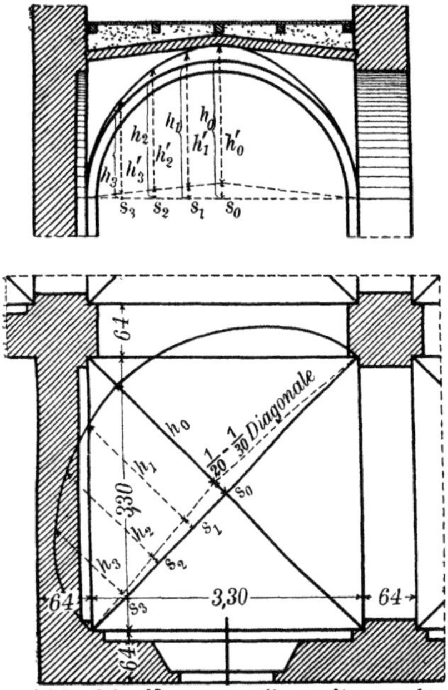

Abb. 24. Kreuzgewölbe mit geradem Stich (Grundriß und Querschnitt).

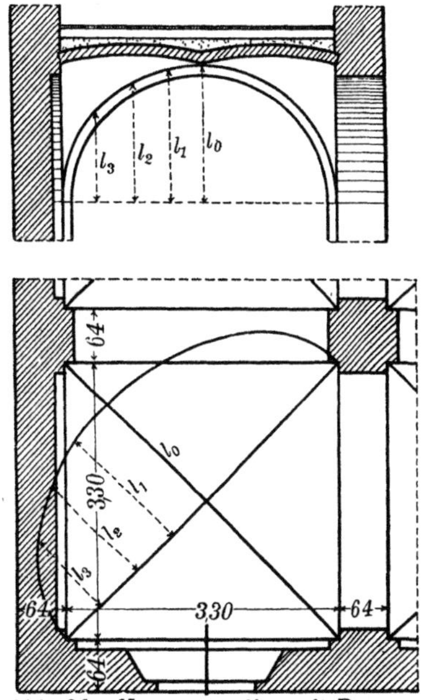

Abb. 26. Kreuzgewölbe mit Busung ohne Stich (Grundriß und Querschnitt).

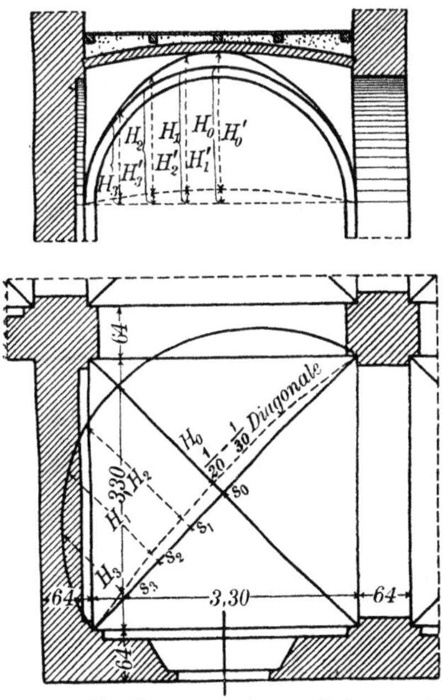

Abb. 25. Kreuzgewölbe mit Bogenstich (Grundriß und Querschnitt).

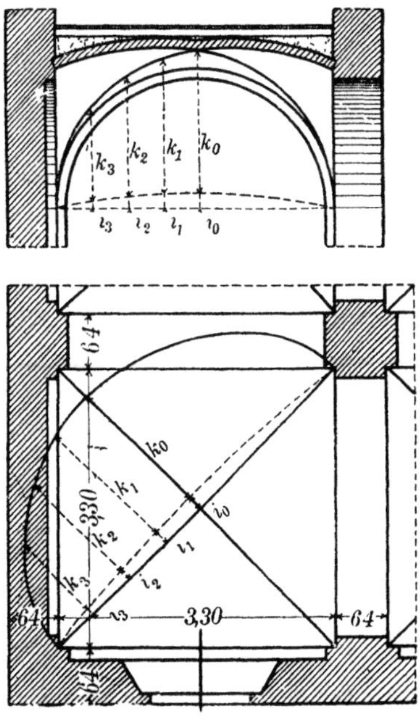

Abb. 27. Kreuzgewölbe mit Busung und Stich (Grundriß und Querschnitt).

Abb. 24—27. Kreuzgewölbe über quadratischem Grundriß.

und hierauf die Höhen (Ordinaten) des in gleicher Weise geteilten Wandbogens abträgt; also $h_0 = h'_0$, $h_1 = h'_1$, $h_2 = h'_2$ usw. Die wahre Gestalt des Gratbogens im Grundriß (Diagonalschnitt) ist durch Vergatterung leicht zu finden. Die Höhen sind $= h_0 + s_0$, $h_1 + s_1$ usw.

3. Kreuzgewölbe mit Bogenstich (Abb. 25). Um die Festigkeit des Gewölbes zu erhöhen, werden statt der zylindrischen Kappen auch Kappen mit sphärisch gekrümmten, d. h. kugelartig gebauchten Flächen ausgeführt. Man sagt, die

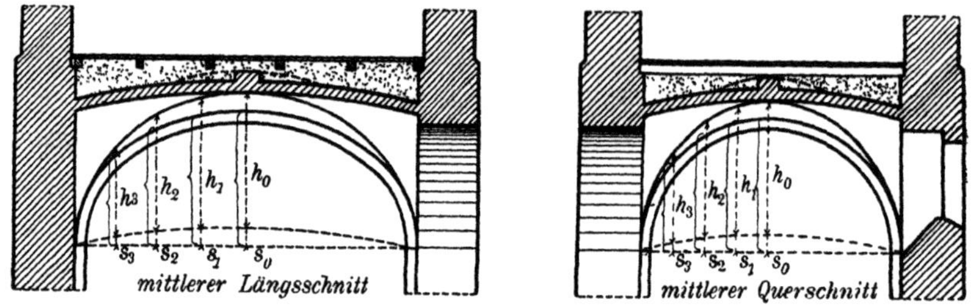

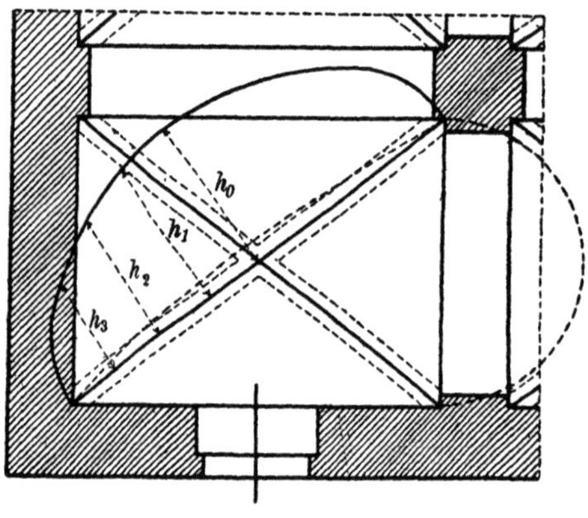

Abb. 28. Kreuzgewölbe über rechteckigem Grundriß. — Die Wandbögen sind gleich hoch.

Kappen erhalten eine „Busung“, oder sie sind „gebust“. Bilden hierbei die Scheitellinien zweier gegenüberliegender Kappen einen Segmentbogen, so bezeichnet man dies mit „Bogenstich“. Derselbe wird ebenfalls mit $\frac{1}{20}$—$\frac{1}{30}$ der Diagonalweite angenommen. Die Wandbögen sind Halbkreisbögen; der Gratbogen ist ein überhöhter elliptischer Bogen, dessen wahre Gestalt durch Umklappung in den Grundriß wie bei Abb. 24 gefunden wird.

4. Kreuzgewölbe mit Busung ohne Stich (Abb. 26). Die gebusten Kappen können auch jede für sich derart gewölbt werden, daß die Scheitellinien zweier gegenüberliegender Kappen in der Mitte einen Knick erhalten. Liegen hierbei die Scheitel der Stirnbögen und des Gewölbes gleich hoch, so hat man das Kreuzgewölbe mit Busung ohne Stich. Die Wandbögen sind Halbkreise; der Gratbogen ist eine halbe Ellipse. Die wahre Gestalt des Gratbogens ist durch Umklappung im Grundriß dargestellt.

Liegt der Scheitel des Gewölbes höher als die Scheitel der Stirnbögen, so erhält man:

5. Das Kreuzgewölbe mit Busung und Stich (Abb. 27). Der Stich kann wieder wie vorher mit $\frac{1}{20}$—$\frac{1}{30}$ der Diagonalweite angenommen werden. Die Wandbögen sind Halbkreise; der Gratbogen ist eine halbe Ellipse, deren Höhe = halbe Seite + Stich beträgt. Die Grate treten bei den gebusten Kappen scharf vor.

II. Das Kreuzgewölbe über rechteckigem Grundriß.

Hier beeinflußt hauptsächlich die verschiedenartige Form der Wandbögen, welche als Rundbögen oder Spitzbögen angenommen werden können, die Gestaltung des Gewölbes. Die Scheitellinie kann ebenso mannigfaltig ausgebildet werden wie bei quadratischem Grundriß. Die Kappenflächen sind in der Regel gebust.

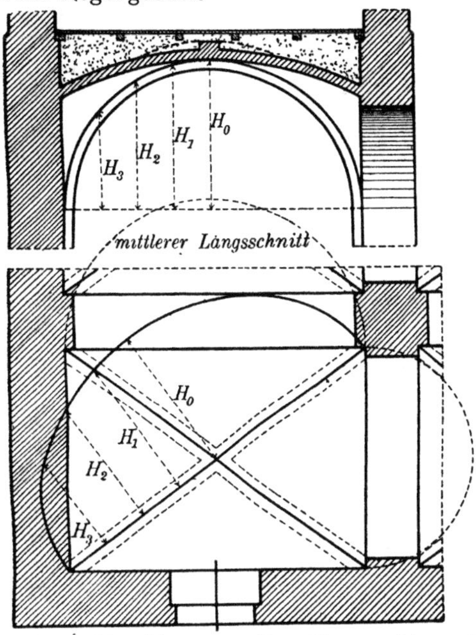

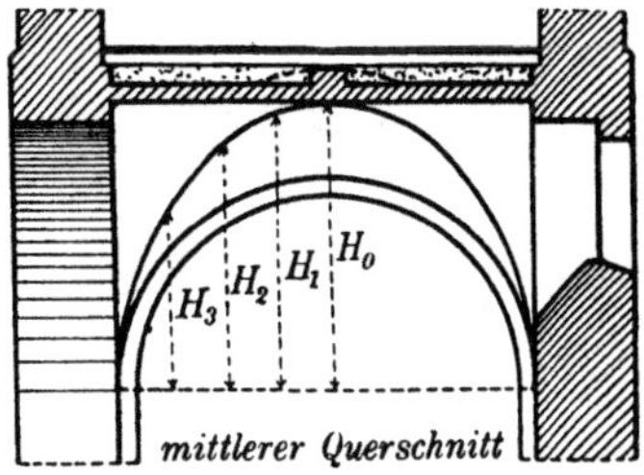

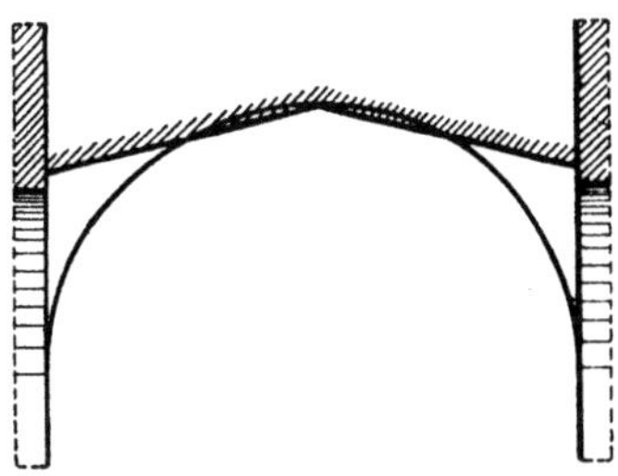

Abb. 29. Kreuzgewölbe über rechteckigem Grundriß. – Die Schildbögen sind Bögen gleicher Krümmung (Halbkreise).

Abb. 30. Unschöne und unkonstruktive Einsenkung des Kappenscheitels bei geradem, ansteigendem Scheitel über den kleinen Kappen.

Bei der Gestaltung des Grundrisses soll im allgemeinen das Verhältnis von Länge zur Breite nicht größer sein als 3 : 2. Im wesentlichen hat man folgende Fälle zu unterscheiden:

1. Alle Wandbögen sind gleich hoch. Hierbei ist ein Wandbogen anzunehmen, die anderen und die Gratbögen, letztere unter Rücksichtnahme auf den Stich, sind daraus abzuleiten (Abb. 28). — Sind die Wandbögen über den kleinen Seiten Halbkreise, so werden die über den großen Ellipsenbögen; sind die Wandbögen über den großen Seiten Halbkreisbögen, so werden die über den kleinen Seiten „gestelzt".

2. Die Wandbögen sind Bögen gleicher Krümmung (Halbkreisbögen), aber ungleich hoch (Abb. 29). Die Scheitellinien der geraden Kappen sind wagerecht, die Kappen nach den Schmalseiten erhalten Bogenstich. Der Gewölbescheitel liegt mit dem Scheitel des großen Wandbogens in gleicher Höhe. Der Diagonalbogen wird also eine Ellipse, die durch Vergatterung aus dem größeren Wandbogen gefunden wird. Die wahre Gestalt des Diagonalbogens ist durch Umklappung im Grundriß dargestellt.

Die Ausführung mit geradem, ansteigendem Scheitel über den schmalen Kappen ist zu vermeiden, da sich sonst unschöne und konstruktiv bedenkliche Einsenkungen des Kappenscheitels ergeben, wie es Abb. 30 zeigt.

3. Die Wandbögen sind Bögen gleicher Krümmung (Halbkreisbögen, Abb. 31). Der Gewölbescheitel liegt höher als die Scheitel der beiden Wandbögen; alle Kappen erhalten Bogenstiche. Bei verschiedener Höhe der halbkreisförmigen

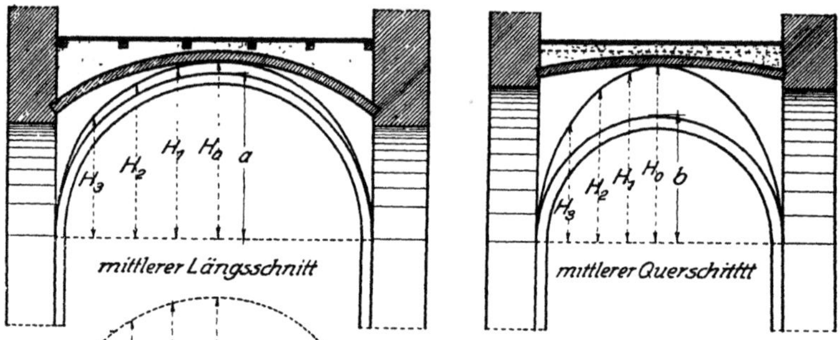

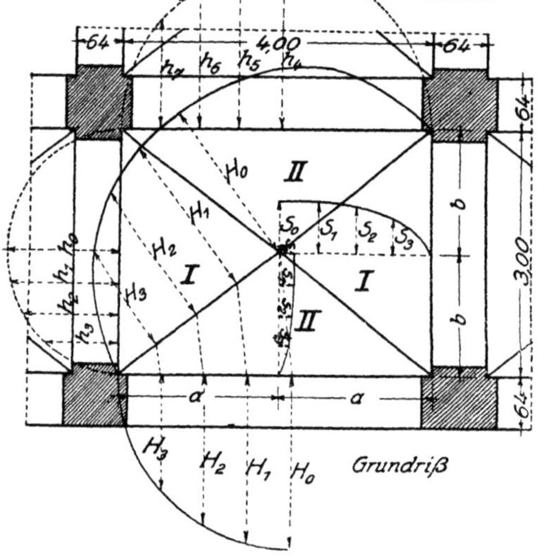

Abb. 31. Kreuzgewölbe mit Bogenstich.

Wandbögen ergeben sich für die großen und kleinen Kappen verschiedene Stichhöhen. Es empfiehlt sich dabei die Gewölbehöhe H_0 kleiner als die halbe Diagonale anzunehmen. Der Diagonalbogen bildet eine halbe Ellipse mit der Höhe H_0 als halbe kleine Achse. Er ist im Grundriß durch Vergatterung aus dem mit dem Radius H_0 gezeichneten Hilfsviertelkreis ermittelt. — Die Scheitellinien sind entweder als Segmentbögen zu zeichnen (Abb. 31, Längs- und Querschnitt) oder sie werden in freier Weise aus dem Höhenunterschied der zur Kappe gehörigen Grat- und Schildbögen ausgetragen (Abb. 31 Grundriß, rechte Hälfte; z. B. $S_0 = H_0 - h_0$ für Kappe I und $s_0 = H_0 - h_4$ für Kappe II.

4. Die Schildbögen sind Spitzbögen (gotische Gewölbe). Die Einführung des Spitzbogens als Schildbogen ergibt eine günstigere und freiere Gestaltung der Gewölbeform. Die Schild- und Gratbögen werden nicht mehr wie bei dem zylindrischen Kreuzgewölbe voneinander abgeleitet, sondern unabhängig voneinander bestimmt. Die dazwischenliegenden Kappen werden meist mit Busung ausgeführt. Es kommen hauptsächlich folgende zwei Gewölbeformen vor:

a) Der Diagonalbogen wird als Halbkreis angenommen, die Wandbögen werden mit demselben Halbmesser gezeichnet und geben Spitzbögen. (Abb. 32).

b) Der Diagonalbogen wird als Spitzbogen (stumpfer Spitzbogen) angenommen, die Schildbögen sind ebenfalls Spitzbögen. Wird hierbei der Spitzbogen über den Schmalseiten zu schlank, so gibt man ihm eine Stelzung (Abb. 33, Querschnitt rechte Hälfte). Die Stelzung ergibt jedoch windschiefe Kappen.

III. Das Kreuzgewölbe über unregelmäßigem Grundriß.

Bei Kreuzgewölben über unregelmäßigem Raum hat man zunächst den Schwerpunkt der Grundfigur zu ermitteln, über dem der Scheitel des Gewölbes

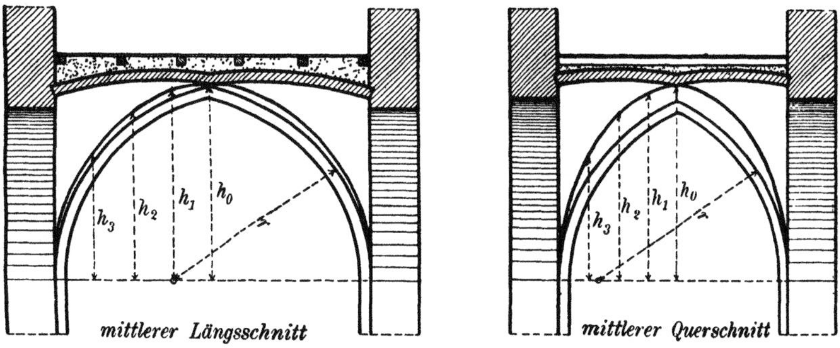

Abb. 32. Gotisches Kreuzgewölbe über rechteckigem Grundriß. — Der Diagonalbogen ist ein Halbkreis.

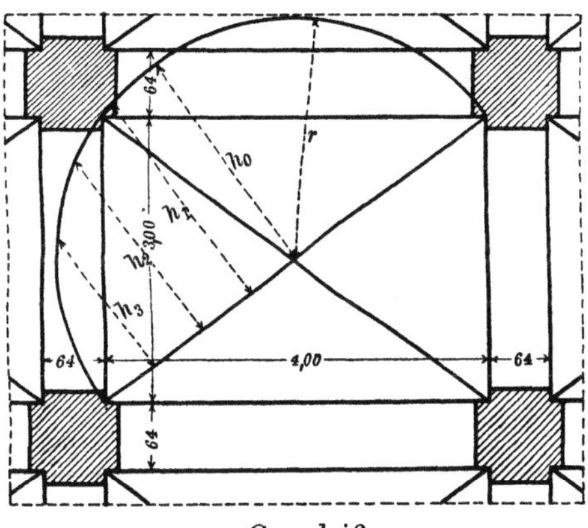

Grundriß

zu liegen kommt. Ist der Schwerpunkt zu einseitig verschoben, so ist ein Punkt anzunehmen, der von den Ecken ungefähr gleichweit entfernt liegt.

Die Wandbögen werden am besten gleich hoch angenommen. Man geht dabei von einem Wandbogen, den man z. B. als Halbkreisbogen annimmt, aus, leitet davon zunächst die anderen Wandbögen, dann unter Berücksichtigung des etwaigen Stiches die Gratbögen ab (Abb. 34).

Statt der Vergatterung ist auch eine freie Gestaltung nach Art der gotischen Gewölbe möglich

c) **Das Kreuzkappengewölbe** (Abb. 35).

Das Kreuzkappengewölbe ist ein flaches Kreuzgewölbe, das dadurch gebildet wird, daß die Schildbögen und Gratbögen als flache Bögen angenommen werden. Es ist über regelmäßigem oder unregelmäßigem Grundriß ausführbar und wird wie das gewöhnliche Kreuzgewölbe behandelt. Die Kappen werden meist mit Stich oder Busung ausgeführt.

Das Kreuzkappengewölbe gestattet eine günstige Ausnutzung des Raumes und eignet sich besonders für Flure, Durchfahrten u. dgl.

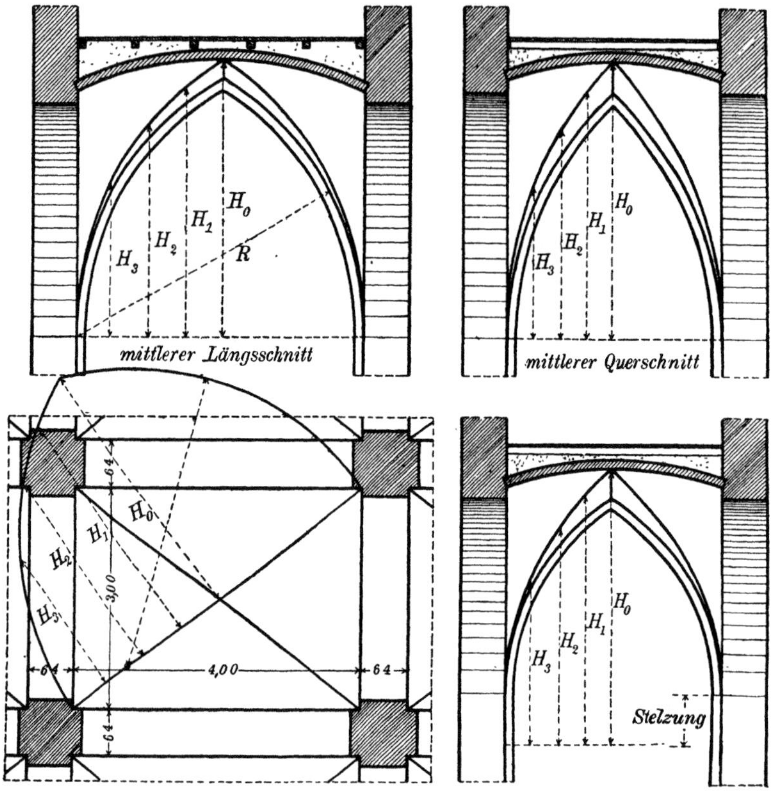

Abb. 33. Gotisches Kreuzgewölbe über rechteckigem Grundriß. Der Diagonalbogen ist ein Spitzbogen.

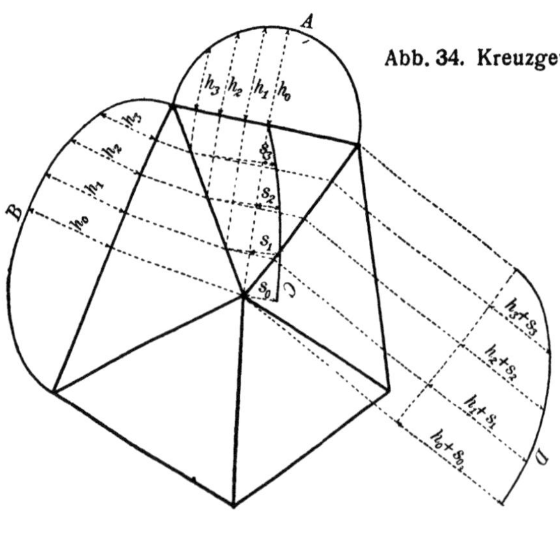

Abb. 34. Kreuzgewölbe über unregelmäßigem Grundriß.

A = Angenommener Schildbogen.

B = Vergatterter Schildbogen.

C = Angenommener Scheitelbogen.

D = Vergatterter Gratbogen.

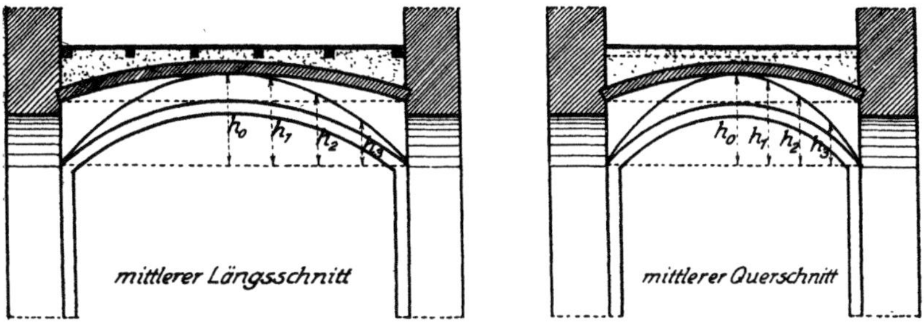

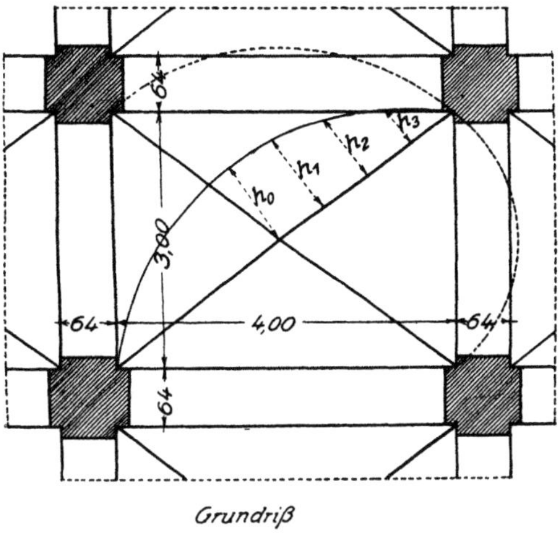

Abb. 35. Kreuzkappengewölbe über rechteckigem Grundriß.

In Abb. 35 ist ein Kreuzkappengewölbe über rechteckigem Grundriß mit flachbogenförmigen Wand- und Diagonalbögen dargestellt. Die Wandbögen haben gleiche Höhen. Die Scheitel sind geradlinig steigend. Die Kappen sind allseitig gekrümmt, aber nicht genaue Kugelflächen.

d) Die Ausführung der Kreuzgewölbe.

Kreuzgewölbe aus Backsteinen werden am besten auf Schwalbenschwanz freihändig eingewölbt, und zwar gleichzeitig aus den vier Ecken heraus mit Schluß in der Mitte. Kreuzgewölbe von geringer Spannweite und gerader Scheitellinie werden auch auf Kuff gewölbt. Eine Einschalung ist nicht erforderlich; es werden nur Lehrbögen für die Grat- und Wandbögen aufgestellt. Die Gratbögen werden an ihrer Kreuzungsstelle durch einen Pfosten, den sog. Mönch, unterstützt. Der eine Grat-Lehrbogen geht ganz durch, während die beiden anderen halben Lehrbögen sich anlehnen und sachgemäß befestigt werden (Abb. 36). Die Lehrbögen an den Wänden ruhen auf Rahmhölzern, die durch Stiele getragen werden. Es empfiehlt sich ferner, unter dem Scheitel der Kappen ein Scheitelbrett sicher unterstützt anzubringen, auf dem die Kappen zusammenstoßen.

Für den Anschluß der Kappen an die Stirnmauern sind Mauerfalze auszuarbeiten und für etwaiges Setzen der Kappen ein geringer Spielraum zu lassen. Die Anfänger in den Ecken werden entweder durch Auskragung wagerechter Schichten oder durch besondere Quadersteine gebildet, mit soviel Auflager, daß die Gratsteine in voller Stärke darauf Platz finden können (Abb. 37).

Die Wölbschichten der in Schwalbenschwanz ausgeführten Kreuzgewölbe müssen bei regelrechter Ausführung normal zum Gratbogen

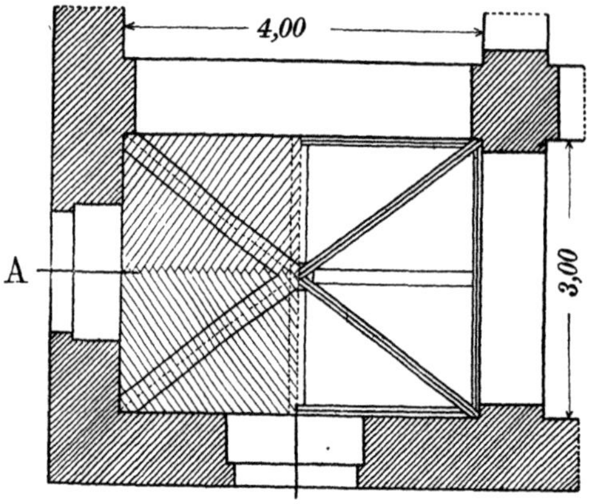

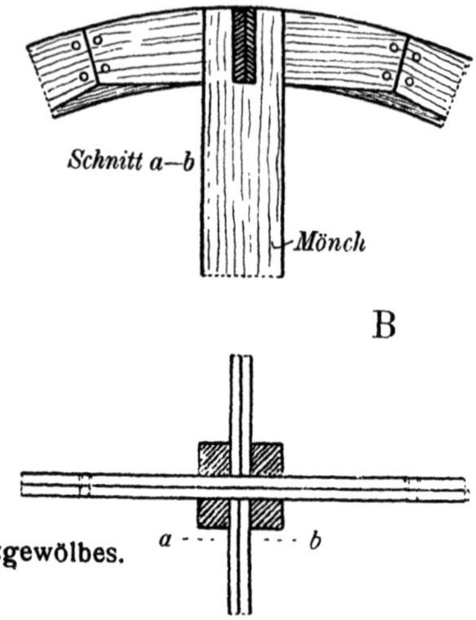

Abb. 36. Einrüstung und Einwölbung des Kreuzgewölbes.

stehen, d. h. in Ebenen liegen, die rechtwinklig zur Richtungsebene und rechtwinklig zur Wölblinie des Gratbogens stehen.

Die Lagerfugen der Wölbschichten stellen sich im Grundriß und Aufriß nicht, wie in Abb. 36 A der Einfachheit wegen gezeigt, als gerade, sondern als krumme Linien dar, deren Ermittlung unten näher beschrieben ist (Abb. 38). In der Gratlinie selbst darf niemals eine Fuge entstehen. Es greifen daher die Steine der einen Kappenseite in die andere über, wobei die Gratsteine entsprechend zugehauen werden müssen. Abb. 37 zeigt derartige Gratschnitte.

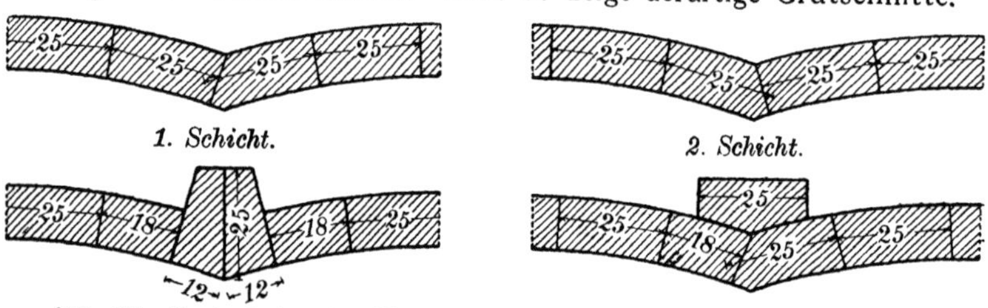

Abb. 37. Gratschnitte bei Kreuzgewölben ohne und mit Verstärkung.

Bei dieser Einwölbungsart ist aber auch ohne Schwierigkeit eine Gratverstärkung möglich, wie sie bei größeren Spannweiten (über 3,00 m) nötig ist. Die Gratverstärkung ist mindestens $\frac{1}{2}$ Stein stärker als die Kappe und wird aus gewöhnlichen Ziegelsteinen gleichzeitig im Verbande mit den Kappen ausgeführt.

Nach Fertigstellung des Gewölbes sind die trichterartigen Zwickel bis zu $\frac{2}{3}$ der Gratbogenhöhe zu hintermauern, um dem Gewölbe eine größere Festigkeit zu geben.

Das Austragen der Lagerfugen ist in Abb. 38 gezeigt: Man zeichne den halben Diagonalbogen *SA* (Abb. 38, Umklappung im Grundriß) unter Berücksichtigung des etwaigen Stiches (*s*). Jede Gratbogenhälfte ist eine Viertelellipse, deren halbe große Achse *Ab* und deren halbe kleine Achse *Sb* ist. Schlägt man mit der halben großen Achse *Ab* vom Scheitelpunkt *S* aus den Kreisbogen, so ergeben die Schnittpunkte auf der großen Achse die beiden Brennpunkte der Ellipse *T* und *U*.

Verbindet man nun die auf den Gratlinien vorher eingeteilten Wölbschichten mit den Brennpunkten z. B. c mit T und U, so gibt die Winkelhalbierende die Richtung der Lagerfugenebene an. Die Endpunkte c und d dieser Lagerfuge sind im Grundriß leicht zu finden, nämlich c_1 und d_1. Beliebige Zwischenpunkte, z. B. Punkt e, können

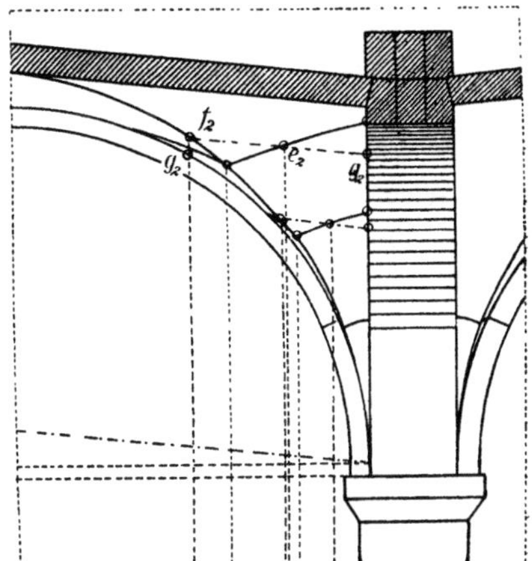

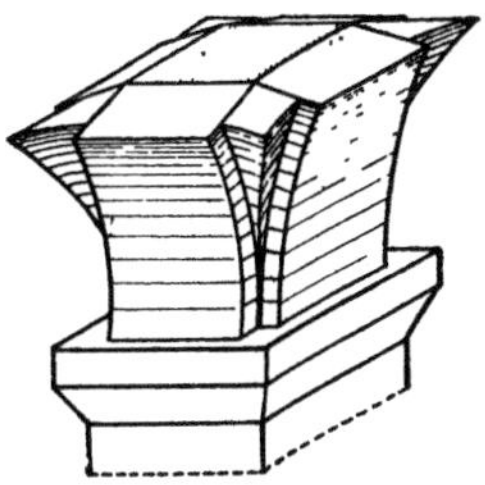

Abb. 39. Isometrische Darstellung eines Kämpfersteins.

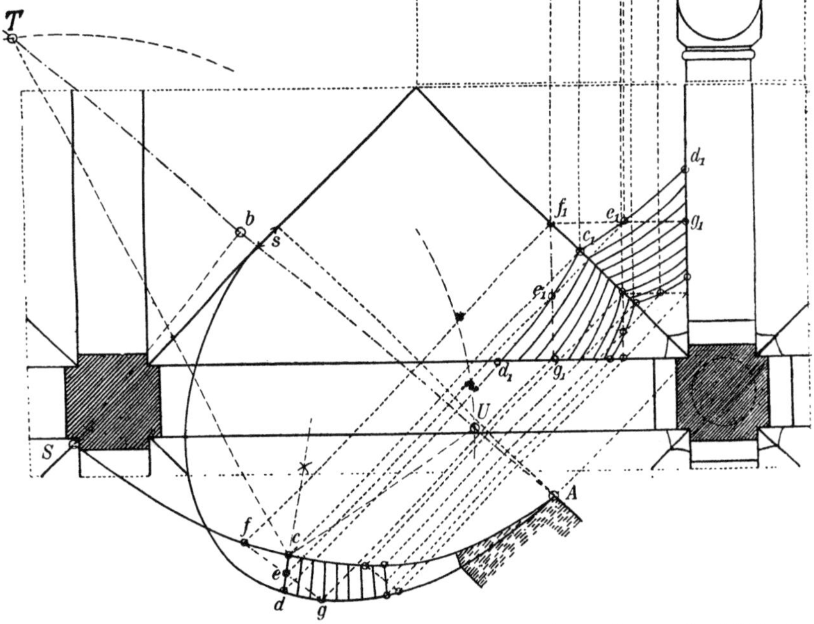

Abb. 38. Austragung der Lagerfugen bei Schwalbenschwanzeinwölbung.

mit Hilfe von Schnitten gefunden werden, die parallel zur Scheitellinie gelegt werden. Linie $f_1 g_1$ im Grundriß und fg in der Umklappung ist ein solcher Schnitt. Der Durchschnittspunkt der beiden Geraden cd und fg ist der Punkt e in der Fugenlinie, der im Grundriß den Zwischenpunkt e_1 ergibt. In dieser Weise können mehrere Zwischenpunkte bestimmt werden. — Die Übertragung der Lagerfugen in den normalen Mittelschnitt ist ebenfalls in Abb. 38 gezeigt.

e) Die Gewölbestärke beträgt:

bei einer Spannweite	in den Kappen	in den Graten	
		am Scheitel	am Kämpfer
bis 3,00 m	$\frac{1}{2}$ St.	$\frac{1}{2}$ St.	$\frac{1}{2}$ St.
„ 6,00 „	$\frac{1}{2}$ „	1 „ ($\frac{25}{25}$ cm)	1 „ ($\frac{25}{25}$ cm)
„ 9,00 „	$\frac{1}{2}$ „	1 „ „	$1\frac{1}{2}$ „ ($\frac{38}{38}$ cm)

Die Widerlagsstärke in der Richtung der Diagonalen gemessen beträgt:

a) bei halbkreisförmiger Wölblinie $\frac{1}{5}$—$\frac{1}{4}$ der Spannweite;

b) bei spitzbogiger Wölblinie $\frac{1}{7}$—$\frac{1}{5}$ der Spannweite; je nach der Belastung der Widerlager.

Liegt der Kämpfer des Gewölbes mehr als 3,00 m über dem Fußboden, so ist die gefundene Widerlagsstärke noch um $\frac{1}{10}$—$\frac{1}{8}$ der Kämpferhöhe zu vermehren. — Zur Erlangung der nötigen Widerlagsstärken legt man oft vor die Kämpferecken Strebepfeiler, die mindestens die Breite der Umfassungsmauern besitzen und sich meist der Höhe nach in Absätzen abstufen.

f) Das Kreuzgewölbe mit Rippen (gotisches Rippengewölbe).

Werden die Grate nicht im Verbande mit den Kappen, sondern als selbständige, vortretende Bögen oder Rippen ausgeführt, so erhält man das Kreuzgewölbe mit Rippen. Auch die die Gewölbefelder trennenden Längs- und Quergurte werden rippenartig gegliedert und der Anschluß der Kappen an die Schildmauern durch entsprechend profilierte Wand- oder Schildbogenrippen gebildet.

Die Gurtrippen und vor allem die Diagonalrippen bilden das konstruktive Gerüst, zwischen das sich die meist sphärisch gekrümmten Kappenstücke einspannen. Die Bögen selbst haben meist Spitzbogenform und werden wie bei den einfachen spitzbogigen Kreuzgewölben unabhängig voneinander bestimmt, so daß eine völlige Freiheit der Gewölbegestaltung gegeben ist.

Abb. 40 stellt im Grundriß ein gotisches Rippengewölbe dar. Der einschiffige Raum ist durch profilierte Quergurte in rechteckige Felder geteilt. Die Diagonalrippen steigen am Fuß der Querrippen auf und laufen am Scheitel gegen einen Schlußstein, der vielfach mit kreisrunder Durchbrechung gebildet ist.

Ausbildung und Form der Gewölberippen. Die Rippen bestehen entweder aus Werksteinen oder besonders geformten Backsteinen. Sie treten nach unten mit einem mehr oder weniger reichen Profil vor und haben seitlich ein entsprechendes Widerlager für die Kappen (Abb. 41).

Die Rippensteine werden auf die vorher aufgestellten Lehrbögen aufgesetzt und die Fugen mit Mörtel ausgefüllt. Die Schildbogenrippen treten mit ihrem Profil stets vor die Mauerflucht und binden gewöhnlich mit der Hälfte in die Mauer ein. Sie müssen gleichzeitig mit der Mauer ausgeführt werden.

Die Gewölbeanfänger. Bei den Kreuzgewölben mit Rippen hat man auf deren Anfänger ganz besondere Aufmerksamkeit zu verwenden. Die Rippenprofile schneiden hier meist auf einer Kapitälplatte zusammen. Es empfiehlt sich, den unteren Teil bis zu der Stelle, wo die Rippen frei auseinander treten,

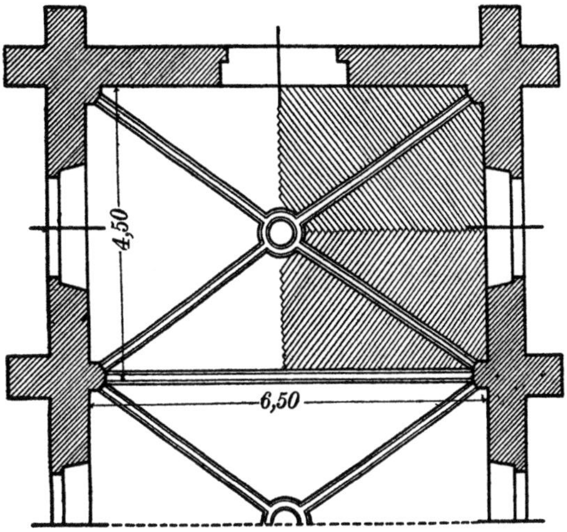

Abb. 40. Grundriß eines einschiffigen gotischen Rippengewölbes.

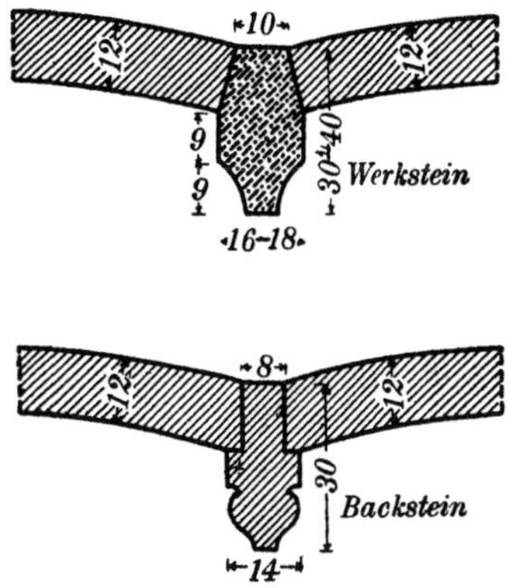

Abb. 41. Querschnitte der Gewölberippen.

aus einem oder zwei Werkstücken herzustellen. Diese Steine sind gleichzeitig mit der Mauer zu versetzen und müssen rechtzeitig und mit größter Genauigkeit fertiggestellt werden. Die Konstruktion eines solchen Gewölbeanfängers zeigt Abb. 42.

Der Gewölbeanfänger nimmt eine Gurtrippe und zwei Diagonalrippen auf, deren untere Begrenzungsflächen auf einem gemeinsamen Kragstein aufsitzen sollen. Die Halbmesser aller Bögen sind gleich, und ihre Mittelpunkte liegen in der Grundebene.

Man zeichne zunächst in den Grundriß das Profil des Quergurtes A, anstoßend an die Mauer, sowie in der Richtung der Kreuzrippen die sich verschneidenden Profile mit der gleichen Ausladung von a. Dies ist die Form der Rippen unmittelbar über dem Kragstein.

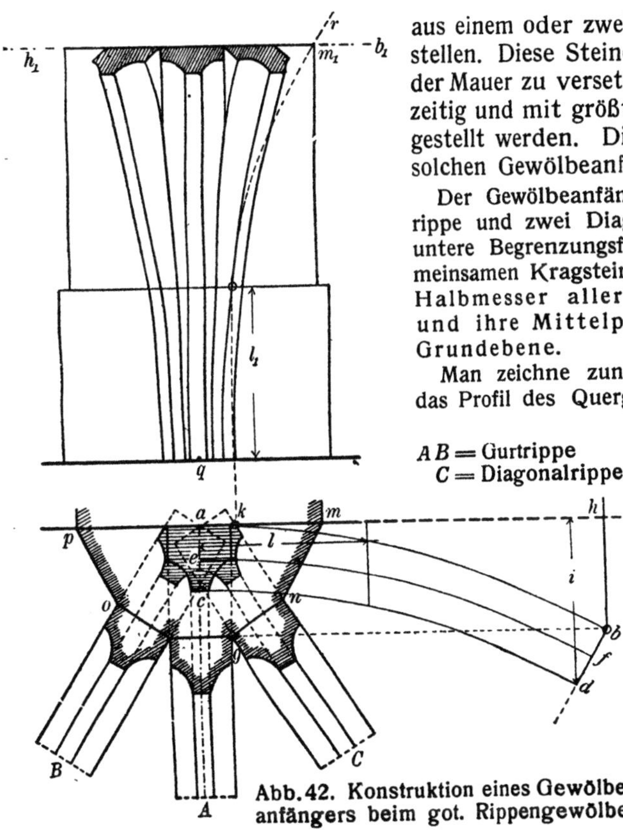

Abb. 42. Konstruktion eines Gewölbeanfängers beim got. Rippengewölbe.

Mit dem angenommenen Halbmesser zeichne man in der Umklappung nun die Bogen *ab*, *cd*, *ef*, die durch die äußersten Punkte des Rippenprofils gehen. In dem Punkte g, in dem die Rippen frei werden, wird eine Senkrechte gb errichtet, die den äußersten Rippenbogen ab in b schneidet. Auf der Fläche bd kann sich das Rippenprofil vollständig aufsetzen. Die Höhe des Anfängers ist ah; die Ausladung vor der Mauerflucht i.

Die seitliche Begrenzung der an den Rippenanfängen sitzenden Kappenstücke mn, op findet man, indem man den Schnittpunkt m_1, des Wandbogens qr mit der Horizontalen h_1b_1, im Aufriß aufsucht und ihn in den Grundriß nach m bringt. Die Verbindung von m mit n ist die Begrenzung.

V. Die böhmische Kappe.

1. Allgemeines. Die böhmische Kappe ist, wie schon auf S. 8 ausgeführt, ein Ausschnitt aus einem Kugelgewölbe. Der Grundkreis geht nicht wie bei der Hängekuppel durch die Ecken der Grundfigur, sondern liegt außerhalb derselben. Die an den Umfassungsmauern des Raumes auftretenden Wandbögen sind Segmentbögen. Dieser Umstand gestattet eine bequeme Anlage von Türen und Fenstern und ermöglicht die Teilung größerer Räume in kleinere Felder durch Pfeiler mit dazwischen gespannten Gurtbögen.

Die böhmische Kappe wird ebenso wie das Kreuzkappengewölbe seiner leichten und bequemen Ausführbarkeit wegen häufig angewendet. Es kann über regelmäßig und unregelmäßig gestalteten Räumen ausgeführt werden. Besonders eignet es sich für rechteckige Räume, deren Längsseiten erheblich größer sind als die Breitseiten, z. B. zur Überwölbung von Fluren, Vorhallen, Kellern.

Als Material werden ausschließlich Backsteine mit gut bindendem Mörtel verwendet.

2. Die Konstruktion. Der Mittelpunkt des Grundkreises soll stets lotrecht über dem Schwerpunkt des zu überwölbenden Raumes liegen.

Der Halbmesser des größten Kugelkreises wird bestimmt, indem man über der Diagonale $\frac{1}{6}$—$\frac{1}{10}$ der Spannweite als Stich annimmt, und aus den beiden Kämpferpunkten und dem Scheitel in bekannter Weise den Mittelpunkt des zugehörigen Kreises konstruiert (Abb. 43, Grundriß).

Die Ermittlung der Schildbögen erfolgt in der Weise, daß man durch die Seiten des Grundrisses lotrechte Ebenen gelegt denkt, die die Kugelfläche und damit den Grundkreis schneiden. Verlängert man also ab bis xx und bc bis yy, so sind die Hälften von $xx = r_1$ und von $yy = r_2$ die Halbmesser, mit denen die zugehörigen Wandbögen in den Schnitten gezeichnet werden können. Die Kämpferpunkte $abcd$ liegen auf einer Höhe. Es ist nun in den Schnitten auf der anzunehmenden Kämpferlinie $\frac{1}{6}D$ als Stichhöhe aufzutragen und zunächst mit R aus M_1 der Scheitelbogen, als dann mit r_1 bzw. r_2 die zugehörigen Schildbögen zu zeichnen. Bei gegebener Konstruktionshöhe des Raumes muß der höchste Punkt des Scheitelbogens unter Berücksichtigung der Stärke des Fußbodens, des Lagerholzes und der Wölbung ermittelt werden. Um die Stichhöhe tiefer liegt dann die Kämpferlinie.

Man kann die Wandbögen auch aus dem umgeklappten Diagonalbogen im Grundriß finden, indem man bei rechteckigem Grundriß die halben Seitenlängen von der Mittelachse o aus aufträgt, also $oe = oe_1$ und $of = of_1$ macht und in diesen Punkten die Höhenlote h_1 und h_2 zieht, welche die Scheitelhöhen der Wandbögen sind. Die Wandschablonen sind hieraus leicht zu finden als Kreisbögen mit M als Mittelpunkt.

Im Grundriß wird die böhmische Kappe durch Einzeichnen der umgeklappten Wandbögen dargestellt.

3. Die Ausführung. Die böhmische Kappe wird am besten auf Schwalbenschwanz eingewölbt. Es wird freihändig aus allen Gewölbeecken gleich-

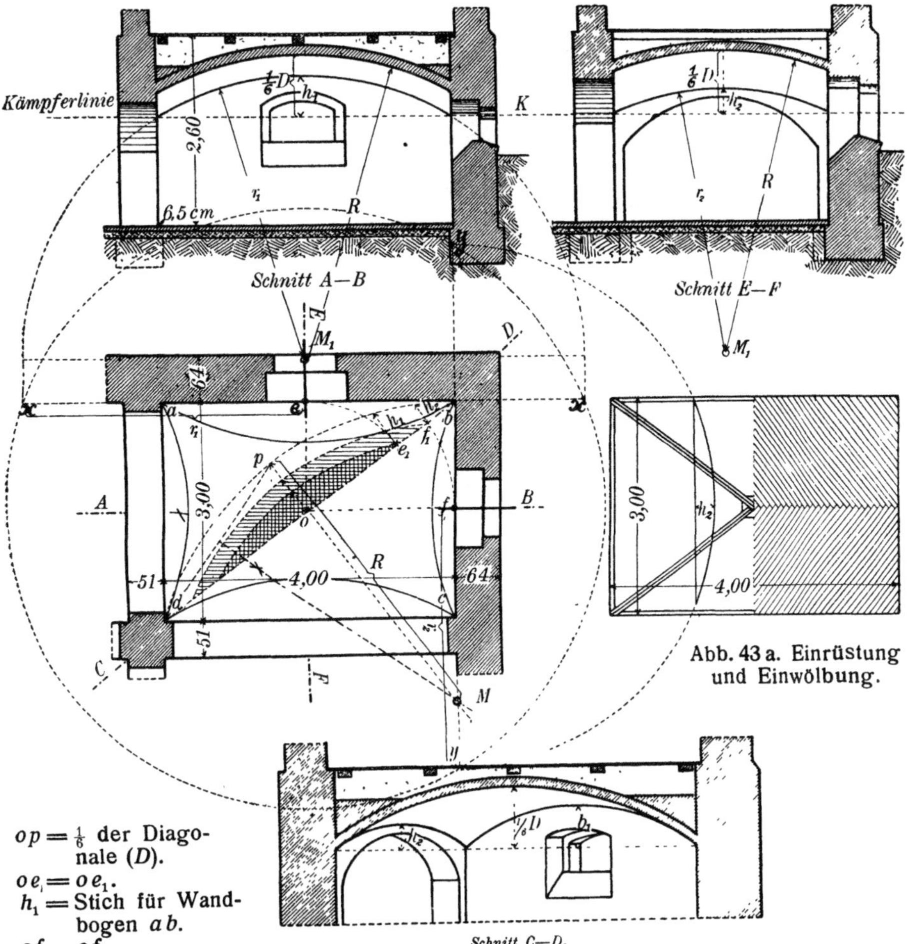

Abb. 43 a. Einrüstung und Einwölbung.

$op = \frac{1}{6}$ der Diagonale (D).
$oe = oe_1$.
h_1 = Stich für Wandbogen ab.
$of = of_1$.
h_2 = Stich für Wandbogen bc.

Abb. 43. Böhmische Kappe über rechteckigem Grundriß.

zeitig herausgewölbt mit Hilfe von Lehrbögen, die in der Richtung der Diagonalen und an den Wänden aufgestellt werden (Abb. 43a). Zwischen Wandbögen (Schildbögen) und Diagonalbögen werden Scheitelbretter angeordnet und die Diagonalbögen wie bei der Einrüstung der Kreuzgewölbe in der Mitte durch einen Pfosten („Mönch") unterstützt. Eine Einschalung ist nicht erforderlich; die Lehrbögen dienen nur als Anhaltspunkte für das Auge und sind daher aus leichten Brettern herzustellen. Der Maurer darf die Steine nicht auf die Lehrbögen auflegen, sondern muß einen Zwischenraum von etwa 1½ cm lassen, da andernfalls das Gewölbe sich ungleich setzen würde. Nach Schluß des Wölbens werden die Lehrbögen sofort entfernt, damit sich

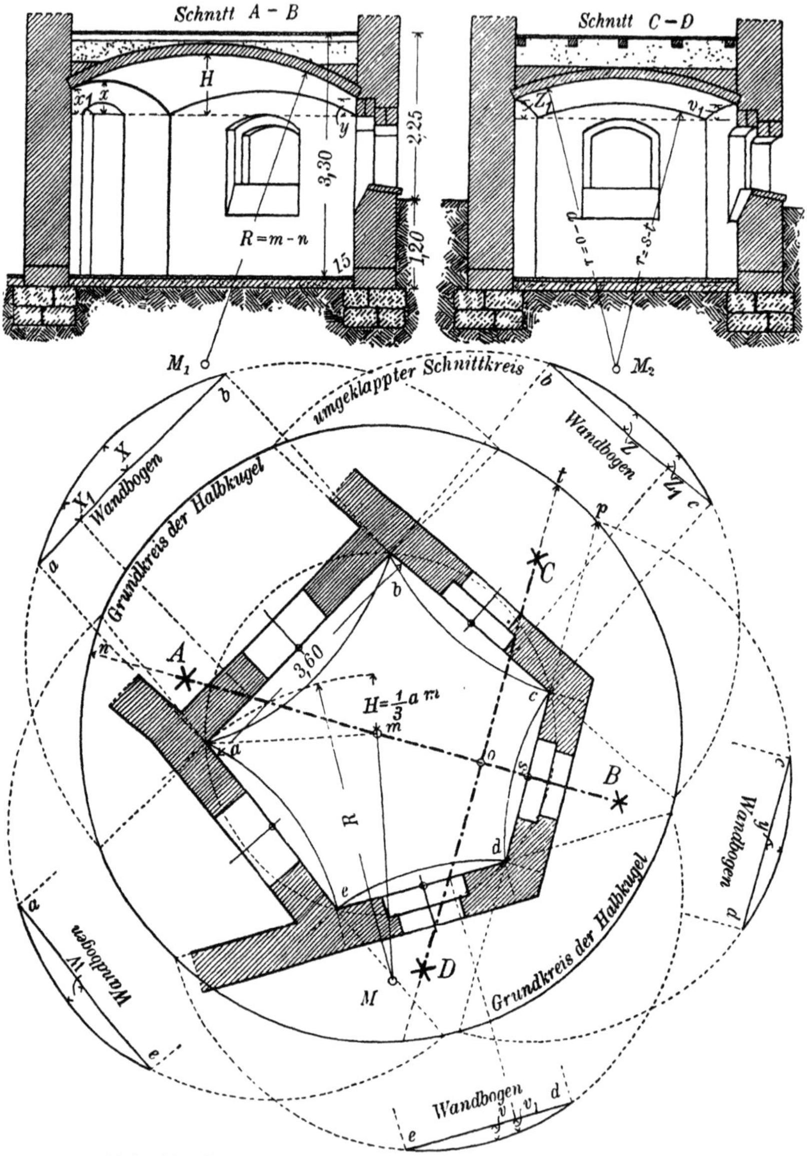

Abb. 44. Böhmische Kappe über unregelmäßigem Raum.

das Gewölbe gleichmäßig setzen kann. Die Gewölbezwickel sind zu hintermauern.

Bei größeren Räumen sind außer den genannten Lehrbögen auch noch Zwischenbögen aufzustellen. Werden die einzelnen Schichten bei großer

Spannweite länger als 2,00 m, so wird der Schwalbenschwanzverband im mittleren Teile durch parallel zu den Umfassungswänden laufende Schichten unterbrochen; der Schluß des Gewölbes erfolgt wieder auf Schwalbenschwanz.

Bei unregelmäßigem Grundriß liegt der Scheitelpunkt der böhmischen Kappe am besten lotrecht über dem Schwerpunkt der Grundfigur. Kleine Abweichungen hiervon sind gestattet. Die Kämpferpunkte der Schildbögen liegen nur dann in einer Höhe, wenn sich durch die Ecken des Raumes ein Kreis beschreiben läßt (Parallelkreis zum Grundkreis der Halbkugel). Die Konstruktion der Wandbögen geschieht in derselben Weise wie bei dem rechteckigen Grundriß durch Umklappung (Abb. 44).

4. Die Gewölbestärke beträgt:

bis 3,50 m Spannweite $= \frac{1}{2}$ Stein im Scheitel, $\frac{1}{2}$ Stein am Widerlager (Pfeilhöhe $= \frac{1}{8}$—$\frac{1}{10}$ der Diagonale);

bis 5,00 m Spannweite $= \frac{1}{2}$ Stein im Scheitel, 1 Stein am Widerlager (Pfeilhöhe $= \frac{1}{6}$—$\frac{1}{8}$ der Diagonale).

Bei größeren Spannweiten sind Verstärkungsgurte in der Richtung der Diagonalen nötig.

5. Die Widerlagsstärke beträgt gewöhnlich $\frac{1}{4}$—$\frac{1}{5}$ der Spannweite des Gewölbes; jedoch nicht unter 2 Steinen.

B. Wagerechte Massivdecken.

I. Allgemeines.

An Stelle der Gewölbe werden in neuerer Zeit vielfach wagerechte Massivdecken ausgeführt, weil diese ein geringere Konstruktionshöhe erfordern und sich deshalb besser in den Aufbau des bürgerlichen Wohnhauses einfügen. Die wagerechten Massivdecken, die aus Ziegelsteinen oder Beton mit oder ohne Eisenbewehrung hergestellt werden, dienen auch als Ersatz der gewöhnlichen Holzbalkendecken, denen gegenüber sie den Vorzug größerer Feuersicherheit, Schwammsicherheit und Beständigkeit haben.

Steindecken ohne Eiseneinlagen kommen nur für kleine Spannweiten, mit Eiseneinlagen für mittlere Spannweiten in Betracht. Größere Räume erfordern daher Aufteilung durch I-Träger. — Eisenbetondecken können auch ohne Trägerteilung für die im bürgerlichen Wohnbau vorkommenden Spannweiten ausgeführt werden.

II. Steindecken ohne Eiseneinlagen.

Die Försterdecke (Abb. 45).

Die Försterdecke besteht aus besonders geformten, porös gebrannten Lochsteinen, die quer zu den Trägern im Verband vermauert werden. Die Deckensteine sind 14 cm breit und 25 cm lang; sie werden in Höhen von 10, 13 und 15 cm gefertigt. Die Steine sind in der Längsrichtung derart gefalzt, daß die Reihen nut- und federartig ineinander greifen, wodurch Sicherheit gegen Stoßwirkungen und für die Aufnahme von Einzellasten erzielt wird.

Die Steine werden auf einer wagerechten Bretterschalung, die an die Träger gehängt wird, in Zementmörtel vermauert. — Bei Verwendung 10 cm hoher

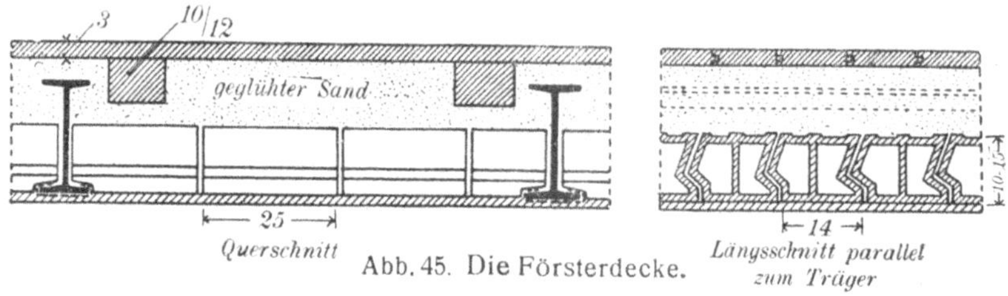

Abb. 45. Die Försterdecke.

Steine und bei einer Gesamtbelastung von 650 kg/m² beträgt die größte zulässige Stützweite 1,40 m.

Ähnliche Decken sind: Die Dresseldecke, die Exzelsiorsteindecke und die Rheinische Formsteindecke.

III. Steindecken mit Eiseneinlagen (Steineisendecken).

Kleinesche Decke (Abb. 46).

Die Kleinesche Decke ist eine ebene Ziegelsteinplatte von 10, 12 oder 15 cm Stärke mit Bandeiseneinlage im unteren Teile der quer zu den Trägern verlaufenden Fugen. Zur Verwendung kommen poröse Vollsteine des Normalformates oder Schwemmsteine 10 × 12 × 25 cm oder poröse Hohlsteine von

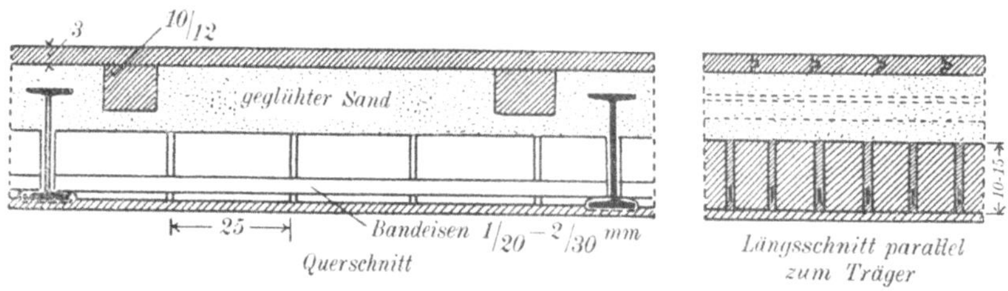

Abb. 46. Die Kleinesche Decke.

10 × 15 × 25 und 12 × 15 × 25 cm Abmessungen. Die Bandeisen haben den Zweck, die im unteren Teile der Decke auftretenden Zugspannungen aufzunehmen; sie sind meist 1 bis 2 mm stark und 20 bis 30 mm breit. Die Ausführung erfolgt auf wagerechter Deckenschalung in Zementmörtel.

Ähnliche Decken sind: Försterdecke mit Eiseneinlage; Ankerdübeldecke; Schürmannsche Gewölbeträgerdecke; Sekuradecke u. a. m.

IV. Eisenbeton-Plattendecken.

Die einfache wagerechte Betonplatte zwischen I-Trägern ist bereits im ersten Teile dieses Leitfadens behandelt. Da Beton nur eine ganz geringe Zugfestigkeit besitzt, so muß die Deckenplatte bei größerer Spannweite durch Eiseneinlagen verstärkt werden. Die Eiseneinlagen liegen in der Zugzone. Der Eisenquerschnitt ist durch Rechnung zu ermitteln; er muß so groß sein, daß die auftretenden Zugspannungen durch die Eiseneinlagen allein aufgenommen werden können.

a) Die frei aufliegende Eisenbetonplatte (Abb. 47).

Die mindestens 8 cm starken Deckenplatten legen sich entweder auf Mauerwerk oder auf die unteren Flansche der Zwischenträger. Soll eine ebene Deckenunterfläche geschaffen werden, so schließt die Platte mit Unterkante

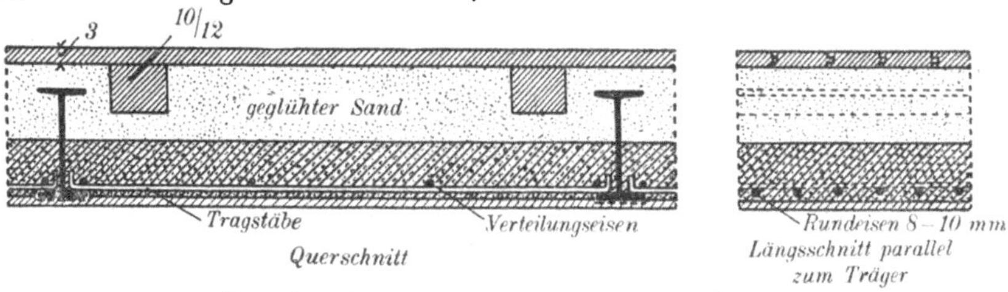

Abb. 47. Frei aufliegende Eisenbetonplatte.

Träger ab. Bei dieser Anordnung ergeben sich der Trägerhöhe entsprechende Auffüllungen, bei hohen Trägern also große Deckengewichte. Wo eine ebene Deckenunterfläche nicht erforderlich ist (Fabriken, Lagergebäude u. dgl.) werden die Betonplatten zwischen hohen I-Trägern besser gestelzt; das heißt die Decken werden mit voutenartiger Verstärkung an die Träger angeschlossen.

Die auftretenden Zugspannungen werden durch Eiseneinlagen nahe Deckenunterkante aufgenommen. Man verwendet meist Rundeisen von 8 bis 10 mm $\varnothing$, die dem durch Rechnung ermittelten Eisenquerschnitt entsprechend dichter oder weiter anzuordnen sind. Die größte Entfernung der Deckeneisen soll nicht mehr als 15 cm betragen. Quer über diese in der Richtung der Spannweite liegenden Tragstäbe werden einige Verteilungseisen gelegt und an den Kreuzungsstellen durch geglühten Draht verbunden. Die Tragstäbe sind an den Enden auf- oder umzubiegen.

b) Die Koenensche Voutendecke.

Die Koenensche Voutendecke ist eine beiderseits fest eingespannte Eisenbetonplatte. Sie ist bei gleicher Stützweite, Stärke und Bewehrung bedeutend tragfähiger als die frei aufliegende Deckenplatte.[1]) In der Deckenmitte treten die Zugspannungen unten, an den Einspannungsstellen oben auf. Dementsprechend sind die Eiseneinlagen anzuordnen.

Wie die Querschnittzeichnung, Abb. 48, zeigt, liegen die Eiseneinlagen in der Mitte dicht über Deckenunterkante und steigen nach den Auflagern zu in schwach gekrümmter Kettenlinie an. Die hochgezogenen Eisenstäbe werden um die oberen Trägerflansche herumgebogen. Zum Anschluß an Mauerwerk werden die Stäbe um eine Flacheisenschiene gebogen, die durch kleine Anker

---

1) Die größten Biegungsmomente für die Deckenmitten betragen:

bei den frei aufliegenden Platten $= \frac{p \cdot l^2}{8} \cdot 100$ (kgcm)

„ „ beiderseits eingespannten Platten $= \frac{p \cdot l^2}{24} \cdot 100$ (kgcm)

Darin bedeutet p die Gesamtbelastung in kg/m² und l die Stützweite in m.

gehalten wird. Die über die Träger greifenden Stäbe müssen noch genügend mit Beton bedeckt werden; Oberkante Deckenplatte liegt daher etwa 3 cm

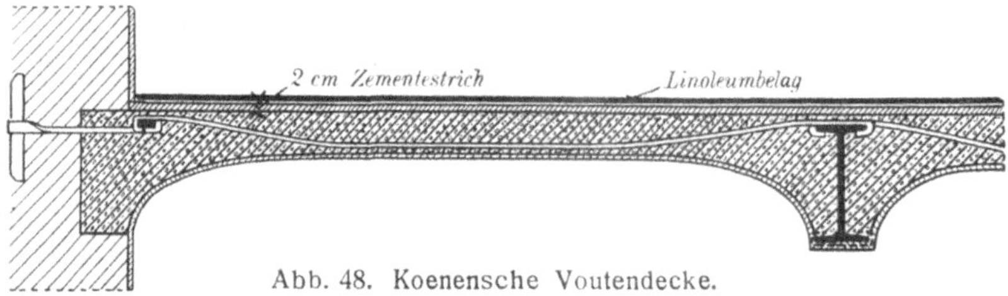

Abb. 48. Koenensche Voutendecke.

über Trägeroberkante. Die Deckenplatte schließt mit Vouten an die Zwischenträger bzw. an das Mauerwerk an. Diese Verstärkung an den Einspannungsstellen ist erforderlich, weil hier das Biegungsmoment doppelt so groß als in der Plattenmitte ist.

V. Eisenbeton-Hohlkörperdecken.

Für Wohngebäude sind volle Eisenbetondecken, der geringen Wärme- und Schalldichtigkeit wegen, nicht gut geeignet. Es sind daher zahlreiche Deckensysteme entstanden, bei denen durch Anordnung von Hohlräumen und Zusammenstellung verschiedenartigen Materials die Vorzüge der Holzbalkendecke in bezug auf Wärme- und Schallisolierung erreicht werden sollen. Konstruktiv sind diese Decken meist Rippendecken. Die Zugspannungen werden durch die in den Rippen liegenden Eiseneinlagen, die Druckspannungen durch die obere mindestens 5 cm starke Betondruckschicht aufgenommen.

Die Hohlräume zwischen den Rippen können entweder durch entsprechende Schalung oder durch Einfügung besonderer Füllkörper aus porösem Material gebildet werden. Bei größeren Füllkörpern ist eine volle Einschalung der Decke überflüssig; es genügen einzelne Rahm- oder Bohlenhölzer zur Unterstützung der Hohlkörperenden.

Eine besondere Art dieser Hohldecken sind die Balkendecken, bei denen fertige Eisenbetonbalken zur Verlegung kommen. Bei diesen Decken fällt jede Einschalung fort.

Von den zahlreichen Eisenbeton-Hohldeckenkonstruktionen sind nachstehend einige wichtigere Ausführungen zusammengestellt:

a) Koenensche Plandecke (Abb. 49).

Die Koenensche Plandecke ist eine Eisenbeton-Rippendecke, die mit einer unterhalb der Träger durchgehenden Putzdecke verbunden ist; sie kann zwischen massiven Wänden oder I-Trägern ausgeführt werden.

Die unter den Rippen liegenden Holzlatten dienen zur Unterstützung der Schalungsbleche und zur Befestigung des Rohr- oder Drahtziegelgewebes für den Deckenputz. Eine besondere Deckenschalung ist überflüssig. Die Lattenhölzer werden bei Trägerdecken mit der Trägerunterfläche bündig gelegt. Die in den Beton reichenden Lattenenden erhalten Karbolineumanstrich.

Die Deckenhöhe setzt sich aus der Lattenhöhe, der Stichhöhe der Hohlräume (9 cm) und der Höhe der Betondeckschicht (5—7 cm) zusammen. Die Rippenentfernung beträgt 25 cm. Die Hohlräume haben tonnenförmigen Querschnitt. Die Zugspannungen werden von den tief unten in jeder Rippe liegenden Rundeisen aufgenommen. An der Auflagerstelle wird die Rippenplatte voutenartig verstärkt, so daß der Anschluß an Mauern und Träger mit vollem Betonkörper erfolgt. Die Einschalung

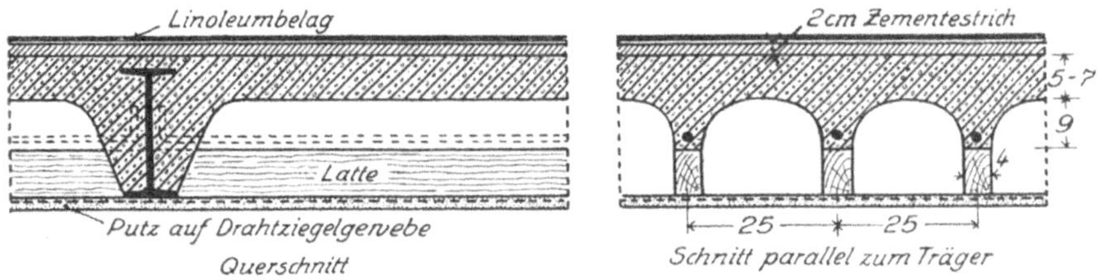

Abb. 49. Koenensche Plandecke.

geschieht durch tonnenförmige Schalungsbleche, die auf die Latten gesetzt und nach dem Betonieren von unten wieder entfernt werden.

Die Koenensche Plandecke kann auch ohne Holzlatten ausgeführt werden. Die Betonrippen liegen dann mit der Trägerunterfläche bündig. Zur Befestigung der Putzdecke werden Halter aus verzinktem Eisendraht in die Rippenkörper fest einbetoniert.

b) Trägerlose Hohlsteindecke „System Westphal“ (Abb. 50).

Die trägerlose Hohlsteindecke „System Westphal“ ist eine ebene Steindecke mit kreuzweiser Rundeisenbewehrung in der Zugzone. Die porösen Deckensteine sind 25 cm lang und breit und werden in Höhen von 12, 15 und 18 cm verwendet. Sie enthalten zwei zylindrische Hohlräume und sind in den Seitenflächen mit halbkreisförmigen Nuten für die Rundeiseneinlagen versehen.

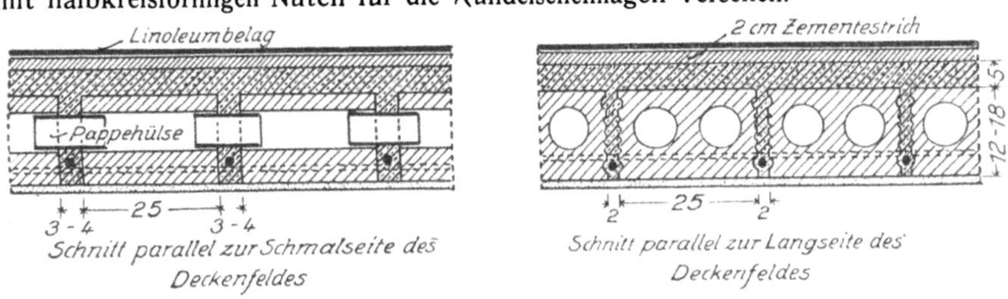

Abb. 50. Trägerlose Hohlsteindecke „System Westphal“.

Bei der Ausführung werden die einzelnen Steinreihen ohne Verband auf einer ebenen Bretterschalung so verlegt, daß die Hohlräume in der Richtung der Schmalseite des Deckenfeldes verlaufen. In derselben Richtung liegen die Haupttrageeisen. Nachdem alle Deckensteine verlegt sind, werden die Längseisen eingefügt und sämtliche Fugen mit dünnflüssigem Zementmörtel 1 : 3 vergossen, wobei darauf zu achten ist, daß die Eisen allseitig gut umhüllt werden. Damit der Mörtel nicht in die Hohlräume läuft, werden beim Verlegen der Steinreihen kurze Papphülsen eingeschoben. Die Tragfähigkeit der Decke kann durch Aufbetonierung einer mindestens 5 cm hohen Deckschicht erhöht werden.

c) Trägerlose Hohlsteindecke „System Ackermann“ (Abb. 51).

Die trägerlose Hohlsteindecke „System Ackermann“ ist eine Eisenbeton-Rippendecke mit porösen Hohlsteinen zwischen den Betonrippen. Die Steine sind so gestaltet, daß sie mit breiten Fußflächen dicht zusammenstoßen und so eine einheitliche Fläche für die Aufnahme des Deckenputzes ergeben. Die Steine sind 30 cm breit, 25 cm lang und werden in Höhen von 10, 13, 16, 19 und 22 cm verwendet.

Die Ausführung erfolgt auf einer ebenen Bretterschalung. Die Steine werden ohne Mörtelfugen so verlegt, daß die Rippenkanäle parallel zu den Schmalseiten des Deckenfeldes verlaufen.

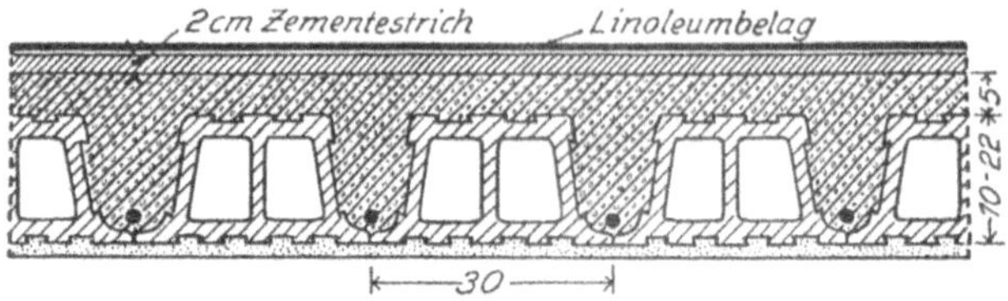

Schnitt parallel zur Langseite des Deckenfeldes

Abb. 51. Trägerlose Hohlsteindecke „System Ackermann".

Nach dem Einbringen der Rundeisen wird der Beton für die Rippen eingestampft und im Anschluß daran die mindestens 5 cm starke Betondeckschicht ausgeführt.

d) Leichtstein-Massivdecke „System Lehmann" (Abb. 52).

Die Leichtstein-Massivdecke „System Lehmann" ist eine Eisenbeton-Rippendecke mit eingefügten porösen Füllkörpern. Die Betonrippen gehen voutenartig in die 5—7 cm starke Deckplatte über. Die Rippen erhalten meist drei Rundeisen, von denen das mittlere nach den Auflagern zu hochgebogen wird. Durch Anordnung von Bügeln wird ein guter Zusammenhang zwischen den Eiseneinlagen und der Betondruckzone bewirkt.

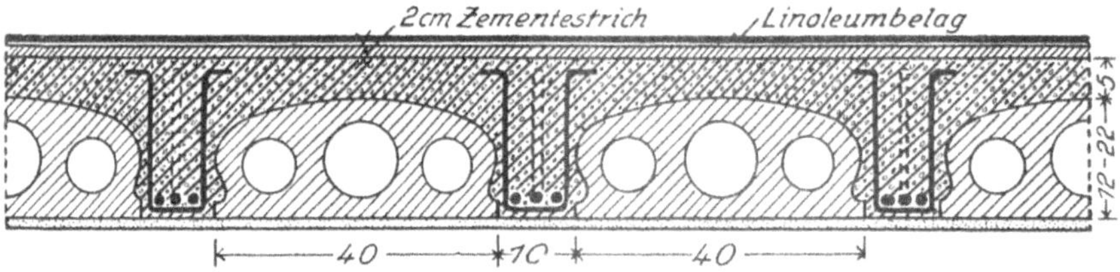

Schnitt parallel zur Langseite des Deckenfeldes

Abb. 52. Leichtstein-Massivdecke „System Lehmann".

Die mit drei zylindrischen Hohlräumen versehenen Leichtsteine sind 40 cm breit und 50 cm lang; sie werden in Höhen von 12—22 cm Höhe verwendet. Sie bestehen aus einem starkporigen Gemisch von gesiebter Koksasche, Gips und Sägespänen. Die Leichtsteine werden durch Gießen in mit dünner Teerpappe ausgekleideten Formen hergestellt. Die Teerpappe bildet die äußere Umhüllung des fertigen Steines und verhindert das Aufsaugen des Betonwassers. Diese porigen, mit Teerpappe umkleideten Leichtsteine geben der Decke eine große Schall- und Wärmedichtigkeit.

Die Decke ist leicht ausführbar. Eine volle Einschalung ist nicht erforderlich. Es genügen in Anständen von 0,50 m Schalbohlen für die Rippen. Die ersteren müssen durch Rahmhölzer und Stiele sicher gestützt werden.

e) Zylinder-Stegdecke „System Herbst" (Abb. 53).

Die Zylinder-Stegdecke „System Herbst" ist eine Eisenbeton-Balkendecke mit eingefügten Füllzylindern. Die vorher fertig betonierten, eisenbewehrten Balken (Stege) werden in Abständen von 25 cm angeordnet. Sie sind je nach der Stützweite 16, 20 oder 24 cm hoch. Als Eiseneinlage kommt wellenförmig gewalztes Flußeisen zur Verwendung. Die Füllzylinder haben eine einheitliche Länge von 20 cm. Ihre Höhe entspricht der erforderlichen Steghöhe. Sie bestehen aus Schlackenbeton und haben rauhe Seiten- und Unterflächen.

Die Ausführung der Decke erfolgt in einfachster Weise ohne jede Schalung. Die fabrikmäßig hergestellten, gut abgelagerten Stege werden wie Balken verlegt

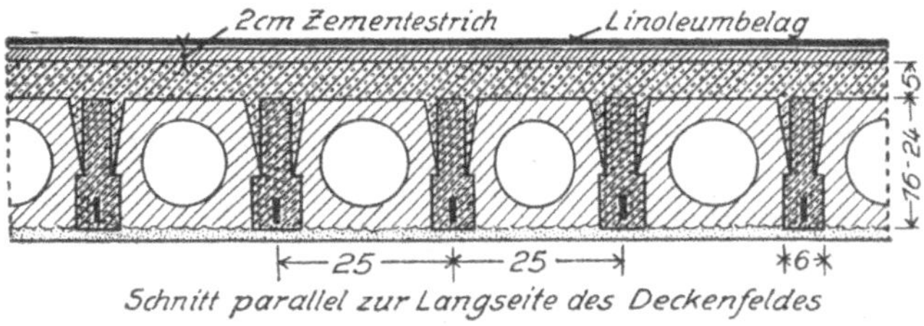

Abb. 53. Zylinder-Stegdecke „System Herbst".

und die Füllzylinder eingefügt. Nachdem die Zwischenräume mit Zementmörtel vergossen sind, wird eine mindestens 5 cm starke Betondeckschicht aufbetoniert.

C. Steinerne Treppen.

I. Allgemeines.

Steinerne Treppen gelangen da zur Ausführung, wo ein hoher Grad von Feuersicherheit und Dauerhaftigkeit gewünscht oder durch baupolizeiliche Bestimmungen vorgeschrieben wird, z. B. bei Freitreppen, bei inneren Treppen in größeren städtischen Wohnhäusern und in öffentlichen Gebäuden. Sie haben ferner gegenüber den hölzernen Treppen den großen Vorzug, daß das Betreten wenig geräuschvoll ist. Die Bauart richtet sich nach den zur Verfügung stehenden Baustoffen.

Die Baustoffe können sein: natürliche Steine, Ziegelsteine, Beton (mit oder ohne Eiseneinlagen); in Verbindung damit kommen als Nebenbaustoffe noch Holz und Eisen vor. Man unterscheidet hiernach:

a) Treppen aus Werkstein,
b) Treppen aus Backstein,
c) Treppen aus Betonstufen,
d) Eisenbetontreppen.

II. Treppen aus Werkstein.

Allgemeines. Treppen aus Werkstein werden hauptsächlich in solchen Gegenden ausgeführt, wo sich das Material in der Nähe befindet.

Die Baustoffe müssen fest, hart und dauerhaft sein. Es eignen sich vor allem Sandstein, Basalt und Granit. Für feinere Treppen wird auch Marmor als Stufenbelag verwendet.

Querschnitt und Auflager der Stufen. Der einfachste Querschnitt der Stufen ist der rechteckige (Abb. 54A). Er wird für einfache Treppen verwendet. Nur die sichtbaren Flächen werden eben bearbeitet, die unsichtbaren bleiben mehr oder weniger rauh.

Sind die Stufen eingemauert, so daß sie sich nicht verschieben können, so überdecken sie sich um 3—4 cm (Abb. 54A). Ist dies nicht der Fall, so muß ein etwa 1 cm tiefer und 4 cm breiter Falz angeordnet werden (Abb. 54B).

Bilden die unteren Flächen der Stufen eine Ebene, so heißt die Treppe „ganz verschalt" (Abb. 54C). — Sind an der unteren Fläche noch Absätze vorhanden, so nennt man die Treppe „halb verschalt" (Abb. 54D). Die Verbindung dieser Stufen erfolgt durch einen schrägen Falz, der aus einem

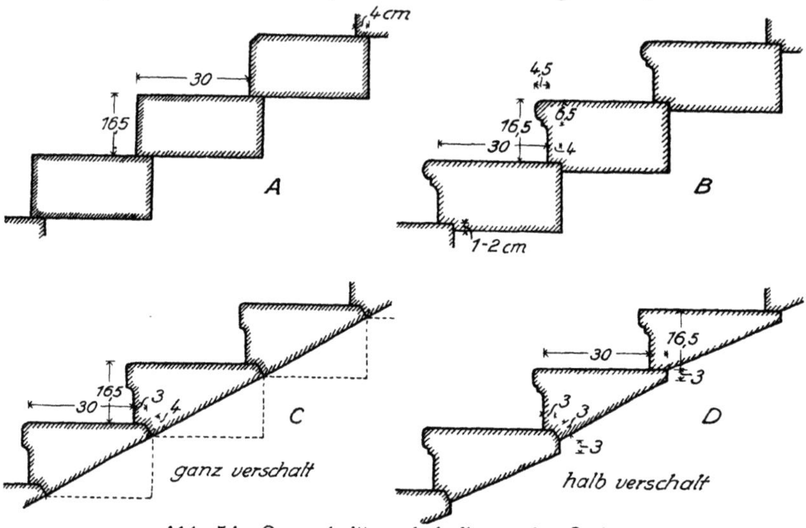

Abb. 54. Querschnitt und Auflager der Stufen.

etwa 3 cm tiefen Auflager und dem 4—5 cm breiten, zur Neigungslinie der Treppe senkrecht gerichteten Stoß besteht (Abb. 54C). Derartige Stufen kommen hauptsächlich bei den freitragenden Treppen vor. Die Stufen haben dann, soweit sie in die Mauer einbinden, vollen rechteckigen Querschnitt.

Die Profilierung. Einfachste steinerne Treppen werden nicht profiliert; die Vorderkante wird vielfach gebrochen (Abb. 54A). Sollen die Stufen eine Profilierung erhalten, so muß sie einfach sein und darf nicht scharf ausladen, da sonst Beschädigungen eintreten. Die Abb. 54B—D zeigen zweckmäßige Profile.

Stufenbelag. Um die Steinstufen angenehm begehbar zu machen und insbesondere solche aus weichem Material vor einem schnellen Auslaufen zu sichern, wird die Trittfläche zweckmäßig mit einem Belag von Hartholz oder Linoleum versehen. Die etwa 5—6 cm starke Hartholzbohle greift in einen Falz der darüber befindlichen Stufe ein und wird zweimal auf ihrer Unterlage mit Steinschrauben befestigt (Abb. 55A).

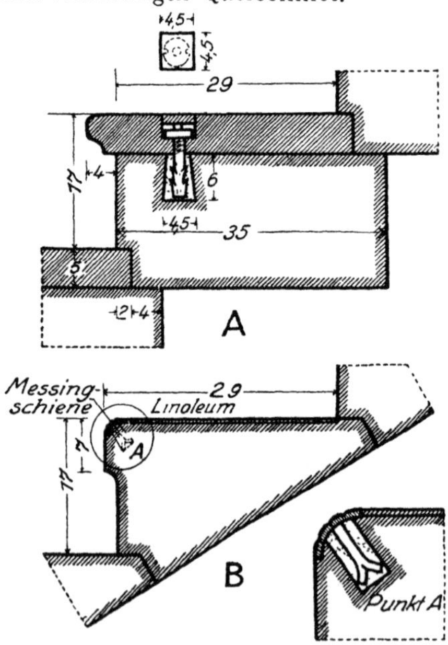

Abb. 55 A u. B. Stufenbeläge.

Bei Linoleumbelag wird die Stufenvorderkante durch Messingschienen, die durch eingestemmte Ankereisen befestigt werden, gesichert (Abb. 55 B).

Das Geländer wird gewöhnlich aus Schmiedeeisen hergestellt. Bei Holzbelag kann es auch in Holz ausgeführt werden.

Geländerbefestigung. Schmiedeeiserne Geländerstäbe werden sowohl bei Haustein- wie bei Betontreppen entweder oben oder seitlich in die Stufen eingelassen und mit Blei oder Zement vergossen (Abb. 56 A u. B) oder seitlich an den Stufenköpfen mittels eingebleiter oder einzementierter Krücken befestigt (Abb. 56 C). Die 3—4 cm großen, 5—8 cm tiefen schwalbenschwanzförmigen Löcher dürfen nicht weniger als 5 cm von der Kante entfernt sein, da der Stein sonst leicht ausspringen kann. Der Fuß der Stäbe muß ein Nachstemmen des Bleies gestatten; etwaige zur Verdeckung der Löcher angebrachte Bunde (Rosetten) sind daher lose aufzuschieben und später festzukeilen. Die oberen Enden der eisernen Geländerstäbe werden durch eine eiserne Flachschiene verbunden, die in die aufgeschraubte hölzerne Handleiste eingelassen ist (Abb. 95).

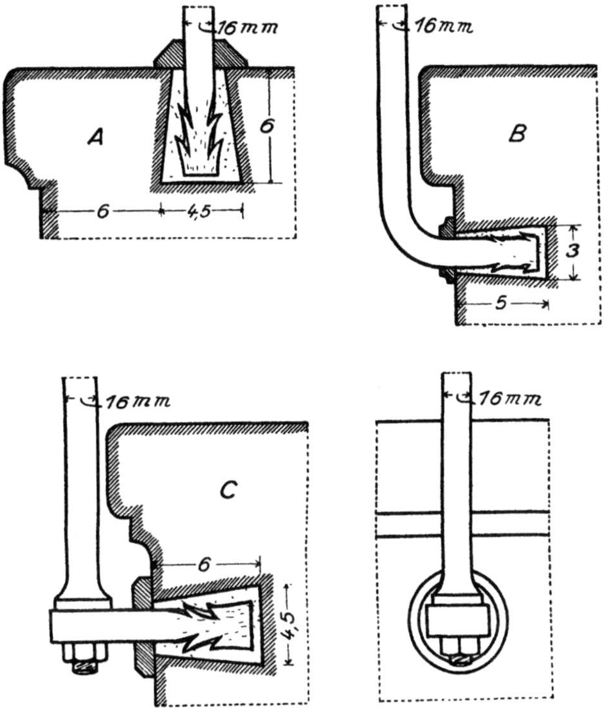

Abb. 56. Geländerbefestigung.

Bei Treppen mit Holzbelag kann das Geländer auch aus Holz hergestellt und wie bei den Holztreppen befestigt werden. Bei monumentalen Treppenanlagen werden die Geländer auch in Stein ausgeführt.

a) Freitreppen.

Das Wichtigste über die Ausführung einfacher Freitreppen ist bereits im I. Teil dieses Leitfadens gesagt. In Abb. 132 (Teil I) ist eine auf seitlichen Wangenmauern aufruhende Freitreppe dargestellt.

Statt der Wangenmauern kann die Unterstützung von Freitreppen auch durch ein der Steigung angepaßtes Gewölbe erfolgen (Abb. 57). Diese Anordnung hat den Vorteil, daß die Stufen voll aufruhen und auch in Beton oder Backstein ausgeführt werden können. An der Stirnseite zeigen sich die Köpfe der Stufen.

Eine von beiden Seiten zugängliche Treppe zeigt Abb. 58. Die unterstützende Wangenmauer kann entweder als Brüstungsmauer über die Stufen hinausragen (Abb. 58, linker Teil), oder sie wird nur bis unter die Stufen und das Podest geführt. Die Treppe erhält dann ein eisernes Geländer (Abb. 58, rechter Teil). Der Raum unter der Treppe kann, wie Abb. 58 rechte Grundrißhälfte zeigt, mit dem Keller in Verbindung gebracht und zur Zuführung von Licht benutzt werden.

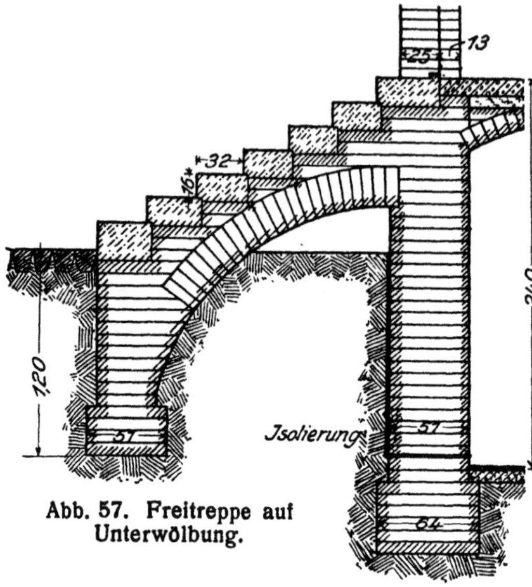

Abb. 57. Freitreppe auf Unterwölbung.

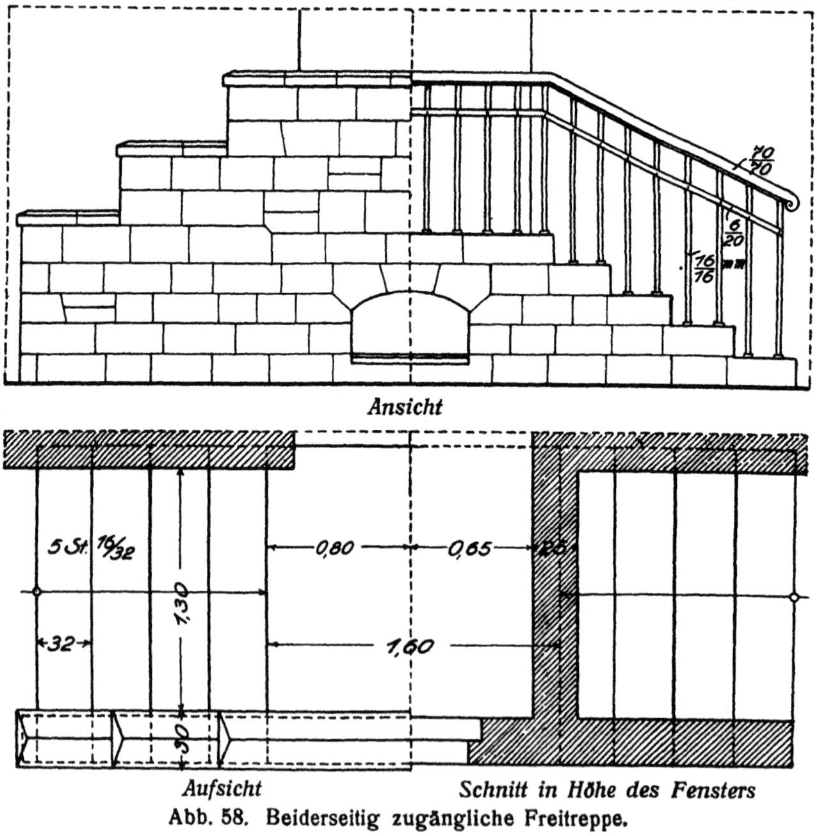

Abb. 58. Beiderseitig zugängliche Freitreppe.

Außer den Freitreppen, die von der Erdgleiche in das Erdgeschoß oder zu einer Terrasse hinaufführen, gibt es auch solche, die abwärts in den Boden, z. B. zu einer Waschküche führen. Abb. 59 zeigt die Anlage einer zu einem Kellereingange führenden Treppe im Schnitt und Grundriß (Kellerhalstreppe).

Die Treppenöffnung ist bis zur Erdgleiche mit Mauern zu umgeben und oben auf zwei Seiten mit einem eisernen Geländer abzuschließen. Ist über der Treppenanlage kein Schutzdach vorhanden, so hat man für regelrechte Entwässerung des Schachtes zu sorgen.

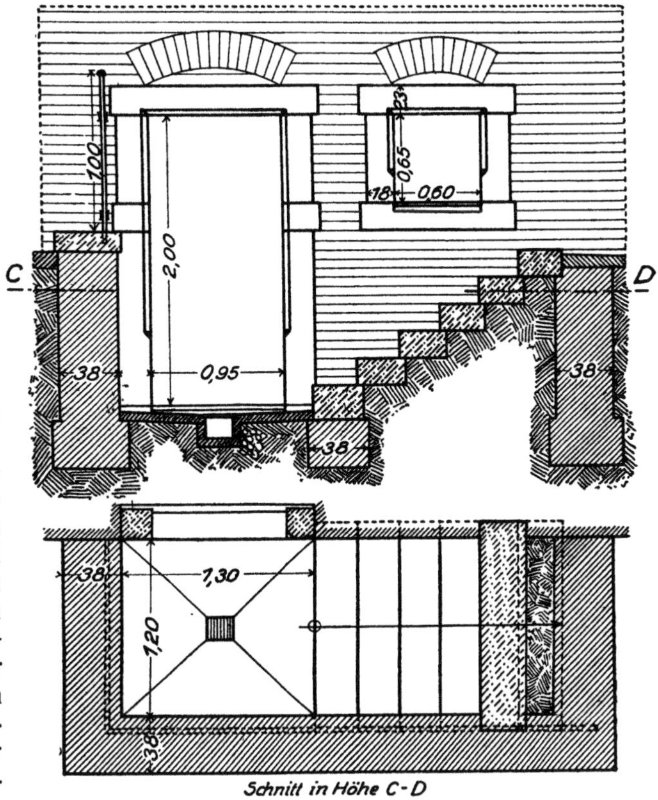

Abb. 59. Kellerhalstreppe.

b) Innere Treppen.

Innere Treppen aus Haustein werden entweder als unterstützte oder als freitragende Treppen ausgeführt.

1. Durch Mauern und Bögen unterstützte Treppen (Abb. 60). Die Unterstützung erfolgt auf der einen Seite durch die Umfassungsmauern des Treppenhauses, auf der anderen Seite durch eine meist 1—$1\frac{1}{2}$ Stein starke, in Zementmörtel gemauerte Zungenmauer, die in der Mitte des Treppenhauses angelegt wird. Diese Zungenmauer, die das Treppenhaus verdunkelt und beengt, wird meist mit Unterbrechungen versehen, so daß nur Pfeiler mit verbindenden Bögen übrig bleiben (Abb. 60). Die Bögen können als Segmentbögen oder als einhüftige Bögen ausgeführt werden.

Die Stufen werden entweder beiderseitig 12 cm tief eingemauert und mit 4 cm breiter Überdeckung nach Abb. 54A verlegt, oder sie liegen wie z. B. bei Kellertreppen auf 9—12 cm breiten Mauerabsätzen und werden mit rechteckigem Falz nach Abb. 54B verbunden, damit sie sich nicht verschieben können. An den sichtbaren Unterflächen sind die Stufen sauber zu bearbeiten.

Das Podest wird entweder aus einer Steinplatte, oder wenn solche zu teuer, aus zwei überfalzten Platten gebildet, die in den Umfassungsmauern und auf

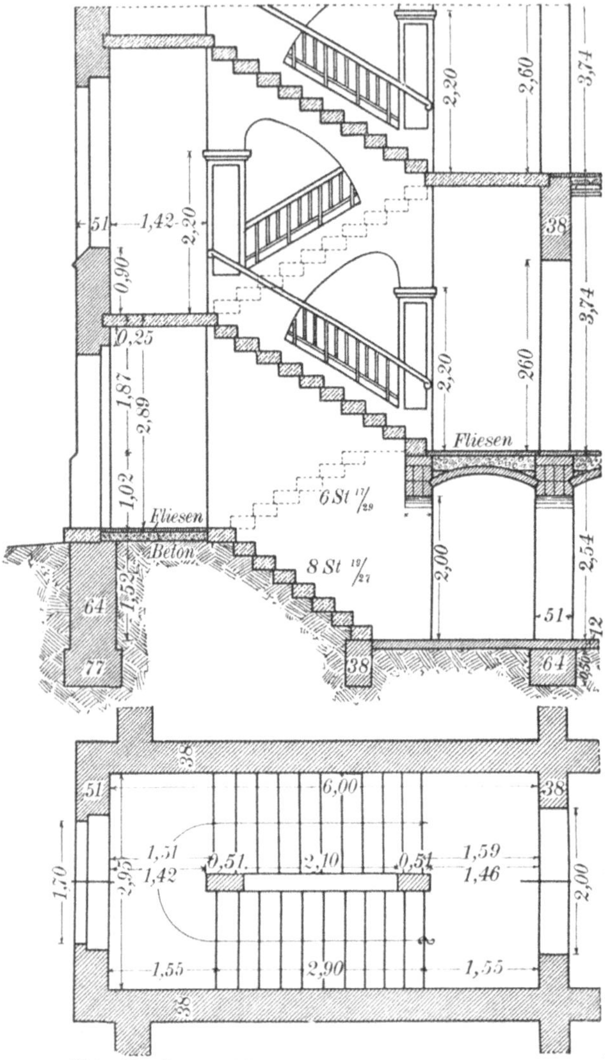

Abb. 60. Durch Mauern und Bögen unterstützte Werksteintreppe.

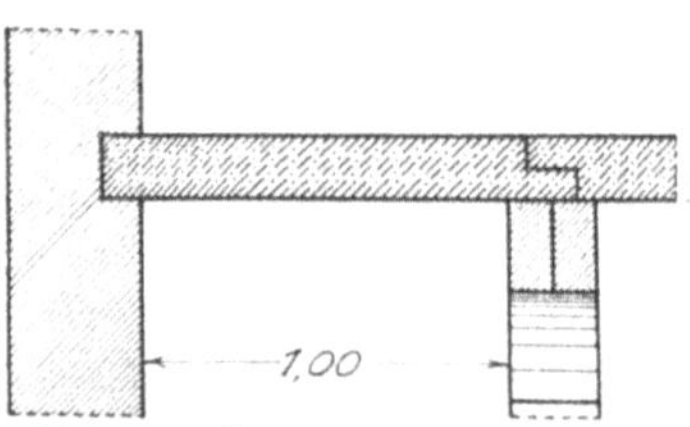

Abb. 61. Überfalzte Podestplatte.

der Zungenmauer ihr Auflager finden. Überfalzte Platten werden unter dem Stoß durch einen Flachbogen oder eine eiserne Schiene unterstützt (Abb. 61). Die Podeste können auch gewölbt oder als Eisenbetonplatten ausgeführt werden; sie werden dann mit Fliesen oder Linoleum belegt.

Das Geländer wird an der Treppenhausmauer durch eine Handleiste gebildet, an der Zungenmauer durch eine aus Eisenstäben oder Steindocken bestehende Brüstung, die in die Öffnung eingesetzt wird.

2. Durch Unterwölbung unterstützte Treppen. Die Ausführung unterwölbter Hausteintreppen kommt im Wohnhausbau fast gar nicht vor, da sie starke Umfassungsmauern erfordern und die Baukosten wesentlich vermehren. Sie werden nur noch bei monumental durchgebildeten Bauwerken ausgeführt. Zur Unterwölbung eignen sich besonders flache Kappengewölbe, böhmische Kappen oder Kreuzkappen.

3. Durch eiserne Wangenträger unterstützte Treppen. Die Unterstützung der Stufen erfolgt an dem äußeren Ende durch die Treppenhauswand an dem inneren freien Ende durch eiserne I-Träger, die entweder sichtbar bleiben oder mit Drahtgeflecht umhüllt und verputzt werden können. Die eisernen Wangenträger werden am Podest und Austritt mit quer gelegten Podestträgern durch Winkellaschen verbunden (Abb. 62). Bei über 2,00 m breiten Treppenläufen ist eine Unterstützung der Stufen in der Mitte durch Träger notwendig.

Die Treppenstufen sind an der unteren Fläche ganz verschalt, nur das 12 cm lange Stück, das in die Treppenwand eingreift, hat vollen rechteckigen Querschnitt.

4. Freitragende Treppen Abb. 63). **Allgemeines.** Freitragende Treppen sind solche, deren Stufen mit einem Ende fest in das Mauerwerk eingespannt sind, während das andere Ende frei schwebt. Jede Stufe ruht in ihrer ganzen Länge mit einem Falz auf der unmittelbar vorhergehenden auf. Die zu verwendenden Steine müssen besonders fest und tragfähig sein; am besten eignen sich harte Sandsteine, Granit und Syenit. Sehr geeignet sind auch Eisenbetonstufen.

Die freitragende Länge der Stufen ist häufig durch baupolizeiliche Bestimmungen vorgeschrieben. Im allgemeinen kann dieselbe bei Sandstein bis 1,20 m, bei Granit bi. 1,50 m angenommen werden. Bei außergewöhnlichen Belastungen empfiehlt es sich, die Tragfähigkeit durch Probebelastungen zu ermitteln.

Als Grund ißformen eignen sich sowohl gerade wie besonders halb und ganz gewundene Treppen. Das Aussehen dieser freitragenden Treppen ist ein sehr leichtes und gefälliges. Sie werden daher sowohl bei Wohnhäusern wie bei öffentlichen Gebäuden angewendet.

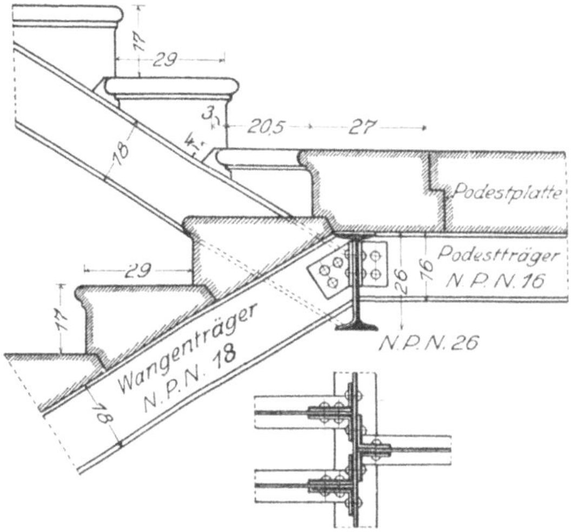

Abb. 62. Werksteintreppe auf Wangenträgern.

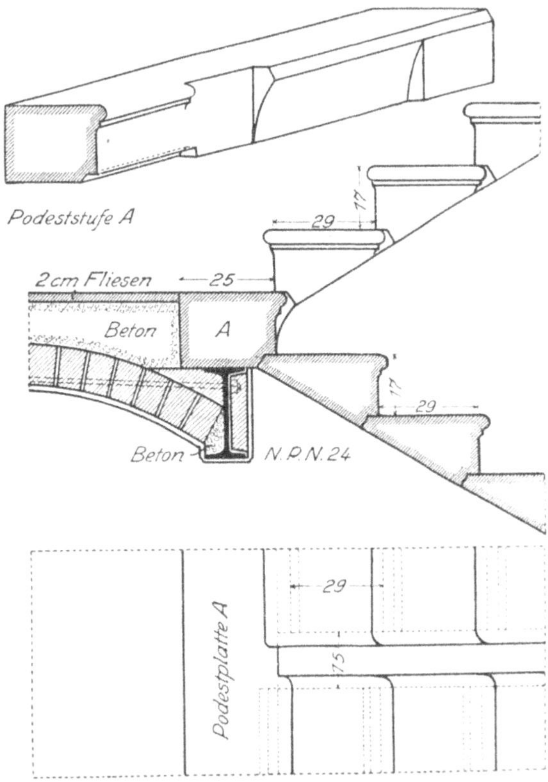

Abb. 63. Freitragende Werksteintreppe.

Die Einmauerung der Stufen von gewöhnlicher Breite beträgt 13 cm; jede 3. bis 4. Stufe muß jedoch 25 cm tief einbinden (Abb. 64). Breite Treppen müssen 25 cm und gegebenenfalls noch mehr einbinden. Stufen, die unter einem Treppenhausfenster eingemauert werden, verlangen zur Sicherung des Druckes auf die Stufenenden unter dem Fenster einen Träger oder einen umgekehrten Bogen. — Die Stärke der Treppenhausmauer muß mindestens 38 cm betragen.

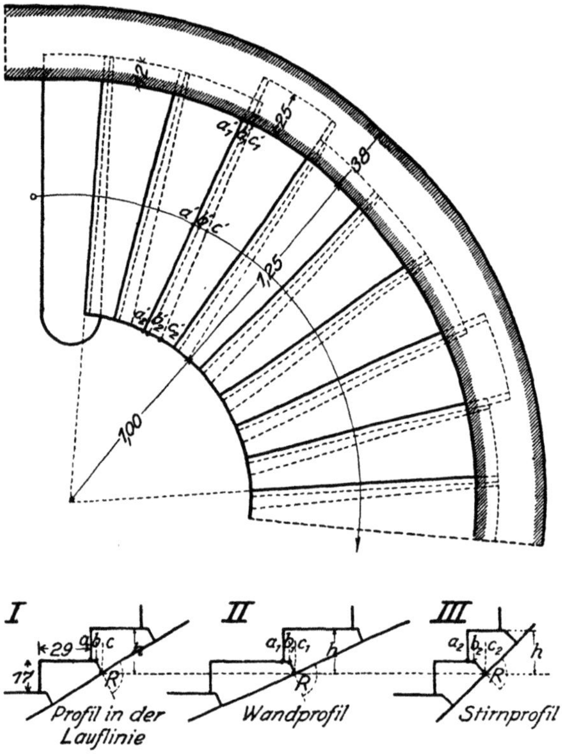

Abb. 64. Gewundene freitragende Werksteintreppe.

Die Antrittstufe muß vor allem unverschieblich gelagert sein. Sie ist eine „Blockstufe" von rechteckigem Querschnitt und muß voll untermauert und um die Stärke des Fußbodenbelages eingelassen werden.

Die Zwischenstufen sind ebenfalls derart miteinander zu verbinden, daß Verschiebungen und Verdrehungen ausgeschlossen sind. Zu diesem Zwecke sitzen die im Querschnitt nahezu dreieckigen Stufen mit einem Falz nach Abb. 54 C fest aufeinander. Der Falz muß sorgfältig ausgearbeitet sein, um Kantenpressungen zu verhüten, und reicht durch die ganze Länge der Stufe. Der eingemauerte Teil der Stufen behält seinen rechtwinkligen Querschnitt, um ein gutes Auflager zu haben.

Die Podeststufe wird durch einen Podestträger sicher unterstützt und greift wie jede andere Stufe in die Treppenhausmauer ein (Abb. 63). Sie erhält eine besondere Ausbildung, indem sie auf der einen Seite den Austritt des ersten Laufes bildet, auf der anderen Seite den Antritt des nächsten Laufes unterstützt (Abb. 63, Isometrie).

Das Podest wird entweder durch Steinplatten oder durch Wölbung zwischen I-Trägern und einem Belag aus Fliesen, Terrazzo oder Linoleum gebildet.

Bei der Ausführung hat man besonders darauf zu achten:

1. daß die Stufen fest genug sind, um die nötigen Zug- und Druckspannungen aufnehmen zu können;

2. daß die Stufen auf das sorgfältigste in die Treppenhausmauer eingespannt werden. Nur zuverlässige Maurer sind bei der Arbeit zu verwenden.

Die Stufen werden am zweckmäßigsten nach Fertigstellung des Rohbaues versetzt, um Beschädigungen zu vermeiden. Das Auflager unter den Stufenköpfen wird zweckmäßig aus hartgebrannten Klinkersteinen in Zementmörtel gemauert. Bis zur Einmauerung der Stufen empfiehlt es sich, die ausgesparten Löcher durch Trockenmauerwerk (in Sand) zuzusetzen, das später entfernt wird. Beim Verlegen werden die Stufen an dem freien Ende durch eine schräg gestellte starke Bohle, die durch Streben versteift wird, unterstützt, wobei eine geringe Überhöhung von 2—3 mm des Setzens wegen zu berücksichtigen ist. Die Stufenköpfe werden dann auf das sorgfältigste verkeilt und vermauert. Um den Druck von einer Stufe auf die andere möglichst gleichmäßig zu übertragen, werden die dünnen Fugen des Falzes mit wenig schwindendem Zementmörtel ausgefüllt. Nach dem Verlegen sind die einzelnen Stufen mit einem Bretterbelag gegen Beschädigungen zu sichern.

Das Ausrüsten darf erst dann erfolgen, wenn der Mörtel hinreichend erhärtet ist.

5. Treppen mit Wendelstufen (gewendelte, gewundene und Wendeltreppen).

Treppen mit Wendelstufen kommen bei gewendelten, bei gewundenen und bei Wendeltreppen vor.

Gewendelte Treppen sind solche, bei denen gerade Treppenläufe an der Biegung (viertel oder halbe Wendung) zum Zwecke eines bequemeren Begehens durch verzogene Stufen verbunden werden. Über Verziehen von Stufen s. Abschn. VII (Holztreppen). — Bei gewundenen Treppen hat der Lauf im Grundriß eine bogenförmige Gestalt (Halb-, Viertelkreis). — Bei Wendeltreppen bildet die Lauflinie eine geschlossene Kurve.

Gewendelte und gewundene Treppen werden in der Regel freitragend ausgeführt und sind dann halb oder ganz verschalt.

Die Wendelstufen haben keilförmige Gestalt und erhalten dadurch zwischen Stirn und Wand einen verschiedenen Querschnitt. Die geringste Auftrittsbreite an der Innenseite darf nicht weniger als 10 cm betragen (Abb. 64). Jede Stufe hat eine windschiefe Unterfläche, die bei den ganz verschalten Treppen die Schalfläche, eine windschiefe Schraubenfläche, bildet. Die Falzschräge wird ebenfalls windschief, wenn sie senkrecht zur Steigungslinie bearbeitet wird.

Für die Anfertigung der Stufen sind drei Schablonen erforderlich, an der Ganglinie, an der Wand und am Kopf. Die Austragung der Schablonen ist in Abb. 64 für eine ganz verschalte Treppe gezeigt.

Man zeichnet zunächst das Stufenprofil an der Ganglinie mit regelrechtem Falz (3 zu 4 cm; Abb. 64 I); dann ist parallel zur Stufenvorderkante die Auflagerbreite $ab = 3$ cm in den Grundriß (Abb. 64) einzupunktieren. Hierauf wird das Wandprofil II und das Stirnprofil III gezeichnet und senkrecht zu der parallel zur Stufenvorderkante gezogenen Steigungslinie der Stoß angetragen. Die Punkte c, c_1, c_2 liegen auf gleicher Höhe. Der Stoß wird am schmalen Ende bedeutend flacher als am breiten Ende. Darnach sind im Grundriß die wagerechten Projektionen der Stöße einzutragen, also

$$bc = b'c', \quad b_1c_1 = b_1'c_1' = , \quad b_2c_2 = b_2'c_2'.$$

Wendeltreppen werden meist als **Spindeltreppen** ausgeführt, die im Wohnhausbau hier und da noch als Nebentreppen oder Turmtreppen vorkommen.

Bei der Aufteilung der Stufen im Grundriß hat man darauf zu achten, daß an der schmalen Stelle die Stufen mindestens 10 cm Auftritt haben, und daß mindestens 12 Stufen von 18 cm Steigung in einer Wendelung (Ganghöhe) vorhanden sind, um Kopfhöhe zu erhalten. Die Ganglinie verlegt man deswegen zweckmäßig ein wenig nach innen.

Man unterscheidet:

a) Spindeltreppen mit gemauerter Spindel,

b) Spindeltreppen mit an den Stufen angearbeiteter Spindel.

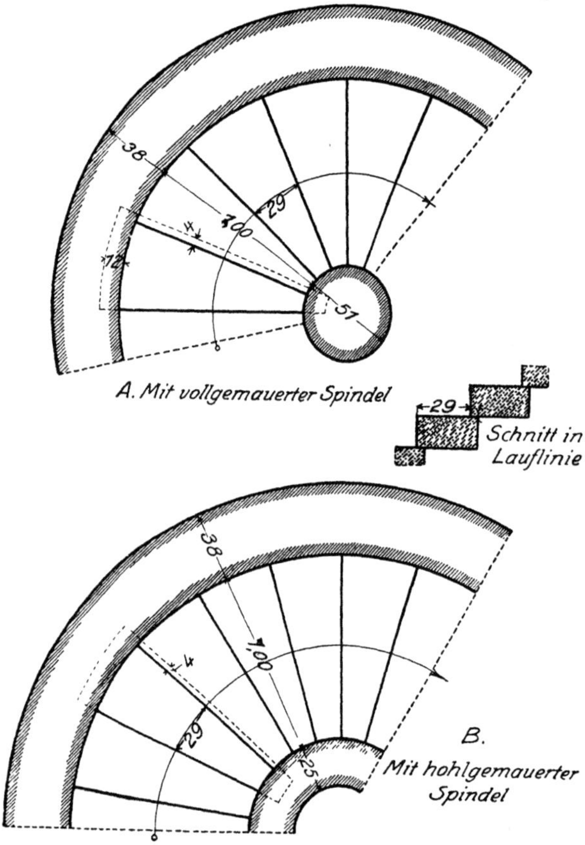

Abb. 65 A u. B. Wendeltreppen aus Werkstein.

Bei a) kann die in Backstein auszuführende Spindel sowohl voll wie hohl gemauert werden (Abb. 65 A u. B). Der Querschnitt der Stufen ist meist rechteckig. Das Auflager beträgt 12 cm.

Bei b) erfolgt die Unterstützung der Stufen durch das an die einzelnen Werksteinstufen angearbeitete Spindelstück.

Damit die Spindel säulenartig hervortritt, verlaufen die Vorderkanten der Stufen im Grundriß meist so, daß sie in ihrer Verlängerung einen kleinen eingeschriebenen Hilfskreis berühren, oder sie erhalten einen Ausschnitt (Abb. 66). Außerdem sind die Stufen vielfach noch unterschnitten.

Die Stufenbildung kann verschieden sein:

1. Der Stufensauschnitt ist in einfachster Weise rechteckig, die Stufen setzen sich stumpf auf.

2. Der Stufenquerschnitt ist halb verschalt, die Stufen setzen sich stumpf auf, die Auflagerfläche verbreitert sich nach der Spindel zu (Abb. 66).

3. Die Stufen sind ganz verschalt und greifen mit einem Falz ineinander. Selten ausgeführt wegen schwieriger Falzbildung.

Die Stufenverbindung an der Spindel geschieht mittels 15—20 mm starken verzinkten Eisendübeln oder einer durch die ganze Spindel hindurchgehenden Eisenstange.

Geländer. Spindeltreppen erhalten kein Geländer, sondern nur einen Handläufer, der an der Spindel aus einem durch Ringe festgehaltenen Seil, an der Wand aus einer Holzstange besteht.

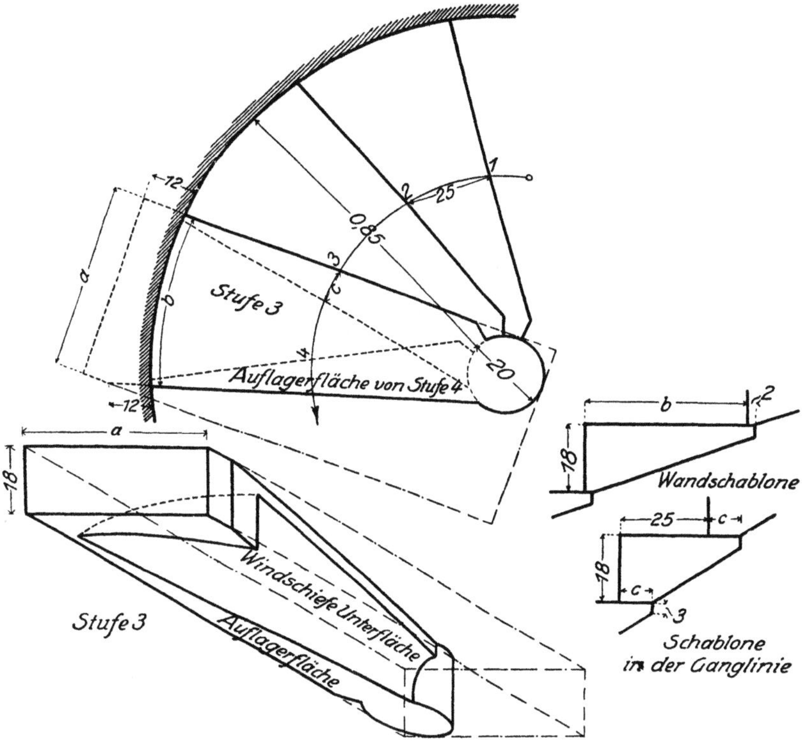

Abb. 66. Spindeltreppe mit an die Stufen gearbeiteter Spindel.

III. Treppen aus Backstein.

Allgemeines. Treppen aus Backstein werden hauptsächlich da als feuerhemmende Treppen ausgeführt, wo der teure Haustein sich nicht vorfindet. Die Treppenläufe sind am besten gerade und werden ebenso wie die Podeste meist durch Unterwölbung gebildet.

Die zu verwendenden Ziegelsteine müssen von besonderer Güte und Druckfestigkeit sein; als Mörtel ist bester Zementmörtel (mit Kalkzusatz) zu verwenden.

a) Backsteintreppen auf Unterwölbung.

Für die Unterstützung der Stufen werden am besten preußische Kappen verwendet. Es können hierbei zwei Fälle vorkommen:

1. Die Kappe spannt sich zwischen Treppenhausmauer einerseits und I-Träger (oder Zungenmauer) **andererseits;** die Gewölbeachse ist ansteigend (Abb. 67). Die Kappe wird $\frac{1}{2}$ Stein stark mit $\frac{1}{10}$ Stich auf Schwalbenschwanz gewölbt. Die Treppenhausmauer ist mindestens $1\frac{1}{2}$ Stein stark zu machen; bei geringerer Stärke legt man am besten ein U-Eisen neben die Mauer, gegen das sich die Kappe wölbt.

Die aus I- oder U-Eisen bestehenden Laufträger werden durch Winkellaschen mit den Podestträgern verbunden. Zwischen Treppenhausmauer und Träger empfiehlt sich besonders bei breiten und langen Treppenläufen die Anbringung eines oder zweier Anker (Abb. 67).

2. Die Kappe spannt sich von Podest zu Podest, zwischen I-Trägern (Abb. 68). Sie wird $\frac{1}{2}$ Stein stark mit $\frac{1}{10}$—$\frac{1}{16}$ Stich auf Kuff eingewölbt. Die Kappenstärke beträgt in der Mitte $\frac{1}{2}$ Stein, nach den Kämpfern zu 1 Stein. Besondere Sorgfalt ist auf die Anfängerschicht zu verwenden, die aus zugehauenen, auf einen Stein verstärkten Backsteinen oder besser aus einem Betonklotz mit angearbeitetem Widerlager besteht.

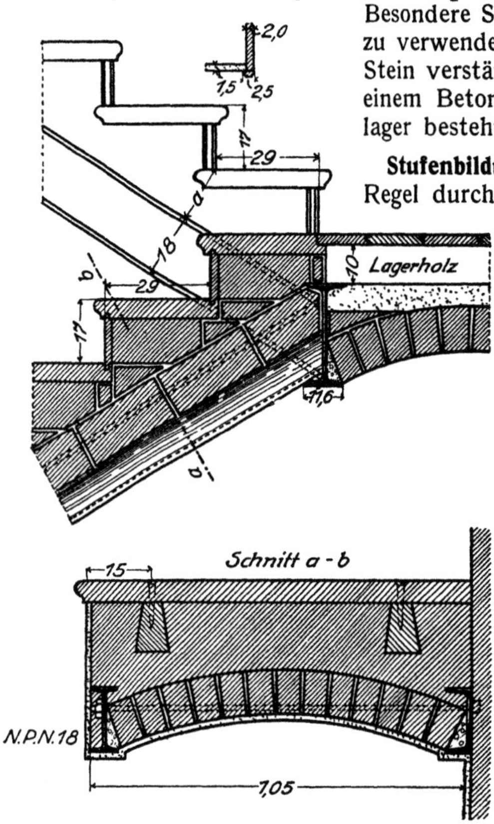

Abb. 67. Gemauerte Treppe auf steigender preußischer Kappe.

Stufenbildung. Die Stufen werden in der Regel durch eine Rollschicht oder durch eine Rollschicht mit darunter gelegter Flachschicht in verlängertem Zementmörtel hergestellt (Abb. 69).

Bei besseren Treppen werden auf die Backsteinstufen 5—6 cm starke Kiefern-oder Eichenholzbohlen gelegt, die zweckmäßig etwa 2—3 cm unter die Rollschicht der nächstfolgenden Stufe greifen und an eingelassenen schwalbenschwanzförmigen Hartholzdübeln (Abb. 69) (oder durchlaufenden Lehrbrettern) aufgeschraubt werden. Die Dübel bzw. Lehrbretter müssen 20—25 cm von der freien Seite der Treppe entfernt eingemauert werden. Die vordere Ansicht der Stufen wird entweder mit hartgeschliffenem Zementputz versehen oder aus hölzernen Setzstufen gebildet.

Bei untergeordneten Treppen (Kellertreppen u. dgl.) werden die Stufen gut ausgefugt oder mit einem Zementputz überzogen. Letzterer bewährt sich auf die Dauer nicht.

Die Podeste werden am einfachsten zwischen I-Trägern oder Gurtbögen $\frac{1}{2}$ Stein stark eingewölbt und erhalten denselben oder e nen ähnlichen Belag wie die Stufen.

Kleinesche Treppe. An Stelle der unter 1 a) beschriebenen flachen Kappe kann auch eine horizontale Decke nach Art der Kleineschen Decke zwischen eisernen Wangenträgern zur Unterstützung des Stufenmauerwerks ausgeführt werden. (Abb. 70). Die Steinreihen mit den Bandeiseneinlagen liegen quer zu den Wangenträgern und die ganze Steineisenplatte ruht auf den Flanschen der Wangenträger auf. Die Ausführung erfolgt auf Schalung in Zementmörtel.

Gemauerte Treppe auf Wellblech. Die aus Backstein (oder Beton) hergestellten Stufen können auch auf Trägerwellblech aufruhen, das auf den Unterflanschen der seitlich angeordneten U-Eisen gelagert ist. Die Untersicht kann durch eine Putzdecke, die an festgeschraubten Holzklötzchen befestigt wird, verkleidet werden.

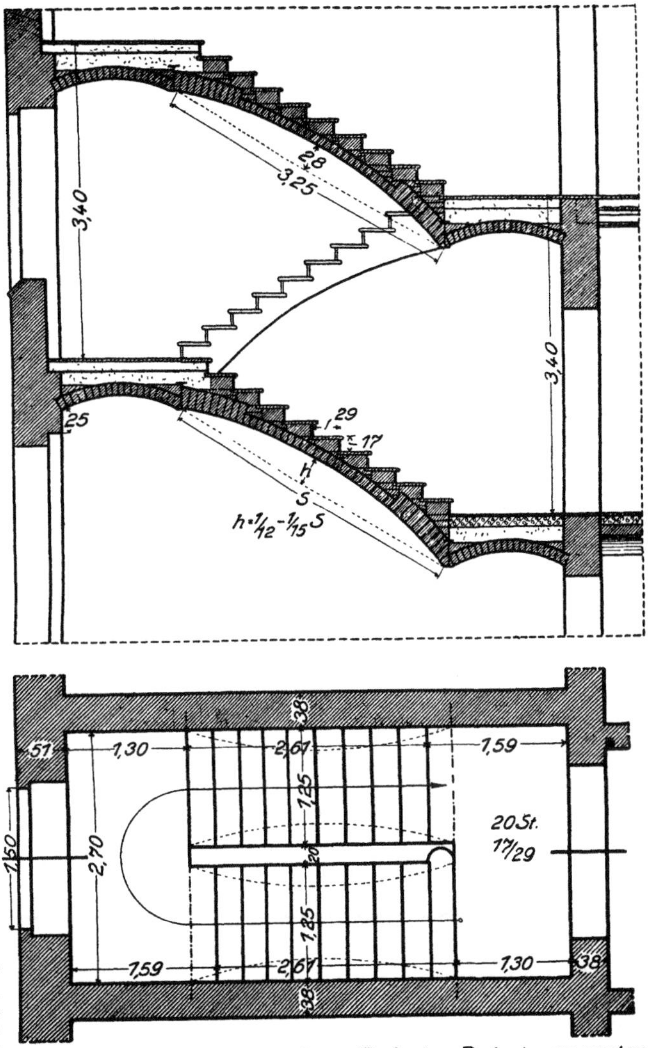

Abb. 68. Backsteintreppe auf von Podest zu Podest gespannten preußischen Kappen.

b) Backsteintreppen ohne Unterwölbung.

1. Treppen auf Unterfüllung. Sie kommen bei Kellertreppen und bei den untersten Läufen mancher im Erdgeschoß beginnenden Treppen vor und werden als Flach- oder Rollschicht auf einer vorher gedichteten Unterfüllung von Sand oder Erde mit verlängertem Zementmörtel gemauert (s. auch Teil I, S. 75).

2. Treppen mit einzeln gewölbten Stufen. Bei schmalen untergeordneten Treppen kann man auch jede Stufe für sich zwischen Treppenhausmauer und Wangenmauer entweder als scheitrechten Bogen nach Abb. 71 A oder als Flachbogen nach Abb. 71 B einspannen. Jede Stufe wird bei der Ausführung auf $\frac{6}{8}$ cm starken Latten, die auf vorgestreckte, später abzuhauende Steine gesetzt werden, unterstützt. Die Ausrüstung erfolgt nach etwa 14 Tagen.

IV. Treppen aus Eisenbeton.

Allgemeines. Die Konstruktion der Eisenbetontreppen beruht auf der wirksamen Verbindung von Zementbeton und Eisen. Es werden in den Betonkörper Eisenstäbe von meist rundem Querschnitt derart eingelegt, daß sie die Zugspannungen aufnehmen, während der Beton die vorhandenen Druckkräfte aufzunehmen hat. Die Stärke der Eisenstäbe und der Betonplatten (Betonträger) sind statisch zu ermitteln. Die Eisenbetontreppen haben gegenüber allen anderen Treppen den großen Vorzug der Feuerbeständigkeit. Es beruht dies auf der schlechten Wärmeleitungsfähigkeit des Betons, der eine ausgezeichnete Isolierschicht um das Eisen bildet. Außer der Feuerbeständigkeit besitzt Eisenbeton aber auch eine große Tragfähigkeit und die besondere Eigenschaft, sich jeder Form anzupassen. Außerdem sind Eisenbetontreppen in gesundheitlicher Beziehung Treppen aus anderen Baustoffen überlegen, da der Eisenbeton unbedingt frei von schädlichen Keimen und Ungeziefer gehalten werden kann. Diese Vorzüge haben den Eisenbetontreppen in neuester Zeit die weitesete Verbreitung geschaffen. Den Vorzügen stehen als Nachteile gegenüber: Schwierigkeiten bei einem Abbruch oder Umbau, Notwendigkeit eines besonderen Belages, da die Betonstufen sich rasch abnutzen. Im nachfolgenden sind die wichtigsten Ausführungen von Eisenbetontreppen ihrem konstruktiven Gedanken nach, jedoch ohne statische Berechnung, aufgeführt. Nach der Art der Ausführung unterscheidet man folgende Treppen:

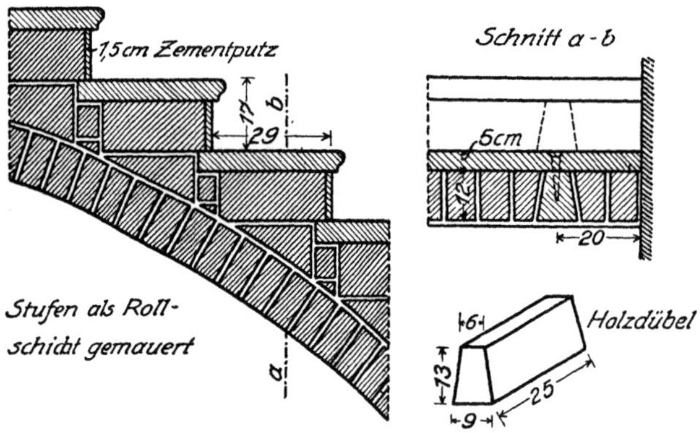

Abb. 69. Stufenausbildung für gemauerte Treppen.

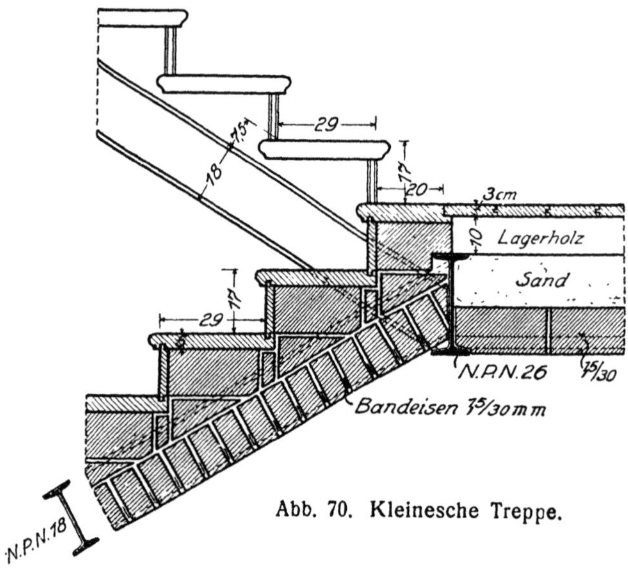

Abb. 70. Kleinesche Treppe.

a) Die freitragende Treppe.

Sie ist eine sehr beliebte Treppenform. Die Konstruktion sowie die Bildung der Stufen ist im wesentlichen dieselbe wie bei den freitragenden Treppen in Werkstein. Siehe S. 43. Auch für die Einspannungstiefe der Stufen gelten die dort gemachten Angaben; die übliche Einbindungstiefe bis zu 1,50 m freitragender Länge beträgt 25 cm (Abb. 72). Stufen von 1,50 m Länge und darüber verlangen bei normaler Belastung eine Verstärkung des Querschnittes nach der Einspannungsstelle zu (Abb. 73). Die Stufen erhal-

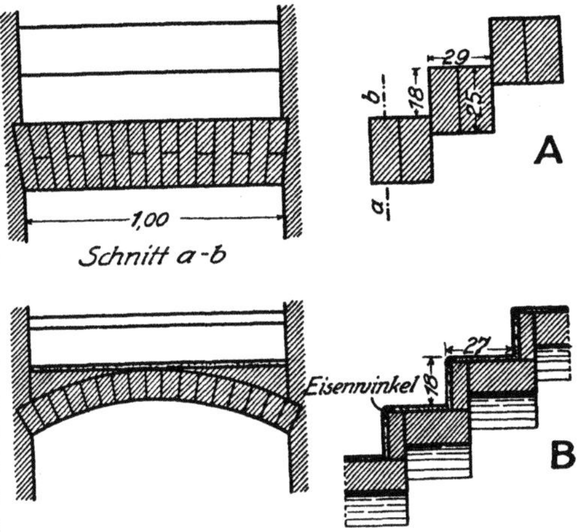

Abb. 71. A u. B. Treppen aus einzeln gewölbten Stufen.

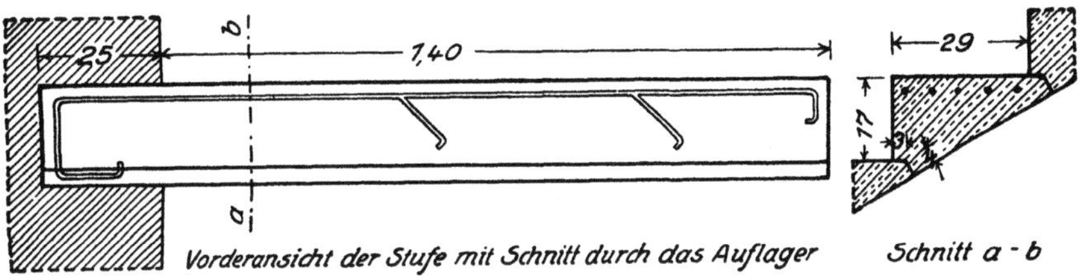

Abb. 72. Die freitragende Eisenbetonstufe.

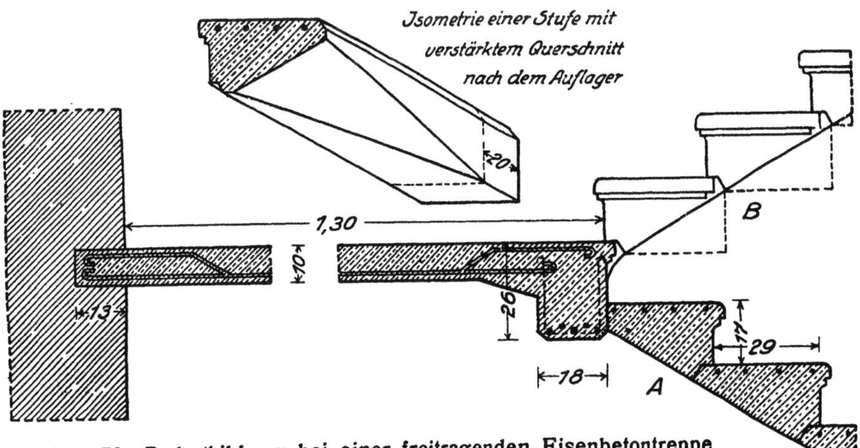

Abb. 73. Podestbildung bei einer freitragenden Eisenbetontreppe.

ten, da sie Kragträger sind, Eiseneinlagen, die in der oberen Zugzone liegen (Abb. 72). Die unterste Stufe stützt sich fest auf die Podestplatte. Letztere kann verschieden konstruiert werden:

1. als volle Beton- oder Eisenbetonplatte zwischen I-Trägern;

2. als schwächere Eisenbetonplatte, die einerseits in die Mauer eingreift, andererseits an einen hohen Podestbalken (Eisenbetonbalken) anschließt (Abb. 73). Die Bewehrungseisen sind statisch zu ermitteln.

Die Einmauerung der Stufen geschieht in der gleichen Weise wie bei den Werksteinstufen (siehe S. 44). Am sichersten wird die Einspannung der Stufen erreicht, wenn diese gleich bei dem Aufmauern der Treppenhauswände verlegt werden. Dann sind die freien Stufenenden bis zur Fertigstellung der Aufmauerung sicher zu stützen. Da aber diese Art der Ausführung den Fortgang der Arbeiten sehr hemmt, werden für die Stufen Schlitze in der Mauer ausgespart, in welche sie nachträglich eingesetzt werden. Hierbei ist unbedingt notwendig, die Stufen durch Eisenkeile in ihrer Lage zu sichern und mit Zementmörtel gut zu vergießen. Eine Einrüstung ist natürlich auch hier notwendig.

b) Die Treppe mit beiderseits frei aufliegenden Stufen.

Die Stufen sind an beiden Enden durch Mauern oder Wandträger, bei größerer Spannweite auch noch in der Mitte unterstützt. Die einzelnen Stufen sind freiaufliegende Balken. Die Eiseneinlagen liegen in der unteren Zugzone

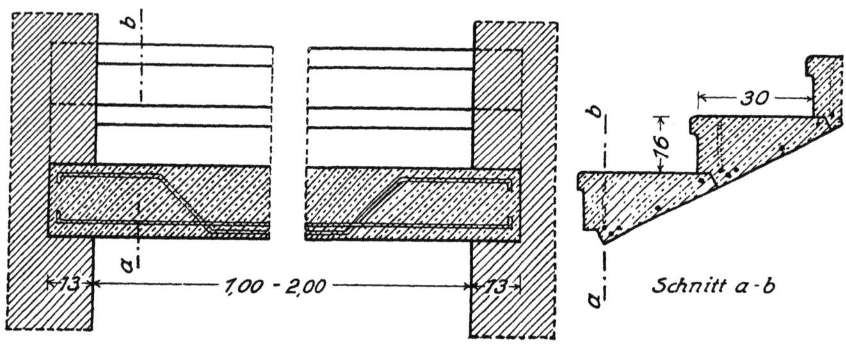

Abb. 74. Treppe mit beiderseits aufliegenden Stufen.

(Abb. 74). An dem Auflager wird mindestens ein Eisen zur Aufnahme der Einspannungsmomente aufgebogen. Der Querschnitt der Stufen kann rechteckig oder trapezförmig sein (Abb. 74).

c) Treppen mit Laufplatten in Eisenbeton, die sich zwischen Eisenbeton-Wangenträger spannen.

Die Platte hat ihre Auflager in den Wangenträgern. Die Stufen werden als nicht tragende Teile aufbetoniert. Die Wangenträger gehen von Podest zu Podest und sind als einseitige Plattenbalken zu berechnen (Abb. 75). Diese Plattenbalken können ganz nach oben oder ganz nach unten gelegt werden (Abb. 75, Ausbildung B). Letzteres ist die leichteste und wirtschaftlichste Bauart; auch braucht nur die innere Wange als Eisenbetonbalken ausgebildet zu werden, während an der anderen Seite die Platte in die Treppenhausmauer eingreift (Abb. 75, Ausbildung A).

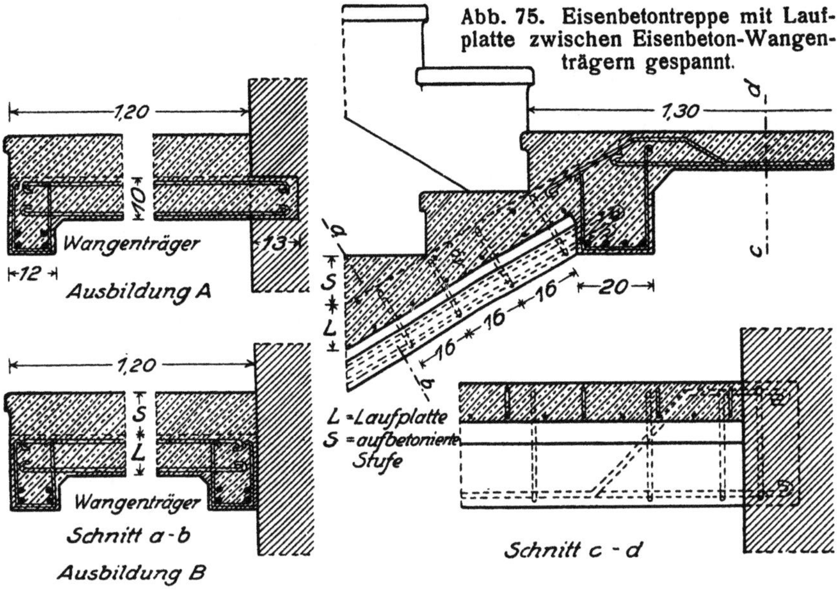

Abb. 75. Eisenbetontreppe mit Laufplatte zwischen Eisenbeton-Wangenträgern gespannt.

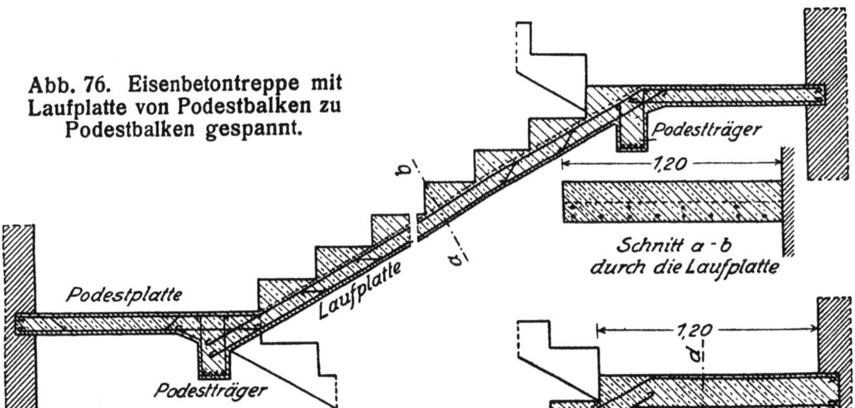

Abb. 76. Eisenbetontreppe mit Laufplatte von Podestbalken zu Podestbalken gespannt.

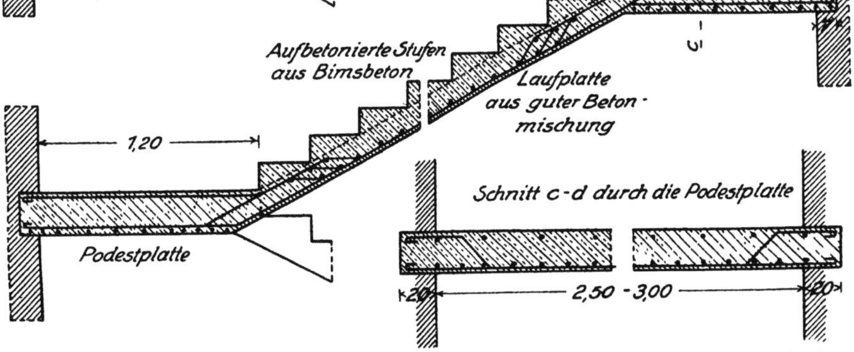

Abb. 77. Eisenbetontreppe mit Podesten, Laufplatten und Stufen aus einem Körper.

d) Treppen mit freitragenden Laufplatten in Eisenbeton, die von Podestbalken zu Podestbalken gespannt sind.

Die Stufen werden nachträglich aufbetoniert bzw. aufgesetzt und bestehen aus Granit, Stampfbeton oder zwecks Gewichtsersparnis auch aus Bimsbeton oder dgl. (Abb. 76).

e) Treppen mit Podesten, Tragplatten und Stufen aus einem Körper.

Diese Konstruktion neuerer Art hat den Vorteil glatter Übersicht und damit einfacher, schnell aufzustellender Schalung, sowie einfacher Eisenverlegung (Abb. 77). Die Podestplatten werden hierbei an den zur Lauflinie parallelen Treppenhauswänden aufgelagert (etwa 20 cm) und übernehmen die Rolle der Podestträger. Gleichzeitig greifen sie auch noch in die anderen Treppenhausmauern etwa 7 cm ($\frac{1}{4}$ Stein) ein.

f) Die Stufenbildung.

Die Stufen werden entweder als Einzelstufen fabrikmäßig in Formen hergestellt, oder auf die Tragekonstruktion, die sog. Laufplatte, aufbetoniert.

Da sich die Eisenbetonstufen stark abnutzen, erhalten sie in der Regel einen besonderen Belag aus Hartholz oder Linoleum, wie bei den Werksteinstufen. In einfachen Fällen genügt auch ein Überzug von Zementestrich. Die Befestigung des Holzbelages geschieht zweckmäßig durch Holzschrauben auf vorher einbetonierten Hartholzdübeln (auf jede Stufe 3 Stück, siehe Abb. 78).

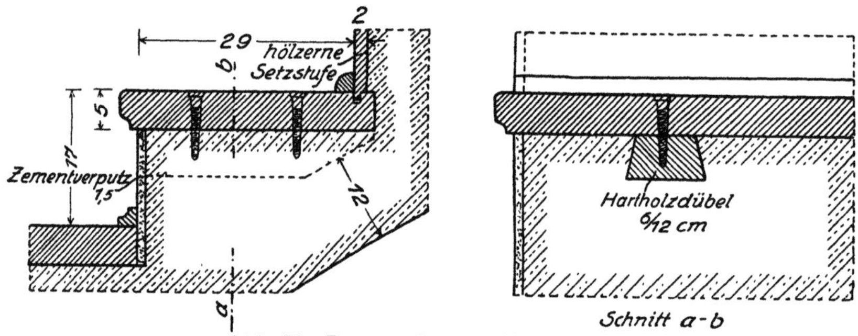

Abb. 78. Betonstufen mit Holzbelag.

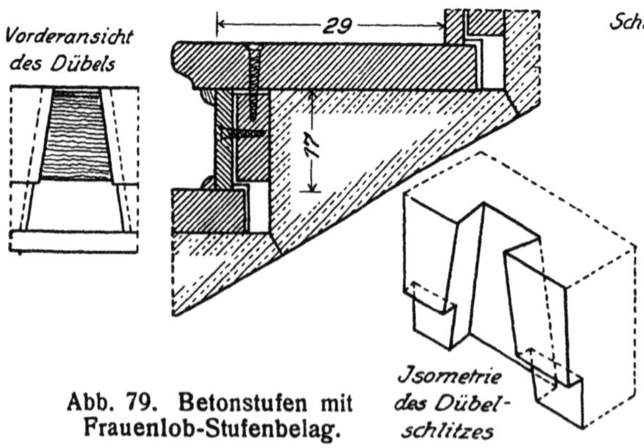

Abb. 79. Betonstufen mit Frauenlob-Stufenbelag.

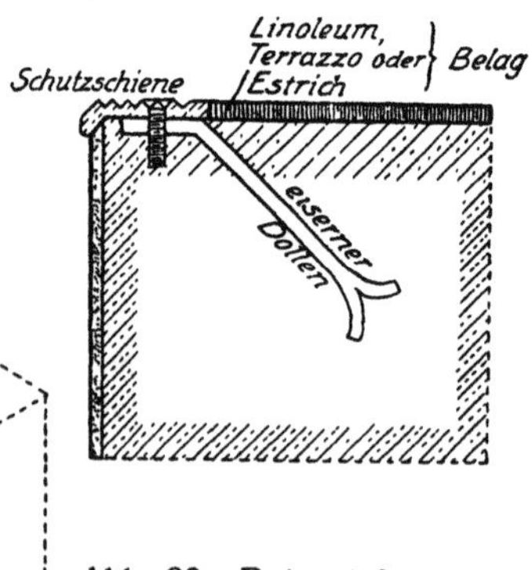

Abb. 80. Betonstufen mit Linoleumbelag und Metallschienenschutz.

Sehr zweckmäßig ist die patentierte Ausführung der Firma W. Frauenlob, Gera, bei der in den Betonstufen schwalbenschwanzförmige Schlitze für einzuschiebende Dübel ausgespart werden (Abb. 79). Bei Linoleum- oder Estrichbelag wird die Vorderkante der Stufe durch Treppenvorstoßschienen aus Metall, die mit eisernen Steindübeln befestigt werden, geschützt (Abb. 80).

Das Geländer wird gewöhnlich aus Schmiedeeisen hergestellt und ähnlich wie bei Werksteintreppen befestigt (siehe S. 39).

V. Abschluß des Treppenhauses.

In den Städten verlangt die Baupolizei neben den feuersicheren Umfassungswänden auch einen feuersicheren Abschluß des Treppenhauses gegen das Dach. Er wird am einfachsten durch Einwölbung mit Ziegelsteinen zwischen I-Trägern hergestellt, oder durch Wellblech oder Monierdecke. Die Treppenumfassungsmauern können dabei so hoch über die Traufe des angrenzenden Daches geführt werden, daß eine wagerechte Decke ausführbar ist.

Abschnitt II.

Asphaltarbeiten.

Fortsetzung von Teil I.

A. Schutz der Mauern gegen aufsteigendes Grundwasser.

I. Allgemeines.

Wenn der höchste Grundwasserspiegel über dem Kellerfußboden liegt, so sind sowohl die Umfassungsmauern, als auch der Kellerfußboden gegen das Eindringen des Wassers zu schützen. Die Ausführung muß bei möglichst niedrigem Grundwasserstand erfolgen. Das etwa zufließende Wasser ist beständig aus der Baugrube oder vorläufigen Sammelgrube auszupumpen.

II. Sicherung der Außenmauern und des Kellerfußbodens.

Die Sicherung der Außenmauern geschieht in der Weise, wie es im I. Teil, S. 82 angegeben ist, nur daß die Isolierungen etwas stärker und dichter hergestellt werden, und daß die äußere Isolierung in Verbindung mit der Fußbodenisolierung steht, die durch die Mauer hindurch geführt werden muß. Es kann also verwendet werden:

1. starke Asphaltschicht mit vorgestampftem Lehm (Abb. 81);
2. doppellagige Asphaltfilzplatten, die mit heißem Goudron auf die Mauerflächen geklebt werden. Die senkrechte Schutzschicht kann auch durch $\frac{1}{2}$ Stein starke Vormauerung in Zementmörtel geschützt werden (Abb. 83);
3. wasserdichter Verputz (Abb. 82);
4. wasserdichte Anstriche auf äußerem Zementmörtelverputz.

Bei der Abhaltung des Grundwassers ist vor allem darauf zu achten, daß die Fußbodenplatte so stark ausgeführt wird, daß sie dem Wasserdruck widerstehen kann.

a) Liegt der höchste Grundwasserstand nur wenig über dem Kellerfußboden, so genügt unter demselben eine etwa 15—20 cm dicke

Stampfbetonschicht mit darüber befindlicher Schutzschicht und darauf gelegtem, starkem Fußbodenbelag (Abb. 81).

b) Liegt der höchste Grundwasserstand erheblich über dem Kellerfußboden, so kann man entweder eine etwa 0,60 bis 1,00 m starke Betonplatte oder eine entsprechend schwächere Eisenbetonplatte oder

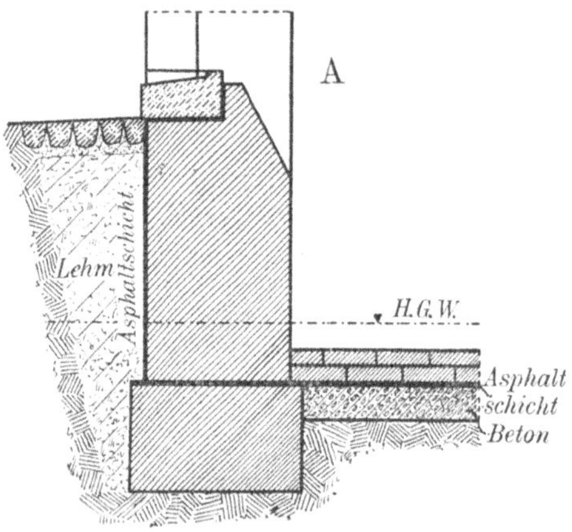

Abb. 81. Schutz gegen Grundwasser durch wagerechte und senkrechte Asphaltschicht.

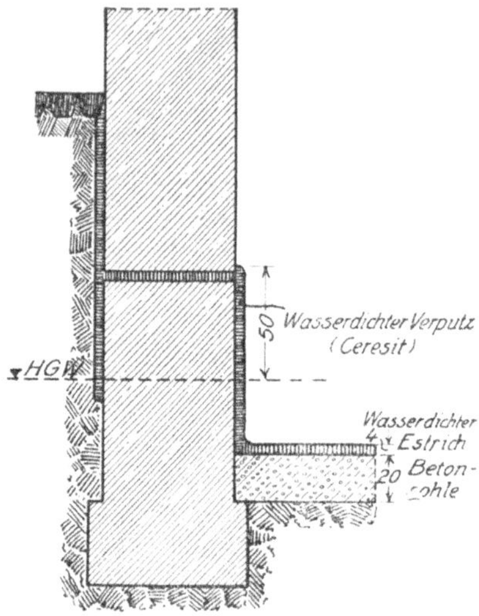

Abb. 82. Schutz gegen aufsteigendes Grundwasser durch wasserdichte Mörtel.

auch umgekehrte Gewölbe aus Klinkern oder Eisenbeton verwenden. Bei den Gewölben liegt die Schutzschicht entweder in der Rücken- oder in der Leibungsfläche des Gewölbes (Abb. 83) oder zwischen zwei Gewölbeschalen. Unter dem Gewö be befindet sich die als Lehre dienende, etwa 12 cm starke Betonschicht. Der Raum über dem Gewölbe bis zum Kellerfußboden wird mit Magerbeton ausgefüllt und zur Aufnahme des Bodenbelags abgeglichen.

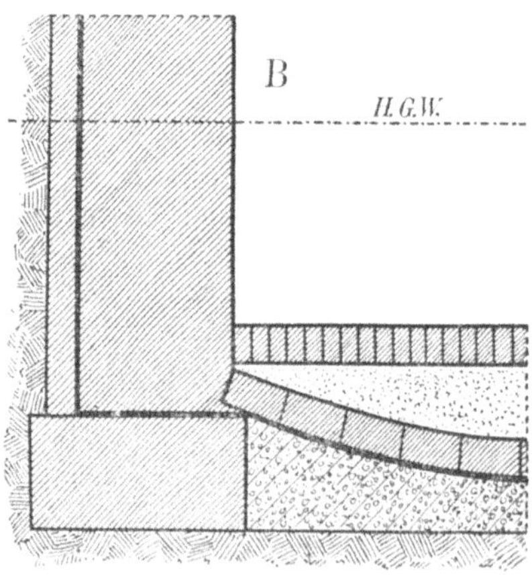

Abb. 83. Schutz gegen aufsteigendes Grundwasser.

Die Dichtung des Kellerfußbodens besteht in beiden Fällen a) und b) entweder:

1. aus einer 1,5 cm starken Gußasphaltschicht, auf der ein doppelt flachseitiges oder hochkantiges Ziegelpflaster in Zementmörtel oder ein Zementestrich ausgeführt wird (Abb. 81), oder
2. aus Asphaltfilzplatten mit darüber liegendem Ziegel- oder Klinkerpflaster in Zementmörtel, oder
3. aus einem 4—5 cm starken Estrich aus wasserdichtem Mörtel (z. B. Ceresit) auf Betonunterlage (Abb. 82).

B. Nachträgliche Trockenlegung feuchter Mauern.

I. Das Einfügen von wagerechten Schutzschichten.

Sind Mauern infolge mangelhafter oder fehlender Isolierung der Grundmauern feucht geworden, so können sie nachträglich trocken gelegt werden. Dies geschieht am besten durch Einfügen wagerechter Schutzschichten aus Asphaltfilz oder Asphaltbleiplatten in e ne gesägte Lagerfuge des Mauerwerks. Von einem etwa 15 cm breiten aufgestemmten Fugenstück aus, wird vermittels einer kräftigen Baumsäge, deren Zähne etwa 8 mm geschränkt sind, ein 1 m langes Stück geschnitten und in den Schnitt die Asphaltblei-Isolierplatte von 1 m Länge und einer der Mauerstärke entsprechenden Breite eingeschoben. Ein Nachsinken des Mauerwerks wird durch eingeschobene Keile verhindert. Die zwischen Isolierplatte und Mauerwerk verbleibende dünne Fuge wird mit ganz dünnflüssigem, schnellbindendem Zement mittels vorgeklebter „Schwalbennester" ausgefüllt.

II. Das Austrocknen feuchter Innenwände durch Luftspülung.

Um feuchte Innenwände trocken zu legen, hat sich die Anwendung der gefalzten Asphaltpappen bewährt, wie sie als 1 m breite Falztafeln „Kosmos" von A.W.Andernach, Beuel a. Rh., hergestellt werden. Die senkrecht stehenden Falze der Kosmospappe ergeben vor der Mauer liegende Kanäle und dadurch eine dauernde Luftspülung, die das Austrocknen des Mauerwerks bewirkt.

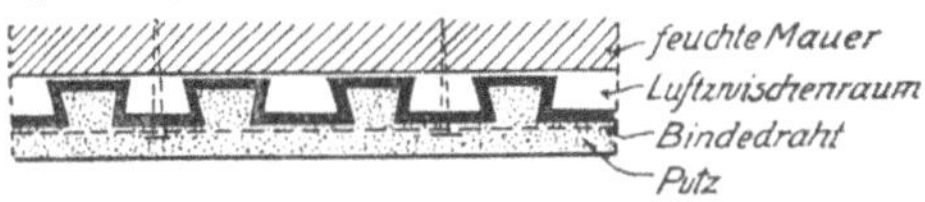

Abb. 84. Wagerechter Schnitt durch Wandverkleidung aus „Kosmos"-Falztafeln.

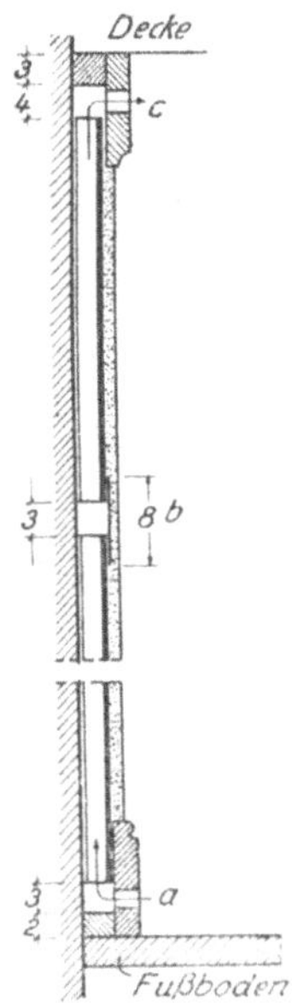

Abb. 85. Austrocknen feuchter Innenwände durch Luftspülung (Wandverkleidung aus „Kosmos" - Falztafeln).

Die Kosmospappe (Abb. 84) wird an der Mauer mit 80 mm langen eisenverzinkten Nägeln in den Fugen befestigt. Um die Pappe fest gegen die Wandfläche zu drücken, wird sie mit 1 mm starkem verzinktem Eisendraht kreuz und quer verspannt. Unten, dicht über dem Fußboden wird eine 2 cm hohe Leiste an die Wand genagelt. Zwischen Leiste und Unterkante Pappe verbleibt ein 3 cm breiter Querkanal, der durch die Fußleiste geschlossen wird (Abb. 85). Ein solcher Querkanal entsteht auch dadurch, daß die Falztafeln mit 3 cm Abstand übereinander angeordnet werden und der Zwischenraum durch einen 8 cm breiten besandeten Asphaltpappstreifen geschlossen wird. Zur Erzielung des Luftumlaufes erhalten die unteren und oberen Abschlußleisten Durchbrechungen, die durch Gitterbleche geschlossen werden. Oben wird die Luft wenn möglich in einen Schornstein, sonst nach außen abgeleitet. Nach Fertigstellung der Wandverkleidung werden die ganzen Flächen mit Kalkmörtel geputzt. Der Verputz haftet infolge der trapezförmigen Falze sehr fest.

Eine derartige Wandbekleidung aus verputzter Falzpappe dient auch als Schutz gegen Kälte, Wärme und Schall, wenn die Lüftungsöffnungen fortfallen und so die ruhende Luftschicht einen schlechten Wärmeleiter bildet.

Abschnitt III.

Schmiedearbeiten.

I. Allgemeines.

Die Schmiedearbeiten umfassen:

1. die Zusammensetzung von Eisenkonstruktionen (Trägerverbindungen, Säulen, Stützen usw.)[1];

2. die Herstellung von kleineren Schmiedewerken (Kleineisenzeug, Gitter aller Art). Schmiedearbeiten werden zum Teil auch vom Schlosser ausgeführt.

II. Die gebräuchlichsten Eisenverbindungen.

Die Eisenteile können lösbar und unlösbar miteinander verbunden werden. Am meisten kommen folgende Verbindungen vor:

1. Das Schweißen. Es ist für den Kunstschmied die wichtigste und der Natur des Materials am besten angepaßte Verbindung. Die einzelnen Teile werden zuerst gleichmäßig erhitzt, an den Schweißstellen gut gereinigt und dann mit dem Hammer von der Mitte nach außen zusammengeschmiedet. Bei der Bearbeitung großer Stücke ist sehr viel Geschick und Übung erforderlich.

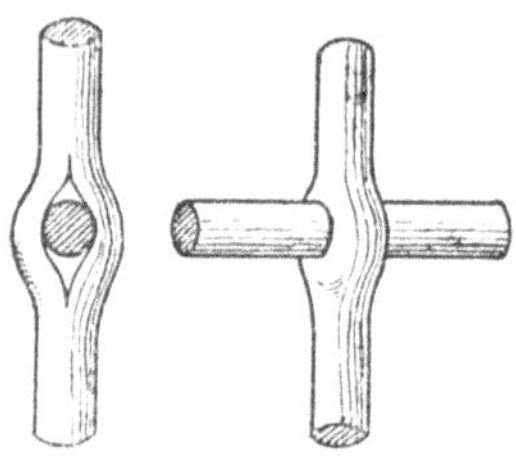

Abb. 86. Durchschiebung.

Abb. 87. Anblattung.

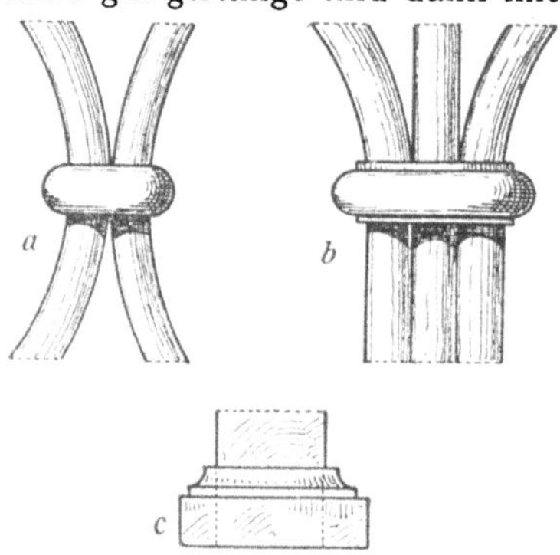

Abb. 88 a–c. Der Bund.

2. Das Vernieten. Diese Verbindung erfolgt wie bei den Eisenkonstruktionen, worauf hier verwiesen wird.[1])

3. Die Durchschiebung. In dem einen Stab wird durch Aufhauen ein Loch hergestellt, in das der zweite Stab hindurch gesteckt wird. Die Stäbe bestehen aus Rund-, Quadrat- und Flacheisen (Abb. 86).

4. Das Anblatten. Angewendet, wenn von einem größeren Stab ein kleinerer sich abzweigt und die weitaus bessere Verbindung des Schweißens nicht erfolgen soll. Der anzublattende Teil wird zugeschärft und durch Vernietung mit dem Hauptteil verbunden (Abb. 87).

5. Der Bund. Sollen einzelne Stäbe fest miteinander verbunden und besonders hervorgehoben werden, so wendet man den Bund an. Er besteht aus Rund-, Flach- oder Fassoneisen (Abb. 88a u. b). Der Schluß des Bundes kann durch einfaches Zusammenbiegen oder durch Zusammenschweißen oder Vernietung bzw. Verschraubung bewirkt werden. Zierbunde werden häufig gegossen (Abb. 88c).

1) Vgl. Goebel-Henkel, Eisenkonstruktion. Verlag von B. G. Teubner, Leipzig u. Berlin.

6. Das Verschrauben. Es werden die Eisenteile entweder in der Weise miteinander verbunden, daß an dem einen Teil der Schraubenbolzen, an dem anderen das Muttergewinde angearbeitet wird (Abb. 89a); oder beide Teile werden durchlocht und erhalten jedes ein Muttergewinde, in das der Schraubenbolzen eingreift (Abb. 89b u. c); oder nach Art der Maschinenschrauben mit aufgezogener Mutter. — Die Schraubenbolzen werden mit und ohne Gewinde fabrikmäßig hergestellt, ebenso wie die Mutter- und Maschinenschrauben.

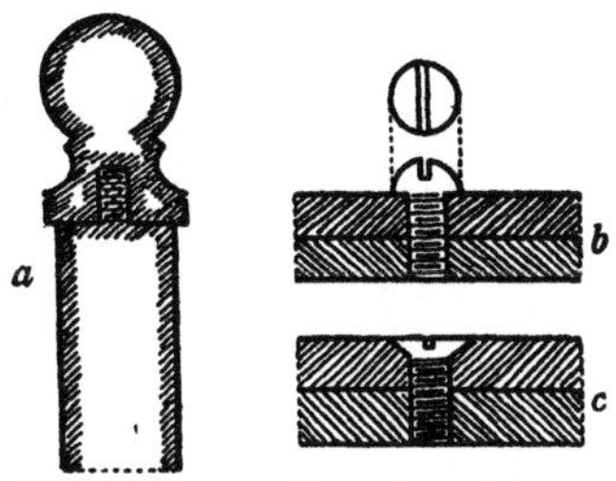

Abb. 89 a–c. Verschraubungen.

7. Das Aufzapfen (Einzapfen). Diese Verbindung wird angewendet, wenn ein Eisenteil senkrecht auf einen anderen stößt (z. B. Knöpfe, Spitzen). Die beiden zusammengesteckten Teile werden vielfach noch durch einen Querkeil oder Niet verbunden (Abb. 90).

8. Das Überblatten. Es kommt bei Kreuzungen von Flacheisen oder quadra-

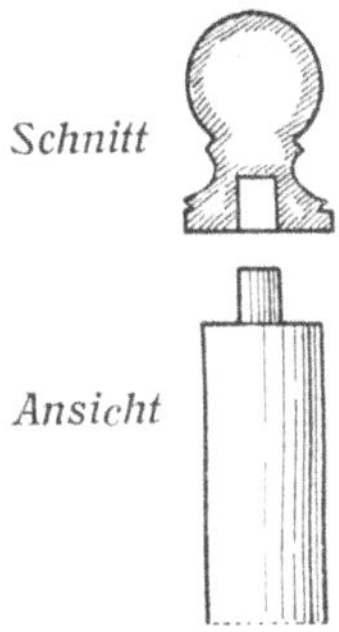

Abb. 90. Aufzapfung.

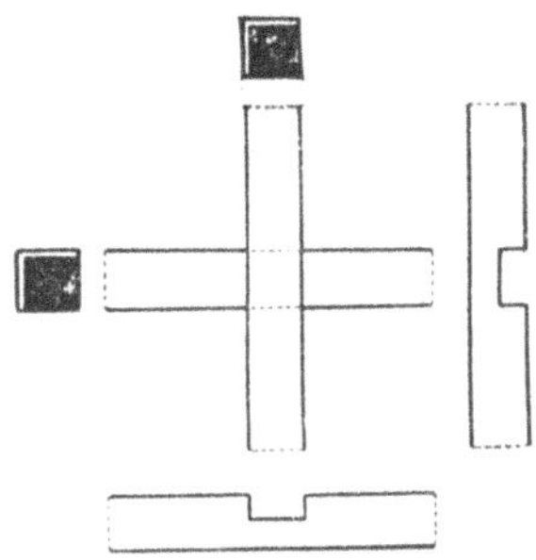
Abb. 91. Überblattung.

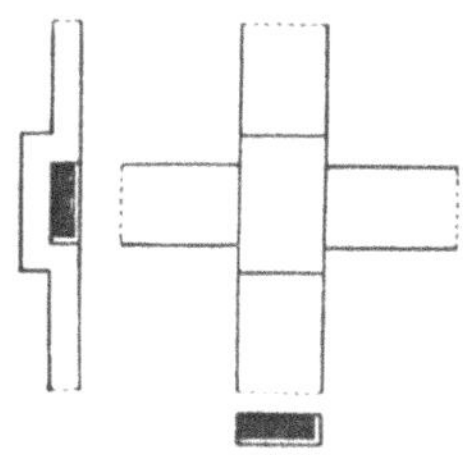
Abb. 92. Überkröpfung.

tischen Stäben vor. Aus jedem Querschnitt wird die Hälfte herausgefeilt, so daß die Flächen bündig sind (Abb. 91).

9. Das Überkröpfen. Angewendet, wenn zwei sich kreuzende Stäbe nicht geschwächt werden sollen. Nur eine Seite des Stabes ist bündig (Abb. 92).

III. Anwendung.

Die beim äußeren und inneren Ausbau vorkommenden Schmiedearbeiten erstrecken sich hauptsächlich auf die Herstellung der Gitter bzw. Geländer. Man unterscheidet: 1. Einfriedigungsgitter, 2. Brüstungsgitter, 3. Treppengeländer, 4. Füllungsgitter.

1. Einfriedigungsgitter werden zur Einfassung von Höfen, Gärten u. dgl. verwendet und haben den Zweck, das unbefugte Betreten derselben zu verhindern.

Im wesentlichen bestehen sie aus senkrecht nebeneinander stehenden Geländerstäben, die in ihrer Längsrichtung durch wagerechte Eisen miteinander verbunden werden (Abb. 93). Die lotrechten Stäbe sind meistens Vierkanteisen von 12—20 mm Seite (zweckmäßige Durchschnittsstärke 16 mm). Die Entfernung voneinander beträgt zwischen 10 und 20 cm. Am unteren Ende werden die Hauptstäbe in die Sockelsteine eingelassen und mit Blei oder Zement vergossen. Am oberen Ende erhalten sie zuweilen eine zierende Bekrönung durch angearbeitete Spitzen, die gleichzeitig gegen das Übersteigen sichern

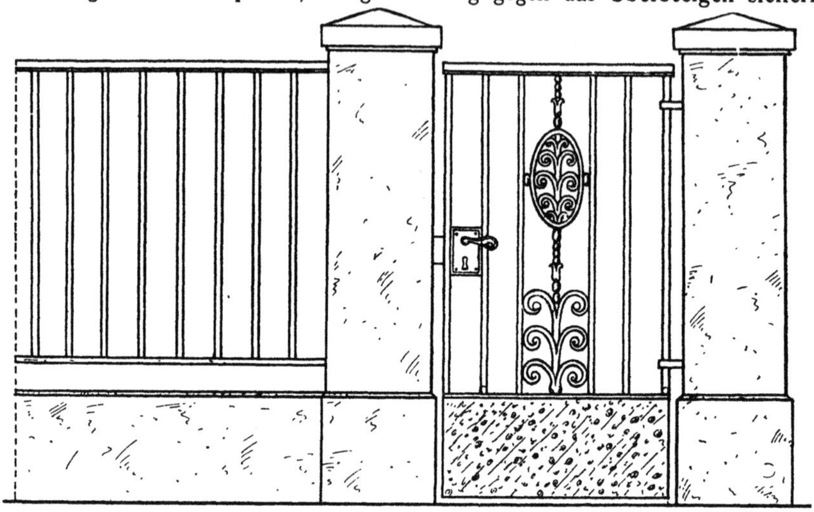

Abb. 93. Einfriedigungsgitter.

sollen. Die Querverbindung der senkrechten Stäbe geschieht durch beiderseits angenietete Flacheisenschienen oder durch flachl egende Eisenschienen, in die die Stäbe eingezapft werden.

Zur Sicherung gegen Umkippen werden auf der Innenseite des Gitters in Abständen von 2,00—2,50 m eiserne Streben angeordnet, die in einen Pfeilervorsprung des Sockelmauerwerks greifen. Eiserne Gitter können auch mit gemauerten Zwischenpfeilern ausgeführt werden.

2. Brüstungsgitter werden bei Balkonen, Veranden, Terrassen u. dgl. angewendet (Abb. 94). — Ihre Herstellung geschieht in ähnlicher Weise wie bei

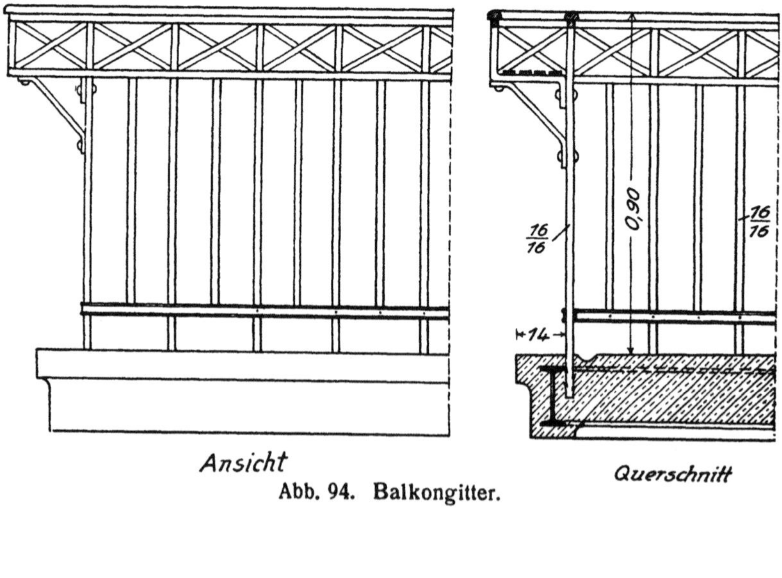

Abb. 94. Balkongitter.

den Einfriedigungsgittern. Die Höhe beträgt 0,80—1,10 m. Alle spitzen und scharfen Formen sind zu vermeiden. Der obere Abschluß wird durch eine Rundstange oder ein Handläufer-Eisen gebildet. Die Hauptstäbe sind etwa 20 mm stark und werden entweder an die Stirn- und Seitenträger des Balkons angenietet oder in die Balkonplatte eingestemmt und mit Zement vergossen. Die wagerechten Eisen der Seitenteile sind ankerartig auszubilden und in der Frontwand sorgfältig zu vermauern. — Mit dem Balkongitter werden häufig noch Blumenkörbe in wirksame Verbindung gebracht (Abb. 94).

3. Treppengeländer. Für die Treppengeländer gelten im wesentlichen dieselben Regeln wie für die Brüstungsgitter. Der obere Abschluß wird nur durch eine 5 mm starke, 20—25 mm breite Flacheisenschiene hergestellt, auf der der hölzerne Handläufer eingelassen und aufgeschraubt wird (Abb. 95).

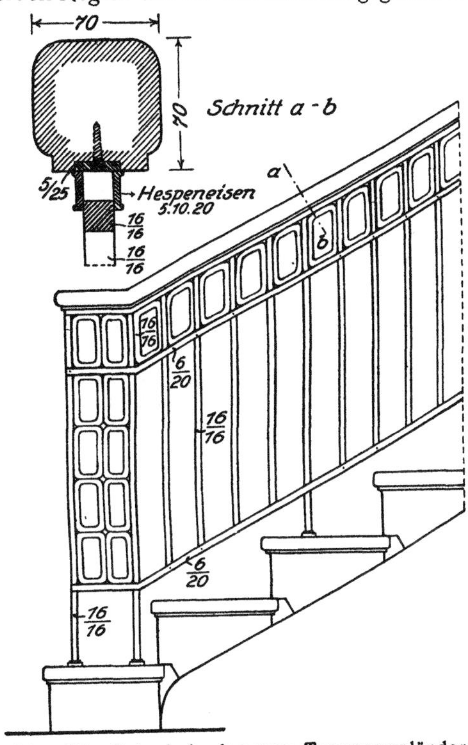

Abb. 95. Schmiedeeisernes Treppengeländer (Maße im mm).

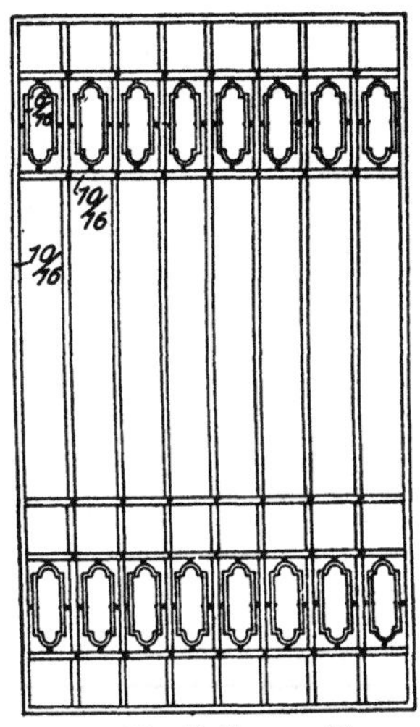

Abb. 96. Füllungsgitter.

4. Füllungsgitter haben den Zweck, Öffnungen von Fenstern, Türen usw. abzuschließen und Schutz gegen Einbruch oder gegen Beschädigung von Glasfüllungen zu bieten. Sie bestehen aus dem Füllungsrahmen und dem eigentlichen Füllungsgitter. Der Füllungsrahmen wird aus Flacheisen oder besser Winkeleisen hergestellt und ist mit dem angrenzenden Holz oder Stein durch Schrauben verbunden. Das Füllungsgitter besteht aus Rund- oder Vierkant- oder Mannstädteisen mit mehr oder weniger reichen Verzierungen. Die Stärke der Stäbe richtet sich nach der Größe und dem Zwecke des Gitters (Abb. 96).

Abschnitt IV.

Zimmerarbeiten.

A. Walmdächer und Dächer über zusammengesetztem Grundriß.

Vorbemerkung: Vor der Ausführung eines Walmdaches oder eines zusammengesetzten Daches muß die Konstruktion durch folgende Zeichnungen klargestellt werden:

1. **Werksatz,** das ist der Grundriß unter Fortlassung der Sparren und Streben. Der Werksatz kann dargestellt werden: a) als wagerechter Schnitt über der Dachbalkenlage. In diesen Schnitt sind einzuzeichnen: die Dachbalken, alle Schwellhölzer, Fußpfetten, Stiele und Strebenlöcher. Alle über dem Schnitt liegenden Dachstuhlhölzer (Mittelpfetten, Rähme, Kehlbalken, Firstpfetten) werden punktiert oder mit anderer Farbe dargestellt. Die Zangen bleiben im Werksatz am besten fort. Die auf der Dachbalkenlage stehenden Stiele erscheinen im Schnitt, die auf der Kehlbalkenlage stehenden sind durch Kreuze zu bezeichnen; — oder b) als wagerechter Schnitt über der Kehlbalkenlage. In diesen Schnitt sind einzuzeichnen: die Kehlbalken und Rähme, die Stiele, Fußpfetten, Schwellhölzer und Dachbalken. In den Kehlbalken und Dachbalken sind die etwaigen Strebenlöcher anzugeben. Alle über dem Schnitt liegenden Hölzer (Firstpfetten usw.) werden punktiert oder mit anderer Farbe dargestellt. Die auf der Dachbalkenlage stehenden Stiele sind durch Kreuze zu bezeichnen, die auf der Kehlbalkenlage stehenden erscheinen im Schnitt. — Die Darstellung a) eignet sich für Kehlbalken- und Pfettendächer (Abb. 103), die Darstellung b) nur für Kehlbalkendächer (Abb. 102).

2. **Sparrenlage** (Aufsicht) mit allen Zangenverbindungen und Pfettenlagen, Kehlbalken und Rähmen, Schornsteinauswechselungen, Dachfenstern usw. Sowohl im Werksatz, als auch in der Sparrenlage sind stets die Dachausmittelungslinien einzuzeichnen.

3. **Längen- und Querschnitte** durch die ganze Dachkonstruktion.

I. Dachausmittelung.

Als Dachausmittelung bezeichnet man die Bestimmung der Schnittlinien zwischen den zusammenstoßenden Dachflächen im Grundriß.

Wenn bei einem rechteckigen Grundriß auch nach den Schmalseiten Dachflächen angeordnet werden, so ergibt sich das **Walmdach.** In den Abb. 97 und 98 sind Dachausmittelungen für Walmdächer dargestellt. Hat die Walmfläche dieselbe Neigung wie die Hauptdachfläche, so findet man die Schnittlinien (Grate) im Grundriß, in dem man die Winkel zwischen den Gebäudefluchten halbiert (Abb. 97). Die Hauptdachflächen erhalten Trapezform, die Walmflächen Dreieckform. In den Abb. 97 u. 98 sind die wahren Größen dieser Dachflächen durch Umklappung in den Grundriß dargestellt. Der Punkt, in welchem die Gratlinien mit dem First zusammenstoßen, heißt Anfallspunkt. — Ist der Unterschied zwischen Länge und Breite des Daches nur gering, so müssen die Walmflächen steiler angeordnet werden, da sich sonst wegen des kurzen Firstes eine sehr ungünstige Dachform ergeben würde. Abb. 98 zeigt ein Walmdach mit steiler geneigten Walmflächen. Der Anfallspunkt wird zunächst in der Längsansicht festgelegt und dann in den Grundriß gelotet.

Soll ein Dach über zusammengesetztem Grundriß ausgeführt werden, so wird für jeden Gebäudeteil der Dachquerschnitt als Umklappung festgelegt und der Zusammenschnitt der Dachflächen ermittelt. Dachflächen, welche unter einem einspringenden

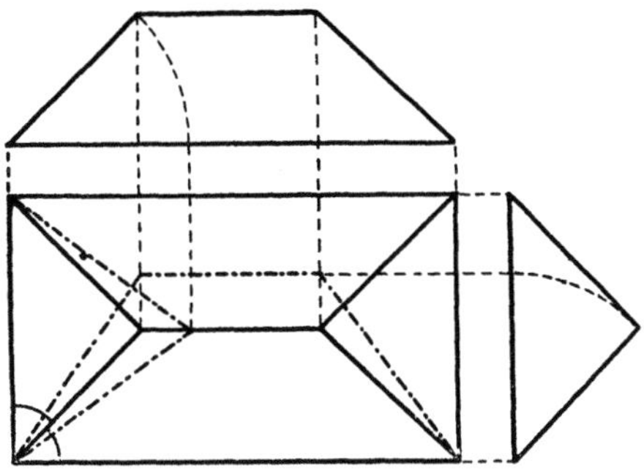

Abb. 97. Walmdach. (Alle Dachflächen haben gleiche Neigung).

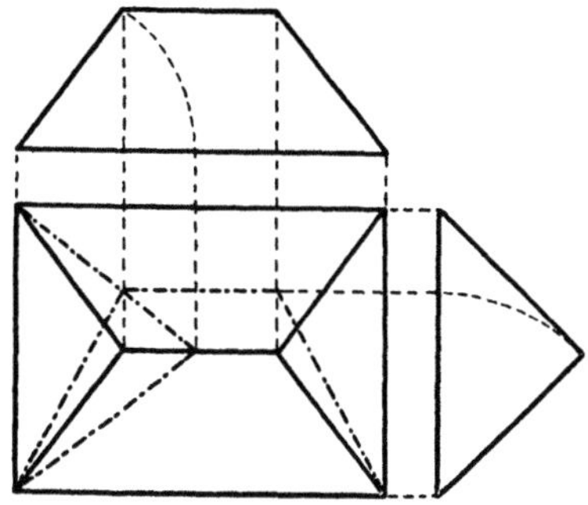

Abb. 98. Walmdach. (Die Walmflächen sind steiler als die Hauptdachflächen.)

Winkel zusammentreffen, schneiden sich in Kehllinien. In den Abb. 99 und 100 sind zwei Dachausmittelungen für denselben Grundriß dargestellt. Da der Vorbau eine geringere Breite als das Hauptdach hat, ergeben sich bei Annahme gleicher Dachneigung verschieden hohe Firste, die durch eine Gratlinie (Verfallung) miteinander

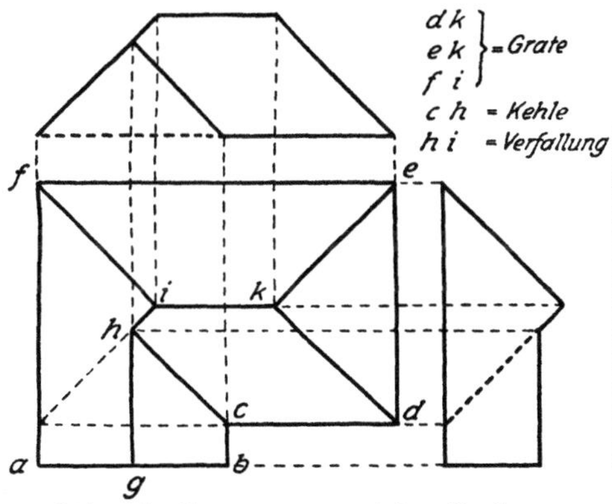

Abb. 99. Zusammengesetztes Dach. (Ungünstige Lösung: alle Dachflächen haben gleiche Neigung).

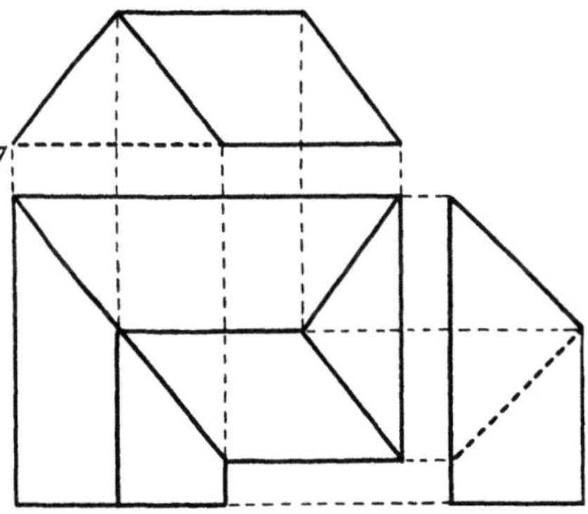

Abb. 100. Zusammengesetztes Dach. (Günstige Lösung: Die Dachflächen haben verschiedene Neigung).

verbunden sind (Abb. 99). Kurze Verfallungen sollen mit Rücksicht auf die schönheitliche Erscheinung des Daches und auf eine einfache Konstruktion möglichst vermieden werden. Das ist bei Annahme verschieden geneigter Dachflächen meist mit Leichtigkeit zu erreichen (Abb. 100).

II. Das Walmdach.

Soll über einem rechteckigen Grundriß ein Walmdach errichtet werden, so ist zunächst der Binder festzulegen und die Dachausmittelung zu bestimmen.

Der zwischen den beiden Anfallspunkten liegende Teil wird wie ein Satteldach ausgeführt. Die Binder müssen auf durchgehenden Balken stehen. Die Hauptkonstruktionshölzer der beiden Seitenteile sind die Gratsparren, die im Anfallspunkt stumpf zusammentreffen. Ist keine Firstpfette vorhanden, so muß im Anfallspunkt ein Sparrengebinde (Anfallsgebinde) angeordnet werden. Gegen dieses Anfallsgebinde legen sich die Gratsparren mit ihren Schmiegen stumpf an (Abb. 101). Die Verbindung erfolgt durch Sparrennägel. — Ist eine Firstpfette vorhanden, so werden die Gratsparren auf diese Pfette aufgeklaut. Durch den Anfallspunkt braucht dann kein Sparrengebinde zu gehen. Der Binder darf aber höchstens 0,70 m von dem Anfallspunkt entfernt sein. Die Gratsparren haben fünfeckigen, der Dachneigung entsprechend abgedachten Querschnitt. Die Stärke der Gratsparren beträgt $\frac{14}{18}$—$\frac{16}{20}$ cm. Die Stärke soll so bemessen werden, daß die Schiftsparren sich mit ihrer vollen Schmiege an die Seitenfläche des Gratsparrens anlegen können. Gratsparren dürfen nicht ausgewechselt werden.

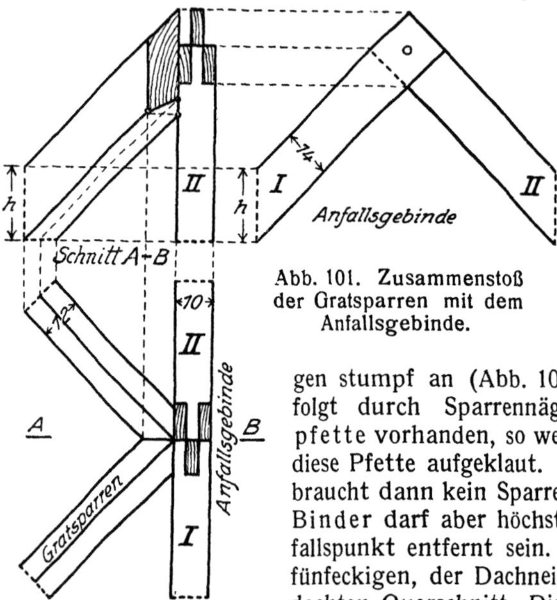

Abb. 101. Zusammenstoß der Gratsparren mit dem Anfallsgebinde.

Die übrigen Sparren der beiden seitlichen Walmteile legen sich mit den oberen Enden (Schmiegen) stumpf gegen die Gratsparren; man nennt sie Schifter oder Schiftsparren.

Haupt-, Grat- und Schiftsparren können durch Kehlbalken oder Pfetten unterstützt werden.

a) Das Kehlbalkenwalmdach.

Bei Kehlbalkendächern werden zweckmäßig alle Sparren in die Balken verzapft, so daß eine Fußpfette entbehrlich wird. Nach der Walmseite muß dann ein Stichgebälk angeordnet werden. Der Gratsparren erhält einen Diagonal-Stichbalken. Die Stichbalken werden mit dem letzten durchgehenden Balken durch schwalbenschwanzförmiges Blatt verbunden (Abb. 102). — Falls ausnahmsweise eine Fußpfette angeordnet wird, ist diese auf der Walmseite sorgfältig gegen Verschieben zu sichern.

Die Unterstützung der Gratsparren und der Walmschifter erfolgt in der Weise, daß der letzte Kehlbalken Pfette für die Walmfläche wird (Abb. 102). Auf die stumpf abgeschnittenen Enden dieses Kehlbalkens legen sich die Gratsparren mit Eckverklauung. Der Eckstiel wird mit dem Rähm und dem letzten Kehlbalken durch Kopfbänder verbunden.

Weniger empfehlenswert ist es, nach der Walmseite ein Kehlbalkenstichgebälk anzuordnen, weil diese Ausführung umständlicher wird und mehr Holz erfordert. Für ein solches Stichgebälk muß das Rähm an der Walmseite herumgeführt werden. Die Kehlbalkenstiche werden mit dem letzten durchgehenden Kehlbalken durch „schwalbenschwanzförmiges Blatt mit Brüstung" verbunden. Der Gratsparren erhält Diagonalstichbalken (Abb. 102a).

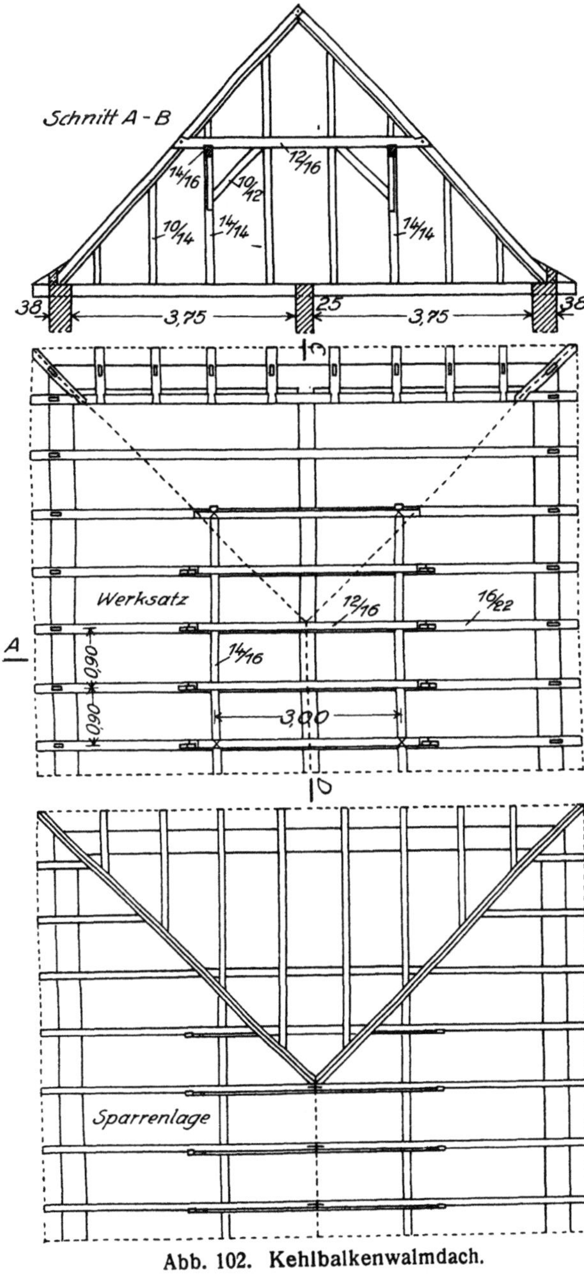

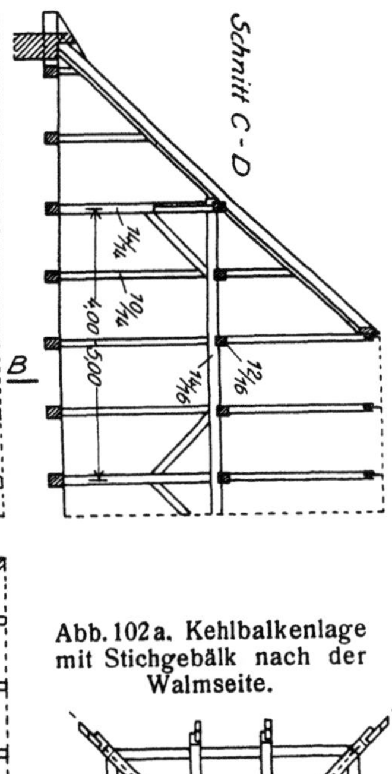

Abb. 102. Kehlbalkenwalmdach.

Abb. 102a. Kehlbalkenlage mit Stichgebälk nach der Walmseite.

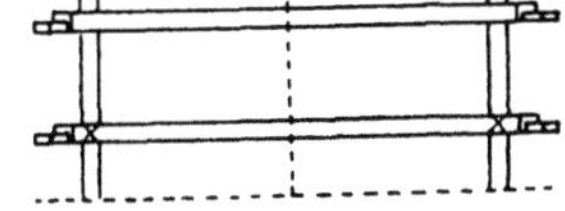

b) Das Pfettenwalmdach.

Falls die Sparren nicht in die Balken verzapft werden, sind **Fußpfetten** anzuordnen; diese werden mit den Balken verkämmt und gegen Kanten gesichert. Besonderer Sicherung bedarf die Fußpfette an der Walmseite, die zweckmäßig mit dem letzten Balken verbolzt wird.

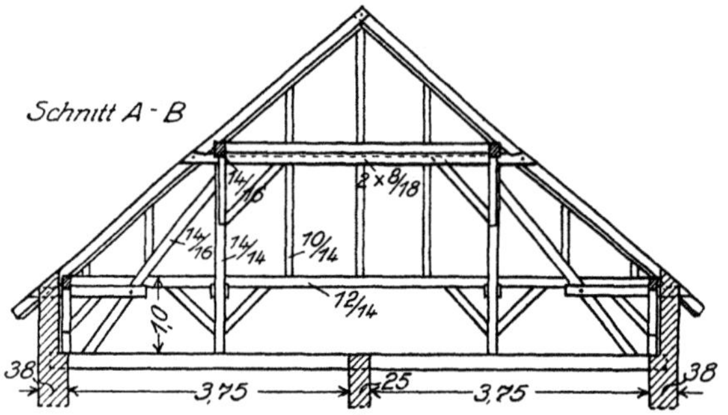

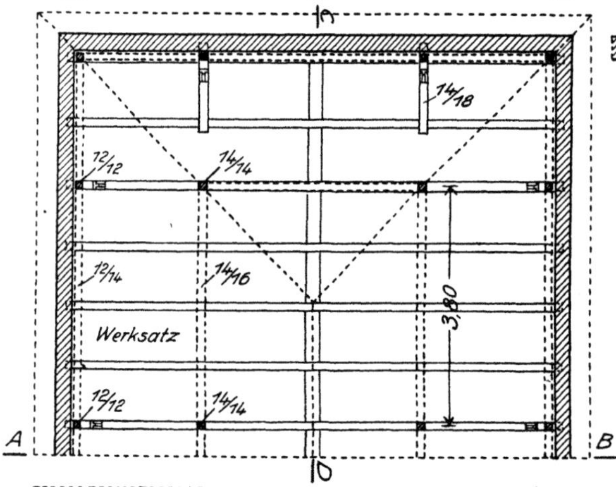

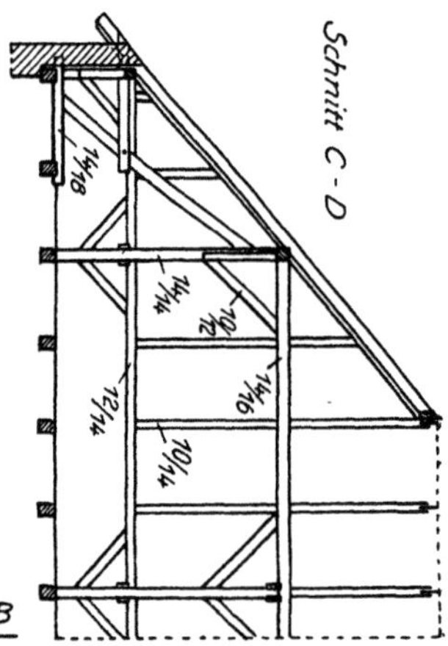

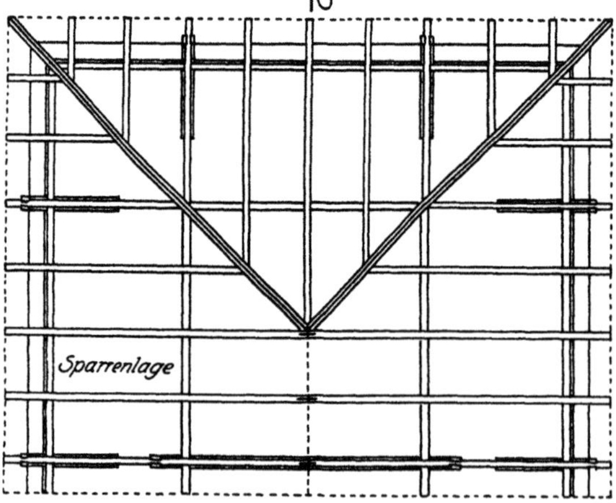

Abb. 103. Pfettenwalmdach mit Kniestock.

Die Mittelpfetten werden meist in gleicher Höhe herumgeführt und auf den Ecken überblattet; die Walmpfette kann auch über oder unter der Längspfette des Daches liegen. Der Eckstiel ist mit der Längs- und Walmpfette durch Kopfbänder zu verbinden.

In Abb. 103 ist ein **Pfettenwalmdach mit doppelt stehendem Stuhl und Kniestock** dargestellt. Die Kniestockwand ist den Binderstielen entsprechend durch Streben und Doppelzangen gegen Verschieben gesichert. Bei dieser Anordnung wird die Aufstellung halber Binder unter den Gratsparren überflüssig. Die Walmstreben greifen unten in Wechsel oder in aufgekämmte Schwellhölzer, die über zwei Balken reichen. — Abb. 104 zeigt ein Pfettenwalmdach mit dreifach stehendem Stuhl. Wegen der Unterstützung der Firstpfette muß in den Anfallspunkt ein Binder gestellt werden.

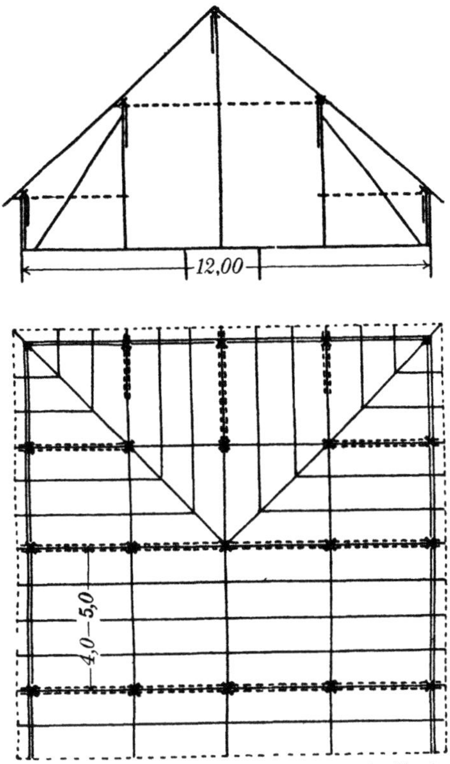

Abb. 104. Pfettenwalmdach mit dreifach stehendem Stuhl.

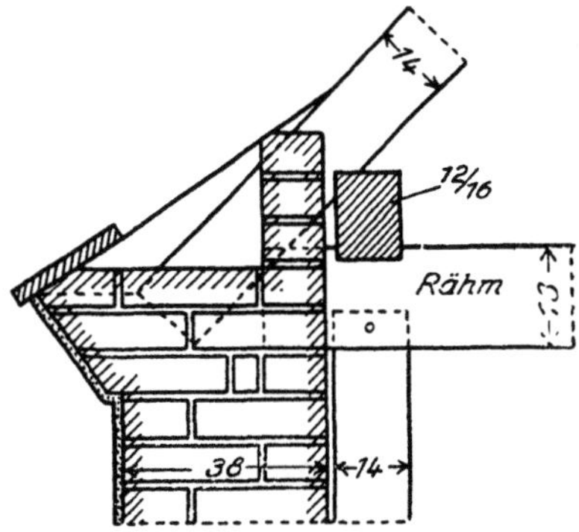

Abb. 105a Knotenpunkt A.

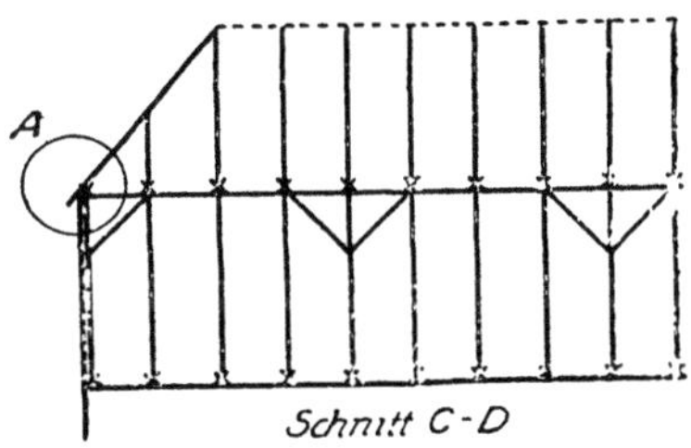

c) Das Krüppelwalmdach.

Beim Krüppelwalmdach wird nur der obere Teil des Giebels abgewalmt. Bei Kehlbalkendächern liegt die Traufe der Walmfläche meist in Höhe der Kehlbalkenlage. Es kann dann der letzte Kehlbalken als Fußpfette für die Walmschifter und Gratsparren benutzt werden (Abb. 105 u. 105a). Wenn diese Anordnung bei steiler Walmfläche eine zu tiefe Lage des Traufgesimses er-

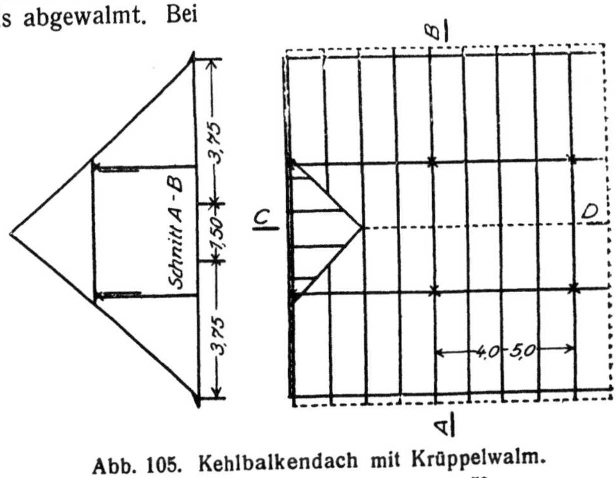

Abb. 105. Kehlbalkendach mit Krüppelwalm.

gibt, so ist die Walmfläche entsprechend herauszurücken und eine besondere Fußpfette, die auf die verlängerten Rähme aufgekämmt wird, anzuordnen. — Die Walmschifter und Gratsparren können auch auf kurze Stichbalken, die auf der Giebelmauer liegen und mit dem letzten Kehlbalken durch

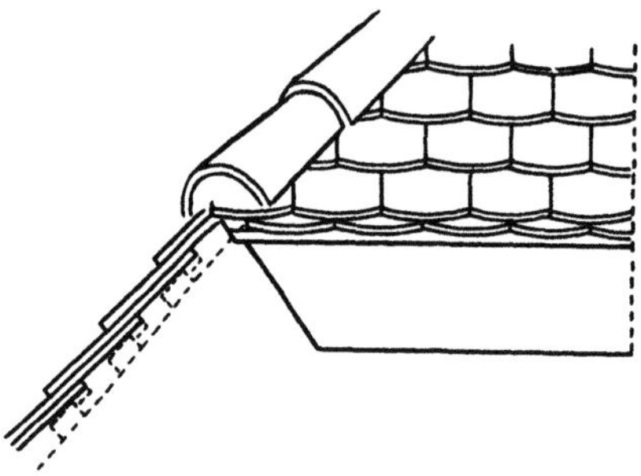

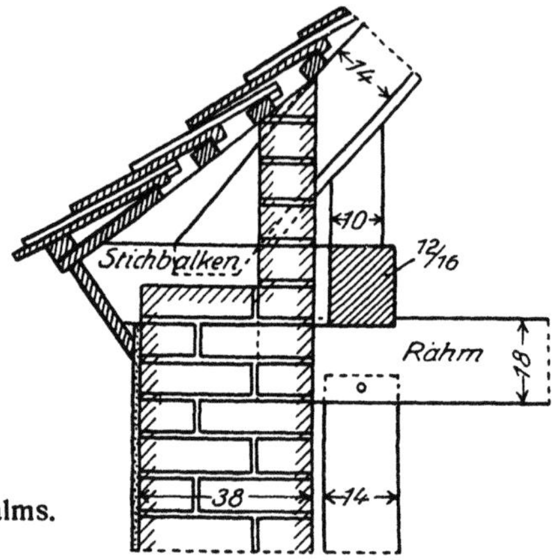

Abb. 106. Traufbildung des Krüppelwalms.

schwalbenschwanzförmiges Blatt verbunden sind, aufgesetzt werden (Abb. 106). Diese Anordnung verlangt, daß das Giebelmauerwerk gleichzeitig mit dem Aufstellen des Dachgerüstes hochgeführt wird. — Bei Pfettendächern werden die Giebelsparren zweckmäßig mit einem auf die Mittelpfetten aufgekämmten Spannriegel verbunden, der die Fußpfette für die Walmschifter und Gratsparren bildet.

Des gefälligeren Aussehens wegen, ist bei allen Krüppelwalmflächen die Anordnung von Aufschieblingen zu empfehlen. Der Traufpunkt wird etwas vor die Giebelmauer vorgezogen und ein einfaches Traufgesims durch ein glattes Brett (Abb. 106), durch eine Putzschräge (Abb. 105a) oder durch eine einfache geschwungene Gesimsform gebildet.

III. Dächer über zusammengesetztem Grundriß.

Treffen nach Abb. 108 zwei gleich breite Gebäudeflügel zusammen, so schneiden sich die beiden äußeren Dachflächen in einer Gratlinie, die beiden inneren Dachflächen in einer Kehllinie. Wenn keine Firstpfette vorhanden ist, müssen Grat- und Kehlsparren durch Scherzapfen miteinander verbunden werden.

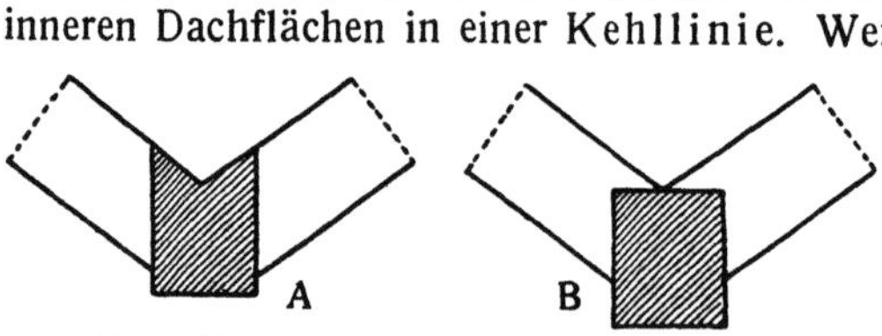

Abb. 107. Anschluß der Schifter an den Kehlsparren.

Der Kehlsparren erhält $\frac{14}{20}$—$\frac{16}{22}$ cm Stärke; er wird oben der Neigung der beiden Dachflächen entsprechend ausgekehlt (Abb. 107 A) oder behält rechteckigen Querschnitt (Abb. 107 B). Im ersteren Falle legen sich die Schiftsparren seitlich an den Kehlsparren und werden durch Nagelung befestigt; im zweiten Falle stützen sich die Schiftsparren mit einer Klaue auf den Kehlsparren. Die letztere Ausführung ist umständlicher, aber fester. —

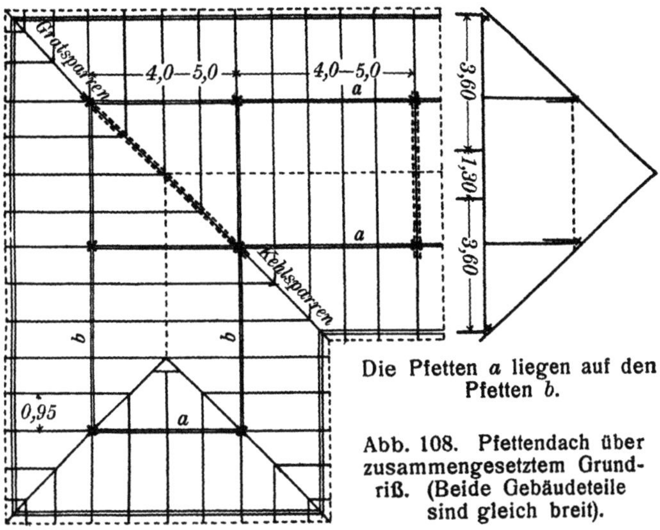

Die Pfetten *a* liegen auf den Pfetten *b*.

Abb. 108. Pfettendach über zusammengesetztem Grundriß. (Beide Gebäudeteile sind gleich breit).

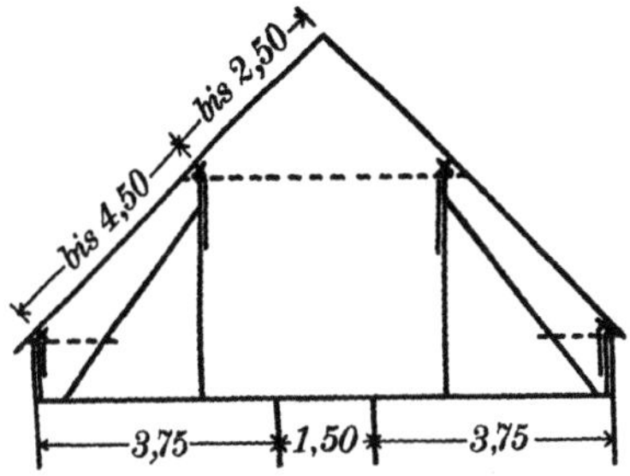

Der Kehlsparren wird durch die Schifter belastet und muß daher bei größerer Länge durch eine Strebe unterstützt werden.

Die Mittelpfetten werden entweder in gleicher Höhe herumgeführt oder besser aufeinanderliegend angeordnet. Die Pfette des einen Daches kann als Spannriegel für den Binder des anderen Daches benutzt werden, wodurch die Gebäudeteile fest miteinander verbunden werden.

Bei Kehlbalkendächern werden für die Grat- und Kehlsparren Diagonal-Stich-Kehlbalken angeordnet.

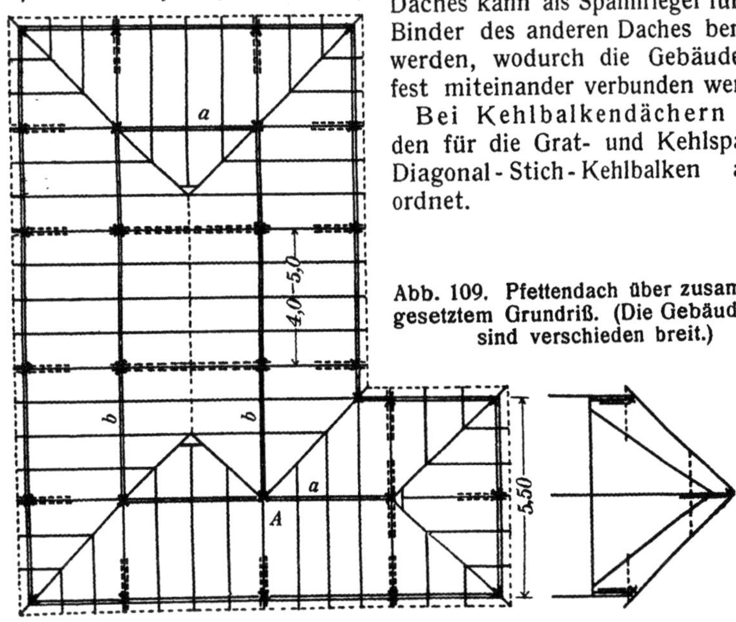

Abb. 109. Pfettendach über zusammengesetztem Grundriß. (Die Gebäudeteile sind verschieden breit.)

Sind die Gebäudeteile ungleich breit, so muß man versuchen, die Binder so anzuordnen, daß die Verlängerung der Walmpfette (bzw. des letzten Kehlbalkens) des großen Daches die Firstpfette für das kleine Dach ergibt (Abb. 109). Im Punkt *A* trifft der Gratsparren der Verfallung mit dem Kehlsparren zusammen. Es empfiehlt sich, an dieser Stelle eine Pfette anzuordnen. Die Pfette kann auch etwas tiefer liegen, und muß der Gratsparren dann

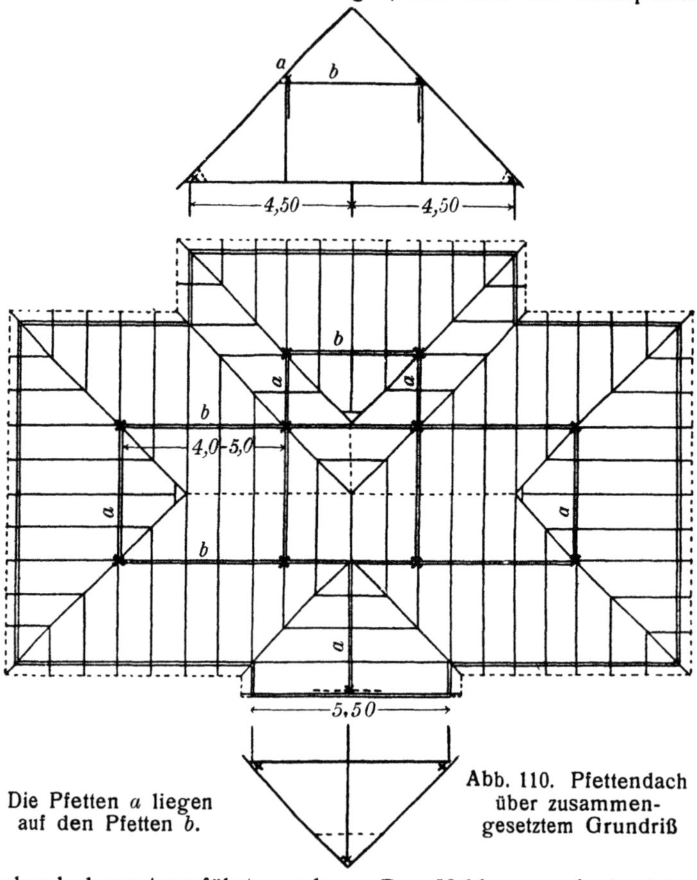

Die Pfetten *a* liegen auf den Pfetten *b*.

Abb. 110. Pfettendach über zusammengesetztem Grundriß

entsprechend heruntergeführt werden. Der Kehlsparren legt sich stumpf gegen den Gratsparren.

In Abb. 110 ist ein Dach mit zwei verschieden breiten Vorbauten dargestellt. Liegt der First des Vorbaues mit dem First des Hauptdaches in gleicher Höhe, so müssen, falls keine Firstpfette vorhanden ist, die beiden Kehlsparren im First gegen einen Sparren der anderen Dachfläche stoßen. Liegt der First des Vorbaues niedriger als der des Hauptdaches, so muß man versuchen, die Firstpfette des Vorbaues so anzuordnen, daß sie sich auf die Mittelpfette des Hauptdaches auflegt. — Zeigt der Binder des Vorbaues doppelt stehenden Stuhl, so sind die Mittelpfetten auf die Pfetten des Hauptdaches aufzukämmen und als Spannriegel bis zu den Sparren der gegenüberliegenden Dachfläche durchzuführen.

IV. Das Zurichten der Grat-, Kehl- und Schiftsparren (Schiftungen).

Die Abmessungen, Querschnittsformen, Schmiegeflächen und Klauen können bei den Grat- und Kehlsparren und zum Teil auch bei den Schiftsparren nicht unmittelbar aus der Querschnittszeichnung (dem Profil) des Daches entnommen werden. Die Ermittelung der vorgenannten Abmessungen usw. nennt man das „Schiften".

Es sind folgende Schiftungsmethoden im Gebrauch: a) Schiftung auf dem Lehrgespärre, b) Schiftung auf dem Werksatz, c) Bohlenschiftung.

Alle Schiftungen werden auf dem Bretterbelag der Dachbalkenlage (Werksatz, Zulage) oder auf einem Schnürboden aufgerissen. Die Holzkanten und Risse sind über ihre Endpunkte hinaus zu verlängern, so daß alle Punkte mit Leichtigkeit auf das zur Bearbeitung aufgelegte Holz übertragen werden können.

a) Schiftung auf dem Lehrgespärre.

Diese Methode gelangt am häufigsten zur Anwendung. Es wird die Sparrenlage, soweit Grat-, Kehl- und Schiftsparren in Frage kommen, auf dem Schnürboden aufgerissen; desgl. das Lehrgespärre mit allen Klauen (Pfetten) und der oberen und unteren Begrenzung. Die Austragung der einzelnen Hölzer und die Zurichtung derselben ist wie folgt vorzunehmen:

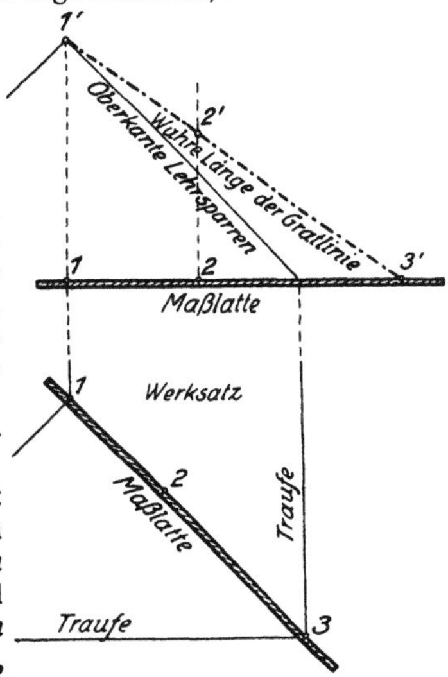

Abb. 111. Anordnung der Maßlatten.

1. Austragung der Grat- und Schiftsparren. In Abb. 112 ist die Sparrenlage für ein Walmdach und darüber das Lehrgespärre gezeichnet. **Die Dachflächen haben gleiche Neigung.** Es sollen die wahre Länge, die Querschnittsform, die Schmiegen und Klauen für die Gratsparren ermittelt werden.

Die Breite des Gratsparrens ist im Grundriß angenommen (14 cm).

Die wahre Länge der Gratlinie findet man durch Paralleldrehung zur Aufrißebene. Im Lehrgespärre ist die senkrechte Mittellinie a_2m und die Trauflinie $m\,l_2'$ aufzureißen. Dann wird die Länge der Gratlinie im Grundriß (a_1l_1) von m aus mittels Maßlatte auf der Trauflinie abgetragen, is l_3'. Die Strecke a_3l_3' ist die wahre Länge der Gratlinie. In den nachfolgenden Schiftungsfiguren ist zur Erzielung einer deutlicheren Darstellung die Übertragung mittels Maßlatten durch Drehung mittels Kreisbögen ersetzt worden. Die Verwendung der Maßlatten ist aus Abb. 111 ersichtlich.

Um die Stärke des Gratsparrens zu ermitteln, muß zunächst die Abgratung festgelegt werden. Aus dem Grundriß wird das Maß k_1l_1 (Zirkelöffnung I) von Punkt l_3' auf der Trauflinie oder von irgendeinem Punkt der Gratlinie parallel zur Trauflinie aufgetragen. Bei gleicher Dachneigung und rechtwinkligem Zusammenstoß der Traufkanten ist dieses Maß gleich der halben Gratsparrenbreite. Die mittels Schnurschlages durch Punkt k_3' zur Gratlinie gezogene Parallele ergibt die Abgratungslin e. Dann wird der Lotriß des Gratsparrens k_3k_3' gleich dem Lotriß l_2l_2' des Lehrgespärres gemacht und durch Punkt k_3 die Parallele zur Gratlinie gezogen. Der Abstand der Parallelen a_3l_3' und b_3l_3 ergibt die Stärke des Gratsparrens.

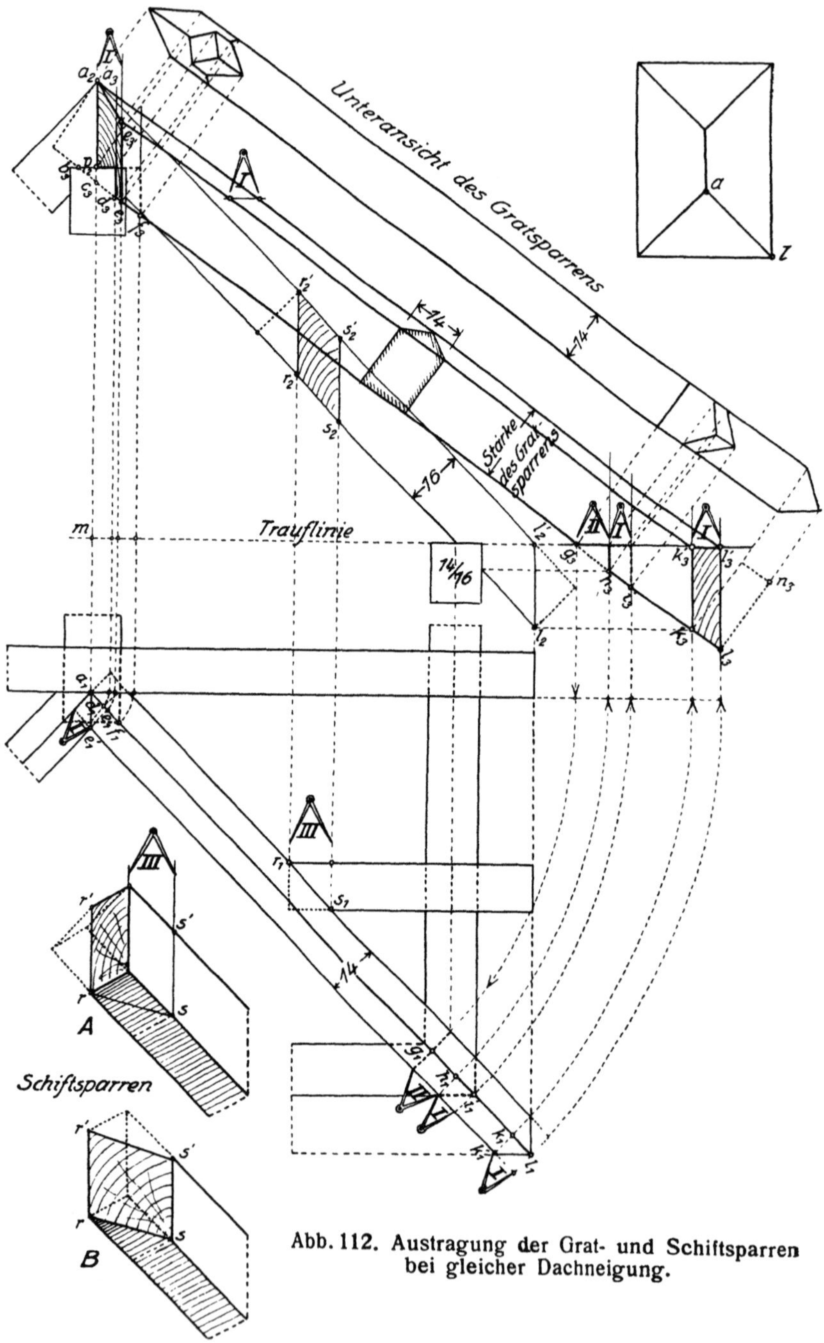

Abb. 112. Austragung der Grat- und Schiftsparren bei gleicher Dachneigung.

Die Länge des Gratsparrenholzes ist durch die Länge $a_3 n_3$ bestimmt.

Für die Ausführung der Klauen und der Sparrenenden (Schmiegen) sind noch die erforderlichen Lot- und Querrisse einzutragen. Zu diesem Zwecke werden im Grundriß die betreffenden Anschnitt- und Eckpunkte auf die Gratlinie gewinkelt und mittels Maßlatte oder Maßstab von Punkt m oder l_3' aus auf die Trauflinie des Lehrgespärres übertragen. Die Punkte werden hochgelotet und ergeben die Lotrisse d_3, e_3, f_3, h_3 und i_3.

Hiermit sind die zeichnerischen Arbeiten auf dem Schnürboden beendet. Die in Abb. 112 dargestellte Unteransicht des Gratsparrens bleibt fort. Die entsprechenden

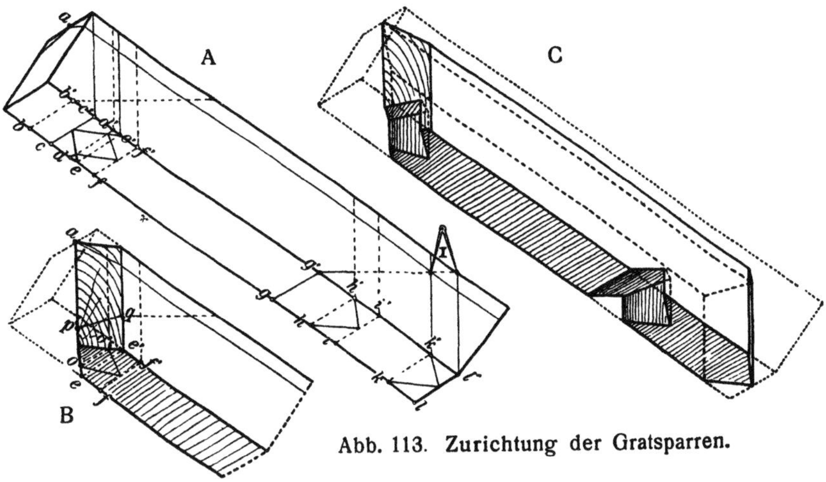

Abb. 113. Zurichtung der Gratsparren.

Linien werden unmittelbar auf die Unterfläche des zu bearbeitenden Gratsparrenholzes übertragen.

Die Zurichtung des Gratsparrens erfolgt in der Weise, daß ein Holz von entsprechender Breite, Stärke und Länge mit der Seitenfläche auf den aufgerissenen Gratsparren aufgelegt wird und mittels Winkel die Querrisse bb', cc', dd' usw. auf die Unterseite des Holzes übertragen werden (Abb. 113A). Nachdem die Mittellinie der Unterfläche mittels Schnurschlages bestimmt ist, werden noch die schrägen Linien für die Auswinkelung der Klauen und für das Zuschneiden der beiden Sparrenenden aufgerissen.

Auf beiden Seitenflächen werden dann durch die Punkte c, d, e, f, i, k und l bzw. c', d' usw. die Lotrisse und durch die Punkte b und g bzw. b' und g' Querrisse gelegt. Die Ausführung der Lotrisse erfolgt mittels „Schmiege" oder „Brettschablone". — Auf die Seitenflächen sind noch die Abgratungslinien, wie vorher beschrieben, zu übertragen (Abb. 113A, Zirkelöffnung I).

Die obere Fläche des Holzes erhält die Mittellinie und die schrägen Linien für das Zuschneiden der beiden Sparrenenden.

Alle Holzteile, die fortgeschnitten werden müssen, und die Linien, durch welche Sägeschnitte zu legen sind, werden entsprechend gekennzeichnet (Flächen schraffiert — Linien farbig oder gekreuzt).

Am unteren Gratsparrenende wird zunächst ein Sägeschnitt durch die Lotrisse l und l' geführt. Weitere Sägeschnitte durch die Lotrisse k und k' ergeben das ausgewinkelte Sparrenende.

Die Klaue für die Fußpfette wird mit Säge und Stemmeisen nach den aufgezeichneten Linien hergestellt.

Am oberen Ende ist zunächst ein Sägeschnitt durch die Lotrisse c und c' zu führen. Weitere Sägeschnitte durch die Lotrisse e und e' ergeben die Backenschmiegen (Abb. 113B). Auf diese Backenschmiegen sind Lotrisse durch die Punkte o und o' zu ziehen und die Linien pq anzureißen, wobei $ap = a_2 p_2$ im Lehrgespärre zu machen ist. Nach diesen Linien wird dann die Winkelklaue mit Säge und Stemmeisen hergestellt.

Zuletzt wird die Abgratung vorgenommen. Der fertige Gratsparren ist in Abb. 113C isometrisch dargestellt.

Die Austragung des in Abb. 112 angegebenen Schiftsparrens geschieht in folgender Weise: Die beiden Anschnittspunkte r_1 und s_1 im Grundriß werden in den Aufriß hochgelotet und ergeben im Lehrgespärre die beiden Lotrisse $r_2 r_2'$ und $s_2 s_2'$. Dadurch ist auch die wahre Größe des Schiftsparrens gefunden. Das zu bearbeitende Sparrenholz wird auf das entsprechende Stück des Lehrgespärres aufgelegt, um die Querrisse r und s auf die Unterflächen zu übertragen. Alsdann werden die zugehörigen Lotrisse auf den Seitenflächen ausgeführt. Der Abstand der Lotrisse r und s (Zirkelöffnung III) ist bei gleicher Dachneigung gleich der Schiftsparrenbreite. Auf der oberen und unteren Fläche werden die Punkte r und s verbunden.

Ein durch den Lotriß rr' geführter Sägeschnitt ergibt die Lotschmiege (Abb. 112A); ein weiterer Sägeschnitt durch die Lotrisse rr' und ss' ergibt die Backenschmiege (Abb. 112B). — Wird der Schiftsparren von einem längeren Holze abgeschnitten, so wird nur ein Sägeschnitt, der unmittelbar die Backenschmiege ergibt, ausgeführt. Das Sparrenholz wird dazu über Eck festgestellt (Kante nach oben). Das übrigbleibende Stück, an dem die Backenschmiege bereits angeschnitten ist, kann für einen anderen Schiftsparren verwendet werden.

Haben die Dachflächen ungleiche Neigung, so erhält der Gratsparren unsymmetrischen Querschnitt. Es sind zwei Fälle möglich: entweder liegt die Gratlinie in der

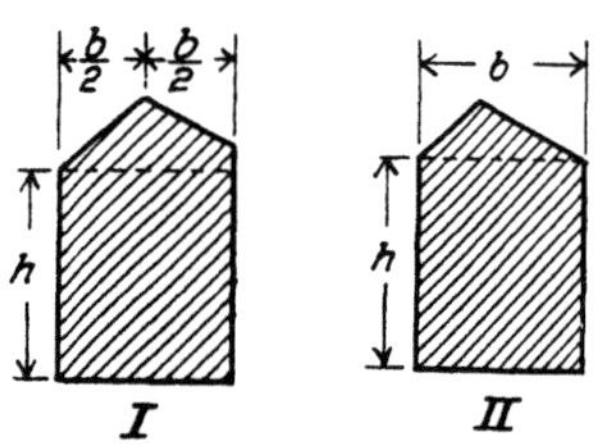

Abb. 114. Gratsparrenquerschnitte für ungleiche Neigung.

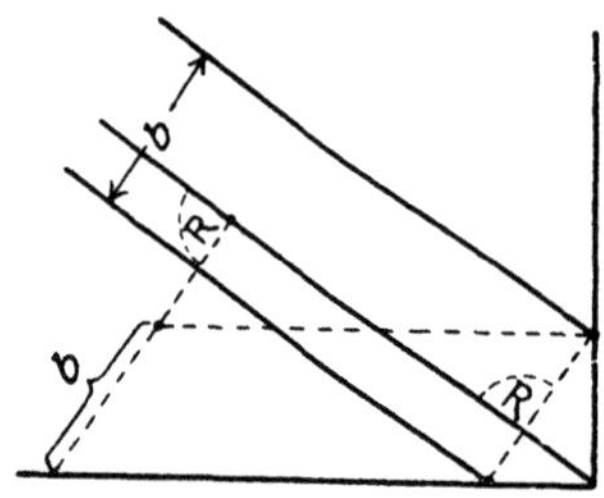

Abb. 115. Fußpunkt des Gratsparrens zu Anordnung II (Abb. 114).

Mitte des Gratsparrenholzes oder seitlich verschoben (Abb. 114). Bei Anordnung I werden die Lotrisse auf den beiden Seitenflächen verschieden lang, bei Anordnung II gleich lang. Anordnung I ist die gebräuchlichere, weil sich die Austragung einfacher gestaltet; sie ergibt aber eine etwas größere Gratsparrenstärke als bei Anordnung II. Vgl. hierzu das folgende Schiftungsbeispiel. — Für Anordnung II ist die Lage des Gratsparrenholzes im Werksatz nach Abb. 115 zu ermitteln.

In Abb. 116 ist die Austragung eines Gratsparrens für ungleiche Dachneigungen dargestellt. Die Gratlinie liegt in der Mitte des Gratsparrenholzes. Die Austragung geschieht in derselben Weise, wie bei Abb. 112 beschrieben; jedoch sind zur Bestimmung des Querschnittes zwei Abgratungslinien festzulegen. Dazu werden die entsprechenden Abstiche aus dem Werksatz (Zirkelöffnung I u. II) von Punkt b' wagerecht nach innen getragen. Die Unterkante des Gratsparrens wird in der Weise gefunden, daß der Lotriß h' gleich dem Lotriß h des steileren Lehrsparrens gemacht wird. Ergibt sich dabei eine zu große Gratsparrenstärke, so kann der Lotriß auch etwas kleiner gewählt und der Gratsparren auf eine übliche Holzstärke gebracht werden.

In Abb. 116 sind die Mittelpfetten so angeordnet, daß ihr äußerer Winkelpunkt

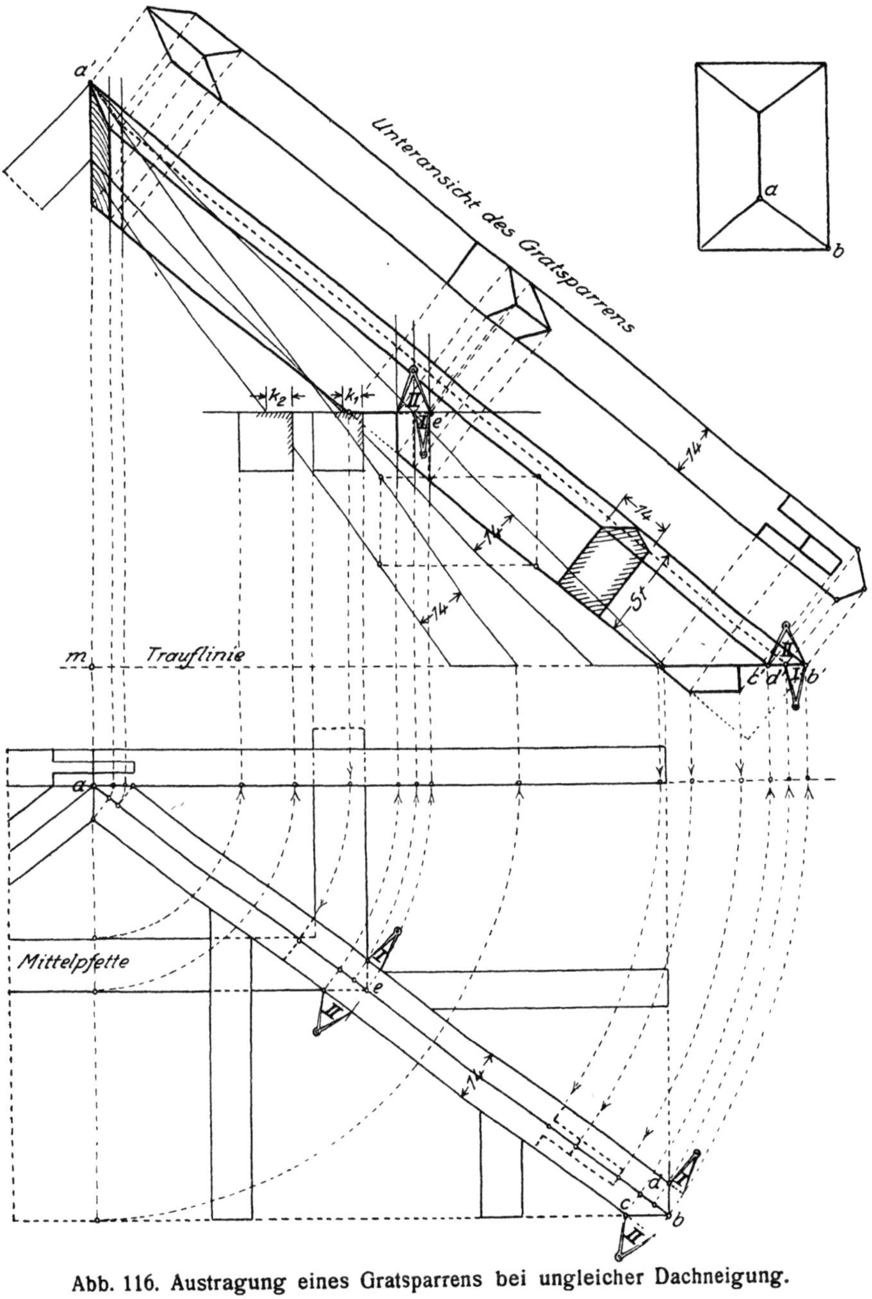

Abb. 116. Austragung eines Gratsparrens bei ungleicher Dachneigung.

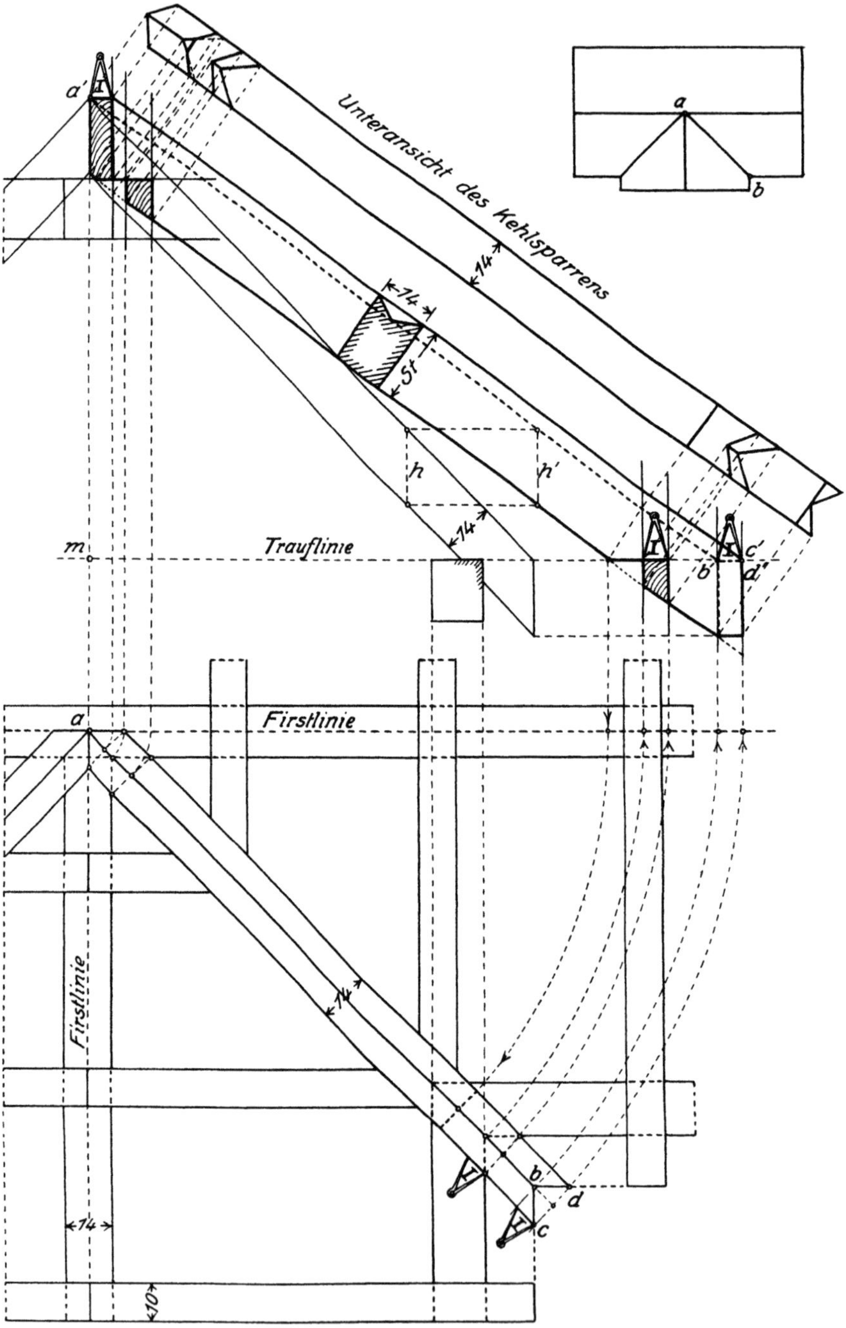

Abb. 117. Austragung eines Kehlsparrens bei gleicher Dachneigung.

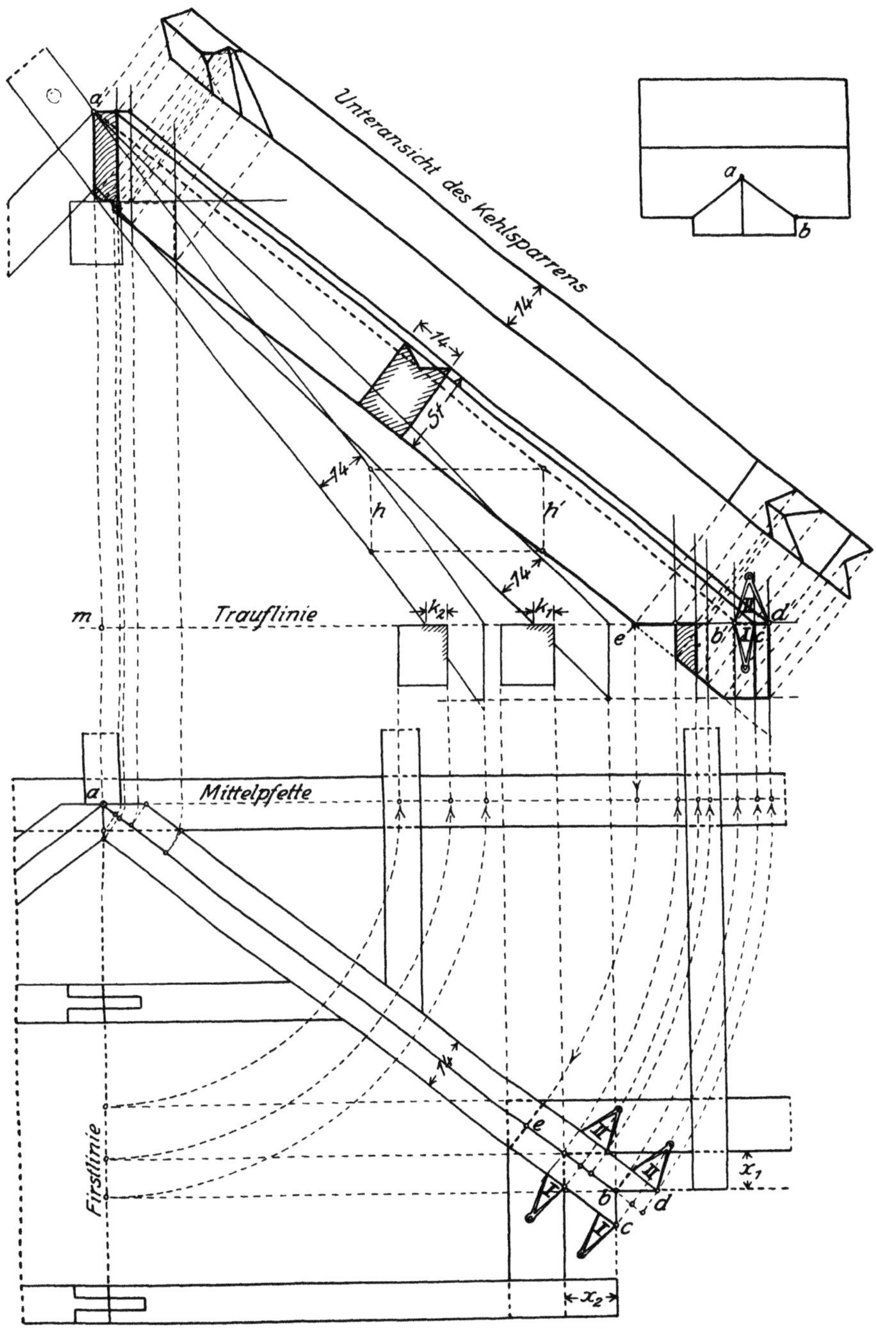

Abb. 118. Austragung eines Kehlsparrens bei ungleicher Dachneigung.

auf der Gratlinie liegt. Das vereinfacht die Austragung der Klaue, da wieder dieselben Abstiche (Zirkelöffnung I und II) verwendet werden können. Bei dieser Anordnung erhalten die Sparren der steileren Dachfläche tiefere Klaue als die der flachen Dachfäche ($k_2 > k_1$). Sollte das eine zu starke Schwächung ergeben, so muß die Pfette der steileren Dachfläche nach innen gerückt werden. Der Winkelpunkt liegt dann nicht mehr auf der Mitte des Holzes, sondern seitlich verschoben.

2. Austragung der Kehlsparren. In Abb. 117 ist ein Teil der Sparrenlage eines zusammengesetzten Daches und darüber das Lehrgespärre dargestellt. **Die Dachflächen haben gleiche Neigung.** Die Austragung des Kehlsparrens erfolgt in ähnlicher Weise wie beim Gratsparren.

Die Breite des Kehlsparrens ist im Grundriß angenommen (14 cm). Durch Paralleldrehung zur Aufrißebene ergibt sich die wahre Länge der Kehllinie. Die Unterkante des Kehlsparrens erhält man dadurch, daß von der Kehllinie aus der Lotriß h' gleich dem Lotriß h des Lehrsparrens gemacht wird. Die Oberkanten werden gefunden, indem man von irgendeinem Punkte der Kehllinie den entsprechenden Abstich aus dem Grundriß (Zirkelöffnung I) nach außen (beim Gratsparren nach innen!) parallel zur Trauflinie aufträgt und durch den gefundenen Punkt eine Parallele zur Kehllinie zieht. Damit ist auch die Stärke des Kehlsparrens gefunden.

Die Bestimmung der Lot- und Querrisse für die Ausführung der Klauen und Kehlsparrenenden (Schmiegen) sowie die Austragung der anschließenden Schiftsparren erfolgt in derselben Weise wie beim Gratsparren

Haben die Dachflächen ungleiche Neigung, so erhält der Kehlsparren unsymmetrischen Querschnitt. Die Kehllinie liegt meist in der Mitte des Kehlsparrenholzes, kann aber auch zur Erzielung gleicher Lotrisse seitlich verschoben werden. — In Abb. 118 ist die Austragung eines Kehlsparrens für ungleiche Dachneigungen dargestellt. Die Kehllinie liegt in der Mitte des Kehlsparrenholzes. Die Austragung geschieht in derselben Weise, wie bei Abb. 117 beschrieben; jedoch sind zur Bestimmung der Auskehlung zwei Oberkanten festzulegen. Dazu werden die entsprechenden Abstiche aus dem Grundriß (Zirkelöffnung I u. II) von Punkt b' aus nach außen getragen. Die Unterkante des Kehlsparrens wird in der Weise gefunden, daß der Lotriß h' gleich dem Lotriß h des steileren Lehrsparrens gemacht wird.

In Abb. 118 sind die Fußpfetten so angeordnet, daß ihr innerer Winkelpunkt auf der Kehllinie liegt. Das vereinfacht die Austragung der Klaue, da wieder dieselben Abstiche (Zirkelöffnung I u. II) verwendet werden können. Bei dieser Anordnung erhalten die Sparren der steileren Dachfläche tiefere Klaue als die der flachen Dachfläche ($k_2 > k_1$). Sollte das eine zu starke Schwächung ergeben, so muß die Pfette der steileren Dachfläche nach innen gerückt werden. Der Winkelpunkt liegt dann nicht mehr auf der Mitte des Holzes, sondern seitlich verschoben. Bei der in Abb. 118 dargestellten Anordnung ergeben sich auch ungleiche Sparrenüberstände ($x_2 > x_1$); das wird in den meisten Fällen zulässig sein. Sollen die Sparrenüberstände gleich werden, so müssen die Sparren der flachen Dachfläche tiefere Klaue erhalten. Ist der Unterschied zwischen den Dachneigungen sehr groß, so sind gleiche Sparrenüberstände überhaupt nicht zu erreichen, da die flachen Sparren durch die Pfette zerschnitten werden würden.

3. Klauenschiftung. Der Kehlsparren kann auch rechteckigen Querschnitt erhalten. Die einzelnen Schiftsparren setzen sich dann mit „Klaue" auf den Kehlsparren (Abb. 107B).

Die Austragung eines solchen Kehlsparrens und der anschließenden Schiftsparren (Reitersparren) ist in Abb. 119 dargestellt. Für den Kehlsparren ist eine Holzstärke von $\frac{14}{22}$ cm gewählt. Die wahre Länge des Kehlsparrens wird durch Paralleldrehung zur Aufrißebene ermittelt. Die Bestimmung der Lot- und Querrisse für die Ausführung der Klaue und Kehlsparrenenden (Schmiegen) geschieht in derselben Weise wie beim Gratsparren.

Für die Austragung der Klaue ist die Höhenlage des Anschnittspunktes *b* an die Kehlsparrenkante zu ermitteln. Jede auf der Oberfläche des Kehlsparrens winkelrecht zur Mittellinie gezogene Gerade ist eine Horizon-

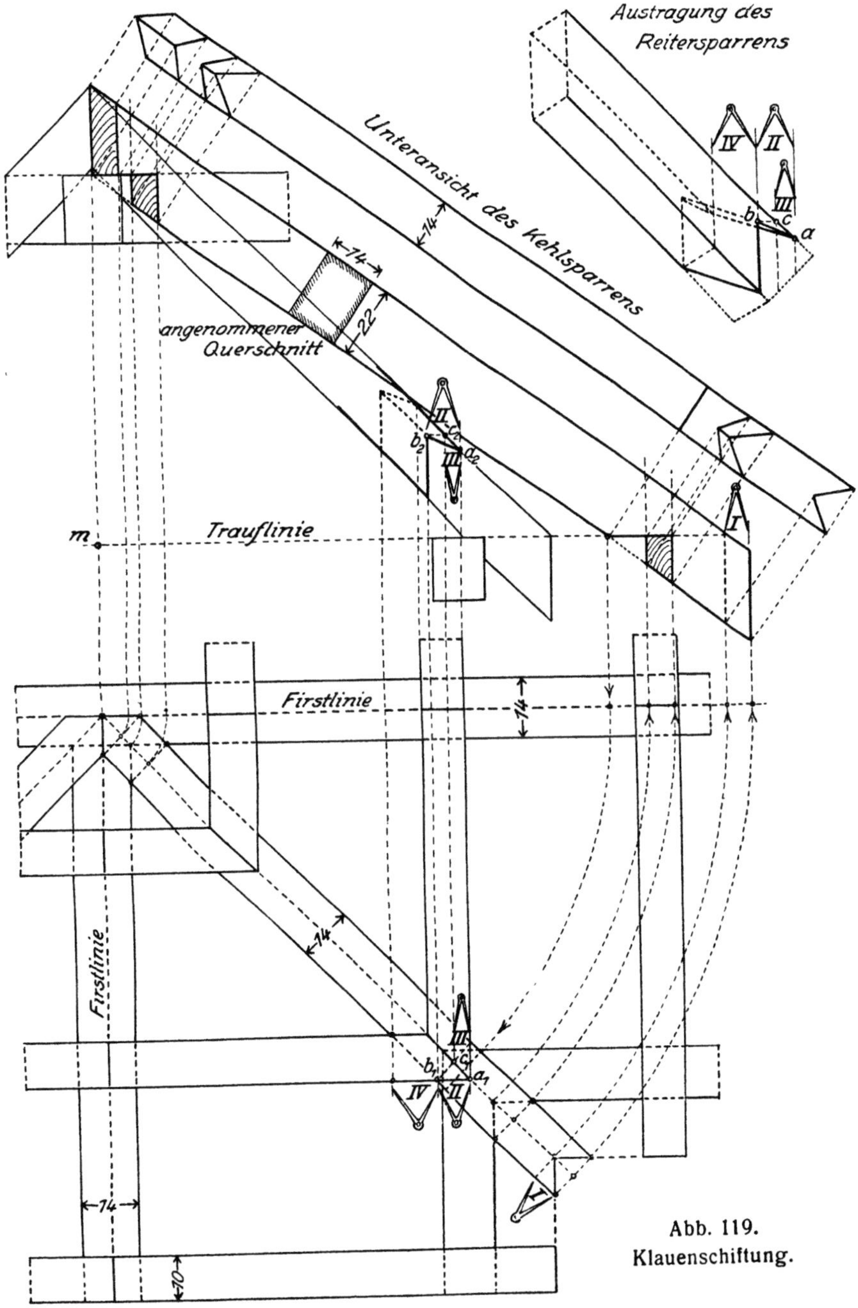

Abb. 119.
Klauenschiftung.

tale. Daher liegt Punkt b_1 in derselben Höhe wie Punkt c_1 (Grundriß). Die Höhe des Punktes c_1 aber wird gefunden, indem man denselben auf die Oberkante des Lehrsparrens hochlotet.

Bei der Zurichtung des Reitersparrens werden zunächst die Lotrisse *a*, *b* und *c* auf das Sparrenholz übertragen. Bei gleicher Dachneigung und rechtwinkligem Zusammenstoß der Traufen liegt der Lotriß *c* in der Mitte zwischen *a* und *b* (Zirkelöffnung III $= \frac{1}{2}$ Zirkelöffnung II). Die Punkte *a* und *c* liegen auf der Sparrenoberkante. Punkt *b* liegt auf der durch *c* zur Trauflinie gezogenen Parallelen. Alsdann wird die Backenschmiege ermittelt (Zirkelöffnung IV) und die Klaue auf der Rückseite des Sparrens aufgerissen.

b) Schiftung auf dem Werksatz.

Die Austragung von Schiftsparren kann auch in der Weise erfolgen, daß die wahren Größen der Dachflächen durch Umklappung in den Werksatz ermittelt werden. Dabei ergeben sich dann auch die wahren Längen der Schiftsparren und die Backenschmiegen.

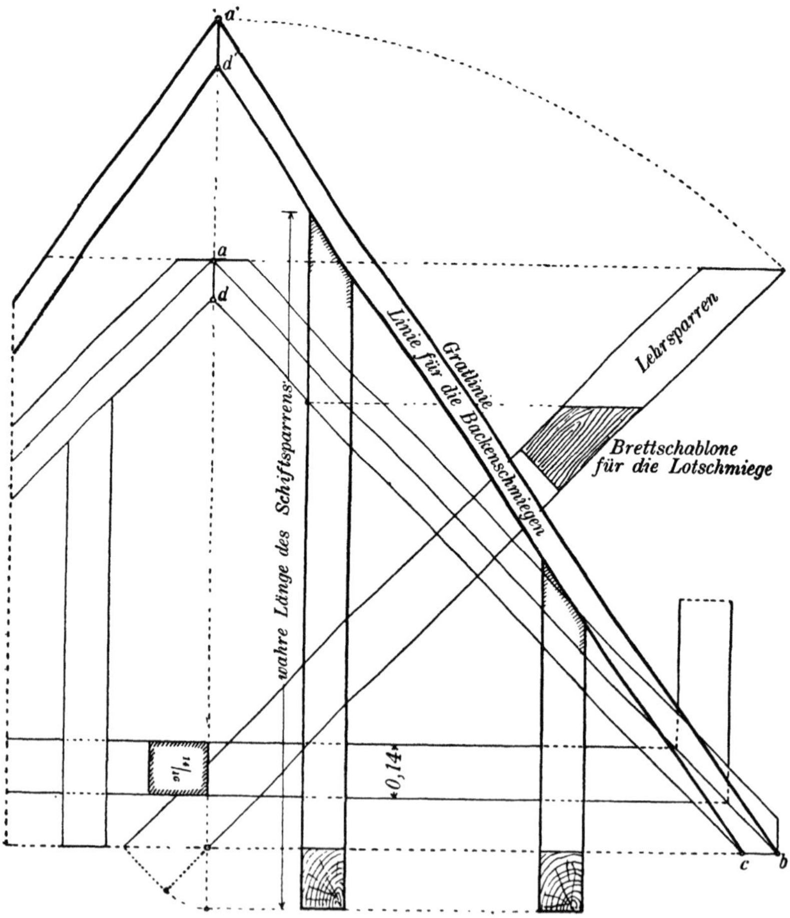

Abb. 120. Schiftung auf dem Werksatz.

Abb. 120 zeigt die Umklappung einer Walmfläche in den Werksatz. Die Gratsparrenkante *cd'* gibt die Richtung der Backenschmiegen. Auf den zugelegten Schiftsparrenhölzern können mit einem Schnurschlage die Backenschmiegen bestimmt werden. Mittels einer Brettschablone werden dann die zugehörigen Lotrisse (Lotschmiegen) auf die Seitenflächen übertragen.

c) Bohlenschiftung.

Der seitliche Anschluß kleiner Satteldächer an größere Dachflächen kann auch ohne Kehlsparren erfolgen. Die Schiftsparren des Nebendaches setzen sich mit ihren Schmiegeflächen auf entsprechend zugerichtete Bohlen, die auf die durchgehenden Sparren des Hauptdaches aufgelegt und durch Nagelung befestigt werden. Die Bohlen werden 6—8 cm stark. Die wahre Länge der Bohle, die Breite und die Abkantung an der Kehllinie ist zu ermitteln.

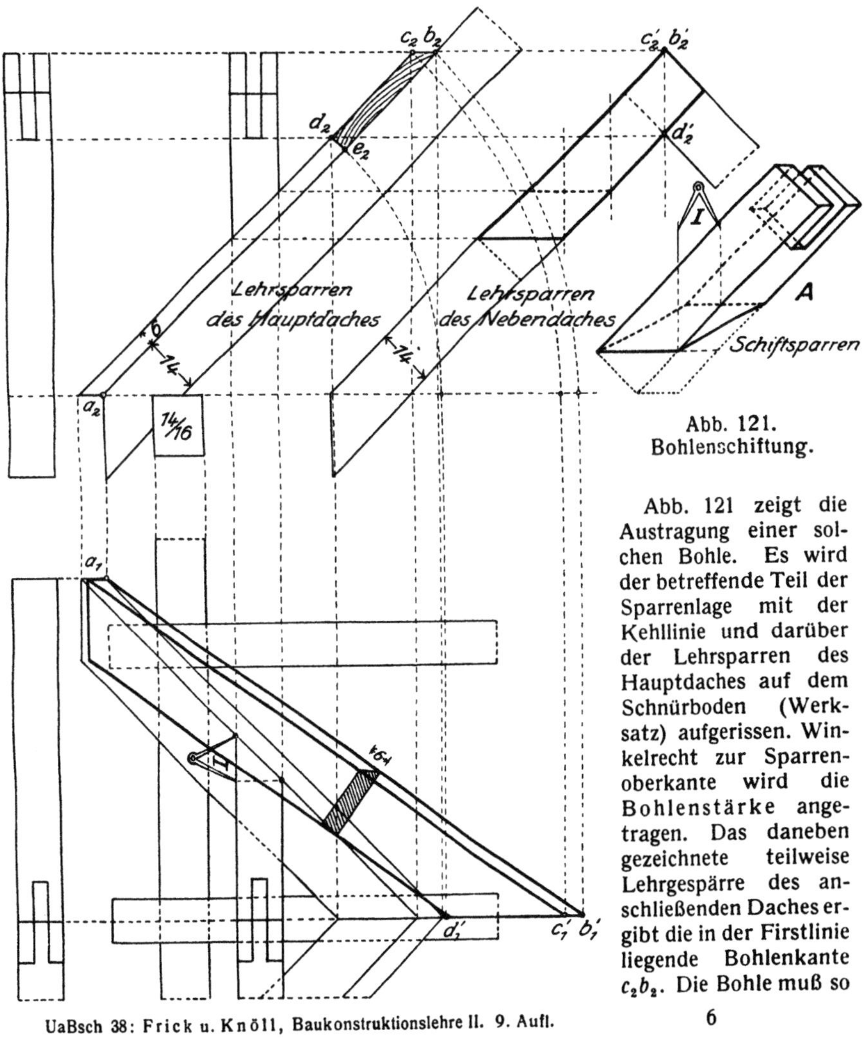

Abb. 121. Bohlenschiftung.

Abb. 121 zeigt die Austragung einer solchen Bohle. Es wird der betreffende Teil der Sparrenlage mit der Kehllinie und darüber der Lehrsparren des Hauptdaches auf dem Schnürboden (Werksatz) aufgerissen. Winkelrecht zur Sparrenoberkante wird die Bohlenstärke angetragen. Das daneben gezeichnete teilweise Lehrgespärre des anschließenden Daches ergibt die in der Firstlinie liegende Bohlenkante $c_2 b_2$. Die Bohle muß so breit sein, daß die Schiftsparren sich mit der vollen Schmiegefläche aufsetzen können. Daher liegt Punkt d_2 so hoch wie Punkt d_2'. Das Trapez $e_2b_2c_2d_2$ ist die Stirnfläche, mit der die beiden Bohlen zusammenstoßen.

Die wahre Größe der Bohle wird durch Umklappung in die Ebene des Werksatzes gefunden. Die Drehung erfolgt um Punkt a_2. Zuerst wird die wahre Länge der Kehllinie a_1b_1 bestimmt. Die durch Punkt c_1' gezogene Parallele ergibt die Abkantungslinie, die durch d_1' gezogene Parallele die Breite der Bohle. — Die Bestimmung der Schmiegeflächen für die Schiftsparren ist aus Abb. 121 A ersichtlich.

B. Dächer mit liegendem Stuhl.

Sollen große, freie Dachräume ohne senkrechte Stützen geschaffen werden, so müssen in den Bindern liegende Stuhlsäulen (Streben) angeordnet werden.

Dächer mit liegendem Stuhl werden meistens als Pfettendächer, seltener als Kehlbalkendächer ausgeführt.

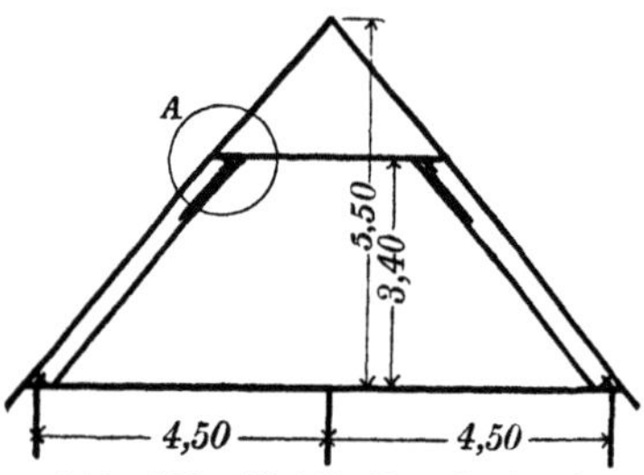

Abb. 122. Kehlbalkendach mit liegendem Stuhl.

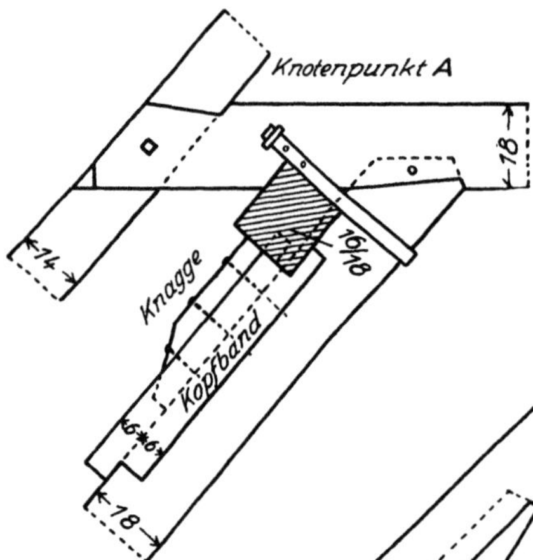

Abb. 122a.

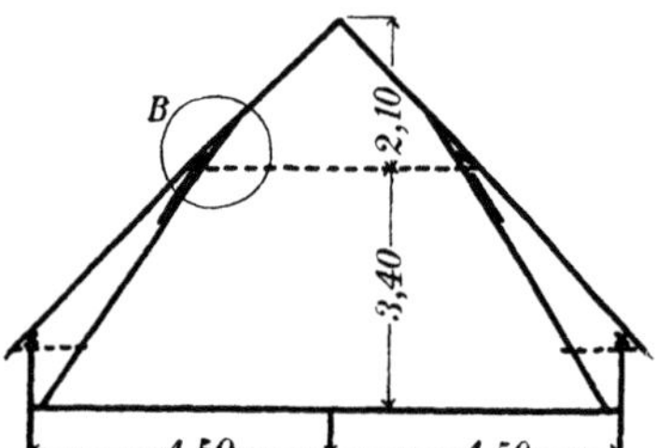

Abb. 123. Pfettendach mit liegendem Stuhl.

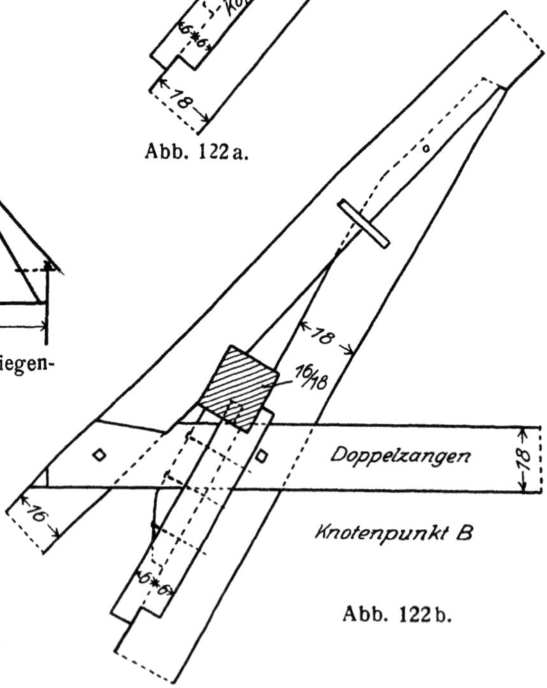

Abb. 122b.

Abb. 122 zeigt den Binder eines Kehlbalkendaches mit doppelt liegendem Stuhl; Abb. 123 den Binder für ein Pfettendach mit doppelt liegendem Stuhl und Kniestock. Die zugehörigen Knotenpunkte an der Mittelpfette sind in den Abb. 122a und 122b dargestellt.

Die Kopfbänder liegen geneigt und werden mit den Rähmen oder Pfetten durch schrägen Zapfen, mit den liegenden Stuhlsäulen durch schwalbenschwanz-

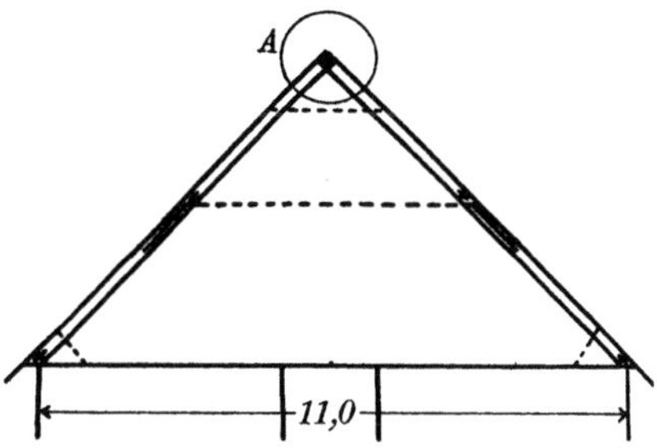

Abb. 124. Pfettendach mit liegendem Stuhl.

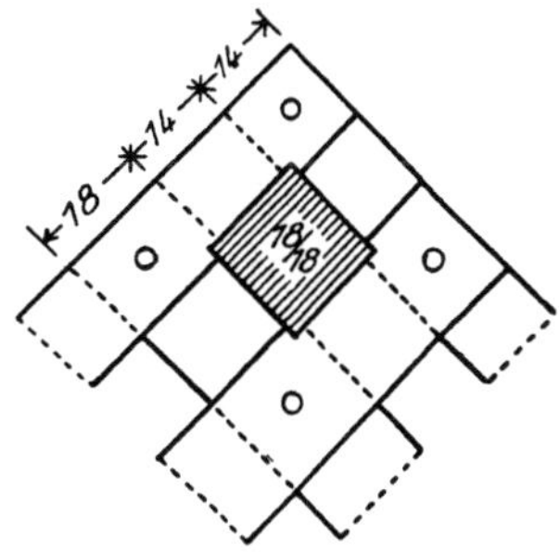

Abb. 124a. Knotenpunkt *A* (Abb. 124).

förmige Anblattung verbunden. Die Verbindung der Stuhlsäulen mit den Dachbalken erfolgt durch schrägen Zapfen und Versatzung.

Ist außer den beiden Mittelpfetten noch eine Firstpfette erforderlich, so werden entweder die beiden Streben bis zum First hochgeführt und mit den Sparren überblattet (Abb. 124 u. 124a), oder die Firstpfette wird durch einen kurzen Stiel gestützt, der unter den Zangen endigt und gegen die liegenden Stuhlsäulen abgestrebt wird (Abb. 125).

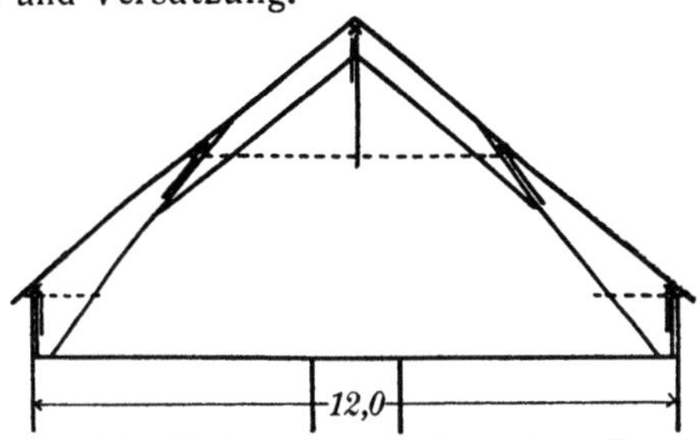

Abb. 125. Pfettendach mit liegendem Stuhl.

Dächer mit liegendem Stuhl werden auch ausgeführt, wenn senkrechte Stiele zu weit von den Unterstützungspunkten der Dachbalkenlage entfernt bleiben.

C. Dächer mit nicht unterstützter Balkenlage (Hängewerksdächer).

Wird die freie Länge der Dachbalken größer als 5,00 m und darf die Balkenlage von unten nicht unterstützt werden (Saaldecken usw.), so muß der Binderbalken durch Hängewerkskonstruktionen entlastet werden. Die Balkenlagen solcher Dächer können auf verschiedene Art angeordnet werden:

1. Die Balken liegen parallel und in gleicher Höhe mit den Binderbalken (Hängebalken). Dann erfolgt die Unterstützung der Zwischenbalken durch Unterzüge oder durch Überzüge (vgl. Hängewerke und Hängewerksdächer, Abb. 126—136). Die Zwischenbalken werden auf die Unterzüge aufgekämmt, an den Überzügen mittels starker Schraubenbolzen aufgehängt.

2. Die Balken liegen winkelrecht zu den Binderbalken und können auf- oder darunterliegend angeordnet werden. Im letzteren Falle erfolgt die Verbindung durch kräftige Schraubenbolzen.

6*

Hängewerke sind Holzkonstruktionen, bei denen Stiele und Streben so über einem Balken zusammengesetzt werden, daß die Gesamtlast auf die Balkenenden und damit auf das unterstützende Mauerwerk übertragen wird. Der Balken (Hängebalken) wird je nach der Länge in einem oder in mehreren Punkten an den senkrechten Stielen (Hängesäulen) aufgehängt. Die Übertragung der Stielbelastung auf die Balkenenden erfolgt durch die Streben. Die Entfernung von Hängesäule zu Hängsäule oder bis zum Auflager darf höchstens 5,00 m betragen. Nach der Anzahl der Hängesäulen unterscheidet man:

1. einfache Hängewerke für 8—10 m Spannweite,
2. doppelte Hängewerke „ 12—14 „ „
3. dreifache Hängewerke „ 15—18 „ „

1. Das einfache Hängewerk (Abb. 126) besteht aus dem Hängebalken, der Hängesäule und zwei Streben. Die Knotenpunkte an den Strebenenden sind bei allen Hänge-

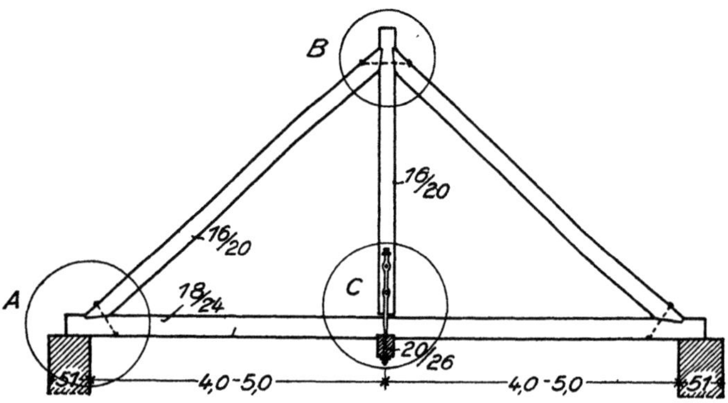

Abb. 126. Einfaches Hängewerk.

werken auf das sorgfältigste auszuführen und durch Klammern, Eisenschienen, Bolzen usw. zu sichern. Treffen in einem Knotenpunkt mehr als zwei Hölzer zusammen, so sind dieselben so anzuordnen, daß ihre Mittellinien (Schwerachsen) sich in einem Punkte schneiden.

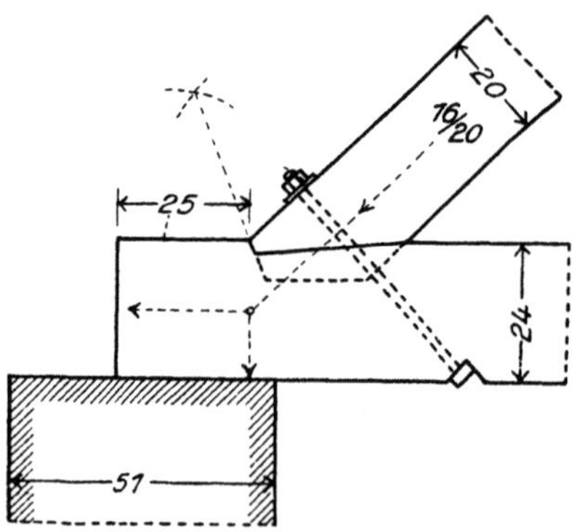

Abb. 127. Knotenpunkt A (Abb. 126). Verbindung der Strebe mit dem Hängebalken.

Die Verbindung der Strebe mit dem Hängebalken erfolgt durch schrägen Zapfen mit Versatzung (Abb. 127), bei flach geneigten Streben durch doppelte Versatzung. Die Verbindung wird durch einen Schraubenbolzen oder durch einen Flacheisenbügel gesichert. Vor dem Strebenfuß muß etwa 25 cm Balkenholz stehen bleiben, um ein Abscheren des Balkenendes zu verhindern. — Bei größeren Hängewerkskonstruktionen und besonders bei Anordnung von Doppelstreben wird das Ende des Hängebalkens durch ein untergelegtes Sattelholz verstärkt. Hängebalken und Sattelholz werden durch Dübel und Schraubenbolzen miteinander verbunden.

Die Verbindung der Streben mit der Hängesäule erfolgt durch schrägen Zapfen mit Versatzung. Zwischen den beiden Zapfenlöchern muß mindestens 6 cm Holz stehen bleiben. Die Strebe muß vom oberen Ende der Hängesäule etwa 25 cm entfernt bleiben. Die Verbindung wird durch Schraubenbolzen oder Flacheisenschienen (Laschen) gesichert (Abb. 128a u. b).

Die Verbindung der Hängesäule mit dem Hängebalken geschieht durch Hängeeisen; das sind Flacheisen von etwa $\frac{10}{40}$ mm Stärke, die an der Hängesäule

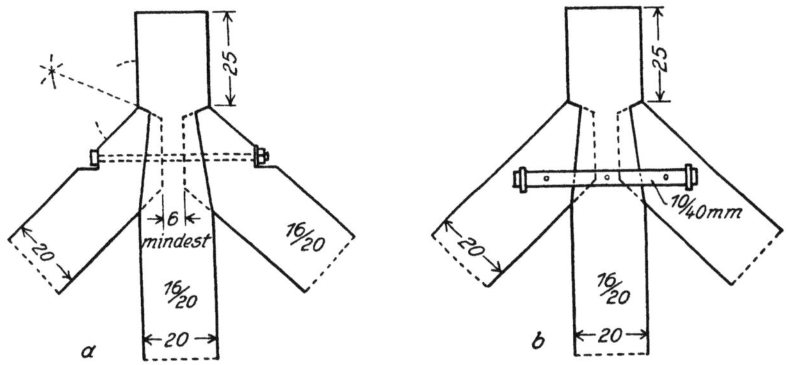

Abb. 128 a u. b. Knotenpunkt *B* (Abb. 126). Verbindung der Streben mit der Hängesäule.

durch Schraubenbolzen und Krampen befestigt werden. Der unterste Bolzen muß mindestens 25 cm von dem Ende der Hängesäule entfernt sein, um ein Ausscheren des Holzes zu verhindern. Die beiden unteren bolzenförmig ausgeschmiedeten Flacheisenenden werden durch Eisenschiene und Schraubenmuttern miteinander verbunden, damit ein Nachziehen der Verbindung möglich bleibt. Die Hängesäule darf nicht auf dem Hängebalken stehen; es muß ein Zwischenraum von 3—4 cm verbleiben. Zur Führung kann ein Zapfen mit 3—4 cm Spielraum angeordnet werden. Soll die Verbindung von oben nachgezogen werden können, so muß eine Anordnung nach Abb. 132 getroffen werden.

Überzüge liegen neben der Hängesäule auf dem Hängebalken und sind mit demselben durch Schraubenbolzen verbunden.

Unterzüge liegen unter den Hängesäulen und dem Hängebalken. Die Verbindung erfolgt durch die Hängeeisen (Abb. 129).

2. Das doppelte Hängewerk (Abb. 130) besteht aus dem Hängebalken, 2 Hängesäulen, 2 Streben und dem Spannriegel. Die Knotenpunkte *A* und *C* werden genau wie beim einfachen Hängewerk ausgeführt. Im Punkt *B* erfolgt die Verbindung mit der Hängesäule durch Versatzung und Zapfen.

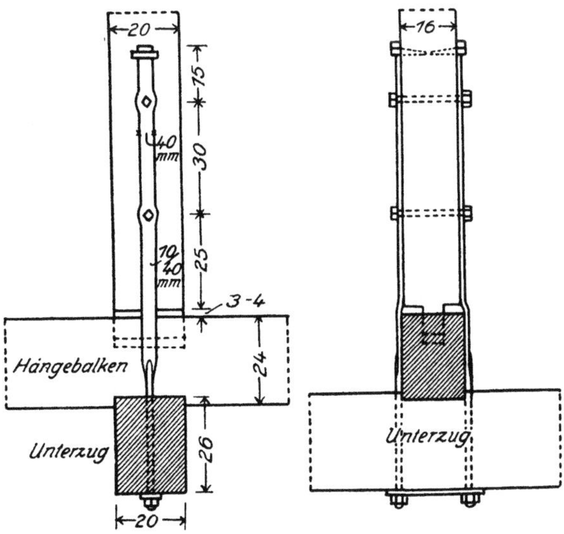

Abb. 129. Knotenpunkt *C* (Abb. 126). Verbindung der Hängesäule mit dem Hängebalken.

Die Versatzung des Spannriegels ist nach oben zu richten. Die Verbindung wird durch kräftige Flacheisenschienen und Bolzen gesichert (Abb. 131 u. 136 a).

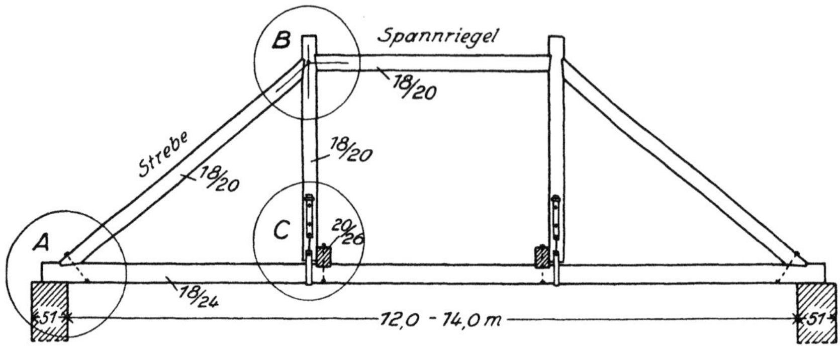

Abb. 130. Doppeltes Hängewerk.

3. Das dreifache Hängewerk erhält drei Hängesäulen und wird entweder nach Abb. 133 A durch Verbindung eines großen und zweier kleiner einfacher Hängewerke oder nach Abb. 133 B durch Verbindung eines einfachen und eines doppelten Hängewerkes gebildet. Im letzteren Falle müssen die Hängesäulen aus Doppelhölzern bestehen. Streben und Spannriegel stoßen dann

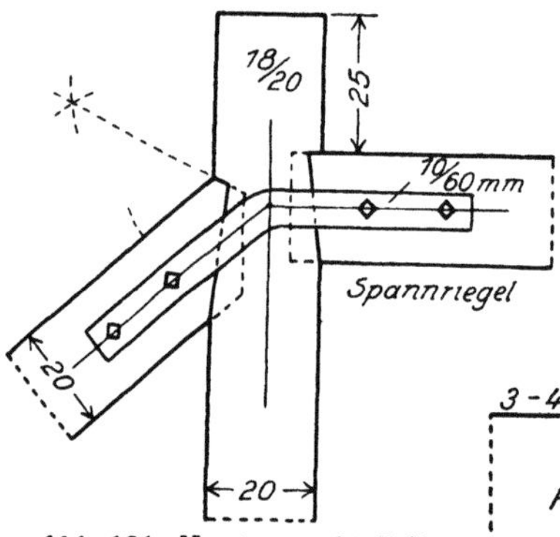

Abb. 131. Knotenpunkt B (Abb. 130). Verbindung der Hängesäule mit Strebe u. Spannriegel.

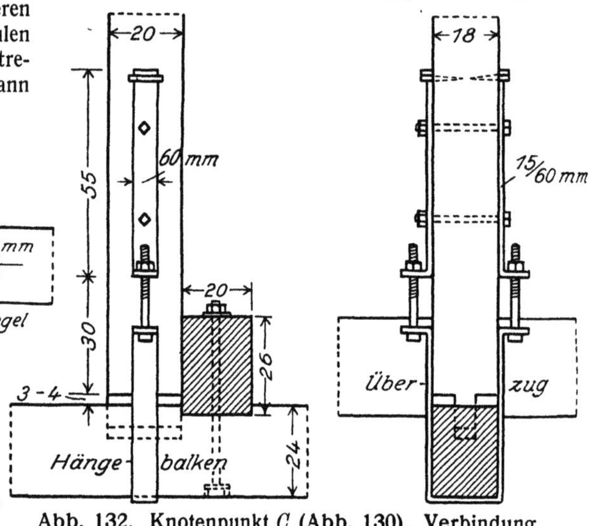

Abb. 132. Knotenpunkt C (Abb. 130). Verbindung der Hängesäule mit dem Hängebalken.

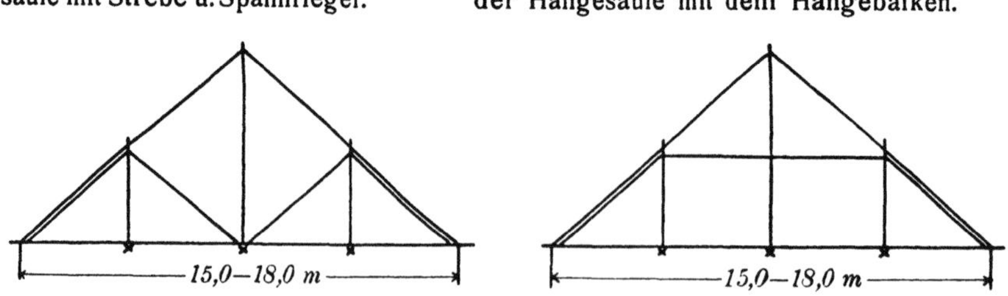

A B

Abb. 133. Dreifache Hängewerke.

mit den Hirnflächen gegeneinander. In die Fuge wird eine Bleiplatte eingelegt. Im unteren Teile ergeben sich Doppelstreben. Die beiden aufeinander liegenden Hölzer sind durch Dübel und Bolzen fest zu verbinden.

Hängewerksdächer werden meist als Pfettendächer, seltener als Kehlbalkendächer ausgebildet. Die Dachbinder sind so einzurichten, daß die Pfetten bzw. Rähme von den Hängesäulen getragen werden.

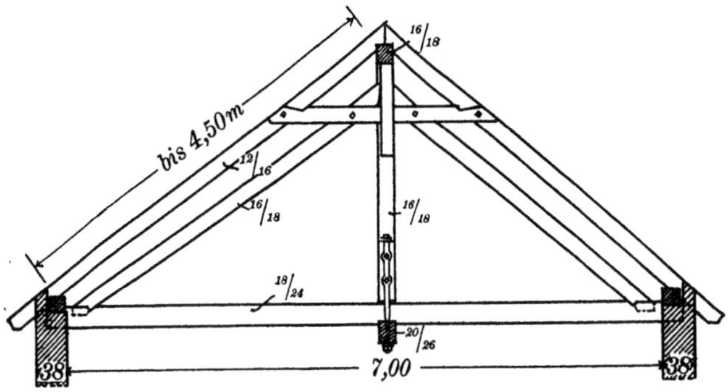

Abb. 134. Hängewerksdach.

Bis zu 10,00 m Spannweite genügt ein einfaches Hängewerk (Abb. 134). Die Hängesäule trägt die Firstpfette. Werden die Sparren länger als 4,50 m,

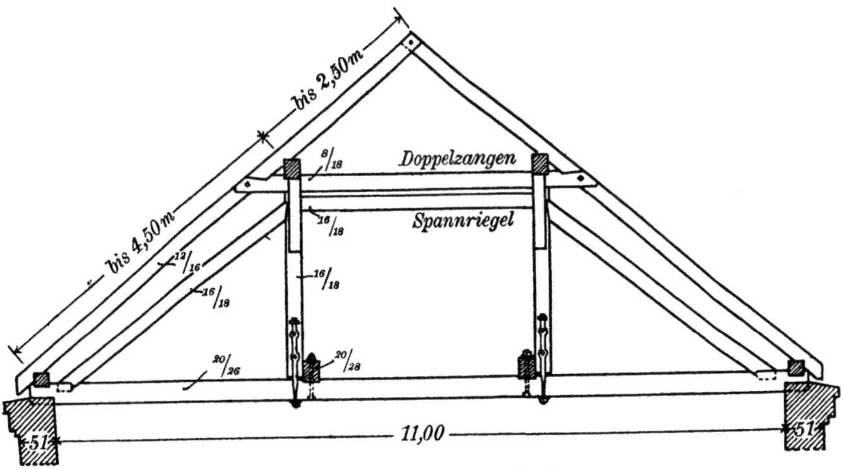

Abb. 135. Hängewerksdach.

so sind Mittelpfetten, die auf den Hängewerksstreben liegen, erforderlich. Unter den Mittelpfetten ist eine Querverbindung durch Doppelzangen auszuführen.

Für Dachbinder von mehr als 10,00 m Spannweite ist ein doppeltes Hängewerk anzuordnen. Bis 7,00 m Sparrenlänge genügt eine Mittelpfette, die vom First höchstens 2,50 m entfernt sein darf. Unter den Mittelpfetten liegen Doppelzangen zur Querverbindung (Abb. 135). — Wird der Sparren länger als

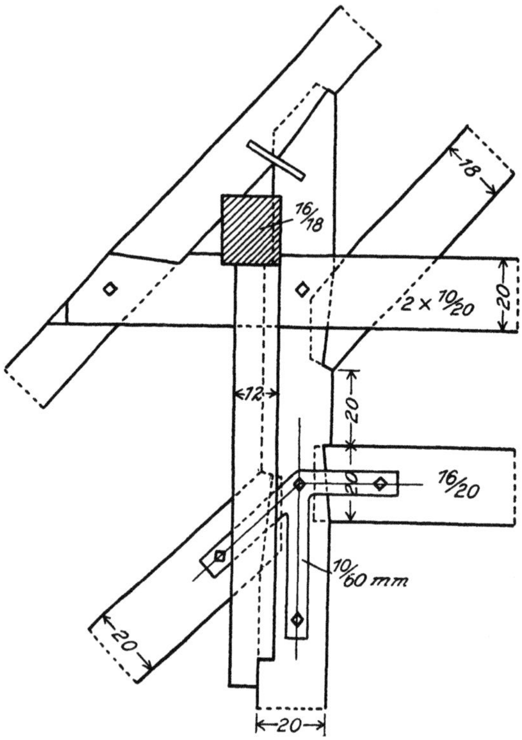

Abb. 136a. Knotenpunkt *A* (Abb. 136).

7,00 m, so ist außer den Mittelpfetten noch eine Firstpfette erforderlich (Abb. 136). Die Firstpfette wird durch einen kurzen Stiel, der unter der Doppelzange endigt und gegen die Hängesäule abgestrebt ist, getragen. Der Knotenpunkt an der Mittelpfette ist nach Abb. 136a auszubilden.

Beträgt die Spannweite des Daches mehr als 14,00 m, so ist ein dreifaches Hängewerk anzuordnen.

Hängewerksdächer können auch mit Kniestock ausgeführt werden. Die Kniestockwand ist durch Doppelzangen mit der Sparrenstrebe zu verbinden.

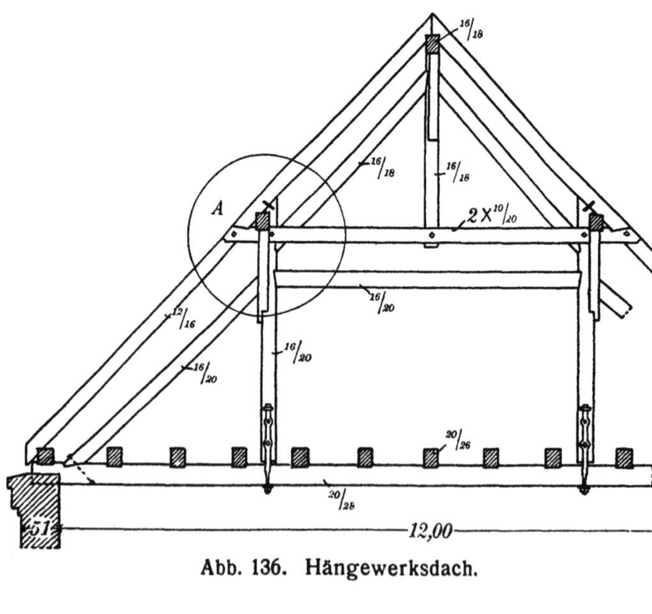

Abb. 136. Hängewerksdach.

D. Pultdächer.

Der Form nach ist das Pultdach ein halbes Satteldach. Die den Dachraum begrenzende, bis zum First hochgeführte Wand heißt „hohe Wand". Pultdächer werden hauptsächlich über Hintergebäuden, die an der Nachbargrenze stehen, besonders auch über den Seitenflügeln eingebauter Häuser ausgeführt. Im First ist immer eine Pfette, die von Stielen getragen wird, anzuordnen. Die weitere Sparrenunterstützung kann durch Kehlbalken oder Pfetten geschehen.

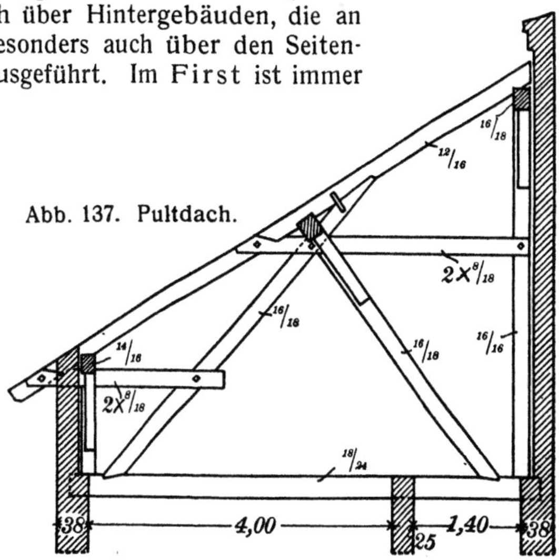

Abb. 137. Pultdach.

Pultdächer werden nach Art des stehenden oder des liegenden Dachstuhles mit oder ohne Kniestock ausgeführt. Der Binder ist so anzuordnen, daß der Seitenschub gegen die „hohe Wand" möglichst aufgehoben wird. Es müssen deshalb, besonders bei steilen Dächern, Streben angeordnet werden, die dem Sparrenschub entgegenwirken. Die „hohe Wand" ist mit dem Dachgerüst zu verankern.

In den Abb. 137 u. 138 sind Pultdächer für die gebräuchlichsten Spannweiten dargestellt. Wird die freie Länge der Dachbalken größer als 6,00 m, so ist nach Abb. 139 eine Hängewerkskonstruktion in den Binder einzufügen. — Pultdächer können auch ohne Balkenlage, z. B. für offene Schuppen, ausgeführt werden (vgl. Abschnitt G, Hallendächer).

E. Mansardedächer.

Mansardedächer sind Sattel- oder Walmdächer mit gebrochenen Dachflächen. Die unteren Flächen werden steil, die oberen Flächen flacher angelegt. Dadurch ergibt sich ein für die Anordnung von Wohnräumen günstiger Dachquerschnitt. Solche Mansardedächer werden als Kehlbalkendächer ausgeführt.

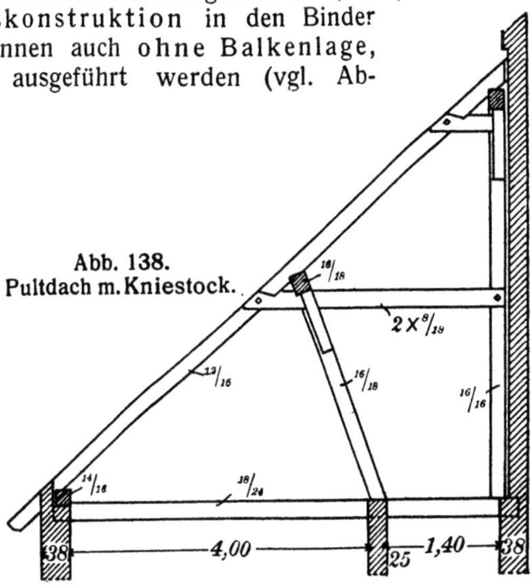

Abb. 138. Pultdach m. Kniestock.

Oft wird aber auch die Mansardedachform aus architektonischen Gründen für nicht ausgebaute Dächer gewählt. Die Ausführung geschieht dann nach Art der Pfettendächer.

I. Kehlbalkendächer.

Bei den Mansarde-Kehlbalkendächern wird zweckmäßig der Schnittpunkt der Sparrenoberkanten in die Höhe der Kehlbalkenoberkante gelegt (Abb. 140a). Der Ausgleich zwischen den überstehenden Kehlbalken und den oberen Sparren wird durch Aufschieblinge bewirkt. — Durchgehende Einzelbinder werden bei ausgebauten Dachräumen nicht angeordnet. Die Binder werden ersetzt durch die inneren Scheidewände, die in Fachwerk auszuführen sind. Die Kehlbalken liegen auf Rähmen, die durch Stiele der inneren Fachwände unterstützt werden. Die Sparren der unteren Dachfläche setzen sich mit Zapfen auf die Dachbalken und legen sich oben entweder stumpf gegen das Rähm, wo sie durch Sparrennägel befestigt werden

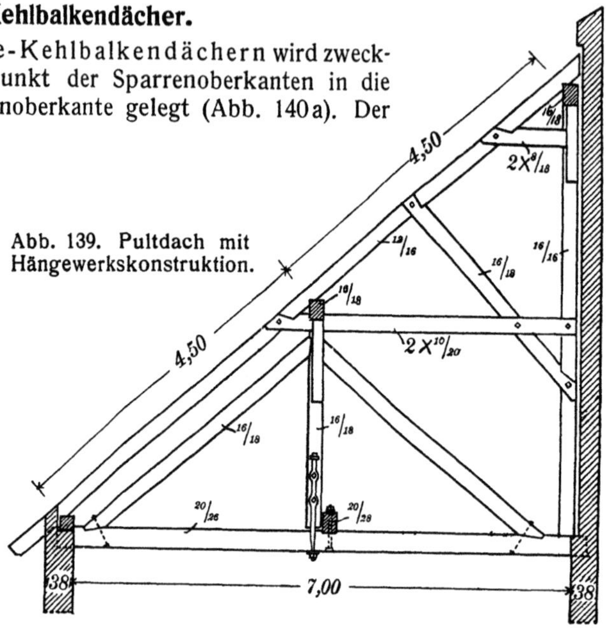

Abb. 139. Pultdach mit Hängewerkskonstruktion.

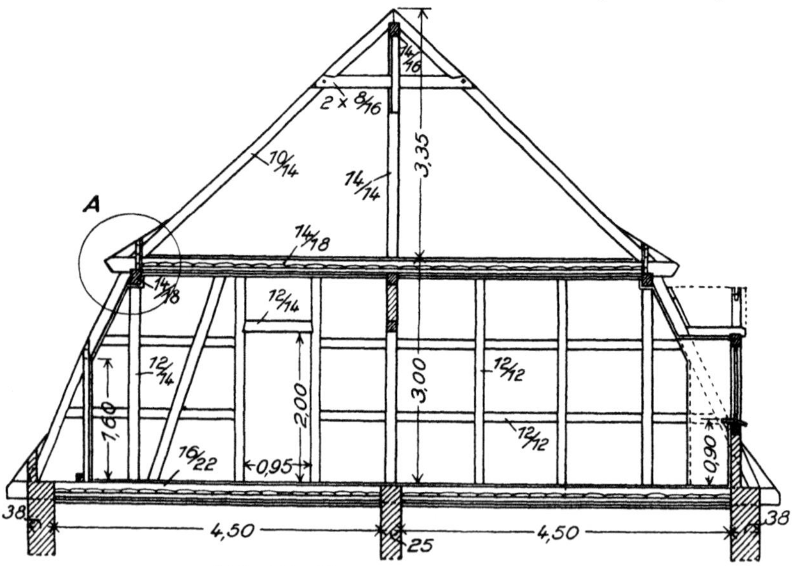

Abb. 140. Mansarde-Kehlbalkendach.

oder erhalten kurze Zapfen, die in die Kehlbalken greifen. Die Sparren der oberen Dachfläche werden mit Zapfen auf die Kehlbalken gesetzt. Abb. 140 stellt ein solches Dach im Querschnitt dar. Die Ausbildung am Knickpunkt zeigt Abb. 140a. Das Stirnbrett greift über die Deckung der unteren Dachfläche. Bei größeren Dachflächen kann an dieser Stelle auch eine Hängerinne angeordnet werden. — Der obere Teil des Mansardedaches wird immer als Pfettendach ausgebildet. Je nach der Sparrenlänge ist entweder eine Firstpfette oder es sind zwei Mittelpfetten anzuordnen.

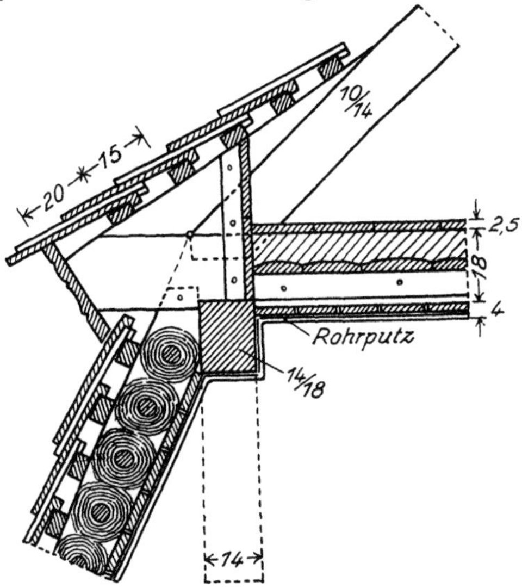

Abb. 140a. Knotenpunkt *A* (Abb. 140).

Die über den Dachwohnräumen liegende Kehlbalkenlage erhält Einschubdecke. Gegen die schrägen Dachflächen werden die Räume durch Bretter- oder Gipsdielwände von etwa 1,60 m Höhe abgegrenzt. Dachfensterausbauten geringerer Breite erhalten am besten Giebeldach, dessen First unter dem Dachknick liegt (Abb. 170). Dachausbauten großer Breite können auch durch Verlängerung der oberen Dachfläche überdeckt werden.

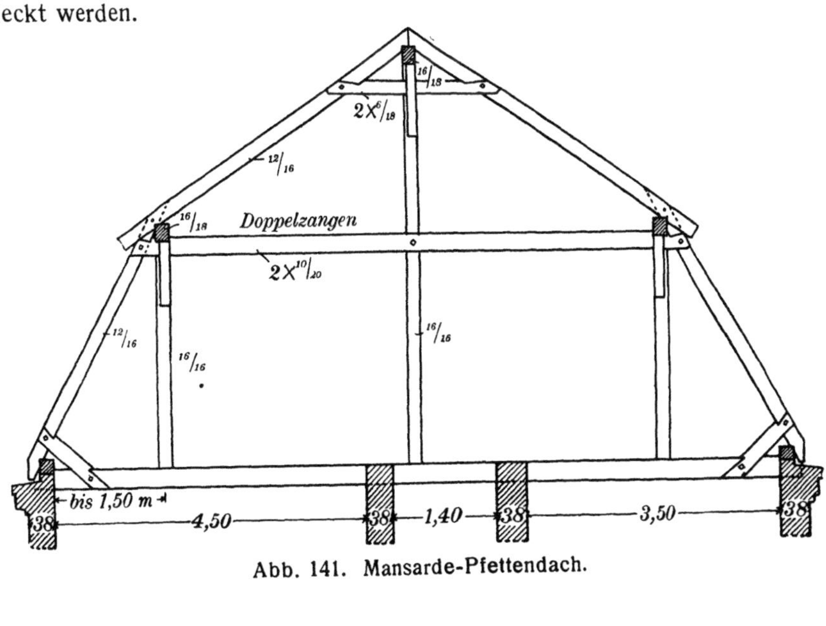

Abb. 141. Mansarde-Pfettendach.

II. Pfettendächer.

Die Pfetten werden durch stehende oder liegende Stuhlsäulen unterstützt. Am Knickpunkt ist eine Pfette anzuordnen. Darunter kommen Doppelzangen für die Querverbindung. Der untere Sparren ist mit dem oberen am Knickpunkt zu überplatten (Abb. 141).

F. Unsymmetrische Satteldächer (zusammengesetzte Dächer).

Falls für eingebaute Häuser symmetrische Satteldächer wegen zu großer Gebäudetiefe nicht möglich sind, sind Dachquerschnittsformen zu wählen, die nach der Straßen- und Hofseite steilere, im mittleren Teile flache Dachflächen zeigen. Die Querschnittsformen können sehr mannigfaltig sein (Abb. 142 u.

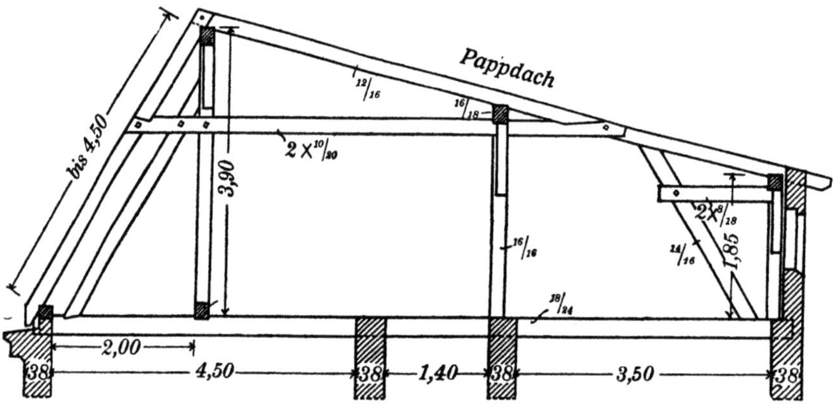

Abb. 142. Unsymmetrisches Satteldach.

143). Nach der Straßen- und Hofseite werden Dachflächen mit und ohne Kniestock, auch Mansardedachflächen angeordnet. Der mittlere Teil wird für Pappe- oder Holzzementeindeckung eingerichtet. Diese Dächer werden meist als Pfettendächer mit stehendem oder liegendem Stuhl ausgeführt.

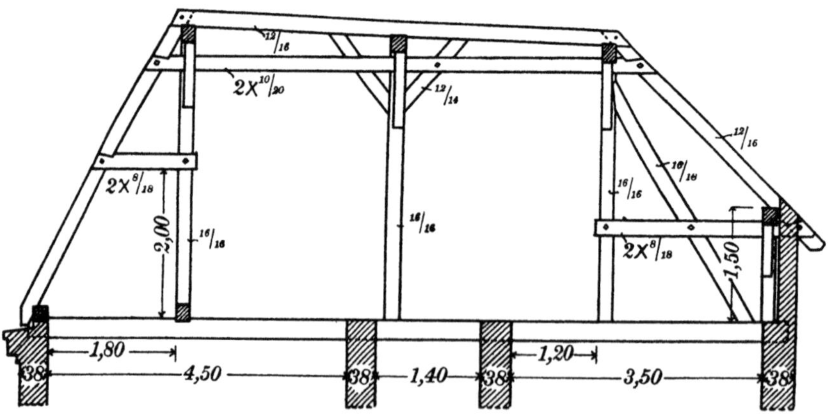

Abb. 143. Unsymmetrisches Satteldach.

Die Stuhlsäulen sollen nicht mehr als 1,50 m vom Unterstützungspunkte des Binderbalkens entfernt sein. Ist dieses nicht zu erreichen, so wird unter den Stiel ein mindestens über drei Balken reichendes Schwellholz gelegt. Bei größeren freien Balkenlängen müssen Hängewerkskonstruktionen in den Binder eingefügt werden. Für gute Querverbindung durch Doppelzangen ist Sorge zu tragen.

G. Dächer ohne Balkenlage.

Große Räume (Werkstätten, Schuppen, Konzert- und Ausstellungshallen, Säle usw.) erhalten Dächer ohne Balkenlagen, so daß das ganze Dach oder nur der untere Teil desselben für die Raumhöhe ausgenutzt werden kann. Die Dachkonstruktion wird entweder nur von den Umfassungswänden oder auch von einzelnen inneren Stützen getragen.

I. Dächer ohne Mittelstützen.

Die Binder sind so anzuordnen, daß die Umfassungswände keinen Seitenschub erhalten, sondern die ganze Dachlast als senkrechter Druck übertragen wird. Dieses wird in einfachster Weise durch Anordnung einer Querverbindung am Sparrenfuß erreicht.

a) Dächer mit Querverbindung am Sparrenfuß.

Die Querverbindung in jedem Binder kann bewirkt werden: 1. durch Hängebalken, 2. durch Doppelzangen, 3. durch Zugstangen.

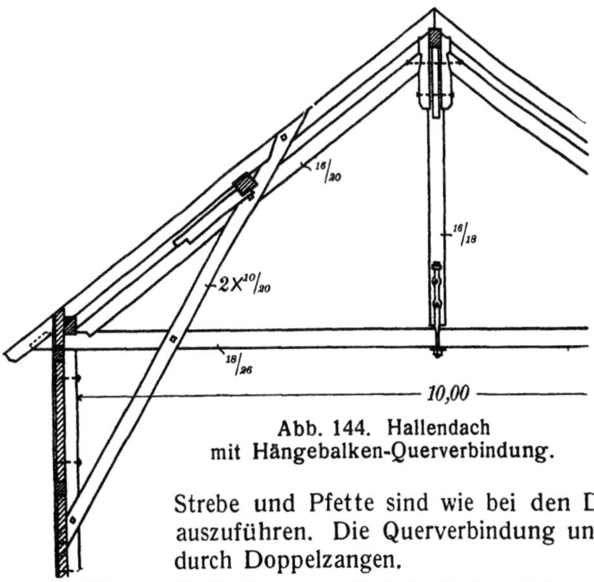

Abb. 144. Hallendach mit Hängebalken-Querverbindung.

1. Über den Hängebalken werden Hängewerkskonstruktionen ausgeführt (vgl. Abschnitt IV C, S. 83). Der Binderanordnung wird meist das einfache Hängewerk zugrunde gelegt. Die mittlere Hängesäule trägt die Firstpfette. Die Mittelpfetten werden auf die Hängewerksstreben (Hauptsparren) aufgelegt und verkämmt. Die Auflagerung wird durch an die Streben genagelte Knaggen gesichert. Die Kopfbänder zwischen Strebe und Pfette sind wie bei den Dächern mit liegendem Stuhl auszuführen. Die Querverbindung unter den Mittelpfetten erfolgt durch Doppelzangen.

Werden die Umfassungswände in Fachwerk hergestellt, so ist in jedem Binder der Wandstiel zu verdoppeln. Zur Erhöhung des Querverbandes und besonders zur Sicherung der Umfassungswände gegen Umkippen werden die Wandstiele mit dem Hängebalken, der Strebe und dem Sparren durch schräg ansteigende Doppelzangen verbunden (Abb. 144).

2. Erfolgt die Querverbindung am Sparrenfuß durch Doppelzangen, so wird der Binder nach Art der „vereinigten Hänge- und Sprengewerke" gebildet.

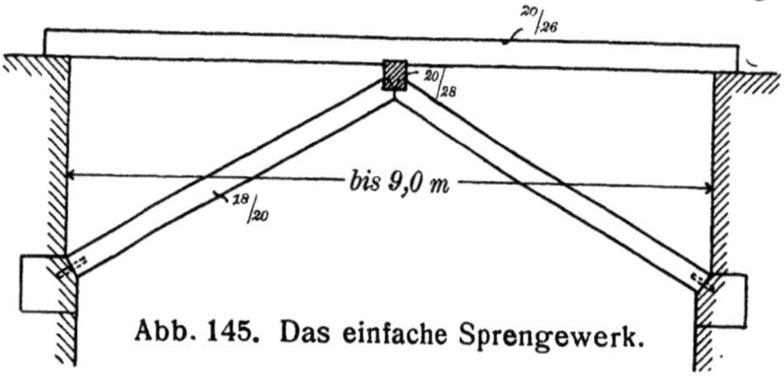

Abb. 145. Das einfache Sprengewerk.

Unter einem Sprengewerk versteht man eine Holzkonstruktion, die mittels zweier Streben die Balkenlast auf zwei unterhalb des Balkens liegende feste Punkte überträgt. Wird der Balken nur in der Mitte gestützt, so ergibt sich das einfache Sprengewerk (Abb. 145). Die Streben stoßen stumpf zusammen oder fassen mit Klaue und Zapfen in einen Unterzug. Die Streben stützen sich unten gegen einen Mauerabsatz oder einen besonders geformten Widerlagsstein. Die Widerlagswand muß genügend stark sein, um den Seitenschub der Streben aufnehmen zu können. — Erfolgt die Balkenunterstützung an zwei Punkten, so wird zwischen die Streben ein Spannriegel, der mit dem Hauptbalken verbolzt und verdübelt ist, gesetzt. Diese Anordnung ergibt das doppelte Sprengewerk (Abb. 146).

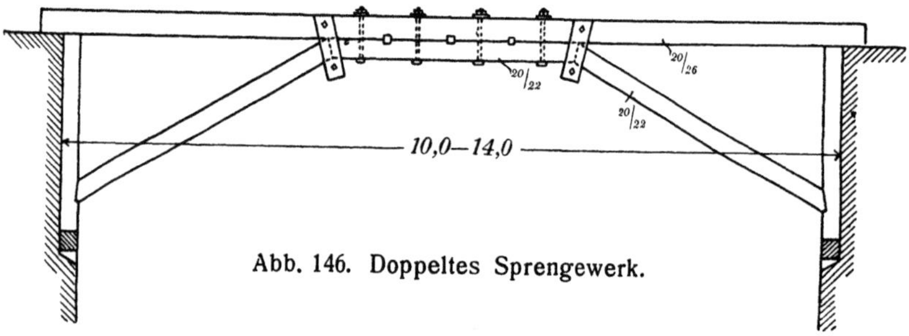

Abb. 146. Doppeltes Sprengewerk.

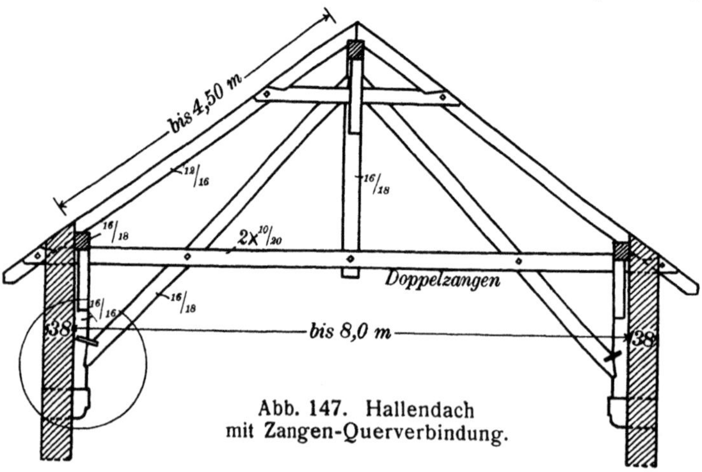

Abb. 147. Hallendach mit Zangen-Querverbindung.

Reine Sprengewerke kommen im Hochbau selten zur Ausführung, werden aber im Tiefbau für hölzerene Brücken verwendet.

Bei den „vereinigten Hänge- und Sprengewerken“ liegt die Tragekonstruktion zum Teil über, zum Teil unter dem Hauptbalken, der dann als Doppelholz ausgebildet werden muß.

Die Streben werden bei Fachwerks-Umfassungswänden in den verdoppelten Wandstiel verzapft. Bei massiven Umfassungswänden greifen sie in einen vor der Wand liegenden und durch einen Kragstein unterstützten Klappständer. Die Verbindung erfolgt durch schrägen Zapfen mit Versatzung und wird durch Spitzklammern gesichert (Abb. 147 a). Der Klappständer trägt die Fußpfette. Nach der Sparrenlänge wird die Anzahl der Pfetten bestimmt. Ist nur eine Firstpfette erforderlich, so wird der Binder nach Abb. 147 gebildet. Abb. 148 zeigt die Anordnung mit Mittelpfetten (bis 7,00 m Spannweite).

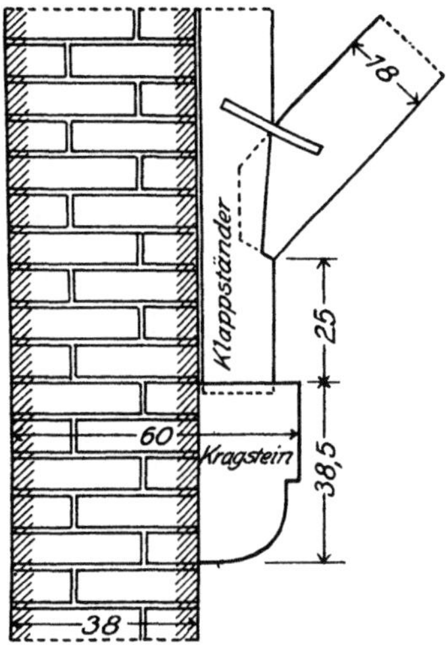

Abb. 147 a. Knotenpunkt *A* (Abb. 147).

Wird außer den Mittelpfetten noch eine Firstpfette erforderlich (bis 9,00 m Sparrenlänge), so wird dieselbe entweder wie in dem Hängewerksbinder Abb. 136 gegen die Hängesäulen abgestrebt, oder die Ausführung erfolgt nach Abb. 149. Dieser Binder ist nach Art der liegenden Dachstühle ausgebildet.

3. Dächer mit Zugstangenverbindung am Sparrenfuß werden meist wie Hängebalkendächer konstruiert; nur wird der mittlere Teil des Hängebalkens durch eine Zugstange ersetzt. Diese Querverbindung fällt wenig auf, läßt den Dachraum freier erscheinen und kommt daher hauptsächlich bei Saal-

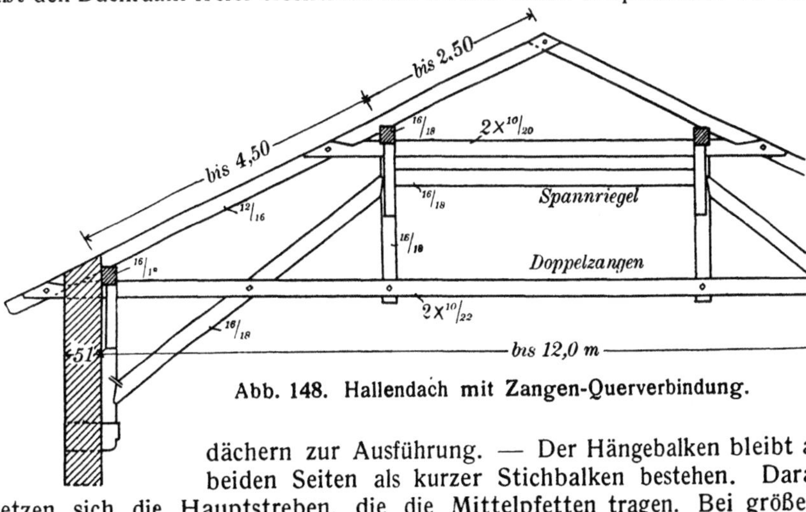

Abb. 148. Hallendach mit Zangen-Querverbindung.

dächern zur Ausführung. — Der Hängebalken bleibt auf beiden Seiten als kurzer Stichbalken bestehen. Darauf setzen sich die Hauptstreben, die die Mittelpfetten tragen. Bei größerer Länge der Hauptstrebe erfolgt Abstrebung gegen die mittlere Hängesäule.

Die Zugstange besteht aus zwei Teilen, die in der Mitte durch ein Spannschloß mit Rechts- und Linksgewinde zusammengehalten werden, so daß ein

Nachspannen möglich bleibt. Die Verbindung mit dem Stichbalken erfolgt durch angebolzte Flacheisen, die an den Enden zu kreisrunden „Augen" ausgeschmiedet sind. Genau so wird das Zugstangenende ausgebildet. Die Verbindung geschieht durch Schraubenbolzen (Abb. 150a) oder durch Splint-

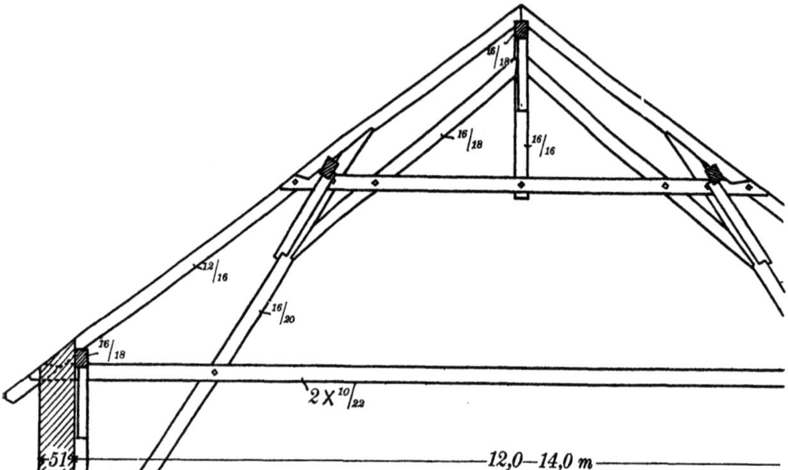

Abb. 149. Hallendach mit Zangen-Querverbindung.

bolzen.[1]) Die Zugstangen können in der Mitte mittels schwächerer Rundeisenstangen an der Dachkonstruktion aufgehängt werden. Das Spannschloß ist dann entsprechend einzurichten.

Die Querverbindung im oberen Teile des Daches geschieht durch Doppelzangen.

Die Anordnung eines Saalbinders von 11,00 m Spannweite zeigt Abb. 150. Die mittlere Hängesäule wird durch die Hauptstrebe und im unteren Teile durch flachere Strebenhölzer gegen den Stichbalken abgestützt. Die Hängesäule ist für den Anschluß der Hauptstreben am oberen Ende durch seitlich angebolzte Hölzer verstärkt (Abb. 150b). Der Längsverband des Daches erfolgt durch die Pfetten und Kopfbänder und außerdem durch die auf den unteren Querzangen liegenden Längszangen. Die aus Rahmen und Füllungen bestehende Holzdecke wird durch besondere, nicht zur Binderkonstruktion gehörende Bohlenbögen getragen.

b) Dächer ohne Querverbindung am Sparrenfuß.

Soll der Dachraum im unteren Teile vollständig frei bleiben, so muß die Querverbindung am Sparrenfuß fortfallen. Dafür werden schräg ansteigende Zangen angeordnet, die den Fußpunkt der einen Dachseite mit einem höher gelegenen Punkte der anderen Dachseite verbinden. Die mehrfach sich kreuzenden Hölzer ergeben unverschiebliche Dreiecksverbindungen, wodurch der Seitenschub des Binders aufgehoben und die Dachlast als senkrecht wirkender Druck

1) Näheres über Zugstangen, Spannschlösser und Bolzenverbindung siehe Göbel-Henkel, Eisenkonstruktion I. B. G. Teubner, Leipzig.

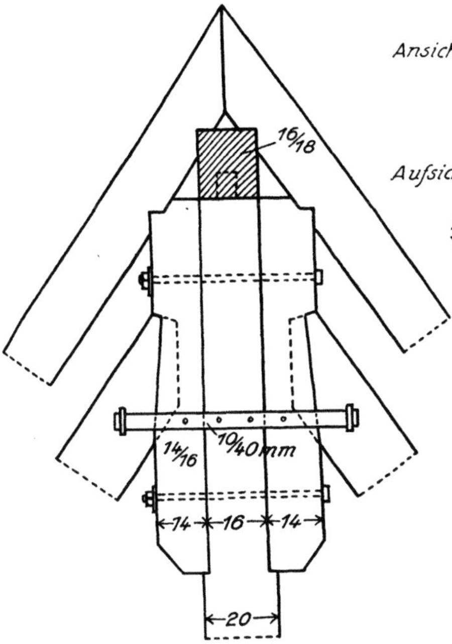

Abb. 150b. Knotenpunkt B (Abb. 150).

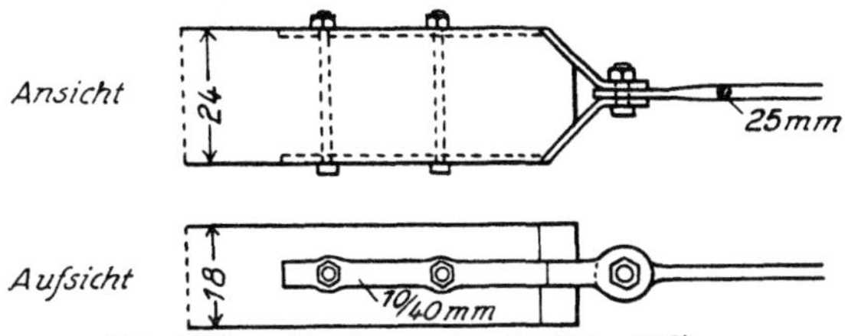

Abb. 150a. Knotenpunkt A (Abb. 150). Verbindung der Zugstangen mit den Stichbalken.

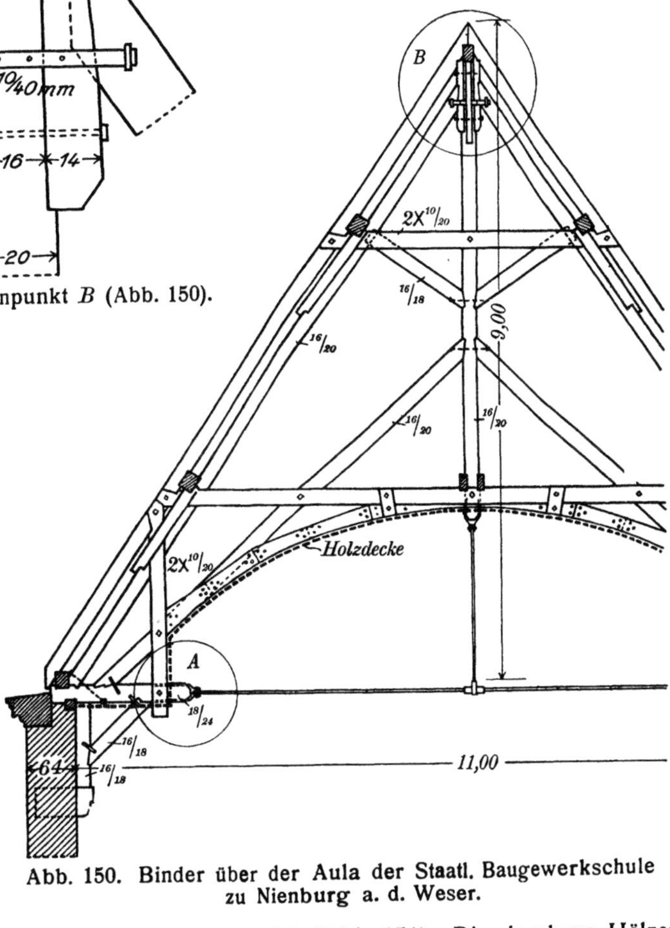

Abb. 150. Binder über der Aula der Staatl. Baugewerkschule zu Nienburg a. d. Weser.

auf die Umfassungswände übertragen wird (Abb. 151). Die einzelnen Hölzer sind in den Knotenpunkten unter Verwendung von Schraubenbolzen und Eisenschienen auf das festeste miteinander zu verbinden.

c) Bohlendächer.

Für die Anlage großer, freier Dachräume bietet das Bohlendach eine besonders günstige Form. Die bogenförmigen Sparren werden aus 2—3 Brett-

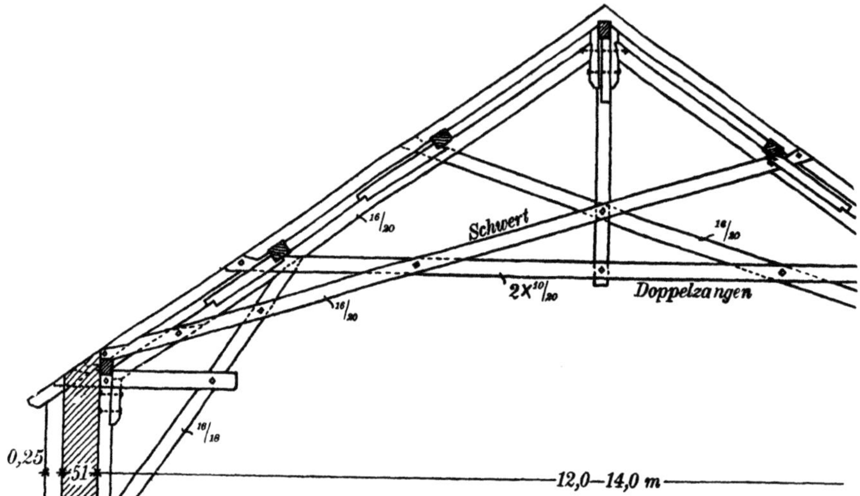

Abb. 151. Hallendach ohne Querverbindung am Sparrenfuß.

lagen gebildet, die mit versetzten Stößen aufeinander gelegt und durch Nagelung sicher verbunden werden. Die Bretter erhalten 2,5—4 cm Stärke, 15—25 cm Breite und 1,30—1,50 m Länge. Die Stöße der einzelnen Brettstücke sind genau radial zuzuschneiden und aufs sorgfältigste zusammenzupassen. Die Nägel müssen so lang sein, daß sie auf der Rückseite umgeschlagen werden können. Besondere Binder sind nicht erforderlich.

Bohlendächer können sowohl über freistehenden Wohngebäuden, als auch bei Hallenbauten verwendet werden. Im ersteren Falle kann eine Kehlbalkendecke eingebaut werden (Abb. 152). Die günstigste Querschnittsform ist die des Spitzbogens, wobei die Höhe etwa $\frac{3}{4}$ der Spannweite wird und die Mittelpunkte etwas unter der Trauflinie liegen. Der Übergang an der Traufe geschieht durch Aufschieblinge, die als 2,5 cm starke Bretter seitlich an die Sparren genagelt werden (Knotenpunkt A, Abb. 152). Im First wird eine von Brettzangen getragene Bohle für den Längsverband angeordnet (Knotenpunkt B, Abb. 152). Der weitere Längsverband geschieht durch unter die Bohlensparren genagelte Windrispen. Bei großen Konstruktionen ist Verriegelung der Bohlensparren durch durchgesteckte und verkeilte Bohlenhölzer erforderlich.

Eine besondere Art der Bohlendächer stellt das Zollbau-Lamellen-Dach D. R. P. (Abb. 153) dar. Es wird mit Spitzbogen- oder Rundbogenprofil bis zu 30 m Spannweite ausgeführt und gibt vollständig freie Dachräume von günstiger Raumwirkung. Das Dachgerippe ist ein rautenförmiges Netzwerk von formgleichen, bogenförmig zugeschnittenen und an beiden Enden geschmiegten Brettstücken (Lamellen) in den Abmessungen von 2,5 × 15 × 195 bis etwa 5 × 30 × 250 cm. Die Lamellen werden an den Kreuzungsstellen durch Schloßschrauben mit Unterlagsscheiben verbunden (Punkt *A*, Abb. 153).

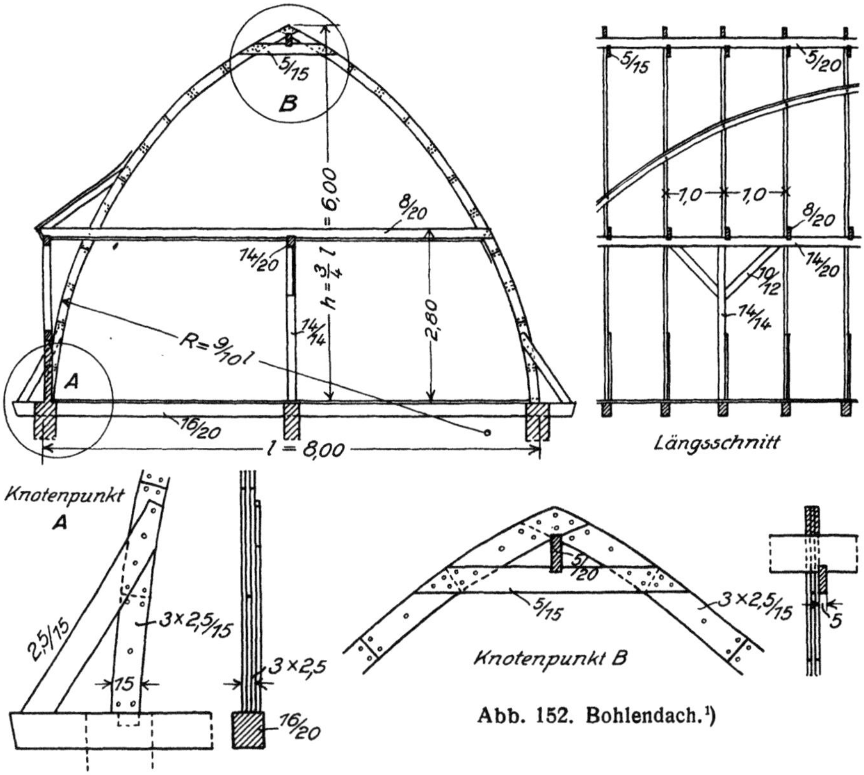

Abb. 152. Bohlendach.[1])

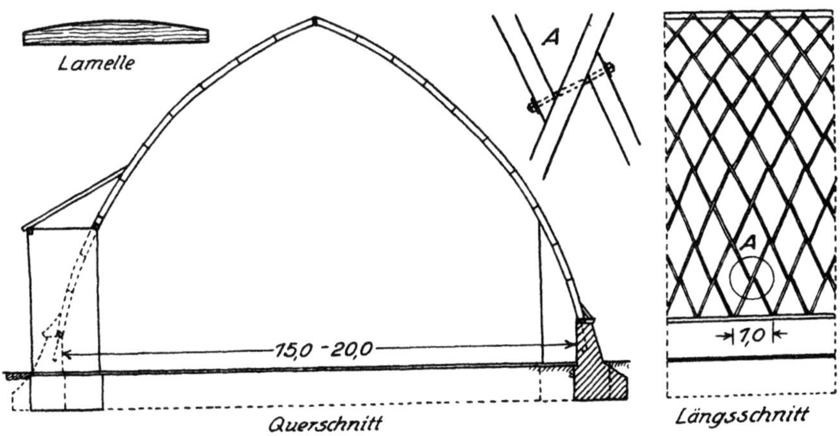

Abb. 153. Zollbau-Lamellen-Dach D.R.P. (Europäisches Zollbau-Syndikat, Hamburg.)

---

1) Nach Fauth, Bogendächer. Sorau 1923.

Zu den Bohlendächern gehören auch die Vollwandbinder der Firma Otto Hetzer in Weimar (Abb. 154). Die Binderbögen erhalten I-förmigen Querschnitt (Abb. 154a). Der Steg besteht aus einer 6 cm starken Bohle oder wird durch Übereinanderlegen mehrerer Brettlagen gebildet. Die Flansche sind 8, 10 oder 12 cm stark

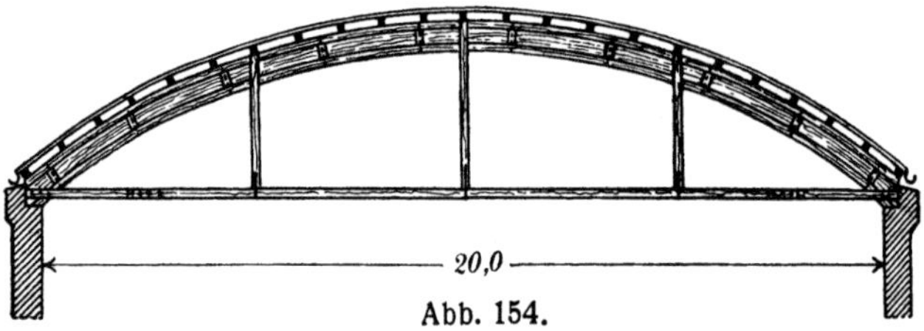

Abb. 154.
Vollwandbinder der Firma Otto Hetzer in Weimar.

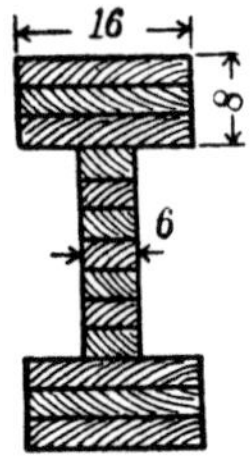

Abb. 154a. Querschnitt der Hetzerschen Vollwandbinder.

und 16 oder 20 cm breit; sie werden aus mehreren Lamellen zusammengesetzt. Die Verbindung aller Flansch- und Steghölzer geschieht mittels eines in der Feuchtigkeit nicht löslichen Bindemittels. Der Steg wird in Abständen von etwa 2 m durch Füllhölzer versteift; diese Stellen werden meist noch durch umgelegte, nachstellbare Eisenbänder gesichert. Querverbindung durch hölzerne Doppelzangen.

d) Hallendächer mit Fachwerkbindern.

Der Bau freitragender Hallendächer in Holz hat in der Nachkriegszeit erhöhte Bedeutung gewonnen. Solche Dächer erhalten meist Fachwerkbinder, deren Stäbe ähnlich wie bei den eisernen Dachbindern angeordnet und in allen Teilen statisch berechnet werden. Druck- und Zugstäbe können als Vollhölzer oder als Doppelhölzer (Zangen) gebildet werden. Doppelhölzer, die auf Druck

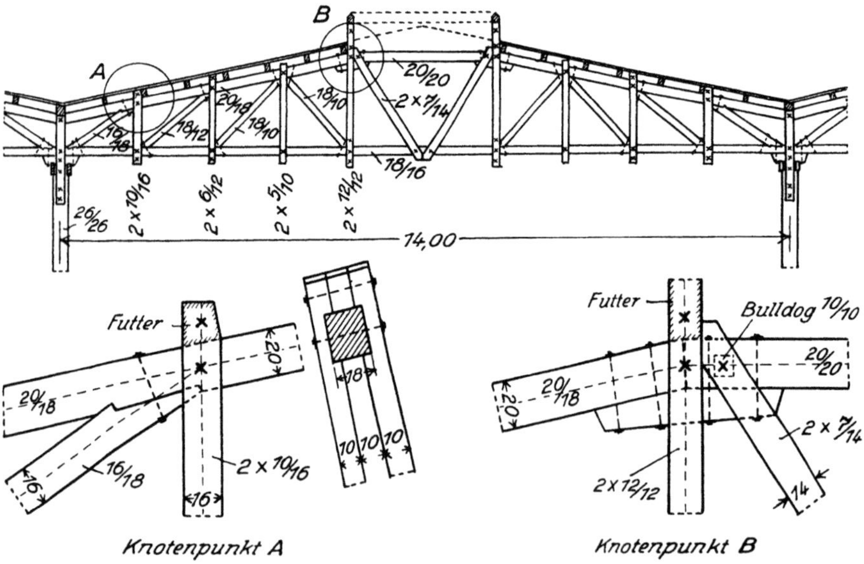

Abb. 155. Fachwerkbinder für die Hafenschuppen in Bremen.
Entwurf u. Ausführung: Adolf Sommerfeld, Berlin W 9.

beansprucht werden, sind durch Futterstücke und Verbolzung gegen Knicken zu sichern. In den Knotenpunkten werden die Stäbe so zusammengeführt, daß ihre Schwerachsen sich in einem Punkte schneiden. Die Verbindung erfolgt seltener durch Schraubenbolzen, die auf Biegung beansprucht werden,

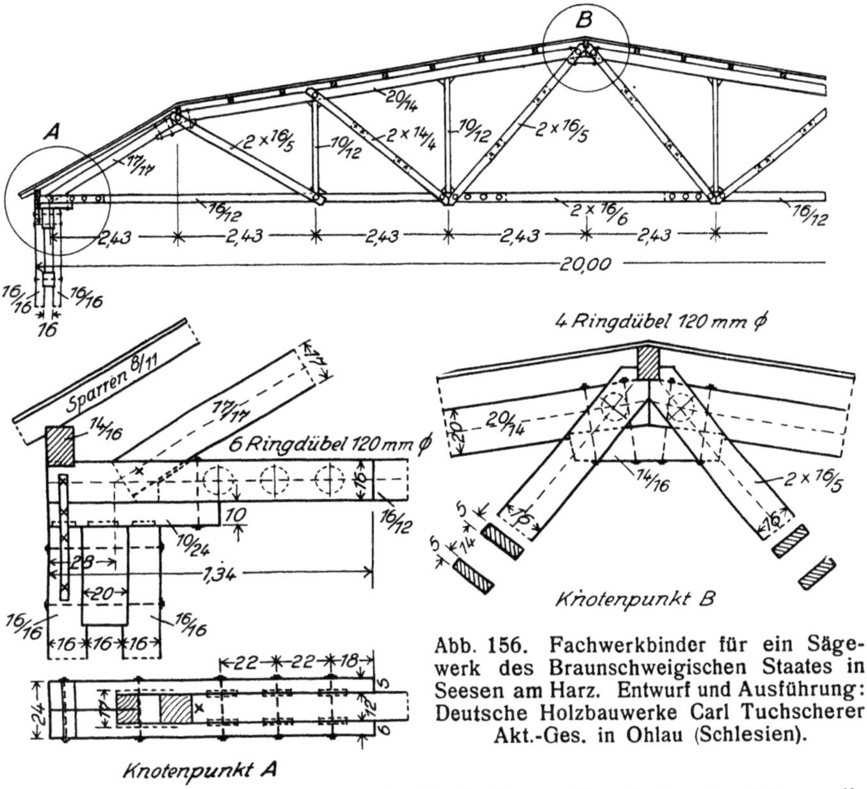

Abb. 156. Fachwerkbinder für ein Sägewerk des Braunschweigischen Staates in Seesen am Harz. Entwurf und Ausführung: Deutsche Holzbauwerke Carl Tuchscherer Akt.-Ges. in Ohlau (Schlesien).

als vielmehr durch Einlegestücke (Dübel) aus Hartholz oder Eisen, die auf Druck beansprucht werden und die in maschinell hergestellte Nuten sorgfältig eingepaßt werden müssen. Zum Zusammenhalt sind in jedem Knotenpunkt einige Heftbolzen (13—16 mm ϕ), die durch die Einlegestücke geführt werden, erforderlich. Die Zahl der Einlegestücke muß so groß sein, daß die zulässige Druckbeanspruchung der Hölzer nicht überschritten wird. Die Abstände errechnen sich unter Zugrundelegung der zulässigen Scherbeanspruchung des Holzes. — Fachwerkbinder werden meist von größeren Holzbaufirmen als Sonderkonstruktionen hergestellt. Die verschiedenen Ausführungsarten unterscheiden sich hauptsächlich in der Ausbildung der Knotenpunkte und der Form und Anordnung der Einlegestücke (Dübel). Einige ausgeführte Beispiele bekannterer Bauweisen sind in den Abb. 155—159 zusammengestellt.

Abb. 156a. Ringdübel der Deutschen Holzbauwerke Carl Tuchscherer A.-G. in Ohlau (Schlesien).

1. Fachwerkbinder für 14 m Spannweite der Firma Adolf Sommerfeld, Berlin W 9 (Abb. 155). Ober- und Untergurtstäbe sind Vollhölzer. Die Vertikal-

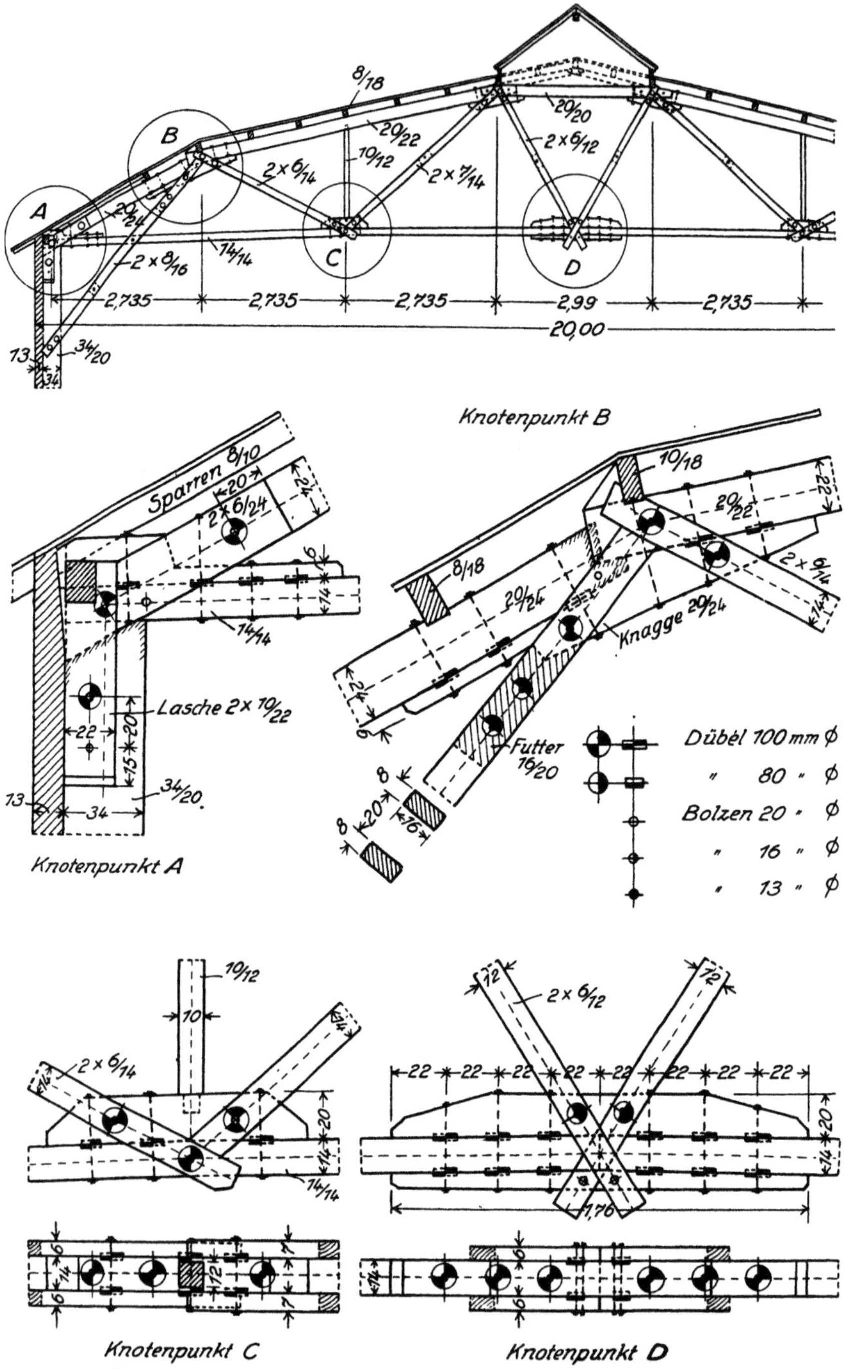

Abb. 157. Fachwerkbinder für den Lagerschuppen der Firma Otto Behr, Chemnitz. Entwurf und Ausführung: Christoph u. Unmack Akt. Ges., Niesky, Ob. Lausitz.

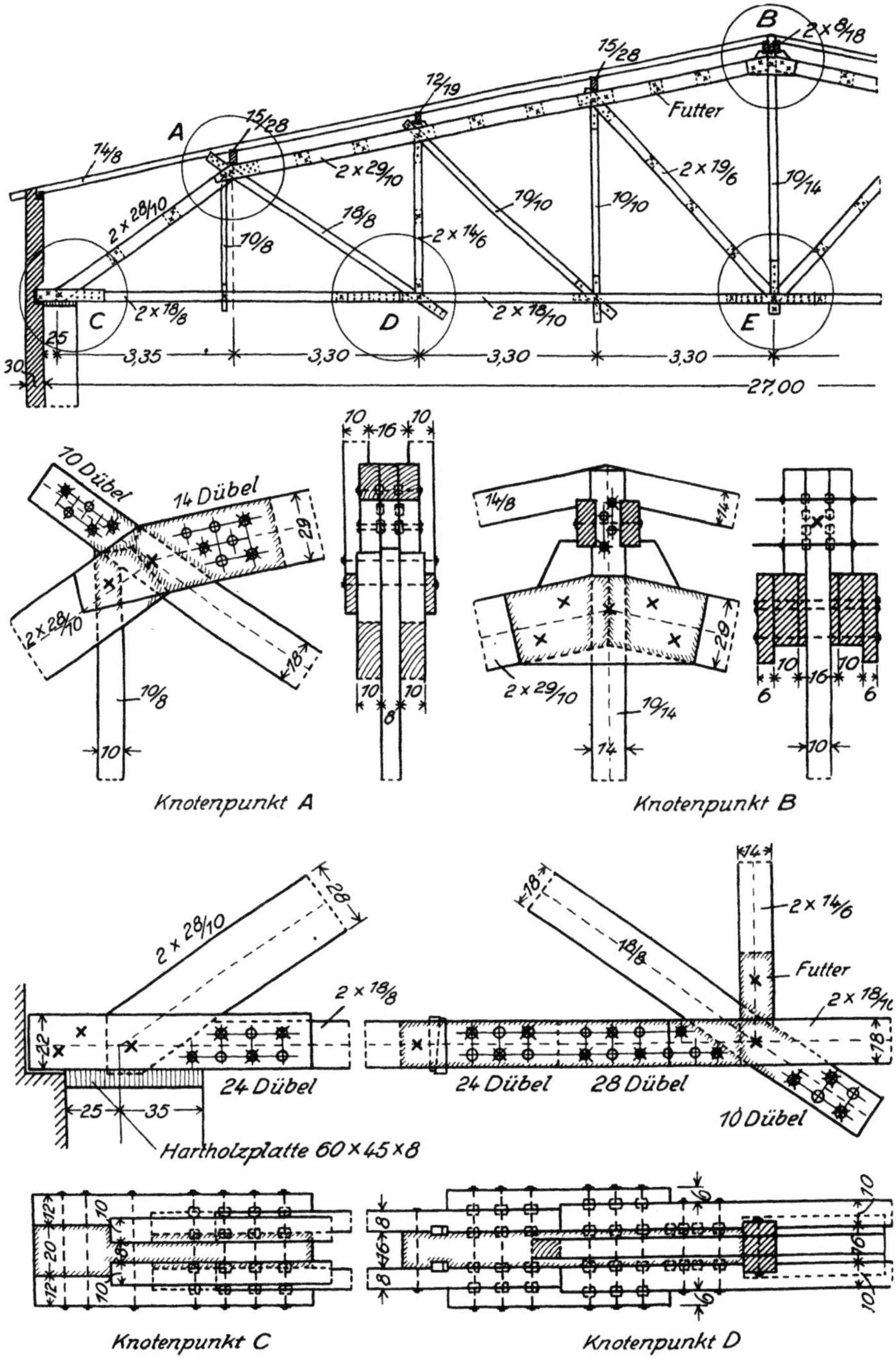

Abb. 158. Fachwerkbinder für den Fahrzeugschuppen des Bahnhofs München-Ost.
Entwurf u. Ausführung: Karl Kübler Akt.-Ges., Stuttgart.

stäbe und die mittleren Diagonalstäbe sind als Doppelhölzer zangenartig angeschlossen und durch Bolzen verbunden. Die übrigen Diagonalstäbe sind Vollhölzer, die sich mit Versatzung gegen den Ober- und Untergurt setzen. Die Anschlußstellen werden durch Bolzen gesichert. Im Knick des Obergurtes ist ein Sattelholz angeordnet und mit den Obergurtstäben verbolzt.

2. Fachwerkbinder für 20 m Spannweite der Deutschen Holzbauwerke Carl Tuchscherer Akt.-Ges., Ohlau, Schlesien (Abb. 156). Der Obergurt besteht aus Vollhölzern, die in den Knickpunkten durch Sattelhölzer und Bolzen verbunden werden. Der Untergurt besteht in den Seitenteilen aus Vollhölzern, in der Mitte aus Doppelhölzern. Die Vertikalstäbe sind stumpf zwischen Ober- und Untergurt gesetzt und durch Dreieckhölzer gegen Verschieben gesichert. Die Diagonalstäbe sind als Doppelhölzer zangenartig angeschlossen und durch Ringdübel verbunden. Diese Ringdübel D. R. P. (Abb. 156 a) bestehen aus einem geschlitzten Eisenring, der infolge des Schlitzes seine Form so einstellen kann, daß auch bei nicht genau passender Nut eine gleichmäßige Druckübertragung gewährleistet wird. Damit sich die Ringe in ihrer Ebene nicht verschieben können, greifen die beiden Enden mit Ansatz und Nut ineinander.

3. Fachwerkbinder für 20 m Spannweite der Firma Christoph & Unmack Akt.-Ges., Niesky, Ob.-Lausitz (Abb. 157). Die Ober- und Untergurtstäbe sind Vollhölzer, die in den Knickpunkten durch Sattelhölzer verbunden werden. Die Diagonalstäbe sind als Doppelhölzer zangenartig angeschlossen. Alle Verbindungen erfolgen durch Tellerdübel und Bolzen (vgl. die einzelnen Knotenpunkte). Die Tellerdübel D. R. P. (Abb. 157 a) sind gußeiserne Ringe von T-förmigem Querschnitt, die in maschinell eingefräste Nuten sorgfältig eingepaßt werden. Die Stege haben die doppelte Wirkung, sowohl die Ringfestigkeit zu erhöhen, als auch den Ring am Verkanten zu hindern. Ferner wird erreicht, daß die Druckübertragung sowohl durch die äußere, als auch durch die innere Zylinderfläche bewirkt wird.

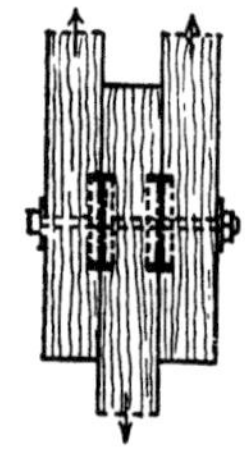

Abb. 157 a. Tellerdübel der Firma Christoph u. Unmack A.-G., Niesky, O.-L.

4. Fachwerkbinder für 27 m Spannweite der Firma Karl Kübler Akt-Ges., Stuttgart (Abb. 158). Ober- und Unter-

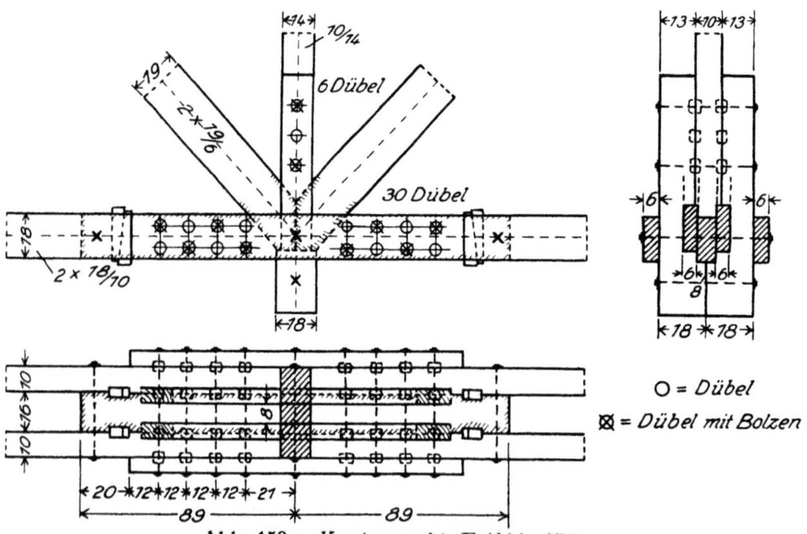

Abb. 158 a. Knotenpunkt E (Abb. 158).

gurtstäbe sind als Doppelhölzer, Vertikal- und Diagonalstäbe, teils als Vollhölzer, teils als Doppelhölzer gebildet. Die Verbindung in den Knotenpunkten geschieht durch Anordnung von Zwischen- und Überlagshölzern unter Verwendung kleinerer Einlegestücke (Dübel) aus Hartholz oder Eisen. Diese nach der Form des Doppelkegels gebildeten Einlegestücke (Abb. 158b) sind für die Durchführung der Heftbolzen durchbohrt und müssen in die maschinell hergestellten Aussparungen sorgfältig eingepaßt werden. Die Anordnung der Zwischen- und Überlagshölzer, der Dübel und Heftbolzen ist aus den in den Abb. 158 und 158a dargestellten Knotenpunkten ersichtlich.

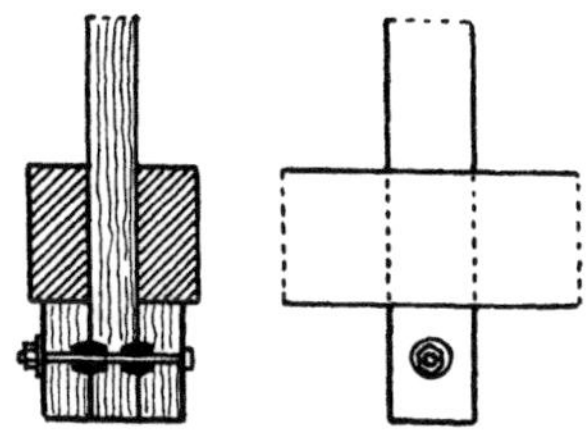

Abb. 158b. Bauweise Kübler. Verbindung der Hölzer durch Einlegestücke.

5. Fachwerkbinder für 35 m Spannweite der Firma Artur Müller, Bauten und Industriewerke, Berlin-Johannisthal (Abb. 159). Der Binder setzt sich aus einzelnen, geradlinig begrenzten Fachwerkträgern zusammen. Die Verbindung erfolgt durch Einfügung trapezförmiger Keilstücke, deren Kern durch eine 4 cm starke Bohle ge-

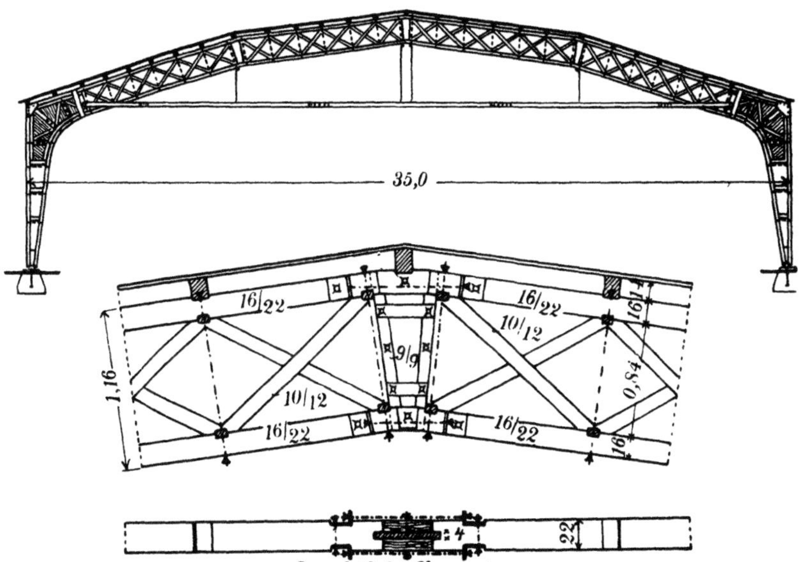

Abb. 159. „Ambi"-Pol-Binder der Firma Artur Müller, Bauten und Industriewerke, Berlin-Johannisthal.

bildet wird. Diese Bohlenstücke sind zur Aufnahme der an der Stoßstelle auftretenden Querkraft durch seitliche Kanthölzer verstärkt und greifen zur Sicherung gegen Seitenverschiebung schlitzartig in die anschließenden Gurtungen ein.

II. Dächer mit Mittelstützen.

Räume von großer Spannweite erhalten oft Mittelstützen (Holzstiele), wodurch die Dachkonstruktion sich wesentlich einfacher gestaltet. Auf den Mittelstützen liegen die Pfetten. Die Konstruktion zwischen den Stützen erfolgt nach Art der „vereinigten Hänge- und Sprengewerke". Für gute Querverbindung durch Doppelzangen ist Sorge zu tragen. Die Abb. 160—162 zeigen einige Dachbinder für verschiedene Spannweiten.

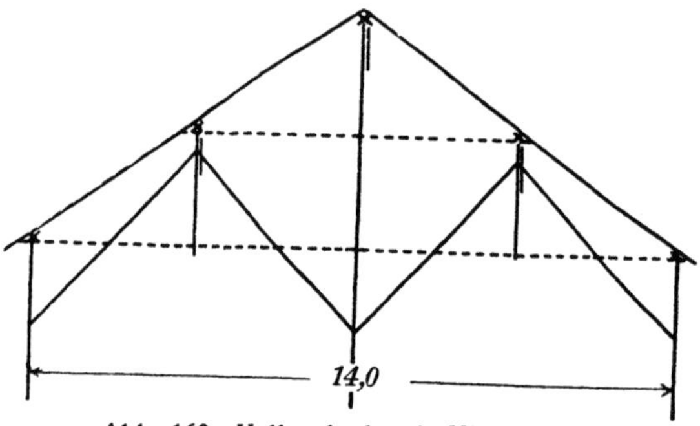

Abb. 160. Hallendach mit Mittelstützen.

Hallendächer mit Mittelstützen können bei großen Spannweiten auch nach den in den Abb. 155—159 dargestellten Fachwerkbindern gebildet werden.

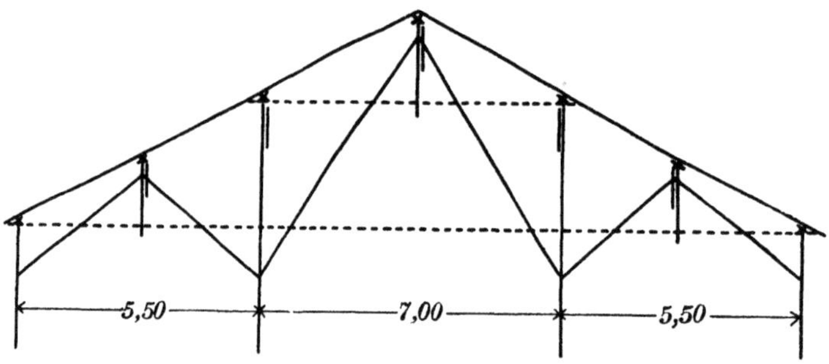

Abb. 161. Hallendach mit Mittelstützen.

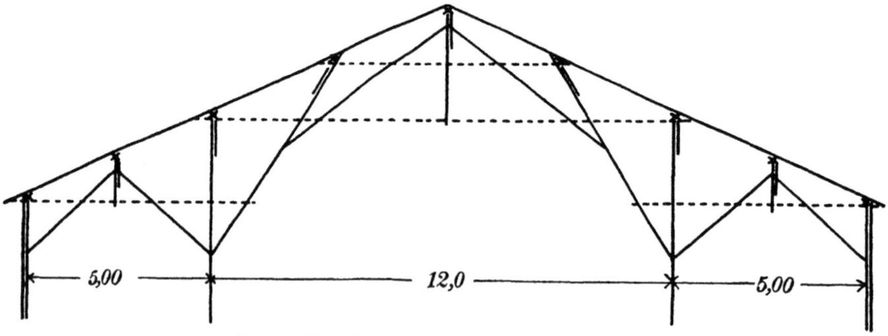

Abb. 162. Hallendach mit Mittelstützen.

H. Säge- oder Sheddächer.

Fabrikräume von größerer Tiefe werden durch mehrere nebeneinanderliegende unsymmetrische Satteldächer überdeckt (Shed- oder Sägedächer). Die steile, nach Norden gerichtete Dachfläche erhält Verglasung; die andere Dachfläche ist unter 20—30° geneigt. Im First bilden die beiden Dach-

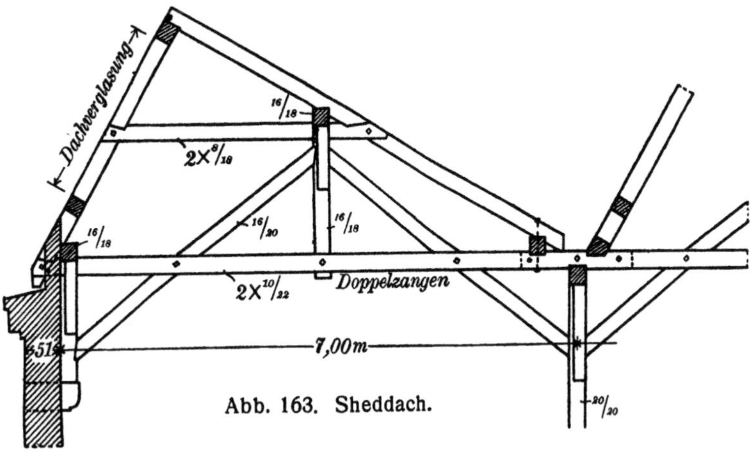

Abb. 163. Sheddach.

flächen einen Winkel von ungefähr 90°. Die Stützenreihen sind so anzuordnen, daß sich Spannweiten von höchstens 10,00 m ergeben. Die Entfernung der Stützen in den einzelnen Reihen beträgt 4,00—5,00 m (Binderentfernung). Die

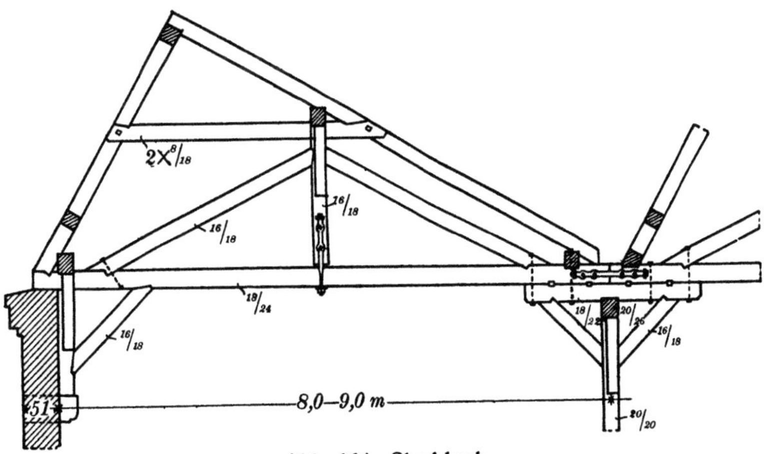

Abb. 164. Sheddach.

Stützen bestehen aus Holz oder Eisen. Die Binder werden ohne Balkenlage nach Art der Hallendächer ausgeführt. Die Querverbindung am Sparrenfuß geschieht durch Doppelzangen (Abb. 163) oder durch Hängebalken (Abb. 164).

Zwischen den Traufen der zusammenstoßenden Dachflächen sind breite, begehbare Dachrinnen mit genügendem Gefälle anzuordnen. Bei langen Rinnen werden außer den beiden Abfallrohren an den Rinnenenden noch innere Abfallrohre, die an den Stützen herabgeführt werden, erforderlich. Bei gußeisernen Säulen kann das Abfallrohr in das Innere der Stütze gelegt werden.

I. Zeltdächer. Turmdächer. Geschweifte Turmhauben.

Zeltdächer sind Walmdächer ohne Firstlinie. Die Gratlinien treffen sich in einem Punkte, der Spitze des Daches. Zeltdächer über regelmäßig vieleckigem Grundriß haben gleich geneigte Dachflächen; bei rechteckigem oder unregelmäßigem Grundriß ergeben sich verschieden geneigte Dachflächen.

Die Binder liegen in den Diagonalen des Grundrisses; die Gratsparren sind daher die Bindersparren. Alle anderen Sparren sind Schiftsparren. Die Grat-

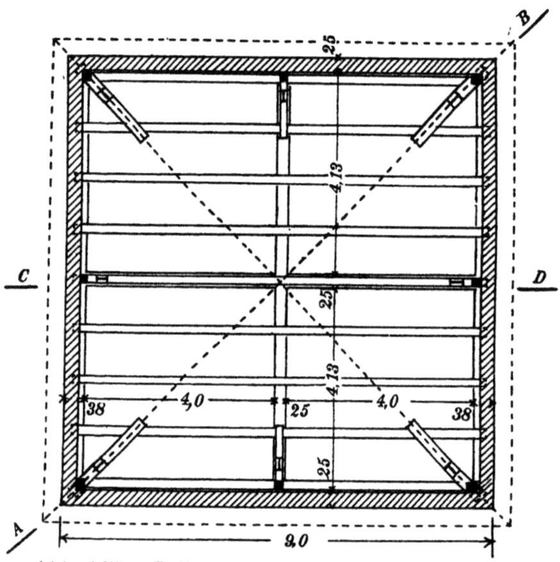

Abb. 165a. Balkenlage zum Zeltdach (Abb. 165).

sparren legen sich oben mit Zapfen und Versatzung gegen einen Stiel (Kaiserstiel), der meistens nicht bis zur Dachbalkenlage heruntergeführt wird, sondern unter den mittleren Querzangen endigt.

Die Balkenlage wird parallel zu den Umfassungswänden angeordnet; für die Kniestockstiele und Streben werden Schwellhölzer diagonal auf die Balken verkämmt. Erhält das Dach bei großer Spannweite Hängewerksbinder, so sind durchgehende Diagonal-Binderbalken erforderlich. Der Kaiserstiel wird dann als Hängesäule bis auf die Balkenlage herunter geführt.

Zeltdächer werden als Pfettendächer meist mit liegendem, seltener mit stehendem Stuhl ausgeführt. Unter den Mittelpfetten liegen Doppelzangen, die an den Kreuzungsstellen in der Mitte des Daches nicht zu stark überschnitten werden dürfen. Deshalb ordnet man die verschiedenen Zangenpaare zweckmäßig übereinander an. Bei großen Zeltdächern über vieleckigem Grundriß können alle Zangen in derselben Höhe liegen, wenn sie in der Mitte auf einen aus [-Eisen bestehenden Ring aufgelegt und verbolzt werden. In diesem Falle

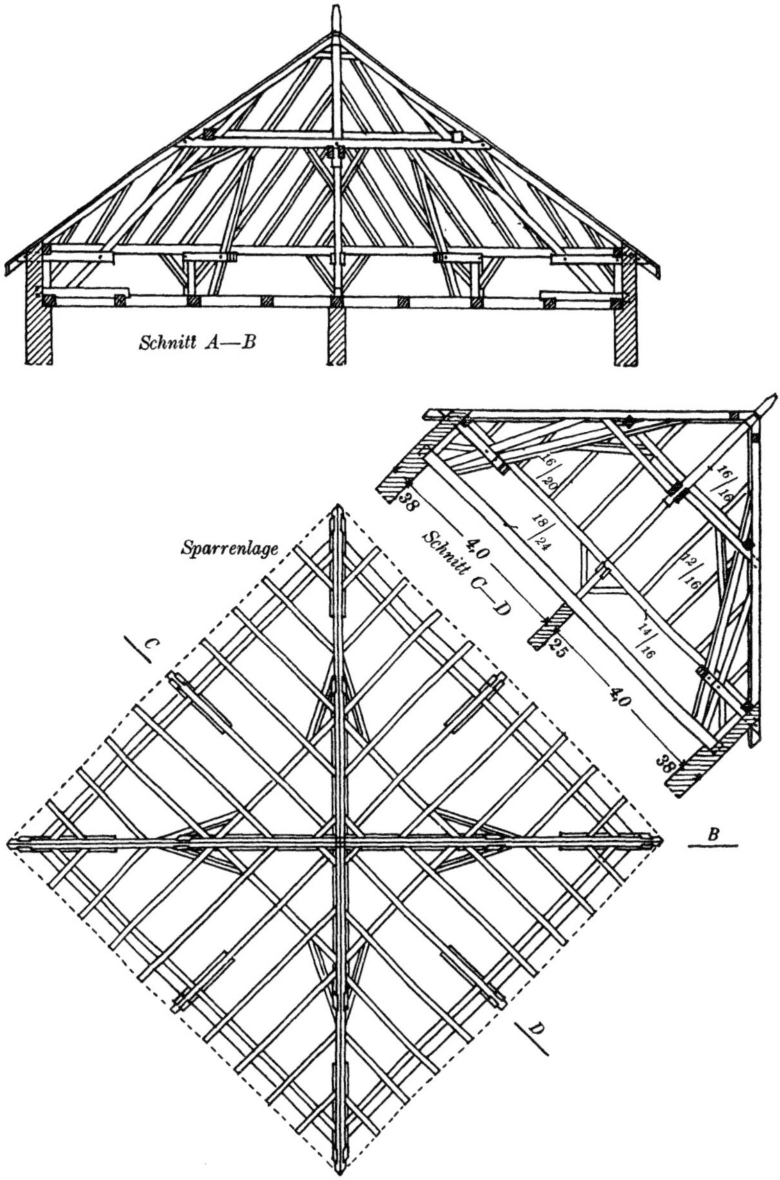

Abb. 165. Zeltdach über quadratischem Grundriß mit Kniestock.

werden nur zwei sich senkrecht kreuzende Zangenpaare durchgeführt. Abb. 165 zeigt ein Zeltdach über quadratischem Grundriß mit Kniestock.

Zeltdächer können auch als Hallendächer ohne Balkenlage ausgeführt werden (Zirkusräume). Die Querverbindung erfolgt durch Doppelzangen, die in der Mitte durch einen eisernen Ring zusammengehalten werden.

Kegeldächer sind Zeltdächer mit kreisrundem Grundriß.

Kuppeldächer sind Zeltdächer mit gekrümmten Dachflächen. Sie werden angeordnet, wenn der darunterliegende Raum kuppelförmig abgeschlossen

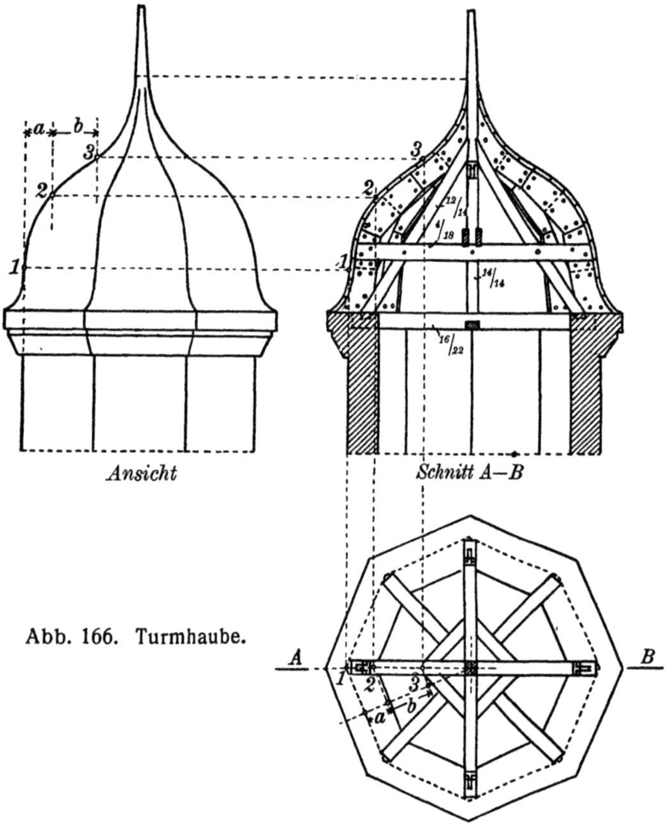

Abb. 166. Turmhaube.

werden soll. Die Diagonalbinder und auch die Zwischensparren werden durch Bohlenbögen gebildet (vgl. S. 98). Größere Kuppeldächer werden heute meist in Eisenkonstruktion ausgeführt.

Geschweifte Turmhauben über quadratischem, achteckigem und kreisrundem Grundriß werden oft zur Überdeckung von Erkervorbauten, Turmaufbauten, Dachreitern usw. verwendet. Die Diagonalsparren werden als Bohlensparren gebildet, legen sich unten auf eine Fußpfette und oben gegen den Kaiserstiel. Die Diagonalquerverbindung erfolgt durch Doppelzangen. Abb. 166 stellt eine Turmhaube im Grundriß, Diagonalschnitt und Ansicht dar.

Turmdächer sind Zeltdächer von größerer Höhe. Die starken Gratsparren setzen sich unten mit Zapfen auf eine Balkenlage und legen sich oben gegen den Kaiserstiel, mit dem sie durch Eisenringe und Nagelung fest verbunden

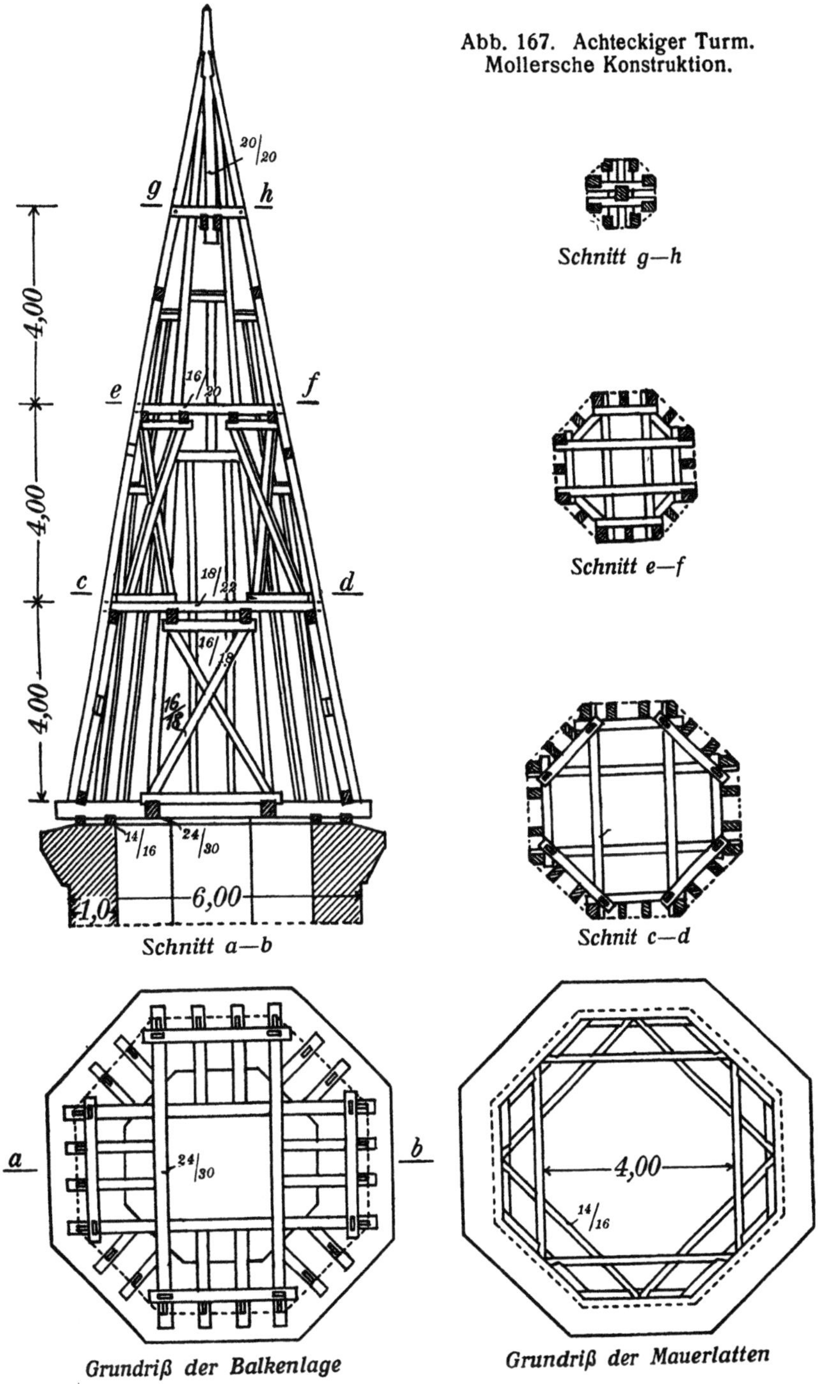

Abb. 167. Achteckiger Turm. Mollersche Konstruktion.

werden. Die auf einem doppelten Kranz von Mauerlatten ruhende Balkenlage wird mit dem Turmmauerwerk nicht verankert, um Erschütterungen des Mauerwerkes bei den Schwankungen des Turmes zu vermeiden. Die Mauerlatten liegen frei auf dem Mauerwerk und sind gegen Feuchtigkeit zu isolieren.

In Höhen von 4,00—5,00 m werden die gegenüberliegenden Gratsparren durch Zangenhölzer miteinander verbunden. Zur Unterstützung der Grat- und Zwischensparren sind in den dadurch gebildeten Geschossen liegende Stuhlwände, aus Schwellholz, Rähm und zwei sich kreuzenden Streben bestehend, anzuordnen. Müssen die Gratsparren gestoßen werden, so ist stets Hirnholz auf Hirnholz zu setzen. Die Stöße müssen der Höhe nach versetzt liegen. Ein nach den vorstehenden, von Baurat Moller aufgestellten, Konstruktionsregeln gebildeter Turm über achteckigem Grundriß ist in Abb. 167 dargestellt.

K. Dachfenster.

Die Anordnung der Dachfenster und ihre Einfügung in die Dachkonstruktion ist im I. Teil dieses Leitfadens behandelt. Die Überdeckung der Dachfenster kann durch Schleppdächer oder Satteldächer geschehen.

1. Das Schleppdach ergibt eine sehr einfache Konstruktion und einen günstigen Anschluß an die Dachdeckung, weil Kehlen vermieden werden; es ist aber nur bei breiteren Dachausbauten von guter Wirkung. Näheres im I. Teil dieses Leitfadens. — Eine besondere Form der Schleppdachfenster bilden die geschweiften Dachluken, bei denen die Überdeckung ohne Absatz in die Hauptdachfläche übergeht, so daß Kehlen und Dachanschlüsse vermieden werden. In Abb. 168 ist eine solche Dachluke für Biberschwanzdeckung dargestellt. Die Stirn der Luke wird aus 8 cm starken Bohlen zusammengesetzt. Die Dachlatten über dem Fenster werden durch entsprechend geschwungene Bohlensparren unterstützt. Die Unterkante jeder einzelnen Steinreihe muß in einer vertikalen Ebene liegen; daher müssen die Latten doppelte Biegung erhalten.

2. Das Satteldach schließt mit Kehlen an die Hauptdachflächen und kann nach der Stirnseite zu abgewalmt oder mit einem Giebel versehen werden. Abb. 169 zeigt eine abgewalmte Dachfensterüberdeckung. Die Walmfläche ist steiler als die Seitendachflächen. Die kleinen Gratsparren legen sich gegen ein Anfallsgebinde. Für den Anschluß der Schalung oder Lattung werden der Kehle entsprechend abgekantete 4 cm starke Bretter auf die Sparren der Hauptdachfläche genagelt (vgl. „Bohlenschiftung"). Alle Sparren erhalten kleine Aufschieblinge. Die Eindeckung geschieht mit Biberschwänzen, Pfannen oder Schiefer. — Erfolgt der Abschluß nach der Stirnseite durch einen Giebel, so kann dieser senkrechte Verbretterung mit Deckleisten erhalten und durch Stirnbretter abgeschlossen werden. Die Eindeckung geschieht mit Biberschwänzen oder Pfannen. Wird der Giebel als Spitzverdachung oder Flachbogenverdachung ausgebildet, so geschieht die Eindeckung mit Zinkblech. Abb. 171 zeigt ein solches Dachfenster für eine Mansardedachfläche. Die einfachen Gesimsformen sind den Verbandhölzern anzupassen und durch Brettschalung und Profilleisten zu bilden.

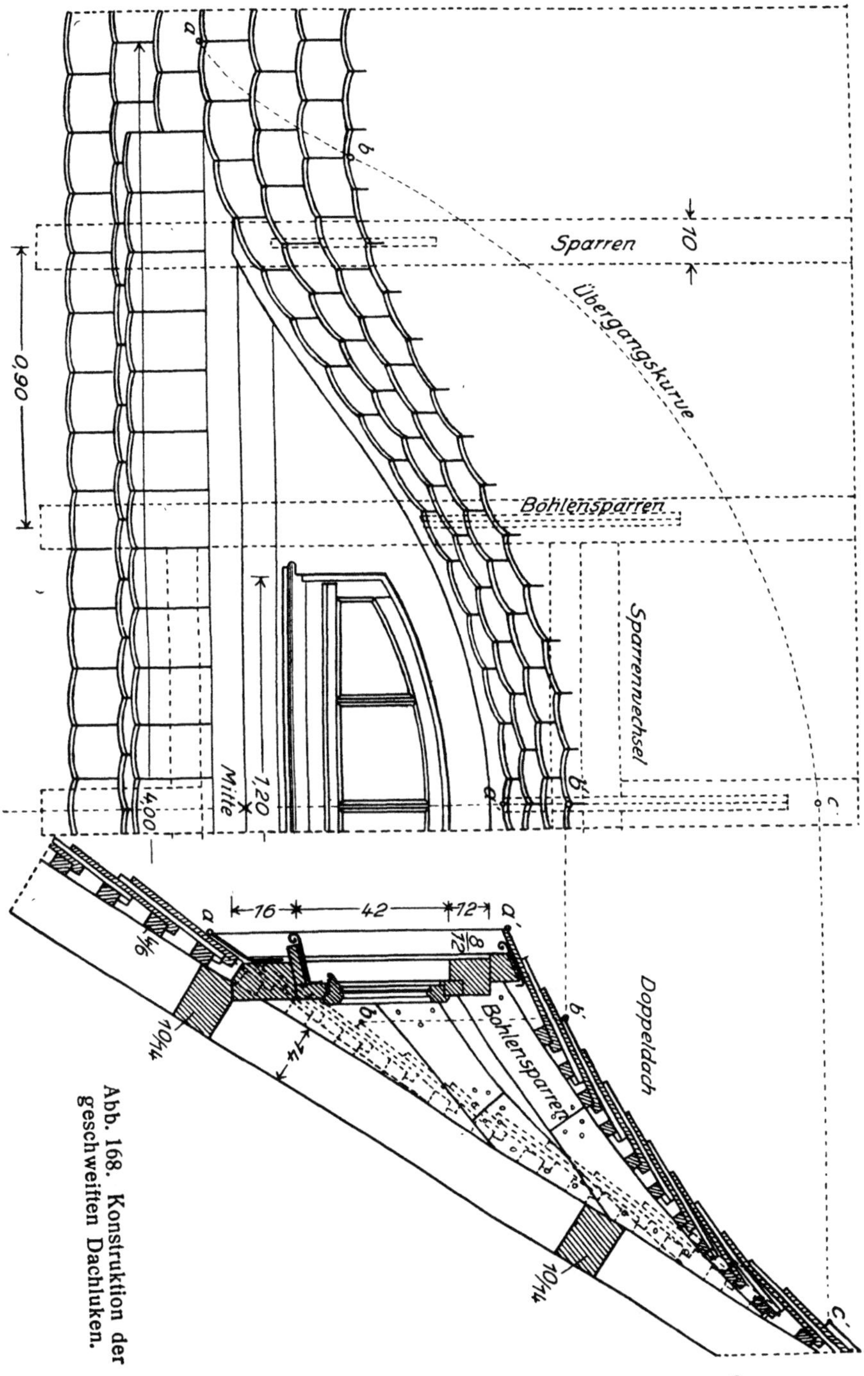

Abb. 168. Konstruktion der geschweiften Dachluken.

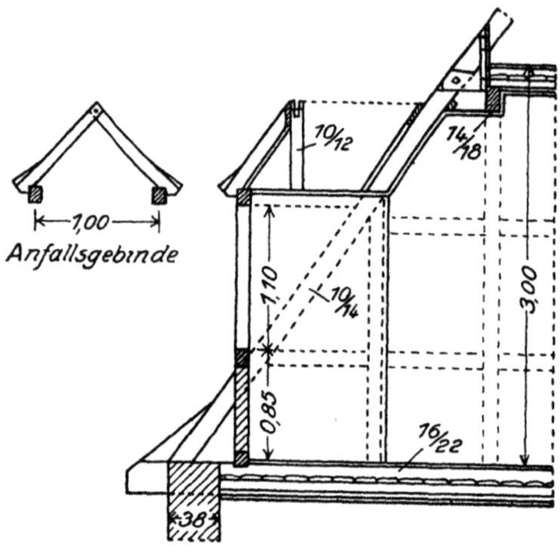

Abb. 169. Dachfenster mit abgewalmtem Satteldach.

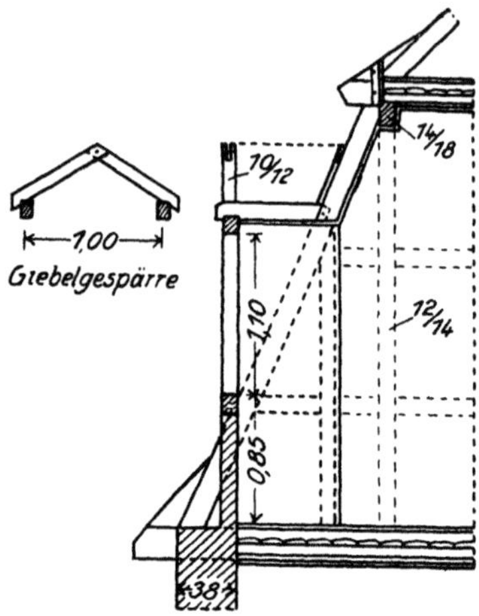

Abb. 170. Dachfenster mit Giebeldach. (Einzelzeichnung hierzu Abb. 171.)

Abb. 171. Dachfenster mit Giebelverdachung. (Einzelzeichnung zu Abb. 170.)

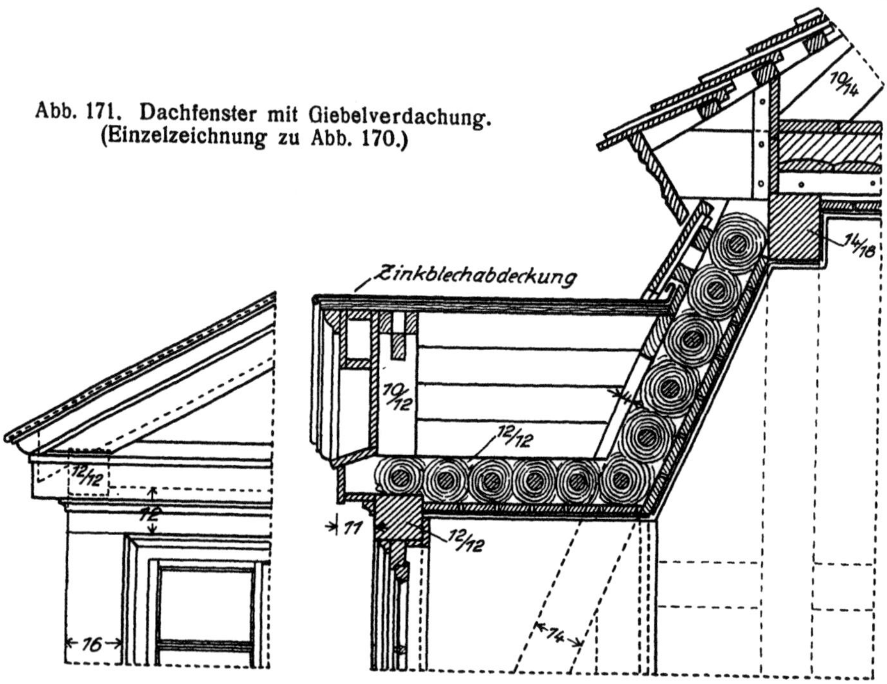

L. Baugerüste.

Nach Zweck und Herstellungsart unterscheidet man:

1. verbundene Gerüste,
2. Stangengerüste,
3. Leitergerüste,
4. Bockgerüste,
5. fliegende Gerüste,
6. Hängegerüste.

I. Verbundene Gerüste.

Für größere Bauwerke von mehrjähriger Bauzeit, bei denen schwere Werksteinstücke zu versetzen sind, werden die Gerüste durch den Zimmermann aus

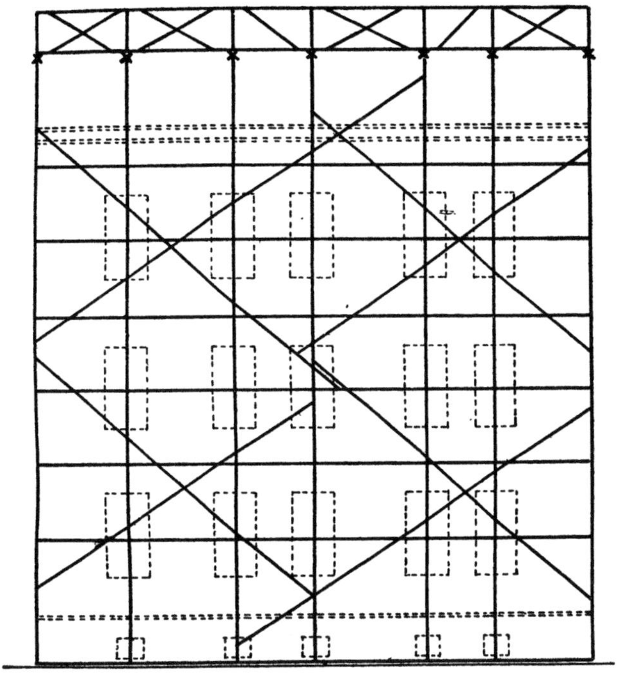

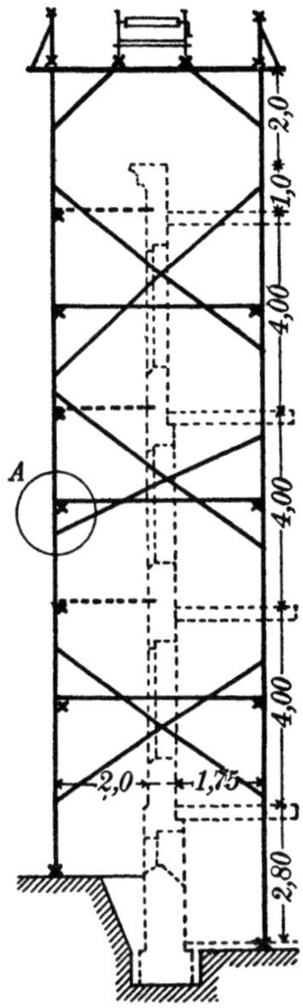

Abb. 172. Abgebundenes Gerüst.

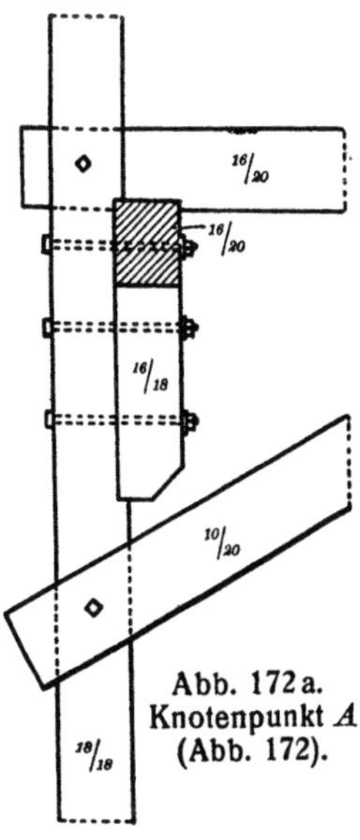

Abb. 172a. Knotenpunkt *A* (Abb. 172).

Kanthölzern nach Zeichnung abgebunden und aufgestellt. (Verbundene Gerüste.) Die Verbindung der einzelnen Hölzer erfolgt durch Anblattung, Verkämmung und besonders durch Schraubenbolzen. Verzapfungen sind möglichst zu vermeiden.

Verbundene Gerüste bestehen aus zwei Gerüstwänden, die in zwei verschiedenen Anordnungen aufgestellt werden können:

1. die beiden Gerüstwände stehen außerhalb der Umfassungsmauern;
2. die eine Gerüstwand steht außen, die andere innen.

Die letztere Anordnung ist die gebräuchlichere. Die Ständer müssen dann vor den Fensteröffnungen aufgestellt werden, so daß die schräge liegenden Zangenhölzer für die Querverbindung durch die Maueröffnungen geführt werden können (Abb. 172). Die verbundenen Gerüste werden vor Beginn des Baues aufgerichtet.

Die inneren Ständer müssen aus mehreren aufeinandergesetzten Hölzern bestehen, damit sie später leicht herausgenommen werden können. Die Ständer werden auf Schwellhölzer gestellt und in Höhen von etwa 2,00 m durch Streichbalken miteinander verbunden. Die Streichbalken werden durch angebolzte Knaggen (Abb. 172a) oder bei größerer Gerüsthöhe durch „Beiständer" unterstützt. Auf dem Streichbalken liegen die wagerechten Gerüstbalken (Netzriegel), die teils durch die Fensteröffnungen hindurchgeführt werden, teils auf das Mauerwerk gelagert werden (Gerüstlöcher). Die Gerüstwände müssen in der Längsrichtung durch schräg angeordnete Zangenhölzer sicher verstrebt werden.

Verbundene Gerüste werden etwa 2,00 m über die höchsten, zu versetzenden Werksteine hochgeführt und oben meist mit einer Laufbühne versehen, auf welcher eine verschiebbare Hebevorrichtung angebracht ist.

II. Stangengerüste.

Für gewöhnliche Wohnhausbauten genügen Gerüste, die aus Rundhölzern von den Maurern aufgeschlagen werden.

Die Rüststangen (Rüstbäume) müssen aus gesundem und geschältem Holze bestehen und am Zopfende mindestens 8 cm stark sein (mittlere Stärke etwa 12 cm). Die Rüststangen stehen 1,50—2,00 m von der Mauer und höch-

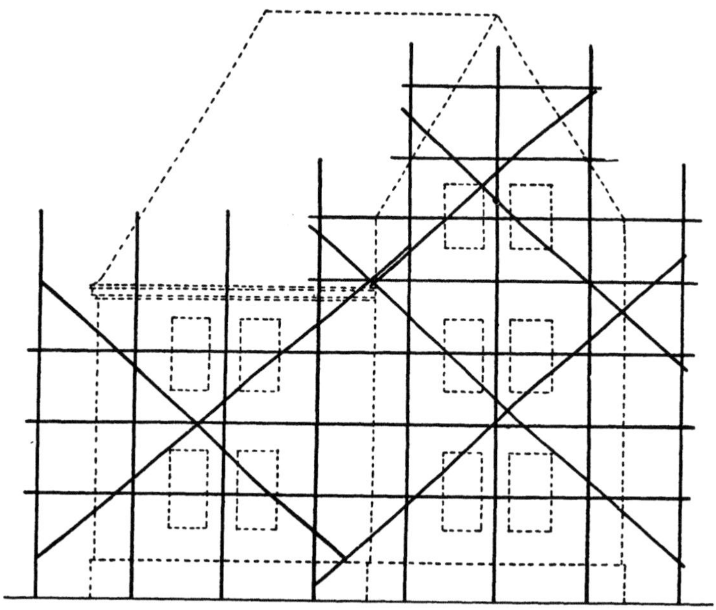

Abb. 173. Stangengerüst.

stens 3,00 m voneinander entfernt; sie sind 80 cm tief einzugraben oder in fest liegende Schwellen einzusetzen und sicher zu verstreben. Soll ein Rüstbaum durch Verbindung mit einem anderen verlängert werden, so müssen beide auf eine Länge von mindestens 2,00 m übereinander reichen und zweimal durch Hanfstricke oder Drahtseile verbunden werden (Abb. 174). Der obere Rüstbaum ist auf eine Streichstange zu stellen, oder es sind bei größerer Gerüsthöhe die unteren Rüststangen zu verdoppeln („Beiständer").

Die Streichstangen dienen zur Längsverbindung des Gerüstes und zur Auflagerung der Netzriegel. Sie müssen eine mittlere Stärke von mindestens 10 cm besitzen. Streichstangen sind in Höhen von 1,70—2,00 m anzubringen.

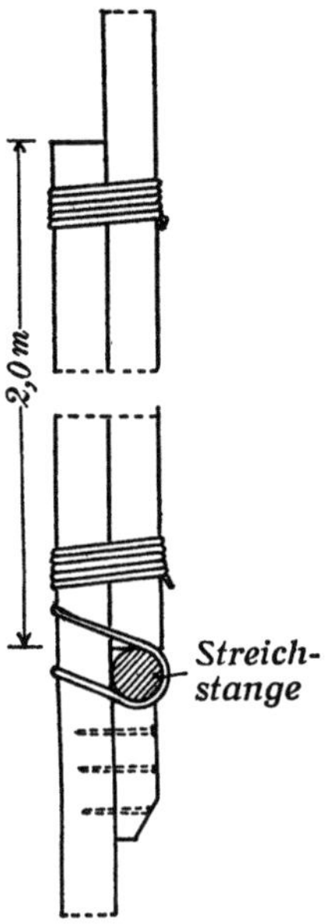

Abb. 174. Verlängerung der Rüststangen.

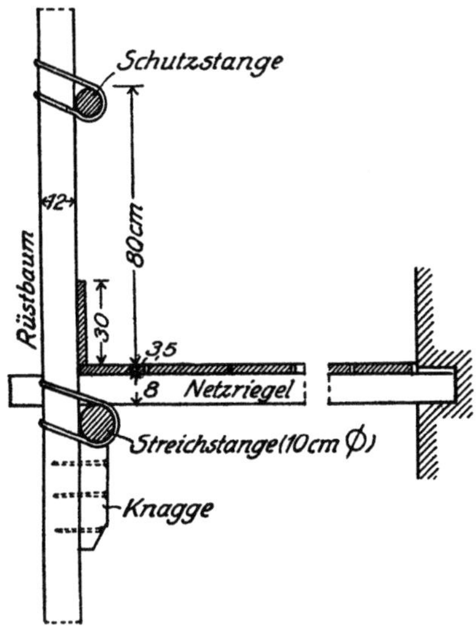

Abb. 175. Gerüstboden mit Schutzstange und Fußbrett.

Sie werden mit den Rüstbäumen durch Kreuzbänder aus Hanfstricken oder Drahtseilen oder auch durch Gerüstketten und Klammern verbunden. Eine weitere Unterstützung der Streichstangen kann durch angenagelte Knaggen erfolgen.

Die Netzriegel müssen mindestens 8 cm mittlere Stärke besitzen und sind in Abständen von höchstens 2,00 m anzuordnen. Sie liegen mit einem Ende auf den Streichstangen und sind dort gegen Verschieben zu sichern; mit dem anderen Ende greifen sie in $\frac{1}{2}$ Stein tiefe Gerüstlöcher der Mauern.

Die Gerüstbretter müssen mindestens 3,5 cm stark sein, dicht nebeneinander auf die Netzriegel gelegt und so befestigt werden, daß ein Aufkippen oder Ausweichen unmöglich wird. Für jede Gerüstlage ist an den Außenseiten ein Fußbrett von 30 cm Höhe und eine Schutzleiste (Stange oder Brett) in Höhe von 80 cm anzubringen (Abb. 175). Ein guter Längsverband der Gerüstwand muß durch Diagonal-Verstrebungen (Stangen oder Bretter) bewirkt werden.

Die zur Verbindung der einzelnen Gerüstlagen dienenden Leitern dürfen nicht unmittelbar übereinander angeordnet werden; sie müssen derart aufgestellt und befestigt werden, daß sie weder abrutschen noch überschlagen können. Das Durchbiegen der Leitern wird durch Steifen verhindert. Jede

Leiter muß die Gerüstlage, zu der sie führt, um mindestens 1,00 m überragen oder mit einer Handleiste von gleicher Länge versehen sein.

Baugerüste sind in der Regel so aufzustellen, daß der Verkehr auf dem Bürgersteig nicht gehindert wird. Die unterste, 3,00 m über dem Erdboden liegende Gerüstlage muß dann als Schutzdach 80 cm weit über die Rüstbäume vortreten und mit doppelter Brettlage bzw. Brettlage mit 5 cm seitlicher Überdeckung und an allen freien Seiten mit einer geschlossenen Brüstung von mindestens 80 cm Höhe, versehen werden.

III. Leitergerüste.

Leitergerüste werden meist nur für Anstreicherarbeiten und für Ausbesserungsarbeiten verwendet. Die Gerüstbretter werden durch die Sprossen der senkrecht aufgestellten Leitern unterstützt. Die Leitern müssen aus gesundem Holze hergestellt werden und so stark sein, daß sie sich nicht ausbiegen können. Die Sprossen sind ungefähr 50 cm voneinander entfernt und $\frac{2}{7}$ cm stark. Die Leitern werden auf Querschwellen gestellt und in jedem Stockwerk einmal fest mit dem Gebäude verbunden. Je nach der Stärke der Gerüstbretter stehen die Leitern in 2,00—3,00 m Entfernung. Bei höheren Gerüsten werden die Leitern aufeinandergestellt, wobei die etwa 1,00 m übereinander greifenden Enden durch Schraubenbolzen fest verbunden werden. Der Längsverband des Gerüstes wird durch wagerechte und schräg ansteigende Hölzer, die mit den Leitern verbolzt werden, bewirkt.

IV. Bockgerüste.

Bockgerüste werden für die Ausführung des inneren Wand- und Deckenputzes verwendet. Die Gerüstbretter liegen auf 1,40—1,70 m hohen, vierbeinigen Böcken. Abb. 176 zeigt die Anordnung eines Bockgerüstes.

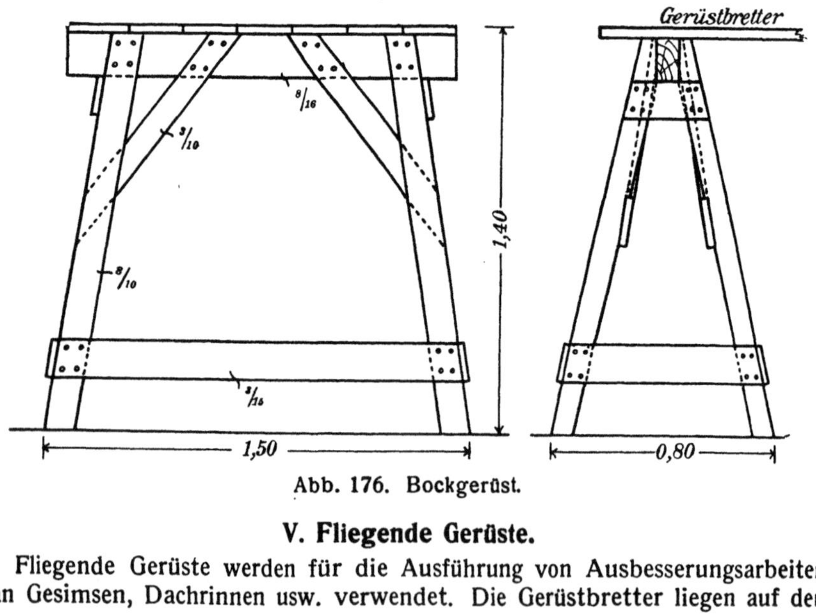

Abb. 176. Bockgerüst.

V. Fliegende Gerüste.

Fliegende Gerüste werden für die Ausführung von Ausbesserungsarbeiten an Gesimsen, Dachrinnen usw. verwendet. Die Gerüstbretter liegen auf den wagerecht durch die Fenster gestreckten „Auslegern“, die durch auf den Fußboden gestellte Stiele gestützt, und gegen die obere Balkenlage sicher verspreizt sind. Die vorgestreckten Enden der Ausleger können durch Brettstreben gegen die inneren Stiele abgestützt werden. Fliegende Gerüste müssen dichten Bretterbelag und 80 cm hohe Bretterbrüstung erhalten (Abb. 177).

VI. Hängegerüste.

Hängegerüste werden nur für leichtere Ausbesserungsarbeiten am Äußeren der Gebäude verwendet. Sie bestehen aus einem festverbundenen Gerüstboden von 0,90 m Breite und 2,00 bis 3,00 m Länge, der mit einem Geländer versehen ist und mittels eiserner Hängebügel und Flaschenzüge an den Auslegern hängt und auf und nieder bewegt werden kann. Die Ausleger sind auf das sorgfältigste gegen Kippen zu sichern (vgl. Fliegende Gerüste).

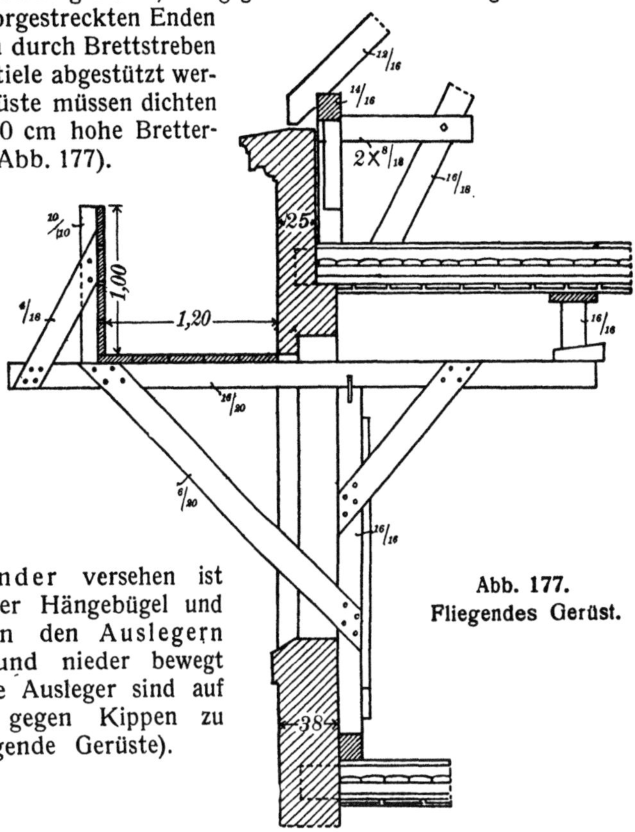

Abb. 177. Fliegendes Gerüst.

Abschnitt V.

Dachdeckerarbeiten.

Nach der Art des Deckmaterials unterscheidet man:

1. Ziegeldächer (siehe Teil I dieses Leitfadens),
2. Schieferdächer,
3. Pappdächer,
4. Holzzementdächer,
5. Metalldächer.

A. Weitere Einzelheiten der Ziegeldächer.

Die Eindeckung der Grate erfolgt durch Hohlziegel, die mit der Breitseite nach unten liegen und über die entsprechend zugehauenen Dachsteine greifen. Die Hohlziegel sind im oberen überdeckten Teile genagelt. Die Hohlräume werden mit Ziegelbrocken und Mörtel ausgefüllt und die Fugen sorgfältig verstrichen. Der Anschluß der Grate an den First erfolgt entweder durch zugehauene Hohlsteine oder durch besondere Formsteine.

Die Eindeckung der Kehlen geschieht bei untergeordneten Gebäuden durch Auskleidung mit Zinkblech, das mittels Hafter auf der 2,5 cm starken Schalung befestigt wird. Die der Kehllinie entsprechend zugehauenen Dachsteine greifen 8—10 cm über den gefalzten Blechrand.

Bei allen besseren Gebäuden sind auch die Kehlen mit Ziegeln einzudecken. Dies Eindeckung kann geschehen:

1. für Flachziegeldächer durch keilförmige Kehlsteine, die mit der Schmalseite nach unten auf muldenförmig ausgeschalter Kehle verlegt werden;
2. für Flachziegel-, Hohlziegel- und Pfannendächer durch schwach gekrümmte Hohlziegel, die zwischen zwei parallel zur Kehllinie laufenden Strecklatten mit 8—10 cm Überdeckung verlegt werden.

In beiden Fällen muß die Ausführung und Fugendichtung auf das sorgfältigste erfolgen.

B. Schieferdächer.

Material.

Zu Dachdeckungen verwendet man Schieferplatten von 4—6 mm Stärke, die in der Hauptsache aus Tonerde und Kieselsäure (Quarz) bestehen. Gutes, wetterbeständiges Schiefermaterial soll nicht abblättern, wenig Wasser aufsaugen, möglichst frei von kohlensaurem Kalk, Schwefelkies und Kohle sein, gleichmäßige Farbe und beim Anschlagen mit einem Hammer hellen Klang haben.

Schieferplatten kommen in verschiedenen Größen zur Verwendung. Je größer die Plat en, desto flacher kann die Dachneigung gewählt werden. Die aus England kommenden Schiefer sind größer als die deutschen Platten. Infolge dieses Unterschiedes haben sich zwei Eindeckungsarten herausgebildet:

1. die deutsche Deckung, 2. die englische Deckung.

I. Die deutsche Deckung.

Die eingedeckten Dachflächen sind von bester architektonischer Wirkung, und ist deshalb die deutsche Deckung der englischen, die nicht besser, auch nicht billiger ist, vorzuziehen.

Die durchschnittlich 30 cm großen Platten sind 5—6 mm stark und werden auf der Baustelle durch den Dachdecker trapezförmig mit abgerundeten Ecken zugehauen und nach der Größe sortiert.

Geringste Dachneigung: $\frac{h}{l} = \frac{1}{3}$. Die Eindeckung erfolgt auf einer Schalung, die aus 2,5 cm starken, schmalen Brettern besteht und mit versetzten Stößen auf die Sparren genagelt wird.

Abb. 178 stellt die Eindeckung einer rechteckigen Dachfläche dar. Die Platten gleicher Größe liegen in einzelnen schrägen Reihen (Deckgebinden), die je nach der herrschenden Windrichtung von links nach rechts oder umgekehrt ansteigen. Die Gebindehöhen nehmen nach dem First zu allmählich ab. Bei steilen Dächern sind die Gebinde flacher, bei flachen Dächern steiler anzuordnen. Die Platten desselben Gebindes überdecken sich um 5—7 cm. Die Überdeckung der aufeinanderfolgenden Deckgebinde beträgt 7—10 cm. Jede Platte wird mit 2—4 Nägeln auf der Schalung befestigt. Die Nagelung darf für jeden Stein nur auf einem Brett erfolgen, damit die Platten beim Werfen des Holzes nicht zersprengt werden.

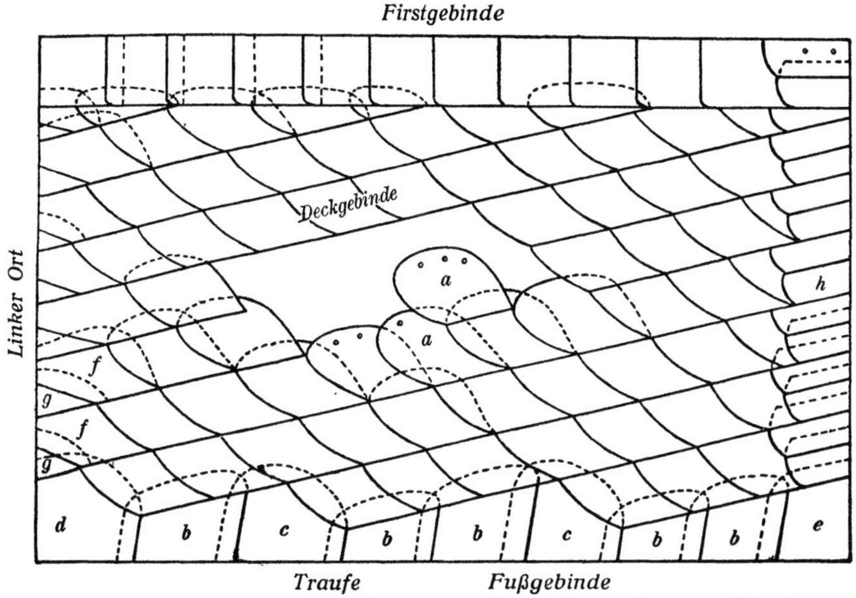

a = Deckstein
b = Fußstein
c = Gebinde-Fußstein
d = Linker Ecktußstein
e = Rechter Eckfußstein
f = Linker Ortstein
g = Stichstein
h = Rechter Ortstein

Abb. 178. Deutsches Schieferdach.

Die Nagellöcher werden beim Eindecken mit der Spitze des Schieferhammers eingeschlagen. Die breitköpfigen Schiefernägel sind 4 cm lang und müssen aus verzinktem Schmiedeeisen bestehen. Bei sorgfältigster Ausführung werden auch Kupfernägel verwendet.

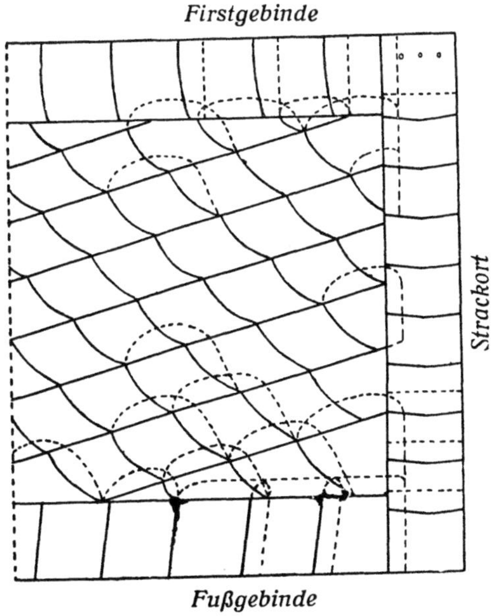

Abb. 179. Deutsches Schieferdach.

Eindeckung der Traufe: Das Fußgebinde wird meist aus verschieden hohen Steinen, wie es der Anschluß an die Deckgebinde erfordert, gebildet (Abb. 178). Das Fußgebinde kann auch aus gleich hohen Steinen bestehen (Abb. 179); es

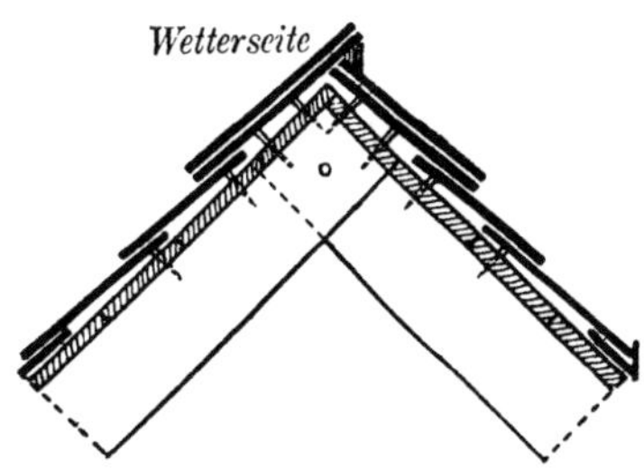

Abb. 179a. Eindeckung des Firstes.

müssen dann aber die untersten Steine der Deckgebinde entsprechend zugehauen werden, was größeren Materialverlust ergibt.

Eindeckung der Orte: Am linken Ort endigen die einzelnen Deckgebinde mit kleinen dreieckigen Stichsteinen, während der vorletzte Stein unten scharf abgekantet wird (Abb. 178). Durch diese Anordnung soll das Wasser möglichst von der Ortlinie abgelenkt werden. Am rechten Ort endigt jedes Deckgebinde mit 2—3 übereinander liegenden Steinen (Ortsteine); es kann hier jedoch auch ein aus gleich großen Steinen bestehendes Ort-Gebinde (Strackort, Abb. 179) angeordnet werden.

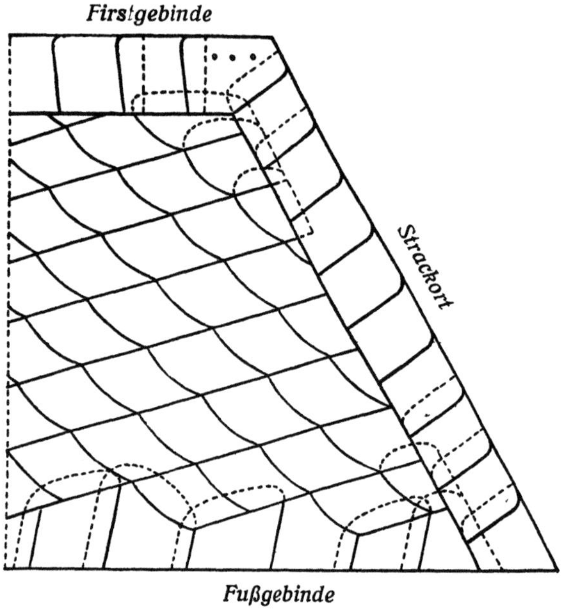

Abb. 180. Eindeckung der Grate.

Eindeckung des Firstes (Abb. 179a): Das 30—40 cm hohe Firstgebinde greift 10 cm über die letzten Steine der Deckgebinde. Das der Wetterseite zugekehrte Firstgebinde ragt 5—7 cm über die andere Dachfläche hinaus. Der dabei entstehende Winkel wird mit Schieferkitt (Asphalt und Kreide) ausgefüllt.

Eindeckung der Grate (Abb. 180): An den Graten werden meist Strackortgebinde angeordnet. Das eine Gebinde greift 5 cm über das andere. Der entstehende Winkel wird wie am First mit Schieferkitt gedichtet. Die einzelnen Deckgebinde können auch am Grat nach Abb. 178 links mit Stichsteinen, rechts mit Ortsteinen endigen.

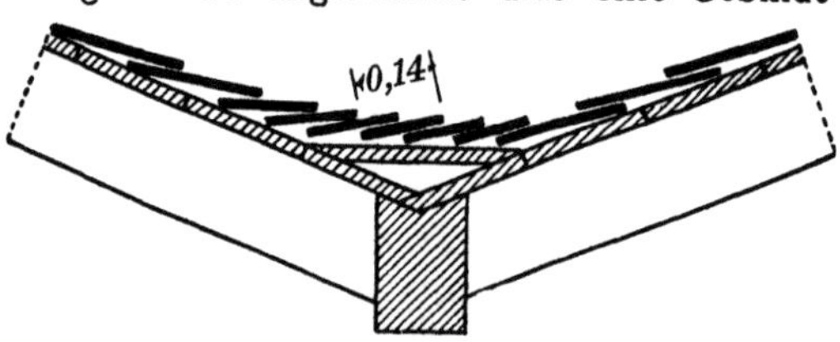

Abb. 181. Eindeckung der Kehlen.

Eindeckung der Kehlen (Abb. 181): Die Kehlen werden muldenförmig ausgeschalt, mit Dachpappe ausgefüttert und mit schmalen, 14 cm breiten Schieferplatten (Kehlsteinen) eingedeckt.

In ähnlicher Weise wie die „deutsche Deckung" erfolgt die Eindeckung mit **Schablonenschiefer**. Die Schablonen werden in verschiedener Form und Größe geliefert. Die Eindeckung erfolgt auf Schalung. Die Dachflächen werden ringsum mit Strackort eingefaßt. Die Abb. 182A und B zeigen diese Eindeckung in zwei verschiedenen Musterungen. —Deutsche Schieferdächer und

Schablonendächer erhalten bei sorgfältiger Ausführung eine Unterlage von Dachpappe.

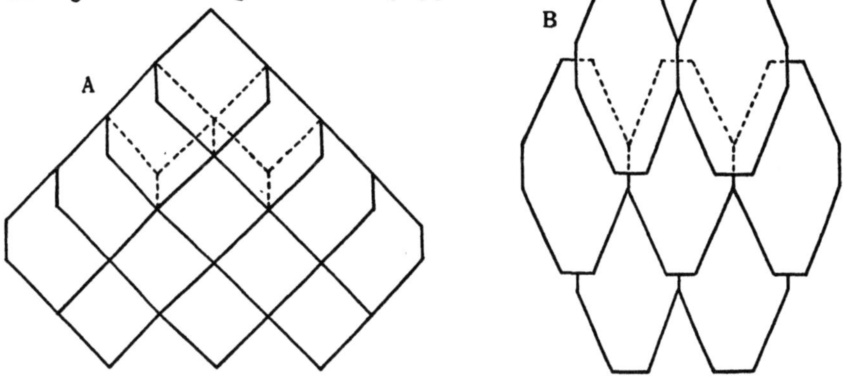

Abb. 182. Schablonenschiefer.

II. Die englische Deckung.

Zur Eindeckung verwendet man rechteckige Platten von 25—60 cm Länge, 15—40 cm Breite und 4 mm Stärke.

Geringste Dachneigung: $\frac{h}{l} = \frac{1}{5}$. Die Eindeckung erfolgt meist auf 4 × 6 cm starken Latten, seltener auf Schalung. Die einzelnen Reihen liegen parallel zur Traufe. Die Lattenentfernung ist gleich der halben Schieferlänge weniger 8 cm, so daß die Platten überall doppelt, auf 8 cm sogar dreifach liegen. Die nebeneinander liegenden Platten der einzelnen Reihen stoßen stumpf zusammen (vgl. Flachziegel-Doppeldach). Jede Platte wird in der Mitte durch zwei Nägel auf der Latte befestigt. Die Nagelstellen werden durch die folgende Reihe überdeckt. Die unterste Reihe an der Traufe besteht aus Steinen halber Länge, die im unteren Teile auf der ersten Latte genagelt werden.

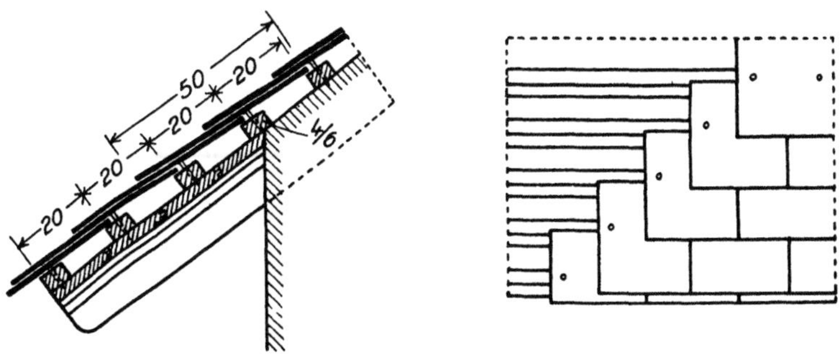

Abb. 183. Englisches Schieferdach.

Die Eindeckung des Firstes erfolgt in der Weise, daß die oberste, der Wetterseite zugekehrte Reihe die andere Dachfläche um 5—7 cm überragt und der entstehende Winkel mit Schieferkitt gedichtet wird (vgl. Abb. 179a). Zur Firsteindeckung können auch Schiefer-Formsteine verwendet werden. Firsteindeckungen mit Zink- oder Bleiblech sind möglichst zu vermeiden, da jede Eindeckung des guten Aussehens wegen in gleichartigem Material ausgeführt werden sollte.

Die Kehlen werden geschalt und mit Zink- oder Bleiblech ausgekleidet. Die der Kehllinie entsprechend zugehauenen Platten überdecken den gefalzten Blechrand um 8—10 cm (Abb. 184).

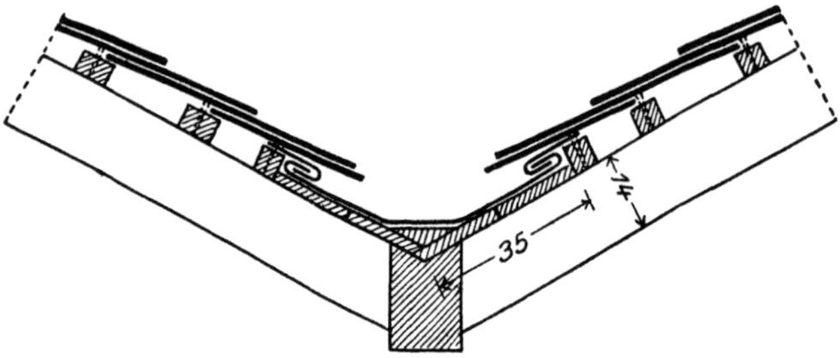

Abb. 184. Eindeckung der Kehlen.

Bei allen Schieferdächern sind für die Ausführung von Ausbesserungsarbeiten Leiterhaken in etwa 2,50 m Entfernung anzubringen. Unter und über den aus verzinkten Schmiedeeisen bestehenden Haken werden die Schieferplatten durch Bleiplatten ersetzt.

Schneefänge.

Dachflächen mit Ziegel- oder Schiefereindeckung, deren Neigung mehr als 25° und weniger als 55° gegen die Wagerechte beträgt, müssen den baupolizeilichen Bestimmungen gemäß mit Vorrichtungen gegen das Herabfallen von Schneemassen versehen werden (Schneefänge). Die Schneefangträger bestehen aus $\frac{5}{25}$ mm starkem verzinktem Schmiedeeisen und sind in Entfernungen von etwa 90 cm auf die Sparren oder Latten geschraubt. Das Schneefanggitter wird entweder aus einem starken Drahtgeflecht oder aus 2—3 Flacheisen gebildet (Abb. 185). Der Anschluß der Schneefangträger an die Dachdeckung ist auf das sorgfältigste zu dichten.

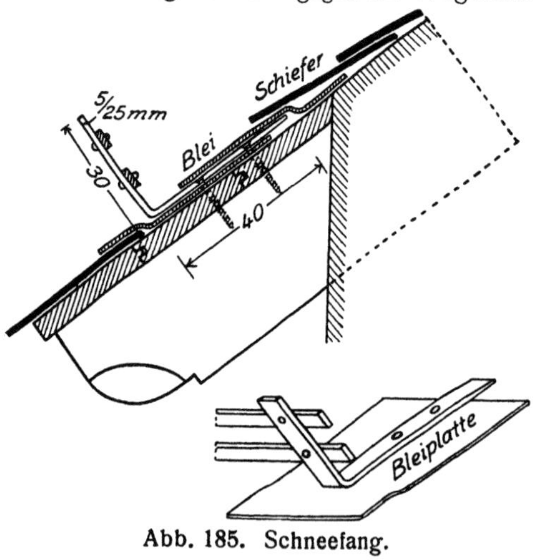

Abb. 185. Schneefang.

C. Pappdächer.

Material.

Zur Herstellung von Dachpappe verwendet man Rohpappe, die frei von erdigen und kalkigen Beimengungen ist. Die Rohpappe wird langsam zwischen Walzen hindurchgeführt und dabei mit siedendem entöltem Steinkohlenteer völlig durchtränkt. Wird der Teermasse Asphalt zugesetzt, so erhält man die dauerhaftere Asphalt-Dachpappe. Beide Seiten der Dachpappe werden besandet, um ein Zusammenkleben beim Aufrollen zu verhindern. — Dachpappe wird in Rollen von 1 m Breite, 50—60 m Länge und in verschiedenen Stärken geliefert. Für Dachdeckungen verwendet man Pappe von 2,0—2,5 mm Stärke. Dünne Dachpappe (1,5 mm) wird als Unterlage für Holzzementdächer benutzt.

Gute Dachpappe soll eine glatte, wenig glänzende Oberfläche haben, beim Umbiegen nicht brechen und darf kein Wasser aufsaugen. (Gewichtsprobe nach 24 stündiger Lagerung im Wasser.)

Pappdächer sind leicht, feuersicher, begehbar und billig.

Dachneigung: $\frac{h}{l} = \frac{1}{10}$ bis $\frac{1}{20}$. Bei größerer Neigung würde die Teermasse unter dem Einflusse der Sonnenhitze ausfließen.

Mit Dachpappe können drei Eindeckungen ausgeführt werden:

1. das ebene Pappdach, 2. das Leistendach, 3. das doppellagige Pappdach.

Neben der Asphaltdachpappe werden neuerdings verschiedene teerfreie Dachpappen, die sich auch für steilere Dachflächen eignen, verwendet. Diese Dachpappen enthalten keine flüchtigen Bestandteile und sind daher von großer Dauerhaftigkeit; sie können farbigen Anstrich erhalten. Hierzu gehören Büffelhaut (Siebelwerk, Düsseldorf-Rath); Coritect (Schatz & Hübner, Hamburg); Wernerit (Werner & Co., Zittau) u. a.

I. Das ebene Pappdach.

Diese einfachste Eindeckung kommt nur für untergeordnete Gebäude oder solche von vorübergehender Dauer in Betracht.

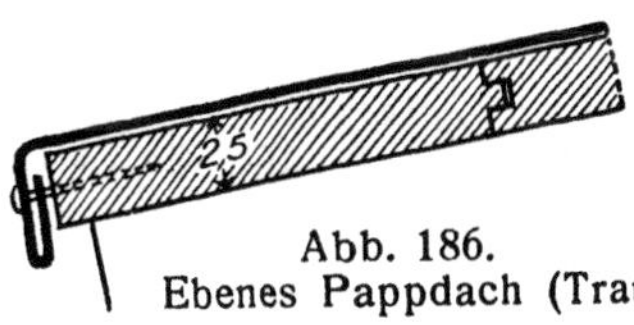

Abb. 186.
Ebenes Pappdach (Traufe).

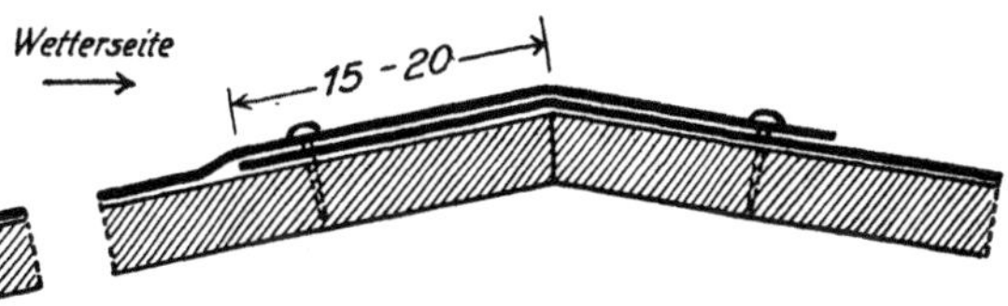

Abb. 187.
Ebenes Pappdach (First).

Die Eindeckung erfolgt auf 2,5 cm starker gespundeter Schalung. Die parallel zur Traufe laufenden Bahnen überdecken sich um 5—8 cm. Die Überdeckungsstellen werden mit Steinkohlenteer geklebt und mit breitköpfigen verzinkten Nägeln in Abständen von 5 cm genagelt (offene Nagelung). Die unterste Pappbahn ragt 6 cm über die Traufkante vor. Dieser Überstand wird eingefalzt und gegen das unterste Schalbrett genagelt (Abb. 186). Am First greift die letzte, der Wetterseite zugekehrte Bahn, um 12—15 cm über die andere Dachfläche. Die Überdeckung wird geklebt und genagelt (Abb. 187).

II. Das Leistendach.

Die Eindeckung erfolgt auf 2,5 cm starker gespundeter Schalung. Auf die Schalung werden in Abständen von 98 cm Dreiecksleisten von 3,5 cm Höhe senkrecht zur Traufe aufgenagelt. Die Leisten sollen möglichst auf die Sparren treffen. Die Pappbahnen werden zwischen diese Leisten von der Traufe über den First zur anderen Traufe verlegt, gut in die Leistenecken eingedrückt und leicht geheftet. Die Dichtung an den Dreiecksleisten erfolgt durch 10 cm breite Deckstreifen, die auf beiden Seiten der Leisten in Abständen von 5—6 cm mit breitköpfigen, verzinkten Pappenägeln genagelt werden (Abb. 188). An etwaigen Stoßstellen greifen die Bahnen 10 cm übereinander und werden geklebt und genagelt.

An der Traufe wird die Pappe gefalzt und gegen die Vorderkante der Schalung genagelt, oder es wird ein besonderer Vordeckstreifen aus Zinkblech angeordnet. Die Dreiecksleisten werden entweder senkrecht zur Dachfläche abgeschnitten oder auch abgeschrägt. Die im unteren Teile aufgetrennten Deckstreifen greifen über die Hirnflächen der Leisten und werden dort durch Nagelung befestigt.

Abb. 188. Leisten-Pappdach.

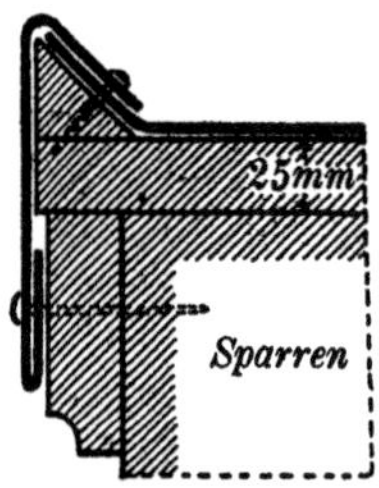

Abb. 189. Eindeckung am Giebel.

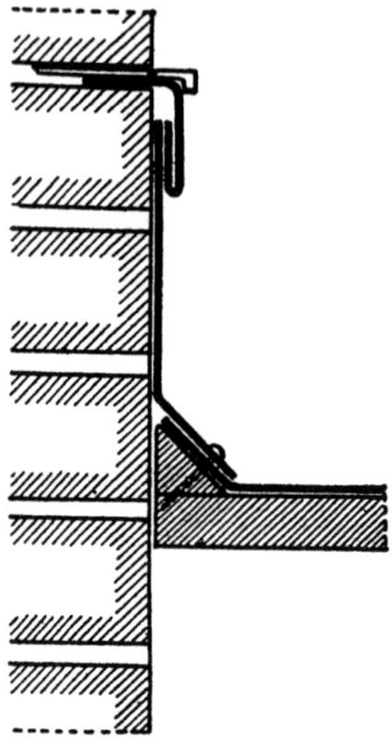

Abb. 190. Maueranschluß.

Bei überstehenden Dächern ist an den Giebelseiten eine halbe Dreiecksleiste anzuordnen. Der Deckstreifen wird gefalzt, greift außen bis über die Schalung und wird dort genagelt (Abb. 189).

Der Anschluß an Giebel- und Schornsteinmauerwerk erfolgt in der Weise, daß an den Anschlußstellen Dreiecksleisten hochkantig auf der Schalung befestigt werden. Die Pappe wird an diesen Leisten hochgebogen. Darüber greift ein etwa vier Schichten hoher Pappestreifen, der auf die Leiste genagelt und oben in einer Mauerfuge mittels Kappstreifen aus Pappe oder Zinkblech und Mauerhaken befestigt wird (Abb. 190). — Die Eindeckung der Grate geschieht mittels Deckstreifen. — Die Kehlen werden mit doppelter Papplage eingedeckt. Die Leisten müssen in entsprechender Entfernung von der Kehllinie abgeschrägt endigen.

III. Das doppellagige Pappdach.

Die Eindeckung besteht aus zwei übereinander liegenden Papplagen und erfolgt auf 2,5 cm starker gespundeter Schalung.

Die Bahnen der unteren Lage werden parallel zur Traufe verlegt. Die Traufbahn hat ganze Rollenbreite. Jede Bahn wird an der Oberkante in Entfernung von 6 cm genagelt und greift um 12 cm über die darunter liegende Bahn. Die Überdeckungsstelle wird sorgfältig geklebt (verdeckte Nagelung).

Die zweite Lage wird auf die erste aufgeklebt. Die Klebemasse besteht aus Steinkohlenteer und Asphalt. Die Bahnen liegen wieder parallel zur Traufe, jedoch wird an der Traufe mit einer halben Bahn begonnen. Die einzelnen Bahnen greifen wie bei der ersten Lage um 12 cm übereinander und werden an den oberen Kanten verdeckt genagelt. — Die Ausbildung der Traufe, Grate, Kehlen und Maueranschlüsse erfolgt wie beim Leistendach.

Bei allen Eindeckungsarten werden die Dachflächen nach Fertigstellung der Deckung mit heißem Steinkohlenteer gestrichen. Die Deckstreifen und Nähte sind vorher mit heißem Asphaltkitt zu überziehen, wodurch ein Aufbiegen der Pappkanten verhindert werden soll. Der Anstrich wird durch die Sonnenhitze allmählich zerstört und ist deshalb in entsprechenden Zwischenräumen (alle 3—4 Jahre) zu erneuern. — Bei allen Pappdächern ist für genügende Lüftung des Dachraumes zu sorgen.

D. Holzzementdächer.

Dachneigung: $\frac{h}{l} = \frac{1}{30}$ bis $\frac{1}{50}$.

Holzzementdächer können auf Schalung oder auch auf Gewölben, massiven Decken usw. ausgeführt werden; sie sind feuersicher und bei sorgfältiger Ausführung sehr dauerhaft, gestatten eine vorteilhafte Ausnutzung des Dachraumes und schützen denselben gegen Temperaturschwankungen. Weil die Eindeckung sehr schwer ist, muß die Dachkonstruktion entsprechend stark ausgeführt werden. Die Eindeckung erfolgt auf 2,5—3,0 cm starker Schalung. Für genügende Entlüftung des Dachraumes ist zu sorgen. — Die Holzzementmasse besteht in der Hauptsache aus Teer, Pech und Schwefel.

Das früher gebräuchliche Holzzementpapierdach (4 Lagen Papier mit dazwischen gestrichener Holzzementmasse) ist durch das Holzzementpappdach **(Kiespappdach)** ersetzt worden. Diese Eindeckung entspricht dem doppellagigen Pappdach. Die Traufe erhält einen Vordeckstreifen aus Zinkblech auf Pappunterlage. Darüber wird die unterste Bahn der ersten Papplage wulstartig über die zweite Papplage umgeschlagen (Abb. 191), um das

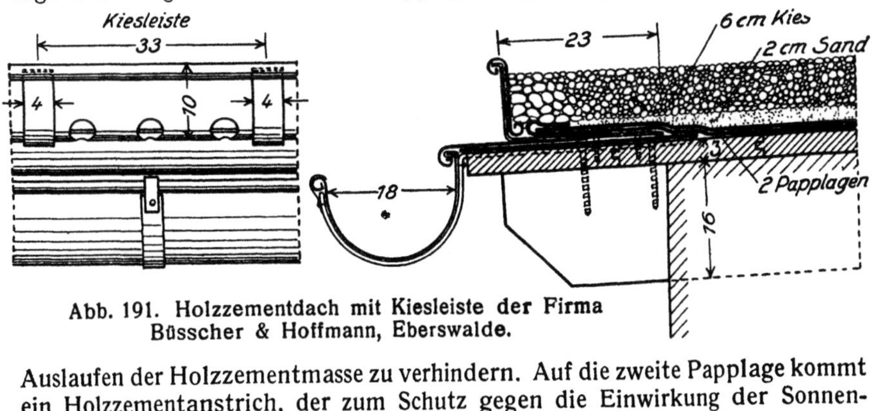

Abb. 191. Holzzementdach mit Kiesleiste der Firma Büsscher & Hoffmann, Eberswalde.

Auslaufen der Holzzementmasse zu verhindern. Auf die zweite Papplage kommt ein Holzzementanstrich, der zum Schutz gegen die Einwirkung der Sonnenstrahlen und gegen Beschädigung mit einer 2 cm hohen Sandschicht und darüber mit einer 5—6 cm hohen Kiesschicht bedeckt wird.

An der Traufe ist eine etwa 10 cm hohe „Kiesleiste“ aus Zinkblech Nr. 12 anzuordnen. Empfehlenswert ist die Kiesleiste der Firma Büsscher & Hoffmann, Eberswalde, die mit dem oberen Wulst auf besonderen Kiesleistenträgern hängt und sich daher frei bewegen kann (Abb. 191). — Der Anschluß an Mauern und Schornsteine geschieht wie bei den Pappdächern.

Holzzementdächer werden heute nur noch selten ausgeführt; als Ersatz dient das doppellagige Pappdach mit einer aufgewalzten Schicht feingesiebten Perlkieses.

E. Metalldächer.

Metalldächer können für jede Dachneigung verwendet werden. Sie sind feuersicher, leicht und dicht, aber verhältnismäßig teuer. Die Ausführung ist mit der größten Sorgfalt vorzunehmen. Die einzelnen Bleche sind durch Falzung miteinander zu verbinden, damit sie sich bei Temperaturänderungen ungehindert bewegen können. — Für Dachbedeckungen verwendet man hauptsächlich Zink-, Kupfer- und Bleibleche in ebenen Tafeln. (Eisenwellbleche kommen bei Fabrikgebäuden usw. zur Verwendung.)[1])

I. Das Zinkdach.

Zur Eindeckung verwendet man Zinkblech Nr. 12—14 in Tafeln von 0,80 × 2,00 m oder 1,00 × 2,00 m Größe. Das Zinkdach wird auf 2,5 cm starker Schalung mit oder ohne Leisten eingedeckt. Die Eindeckung nach dem Rinnensystem ist umständlich und wird daher selten ausgeführt.

1. Eindeckung mit Leisten. Trapezförmige Leisten von 3,5 cm Höhe, 3,5 cm oberer und 2,5 cm unterer Breite werden in Abständen von 77 oder 97 cm senkrecht zur Traufe auf die Schalung genagelt. Zwischen diese Leisten werden die Blechtafeln, die seitlich 3 cm hoch aufgebogen sind, verlegt. Die aufgebogenen Blechkanten greifen in Hafter aus starkem Zinkblech von 4—6 cm Breite, die unter den Holzleisten durchgeführt und in Abständen von 40—50 cm angeordnet sind. In diese Haftstreifen greifen auch die gefalzten Zinkblechkappen, die zur Überdeckung der Leisten dienen (Abb. 192). Die Verbindung der Tafeln in der Richtung von der Traufe zum First geschieht durch Falzung. Jede Tafel wird am oberen Rande durch drei Haftstreifen, von denen der mittelste auf die Unterseite des Bleches aufgelötet ist, befestigt.

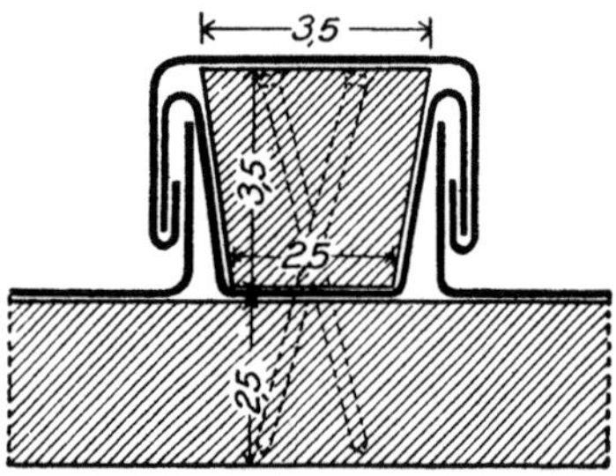

Abb. 192. Zinkleistendach.

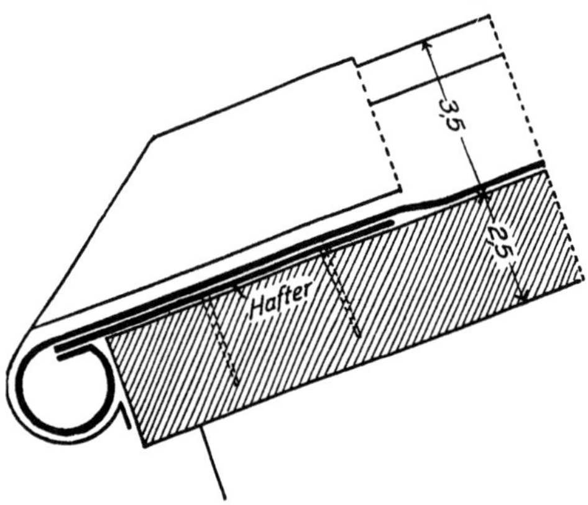

Abb. 193. Traufe des Zinkleistendaches.

An der Traufe wird die Blechtafel mit überstehendem Wulst versehen und durch kräftige Hafter gehalten. Die Vorderfläche der Deckkappe greift um den Wulst des Deckbleches herum (Abb. 193). Die Traufe kann auch mittels Vordeckstreifen von 40 cm Breite, der auf der Schalung durch Hafter befestigt wird, eingedeckt werden. Dieser Vordeckstreifen wird unten mit dem Rinnenblech, oben mit dem ersten Deck-

1) Dachdeckungen aus Wellblech siehe Göbel-Henkel, Eisenkonstruktion II. Leipzig, B. G. Teubner.

blech verfalzt. In den oberen Falz greift auch die Vorderfläche der Deckkappe, die also schon in einiger Entfernung von der Traufkante endigt.

Die Eindeckung des Firstes geschieht durch eine Zinkkappe, welche über eine gleich hohe trapezförmige Firstleiste und über die anschließenden Deckkappen greift. Die Blechtafeln sind an der Firstleiste hochgebogen. Die Verfalzung mit den Haftstreifen geschieht in derselben Weise wie bei den anstoßenden Leisten (Abb. 194). Die Verbindung der Firstkappe mit den Deckkappen erfolgt durch Lötung.

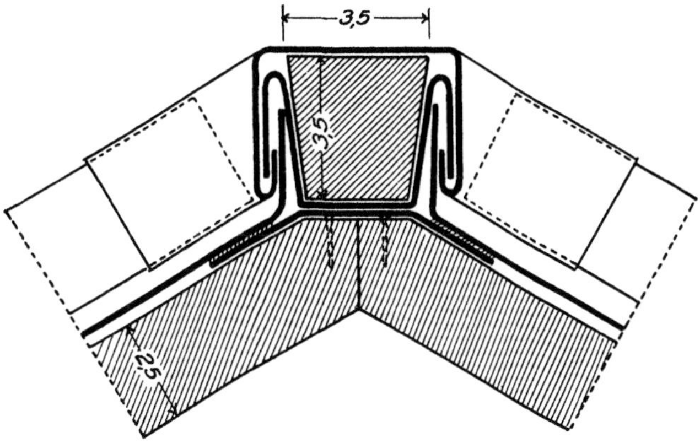

Abb. 194. Zinkleistendach. Eindeckung des Firstes.

2. Eindeckung ohne Leisten. Die seitliche Verbindung der Bleche erfolgt durch

Abb. 195. Liegender Falz.

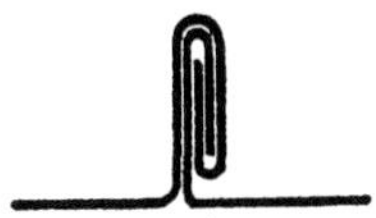
Abb. 196. Stehender Falz.

Abb. 197. Stehender Falz mit Wulst.

liegenden Falz (Abb. 195) oder durch stehenden Falz (Abb. 196). Auch können die Bleche nach Abb. 197 mit übergeschobenem Wulst verbunden werden.

Die Verbindung der Bleche in der Richtung von der Traufe zum First erfolgt entweder durch Lötung oder besser durch Falzung und Hafter wie beim Leistendach.

II. Das Kupferdach.

Kupfer ist das beste, dauerhafteste, aber auch teuerste Deckmaterial. Es wird daher nur für öffentliche Gebäude oder für einzelne Bauteile, wie Erker, Dachreiter usw. verwendet. Auf der Kupferdeckung schlägt sich allmählich eine schützende Oxydschicht (Patina) nieder, die den Kupferdächern ein eigenartig schönes Aussehen verleiht.

Für Dachdeckungen wird Kupferblech von 0,5—1,0 mm Stärke und 1,00 × 2,00 m Tafelgröße verwendet. Die Eindeckung erfolgt auf 2,5 cm starker Schalung. Die Platten werden in Verband gelegt und in den seitlichen Stößen durch stehenden oder liegenden Falz verbunden (vgl. Zinkdächer). Die wagerechten Stöße erhalten liegenden Falz. Die Tafeln werden durch Hafter aus Kupferblech von 4—5 cm Breite und 6—9 cm Länge auf der Schalung befestigt. Zur Nagelung der Hafter sind Kupfernägel zu verwenden. Die Traufe erhält überstehenden Wulst, der durch Hafter gehalten wird.

III. Das Bleidach.

Bleideckung ist nur für flache Dachneigung geeignet. Vollständige Bleideckungen werden, hauptsächlich des teueren Preises wegen, sehr selten ausgeführt. Dagegen wird Blei für Kehldichtungen und Anschlüsse verwendet, weil es sehr dauerhaft ist und sich leicht allen Biegungen anpassen läßt. Deckblei muß mindestens 2 mm stark sein. Es wird in Tafeln von 1 m Breite und 8—10 m Länge geliefert.

Die Eindeckung erfolgt auf 2,5 cm starker Schalung. Die seitlichen Stöße werden durch Falzung gebildet. An den wagerechten Stößen greifen die Tafeln 15 cm übereinander und werden entweder durch Hafter aus verzinntem Kupfer gehalten oder zusammengelötet. An der Traufe wird die Bleiplatte mit einem Zinkvorstoßblech wulstartig verfalzt.

Glasdächer siehe Göbel-Henkel, Eisenkonstruktion II. Leipzig, B. G. Teubner.

Abschnitt VI.

Klempnerarbeiten.

A. Gesimsabdeckungen.

Geputzte Gesimse und auch Werksteingesimse aus porösem Material müssen mit Zink- oder Kupferblech abgedeckt werden; desgleichen müssen alle Hauptgesimse Blechabdeckung erhalten.

Zu Gesimsabdeckungen verwendet man hauptsächlich Zinkblech Nr. 12. Die Abdeckbleche treten über die Gesimskante vor und erhalten einen Wulst mit scharfer Umkantung (Abb. 198) oder Abkantung mit scharfer Einfalzung (Abb. 199). Die Traufkante der Abdeckbleche muß so eingerichtet werden, daß das Wasser sicher abtropfen kann. Die Befestigung der Bleche geschieht auf Werkstein-Hauptgesimsen mit kleinen Steinschrauben, die in 60 cm Entfernung in den Stein eingebleit sind (Abb. 199). — Auf gemauerten und geputzten

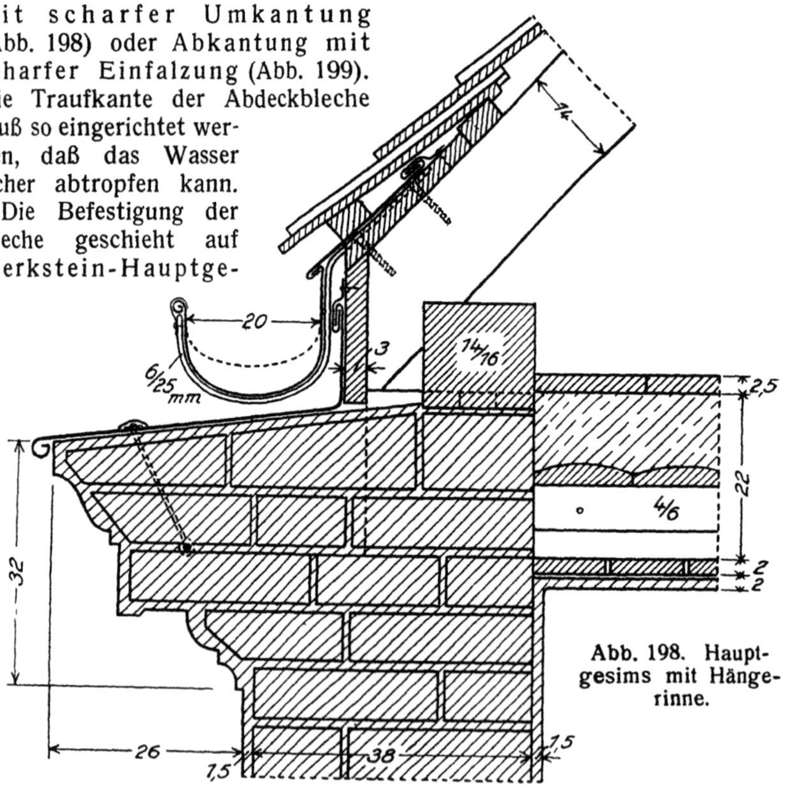

Abb. 198. Hauptgesims mit Hängerinne.

Gesimsen erfolgt die Befestigung des Abdeckbleches durch einen Draht, der 3—4 Schichten tief in das Mauerwerk greift und dort um einen querliegenden Nagel gewickelt ist. Der Draht wird durch das Blech geführt und oben zu einer Öse (Schleife) gebogen (Abb. 198). — Sowohl die Muttern der Steinschrauben als auch die Drahtschleifen müssen durch aufgelötete Schutzkappen überdeckt werden.

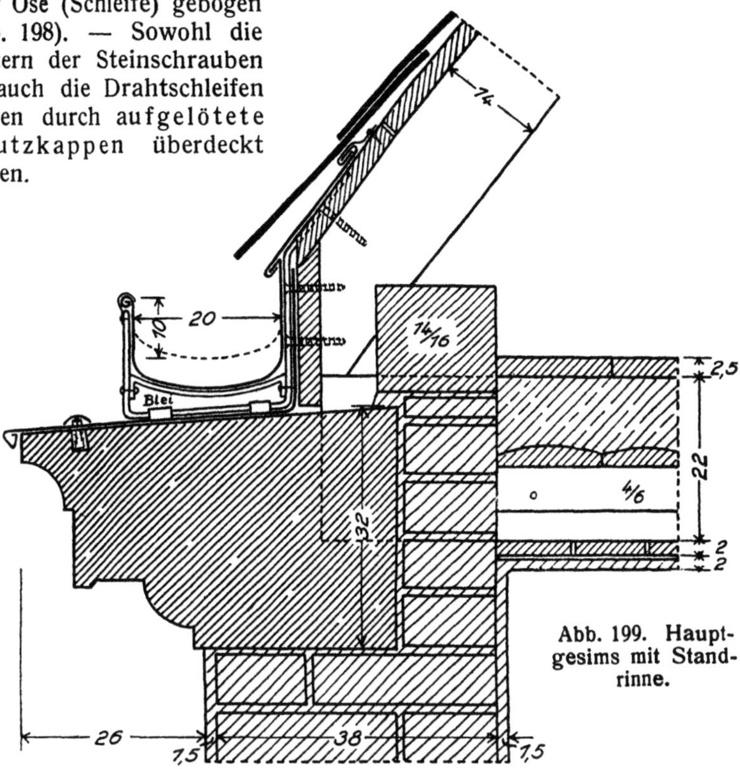

Abb. 199. Hauptgesims mit Standrinne.

Bei allen Sohlbankabdeckungen wird das Blech an dem unteren Fensterrahmholz hochgeführt, in einen Ausschnitt gelegt und durch Nägel befestigt.

B. Rinnen.

Einfache Hängerinnen für überstehende Dächer s. Teil I dieses Leitfadens.

Ragt die Dachfläche nicht über die Mauerfläche hinaus, so werden die Sparren hinter der Fußpfette senkrecht abgeschnitten. Der obere Mauerabschluß erfolgt durch ein Hauptgesims, dessen obere Fläche geneigt sein muß. Vor die Sparrenenden wird ein 3 cm starkes Stirnbrett geschraubt, das mit dem 20 cm breiten Traufbrett entsprechend zusammengeschnitten wird. Die Zinkabdeckung des Hauptgesimses wird an dem Stirnbrett hochgeführt und durch Hafter gehalten (Abb. 198). Die Hafter fallen fort, falls die Rinnenbügel gegen das Stirnbrett geschraubt werden (Abb. 199). Das Traufbrett erhält einen Vordeckstreifen, der mit der hinteren Rinnenkante verfalzt und auf der Dachfläche durch Hafter gehalten wird.

Die Dachrinnen über Hauptgesimsen können als Hängerinnen oder bei größeren Dachflächen als Standrinnen (Kastenrinnen) ausgebildet werden. — Abb. 198 zeigt eine Hängerinne mit korbbogenförmigem Querschnitt. Die $\frac{6}{25}$ mm starken Rinnenbügel sind auf das Traufbrett geschraubt. Die Rinne erhält auf 1,0 m Länge 0,8—1,0 cm Gefälle. Die geringste Rinnentiefe muß 10 cm betragen.

Standrinnen (Kastenrinnen) können verschiedenartig ausgeführt werden. Die Rinnenbügel stützen sich auf die Hauptgesimsschräge und können zur Sicherung der vorderen Rinnenkante Querbügel oder äußere Versteifungsbügel erhalten. Die Vorderansicht der Rinne wird oft durch glattes Blech oder Wellblech verkleidet. Um eine sichere Begehbarkeit der Rinnen zu erzielen, können Laufbretter über den Querbügeln oder unter dem Rinnenblech angeordnet werden. Musterbeispiele für die Ausführung solcher Rinnen sind von dem Ministerium der öffentlichen Arbeiten für die Staatsbauten in Preußen aufgestellt. Diese Beispiele können für die Zwecke des bürgerlichen Wohnhausbaues wesentlich vereinfacht werden.

Abb. 199 stellt eine Standrinne über Werksteinhauptgesims dar. Die in 70—80 cm Entfernung angeordneten, $\frac{6}{25}$ mm starken Rinnenbügel stützen sich auf das Abdeckblech (wo sie mit Blei zu umhüllen sind) und werden am Stirn- und Traufbrett gegen die Sparren geschraubt. Zur Erzielung des Rinnengefälles sind untere Querbügel in den entsprechenden Höhen zwischengenietet.

Über Abfallrohre s. Teil I dieses Leitfadens.

C. Mauer- und Schornsteinanschlüsse.

Bei Papp-, Holzzement- und Zinkdächern und zuweilen auch bei Schieferdächern werden die Mauer- und Schornsteinanschlüsse aus Zinkblech Nr. 12 hergestellt. Bei allen Ziegeldächern sind Zinkblechanschlüsse durchaus zu vermeiden (vgl. Teil I dieses Leitfadens).

Beim **Giebelanschluß** von Schieferdächern liegt das Zinkblech in einer Breite von 15—20 cm auf der Dachschalung. Der gefalzte Blechrand wird durch Hafter gehalten. Das Blech wird an dem Giebelmauerwerk etwa 25 cm hochgeführt, in einen schmalen, gestemmten Mauerschlitz eingeschoben und hier durch verzinkte Mauerhaken befestigt Bei sorgfältigerer Ausführung erfolgt die Befestigung durch eine gefalzte Deckleiste (Kappleiste) und Mauerhaken (Abb. 200).

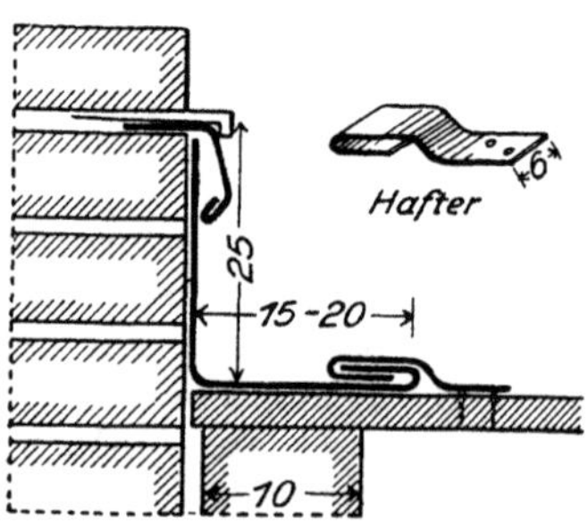

Abb. 200. Giebelanschluß.

Schornsteinanschlüsse werden wie Maueranschlüsse ausgeführt. Bei flachen Dächern wird das Zinkblech in gleicher Höhe herumgeführt. Bei steileren Dächern wird der Anschluß stufenförmig hergestellt (Abb. 201). Hinter dem Schornstein ist der Anschluß satteldachartig, nach beiden Seiten abfallend, anzuordnen.

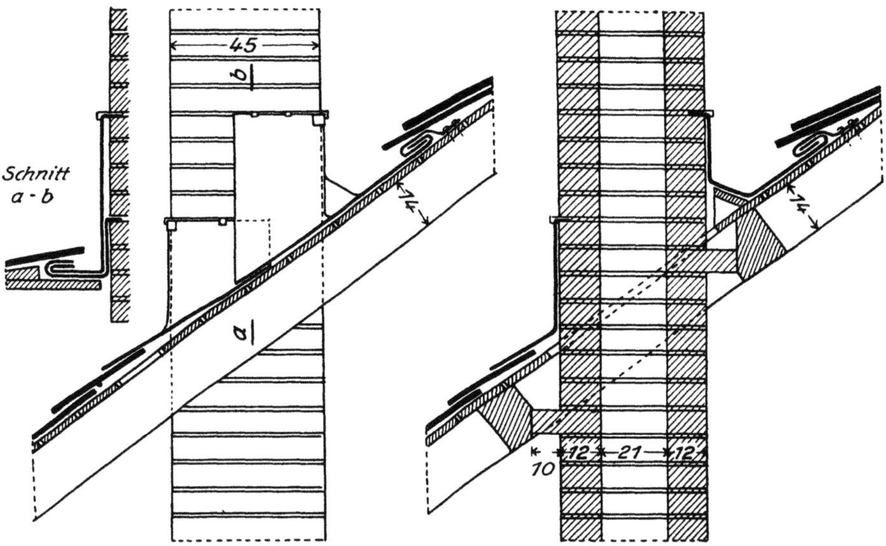

Abb. 201. Schornsteinanschluß mit Zinkblech für Schieferdach.

Abschnitt VII.

Tischlerarbeiten.

A. Hölzerne Treppen.

Hinsichtlich der Konstruktion unterscheidet man drei Arten von Holztreppen:

die eingeschobene Treppe,
die eingestemmte Treppe, } (vgl. Teil I dieses Leitfadens).
die aufgesattelte Treppe.

I. Podestbildung der eingestemmten Treppen.

1. Bei der einfachsten Ausbildung des **Zwischenpodestes** werden die Wangen auf den Podestbalken aufgeklaut und eingelassen (vgl. Teil I dieses Leitfadens, Abb. 266). Der Handläufer des Treppengeländers endigt seitlich an einem zwischen den Wangen auf dem Podestbalken stehenden Geländerpfosten, oder er wird mittels Krümmlings in den nächsten Lauf übergeführt.

2. Die Podestbildung kann auch in der Weise geschehen, daß die inneren Wangen in einen oder zwei **Hängepfosten** eingezapft werden. Diese Hängepfosten liegen vor dem Podestbalken und sind mit demselben überschnitten. Wange, Hängepfosten und Podestbalken werden durch Bolzen miteinander verbunden. Bei größerem Zwischenraum der inneren Wangen werden zwei Hängepfosten angeordnet (Abb. 202 *A*); bei geringem Zwischenraum können beide Wangen in denselben Pfosten geführt werden (Fig. 202 *B*). Der Hänge-

pfosten endigt unter dem Podestbalken mit einfach profiliertem Knopf. Die Handläufer der Geländer werden in die Pfosten eingezapft.

3. Die innere Wange des unteren Treppenlaufes kann am Zwischenpodest auch durch ein gewundenes Wangenstück **(Krümmling)** in die Wange des nächsten Treppenlaufes übergeführt werden (Abb. 203). Das Krümmlingsstück wird um $\frac{1}{3}$ der Wangenstärke in die Podestbalken eingelassen. Die ge-

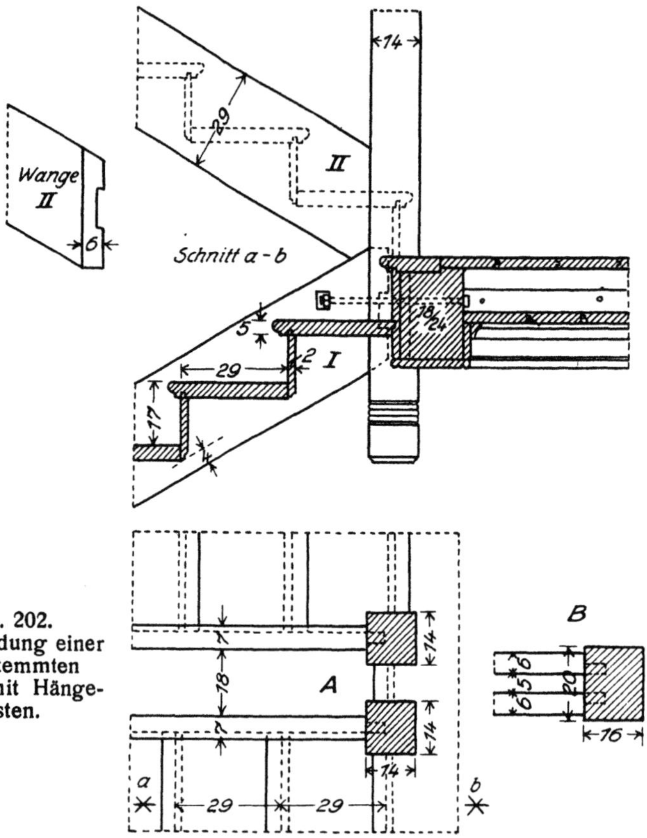

Abb. 202. Podestbildung einer eingestemmten Treppe mit Hängepfosten.

raden Wangen werden in den Krümmling eingezapft und mit dem Podestbalken durch Bolzen, die durch den Krümmling hindurchgehen, verbunden. Der Handläufer des Treppengeländers muß bei dieser Ausführung auch einen Krümmling erhalten.

4. **Eckpodeste** erhalten bei einfachster Ausführung einen festen Eckstiel, in den die Wangen und auch die beiden Podestbalken eingezapft werden (Abb. 204). Dieser Eckstiel endigt entweder als Geländerpfosten, oder er wird zur Unterstützung des nächsten Eckpodestes hochgeführt. Zur Befestigung des Dielenbelages sind Wechselhölzer anzuordnen, die mit dem Podestbalken durch Brustzapfen verbunden werden.

Eckpodeste können auch **freischwebend** ausgebildet werden. Es muß dann ein Diagonal-Podestbalken, in den die Podestwechsel verzapft sind,

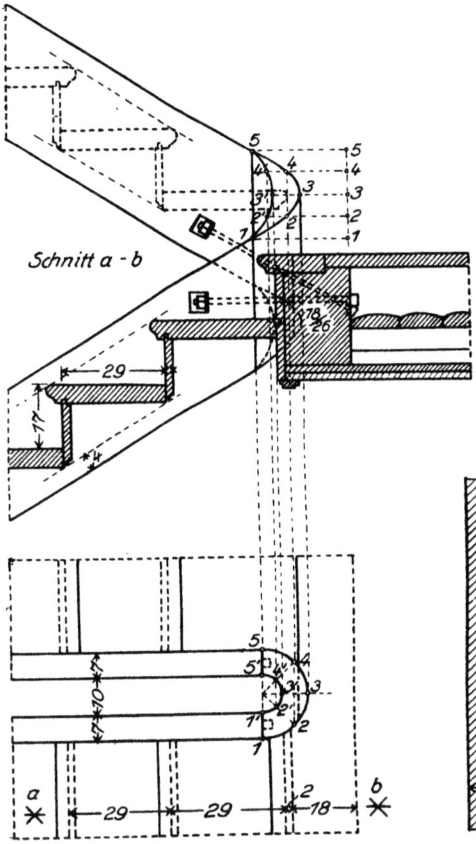

angeordnet werden. Die Wangen greifen entweder in einen **Hängepfosten** (Abb. 205) oder sind durch einen **Krümmling** (Abb. 206) miteinander verbunden. Der Hängepfosten bzw. der Krümmling wird mit dem Diagonal-Podestbalken durch Bolzen fest verbunden. Bei größeren Eckpodesten kann der Diagonalbalken noch durch einen auf den beiden Treppenhauswänden liegenden **Unterzug** unterstützt werden (Abb. 206).

Abb. 203. Podestbildung einer eingestemmten Treppe mit Krümmling.

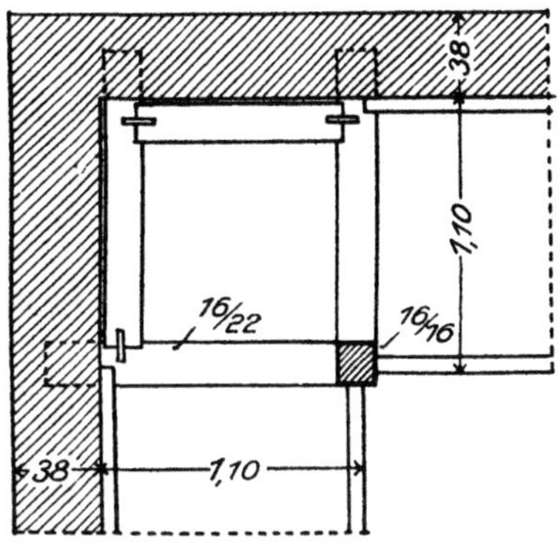

Abb. 204. Eckpodest mit festem Eckstiel.

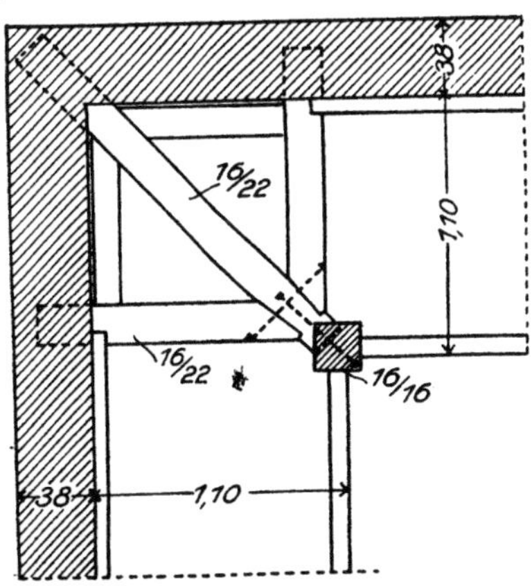

Abb. 205. Freischwebende Ecke mit Hängepfosten.

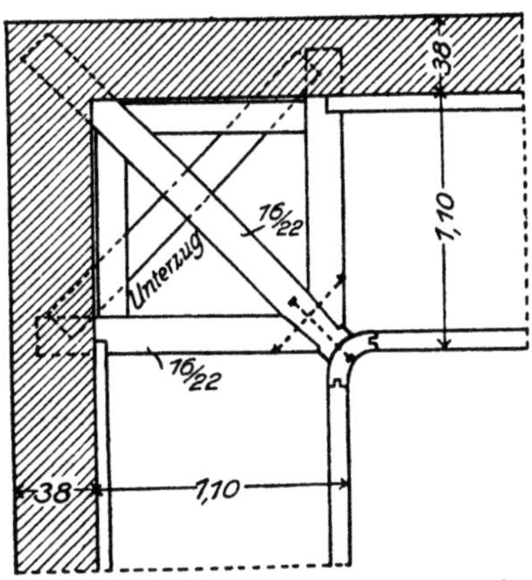

Abb. 206. Freischwebende Ecke mit Krümmling.

II. Die aufgesattelte Treppe.

Aufgesattelte Treppen sind teurer als eingestemmte, weil die Ausführung umständlicher ist. Sie eignen sich auch nicht für gewundene und Wendeltreppen. Was das Aussehen anbetrifft, sind eingestemmte Treppen bei geeigneter Formgebung mindestens gleichwertig. Aufgesattelte Treppen werden daher verhältnismäßig selten ausgeführt.

a) Stufenbildung.

Die je nach der Lauflänge 7—8 cm starken Wangen werden stufenförmig ausgeschnitten und müssen an der schwächsten Stelle eine Breite von 15—17 cm

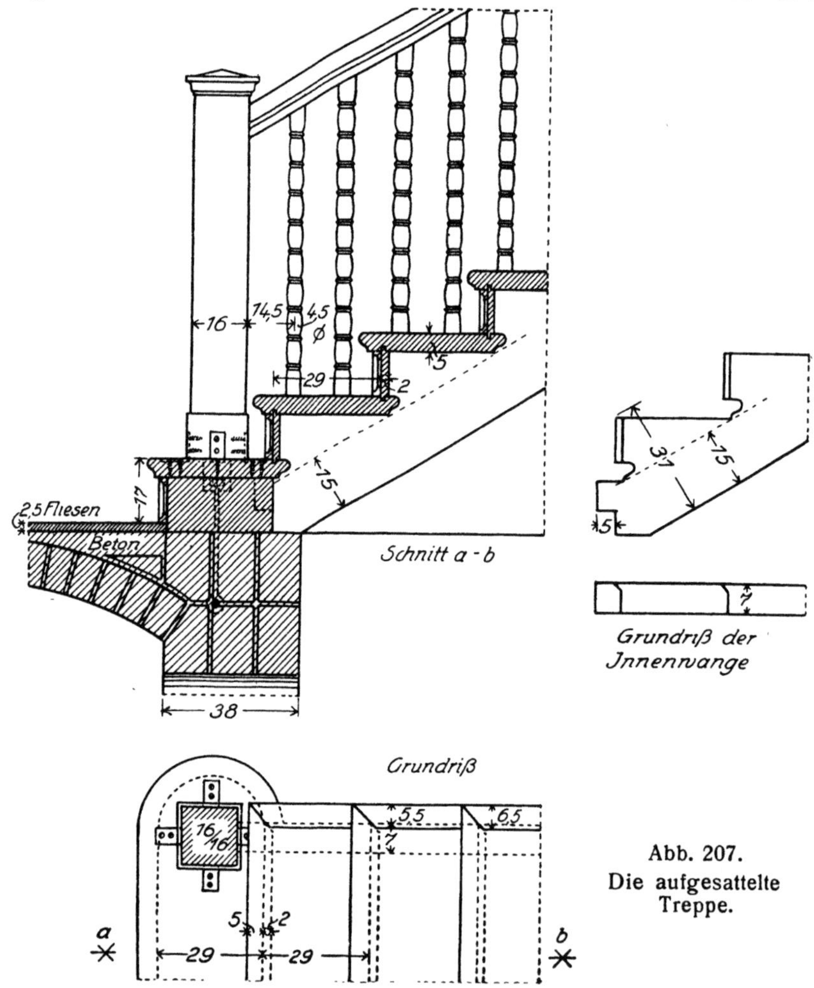

Abb. 207. Die aufgesattelte Treppe.

haben (größte Breite 31—33 cm). Die Unterkanten der Wangen werden einfach profiliert.

Die 5 cm starken Trittbretter werden auf die Wangen aufgeschraubt. Das Stufenprofil wird an der Stirnseite herumgeführt und entweder am Hirnholze angearbeitet oder als Hirnleiste mit verleimtem Zapfen angesetzt (Abb. 208).

Die Futterbretter (Futterstufen) sind 2 cm stark und werden mit dem oberen Ende in das Trittbrett eingenutet. Das untere Ende wird entweder

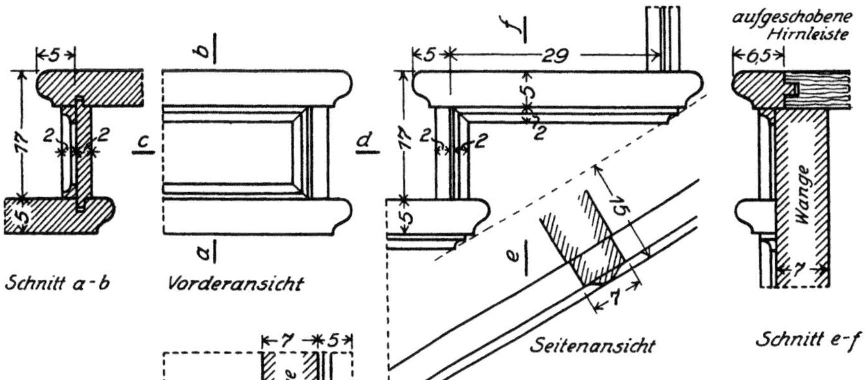

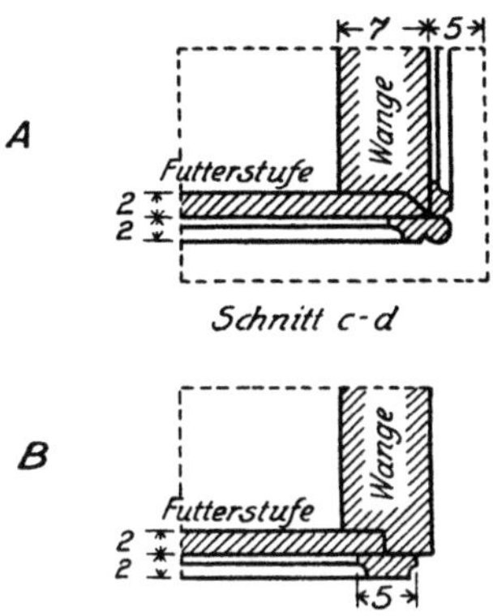

Abb. 208. Einzelheiten der aufgesattelten Treppe.

gegen das Trittbrett geschraubt oder in dasselbe eingenutet. Im letzteren Falle erhält auch die hintere Kante des Trittbrettes das Stufenprofil, und die Wange muß diesem Profil entsprechend ausgeschnitten werden. Das Futterbrett liegt stumpf vor der Wandwange; an der inneren Wange erfolgt die Verbindung entweder mit Falz (Abb. 208 B) oder mit Gehrung (Abb. 208 A). Die Fugen werden durch angeschraubte Profilleisten, die die Futterstufen umrahmen und an der Stirnseite herumgeführt werden können, verdeckt.

b) Ausbildung des Treppenantrittes.

Die Antrittstufe ist wie bei der eingestemmten Treppe am besten als Blockstufe aus vollem Holze herzustellen, sicher zu unterstützen und gegen Verschieben zu sichern. Die Wangen werden in die Blockstufe eingezapft (Abb. 207). Der Geländerpfosten greift mit einem Zapfen in die Blockstufe und ist mit derselben durch eingelassene und aufgeschraubte Eisenwinkel verbunden. Das Geländer wird wie bei den eingestemmten Treppen aus 4—4,5 cm starken quadratischen oder runden Geländerstäben und dem 7 cm breiten und hohen profilierten Handläufer gebildet. Die Geländerstäbe sind unten 2—3 cm tief in die Trittbretter eingezapft.

c) Ausbildung des Treppenaustrittes und der Zwischenpodeste.

1. Die Austrittstufe und auch die Antrittstufe des nächsten Laufes müssen soweit vor den Podestbalken vorgeschoben werden, daß die Wangenunterkante noch gegen den Balken anlaufen kann. Die

Wange wird in den Podestbalken eingezapft und mit diesem durch Schraubenbolzen verbunden (Abb. 209 A).

2. Vor dem Podestbalken wird eine 10 cm starke Bohle angeordnet, die so hoch ist, daß die Wangenunterkante dagegen anlaufen kann.

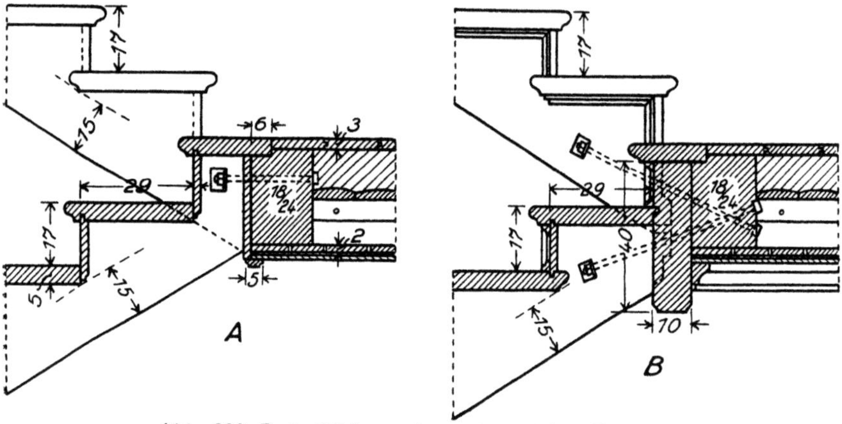

Abb. 209. Podestbildung der aufgesattelten Treppen.

Die Wangen werden in diese Bohle verzapft und mit der Bohle und dem Podestbalken durch lange Schraubenbolzen fest verbunden (Abb. 209 B).

III. Gewendelte Treppen. Gewundene Treppen. Wendeltreppen.

Gewendelte Treppen sind Treppen mit geraden Läufen, bei denen einige Stufen des Antrittes, des Austrittes oder am Zwischenpodest als Wendelstufen ausgebildet werden. Wendelstufen müssen an der Innenwange mindestens 10 cm Auftrittsbreite erhalten. — Die Stufen müssen entsprechend „verzogen" werden, d. h. die Auftrittsbreiten müssen an der Innenwange allmählich ab- und wieder zunehmen, damit die Wendelstufen nicht zu spitz ausfallen und unschöne Knicke an der Wange vermieden werden.

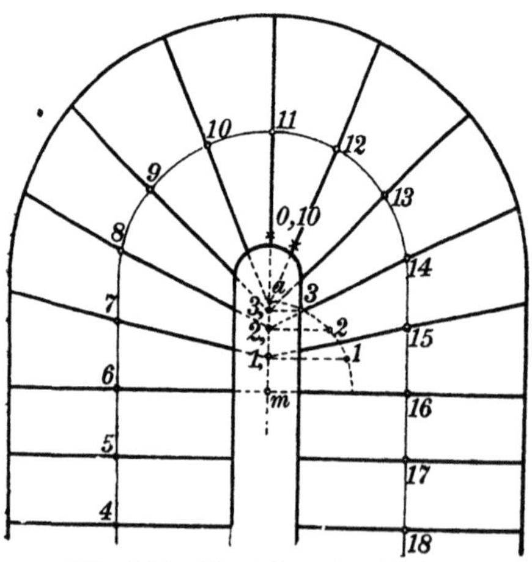

Abb. 210. Verziehen der Stufen.

Gewundene Treppen bestehen nur aus Wendelstufen.

Wendeltreppen sind gewundene Treppen, deren Mittellinie eine geschlossene Kurve bildet.

a) Das Verziehen der Stufen.

Zunächst erfolgt die Aufteilung aller Stufen, auch der Wendelstufen, auf der mittleren Lauflinie. Alsdann wird die Anzahl der zu verziehenden Stufen bestimmt und die Richtung der Stufenkanten bzw. der Auftrittsbreite an der Innenwange nach einem der nachstehenden Verfahren ermittelt.

1. Verfahren (Abb. 210). Zwischen den Stufen 6 und 16 einer zweiarmigen Treppe sollen 9 Wendelstufen angeordnet werden. Die geringste Auftritts-

breite soll 10 cm betragen. Die Stufenkante 11 fällt mit der Achse der Treppe zusammen. Dann trägt man nach rechts und links an der Innenwange die Auftrittsbreite von 10 cm an und zieht die Stufenkanten 10 und 12. Die Verlängerung dieser Stufenkanten schneidet die Achse im Punkt *a*. Dann schlägt man um *m* mit *ma* einen Viertelkreis und teilt denselben in vier gleiche Teile. Die Teilpunkte 1, 2 und 3 werden winkelrecht auf die Achse herübergeholt und ergeben die Punkte 1′, 2′ und 3′. Die Stufenkante 13 ist dann nach Punkt 3′, Stufenkante 14 nach Punkt 2′ und Stufenkante 15 nach Punkt 1′ zu ziehen.

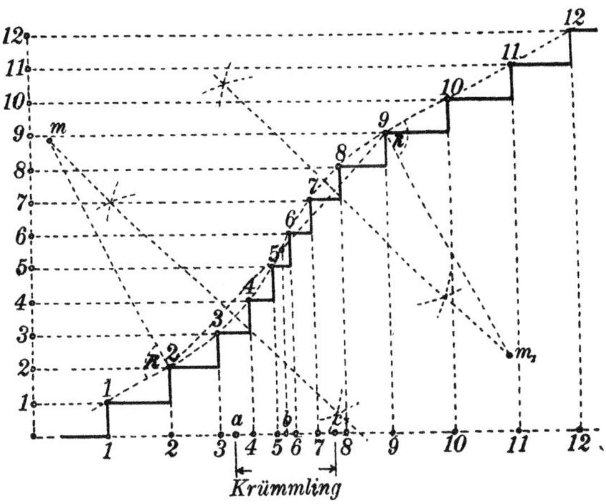

Dieselbe Konstruktion kann angewendet werden, wenn auf die Treppenachse keine Stufenkante, sondern eine Stufenmitte trifft.

2. Verfahren (Abb. 211). Zwischen den Stufen 2 und 9 einer rechtwinklig gebrochenen Treppe sollen 6 Wendelstufen angeordnet werden. Man denkt sich die Steigungslinie an der Innenwange abgewickelt und zeichnet dieselbe zunächst, soweit gerade Stufen in Betracht kommen. Das ergibt die Steigungslinie 1 bis 2 und 9 bis 12 usw. Dann verbindet man Punkt 2 und 9 und ersetzt diese gerade Linie durch eine aus zwei Kreisbögen zusammengesetzte geschwungene Linie, in die die Steigungslinien 1 bis 2 und 9 bis 12 tangential übergehen. Zu diesem Zwecke wird die Linie 2 bis 9 halbiert. Für jede Hälfte wird die Mittelsenkrechte gezeichnet und zum Schnitt mit den zu den Steigungslinien in den Punkten 2 und 9 errichteten Senkrechten gebracht. Die Schnittpunkte *m* und m_1 sind die Mittelpunkte für die von 2 nach 9 zu zeichnende Bogenlinie. Dann wird die Stufenlinie zwischen 2 und 9 in der Weise gezeichnet, daß die Stufenvorderkanten auf der Bogenlinie liegen. Dadurch ergeben sich die Auftrittsbreiten, die in den Grundriß übertragen werden.

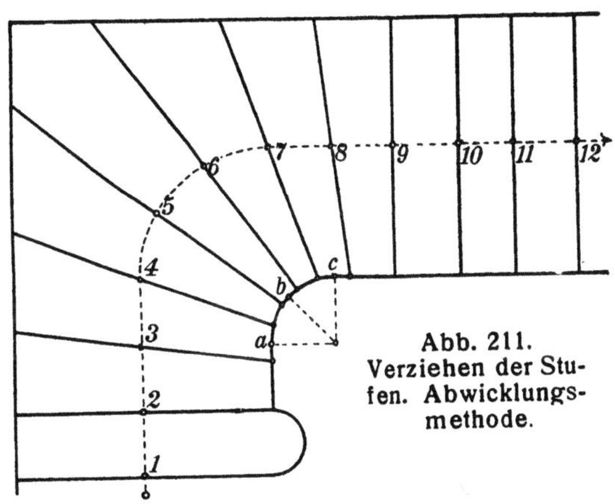

Abb. 211. Verziehen der Stufen. Abwicklungsmethode.

b) Gewendelte Treppen.

Die Wandwangen werden an den Ecken verzinkt. Soweit die Wendelstufen anschneiden, ist die Form der Wange zu ermitteln (Abb. 212). Die Wandwangen werden durch starke Mauerhaken mit der Treppenhauswand verbunden. Bei gekrümmter Treppenhauswand wird die Wandwange aus einzelnen Krümmlingsstücken zusammengesetzt (vgl. „Gewundene Treppen").

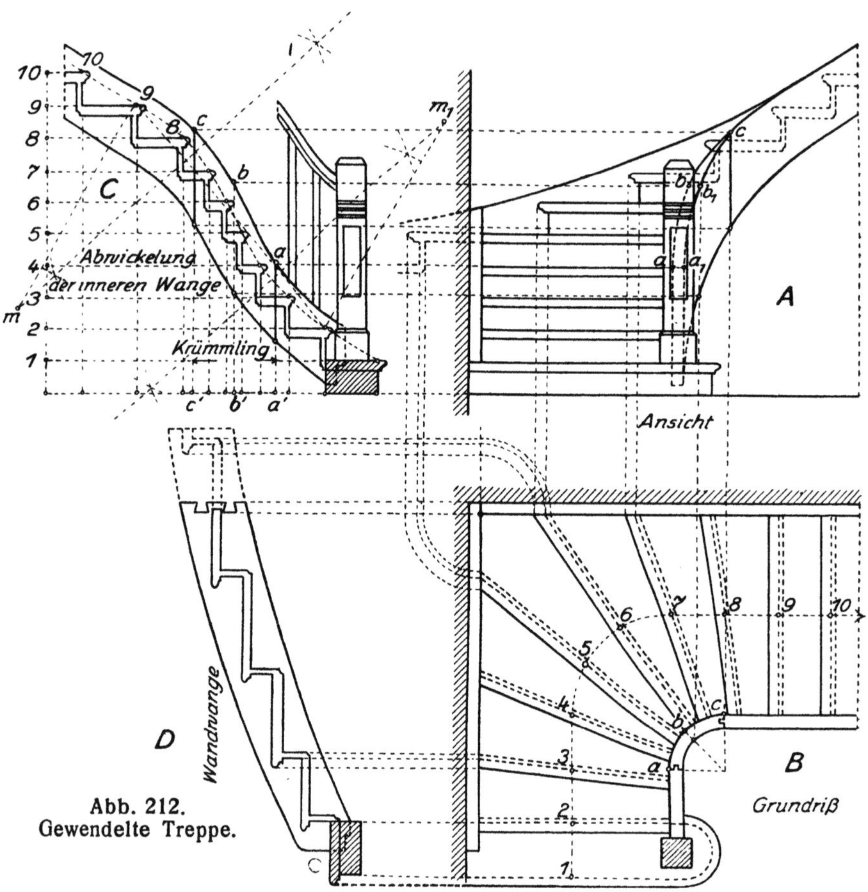

Abb. 212.
Gewendelte Treppe.

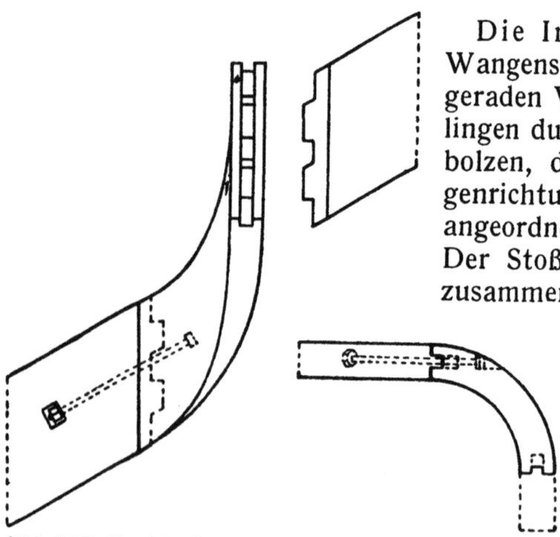

Abb. 213. Verbindung von Wange und Krümmling.

Die Innenwange besteht aus geraden Wangenstücken und Krümmlingen. Die geraden Wangen werden mit den Krümmlingen durch Doppelzapfen und Schraubenbolzen, die entweder senkrecht zur Wangenrichtung oder in der Wangenrichtung angeordnet werden, verbunden (Abb. 213). Der Stoß darf nicht mit einer Futterstufe zusammenfallen.

Abb. 212 stellt eine gewendelte Treppe im Grundriß und Ansicht dar. Abb. 212C zeigt die Abwickelung der inneren Wange mit den Ausschnitten für die Stufen und der Geländeranordnung. Abb. 212D zeigt die Austragung der Wandwange.

Reichsnorm	**Einläufige Holztreppen** für Wohngeschosse der Kleinhäuser Mit unteren Wendelstufen, hohe Steigungen	Bauwesen	**DIN** **289**

Maße in mm

Geschoßhöhe h	Anzahl der Steigungen	Lange l
2600	13	3018
2800	14	3248
3000	15	3478
3200	16	3708

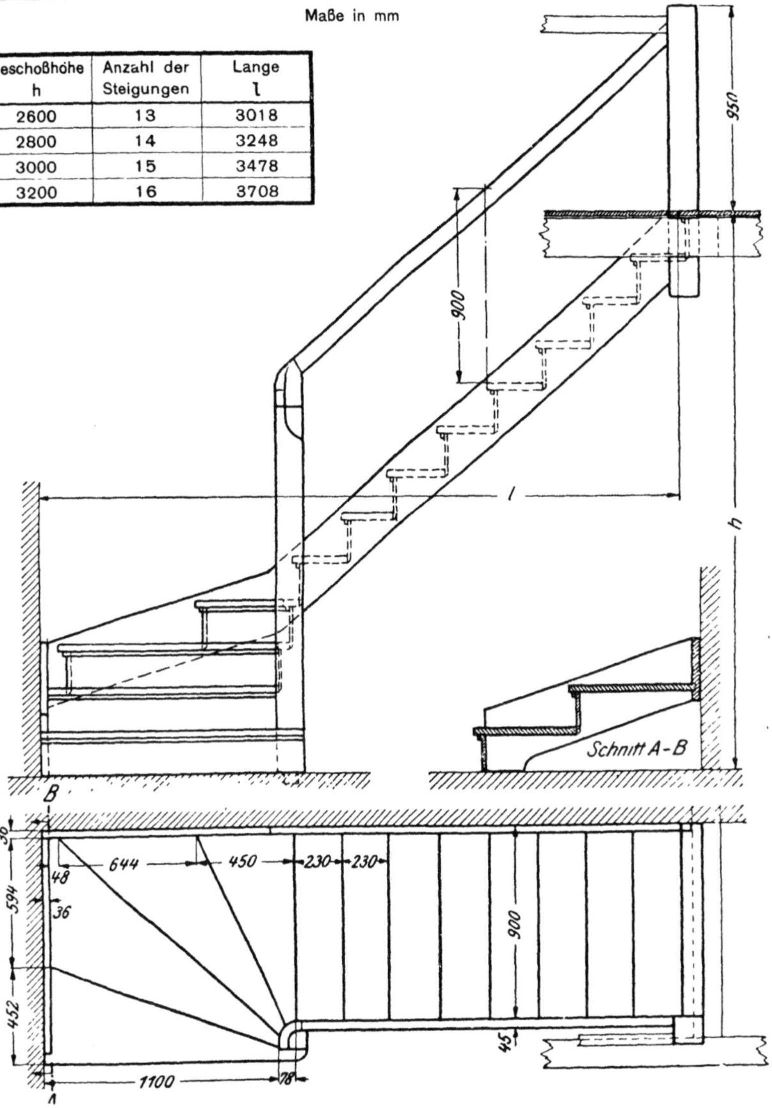

Bezeichnung einer einläufigen Holztreppe mit unterer Wendelung und 230 mm breiten Stufen für eine Geschoßhöhe von 2600 mm

Unten gewendelte Holztreppe 2600 (230) DIN 289

November 1921 Einzelheiten siehe DIN 293 und 294

Abb. 214. Einläufige Kleinhaustreppe mit gewendeltem Antritt (Din 289).[1]

1) Wiedergabe erfolgt mit Genehmigung des NDI. — Verbindlich für die vorstehenden Angaben bleiben die Dinormen. — Normblätter sind durch den Beuth-Verlag GmbH., Berlin SW 19, Beuthstr. 8, zu beziehen.

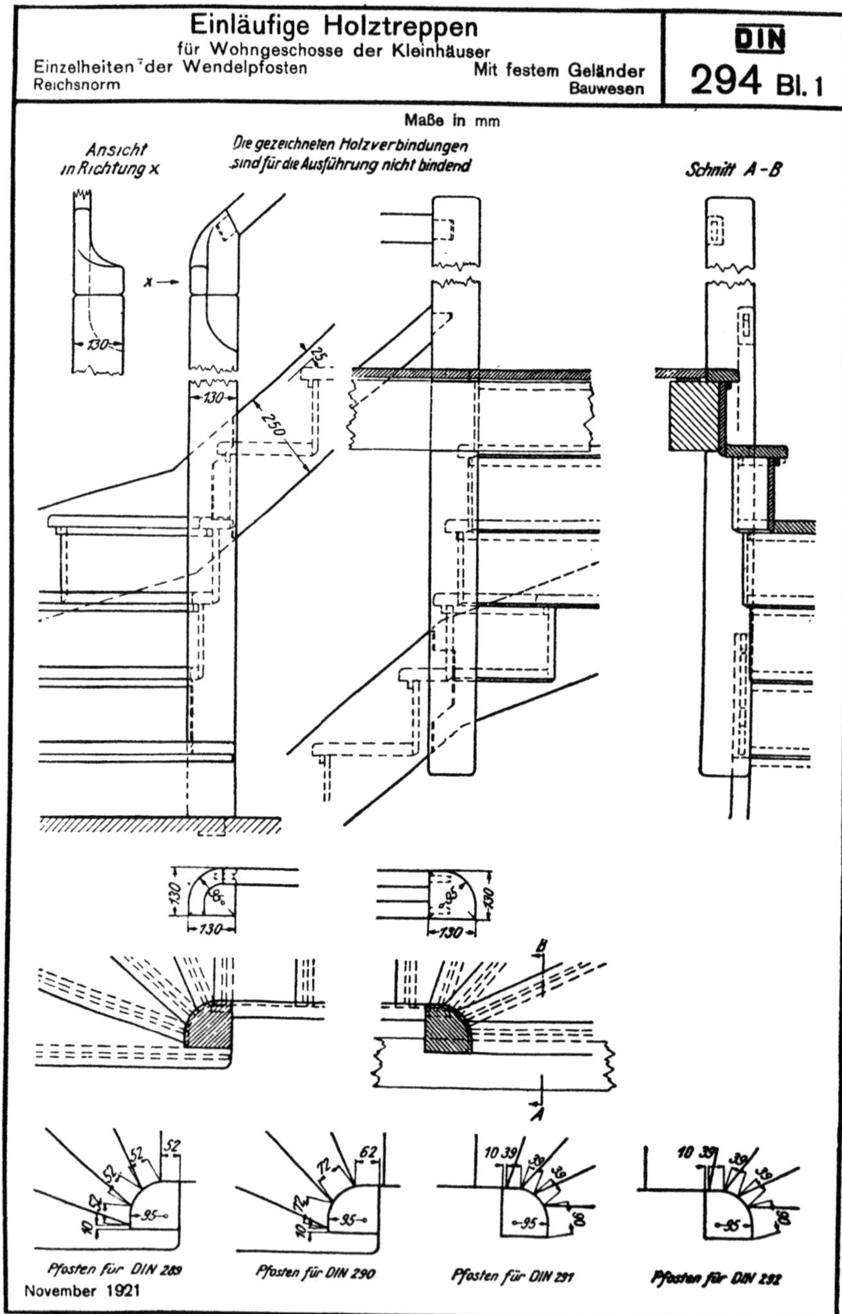

Abb. 215. Einzelheiten z. einläuf. Kleinhaustreppe m. gewendeltem Antritt (Abb. 214).[1])

1) Wiedergabe erfolgt mit Genehmigung des NDI. — Verbindlich für die vorstehenden Angaben bleiben die Dinormen. — Normblätter sind durch den Beuth-Verlag GmbH., Berlin SW 19, Beuthstr. 8, zu beziehen.

Für **Kleinhäuser** sind die gewendelten Treppen durch Normung festgelegt. Es kommen folgende Anordnungen in Betracht:

Treppen mit gewendeltem Antritt	Din 289 mit Steigungen 20/23 cm (Abb. 214),	
	Din 290 „ „ 18,6/25 „	
Treppen mit gewendeltem Austritt	Din 291 „ „ 20/23 „	
	Din 292 „ „ 18,6/23 „ .	

In beiden Fällen sind die Wendelstufen ohne Verwendung von Krümmlingsstücken an die Wendelpfosten angeschlossen. Einzelheiten siehe Din 294, Bl. 1 (Abb. 215) für festes Geländer und Din 294 Bl. 2 für abnehmbares Geländer.

c) Gewundene Treppen.

Die Wangen sind im Grundriß gekrümmt und werden aus einzelnen Krümmungsstücken, die mittels Doppelzapfen und Schraubenbolzen miteinander verbunden werden, zusammengesetzt. Statt der Schraubenbolzen werden auch aufgeschraubte Flacheisenschienen, die in die obere und untere Wangenfläche eingelassen werden, verwendet. Bei kleinem Krümmungsradius bleiben die Zapfen fort, und die Verbindung erfolgt nur durch fortlaufende oben und unten eingelassene Eisenschienen.

d) Wendeltreppen.

Um überall Kopfhöhe (1,80—2,00 m) zu behalten, müssen in einem Umlauf mindestens 12 Stufen bei 18 cm Steigungshöhe untergebracht werden. Bei größeren Wendeltreppen werden die Wangen wie bei den gewundenen Treppen aus einzelnen Krümmlingsstücken zusammengesetzt. Bei kleineren

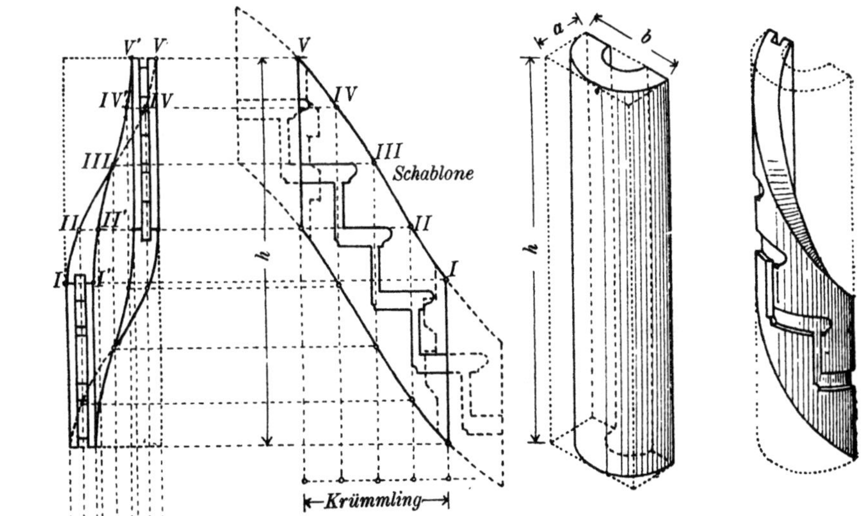

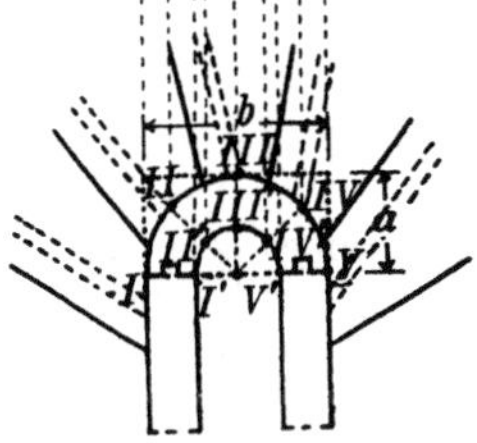

Abb. 216. Krümmling mit lotrechter Faserrichtung.

Wendeltreppen fällt oft die innere Wange fort und wird durch einen starken, kreisrunden Pfosten ersetzt (Spindeltreppen). In diesen Pfosten werden die Trittstufen 5 cm, die Futterstufen 3 cm eingestemmt.

e) Austragung des Krümmlings.

Krümmlinge werden durch zwei lotrechte Stirnflächen (mit den Zapfenlöchern), zwei Zyinderflächen und eine obere und untere Schraubenfläche begrenzt.

Krümmlinge mit kleinem Krümmungsradius werden meist so hergerichtet, daß die Holzfaser lotrecht verläuft.

Bei größerem Krümmungsradius wird das Holz so gewählt, daß die Holzfasern in der Richtung der Wangenneigung verlaufen.

1. Krümmling mit lotrechter Faserrichtung. Man zeichnet zuerst die Abwicklung der äußeren Krümmlingsfläche mit den Stufenausschnitten und erhält dadurch die Höhe des Krümmlingsholzes (Höhe *h* in Abb. 216). Die Querschnittsfläche ergibt das um den Grundriß des Krümmlings gezeichnete Rechteck.

Ausführung: Bei der Herstellung des Krümmlings wird zunächst der Grundriß auf den Hirnflächen vorgerissen und der Hohlzylinder hergerichtet. Dann wird die

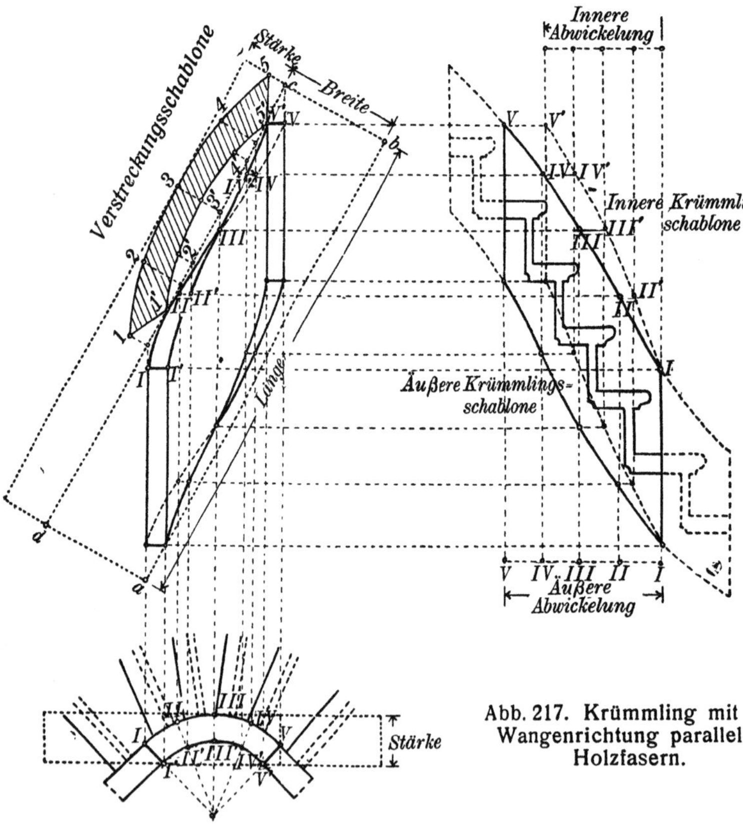

Abb. 217. Krümmling mit zur Wangenrichtung parallelen Holzfasern.

Abwicklungsschablone auf die Außenfläche des Krümmlings gelegt, die obere und untere Begrenzungslinie und die Stufenausschnitte aufgezeichnet. Von den Begrenzungslinien aus wird das Holz winkelrecht zur äußeren Krümmlingsfläche weggestemmt. Alsdann sind die Stufen auszustemmen und die Zapfenlöcher herzustellen.

2. Krümmling mit zur Wangenrichtung parallelen Holzfasern. Abb. 217 zeigt die Austragung des Krümmlings für die in Abb. 212 dargestellte Treppe. Es ist zunächst die Abwicklung der äußeren Krümmlingsfläche mit den Stufenausschnitten zu zeichnen und der Aufriß des Krümmlings zu entwickeln.

Um die Länge und Breite des Krümmlingholzes zu finden, zeichnet man um den Aufriß ein Rechteck, dessen Langseiten durch die äußersten Punkte des Aufrisses gehen. Die oberen und unteren Eckpunkte *c* und *a* dieses Rechtecks liegen auf den Verlängerungen der senkrechten Begrenzungskanten der äußeren Krümmlingsfläche.

Die Länge des Krümmlingholzes ist gleich der Rechteckseite *ab*,
„ Breite „ „ „ „ „ „ *bc*,
„ Stärke „ „ „ „ dem Abstand der im Grundriß durch Punkt I′ und III gezogenen Parallelen.

Für die Herstellung des Krümmlings sind noch die Verstreckungsschablonen, das sind die Schnittflächen des Hohlzylinders mit der oberen und unteren Fläche des Krümmlingholzes, erforderlich. Man denkt sich die obere Holzfläche in die Aufrißebene umgeklappt und bestimmt die Schablone mit Hilfe von Grund- und Aufriß. Die einzelnen Punkte werden bis zur Holzkante *cd* hochgeführt und in den gefundenen Punkten die entsprechenden Abstände aus dem Grundriß aufgetragen.

Ausführung: Auf der oberen und unteren Fläche des Krümmlingsholzes sind die Verstreckungsschablonen aufzuzeichnen. Durch die „Lotrisse" der Punkte 1′ und 5′ werden Sägeschnitte geführt, die die Stirnflächen des Krümmlings ergeben. Dann wird der Hohlzylinder ausgearbeitet, die äußere und innere Schablone auf den Zylinderflächen aufgerissen und das überflüssige Holz nach den oberen und unteren Begrenzungslinien fortgestemmt.

B. Türen.[1]

Nach Ausführung und Konstruktion unterscheidet man: a) einfache Türen (Lattentüren, Brettertüren, b) verdoppelte Türen (vgl. Teil I dieses Leitfadens), c) gestemmte Türen, d) Glastüren, e) Haustüren.

I. Gestemmte Türen.

a) Allgemeines.

Die Konstruktion der aus Rahmen und Füllungen zusammengesetzten Türen ist bereits im I. Teile dieses Leitfadens eingehend behandelt worden. — Die Rahmhölzer solcher Türen werden meist mit Kehlstößen versehen, die bei einfachster Ausführung (Wohnzimmertüren) angestoßen sind (Abb. 218

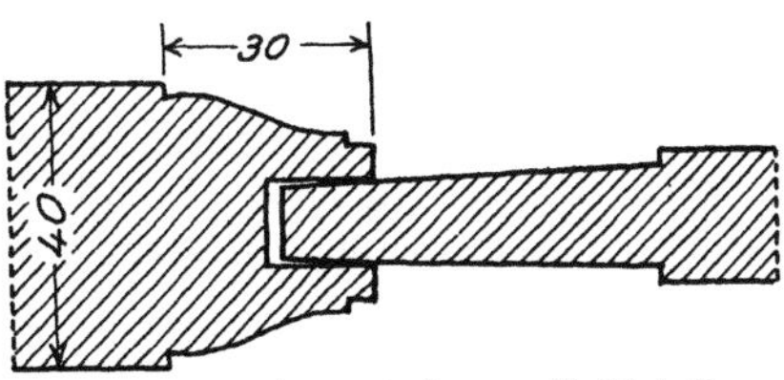

Abb. 218. Angestoßener Kehlstoß.

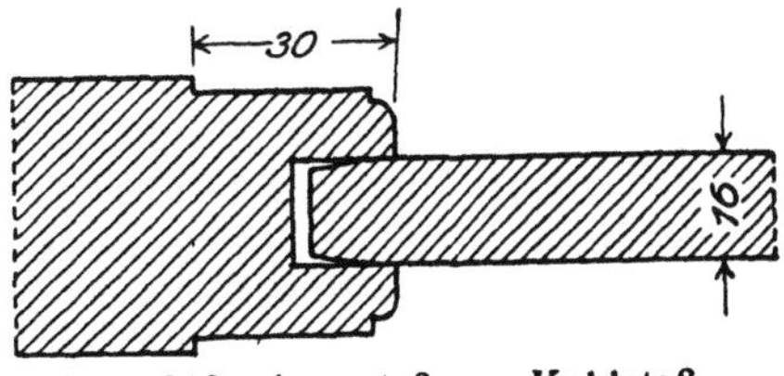

Abb. 219. Angestoßener Kehlstoß.

u. 219). Bei größeren Türen und reicherer Ausbildung können auch übergeschobene (Abb. 220) und eingesetzte Kehlstöße (Abb. 221) zur Anwendung kommen.

---

1) In den Abbildungen der Abschnitte: Türen, Fenster und Beschläge sind alle Einzelmaße in **mm** angegeben.

Sehr große Türfüllungen werden zweckmäßig aus **Sperrholzplatten** gebildet (Abb. 221). Solche Platten sind 8—16 mm stark und werden meist in Abmessungen von 1,20 m

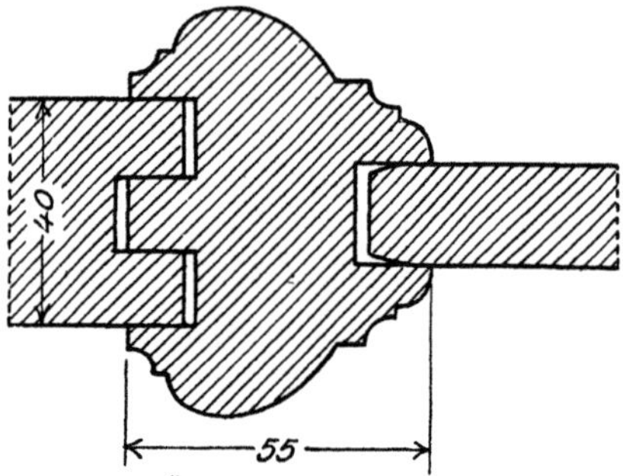

Abb. 220. Übergeschobener Kehlstoß.

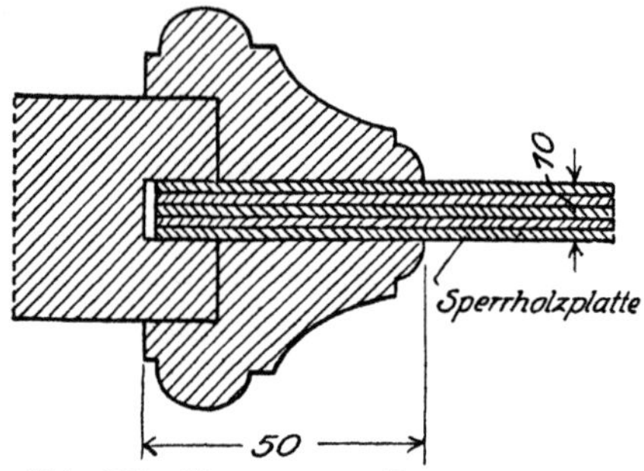

Abb. 221. Eingesetzter Kehlstoß.

Breite und 1,60 m Länge geliefert.[1]) Die für Türfüllungen üblichen Sperrholzplatten von 10—12 mm Stärke bestehen aus 5—6 Lagen geschälten Holzes, die durch Kaseinleim unter hydraulischem Druck verbunden werden. Die fertigen Platten werden besäumt und abgezogen, können auch fourniert werden.

b) Zweiflüglige Türen.

Zweiflüglige Zimmertüren (Flügeltüren) werden nur in herrschaftlichen Wohnungen zur Verbindung nebeneinander liegender Gesellschaftsräume angeordnet. Solche Türen müssen, wenn sie ihren Zweck erfüllen sollen, mindestens 1,50 m breit und 2,20—2,40 m hoch sein. Die Anordnung von 1,20—1,30 m breiten Flügeltüren mit ungleich breiten Flügeln und doppelter Schlagleiste ist, weil zwecklos und unschön, zu vermeiden.

Zweiflüglige Türen werden in den einzelnen Teilen genau wie einflüglige Türen konstruiert. Die Fuge zwischen den beiden Türflügeln wird durch profilierte 15—20 mm starke und 50 mm breite aufgeschraubte Schlageleisten gedeckt. Die an der Schlageleiste zusammenstoßenden Rahmholzkanten werden etwas abgeschrägt, damit die Flügel sich leichter öffnen lassen (Abb. 223). Bei der Aufteilung der Füllungen ist zu beachten, daß in Schloßhöhe (1,00 bis 1,10 m) kein Querfries liegen darf. In Abb. 222 ist eine zweiflüglige Tür in Ansicht, Grundriß und Höhenschnitt dargestellt.

Für größere Öffnungen von 2,50—3,00 m Breite können drei- und vierflüglige Türen ausgeführt werden. Die mittleren Flügel werden an die äußeren angeschlagen. Sollen solche Türen ganz geöffnet und zusammengeklappt auf die Wandfläche gelegt werden, so ist der Drehpunkt der äußeren Aufsatzbänder weit genug vor die Wandfläche zu rücken.

c) Schiebetüren.

Große Türöffnungen zwischen Räumen, die zusammen benutzt werden sollen, können auch durch Schiebetüren geschlossen werden. Diese Türen werden meist zweiteilig ausgeführt. Die beiden Flügel schieben sich beim Öffnen in ungefähr 12—14 cm breite Mauerschlitze. Schiebetüren haben

1) Sperrholzplatten können bis zu 1,50 m Breite, 3,00 m Länge und 30—40 mm Stärke hergestellt werden.

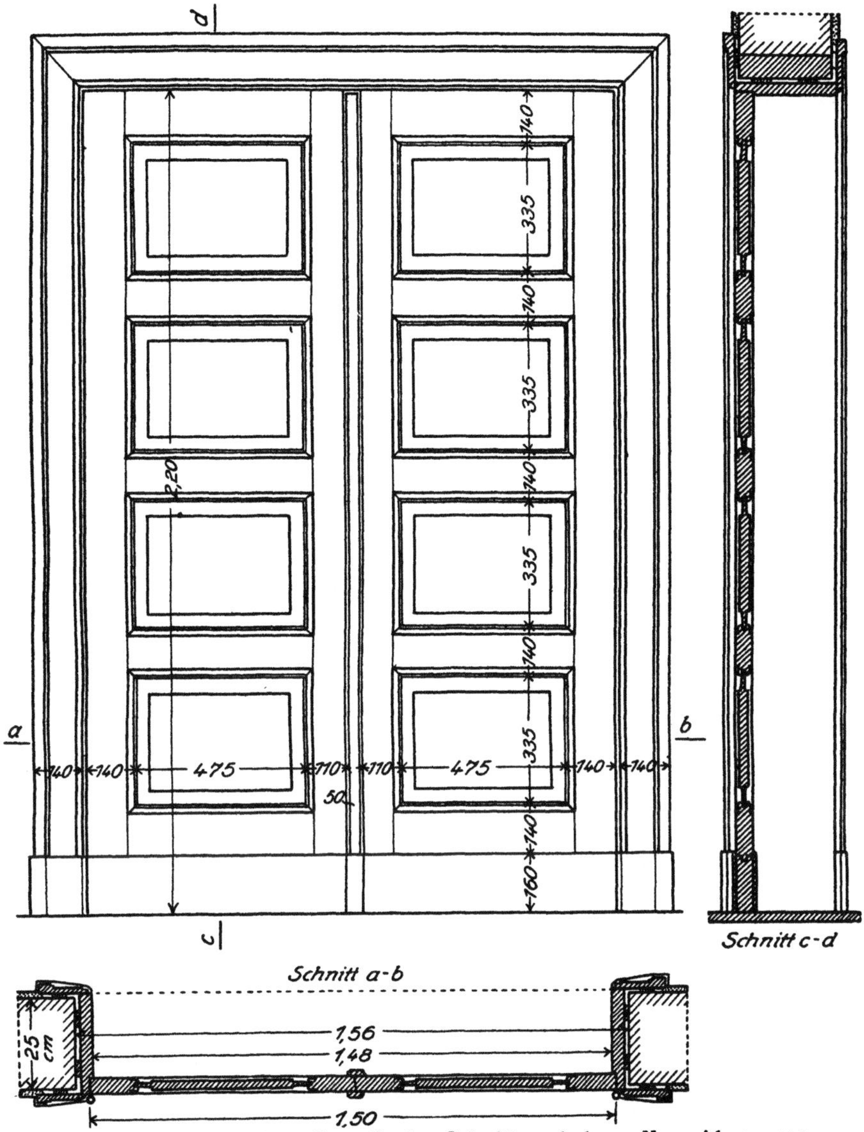

Abb. 222. Zweiflüglige Tür. (In den Schnitten sind zur Vermeidung von Undeutlichkeit die Profilkanten fortgelassen.)

also den Vorteil, daß bei geöffneter Tür die Flügel nicht in den Raum vortreten und die Wandflächen verdecken

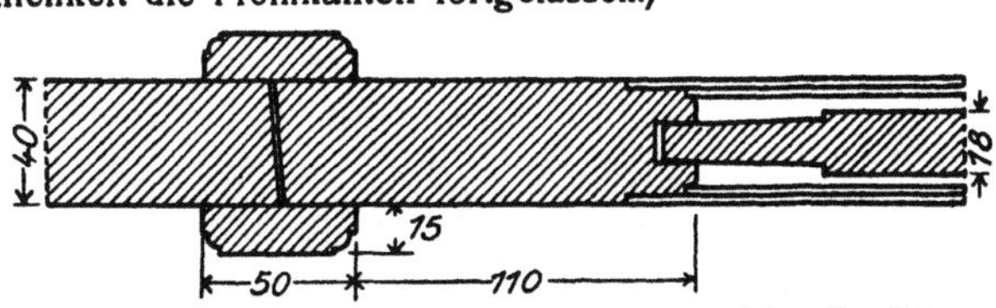

Abb. 223. Anordnung der Schlageleisten f. zweiflüglige Türen.

Schiebetüren können eine Breite bis zur halben Zimmertiefe erhalten. Bei massiven 38 cm starken Wänden wird der 14 cm breite Schlitz in der Mitte (Abb. 224A), sonst einseitig als Mauernische angeordnet und durch eine vorgesetzte Gipsdiel-, Rabitz- oder Holzwand geschlossen (Abb. 224B). Schiebetürwände können aber auch als doppelte Gipsdiel- oder Rabitzwände ausgeführt werden (Abb. 224C).

Die Türöffnung wird durch ein Futter mit beiderseitiger Bekleidung eingefaßt. Das Futter besteht aus zwei durch den Schlitz getrennten Teilen. Der Schlitz muß so breit sein, daß das Türrahmholz mit etwas Spielraum durchgeführt werden kann. Für die Ausführung von Ausbesserungsarbeiten an der Schiebevorrichtung wird der entsprechende obere Teil der Türbekleidung zum Abnehmen eingerichtet. — Die Türflügel werden aus Rahmhölzern und Füllungen zusammengesetzt. Die Kehlstöße dürfen nicht gegen die Rahmholzfläche vor-

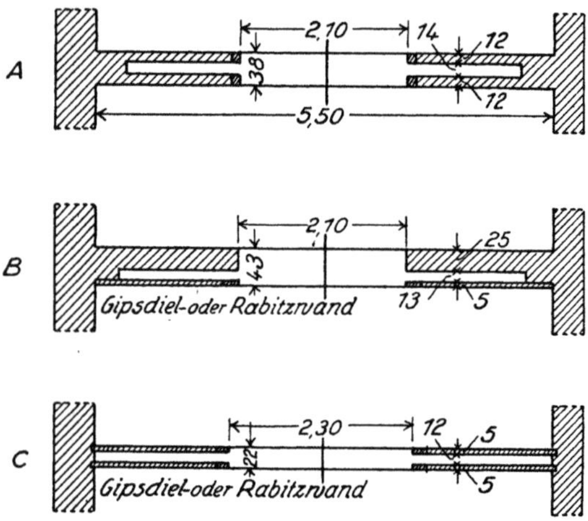

Abb. 224. Anordnung der Schiebetürwände. (Mauermaße in cm.)

Abb. 225. Zusammenstoß der Schiebetürflügel („Wolfsrachen").

treten, da sonst entsprechend große Zwischenräume zwischen Türfutter und Rahmholz verbleiben müßten. Die Türflügel stoßen in der Mitte mit „Wolfsrachen", das ist ein flach ausgerundeter Falz (Abb. 225), zusammen. Seltener kommt der stumpfe Zusammenstoß mit Schlageleisten zur Anwendung, da der eine Flügel nur bis zur Schlageleiste eingeschoben werden kann.

Ein guter **Schiebetürbeschlag** soll so beschaffen sein, daß die Türen leicht und möglichst geräuschlos geöffnet und geschlossen werden können. Die Schiebevorrichtung muß einfach und sicher konstruiert sein, damit Ausbesserungsarbeiten möglichst vermieden werden. Die Türflügel bewegen sich mittels eiserner Rollen oder mittels Hartgummikugeln (Weickumscher Beschlag) auf der 10 mm starken, 60 mm hohen, oben abgerundeten eisernen Laufschiene, die über die ganze Türöffnung und die seitlichen Schiebeflächen reicht und an den Enden aufgebogen wird. Die Laufschiene wird durch Stützwinkel und Schraubenbolzen an den Überlagsträgern oder den Überlagshölzern befestigt. Für Rollenbeschläge kommen zur Verwendung:

1. Stahl-Kugellager-Rollen von ungefähr 9 cm Durchmesser, die in allen Teilen aus gehärtetem Stahl gefertigt werden (Abb. 226);

2. Differential-Rollen von ungefähr 12 cm Durchmesser aus Schmiedeeisen, mit gleitend angeordneter Stahlachse (besonders für Schiebetore);

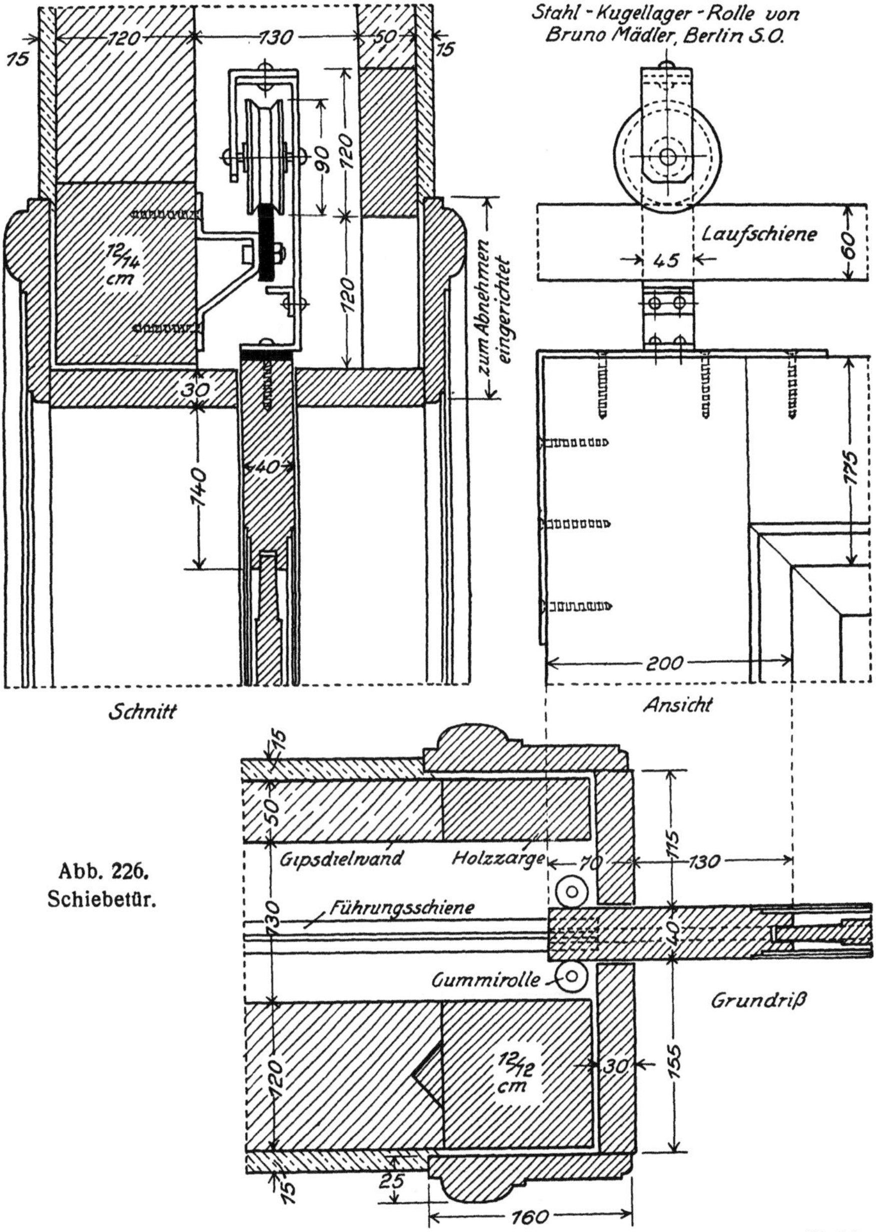

Abb. 226. Schiebetür.

3. Doppel-Rollen aus Hartholz, die in geschlitzten Röhren aus Stahlblech laufen (amerikanischer Röhren-Schiebetürbeschlag).

Für jeden Türflügel sind zwei Rollen anzuordnen. Die Rollen sitzen in Flacheisenbügeln, die für die innere Türkante (Türmitte) mit einer Flachschiene, für die äußere Türkante (Türschlitz) mit einer Winkelschiene vernietet sind.

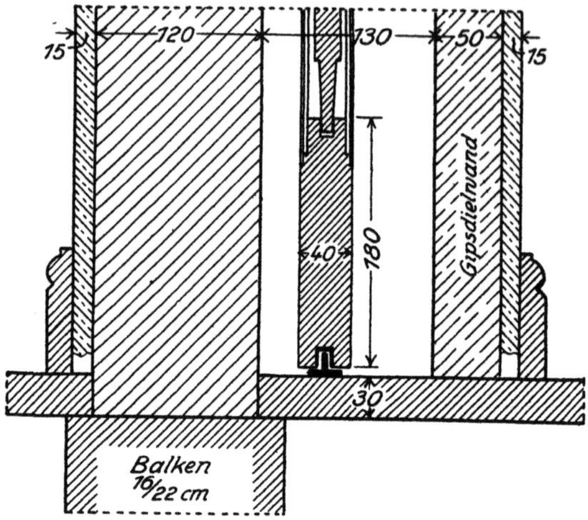

Abb. 227. Unterer Schnitt durch Türflügel und Mauerschlitz. (Die ⊥-förmige Führungsschiene fällt in der Türöffnung fort.)

Diese Flachschienen und Winkelschienen werden auf den Türkanten durch Schrauben befestigt. Ein Verschieben der Türflügel über die Mitte der Öffnung wird durch an der Laufschiene befestigte Gummipuffer verhindert. — Die untere Führung der Türflügel geschieht entweder durch zwei dicht hinter dem Türfutter auf dem Fußboden angebrachte Gummirollen (Abb. 226) oder durch eine ⊥-förmige, durch die Länge des Mauerschlitzes reichende Führungsschiene (Abb. 226 u. 227). Die Türflügel erhalten auf der Unterkante ein eingelassenes, kleines ⊔-Eisen, das, um ein Abgleiten zu verhindern, etwas über die hintere Türkante vorstehen muß.

II. Glastüren.

Glastüren sind Türen, die nur im unteren Teile feste Holzfüllungen, darüber aber Verglasung erhalten. Sie werden hauptsächlich als Flurtüren, Windfangtüren (Pendeltüren) und Balkontüren ausgeführt.

a) Flurtüren.

Flurtüren dienen in Mietshäusern zum Abschluß der einzelnen Wohnungen gegen das Treppenhaus. Sie werden im oberen Teile verglast und erhalten oft Oberlicht. Soll die Tür besonders sicher gegen Einbruch sein, so erhält sie feste Holzfüllungen und in Augenhöhe ein kleines verglastes Guckloch. Flurtüren werden mindestens 1,00 m im Lichten breit (einflüglig), besser aber 1,20—1,30 m breit (zweiflüglig) ausgeführt. Die Türflügel werden dann ungleich breit. Der schmale Türflügel steht für gewöhnlich fest und wird nur geöffnet, wenn Möbelstücke u. dgl. durchgetragen werden sollen. Der Durchgangsflügel muß mindestens 0,75 m Breite erhalten. Die Türhöhe bis zum Kämpferholz beträgt 2,10 m. Eine symmetrische Ansicht kann bei diesen Türen durch Anordnung zweier Schlageleisten erzielt werden. — Flurtüren von 1,50 m Breite erhalten zwei gleich breite Flügel.

Flurtüren erhalten wie die Zimmertüren meist Futter und beiderseitige Bekleidung (Abb. 228); sie können auch auf einen, hinter gemauertem Anschlag liegenden 40 mm starken Blendrahmen schlagen (vgl. Haustür Abb. 233). Die geputzten Ecken der Türleibung müssen eiserne Schutzwinkel erhalten. — Ist kein Anschlag vorhanden, so wird der Blendrahmen stumpf zwischen die Flurwände gesetzt und mit starken Bankeisen befestigt. Der Anschluß des Wandputzes wird durch Hohlkehlleisten gedeckt. — Die 40 mm starken, 12 bis 14 cm breiten Rahmhölzer erhalten einfaches Kantenprofil (Kehlstoß), in den verglasten Teilen auf der Innenseite einen 10 mm breiten und 14 mm tiefen Kittfalz. Bei der Aufteilung der Türfläche ist darauf zu achten, daß

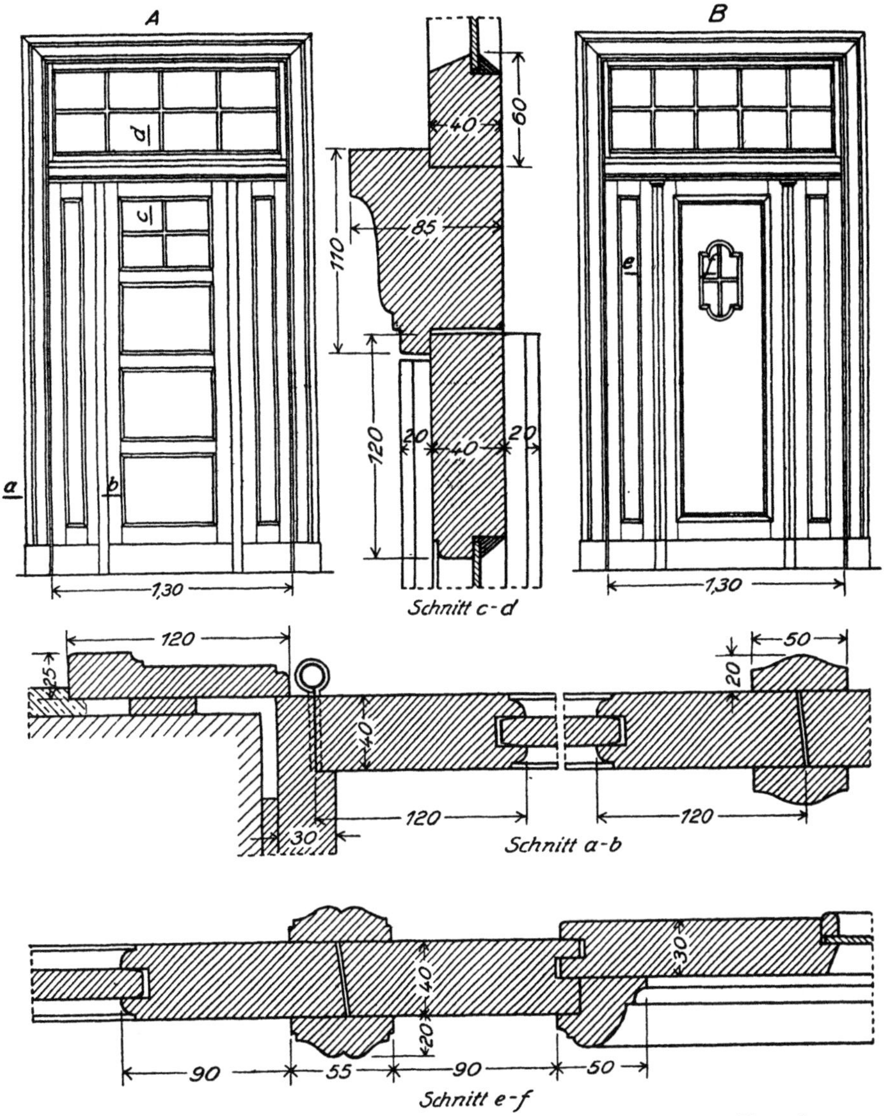

Abb. 228 *A.* u. *B.* Zweiflüglige Flurtüren mit ungleich breiten Flügeln.

in Schloßhöhe (1,00—1,10 m) kein Querfries liegen darf. Die oberen für Verglasung bestimmten Füllungen können durch Sprossen aufgeteilt werden.

Soll die Tür Oberlicht erhalten, so ist ein etwa 12 cm hohes, 6—8 cm starkes Kämpferholz, das in einfacher Weise profiliert wird, anzuordnen. Dieses Kämpferholz ist entweder mit dem Türfutter und der Bekleidung oder wie bei den Fenstern mit dem Blendrahmen fest zu verbinden. Der Oberlichtrahmen wird aus $\frac{4}{6}$ cm starken Hölzern zusammengesetzt und erhält Sprossenteilung. Der Rahmen wird in dem Falz des Türfutters und Kämpferholzes durch Schrauben befestigt (Abb. 228), seltener als Kippflügel ausgebildet. Bei Anordnung eines Blendrahmens kann der besondere Oberlichtrahmen fortfallen. Die Falze für die Verglasung sind dann im Blendrahmen und Kämpferholz auszuführen (vgl. Haustür, Abb. 237).

b) Pendeltüren.

Windfänge sind kleine Durchgangsräume, die in Einfamilienhäusern, Läden, Versammlungsräumen, Schulen usw., manchmal auch in Mietshäusern

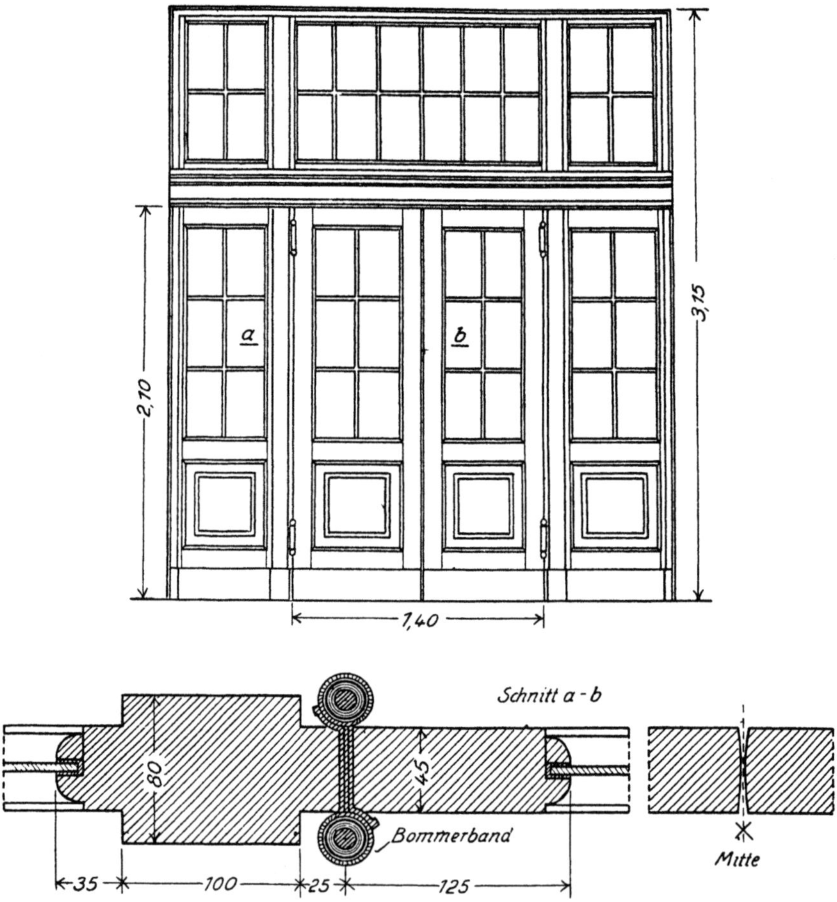

Abb. 229. Glaswand mit Pendeltür.

hinter den äußeren Eingangstüren angeordnet werden, um das Auftreten von Zugluft zu verhindern. Die Verbindung der Windfänge mit den anschließenden Räumen geschieht durch Pendeltüren.

Pendeltüren werden meist zweiflüglig, ohne Sch'ageleiste und Verschluß als Glastüren mit unteren Holzfüllungen ausgeführt. Die Flügel schlagen nach beiden Seiten und werden am besten durch „Bommerbänder" mit dem Blendrahmen verbunden. Diese Bänder sind so eingerichtet, daß die Türflügel selbsttätig zurückfallen und nach einigem Hin- und Herpendeln in der richtigen Lage festgestellt werden. Die Türflügel legen sich stumpf ohne Falz an den Blendrahmen (Abb. 229), der wie bei den Flurtüren entweder hinter einem Anschlag oder zwischen den Leibungsflächen der Durchgangsöffnung befestigt wird. — Die Lappen der Bommerbänder werden auf die Kanten des Blendrahmens und des Türrahmholzes aufgeschraubt (vgl. Türbeschläge). — Leichte Pendeltüren können auch mit Zapfenbändern, die mit Spiralbändern verbunden sind, angeschlagen werden. Die äußeren Rahmholzkanten werden dann abgerundet und der Blendrahmen entsprechend ausgerundet.

Pendeltüren können auch mit Oberlicht oder in Verbindung mit einer Glaswand ausgeführt werden. Die Glaswand erhält untere Holzfüllungen und für den Anschluß der Türflügel kräftige, profilierte Holzpfosten. In Abb. 229 ist eine Glaswand mit zweiflügliger Pendeltür und ein wagerechter Schnitt durch den Türflügel dargestellt.

c) Balkontüren.

Balkontüren werden im oberen Teile den Fenstern entsprechend eingerichtet. Der untere Teil bis auf Brüstungshöhe erhält Holzfüllungen. 1,00 bis 1,20 m breite Öffnungen erhalten zweiflüglige Türen mit mittlerer Schlageleiste. Wird die Balkontür in Verbindung mit einem breiteren, dreiteiligen Fenster angeordnet, so liegt sie entweder in der M tte oder seitlich. Die Tür wird dann meist einflüglig ausgebildet (mindestens 0,70 m lichte Weite).

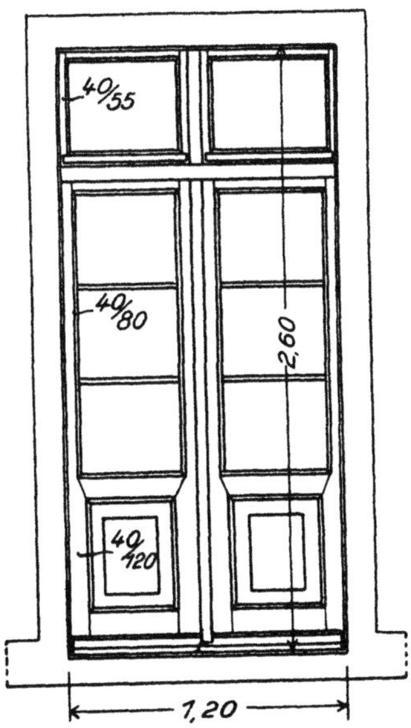

Abb. 230. Zweiflüglige Balkontür.

Balkontüren schlagen wie die Fenster auf einen Blendrahmen. Die Rahmhölzer der Türflügel sind 40 mm stark, im unteren Teile 12 cm, im oberen Teile nur 8 cm breit. Das untere Rahmholz wird 16—18 cm hoch und erhält auf der Außenseite einen eingeschobenen Wasserschenkel. Die unteren Füllungen werden am besten mit den Rahmhölzern überschoben (vgl. Haustüren, S. 155). Sonst ist die Konstruktion dieselbe wie bei den bereits erwähnten Glastüren.

Der Balkonfußboden muß immer einige Zentimeter tiefer als der Fußboden des Zimmers liegen. Die Schwelle ist so anzuordnen, daß ein Eindringen von Regenwasser verhindert wird. In Abb. 231 ist die Schwellanordnung für eine Balkondoppeltür (vgl. Doppelfenster, Seite 164) dargestellt. Der äußere Türflügel schlägt gegen eine hinter der Schwellstufe angeordnete Eisenschiene; der innere Türflügel ist mit dem anschließenden Schwellbrett überfalzt.

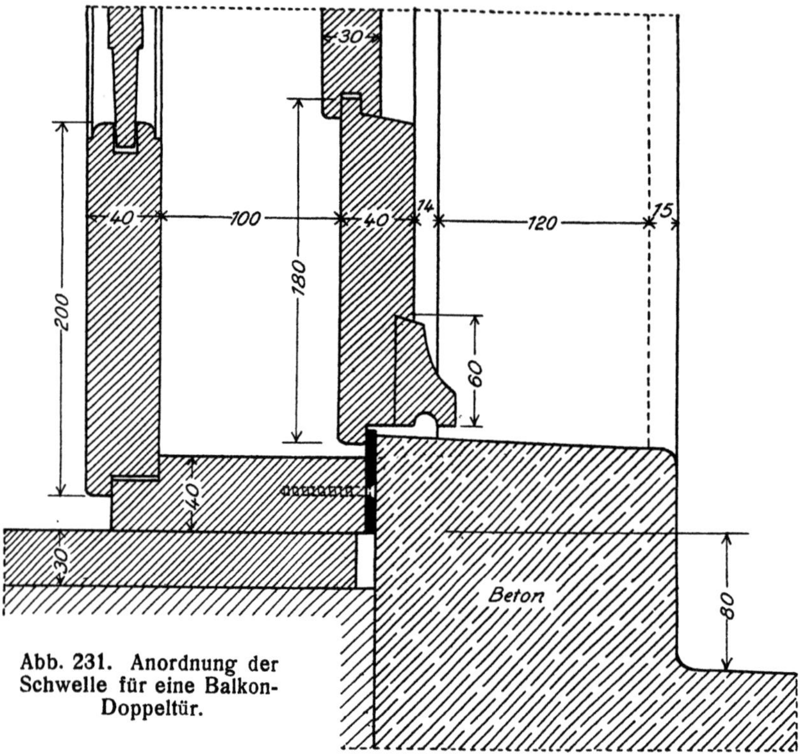

Abb. 231. Anordnung der Schwelle für eine Balkon-Doppeltür.

III. Haustüren.

Haustüren sind den Witterungseinflüssen ausgesetzt und müssen daher aus wetterbeständigem Material (Kiefern- oder Eichenholz) hergestellt und

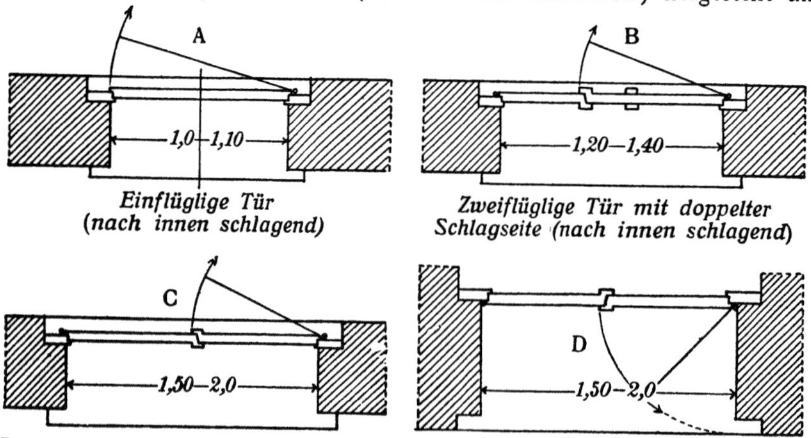

Einflüglige Tür (nach innen schlagend)

Zweiflüglige Tür mit doppelter Schlagseite (nach innen schlagend)

Zweiflüglige Tür (nach innen schlagend)

Zweiflüglige Tür (nach außen schlagend)

Abb. 232. Grundrißanordnung der Haustüren.

so angeordnet werden, daß das ablaufende Regenwasser nicht in die Nuten der Rahmhölzer eindringen kann (keine fallenden Fugen).

Haustüren schlagen meist nach innen auf. Nur bei Schulen, Kirchen, Versammlungsräumen usw. müssen die Türflügel nach außen schlagen (Abb. 232 D). Die lichte Breite der Haustüren muß mindestens 1,00 m, die

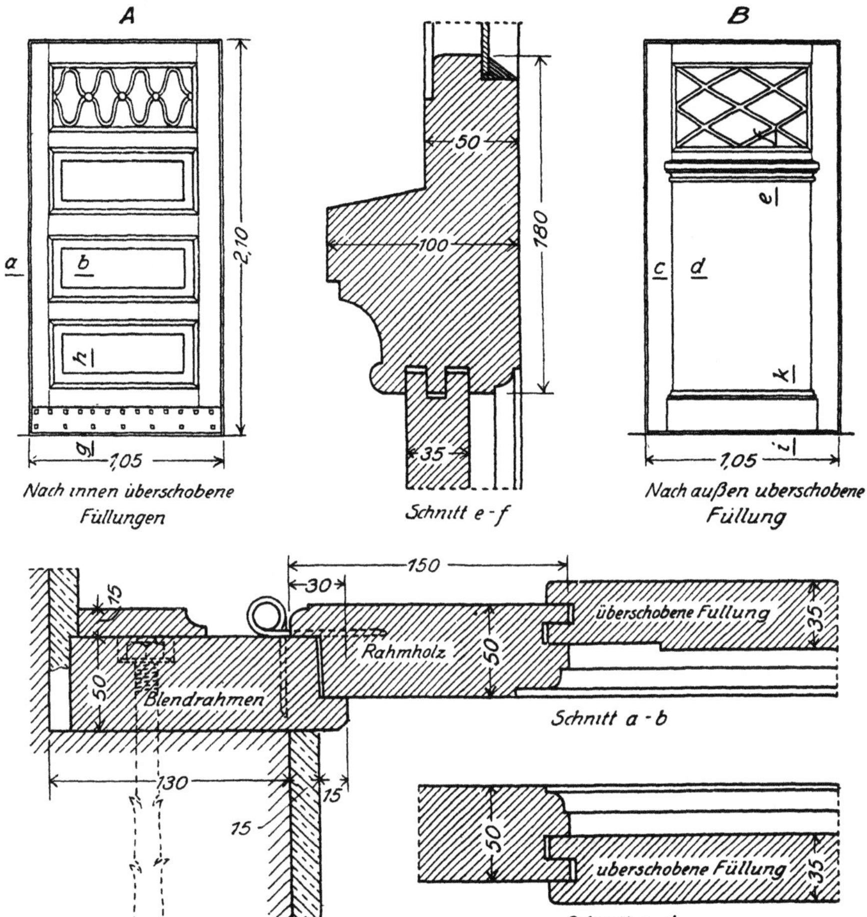

Abb. 233 *A* u. *B*. Einflüglige Haustüren ohne Oberlicht.

lichte Höhe 2,10 m betragen. Meist wird die Maueröffnung höher ausgeführt. Über der Tür ergibt sich dann ein Oberlicht. Türen von 1,00—1,10 m Breite werden einflüglig (Abb. 232 A), von 1,20 m Breite ab zweiflüglig ausgeführt. Bei 1,20—1,40 m müssen die beiden Flügel verschiedene Breite erhalten (Abb. 232 B). Der schmale Flügel steht für gewöhnlich fest und wird nur geöffnet, wenn Möbelstücke oder dgl. durchgetragen werden sollen. Solche Türen erhalten doppelte Schlageleisten (Abb. 235). Von 1,50 m Breite ab werden beide Flügel gleich groß (Abb. 232 C u. 236).

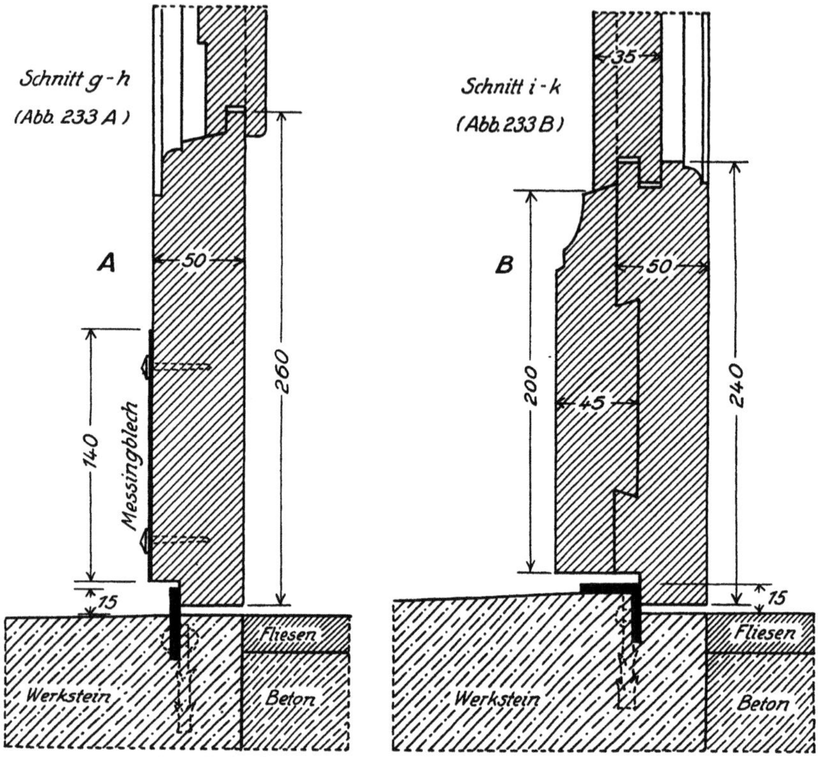

Abb. 234. Anordnung der Schwellen für Haustüren.

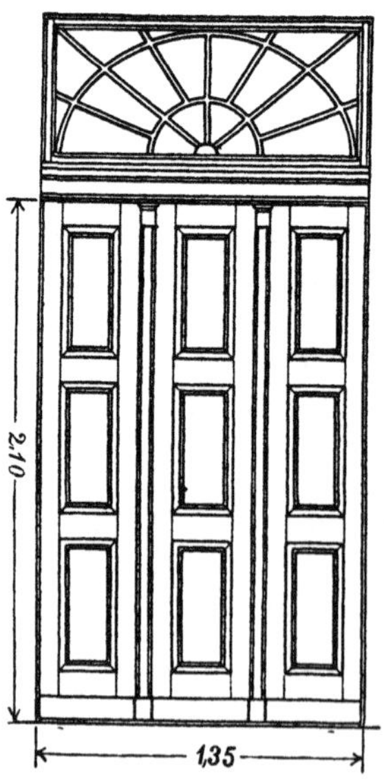

Abb. 235. Zweiflüglige Haustür mit Oberlicht. (Ungleich breite Flügel.)

Abb. 236. Zweiflüglige Haustür mit Oberlicht. (Gleich breite Flügel.)

Haustüren schlagen gegen einen 50 mm starken Blendrahmen, mit dem sie überfalzt werden. Der Blendrahmen liegt hinter einem 13 cm breiten gemauerten Anschlag und wird durch Steinschrauben mit versenkten Muttern befestigt. Die Befestigungsstelle wird durch ein 15 mm starkes, einfach profiliertes Brett, das gleichzeitig als Putzleiste dient, verdeckt. — Der Anschlag an der Werksteinschwelle kann durch eine 8 mm starke, 30—40 mm hohe, eingelassene Flacheisenschiene, die 1,5 cm über Schwellenoberkante vorsteht, gebildet werden (Abb. 234 A). Die Schiene wird mittels angenieteter Dübel in der Steinschwelle befestigt (eingebleit). — Die Steinschwelle kann auch einen Falz erhalten. Die Anschlagkante muß dann durch ein Winkeleisen geschützt werden (Abb. 234 B). — Haustüren können auch ohne unteren Anschlag ausgeführt werden. Die Steinschwelle liegt dann mit dem Fußboden des Eingangsflures in einer Höhe.

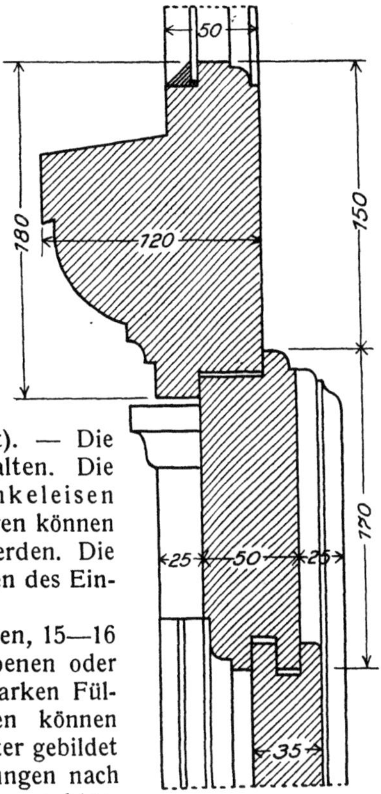

Abb. 237. Schnitt durch den Kämpfer einer Haustür mit Oberlicht. (Einzelzeichnung zu Abb 235.)

Die Türflügel werden aus 50 mm starken, 15—16 cm breiten Rahmhölzern und eingeschobenen oder besser übergeschobenen 30—40 mm starken Füllungen zusammengesetzt. Die Füllungen können auch durch gestäbte und gespundete Bretter gebildet werden. — In Abb. 233 A sind die Füllungen nach innen überschoben. Es ist dann darauf zu achten, daß an den Rahmholzoberkanten keine fallenden Fugen entstehen (Abb. 234 A). In Abb. 233 B sind die Füllungen nach außen überschoben. Um die fallende Fuge an der Oberkante der Füllung zu vermeiden, muß das Rahmholz mit Gesimsprofil vortreten und übergeschoben werden (Abb. 233, Schnitt e—f). — Die den Füllungen zugekehrten Rahmholzkanten erhalten angestoßenes einfaches Profil. Bei größeren Türen können auch überschobene Kehlstöße zur Anwendung kommen (vgl. Abb. 220). Das untere Rahmholz wird höher (20—24 cm) ausgeführt und erhält auf der Außenseite entweder ein aufgenageltes Sockelblech aus Messing (Abb. 234 A) oder ein eingeschobenes Sockelbrett (Abb. 234 B), bzw. einen eingeschobenen Wasserschenkel (vgl. Abb. 231).

Haustüren werden auch im oberen Teile mit kleineren oder größeren Glasfüllungen ausgeführt. Die Rahmhölzer erhalten dann auf der Innenseite den 10 mm breiten, 15 mm tiefen Kittfalz. Werden die Glasfüllungen durch vorgesetzte schmiedeeiserne Gitter gesichert, so ist die Anordnung eines besonderen Rahmens für die Verglasung erforderlich. Der Rahmen wird mit dem Türrahmenholz von innen überfalzt und durch Schlüsseleinreiber (vgl. Fensterbeschläge) befestigt. Zwei innen angebrachte Aufziehknöpfe dienen zum Herausheben, wenn die äußeren Glasflächen geputzt werden sollen.

Bei den zweiflügligen Haustüren wird die Fuge zwischen den inneren Rahmhölzern durch aufgeschraubte profilierte Schlageleisten von 60 mm Breite und 20—30 mm Stärke gedeckt.

Haustüren mit Oberlicht erhalten ein Kämpferholz von 15—18 cm Höhe und 9—12 cm Stärke, das in einfacher Weise profiliert und gegebenenfalls mit Unterschneidung (Wassernase) versehen wird. Das Kämpferholz wird mit dem Blendrahmen durch verbohrten Schlitzzapfen verbunden. — Das Oberlicht erhält entweder einen besonderen Rahmen (bewegliches Oberlicht, vgl. Flurtür, Abb. 228; nur muß das untere Rahmholz wie bei den Fenstern mit Wasserschenkel versehen sein) oder die Falze für die Verglasung werden an das Kämpfer- und Blendrahmenholz angearbeitet (festes Oberlicht, Abb. 237). Der bewegliche Oberlichtrahmen wird durch Einstemmbänder mit dem Kämpferholz verbunden (Kippflügel) und durch Einreiber oder Vorreiber an dem Blendrahmen befestigt. Türoberlichte werden meist mit Sprossenteilung versehen.

C. Fenster.

Die Bildung des Blendrahmens, die Zusammensetzung der Fensterflügel und die Anordnung des Latteibrettes ist bereits im I. Teil dieses Leitfadens eingehend behandelt worden. In den nachfolgenden Abbildungen haben die Flügelrahmhölzer an der Innenseite einfache Schräge (Abb. 238 u. 239) oder Schräge mit Abrundung (Abb. 240ff.) erhalten. Daneben sind auch einfache Profilierungen möglich (vgl. die Abb 283, 284 u. 285). — Die Fenster schlagen für gewöhnlich nach innen, seltener nach außen auf.

I. Nach außen schlagende Fenster.

Nach außen schlagende Fenster ergeben einen dichteren Verschluß, weil die Flügel durch den Wind gegen die Falze des Blendrahmens gedrückt werden; sie eignen sich daher besonders für Küstengegenden mit vielem Regen und Sturm. Solche Fenster haben aber den Nachteil, daß das Öffnen der Fensterflügel und die Reinigung der äußeren Glasflächen umständlicher als bei den nach innen schlagenden Fenstern ist. Bei städtischen Wohngebäuden kommen nach außen schlagende Fenster seltener vor, weil diese Anordnung durch die meisten Baupolizeiordnungen untersagt ist.

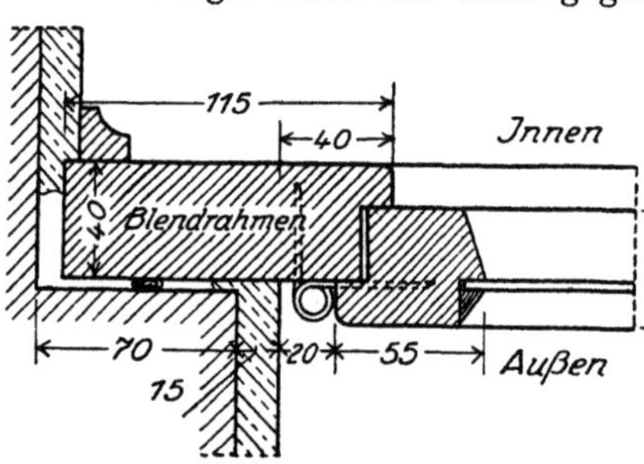

Abb. 238. Nach außen schlagendes Fenster (Grundriß).

Nach außen schlagende Fenster erhalten einen 40 mm starken, 11—12 cm breiten Blendrahmen, der 4 cm weit in die lichte Maueröffnung vorsteht. Das untere Blendrahmenholz wird 10 cm hoch und 60—70 mm stark. Die Mehrstärke steht nach außen vor und greift über die Sohlbankschräge (Abb. 239 C). Die Fensterflügel werden aus 40/55 mm starken Rahmhölzern zusammengesetzt und greifen mit doppeltem Falz in den Blendrahmen (Abb. 238). Das untere Fensterrahmenholz erhält keinen Wasserschenkel. Bei Anordnung zweier Flügel übereinander muß aber der Kämpfer als

Wasserschenkel mit Wassernase ausgebildet werden (Abb. 239 B). Das Kämpferholz ist 90 mm hoch, 70—80 mm stark und wird mit dem Blendrahmen durch verbohrten Schlitzzapfen verbunden. — Der Zusammenstoß der Fensterflügel in der Mitte erfolgt wie bei den nach innen schlagenden Fenstern mit 40—50 mm breiten, 15 mm starken Schlageleisten.

II. Nach innen schlagende Fenster.

Im I. Teil dieses Leitfadens ist die Konstruktion eines nach innen schlagenden vierflügligen Fensters (Normenfensters) mit aufgehendem Mittelpfosten eingehend behandelt. — Größere Fenster werden genau wie Normenfenster ausgebildet; der Blendrahmen erhält aber meist 40 mm Stärke, das Flügelrahmholz 40 mm Stärke und 50—55 mm Breite.

Fenster von mehr als 1,40 m Breite erhalten drei Teile, von 2,00 m Breite ab vier Teile nebeneinander.

a) Dreiteilige Fenster

können verschiedenartig angeordnet werden:

1. Treppenhaus- und Flurfenster erhalten meist einen breiten nach innen schlagenden mittleren Flügel und feststehende Seitenteile (Abb. 240). Diese Anordnung hat den Nachteil, daß die äußeren seitlichen Glasflächen schwer zu reinigen sind. Es dürfen die Seitenteile deshalb nicht zu breit werden (ungefähr $\frac{1}{4}$ der ganzen Fensterbreite). Der obere mittlere Flügel kann auch als Kippflügel ausgebildet werden. Der Kittfalz für die seitliche, feststehende Verglasung wird an den Blendrahmen, das Kämpferholz und die Mittelpfosten angearbeitet. Die Mittelpfosten erhalten 50 mm Stärke und 75 mm Breite. Der Fensterflügel wird mit dem Mittelpfosten überfalzt (an der Drehkante S-Falz). In Abb. 240 ist ein solches Fenster in den wagerechten Schnitten dargestellt.

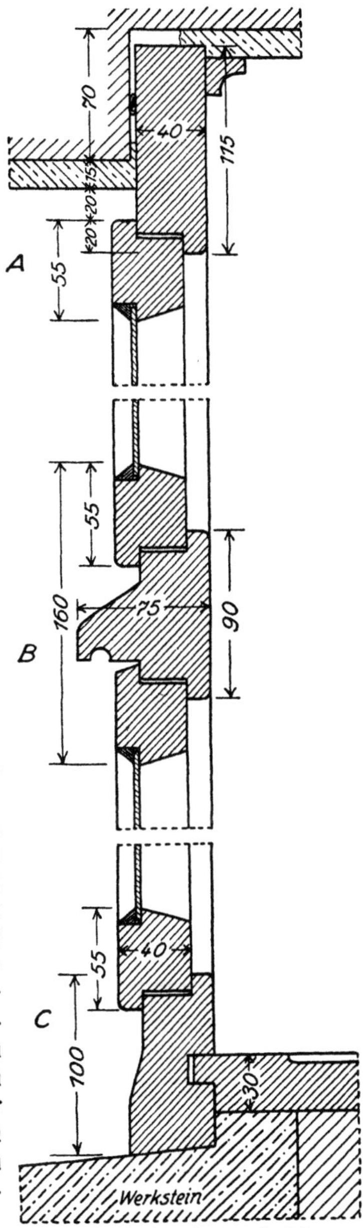

Abb. 239. Nach außen aufschlagendes Fenster. (Höhenschnitt).

2. Dreiteilige Fenster für Treppenhäuser, Flure, Säle usw. können auch mit zwei festen Pfosten ausgeführt werden (Abb. 241). Die wagerechte Teilung geschieht durch das Kämpferholz. Es ergeben sich sechs Flügel, von denen der mittlere obere Flügel als Kippflügel ausgebildet werden

kann. Die Mittelpfosten (Setzhölzer) erhalten 40 mm Stärke und 60 mm Breite; sie werden durch Schlitzzapfen mit dem Blendrahmen und Kämpfer-

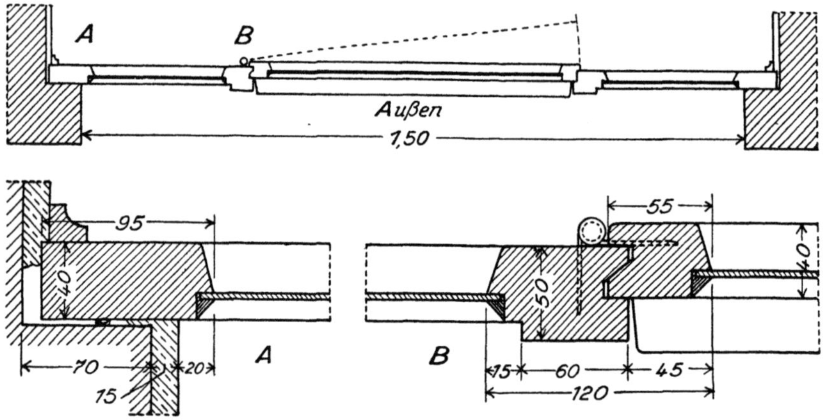

Abb. 240. Dreiteiliges Flurfenster.

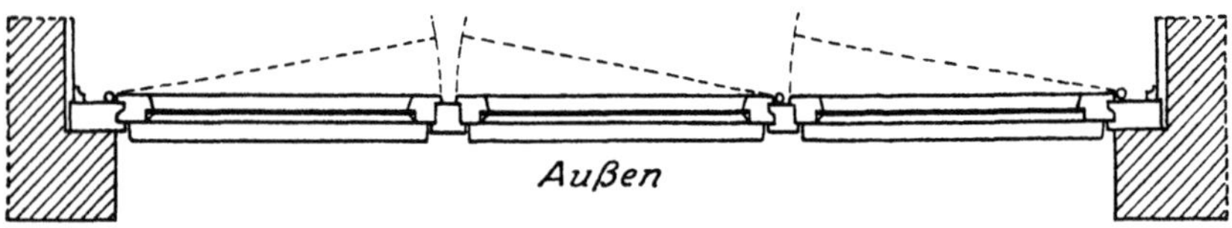

Abb. 241. Dreiteiliges Fenster mit zwei festen Pfosten.

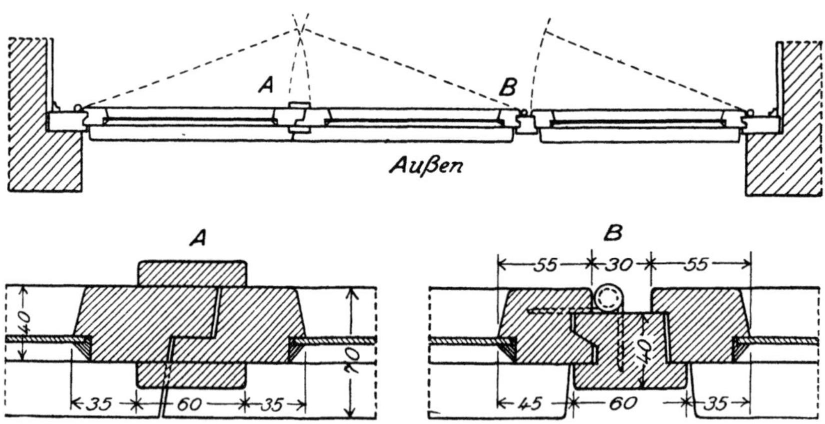

Abb. 242. Dreiteiliges Fenster mit einem festen und einem aufgehenden Pfosten.

holz verbunden. Die Fensterflügel schlagen mit schrägem Falz an die Mittelpfosten (an der Drehkante S-Falz; Abb. 242 B).

3. Dreiteilige (sechsflüglige) Wohnzimmerfenster werden meist nach Abb. 242 mit einem feststehenden und einem aufgehenden Pfosten ausgeführt. Die Schlageleiste erhält dieselbe Breite wie der feste Pfosten (60 mm). Die Außenansicht des Fensters wird dann symmetrisch. Die

Abb. 242 A und B zeigen die Ausbildung des festen und aufgehenden Pfostens. Soll im oberen Teile ein Kippflügel angeordnet werden, so sind über dem Kämpferholz zwei feste Pfosten erforderlich. Abb. 243 zeigt die seltener zur Ausführung kommende Anordnung eines sechsflügligen Fensters ohne festen

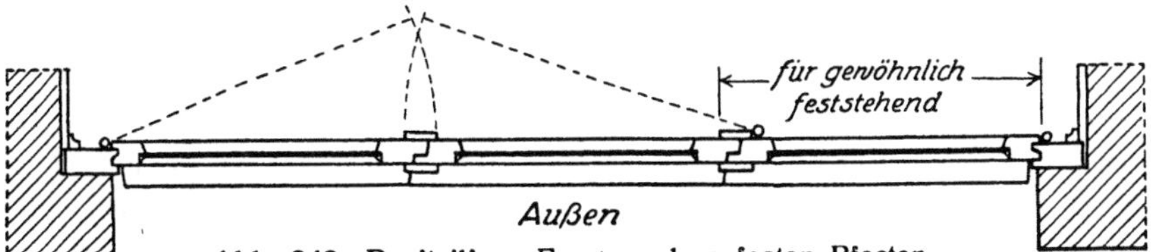

Abb. 243. Dreiteiliges Fenster ohne festen Pfosten.

Pfosten. Der mittlere Flügel ist an den einen Seitenflügel, der durch Riegel festgestellt werden muß, angeschlagen. Die Ansicht des Fensters wird dann im Inneren und Äußeren symmetrisch.

Für **Kleinhäuser** sind die dreiteiligen Fenster durch Normung festgelegt. Scheibengröße 30×42 cm. Fensterbreite 1,57 m. Bei Anordnung von 3 Scheiben übereinander (Din 1100) wird die Höhe 1,07 m, bei Anordnung von 4 Scheiben übereinander (Din 1102) wird die Höhe 1,38 m. Beide Anordnungen ohne Kämpfer. Einzelheiten Din 1104.

b) Vierteilige (sieben- und achtflüglige) Fenster

erhalten zwei feste und in der Mitte einen aufgehenden Pfosten (Abb. 244). Im oberen Teile werden entweder vier Flügel oder zwei seitliche Flügel und ein breiter mittlerer Kippflügel angeordnet.

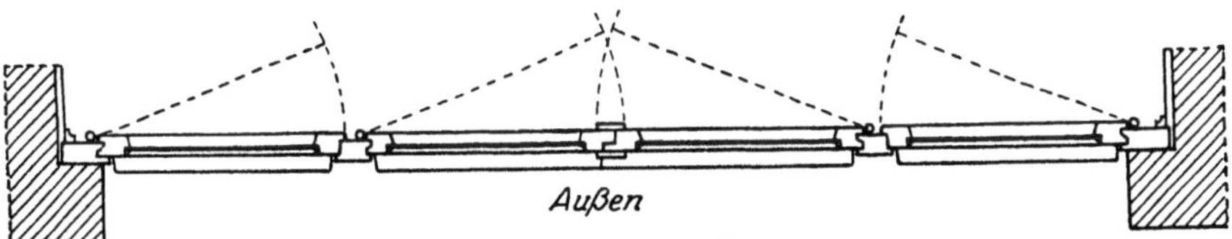

Abb. 244. Vierteiliges Fenster.

III. Schiebefenster.

Schiebefenster werden so angeordnet, daß die beiden übereinander liegenden Flügel der Höhe nach verschoben werden können.

Vorzüge der Schiebefenster: Große Lichtflächen, da der mittlere Fensterpfosten fortfällt. Die geöffneten Flügel treten nicht in das Zimmer vor, daher besonders für Erker-, Veranda- und Wintergartenfenster geeignet. Kein Abräumen des Latteibrettes beim Öffnen und Lüften. Unerreichte Ventilation bei Vermeidung von Zugluft. — Nachteile können sich jedoch ergeben, wenn die Dichtung nicht sorgfältig genug ausgeführt wird oder die Flügel nicht bequem zu handhaben und zu putzen sind.

Eine Konstruktion, bei der die vorgenannten Nachteile vermieden werden und die sich bei vielen Bauausführungen bestens bewährt hat, stellt das „Stumpfsche Reform-Schiebefenster“ dar (Ausführung durch die Firma R. Biel, Hamburg).

Die Dichtung von „Stumpfs Reform-Schiebefenster“ geschieht ringsherum durch Doppelfalz (Abb. 245 u. 246). Beide Flügel stehen im geschlossenen Zustande in einer lotrechten Ebene und werden durch je zwei seitliche, auf Zug gesetzte Einreiber gegen den Doppelfalz gepreßt. Die Führung der Flügel geschieht durch seitlich an den Fensterrahmen angebrachte Führungsstifte, die in zwei parallelen, 12 mm breiten Nuten (Gleitfugen) des 35—40 mm starken Fensterfutters laufen. An den unteren Führungsstiften der Flügelrahmen sind Drahtseile befestigt, die in den Führungsnuten über je zwei oben im Futter angebrachte Rollen laufen und die Gegengewichte tragen. Nach der Schwere der Fensterflügel und dem dadurch bedingten Durchmesser der Gewichte muß der Fensteranschlag eine Breite von 9—13 cm erhalten. In der Mitte der Fensterhöhe sind beide Nuten durch eine Quernut verbunden, die in einem Zirkelschlag aus dem unteren Drehpunkt liegen muß. Soll der untere Flügel geöffnet werden, so sind zunächst die Einreiber zu lösen. Der Flügel fällt dann so weit nach innen zurück, bis die durch die Quernut laufenden Führungsstifte an den Fallriegel stoßen (Abb. 246 Punkt C). In dieser Stellung kann der Flügel hochgeschoben werden (Abb. 247). Die unteren Führungsstifte gehen dabei durch die schräg ansteigende Überführungsnut in die innere senkrechte Nut über. So können zur Lüftung von unten beide Flügel hochgeschoben, zur Lüftung von oben beide Flügel herabgezogen werden.

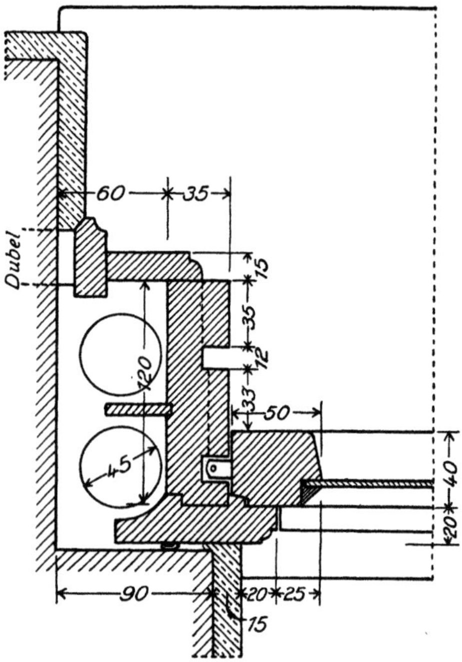

Abb. 245. Stumpfs Reform-Schiebefenster D. R. P. 128824. (Grundriß.)

Eine recht wirksame und angenehme Lüftung wird dadurch erzielt, daß man den unteren Flügel bis zum Fallriegel zurücklegt und den oberen ein wenig herunterzieht (Abb. 247). Die warme verbrauchte Luft wird dann oben entweichen, während die eintretende frische Luft zwischen den beiden Flügeln in schräger Richtung aufwärts steigt.

Die Reinigung der äußeren Glasflächen geschieht in der Weise, daß der Fallriegel geöffnet und zunächst der untere Flügel nach innen umgelegt wird. Die Drehachse wird dadurch gebildet, daß die unteren Führungsstifte in einen schlitzartigen, mit einer Metallplatte eingefaßten Ausschnitt des Futters greifen. Leichtere Flügel legen sich auf das Latteibrett, schwerere werden durch einen untergestellten Holzbock unterstützt. — Nachdem der untere Flügel hochgeschoben, kann der obere Teil zur Reinigung heruntergezogen werden. Der Fallriegel wird geöffnet und der Flügel wagerecht um-

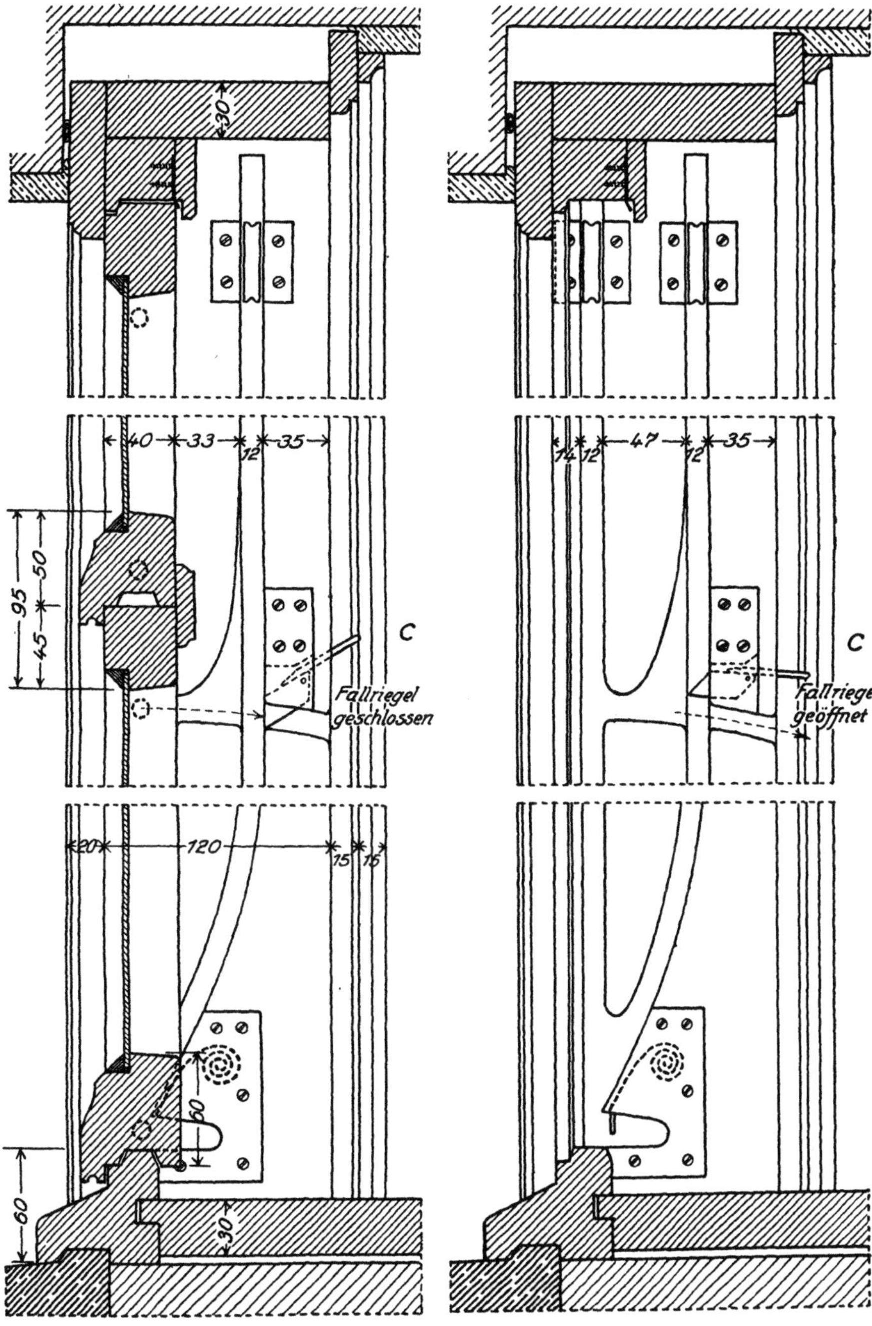

A. Höhenschnitt durch das geschlossene Fenster

B. Höhenschnitt und Seitenansicht des Futters

Abb. 246. Stumpfs Reform-Schiebefenster D. R. P. 128824.

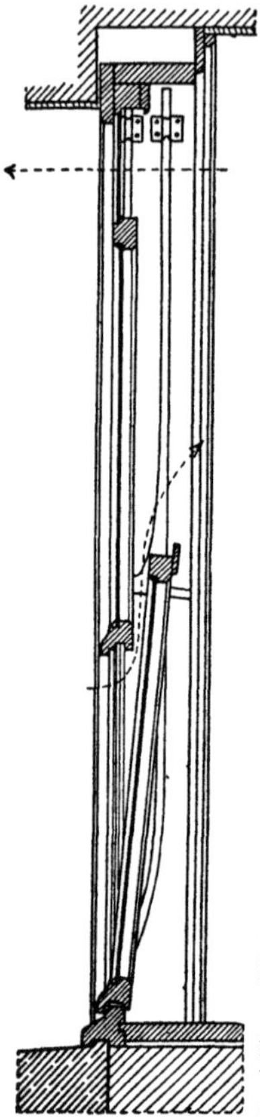

Abb. 247. Reform-Schiebefenster z. Lüftung geöffnet.

gelegt. — Für Wintergärten, Veranden usw. können die Schiebefenster auch in der Weise angeordnet werden, daß beide Flügel sich nach unten in eine Nische des Brüstungsmauerwerks versenken lassen. — Schiebefenster können auch als Doppelfenster ausgeführt werden.

IV. Doppelfenster.

a) Zweiteilige Doppelfenster.

Wohnzimmerfenster werden zweckmäßig als Doppelfenster ausgeführt. Es werden dabei zwei Fenster mit 10 cm Zwi chenraum hintereinander angeordnet. Doppelfenster bewirken einen besseren Schutz gegen Zugluft, Staub und Straßenlärm. Die zwischen den Fenstern liegende Luftschicht schützt das Zimmer gegen Wärmeverluste. Die Fensterscheiben schwitzen und gefrieren nicht so leicht.

Die Anordnung der Doppelfenster im Grundriß ist in Abb. 248 dargestellt. Die Punkte *A*, *C* und *D* zeigen verschiedene Mögl chkeiten für die Ausbildung am Fensteranschlag. In Abb. 248 *A* ist ein äußerer und ein innerer Blendrahmen angeordnet und durch ein 25 mm starkes Futterbrett verbunden. Der innere Blendrahmen tritt gegen den äußeren um etwa 35 mm zurück, damit der äußere Fensterflügel genügend weit umgelegt werden kann. Der Blendrahmenkasten wird hinter dem $\frac{1}{2}$ Stein breiten Maueranschlag mit starken Bankeisen befestigt. — In Abb. 248 *C* ist der innere Blendrahmen durch ein 26 mm starkes Bekleidungsbrett ersetzt. Der Anschluß des inneren Fensterflügels geschieht nach Art der überfalzten Türen. Vgl. auch das Normen-Doppelfenster (Abb. 251 u. 252.) — In Abb. 248 *D* ist das Fenster von außen eingesetzt. Diese Anordnung ermöglicht einen besonders dichten Anschluß an das Mauerwerk und ist in formaler Beziehung sowohl für Putz- al auch für Backsteinrohbauten gut geeignet, weil Fensterfläche und Mauerfläche fast in eine Ebene fallen und dadurch ein ruhiger Eindruck erzielt wi d. Die inneren Fensterflügel schließen mit **S**-Falz an das 40 mm starke Futterbrett an.

Die Anordnung der Doppelfenster im Höhenschnitt ist in Abb. 249 dargestellt; vgl. hierzu den Grundriß Abb. 248 *A*. (Wegen des Höhenschnittes zu Abb. 248 *C* vgl. das Normen-Doppelfenster, Abb. 252). Das äußere Fenster wird genau wie ein einfaches, nach innen schlagendes Fenster gebildet. Die Höhe des äußeren Kämpferholzes ist so zu bestimmen, daß der obere äußere Flügel mit etwa 3 mm Abstand, der untere wegen des Aushebens mit mindestens 17 mm Abstand an dem inneren Kämpfer vorbeischlägt. Als Mindesthöhe für den äußeren Kämpfer ergeben sich demnach 10 cm, falls der innere Kämpfer 4 cm hoch wird (Abb. 249). — Das innere Fenster wird genau wie das äußere, aber ohne Wasserschenkel ausgeführt. Der untere Fensterflügel schlägt gegen das gefalzte, 40 mm starke untere Fensterbrett. Zwischen Unterkante Flügelrahmen und Oberkante Latteibrett muß mindestens 20 mm Zwischenraum verbleiben. —

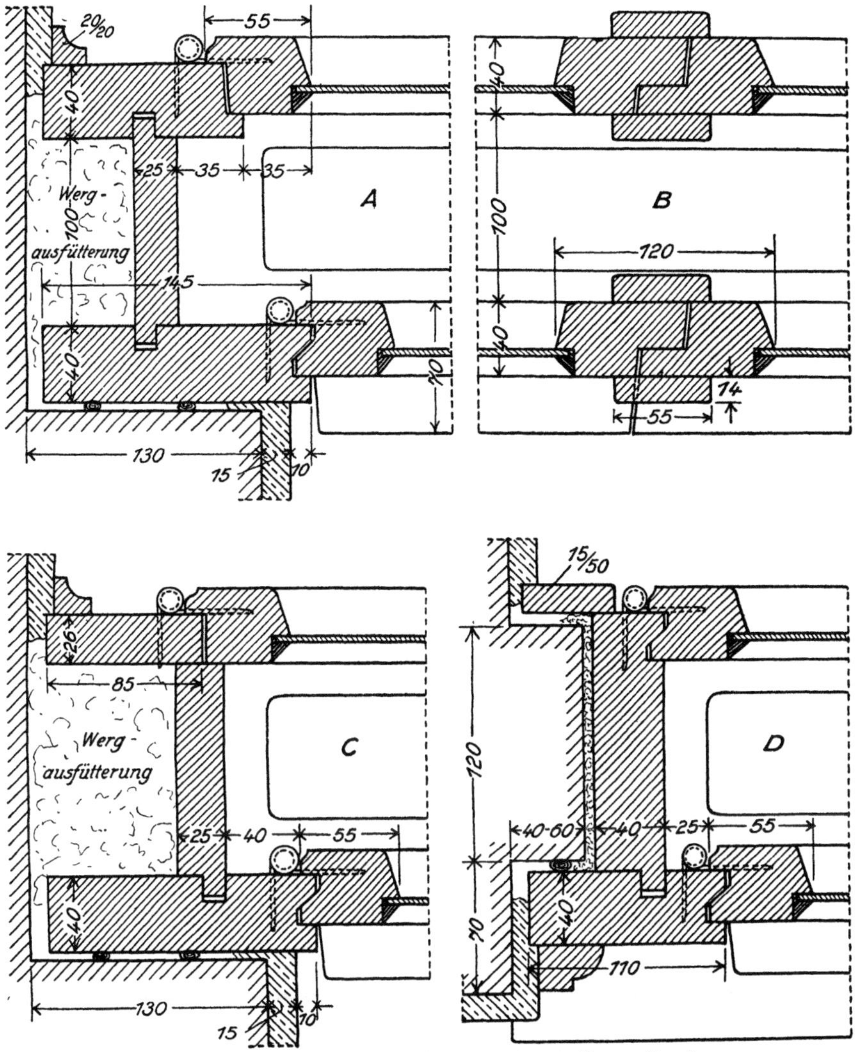

Abb. 248 *A—D.* Wagerechte Schnitte durch Doppelfenster.

Im oberen Teile kann das Fenster auch mit einem äußeren festen Pfosten ausgeführt werden (vgl. Abb. 251).

b) Dreiteilige Doppelfenster.

Dreiteilige Doppelfenster werden meist mit einem festen und einem aufgehenden Pfosten ausgeführt. Um eine möglichst geringe Pfostenbreite zu erhalten, wird der innere Pfosten schmal und tief (40 ×50 mm) mit geringer Abkantung angeordnet (Abb. 250 *B*); der äußere Pfosten muß dann 80 mm breit werden, damit der aufgehende Flügel an dem inneren Pfosten mit Spielraum vorbeischlägt und der mit S-Falz anschließende Flügel um 90° nach innen

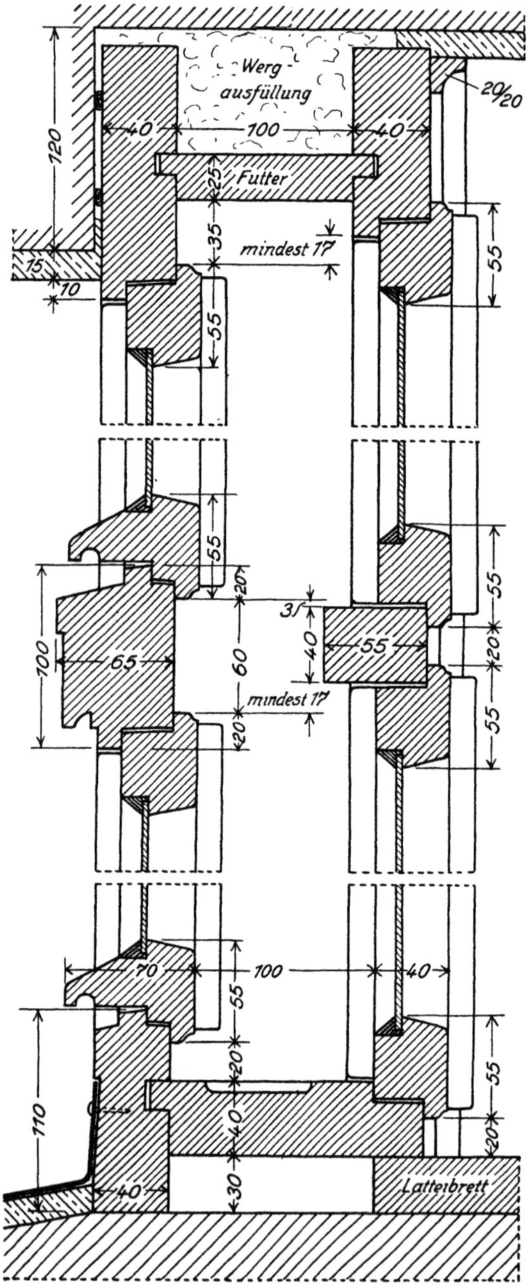

Abb. 249. Höhenschnitt zum Doppelfenster Abb. 248 *A*.

schlagen kann. Um eine gleichmäßige Ansicht zu erzielen, wird der aufgehende Pfosten zweckmäßig in derselben Breite wie der feste Pfosten gebildet; äußere Schlageleiste also 80 mm breit (Abb. 250 *A*).

c) Normen-Doppelfenster für Kleinhäuser.

Für Kleinhäuser sind die Doppelfenster durch Normung festgelegt. Es werden dabei Blendrahmen- und Zargenfensterunterschieden.

Bei den **Blendrahmen-Doppelfenstern** wird der Falz für die inneren Flügel durch den 24 mm starken inneren Blendrahmen, der stumpf mit dem 24 mm starken Futterbrett zusammenstößt, gebildet. Stärke des äußeren Blendrahmens und Flügelholzstärke wie bei den einfachen Normenfenstern (vgl. Teil I dieses Leitfadens). Für Blendrahmen-Doppelfenster kommen folgende Normen in Betracht:

Din. 273: Zweiflügl. Doppelfenster ohne Kämpfer (1,05 × 1,07 m) mit je 3 niedrigen Scheiben,

Din. 275: Zweiflügl. Doppelfenster ohne Kämpfer (1,05 × 1,38 m) mit je 4 niedrigen Scheiben,

Din. 279: Zweiflügl. Doppelfenster ohne Kämpfer (1,05 × 1,31 m) mit je 3 hohen Scheiben,

Din. 277: Vierflügl. Doppelfenster mit Kämpfer (1,05 × 1,50 m), Unterflügel 3, Oberflügel 1 niedrige Scheibe (**Abb. 251**),

Din. 281: Vierflügl. Doppelfenster mit Kämpfer (1,05 × 1,50 m), Unterflügel 2, Oberflügel 1 hohe Scheibe,

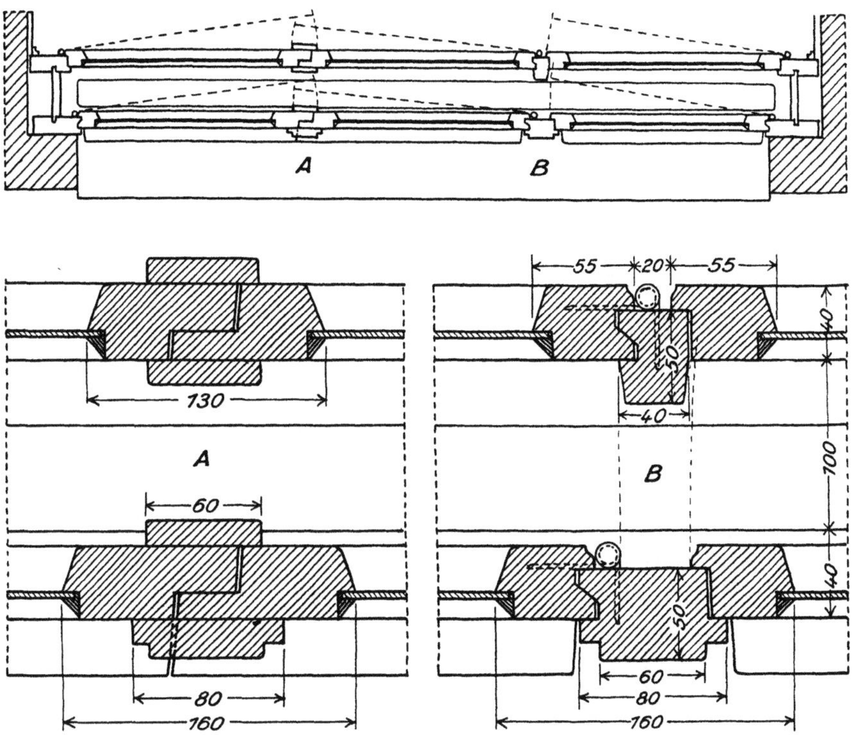

Abb. 250. Dreiteiliges Doppelfenster mit einem festen und einem aufgehenden Pfosten.

Din. 284: Einzelheiten zu den Blendrahmen-Doppelfenstern (**Abb. 252**),

„ 1101: Dreiteiliges Doppelfenster ohne Kämpfer (1,57 × 1,07 m) mit je 3 niedrigen Scheiben,

„ 1103: Dreiteiliges Doppelfenster ohne Kämpfer (1,57 × 1,38 m) mit je 4 niedrigen Scheiben,

„ 1104: Einzelheiten der dreiteiligen Doppelfenster.

Bei den **Zargen-Doppelfenstern** schlagen die äußeren Flügel nach außen, die inneren nach innen. Die Zarge wird aus 6 × 13 cm starken Bohlen zusammengesetzt und mit festem Mittelpfosten versehen. Stärke der Flügelrahmhölzer 36 × 50 mm. Die untere Bohle erhält eingeschobenen Wasserschenkel. Wenn die Zarge mit der Mauerfläche (Putzfläche) bündig liegt, muß auch über der oberen Bohle ein Wasserschenkel angeordnet werden. Für Zargen-Doppelfenster kommen folgende Normen in Betracht:

Din 295: Zweiflügl. Doppelfenster ohne Kämpfer (1,16 × 1,11 m) mit je 3 niedrigen Scheiben,

„ 296: Zweiflügl. Doppelfenster ohne Kämpfer (1,16 × 1,42 m) mit je 4 niedrigen Scheiben,

„ 297: Vierflügl. Doppelfenster mit Kämpfer (1,16 × 1,54 m), Unterflügel mit 3, Oberflügel mit 1 niedrigen Scheibe (**Abb. 253**),

„ 299: Einzelheiten zu den Zargen-Doppelfenstern (**Abb. 254**).

DEUTSCHE INDUSTRIE NORMEN	**Blendrahmenfenster für Kleinwohnungen** Vierscheibiges Doppelfenster mit Kämpfer (Niedrige Scheiben) Fachnorm des Bauwesens — Reichsnorm	DI NORM **277**

Bezeichnung eines Doppelfensters nach Reichsnorm mit 30 cm hohen äußeren Scheiben und 150 cm hoher äußerer Maueröffnung
als Kastenfenster: Kastenfenster R 30×150 DIN 277,
als doppeltes Blendrahmenfenster: Doppeltes Blendrahmenfenster R 30×150 DIN 277

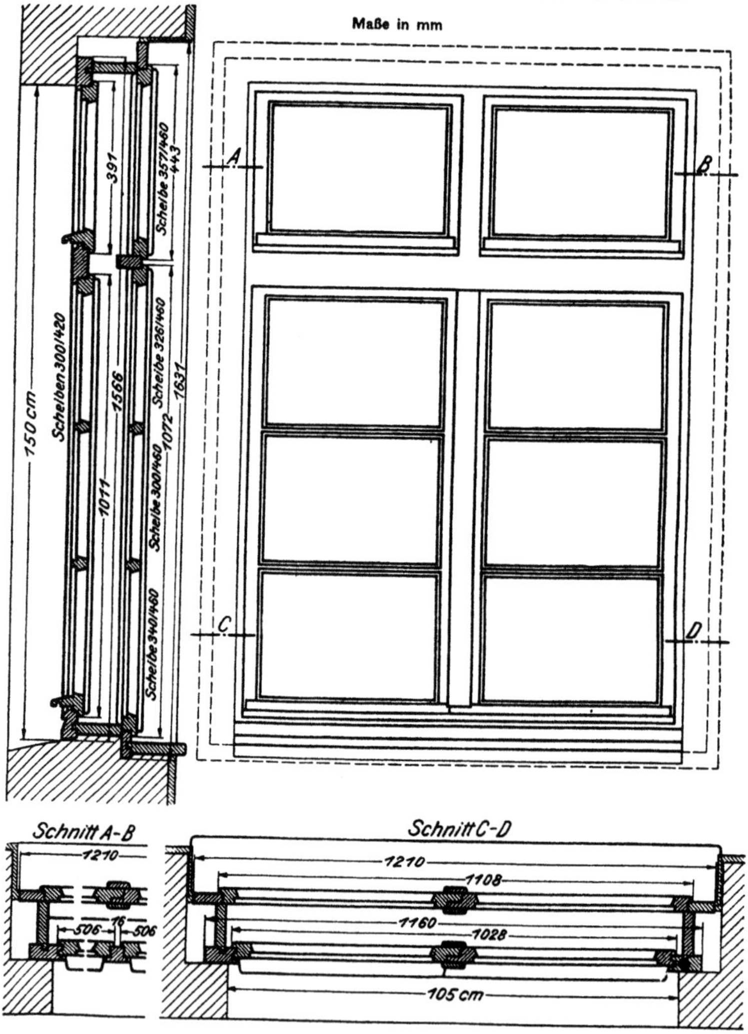

27. Oktober 1919

Einzelheiten siehe DINORM 283 u. 284

Abb. 251. Blendrahmen-Doppelfenster für Kleinhäuser (Din 277) [1]).

1) Wiedergabe erfolgt mit Genehmigung des NDI. — Verbindlich für die vorstehenden Angaben bleiben die Dinormen. — Normblätter sind durch den Beuth-Verlag GmbH., Berlin SW 19, Beuthstr. 8, zu beziehen.

Blendrahmenfenster für Kleinwohnungen
Einzelheiten der Kastenfenster
Bauwesen

DIN 284

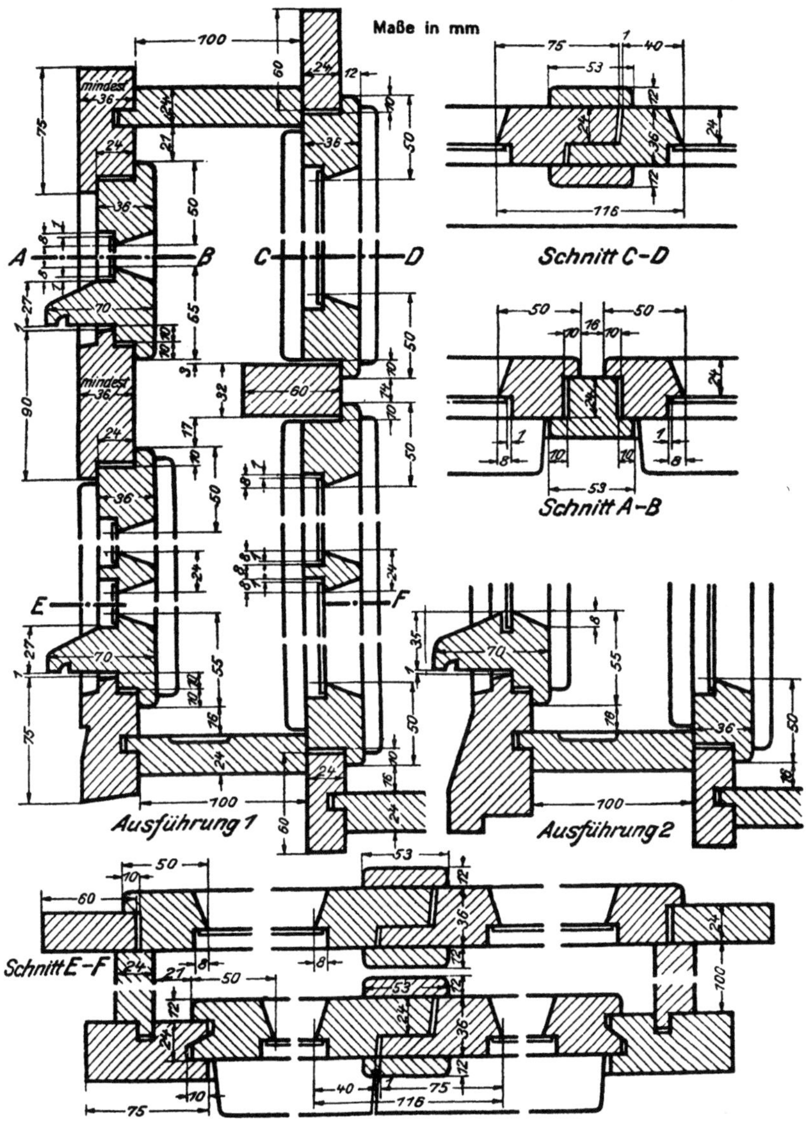

Einzelheiten siehe DIN 283

Oktober 1919

Abb. 252. Einzelheiten zum Blendrahmen-Doppelfenster für Kleinhäuser (Abb. 251.)[1])

1) Wiedergabe erfolgt mit Genehmigung des NDI. — Verbindlich für die vorstehenden Angaben bleiben die Dinormen. — Normblätter sind durch den Beuth-Verlag GmbH., Berlin SW 19, Beuthstr. 8, zu beziehen.

DEUTSCHE INDUSTRIE NORMEN	Zargenfenster für Kleinwohnungen Achtflügeliges Doppelfenster, 116/154 cm, mit Kämpfer Fachnormen des Bauwesens — Reichsnorm	DINORM 297

Bezeichnung eines Zargenfensters nach Reichsnorm mit 30 cm hohen äußeren Scheiben und 154 cm hoher äußerer Maueröffnung:

als Doppelfenster: Doppeltes Zargenfenster R 154 (30) DIN 297

(als einfaches Fenster: Einfaches Zargenfenster R 154 (30) DIN 297)

Maße in mm

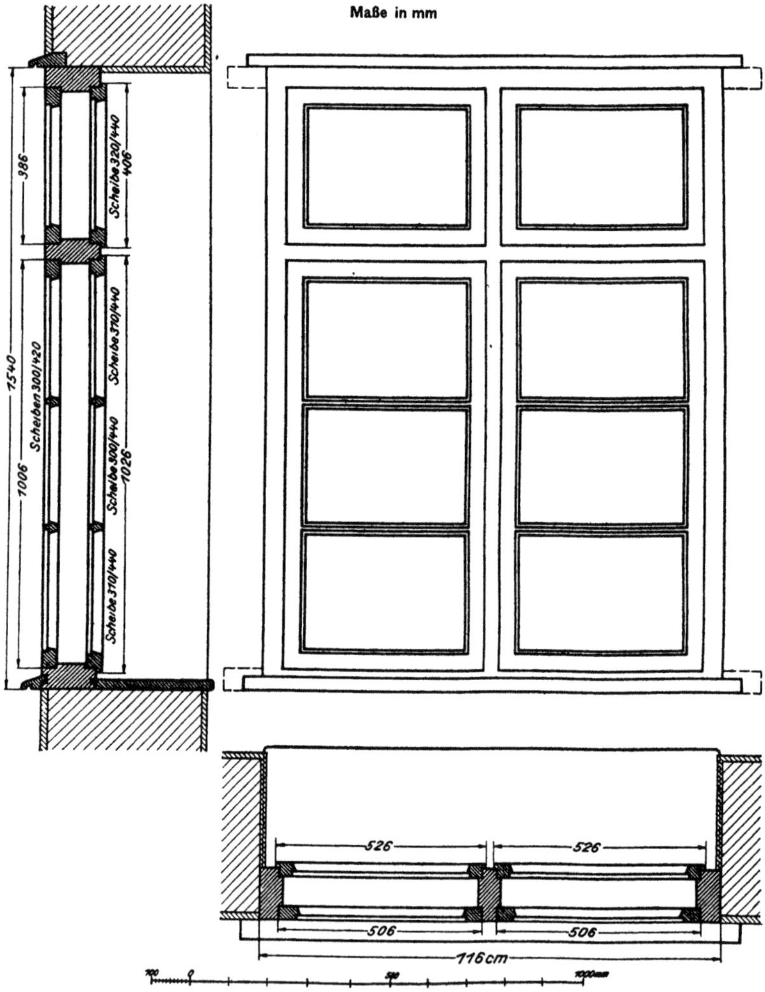

9. März 1920 — Einzelheiten siehe DINORM 299 — Erläuterungen siehe Beiblatt

Abb. 253. Zargen-Doppelfenster für Kleinhäuser (Din 297).[1])

1) Wiedergabe erfolgt mit Genehmigung des NDI. — Verbindlich für die vorstehenden Angaben bleiben die Dinormen. — Normblätter sind durch den Beuth-Verlag GmbH., Berlin SW 19, Beuthstr. 8, zu beziehen.

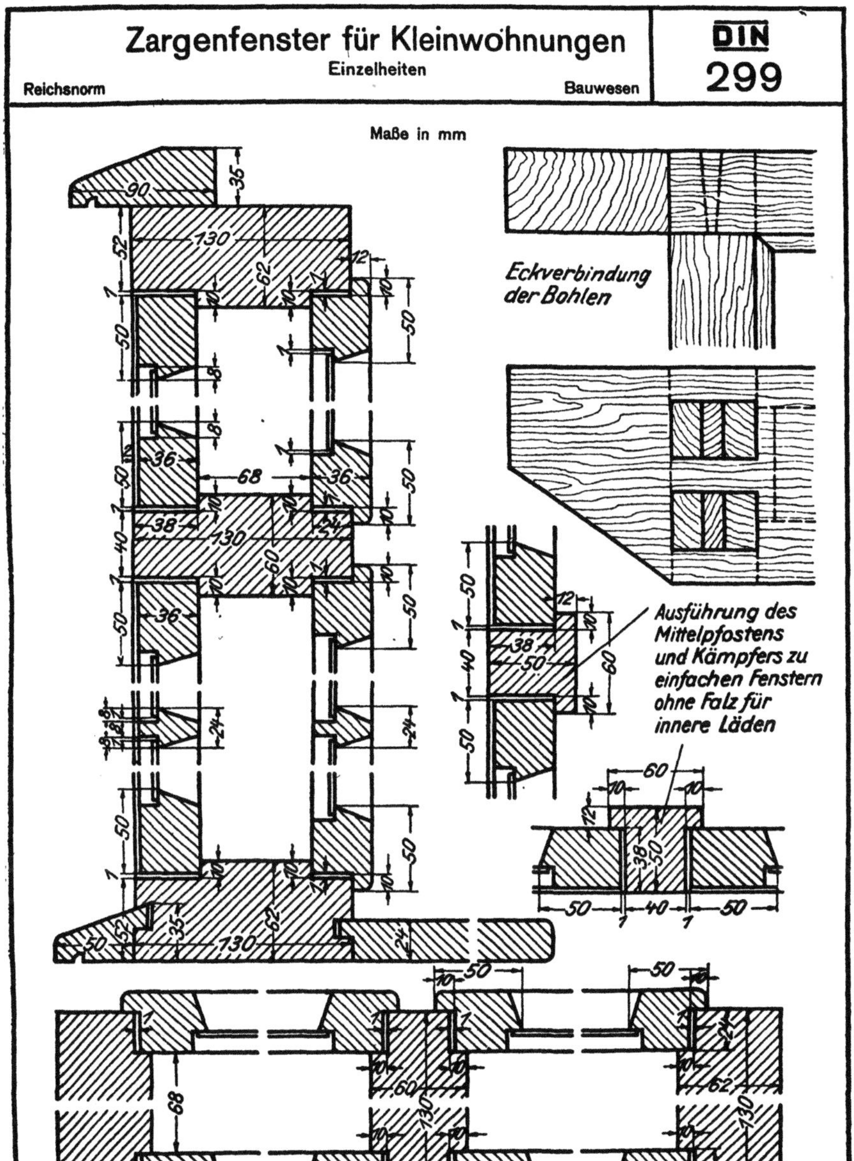

Abb. 254. Einzelheiten zum Zargen-Doppelfenster für Kleinhäuser (Abb. 253).

1) Wiedergabe erfolgt mit Genehmigung des NDI. — Verbindlich für die vorstehenden Angaben bleiben die Dinormen. — Normblätter sind durch den Beuth-Verlag GmbH., Berlin SW 19, Beuthstr. 8, zu beziehen.

V. Schaufenster.

Schaufenster erhalten einen feststehenden 50—60 mm starken, 12—16 cm breiten Holzrahmen, der hinter dem $\frac{1}{4}$ Stein breiten Fensteranschlag mit starken

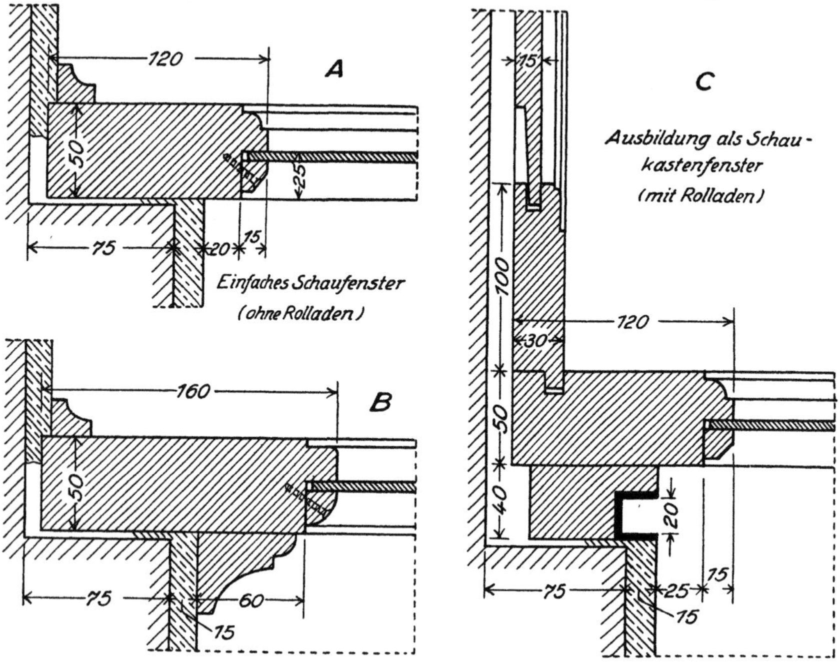

Abb. 255 *A—C*. Wagerechte Schnitte durch die Schaufensterrahmen.

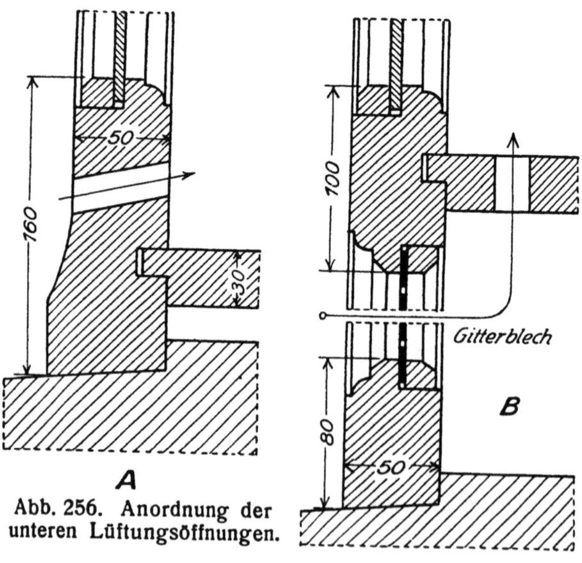

Abb. 256. Anordnung der unteren Lüftungsöffnungen.

Bankeisen oder Steinschrauben befestigt wird. (Abb. 255 *A* u. *B*.) Die 6—8 mm starke Spiegelscheibe wird mit Spielraum in den 15 mm breiten, 25 mm tiefen Falz gelegt und durch kleine aufgeschraubte Holzleisten gehalten.

Das Anlaufen und Befrieren der Schaufenster kann verhindert werden:

1. durch Luftumlauf, der durch Lüftungsöffnungen im oberen und unteren Rahmholz erzielt wird (Abb. 256);

2. durch Anordnung von Gasflammen am Fuße der Scheibe, wobei sich ein innen aufsteigender warmer Luftstrom ergibt;

3. durch Anordnung eines geschlossenen Schaukastens hinter dem Schaufenster. Der Schaukasten wird verschieden tief angelegt. Der Boden liegt etwa 30 cm über dem Ladenfußboden. Die in den Ladenraum vorspringenden Teile der Seitenwände und die Rückwand erhalten Verglasung zwischen Sprossenteilung. In die Rückwand muß eine zweiflüglige, in den Ladenraum schlagende Tür eingebaut werden (Abb. 257). Die Decke des Schaufensterkastens wird meist mit Holzfüllungen ausgeführt. Soll der Schaufensterraum Lüftung erhalten, so sind im Boden

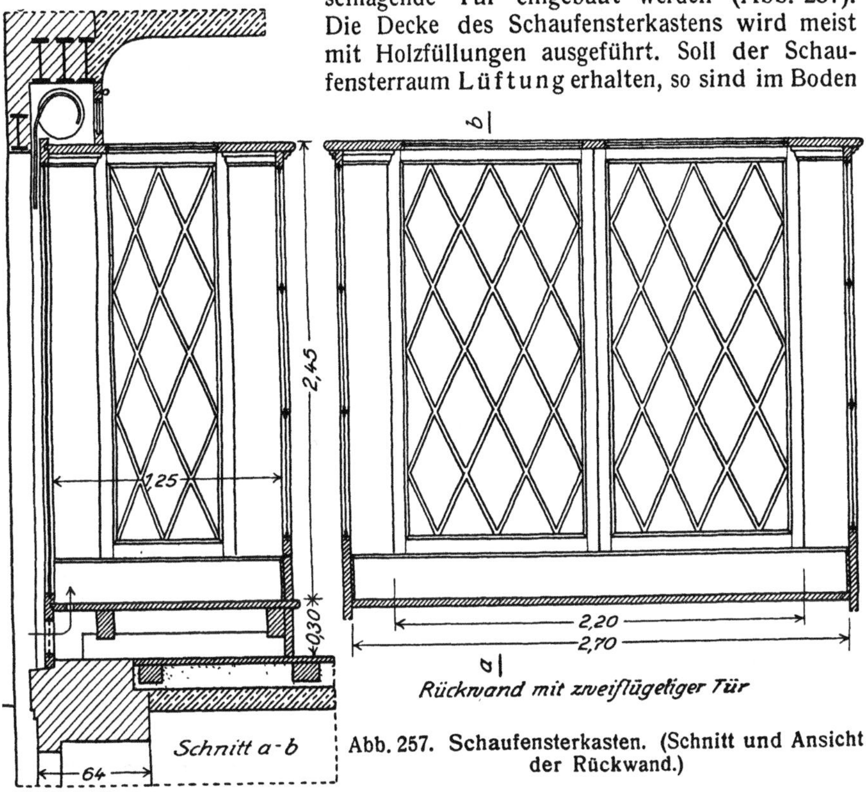

Abb. 257. Schaufensterkasten. (Schnitt und Ansicht der Rückwand.)

kreisrunde Luftlöcher anzuordnen. Die Luftzuführung geschieht unterhalb des Bodens durch in das untere Fensterrahmholz eingesetzte Gitterbleche (Abb. 256 *B*). — Der Schaufensterkasten kann auch aus zwei Teilen bestehen. Der innere Teil ist auf Rollen beweglich und kann in den Ladenraum hereingezogen werden. Die beiden Teile stoßen dicht hinter der Innenfläche der Fensterwand stumpf zusammen.

Zur Sicherung der Schaufenster gegen Einbruch werden häufig Rolläden ausgeführt. In der äußeren Fensterleibung sind dann die aus Holz oder [-Eisen bestehenden Laufnuten anzuordnen. Über dem Schaufenster liegt der Rollkasten. (Näheres über Rolläden siehe S. 175).

Größere Schaufenster werden heute meist mit Rahmen aus Profileisen gebildet.

VI. Fensterläden.

Fensterläden sollen in der Hauptsache die Räume gegen einfallende Sonnenstrahlen, zum Teil auch gegen Einbruch schützen. Sie können als äußere und innere Klappläden oder als Rolläden ausgeführt werden.

1. Äußere Klappläden finden hauptsächlich bei Landhausbauten Verwendung. Sie werden ein- und zweiflüglig angeordnet. In geschlossenem Zustande muß die seitliche und die obere Fensterkante um ungefähr 3 cm überdeckt werden. In der Mitte schlagen die Läden mit einfachem Falz übereinander.

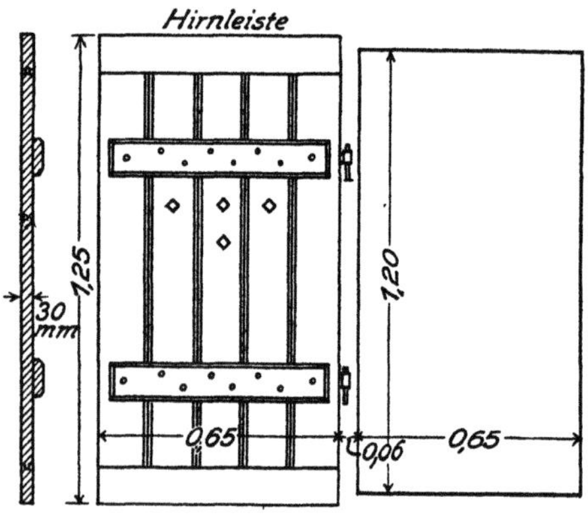

Abb. 258. Äußerer Fensterladen.

Äußere Klappläden werden entweder als gespundete Bretterläden mit Hirn- und Querleisten ausgeführt (Abb. 258), oder sie werden aus Rahmhölzern und Füllungen zusammengesetzt. Die Rahmhölzer erhalten 35—40 mm Stärke und 12 cm Breite. Die Füllungen können glatt sein (Abb. 260 *A*) oder aus gestäbten und gespundeten Brettern, die senkrecht oder wagerecht angeordnet werden, bestehen (Abb. 259). Auch können die Füllungen durch feststehende Jalousiebrettchen, die in die Rahmhölzer eingezapft sind, ersetzt werden (Abb. 260 *B*). Die Jalousiebrettchen sind 10 bis 15 mm stark, bei geschlossenem Laden nach außen geneigt und so angeordnet, daß in wagerechter Richtung eine Überdeckung von etwa 15 mm erzielt wird. Diese Ausführung gestattet Lichteinfall auch bei geschlossenen Fensterläden. Seltener kommen bewegliche Jalousiebrettchen, die mit einer Eisenstange verbunden und beliebig verstellbar sind, zur Verwendung.

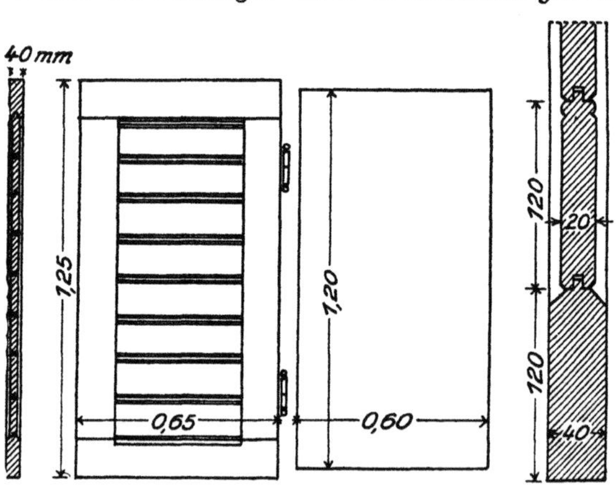

Abb. 259. Äußerer Fensterladen.

2. Innere Klappläden werden selten ausgeführt. Jeder Ladenflügel besteht je nach der Tiefe der inneren Leibung aus 2—3 Teilen, die aus Rahmen und Füllungen zusammengesetzt und durch Scharniere miteinader verbunden werden. — Geöffnet (zusammengeklappt) liegt der Laden in der Fensterleibung, geschlossen auf dem Fensterflügel und reicht bis zur Schlageleiste, wo die Befestigung durch doppelte Vorreiber erfolgt.

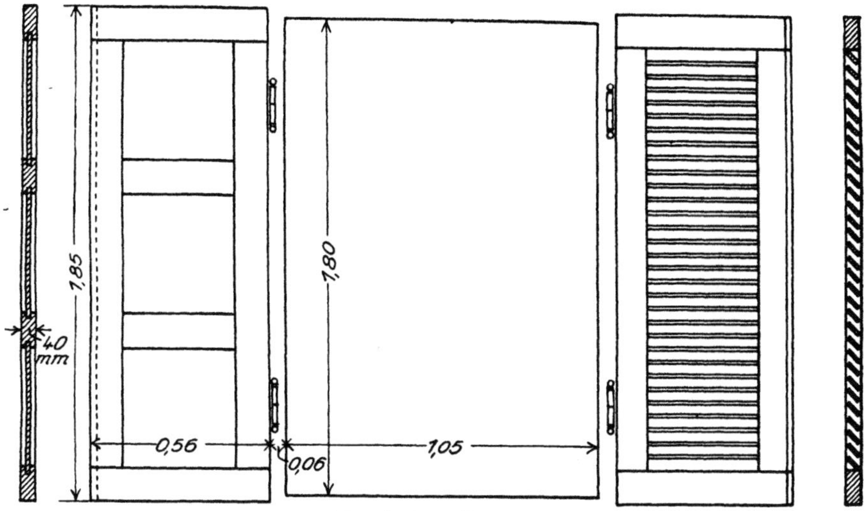

A Abb. 260. Äußere Fensterläden. B

VII. Rolläden und Jalousieanlagen.

1. Rolläden. Rolläden kommen hauptsächlich bei Schaufensteranlagen als Sicherung gegen Einbruch zur Verwendung. In schwächerer Ausführung werden sie auch für Wohnzimmerfenster als Schutz gegen Sonnenstrahlen, Sturm und Regen angeordnet (Rolljalousien). Sie werden aus einzelnen profilierten Holzleisten von 35—45 mm Breite und 13—15 mm Stärke mit geringer Überdeckung so zusammengesetzt, daß sie sich leicht auf eine Welle aufrollen lassen. Als Material wird bestes schwedisches Kiefernholz verwendet. Die Verbindung der Holzleisten kann auf verschiedene Weise erfolgen:

a) Durch 45 mm breite kräftige Gurtbänder, die durch die durchlochten Leisten gezogen und durch kurze Schrauben befestigt werden (Abb. 261 *A*).

b) Durch durchgezogene Stahlbänder, die mittels Schrauben befestigt werden (Abb. 261 *A*).

c) Durch Panzerketten (Abb. 261 *B*). Die Gurte sind durch Ketten aus verschieden geformten, ineinander greifenden Drahtbügeln ersetzt. Die Verbindung ist sehr fest und dauerhaft und hat den Vorzug, daß einzelne Stäbe mit Leichtigkeit ausgewechselt werden können. In Abb. 261 *B* ist auch die Anordnung von Lichtschlitzen gezeigt.

d) Durch verzinkte Stahlblättchen von 20 mm Breite und 70 mm Länge, die mittels der schlitzartigen Ausschnitte gegeneinander verschieblich sind (Abb. 261 *C*). Ist der Laden vollständig herabgelassen, so sitzen die Stäbe dicht aufeinander und ergeben einen dichten Verschluß. Wird der Aufzugsgurt angezogen, so entstehen schmale Lichtschlitze, die aber keine Sonnenstrahlen durchfallen lassen.

e) Durch Panzerketten mit verschiebbaren Gliedern. Die Anordnung ist dieselbe wie bei der Stahlblättchen-Verbindung. Beim Anziehen des Ladens ergeben sich Lichtschlitze zwischen den einzelnen Stäben.

Zur Führung des Rolladens werden an den Seiten 20 mm breite und tiefe Laufnuten angeordnet, die entweder durch entsprechend ausgeschnittene Holzleisten (Abb. 262 *A*) oder durch ⊔-Eisen gebildet werden. In Abb. 262 *B*

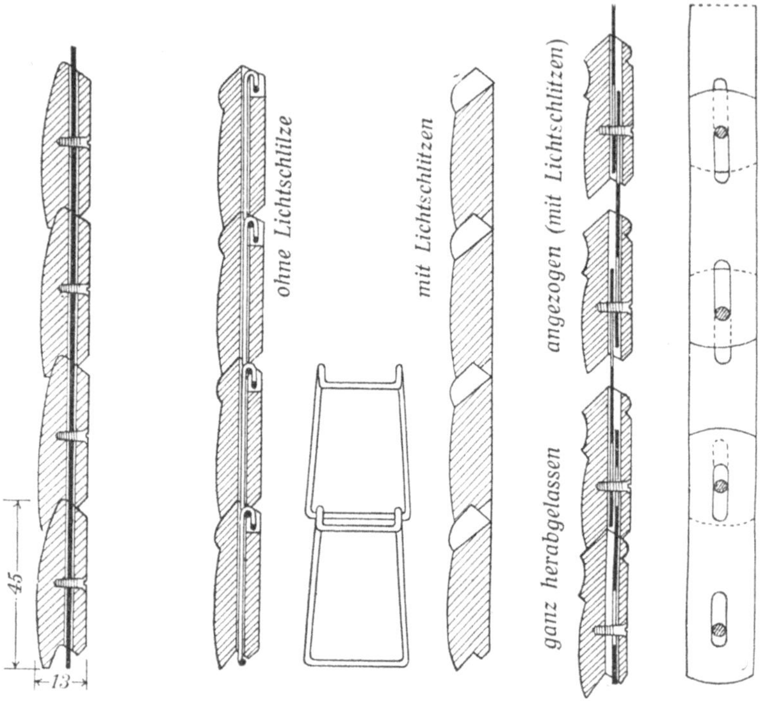

Abb. 261. Rolläden aus der Jalousiefabrik von C. Behrens, Hannover.

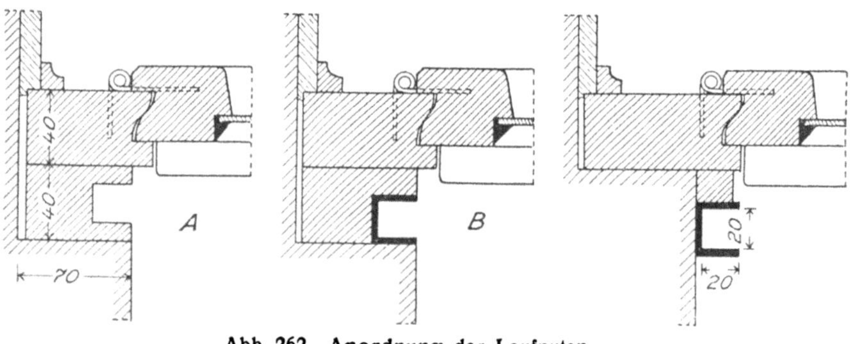

Abb. 262. Anordnung der Laufnuten.

ist das mit einer Holzleiste verbundene ⊔-Eisen mit der äußeren Leibung bündig gelegt; in Abb. 262 *C* tritt die Laufschiene gegen die Leibung vor. — Soll

1) Die Panzerketten-Verbindung ist der Firma A. Wohlfahrt & Co., Berlin, patentiert.

bei Wohnzimmerfenstern der untere Teil des Rolladens zum Hinausstellen eingerichtet werden, so sind die seitlichen Führungsschienen nach Abb. 262 *C* anzuordnen. Der untere Teil des ⊔-Eisens ist beweglich und in Kämpferhöhe mit dem oberen Teil scharnierartig verbunden.

Die Laufnuten müssen so weit vor den Fenstern liegen, daß der Rolladen an dem ausladenden Profil des Kämpferholzes vorbeigleitet. Der Laden rollt

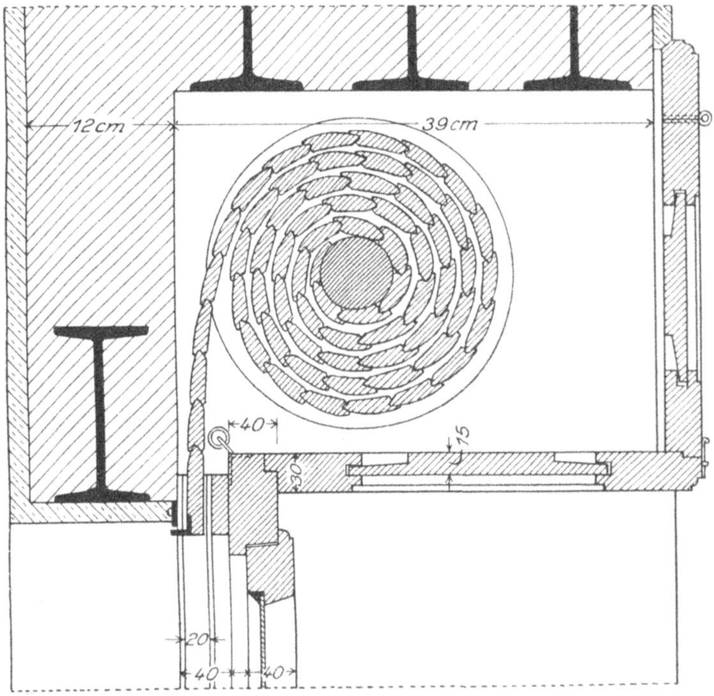

Abb. 263. Rollkasten.

sich auf eine starke Holzwalze, deren seitliche Zapfen in eisernen Lagern laufen. Der über dem Fenster in der inneren Leibung liegende Rollkasten muß so hoch sein, daß der aufgerollte Laden bequem untergebracht werden kann. Der Durchmesser der Walze mit dem aufgerollten Laden beträgt:

bei	1,80 m	Ladenhöhe	23 cm,
,,	2,00 ,,	,,	24 ,,
,,	2,50 ,,	,,	26 ,,
,,	3,00 ,,	,,	29 ,,

Der Rollkasten soll um 4 cm höher als die vorgenannten Rollendurchmesser ausgeführt werden; er muß vom Zimmer aus leicht zugänglich sein. — An der Stelle, wo der Laden durch den Boden des Rollkastens geführt wird, empfiehlt sich die Anordnung einer Leitrolle. Damit der Laden nicht zu weit in den Rollkasten hereingezogen werden kann, wird auf dem untersten 70 mm breiten Holzstäbchen ein kleines Winkeleisen befestigt (Abb. 263). Die Walze trägt auf einer Seite die 25 mm breite Gurt- oder Riemenscheibe, auf die sich der Aufzugsgurt beim Herablassen des Ladens aufwickelt. Der Aufzugsgurt läuft über Leitrollen durch einen Schlitz des Rollkastenbodens und wird bei Handaufzug in der inneren Fensterleibung durch einen Gurtenhalter festgeklemmt. Zur Sicherung kleiner Rolläden gegen unbefugtes Hochschieben können Schubriegel oder Baskülschlösser Verwendung finden.

Für schwere Rolläden kommen folgende Aufzugsvorrichtungen zur Verwendung:

a) Handaufzug mittels Gurten mit oben angebrachter Räderübersetzung.

b) Aufzug durch Kettengetriebe mit unten angebrachter Räderübersetzung und Handkurbel.

c) Aufzug durch Stangengetriebe mit oben und unten angebrachten konischen Räderübersetzungen und Handkurbel (für sehr schwere Läden).

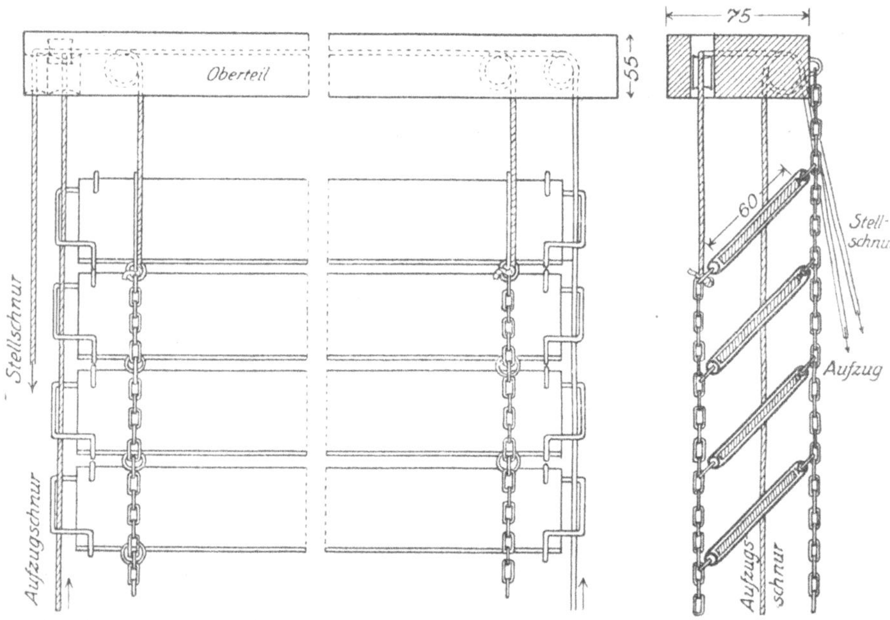

Abb. 264. Zugjalousie (verbessertes Kettensystem) aus der Jalousiefabrik von C. Behrens, Hannover.

2. Zugjalousien. Für Wohnzimmerfenster werden an Stelle der Rolljalousien zum Schutz gegen einfallende Sonnenstrahlen auch Zugjalousien ausgeführt.

Diese Jalousien bestehen aus 3 mm starken, 60 mm breiten Brettchen aus bestem, geradfaserigem schwedischen Kiefernholz, die durch Tragemittel (Gurte oder Kettchen aus verzinktem Eisendraht) in bestimmter Entfernung voneinander gehalten werden. Die Tragemittel werden entweder durch die geschlitzten Brettchen hindurchgeführt oder besser nach Abb. 264 durch Mittelklammern aus verzinktem Eisendraht verbunden. Bei dieser Anordnung werden die Stäbe nicht durchlocht, woraus sich eine größere Haltbarkeit ergibt; auch schließt die herabgelassene Jalousie vollständig dicht, was bei geschlitzten oder durchlochten Brettchen meist nicht der Fall ist.

Die Jalousien werden durch Aufzugsschnüre, die an dem untersten 15 mm starken und 50 mm breiten Abschlußbrett befestigt werden, nach oben zusammengezogen. Die Aufzugschnüre sind entweder durch die Brettchen oder durch Endklammern aus verzinktem Eisendraht hindurchgeführt (Abb. 265 *B*). Sie laufen oben über kleine Rollen aus Hartholz, die in dem 35 mm starken, 75 mm breiten Oberteil angeordnet werden. Die Aufzugsschnüre werden oben durch den Blendrahmen und über eine kleine Leitrolle geführt und an der inneren

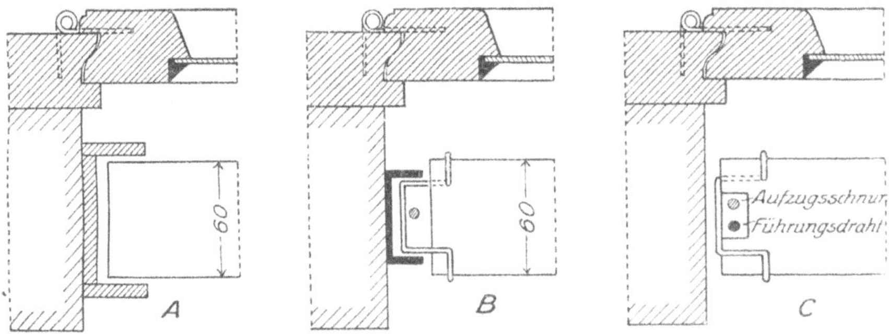

Abb. 265. Führung der Zugjalousien.

Fensterleibung (bei Doppelfenstern meist am Holzfutter) durch eine Klemmvorrichtung festgestellt. Der Oberteil wird dicht unter der oberen Fensterleibung mit seitlichen Eisenwinkeln befestigt.

Für größere schwere Jalousien kommt auch der Walzenaufzug mit oder ohne obere Sperrvorrichtung, der ein sehr leichtes Aufziehen ermöglicht, zur Verwendung. Die Aufzugsschnüre wickeln sich um eine Holzwalze, die mittels einer Zugschnur angezogen und gedreht wird. Die Walze sitzt in Lagern, die auf dem Oberteil befestigt sind. Diese Anordnung erfordert mindestens 10 cm Konstruktionshöhe und wird daher bei Wohnzimmerfenstern nicht ausgeführt.

Um bei herabgelassener Jalousie Lichteinfall zu erzielen, können die Brettchen mehr oder weniger auseinander gestellt werden. Die Stellschnüre sind bei dem in Abb. 264 dargestellten Kettensystem außen an der Unterkante des obersten Jalousiebrettchens befestigt, laufen über im Oberteil angebrachte Rollen, werden dann vereinigt und endigen in einer Stellkette, die an einem in der Leibung angebrachten Stift verschieden festgestellt werden kann. Die nach oben zusammengezogene Jalousie wird meist durch eine gepreßte Zinkverblendung verkleidet. Diese Anordnung hat den Nachteil, daß der oberste Teil des Fensters verdeckt und die Lichtöffnung bedeutend verkleinert wird. — Es empfiehlt sich daher, das Fenster gegen die Mauerflucht so weit zurückzurücken, daß die Jalousie hinter dem Fenstersturz Platz finden kann. Die Nische zwischen Blendrahmen und Sturz muß mindestens 11 cm breit sein. Die Höhe richtet sich nach der Fensterhöhe und muß betragen:

bei	1,80 m	Fensterhöhe	22 cm,
„	2,00 „	„	24 „
„	2,20 „	„	26 „

Um den äußeren Jalousien im herabgelassenen Zustande einen sicheren Halt zu geben, kommen Führungen verschiedener Art zur Verwendung:

a) Holzkastenführung (Abb. 265 *A*), die aus Brettchen zusammengesetzt und auf der äußeren Fensterleibung befestigt wird.

b) ⊔-Eisenführung (Abb. 265 *B*). Die Brettchen erhalten Endklammern aus verzinktem Eisendraht, die in die Nut des ⊔-Eisens greifen.

c) Drahtseilführung (Abb. 265 *C*). Hierbei fällt die seitliche Führungsschiene fort. Jedes Brettchen wird am Ende ausgeklinkt und durch eine Klammer geschlossen. Das durchgezogene, zur Führung dienende Drahtseil wird auf der Sohlbank und am Oberteil befestigt. Diese Führung hat den Vorzug, daß sie bei unruhigem Wetter das geringste Geräusch verursacht.

Zugjalousien können im unteren Teile auch markisenartig herausgestellt werden. Die seitliche Führung muß dann durch Holzrahmen (Abb. 265 *A*) oder ⊔-Eisen (Abb. 265 *B*) gebildet werden. Bei Holzkastenführung wird die vordere Seitenwange auf $\frac{3}{4}$ der Fensterhöhe abgeschnitten und durch Scharniere mit der Rückwand verbunden. Soll die Jalousie ausgestellt werden, so wird das bewegliche Führungsstück aufgeklappt. — Bei ⊔-Eisenführung ist der untere Teil beweglich und in Kämpferhöhe mit dem festen oberen Teil scharnierartig verbunden. — Alle Führungen müssen so weit vor dem Fensterrahmen sitzen, daß die Jalousie an dem vorspringenden Kämpferprofil vorbeigleitet.

D. Wandverkleidungen.

In großen Saalräumen, oft auch im Speise-, Wohn- und Herrenzimmer besser ausgestatteter Wohngebäude erhalten die Wandflächen im untern Teile an Stelle des Putzes eine Holzverkleidung (Vertäfelung, Paneel).

Wandverkleidungen (Holzvertäfelungen) in Wohnräumen erhalten meist eine Höhe von 1,00—2,30 m; sie werden aus Kiefern- oder Eichenholz hergestellt und als Rahmenwerk mit Füllungen gebildet. Die Felderteilung ist in einfachster Weise durchzuführen, damit die Verkleidung einen ruhigen Eindruck ergibt. Entweder wird die ganze Höhe des Paneels durch

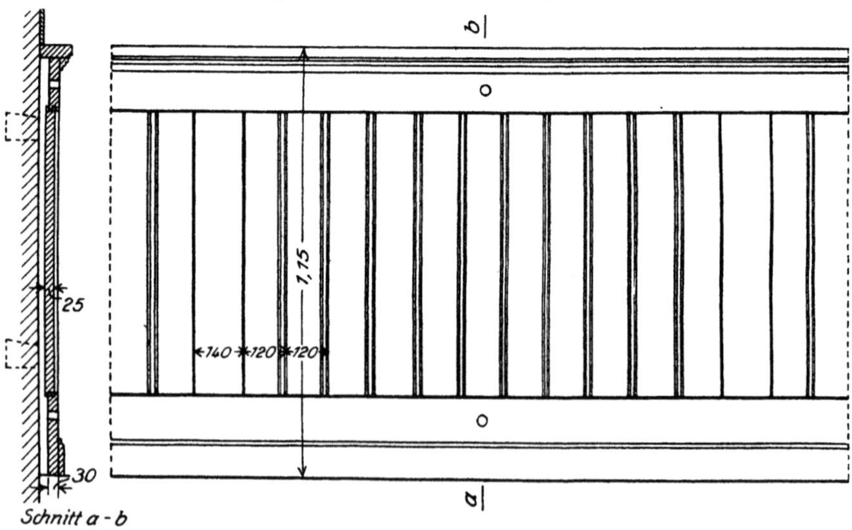

Abb. 266. Wandverkleidung. (Füllungen aus gespundeten und gestäbten Brettern.)

eine Füllung gebildet (Abb. 268), oder es werden mehrere gleiche Füllungen übereinander angeordnet (Abb. 267). Von guter Wirkung ist eine Wand-

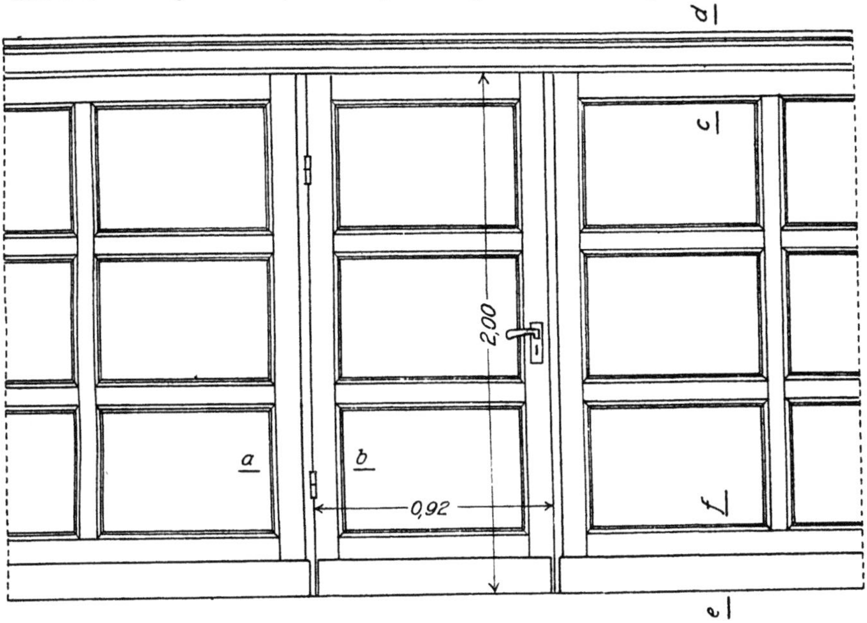

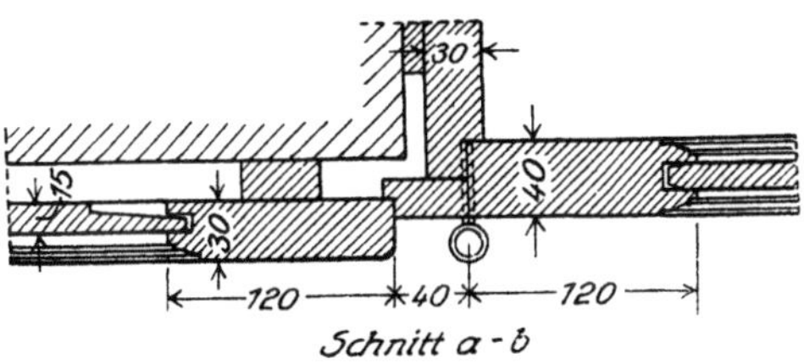

Abb. 267. Wandverkleidung mit Tür.

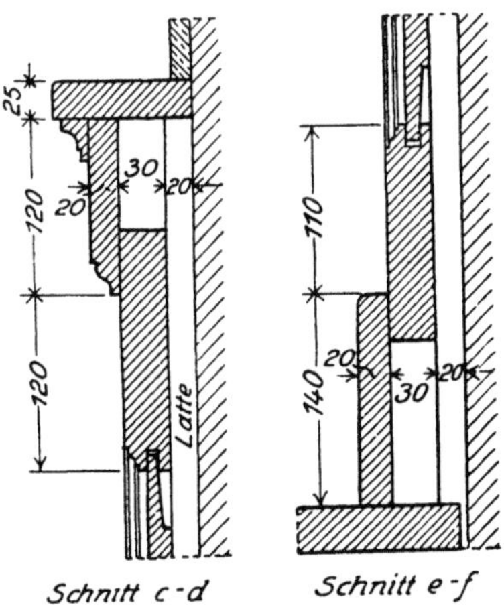

verkleidung, die mit Oberkante Türumrahmung abschneidet. Die Türen fügen sich dann mit gleicher Felderteilung ein. Das Rahmholz der Wandverkleidung bildet meist gleich die Türumrahmung (Abb. 268). Doch können auch besondere Bekleidungsleisten angeordnet werden (Abb. 267).

Die Rahmhölzer der Wandverkleidung sind 30 mm stark und 12—14 cm breit. Die den Füllungen zugekehrten Kanten erhalten angestoßenes oder eingesetztes Profil. Die Füllungen bestehen aus 15 mm starken Brettafeln (Abb. 267) oder aus 8—10 mm starken Sperrholzplatten (Abb. 268). An Stelle der Füllungstafeln können auch 25 mm starke gestäbte und gespundete Bretter verwendet werden (Abb. 266). Durch die vorgesetzte 10—15 cm hohe Fußleiste wird ein Sockel und durch das Abdeckbrett und eine untergesetzte Profilleiste der obere Abschluß der Wandverkleidung gebildet (Abb. 267, Schnitt c—d und e—f).

Holzvertäfelungen dürfen nur auf gut ausgetrockneten Wänden angebracht werden; sie müssen 2 cm von der Wand entfernt bleiben.

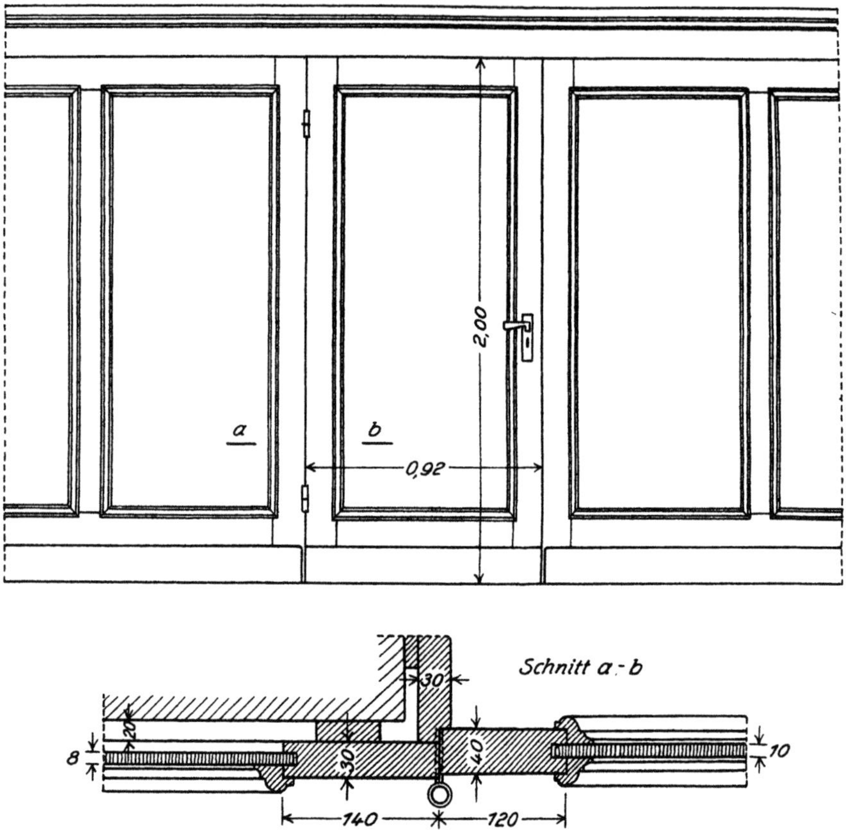

Abb. 268. Wandverkleidung mit Tür. (Kehlstöße: eingesetzt; Füllungen: Sperrholz.)

Im Sockelbrett und oberen Rahmholz sind kleine Lüftungsöffnungen anzuordnen. Die Wandflächen hinter der Vertäfelung werden meist nicht geputzt. Die Befestigung erfolgt mittels Holzschrauben an Latten, die auf eingemauerte Holzdübel genagelt werden. Dübel und Latten müssen mit Karbolineum getränkt werden. Die Vertäfelung ist vor dem Anbringen auf der Rückseite mit heißem Leinöl zu streichen.

E. Holzdecken.

In Sälen und auch in größeren Räumen besser ausgestatteter Wohnhäuser kann die Deckenfläche ganz oder teilweise in Holz ausgeführt werden. Nach der Konstruktion unterscheidet man: 1. Balkendecken, 2. Deckenvertäfelungen (Felderdecken).

Anmerkung: Die Ausführung reiner Holzdecken in städtischen mehrgeschossigen Wohngebäuden ist durch die baupolizeilichen Bestimmungen meist untersagt. Solche Decken sollen zuerst feuersicher geputzt werden (Rohrdeckenputz!). Darunter kann dann die Holzdecke als Vertäfelung oder als „blinde Balkendecke“ ausgeführt werden.

I. Balkendecken.

Bei diesen Decken bleibt die Balkenlage von unten sichtbar. Zwischen den gleichmäßig eingeteilten Balken ergeben sich längliche Felder, die entweder geputzt oder mit Holzfüllungen versehen werden.

Die Balken werden im unteren Teile gehobelt und erhalten Kantenprofil (Rundstab, Hohlkehle oder zusammengesetzte Formen), oder sie bleiben rauh

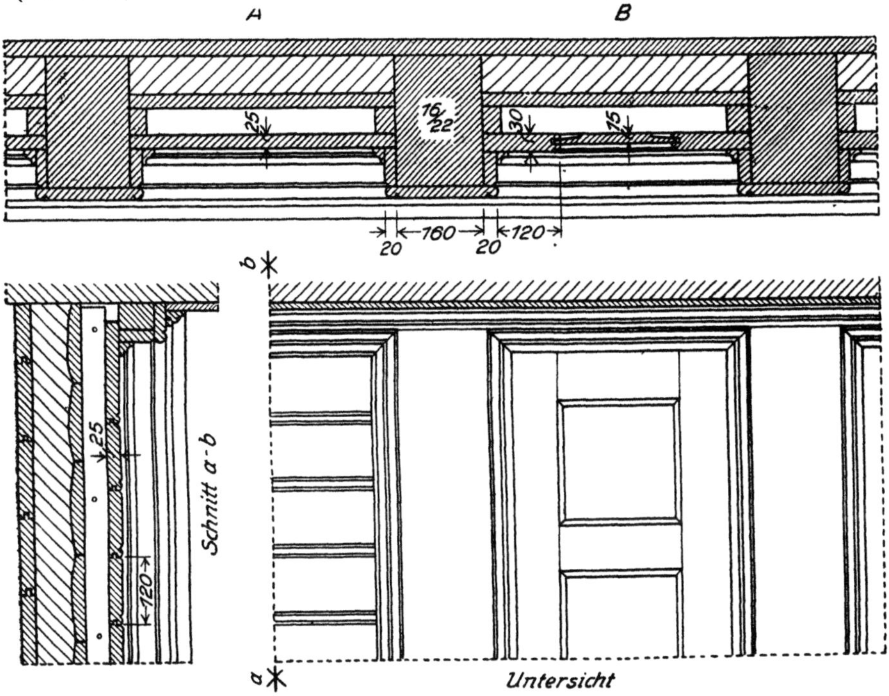

Abb. 269. Balkendecke mit Holzfüllungen.

und werden durch 20 mm starke, gehobelte und profilierte Bretter verkleidet (Abb. 269). Der Abschluß gegen die balkentragenden Wände wird durch kastenartige Holzgesimse gebildet. Die Balkenenden werden zuweilen durch konsolartige Sattelhölzer verstärkt.

Für die **Balkenfelder** kommen drei Ausführungen in Betracht:

a) Rohrdeckenputz auf Schalung;

b) Holzschalung aus 25 mm starken gestäbten und gespundeten Brettern, die entweder winkelrecht (Abb. 269, links) oder unter 45° zur Balkenrichtung liegen können;

c) Gestemmte Holztafeln aus 30 mm starken Rahmhölzern und 15 mm starken Füllungen (Abb. 269, rechts).

In allen drei Fällen wird die Holzschalung gegen seitlich an die Balken genagelte Latten geschraubt. Der Anschluß an die Balken erfolgt durch profilierte Leisten.

Kassettendecken erhalten kleinere quadratische Füllungen. Die Aufteilung der langen Balkenfelder geschieht durch Wechsel, die aus gehobelten und profilierten Brettern zusammengesetzt werden.

II. Deckenvertäfelungen (Felderdecken).

Deckenflächen können auch Holzvertäfelung, bestehend aus Rahmhölzern und Füllungen, erhalten. Die Felderteilung ist unabhängig von der Balkenlage.

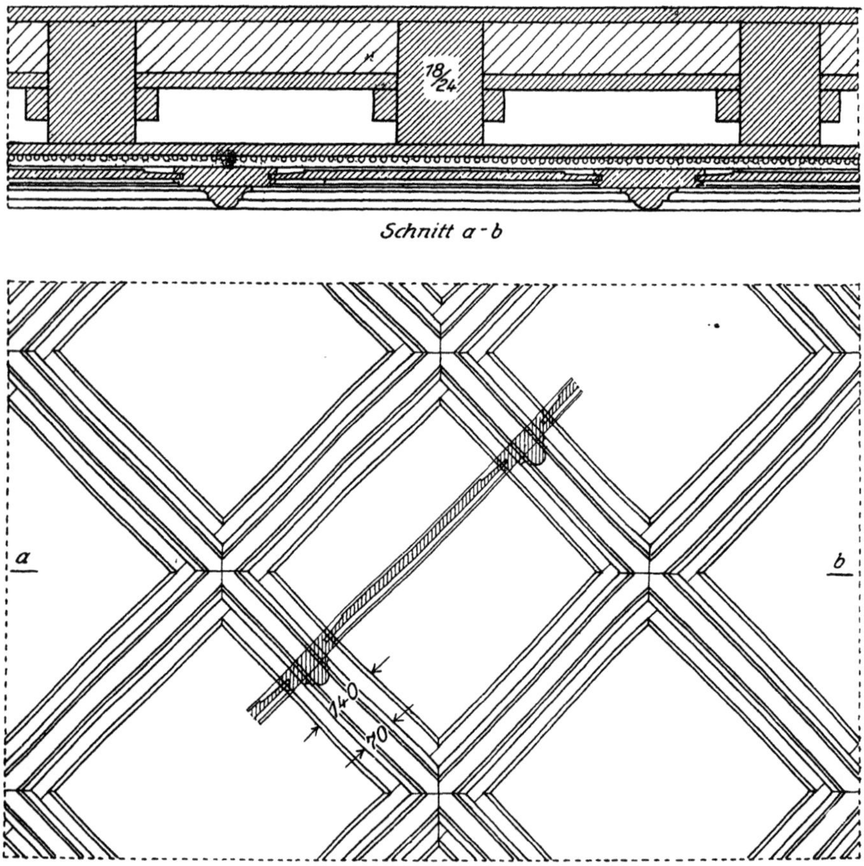

Abb. 270. Deckenvertäfelung.

Durch Zusammensetzung von quadratischen rechteckigen und achteckigen Feldern können die verschiedensten Musterungen erzielt werden. Vertäfelungen für kleinere Decken werden nach Abb. 270 ausgeführt. Bei größeren Decken werden die Rahmhölzer durch Balkenkästen ersetzt

Abschnitt VIII.

Schlosserarbeiten.

A. Türbeschläge.

I. Türbänder.

Die Türbänder für einfache und verdoppelte Türen (Langband, Schippenband, Winkelband) sind bereits im I. Teil dieses Leitfadens behandelt. — Im übrigen verwendet man:

a) Einstemmbänder (Fischbänder)
für überfälzte Türen (Din 402).

b) Aufsatzbänder

für ganz in den Falz schlagende (stumpf einliegende) Türen (Din 408). Beide Bänder sind in den durch Normung festgelegten Formen im I. Teil dieses Leitfadens ausführlich behandelt. Daneben kommen noch folgende Sonderformen in Betracht:

Haustüraufsatzbänder mit zwei oder für sehr schwere Türen auch mit drei Lappen von 80—90 mm Höhe, 60 mm Breite und 3,5—4 mm Stärke.

Dreiteilige Aufsatzbänder werden mit losem Stift ausgeführt. Der obere und untere Lappen wird am Blendrahmen, der mittlere am Türrahmen befestigt. — Hamburger Aufsatzbänder werden für Zimmer- und Haustüren verwendet. Die 160—180 mm hohen Lappen sind entsprechend ausgeschnitten und haben zur Hälfte 40 mm, zur Hälfte 55 mm Breite. Die Ausladung des Bandes beträgt 15 mm. Jeder Lappen erhält vier Schraubenlöcher. — Die Lappen der Aufsatzbänder können auch auf zwischengelegten Bronzeringen laufen (Abb. 271 u. 272).

Im Lappen steigende Aufsatzbänder heben den Türflügel beim Öffnen und lassen ihn wieder selbständig zurückfallen. Die auf einanderlaufenden schrägen Flächen der Hülsen müssen gut passend geschliffen werden.

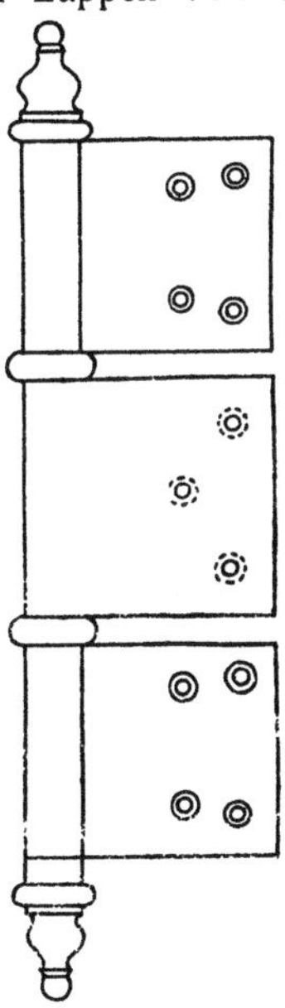

Abb. 271. Dreiteiliges Haustürband.

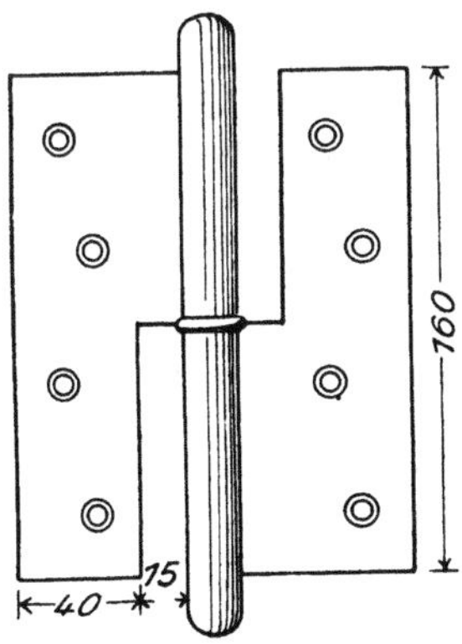

Abb. 272. Hamburger Aufsatzband.

c) Scharnierbänder

werden für Türbeschläge selten verwendet. Die beiden Lappen greifen mit drei oder mehr Hülsen ineinander und sind durch festen oder losen Stift miteinander verbunden. Die Hülsen müssen mit den Lappen aus einem Stück gefertigt werden.

d) Bommerbänder (Abb. 229 u. 273)

für Pendeltüren werden aus bestem Stahl gefertigt und können in den Außenteilen Messing-, Bronze-, Neusilber- oder Nickelauflage erhalten. Die durch einen Steg verbundenen Hülsen sind im Innern mit kräftigen Spiralfedern versehen, die beim Öffnen der Tür angespannt werden und das Zurückwerfen des Türflügels bewirken.

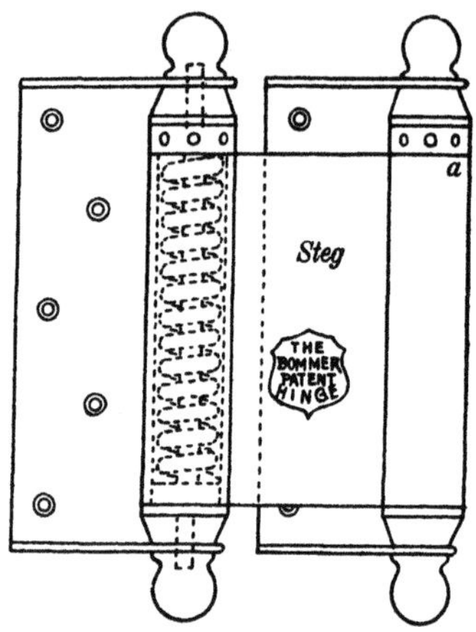

Abb. 273. Patent-Bommer-Pendeltürband (Schmidt & Meldau, Köln a. Rh.)

Das Anschlagen der Bommerbänder geschieht in folgender Weise: Die in den Stellöchern *a* (Abb. 273) befindlichen Feststellstifte werden herausgenommen und dadurch die Federkraft aufgehoben. Die Bänder lassen sich jetzt bequem an die Türen anpassen und anschlagen. Die Lappen werden in die Kanten des Blendrahmens und des Türrahmholzes eingelassen und durch Schrauben befestigt. Die Stellöcher sollen stets nach oben stehen. Nachdem die Bänder angeschlagen, wird der Türflügel auf die Mitte gestellt und etwas unterkeilt. Dann werden die Federn mittels eines Spannstiftes von rechts nach links angezogen. Ist die gewünschte Federkraft erreicht, so werden die Feststellstifte eingesetzt und der Keil unter der Tür fortgenommen. — Sollte die Tür zu leicht oder zu schwer aufgehen, so kann durch weiteres An- oder Abspannen der Federn der Gang geregelt werden. Das obere Band muß immer etwas stärker als das untere angespannt werden.

e) Zapfenbänder

werden meist nur für Pendeltüren ausgeführt und dann mit einem Spiralfederbeschlag verbunden, der die Türflügel nach dem Öffnen wieder in der richtigen Lage feststellt.

Zapfenbänder werden zeitweilig ausgeführt (Abb. 274). Der eine Teil wird als Flacheisenwinkel mit angenietetem Dorn (Drehzapfen) auf der oberen und unteren Türecke durch Schrauben befestigt. Der Dorn dreht sich unten in einer Stahlpfanne, die mit einer kurzen Flacheisenschiene verbunden, in die Schwelle eingelassen wird. Oben genügt eine in den Blendrahmen eingelassene Schiene mit entsprechendem Dornloch.

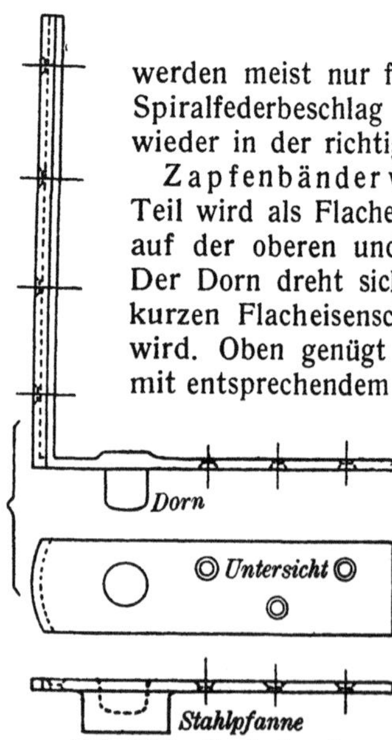

Abb. 274. Zapfenband.

II. Schlösser.

Die Schlösser ergeben einen zwei- bis dreifachen Verschluß der Türen, nämlich:

1. durch die Falle, die durch den Drücker bewegt und zur Feststellung der Tür im Futter- oder Blendrahmen dient;

2. durch den Schließriegel, der durch ein- oder zweimaliges Herumdrehen des Schlüssels herausgeschoben wird (eintouriges oder zweitouriges Schloß);

3. oft noch durch den Nachtriegel, der zur weiteren Sicherung des Verschlusses dient und auf der Innenseite der Tür mittels eines kleinen Griffes vorgeschoben wird.

Nach der Konstruktion unterscheidet man:

1. Kastenschlösser für einfache Türen untergeordneter Räume,
2. Einsteckschlösser für Zimmertüren, Haustüren, Flurtüren usw.

a) Kastenschlösser.

Kastenschlösser erhalten meist hebende, seltener schießende Falle (vgl. Einsteckschlösser).

Kastenschlösser werden auf das Türrahmholz aufgelegt, und zwar meistens auf die Bandseite der Tür. Der Schloßkasten besteht aus dem Schloß-

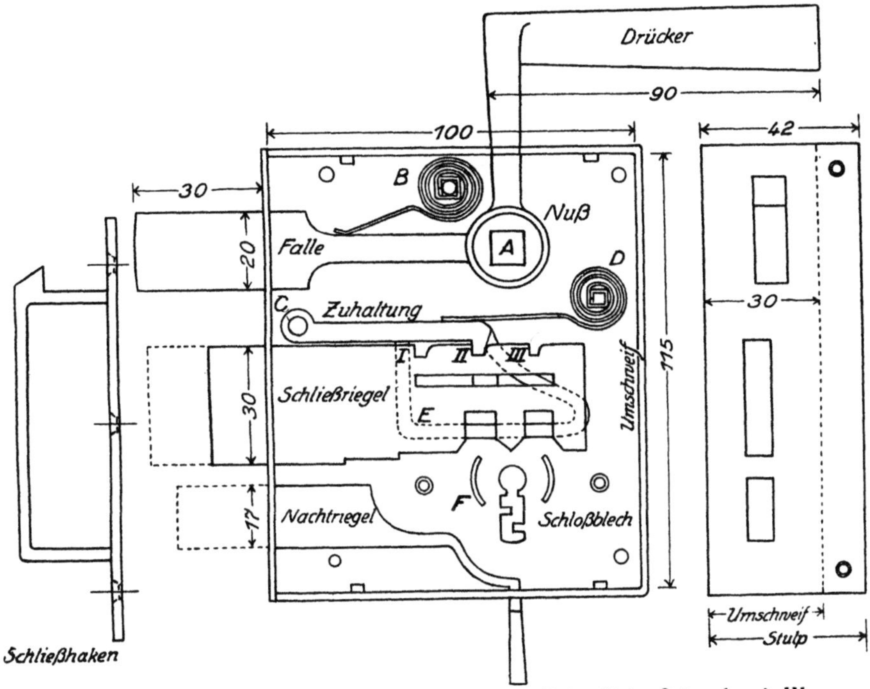

Abb. 275. Zweitouriges Kastenschloß von Gebr. Betz, Schwelm i. W.

blech, auf dem die Schloßteile befestigt werden, dem Rand und dem aufgeschraubten Deckblech. Der Rand wird auf der Stirnseite durch den 40 bis 45 mm breiten Stulp, der über die Türkante greift, auf den drei anderen Seiten des Schlosses durch den 25—30 mm breiten Umschweif gebildet. Der Stulp erhält die Ausschnitte für die vortretenden Verschlußteile.

In Abb. 275 ist die Einrichtung eines Kastenschlosses dargestellt. Die Falle bildet mit dem Drücker einen zweiarmigen Hebel, der um Punkt *A* drehbar ist. Durch Niederdrücken des Handgriffes wird die Falle aus dem oberen Teile des Schließhakens gehoben (hebende Falle). Die Zurückführung in die Verschlußlage erfolgt durch die Feder *B*.

Der Schließriegel ist in der Längsrichtung beweglich. Die Führung geschieht durch einen mit dem Schloßblech vernieteten Stift, der in einen Schlitz des Schließriegels greift. Bei einem zweitourigen Schloß kann der Schließriegel drei verschiedene Lagen einnehmen:

ganz geschlossen (zwei Schlüsseldrehungen),
einfach geschlossen (eine Schlüsseldrehung),
geöffnet (ganz in den Schloßkasten gezogen).

Die Feststellung des Schließriegels in diesen drei Lagen geschieht durch die Zuhaltung, die um Punkt *C* drehbar ist und durch die Feder *D* gegen den Riegel gedrückt wird. Der Zapfen der Zuhaltung greift dabei in einen der drei Zuhaltungsausschnitte, die auf der Riegeloberkante angeordnet sind. Die Zuhaltung ist mit dem unter dem Schließriegel liegenden Zuhaltungsbogen (*E*) verbunden, der in die beiden unteren Tourenausschnitte des Schließriegels vortritt. Die Bewegung des Schließriegels erfolgt durch Umdrehung des Schlüssels. — Der Schlüssel besteht aus der Raute (Handgriff), dem Rohr und dem Bart, der verschiedene Querschnittsform haben kann. Schloßblech und Deckblech müssen der Form des Bartes entsprechend ausgeschnitten werden. Zur weiteren Sicherung gegen unbefugtes Öffnen werden auf dem Schloßblech ein oder zwei Reifchen (*F*) angeordnet, die in entsprechende Ausschnitte des Schlüssels greifen. — Ist der Schließriegel ganz in den Schloßkasten zurückgezogen, so greift die Zuhaltung in den Ausschnitt I. Wird nun der Schlüssel herumgedreht, so hebt

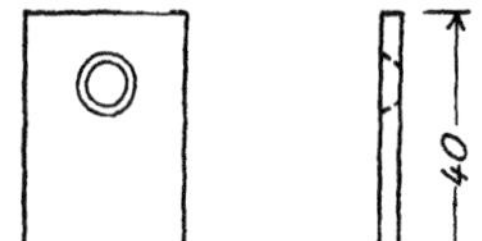

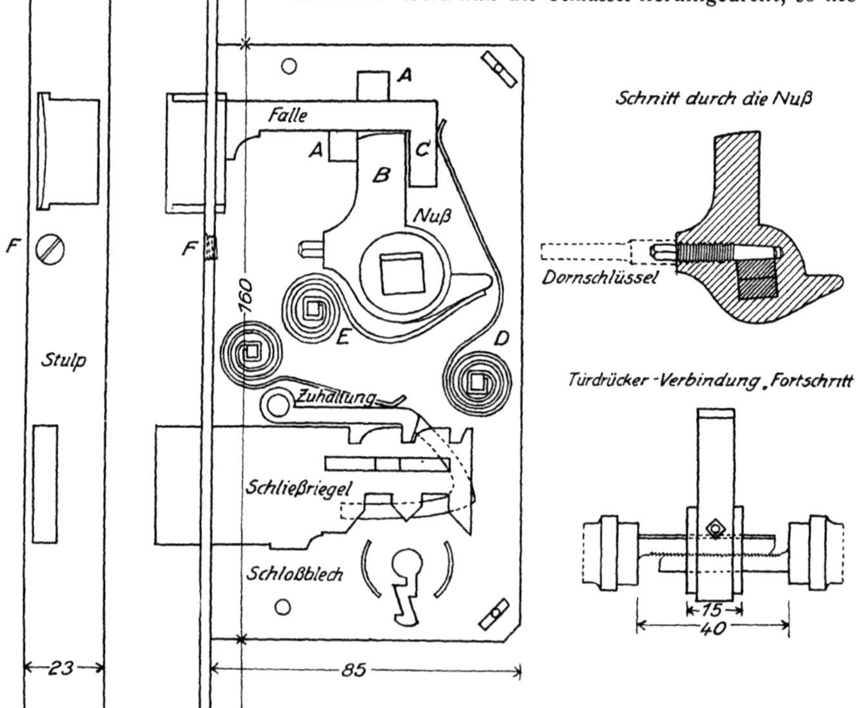

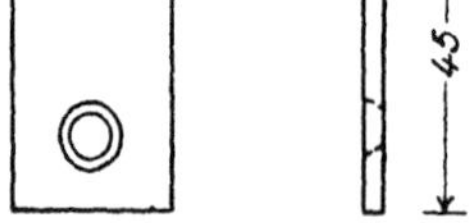

Abb. 276. Zweitouriges Einsteckschloß mit Türdrückerverbindung „Fortschritt" (D R. P. 140300) von J. G. Frommhold, Chemnitz.

der Bart den Zuhaltungsbogen und damit den Zapfen der Zuhaltung aus dem Ausschnitt heraus und schiebt dann den Schließriegel um ungefähr 15 mm vor. Die Feststellung erfolgt durch die Zuhaltung, die nun in den Ausschnitt II greift (Abb. 275). Durch eine zweite Umdrehung des Schlüssels wird die Zuhaltung wieder gehoben und der Riegel um weitere 15 mm vorgeschoben. In dieser Lage greift die Zuhaltung in den Ausschnitt III. — Der Nachtriegel wird mittels eines Griffes in einem entsprechenden Schlitz des Umschweifes seitlich verschoben.

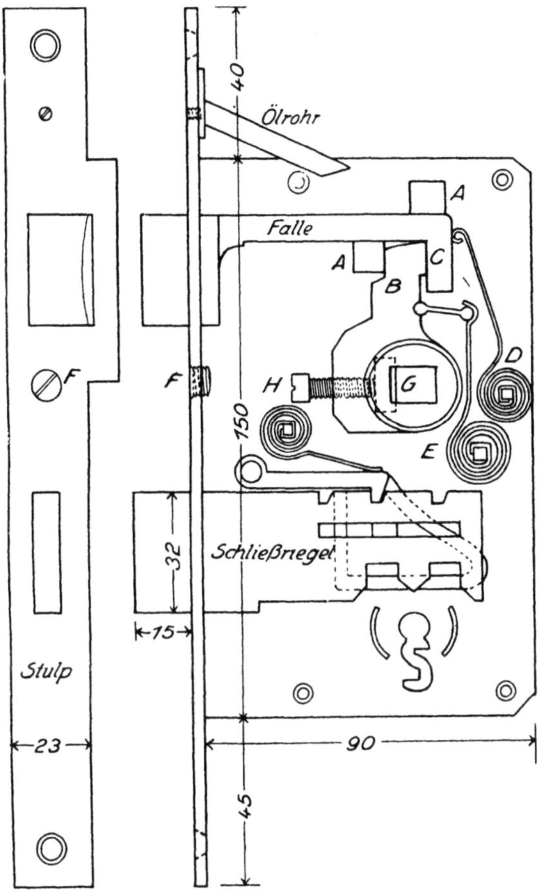

Abb. 277. Zweitouriges Einsteckschloß mit Kugel-Gegenfeuer (D. R. G. M.) und Türdrückerverbindung „Westfalenkrone“ (D. R. G. M.) von Gebr. Betz, Schwelm i. W.

Wird das Kastenschloß auf der Bandseite angeordnet, so greifen Falle und Riegel in einen Schließhaken; liegt das Schloß auf der Leibungsseite, so ist an Stelle des Schließhakens ein Schließblech zu verwenden.

b) Einsteckschlösser.

Bei besseren Türen werden die Schlösser in einen entsprechenden Schlitz des Rahmholzes eingeschoben. Einsteckschlösser können für ganz in den Falz schlagende und auch für überfalzte Türen verwendet werden. Im letzteren Falle muß die Türstärke mindestens 40 mm betragen. Zimmertürschlösser erhalten 8—9 cm Breite und 15—16 cm Höhe. Der Stulp tritt oben und unten um 4 cm gegen das Schloß vor; er erhält bei überfälzten Türen 23 mm Breite (Abb. 276) und kann bei ganz in den Falz schlagenden Türen an der Durchgangsstelle der Falle verbreitert werden (Abb. 277). Schlösser für zweiflüglige Türen erhalten 30 mm breiten schrägen Stulp.

Die Schloßteile werden auf dem Schloßblech befestigt. Der Umschweif fällt fort. Die Abdeckung erfolgt durch das aufgeschraubte Deckblech. Die Falle der Einsteckschlösser ist in wagerechter Richtung beweglich (schießende Falle).

In den Abb. 276 und 277 sind zwei Einsteckschlösser für Zimmertüren dargestellt. Die Bewegung des Schließriegels erfolgt genau in derselben Weise wie beim Kastenschloß.

Die schießende Falle hat keilförmigen Fallenkopf. Zur Führung dienen die beiden auf das Schloßblech genieteten Gleitstifte *A*. Die Bewegung der Falle geschieht durch die Drücker, die genau in die quadratische Schloßnuß eingepaßt werden müssen. Die Nuß ist aus bestem Stahl oder aus Messing gefertigt. Beim Niederdrücken des Handgriffes zieht der obere Nußflügel *B* das hakenförmige Fallenende *C* und damit den Fallenkopf in den Schloßkasten zurück. — Die Zurückführung in die Verschlußlage geschieht durch zwei Federn, von denen die eine (*D*) auf das Ende des Falleneisens, die andere (*E*) auf einen Flügel der Schloßnuß wirkt. Besonders die letztere Feder ist kräftig auszuführen und so anzuordnen, daß sie auch beim stärksten Gebrauch des Drückers nicht lahm wird. In dieser Hinsicht gut bewährt haben sich die Kugel-Gegenfeder (Abb. 277 E) und die in Abb. 278 dargestellte Winkelfeder (besonders für größere Flur- und Haustürschlösser).

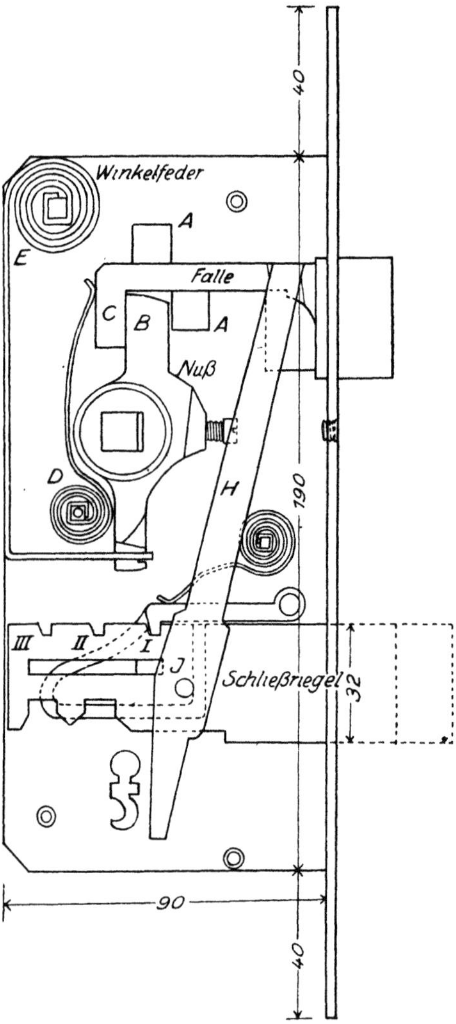

Abb. 278. Zweitouriges Flurtürschloß mit Winkelfeder von Gebr. Betz., Schwelm i. W.

Von großer Wichtigkeit ist die Verbindung der Türdrücker mit der Schloßnuß. Das Ineinanderstecken und Verstiften der Drückerenden wird nur bei sorgfältigster Ausführung eine dauerhafte Befestigung ergeben. Von den verschiedenen Patentverbindungen sind zwei in Abb. 276 und 277 dargestellt:

1. Türdrückerverbindung „Fortschritt" (D. R. P. Nr. 140300) (Abb. 276). Die Drückerenden werden überblattet, greifen mit gezähnten Flächen ineinander und werden durch eine keilartig wirkende Schraube in der Schloßnuß gegen Drehen und Verschieben gesichert. Ein Nachziehen der Verbindung kann jederzeit mit Leichtigkeit vorgenommen werden. Zu diesem Zwecke wird die im Stulp befindliche kleine Schraube (*F*) gelöst und der Dornschlüssel durchgesteckt.

2. Türdrückerverbindung „Westfalenkrone" (D. R. G. M.) (Abb. 277). Die Verbindung der Drücker geschieht wie vor. Die Feststellung in der Nuß erfolgt durch eine Spannplatte (*G*), auf die eine Schraube (*H*) wirkt. Diese Schraube kann durch die Öffnung des Stulpes mittels Schraubenschlüssels jederzeit nachgezogen werden.

Beide Drückerverbindungen sind für alle Türstärken passend und haben sich bei vielen Bauausführungen gut bewährt.

Falle und Schließriegel greifen in ein entsprechend ausgeschnittenes Schließblech, welches in die Falzkante des Futters eingelassen und aufgeschraubt wird.

Die Durchbrechungen des Rahmholzes für die Schlüssel und Drücker werden durch Schlüsselschilder und Drückerrossetten oder durch Längsschilder aus Bronze verdeckt.

Haustürschlösser werden wie Zimmertürschlösser, nur entsprechend kräftiger ausgeführt. — Flurtüren erhalten nur auf der Innenseite Drücker. Auf der Außenseite werden sie durch den Schlüssel geöffnet. Der Schlüssel drückt gegen den unteren Teil des Hebels (*H*), wodurch der Fallenkopf in den Schloßkasten gezogen wird. Der Hebel (Wechsel) ist um einen auf den Schlußriegel genieteten Stift *J* drehbar und oben in einem Ausschnitt des Falleisens beweglich.

Sicherheitsschlösser sind so eingerichtet, daß mehrere Zuhaltungen durch einen besonders geformten Schlüssel gleichzeitig gehoben werden müssen (Chubbschlösser).

III. Sonstige Türbeschläge.

a) Kantriegel (Abb. 279).

Bei zweiflügligen Türen wird der eine Flügel durch Kantenriegel festgestellt. Der Riegel ist hinter dem langen Schenkel einer Winkelschiene, die in die obere und untere Türecke eingelassen wird, beweglich. Der Riegel greift in den Ausschnitt eines Schließbleches, das in der Schwelle bzw. im oberen Falz des Türfutters befestigt wird.

b) Türschließer.

Türen, die sich nach dem Öffnen wieder selbsttätig schließen sollen (Haustüren usw.), müssen entsprechende Zuwerfvorrichtungen erhalten. Die Anordnung von Aufsatzbändern, die beim Öffnen ein Heben der Tür bewirken, hat den Nachteil, daß der Türflügel nicht geräuschlos in seine Schlußlage zurückfällt. Besser sind Türfedern oder pneumatische und hydraulische Türschließer.

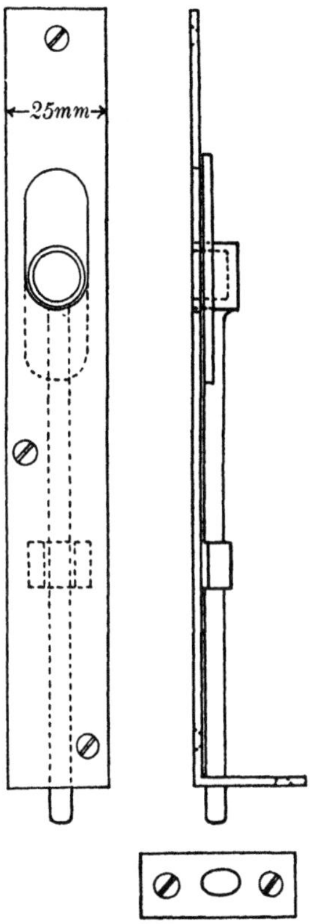

Abb. 279. Kantriegel.

B. Fensterbeschläge.

I. Einstemmbänder.

(Fischbänder.)

Wegen der genormten Einstemmbänder (Din 401) vgl. den I. Teil dieses Leitfadens.

II. Fensterverschlüsse.

Die Fensterverschlüsse sind der Anordnung der Fensterflügel entsprechend sehr verschieden.

1. Nach außen schlagende Fenster (einflüglig oder mit festem Mit elpfosten) werden durch **Fensterhaken** geschlossen. Der bewegliche Haken ist am Flügelrahmen angeschlagen und greift mit einer Öse über den am Blendrahmen oder Pfosten befestigten Hakenstift.

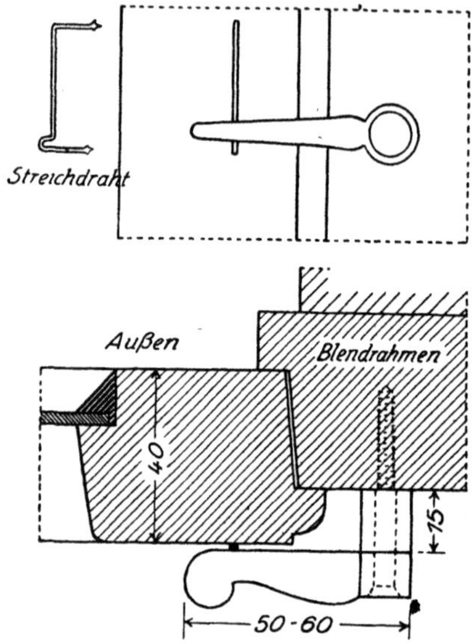

Abb. 280. Einfacher Vorreiber.

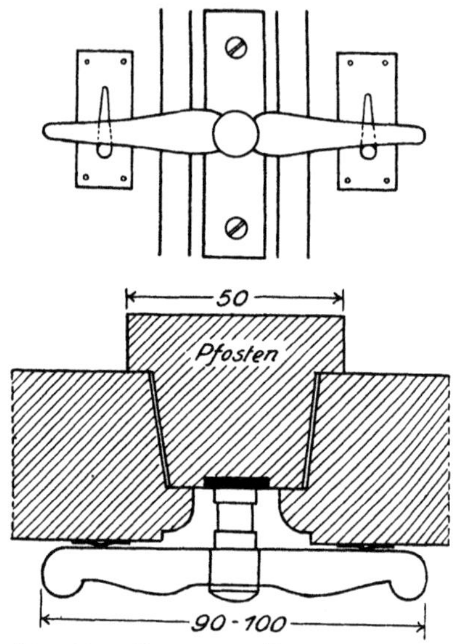

Abb. 281. Doppelter Vorreiber.

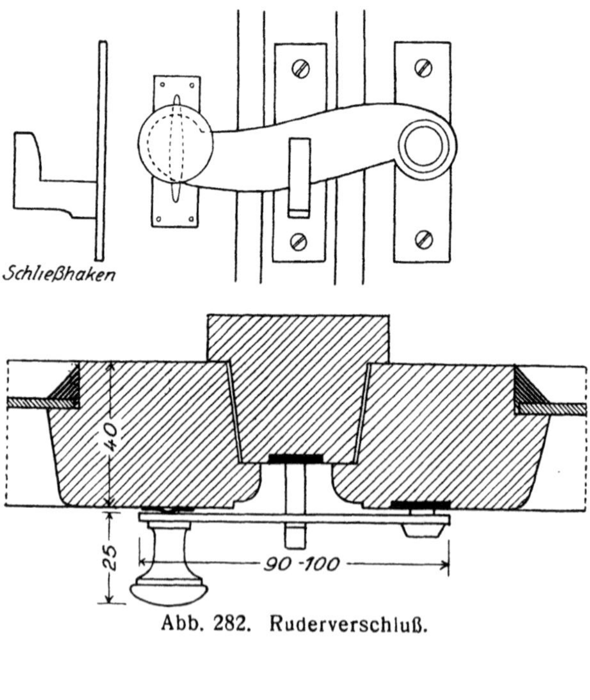

Abb. 282. Ruderverschluß.

2. Nach innen schlagende Fenster (einflüglig oder mit festem Mittelpfosten) erhalten Vorreiber-, Ruder- oder Einreiberverschluß.

Vorreiber - Verschlüsse kommen nur bei Fenstern untergeordneter Räume (Kellerfenster usw.) zur Ausführung. Der eiserne Vorreiber dreht sich um einen Dorn, der in den

Blendrahmen oder Pfosten eingeschraubt wird (Abb. 280). Auch kann der Dorn mit einer Platte vernietet sein, die eingelassen und durch Schrauben befestigt wird (Abb. 281). Der Flügel des Vorreibers greift über den Fensterrahmen, auf dem ein gebuckeltes Streifblech oder ein Streifdraht befestigt ist. Jeder Flügel muß außerdem in der Mitte der Höhe einen Aufziehknopf erhalten. — Für einflüglige Fenster wird der einfache, für zweiflüglige Fenster mit festem Pfosten der doppelte Vorreiber verwendet.

Ruderverschlüsse sind für zweiflüglige Fenster mit festem Pfosten geeignet. Das Ruder ist auf dem einen Flügelrahmen drehbar befestigt und greift in den auf dem Pfosten angebrachten Schließhaken und über das Rahmholz des anderen Fensterflügels, das an dieser Stelle mit einem Streifblech versehen sein muß (Abb. 282). Die schmiedeeisernen Ruder erhalten meist Bronzeknöpfe.

Einreiberverschlüsse werden für Fenster mit festem Mittelpfosten und für einflüglige Fenster verwendet. Die Zunge des Einreibers dreht sich in einem aus dem Flügelrahmholz gestemmten Schlitz, der auf der Falzkante durch das Führungsblech geschlossen wird. Die Drehung erfolgt durch einen Griff (Olive). Die Zunge greift in das Schließblech, das auf die entsprechend ausgestemmte Falzkante des Blendrahmens oder Pfostens aufgeschraubt wird. — Einreiber werden auch ohne Olive als Schlüsseleinreiber ausgeführt. Die Drehung geschieht durch einen Dornschlüssel.

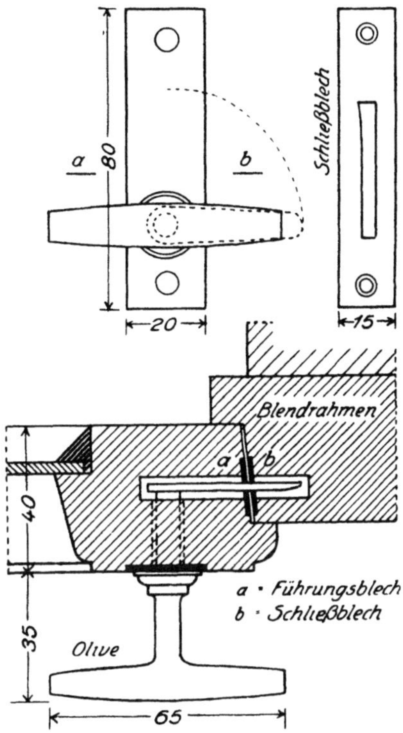

Abb. 283. Einreiberverschluß.

3. Fenster mit aufgehendem Pfosten erhalten meist Stangenverschlüsse, die das Fenster an drei Punkten (oben, unten und in der Mitte) schließen. Zu diesen Verschlüssen gehört: a) der Espagnoletteverschluß, b) der Baskülverschluß, c) der Hebelbasķül- oder Treibriegelverschluß.

Der Espagnoletteverschluß besteht aus einer Drehstange von 10—13 mm Durchmesser, die durch Hülsen auf der inneren Schlageleiste befestigt wird. Die Stange ist in der Mitte mit einem Ruder verbunden, das in einen auf dem Rahmholz des anderen Fensterflügels angebrachten Schließhaken greift. Die Stangenenden sind hakenförmig ausgeschmiedet und legen sich beim Drehen der Stange in entsprechend geformte eiserne Krammen (Schließkloben), die am Kämpfer und unteren Blendrahmenholz befestigt sind Abb. 284). Dadurch wird der Flügelrahmen fest in den Falz des Blendrahmens gepreßt. — Soll das Fenster geöffnet werden, so ist zunächst das Ruder zu heben

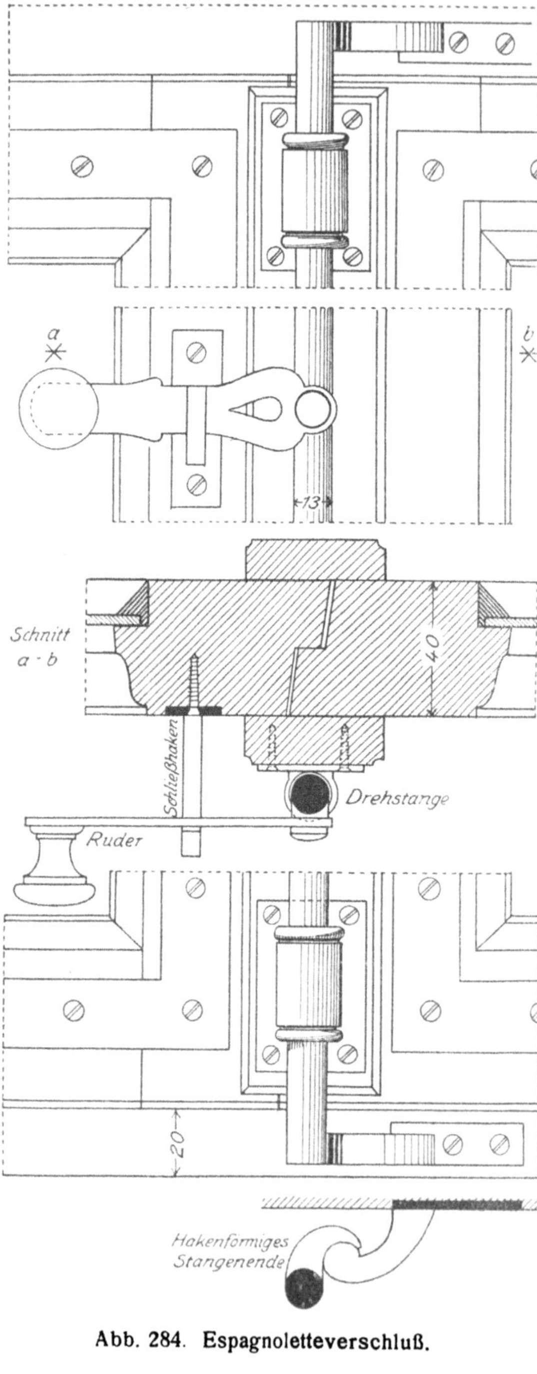

Abb. 284. Espagnoletteverschluß.

und dann seitlich zu drehen, wobei die Stangenenden sich aus den Schließkloben herausbewegen.

Der Baskülverschluß (Abb. 285) besteht aus zwei quadratischen Riegelstangen von 7—8 mm Stärke, die durch Drehung eines Griffes (Olive) nach oben und unten bewegt werden. Die Riegelenden greifen dabei in Ösen (Schließkloben), die am Kämpfer- und unteren Blendrahmenholz befestigt sind. Die im Schloßkasten liegenden Riegelenden sind verkröpft und zahnartig ausgeschmiedet. Die Bewegung geschieht durch Drehung einer kleinen Zahnradscheibe, die mit dem Dorn vernietet ist. Der Schloßkasten wird in das Fensterrahmholz eingestemmt, so daß der 20—23 mm breite schräge Stulp mit der Falzkante bündig liegt. Die innere Schlageleiste wird aufgeschraubt; sie deckt die in einer Nut des Fensterrahmholzes liegenden Riegelstangen.

Der Verschluß in der Mitte erfolgt wie beim Einreiber durch eine sichelförmige, mit dem Dorn vernietete Zunge, die beim Umdrehen durch den Ausschnitt des Stulpes in das entsprechend ausgestemmte und mit dem Schließblech versehene Rahmholz des anderen Fensterflügels greift. Von Wichtigkeit ist

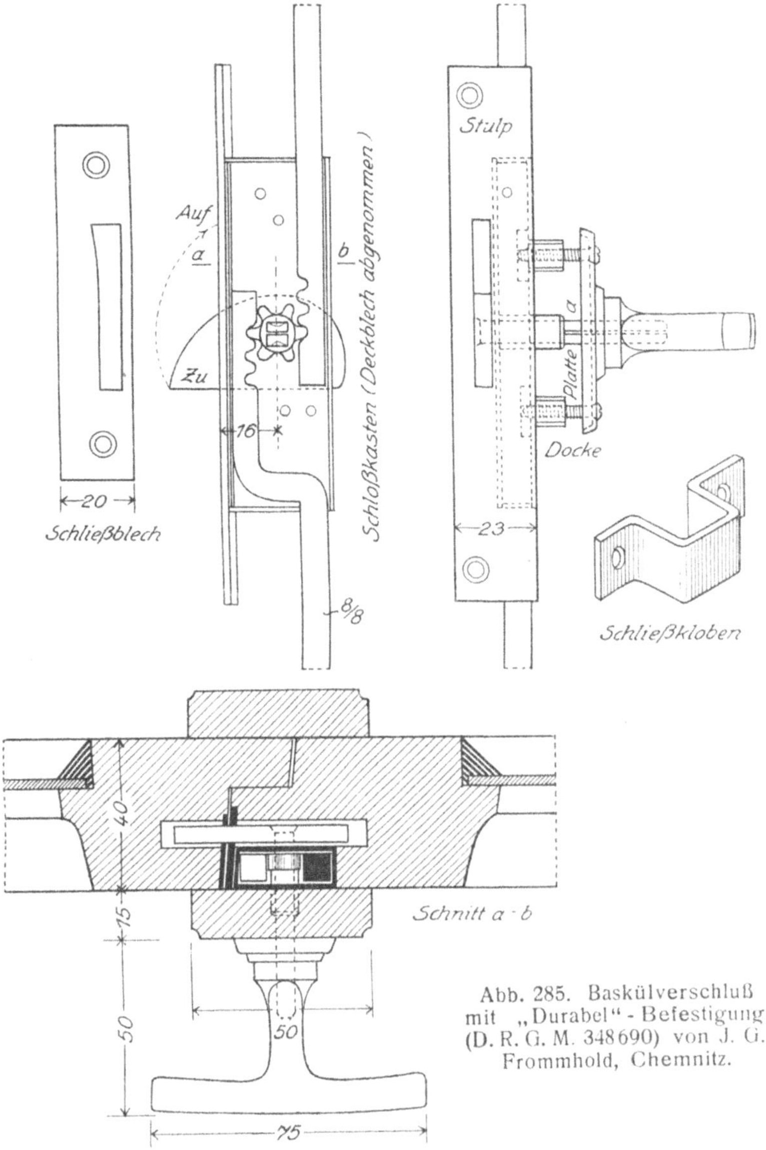

Abb. 285. Baskülverschluß mit „Durabel"-Befestigung (D. R. G. M. 348690) von J. G. Frommhold, Chemnitz.

die Verbindung der Olive mit dem Dorn. Ineinanderstecken und Verstiften wird nur bei sorgfältigster Ausführung eine dauerhafte Verbindung ergeben. — Zweckmäßiger ist die in Abb. 285 dargestellte Schraubenverbindung Die Olive wird auf den quadratischen Dorn geschoben. Sie ist mit der auf der Schlageleiste liegenden Platte *a* drehbar verbunden. Diese Platte wird mit den im Schloßkasten angebrachten Docken (Schraubenmuttern) fest verschraubt.

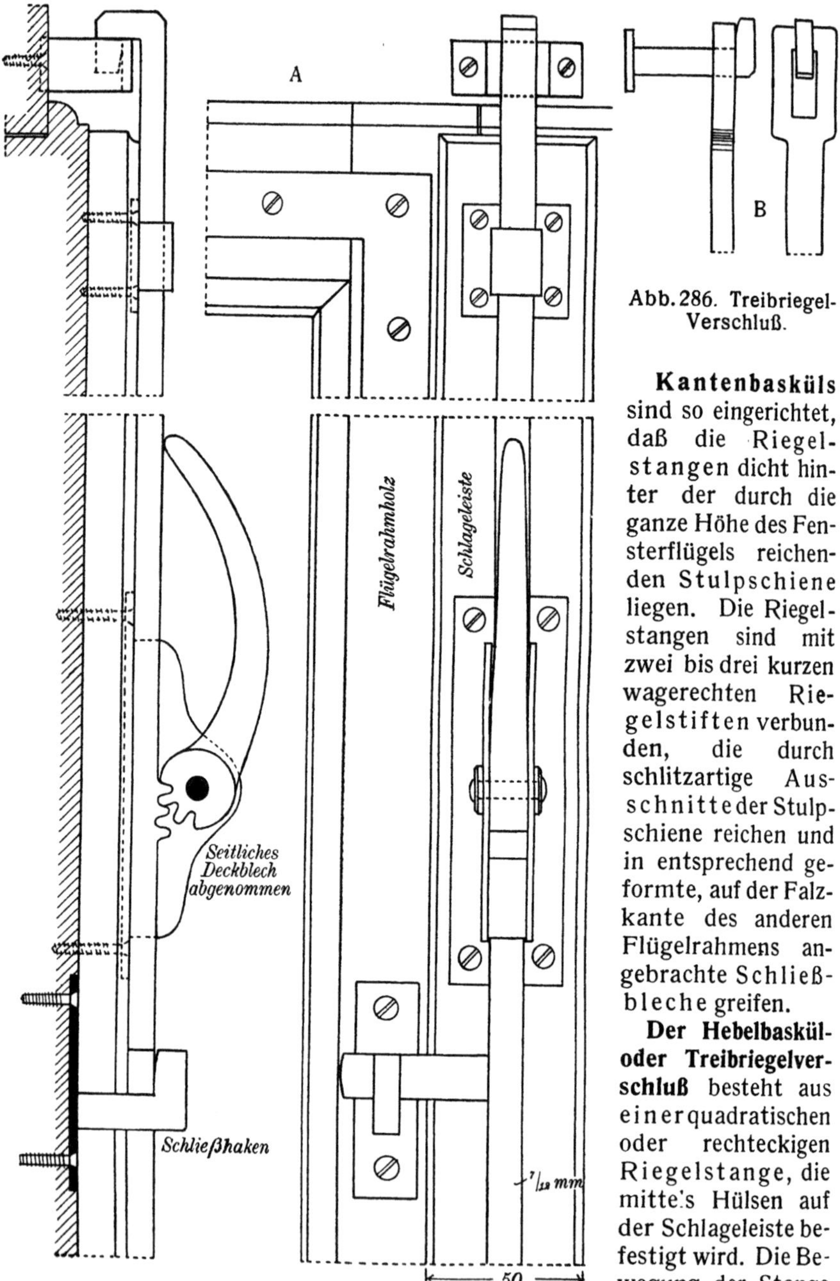

Abb. 286. Treibriegel-Verschluß.

Kantenbasküls sind so eingerichtet, daß die Riegelstangen dicht hinter der durch die ganze Höhe des Fensterflügels reichenden Stulpschiene liegen. Die Riegelstangen sind mit zwei bis drei kurzen wagerechten Riegelstiften verbunden, die durch schlitzartige Ausschnitte der Stulpschiene reichen und in entsprechend geformte, auf der Falzkante des anderen Flügelrahmens angebrachte Schließbleche greifen.

Der Hebelbaskül oder Treibriegelverschluß besteht aus einer quadratischen oder rechteckigen Riegelstange, die mittels Hülsen auf der Schlageleiste befestigt wird. Die Bewegung der Stange geschieht durch einen Schwenkhebel, dessen Zahnscheibe in die entsprechend gezähnte Stange eingreift. Beim Hochdrücken des Hebels wird die Riegelstange nach unten geschoben, wobei das untere Ende wie beim Baskülverschluß in eine am Blendrahmen angebrachte Öse (Schließkloben) faßt. Das obere Stangenende kann verschieden ausgebildet wreden:

1. Das Stangenende ist hakenförmig und greift in eine am Kämpfer angebrachte Öse (Schließkloben, Abb. 286 A).

2. Das Stangenende ist zu einem Auge ausgeschmiedet, das sich in einen am Kämpfer angebrachten Haken legt (Abb. 286 B).

Der Verschluß in der Mitte wird durch ein wagerechtes Riegeleisen, das mit der Stange fest verbunden ist und in einen am Rahmholz des anderen Fensterflügels befestigten Schließhaken greift, bewirkt. — Treibriegelverschlüsse werden hauptsächlich für große und schwere Fensterflügel verwendet.

4. Kippflügel (Lüftungsflügel) im oberen Teile des Fensters drehen sich meist um die untere Rahmholzkante. Sie werden mit dem Kämpfer durch Fischbänder verbunden. — Sehr zweckmäßig sind die Kippflügelbänder mit losem Nutenstift (Grünler & Wendel, Leipzig), bei denen der lose Stift nur so weit herausgezogen werden kann, als zum Aushängen des Flügels erforderlich ist.

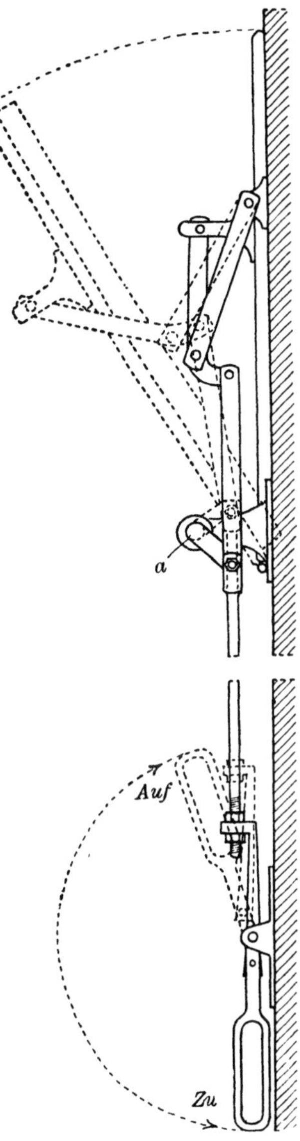

Abb. 287. Kippflügelverschluß „Reform" (D. R. G. M.) von Grünler & Wendel, Leipzig.

Kippflügelverschlüsse können sehr verschiedenartig ausgeführt werden. Der Verschluß ist aber nur dann zweckmäßig eingerichtet, wenn ein leichtes Öffnen und sicheres Schließen möglich, wenn alle Teile (Verschluß und Stellvorrichtung) dauerhaft ausgeführt und der Flügel zur Reinigung der äußeren Glasflächen leicht nach innen umgekippt werden kann.

In einfacher Weise geschieht der Verschluß in der Mitte des oberen Rahmholzes durch Federfallen oder Schnappschlösser, die durch Zugschnüre geöffnet und geschlossen werden. Der Flügel wird gegen das Herumfallen durch seitlich angebrachte eiserne Scheren gesichert. Dieser Verschluß ist meist nicht von großer Dauer.

Zweckmäßiger sind Kippflügelverschlüsse, die durch Hebelwirkung den Flügel fest in den Blendrahmen drücken. Der Verschluß kann in der Mitte des oberen Rahmholzes (einfache und doppelte Scheren) oder besser an den beiden Seitenrahmhölzern angebracht werden.

Von den vielen patentierten Kippflügelverschlüssen mit Hebelwirkung ist der Verschluß „Reform" von Grünler & Wendel, Leipzig, in Abb. 287 dargestellt. — Die beiden seitlichen, hebelartig wirkenden Scheren sind durch eine in Kämpferhöhe liegende Rundeisenstange *a* verbunden. An das rechte Stangenende ist die senkrechte Triebstange angeschlossen, die mittels des unteren Hebelgriffes nach oben oder unten bewegt werden kann. Wird der Griff nach oben gedrückt, so wird die Stange gehoben und der Flügel geöffnet. In der Schlußstellung liegt der Handgriff unten. Für die Anbringung des Getriebes muß 4—4,5 cm Breite zwischen Flügelkante und Leibung vorhanden sein.

Zur Reinigung der äußeren Fensterfläche ist die Verbindung der Schere mit dem Flügelrahmen in einfachster Weise zu lösen. Es braucht nur ein kleines Sicherungseisen hochgeschoben zu werden; dann kann man die Schere seitlich über den Führungsstift herausdrücken. — Dieser Kippflügelverschluß kann auch gekuppelt für Doppelfenster Verwendung finden.

Abschnitt IX.

Glaserarbeiten.

Das Wichtigste über die Verglasung der Fenster ist bereits im I. Teile dieses Leitfadens gesagt.

1. Zur Schaufensterverglasung verwendet man Spiegelglas, das in die Falze des Fensterrahmens mit Spielraum eingelegt und durch kleine Holzleisten befestigt wird. Spiegelglas ist beiderseits geschliffenes und poliertes Rohglas; es hat 6—8 mm Stärke.

2. Für ganz oder teilweise undurchsichtige Verglasung (Abortfenster, innere Türen und Oberlichte) wird Mattglas, geätztes Glas oder gepreßtes Glas verwendet.

Mattglas entsteht durch Einwirkung des Sandstrahlgebläses auf gewöhnliche Glasscheiben. Durch Auflegen von Papierschablonen können auch Musterungen erzielt werden. — Zur Herstellung des geätzten Glases wird Flußsäure verwendet. Die Scheibe wird vorher mit Wachs überzogen und die Zeichnung eingeritzt. Die freigelegten Stellen werden durch die Flußsäure angegriffen und geätzt.

3. Bleiverglasung kommt oft für Treppenhausfenster, Schaufenster, Oberlichte, Glaswände, besonders aber für Kirchenfenster usw. zur Verwendung. Die Scheiben werden aus kleineren Glasstücken in verschiedener Musterung zusammengesetzt. Die Fugen (Adern) zwischen den einzelnen Glasstücken sind durch schmale Bleirippen, die an den Stoßstellen zusammengelötet werden, gebildet. Die Bleirippen haben nach dem Niederdrücken auf die Glasplatten I-förmigen Querschnitt und erhalten zur Versteifung und des besseren Aussehens wegen einen Zinnüberzug. — Zur Herstellung der Bleiverglasungen werden weißes und farbiges Glas, Kathedralglas und Butzenscheiben verwendet.

Die fertigen Tafeln werden in die Falze des Fensterrahmens eingelegt und durch Stifte und Kitt oder Holzleisten befestigt. Zur Versteifung dienen Rundeisen (Windeisen), die in den Falzen festgeschraubt werden. Diese Windeisen sind mit den Bleirippen durch Bleihafter zu verbinden.

Abschnitt X.

Sonstige Arbeiten des Ausbaues.

A. Maler- und Anstreicherarbeiten.

Die Ausführung von Lei n- und Ölfarbenanstrichen auf Putz-, Holz- und Metallflächen ist im I. Teile dieses Leitfadens behandelt.

Für Fassadenanstriche verwendet man meist Farben mit mineralischem Bindemittel (Wasserglas usw.). Solche Farben verbinden sich durch Verkieselung chemisch mit dem Putz und werden dadurch in hohem Grade wetterfest (Keimsche Mineralfarben, Silikatfarben usw.). — Für Anstriche auf noch nicht genügend ausgetrockneten Innenwänden wird an Stelle von Ölfarbe die Käsefarbe (Bindemittel: Kalkmilch und weißer Käse) verwendet. — Reichere Malereien werden auch mit Temperafarben (Bindemittel: Eiweiß) und Wachsfarben ausgeführt.

Zu erwähnen sind noch folgende, selten vorkommende Ausführungen:

1. Freskomalerei, auf frisch geputzten (feuchten) Wandflächen mit in Wasser gelösten Mineralfarben, die sich bei der Erhärtung des Putzes mit demselben unlösbar verbinden.

2. Sgraffitomalerei. Die Flächen werden mit gefärbtem Kalkmörtel sauber geputzt und mit einer 2 mm starken Putzschicht, die den Grundton der Bilder darstellt, überzogen. Die obere Schicht wird nach dem Auftrocknen, der beabsichtigten Zeichnung entsprechend, wieder teilweise entfernt.

Vergoldungen im Inneren und Äußeren des Gebäudes können verschiedenartig ausgeführt werden. Man unterscheidet:

1. Echte Vergoldung: Hierbei werden dünne Goldblättchen mittels eines Klebemittels (Ölfirnis) aufgetragen.
2. Halbechte Vergoldung: Verwendet werden Silberblättchen, die nach dem Auflegen mit Goldfirnis überzogen werden.
3. Unechte Vergoldung: „Metallgold"-Blättchen mit Firnisüberzug.

B. Tapezierarbeiten.

Die Wandflächen in den Wohn- und Schlafzimmern erhalten meist Tapetenbekleidung.

Papiertapeten werden in Rollen von 0,47 m Breite und 8,16 m Länge geliefert. Unter Berücksichtigung der Überdeckung und des Verschnittes reicht eine Rolle für 3,50 qm Wandfläche. Die Tapeten werden auf die glatt geputzten und genügend trockenen Wandflächen mit Roggenmehl- oder Stärkekleister sauber aufgeklebt. Bessere Tapeten erhalten Makulaturunterlage. Die tapezierten Wandflächen werden oben durch Papierborten oder Holzleisten (Goldleisten) abgeschlossen. — Zur Ausführung sockelartiger Wandverkleidungen in Eingangsfluren, Treppenhäusern, Geschäftsräumen und teilweise auch in Wohnräumen werden Linkrustatapeten verwendet.

Linkrusta wird hergestellt, indem ein Gemisch von oxydiertem Leinöl und feinstem Kork- und Sägemehl auf Papier- oder Leinenunterlage gepreßt wird. Die Oberfläche zeigt meist erhabene Musterung. Linkrusta ist ein sehr dauerhafter abwaschbarer Wandbelag. — Als Klebemasse dient der gewöhnliche Tapezierkleister mit $\frac{1}{3}$ Tischlerleim. Linkrusta soll nur auf gut ausgetrocknete Wände geklebt werden.

C. Linoleumarbeiten.

Linoleum wird in der Weise hergestellt, daß eine aus feinstem Korkmehl und oxydiertem Leinöl bereitete Masse unter starkem Druck auf Jutegewebe aufgetragen wird.

Linoleum ist wegen seiner geringen Abnutzbarkeit, seiner Dauerhaftigkeit und wegen des geringen Wärmeleitungsvermögens ein vorzüglicher Fußbodenbelag. Es kann auf Holz- oder Estrichunterlage verlegt werden (Gips- oder Zementestrich). Die Unterlage muß vollständig trocken sein. Das Linoleum muß vor dem Verlegen einige Tage lang in den betreffenden Räumen ausgebreitet liegen, damit es sich der Raumtemperatur anpassen kann. Als Klebemittel dient Linoleumkitt, aus Schellack und Spiritus bestehend. Die Bahnen müssen in der ganzen Fläche aufgeklebt werden und die Kanten genau aneinander passen. Der Linoleumbelag reicht bis an die Fußleiste. Die entstehende Fuge wird durch eine kleine Hohlkehlleiste gedeckt.

D. Stuckarbeiten.

Gesimsprofile und Ornamente im Innern des Gebäudes werden meist aus schnell erhärtendem Gips hergestellt (Stuckarbeiten). — Glatte Gesimse (z. B. die Vouten zwischen Wand- und Deckenflächen) werden zweckmäßig an Ort und Stelle gezogen. Hierbei werden in Entfernungen von ungefähr 50 cm nach der Voutenform gebogene Rundeisen zwischen Wand und Decke befestigt und darüber Drahtgewebe gespannt. Dann wird die Gipsmasse aufgebracht und das Profil mittels Schablone gezogen. — Verzierte Voutenteile und die Deckenrosetten werden als fertige gegossene Stücke angeliefert und mittels Schrauben an Holzdübeln, Deckenschalung usw. befestigt.

GPSR Compliance

The European Union's (EU) General Product Safety Regulation (GPSR) is a set of rules that requires consumer products to be safe and our obligations to ensure this.

If you have any concerns about our products, you can contact us on ProductSafety@springernature.com

In case Publisher is established outside the EU, the EU authorized representative is:

Springer Nature Customer Service Center GmbH
Europaplatz 3
69115 Heidelberg, Germany

Batch number: 10577878

Printed by Printforce, the Netherlands